●サンプルデータについて

本書で紹介したデータは、サンプルとして秀和システムのホームページからダウンロードできます。詳しいダウンロードの方法については、次のページをご参照ください。

ダウンロードページ
https://www.shuwasystem.co.jp/books/wordpresspermas190/

6.2 どれくらいの人が見ているのか知りたい

6.2.2 Jetpackのサイト統計情報

Onepoint

Jetpackプラグインの**サイト統計情報**機能を使うと、手軽にサイト情報を知ることができます。
サイト統計情報は、Jetpackの中の1つの機能です。Jetpackを有効化して、WordPress.comとの連携を設定すると、自動で「WordPress.com統計」が有効になります。

WordPress.comで見るサイト統計情報

Jetpackサイト統計情報による日ごとのページビュー数は、ダッシュボードホームに表示されます。定期的なサイトメンテナンス時、ダッシュボードのホームを開いたときに確認するとよいでしょう。

Process

●ダッシュボードのJetpackサイト統計情報欄の**すべて表示**ボタンをクリックするか、ダッシュボードのメニューで**Jetpack➡サイト統計情報**をクリックします。すると、サイト統計情報ページが表示されます。

▼ダッシュボード

日ごとのサイトビューの回数。

よく検索されたキーワード。

よく表示された記事。

347

理解が深まる囲み解説

下のアイコンのついた囲み解説には関連する操作や注意事項、ヒント、応用例など、ほかに類のない豊富な内容を網羅しています。

Onepoint
正しく操作するためのポイントを解説しています。

Attention
操作上の注意や、犯しやすいミスを解説しています。

Tips
関連操作やプラスアルファの上級テクニックを解説しています。

Hint
機能の応用や、実用に役立つヒントを紹介しています。

Memo
内容の補足や、別の使い方などを紹介しています。

中見出し

紹介する機能や内容を表します。

手順解説 (Process)

操作の手順について、順を追って解説しています。

具体的な操作

どこをどう操作すればよいか、具体的な操作と、その手順を表しています。

本文の太字

重要語句は太字で表しています。用語索引(➡P.532)とも連動しています。

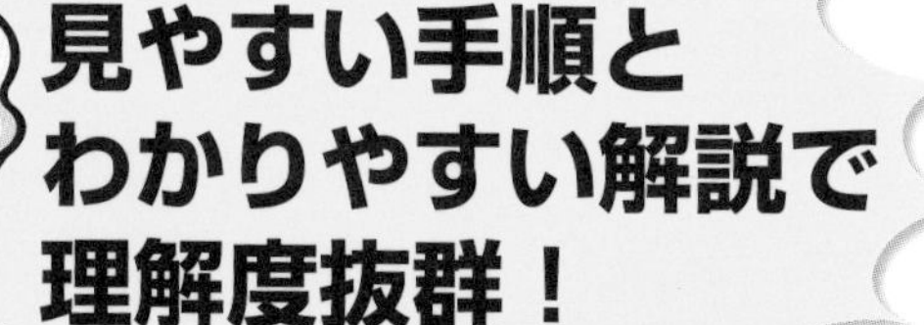

サンプルデータについて

本書で紹介したデータは、㈱秀和システムのホームページからダウンロードできます。本書を読み進めるときや説明に従って操作するときは、サンプルデータをダウンロードして利用されることをおすすめします。

ダウンロードは以下のサイトから行ってください。

㈱秀和システムのホームページ
https://www.shuwasystem.co.jp/

サンプルファイルのダウンロードページ
https://www.shuwasystem.co.jp/books/wordpresspermas190/

サンプルデータは、「chap03.zip」「chap05.zip」など章ごとに分けてありますので、それぞれをダウンロードして、解凍してお使いください。

ファイルを解凍すると、フォルダーが開きます。そのフォルダーの中には、サンプルファイルが節ごとに格納されていますので、目的のサンプルファイルをご利用ください。

なお、解凍したファイルは、操作を始める前にバックアップを作成してから利用されることをおすすめします。

▼サンプルデータのフォルダー構造

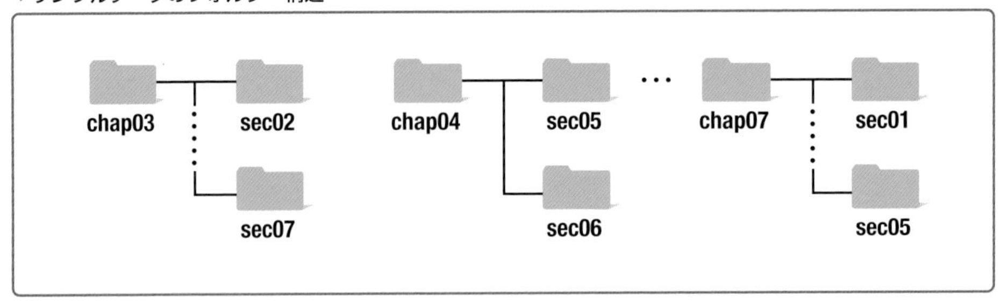

注意

(1) 本書は著者が独自に調査した結果を出版したものです。
(2) 本書では WordPress version6.0 を使用して執筆しました。
(3) 本書は内容について万全を期して作成いたしましたが、万一、ご不審な点や誤り、記載漏れなどお気付きの点がありましたら、出版元まで書面にてご連絡ください。
(4) 本書の内容に関して運用した結果の影響については、上記（2）項にかかわらず責任を負いかねます。あらかじめご了承ください。

商標

Perfect Master 190

WordPress
本格Webサイト構築
パーフェクトマスター

[Ver.6 完全対応 最新版] Windows macOS 対応

ダウンロードサービス付

音賀 鳴海 & アンカー・プロ 著

秀和システム

WordPressの新しい世界へ、ようこそ！

Web log（ウェブ・ログ）、略して「ブログ」は、時代が21世紀に切り替わろうとする頃、ごく普通の個人が自分の考えや日常などを記録する目的で、Webシステムを使って公開されたのが始まりだといわれています。

ブログは人気を博しましたが、その理由は、世界中のブロガーが気軽に載せるコンテンツの多彩さ、豊富さにありました。リアルな日常では誰も相手にしてくれなかった、自分だけの発想、趣味、悩みや喜びを、何気なく発信したところ、自分と同じように考え行動している人がほかにもいることに気付いたのです。世界中に点在していた"似たものどうし"が、インターネットでつながったのです。そのことが現代のネット社会の発展にもつながりました。

ただし、初期の頃のブログ作成には、まだ、HTMLの記述法の習得に加え、サーバーの知識や比較的高価な機材も必要でした。Webで発表したら世界中から注目されそうなニュースを持っていても、それを発信する技能や機材がなければ、個人が情報発信することはできませんでした。

ブログをネット社会の一般的なメディアの位置に押し上げたのは、会員登録をすれば誰でも簡単にブログが作成できるシステム（ブログサービス）を備えたブログサイトの登場です。日本では、livedoorやmixiなどです。このようなブログサービスは、その後、利用者のニーズによって多様化し、FacebookやLINEなどのSNSへと進化することになります。

一方、自分でブログサイトを立ち上げたいというユーザー向けには、ブログサービスサイトが提供しているような、オンラインでWebページを作成・編集する機能を持った本格的なオープンソースのサーバーソフトが登場してきます。その1つこそ、「WordPress（ワードプレス）」なのです。

WordPressを使えば、自分でブログサイトをつくれます。自分で書いたブログを発表するためのブログサイトも自由にデザインできるというわけです。たとえてみると、ブログサービスサイトを利用してコンテンツを発表するのは、自分で撮った写真や書きつづった物語を雑誌に投稿するようなものです。一方、WordPressを使えば、写真集や単行本を自分で出版できるわけです。

WordPressの特徴を４つ挙げてみましょう。

❶Webの知識は不要、誰でも簡単に始められる

WordPressを始めるために必要なものは、インターネットに接続できるコンピューター（タブレットやスマホでもOK）とWebブラウザー（このアプリは、コンピューターなどに付属しています）だけです。少し本格的にWordPressを運用するためには、レンタルサーバーを使用しますが、そのための導入や設定も、現在では、とても簡単にできるようになっています。WordPressの導入に関して、サーバーやプログラミングなどの難しい専門知識は不要です。

❷高品質のWebデザインが豊富に選べる

WordPressを使うと、Webページの見栄えとしてのデザイン、そして使い勝手としてのユーザーインターフェイスとその機能としてのデザインの3つが簡単に手に入り、自分で簡単にカスタマイズできます。Webページの見栄えを自分のイメージに近いものにするためには、WordPressの「テーマ」を選択します。テーマは、あらかじめWebデザイナーによって作成されている、Webサイト全体で利用するWebページのデザインのひな形です。テーマは、Webページのコンテンツとは別に管理されるため、いつでも好きなタイミングでテーマを切り替えることができます。

❸必要な機能だけを追加できる

管理者がWebサイトの運営に使う機能、利用者が操作するユーザーインターフェイス、Webサイトの安全性確保や分析のために自動で動く機能など、Webサイトを本格的に運用する段階では必要になる機能も、WordPressなら必要なものだけを追加することができます。この機能を「プラグイン」と呼びます。プラグインは、世界中のWebプラグラマーが提供・更新を行っています。

❹本格的な運用を行っても安い！

そして、最後の特徴は、なんといっても“安い！”ことです。WordPress自体はオープンソースのソフトなので無料です。本格的なWebサイトの構築にかかる費用としては、PCやインターネットにかかる費用と除くと、レンタルサーバー費用、自前のドメインにかかる費用くらいです（有料のテーマやプラグインを使用する場合は、別途、費用がかかります）。例えば、オンラインショップの機能を持ったWebサイトであっても、年間のランニング費用を数万円以下に抑えることも可能です。

本書は、WebクリエイターやWebエンジニアを志してWordPressに初めて触れる人、ブログの初心者、WordPressを使って会社やショップのWebサイトを立ち上げようとするユーザーなどを対象としています。ブログの作り方からオンラインショップの立ち上げまでを指南します。

WordPress自体もバージョンアップを繰り返しており、本書が対象とするバージョン6では、編集機能が従来とは異なるものに変わって、「フルサイト編集」に本格対応しました。その切り替わり時期に当たります。このため、本書では操作方法に、従来のもの（カスタマイザー使用）と最新のもの（ブロック編集＋フルサイト編集対応テーマ）が混ざっています。利用範囲に応じて参照してください。

とにかく、WordPressに触れてみてください。“何か違うな”と思ったら、他のテーマやプラグインを試してみてください。きっとあなたにピッタリ合うWebサイトにカスタマイズできるはずです。なぜなら、WordPressは世界で最も支持されているWebサイト構築システムなのですから。

2022年9月

音賀　鳴海

Contents

Perfect Master Series
WordPress

目次

WordPressの新しい世界へ、ようこそ！ …… 2
キャラクターの紹介 …… 16

Chapter 0 自分の夢を発信するために 17

0.1 WordPressは夢を実現する 18

0.1.1 WordPressでなきゃ …… 18
WordPressはそんなにすごいの？ …… 18
大手のブログではダメなの？ …… 19
0.1.2 WordPressによる夢の実現 …… 20
Memo 世界で初めてWebした人 …… 20
WordPressなら何が実現可能なのか …… 21

0.2 WordPressから最新のWebページデザインを拝借する 22

0.2.1 スタイルの基本はテーマにある …… 22
世界中のWebデザイナーがテーマづくりに参戦 …… 22
0.2.2 デザインは見た目と機能 …… 22
Webデザインの両輪 …… 23
テーマの差は機能 …… 23

0.3 WordPressのショートストーリーを体験しよう 24

0.3.1 WordPressでつくる４つのWebサイト …… 24
WordPressでやりたいところを読んでください …… 25
Column WordPressは“自由と協力” …… 33

Part1

Chapter 1 そうだ！ WordPressがあるじゃないか 35

WordPressがつむぐ物語 …… 36

1.1 あのサイトもWordPressでできていたのがわかった話 37

1.1.1 WordPressの便利さを知ろう …… 39
WordPressでつくられたWebサイト …… 39
Webページのソースで WordPressを確認する …… 43
1.1.2 WordPressとは …… 45
WordPressの特徴 …… 45
WordPressにはひな形が多くある …… 46

1.1.3 デザインスタイルを簡単に変えられる 49
フルサイト編集 49
ブロックテーマの全体のスタイルを変更する 50
Column WordPressとジャズ 51

1.2 WordPressならHTMLを知らなくてもWebページがつくれる話 52
Memo テーマは自分でもつくれる 53
1.2.1 デザイン性の高いWebページが簡単にできる理由 54
デザインはテーマで決まり 54
Memo テーマの内容はよく検討しよう 56
デザインはCSSに従う 57
1.2.2 ブログとホームページの両方に対応 59
ホームページ作成に固定ページ機能を使う 59
Hint テンプレートファイルとWordPress関数 61

1.3 WordPressならプログラミングを知らなくてもカートが設置できる話 62
Hint 使っているテーマを知る 63
1.3.1 WordPressサイトの機能を体験する 64
プラグインを実感する 64
1.3.2 サイトに機能を簡単に設置できた理由 67
プラグインの選択 67
プラグインのカスタマイズ 69
Q&A 70

Chapter 2 WordPressでブログをしてみる 71

2.1 WordPress.comでブログを始めてみる 72
2.1.1 WordPress.com 74
2.1.2 WordPress.comを準備する 75
WordPress.orgとWordPress.com 75
Column 「.com」「.org」はドメイン表示 77
WordPress.comのアカウントを取得する 78
2.1.3 WordPress.comのサインイン 81
WordPress.comにサインインする 81
2.1.4 WordPress.comへの新規投稿 83
新規投稿を公開する 83
Tips 設定メニューを開くには 84
投稿できる権限 86
2.1.5 ブログの投稿を体験して 86

2.2 ブログってどんなもの？ 87
2.2.1 ブログとは 89
ブログの誕生と広がり 89
ブログの意味 90

2.2.2 ブログの法則 91
得するブログとは 91
得するブログのつくり方 92
A to Z ブログを書くときの人格 93
2.2.3 WordPressのブログ機能 96
ブログ機能 96
投稿パネル 96
Memo コンテンツの型 97
2.2.4 ブログで使うコンテンツ 98
WordPressブログで扱えるコンテンツ 98
ブログ用の写真撮影 99
著作権の問題 103
Hint ホームページに使えるフリー画像 104

Chapter 3 これってどうやったらできるの 105

3.1 サーバーは借りて使う 106
3.1.1 レンタルサーバーのWordPress 108
Xserverの利用の開始する 108
XserverのWordPressをインストールする 108
Onepoint ドメインを取得する 109
Memo WordPressのほかに必要なシステム 111
Memo WordPressページへのアクセス 113
Column カスタマイズでWordPressが開かなくなったら 114
Column ブログを引っ越す 114

3.2 ページデザインを変えてみる 115
3.2.1 テーマはページデザインをまとめて変える 117
テーマとは 117
Column 手動でアップロードしても使いたいテーマ 120
3.2.2 テーマでページデザインを変える 121
テーマを追加する 121
テーマを変更する 124
Hint 情報密度の高いWebページ用のテーマ選び 126
Hint テーマの有料と無料の差は？ 127
3.2.3 テーマデザインをカスタマイズする 128
テーマの構造 128
テーマをカスタマイズする 130

3.3 機能を追加する 132
3.3.1 プラグインはできることを広げる 134
プラグインとは 134
どんなプラグインが必要か 134
3.3.2 インストールしたプラグインを有効にする 135

プラグインをインストールする 135
WP Multibyte Patchを設定する 136
Column 標準プラグイン 137
おすすめプラグイン 138
Hint プラグインのコンフリクト処理 139
Onepoint プラグインメニューについて 140

3.4 ウィジェットを編集する 141
3.4.1 ウィジェットはページ上のアプリ 143
ウィジェットの配置 143
ウィジェットの利用 144
ウィジェットを設定する 145

3.5 プラグインのPHPを編集する 146
3.5.1 PHPについて 147
HTMLとPHP 147
PHPの基本 149
3.5.2 例として[Hello Dolly]の歌詞を変える 151
プラグインの編集 151

3.6 テーマのCSSを編集する 154
3.6.1 CSSでデザインを変更する 156
CSSの基本 156
Column CSSのサイズ単位 159
Memo HTMLコード内の「<!」の意味 159
3.6.2 WordPressのページ生成 161
3.6.3 すでにあるCSSのプロパティ値を変更する 163
Memo テンプレート階層 164
Hint 何人かで記事を書きたい 165
Column クラスを使ってフォントを指定するには 168
Tips Notoフォントに変更する 169

3.7 ブロック対応のテーマでサイトを編集する 170
3.7.1 ブロックとは 172
ブロックの基本 172
3.7.2 ブロックエディター 173
ブロックの編集 173
3.7.3 ブロックに対応したテーマ 176
ブロックテーマ 176
Column WordPressの進化についていく 178
3.7.4 テンプレートパーツをパーソナライズする 179
ブロックテーマを使ってサイトをデザインする 179
Hint テンプレートパーツごとに編集するには 180
Hint ヘッダー画像の位置を調整する 182
Hint テーマのカスタマイズを元に戻す 186

Column WordPressのセキュリティ対策「ソフトウェアはいつも最新に」 187
Q&A 188

Chapter 4 Webのビジュアルデザインを勉強しよう 189

4.1 Webデザインをかじってみる 190

Memo Webデザイナーに必要な技量 191
4.1.1 **Webページのデザイン** 192
デザイン全体を見渡すということ 192
Webデザイナーに必要とされること 194
4.1.2 **Webデザインのワークフロー** 196
制作の流れを立てるということ 196

4.2 ビジュアルデザインを知る 199

Hint いまどきのWebデザイン 200
4.2.1 **レイアウトスタイル** 201
レイアウトスタイルの思考 201
レイアウトの手描き 203
4.2.2 **グリッドシステム** 204
グリッドシステムでWebページをデザインする 204
4.2.3 **アイデアの具現化** 207
アイデアの生まれる瞬間 207
4.2.4 **レイアウトの要素** 209
グリッド 209
バランス 210
動線 211
リズム 212
対比 213
縦と横 214
インタラクティブ 215
Memo ファーストインプレッション 216
4.2.5 **文字による伝達** 217
テキスト 217
アイコンとピクトグラム 218
ハイパーリンク 218
4.2.6 **カラーによる伝達** 219
色の三要素 219
配色 220

4.3 インターフェイスデザインについて考える 222

Hint サインデザインから学ぶ 223
4.3.1 **マウスとキーボードによる操作** 224
ボタンとピクトグラム 224

	テキストリンク	225
	メニュー	225
Memo	インタラクティブ・インターフェイスの効果	226
4.3.2	**モバイル用ユーザーインターフェイス**	227
	スマホ用のメニュー	227
4.4	**サイト構成を考えて完成形イメージを描こう**	**228**
4.4.1	**ページをデザインするときに最初に考えたいこと**	230
	誰のためのサイトか	230
Column	マキシマイザーかサティスファイサーか	230
	つくる目的は	232
	どんなコンテンツを載せるのか	232
4.4.2	**ページの基本レイアウトのラフを描こう**	234
	ページをカラムで区切る	234
Memo	英語を恐れない	237
4.4.3	**サイトの構成を考えよう**	239
	フロントページ	239
	サイト構成	240
Column	使いやすさとわかりにくさ	242
4.4.4	**パーマリンクについて**	243
	パーマリンク	243
4.4.5	**パーマリンクをカスタマイズする**	244
Memo	ほかのページからの引用	245
	固定ページのパーマリンクを設定する	246
Hint	パーマリンク設定とSEO	248
4.4.6	**理想に近いテーマを選ぼう**	249
	多カラムのテーマ	249
	特徴フィルターでテーマを検索する	249
	レスポンシブレイアウト	253
4.5	**固定ページのフロントページをつくろう**	**254**
4.5.1	**固定ページを作成する**	256
	固定ページ	256
	グーテンベルグで固定ページを作成する	256
Tips	英単語のつづりの間違いがわかる	257
	フロントページを固定ページにする	260
Tips	Menuにアイコンを付ける	261
4.6	**ブロックでデザインする**	**262**
4.6.1	**テンプレートパーツでヘッダーとフッターのデザインを変える**	264
4.6.2	**メニューを作成する**	266
Memo	メニューの作成について	267
4.6.3	**作者や管理者の顔画像を追加する**	268
Hint	ブロックが選択しにくいとき	269

4.6.4 404ページのデザインを変える 270
Memo 「パンくずリスト」って何？ 271
Onepoint 変更は自動では保存されない 271
Q&A 272

Part 2 主婦だってブログで情報発信するわよ 274

Chapter 5 スマホユーザー向けのブログサイトをつくろう 275

5.1 主婦がブログサイトをつくってみた 276

5.1.1 私はどうしてブログサイトをつくるのかな？ 278
ブログは何のため？ 278
5.1.2 ブログサイトをデザインするわ 279
ブログサイトの構成を決める 279
5.1.3 スマホユーザーをメインとしたデザイン 280
Tips モバイルフレンドリーかどうかを調べる 285
5.1.4 スマホユーザー向けブログ用のベーステーマ 286

5.2 ブログサイトをプラグインで改造してみた 287

5.2.1 サイトの構成カテゴリーを構成する 289
カスケードなカテゴリーを追加する 289
Hint 投稿時にカテゴリーを新規追加するには 290
Hint 抜粋を表示するタグ 290
5.2.2 投稿の表示をカスタマイズするわ 291
投稿記事の抜粋と「続き」について 291
Hint 抜粋文字数の設定 293
5.2.3 テーマオプションでブログサイトをカスタマイズするわ 294
5.2.4 吹き出しプラグインでダイアログ形式の投稿にしてみる 296
吹き出しを挿入してテキストを入力する 296
レスポンシブデザインを確認してみる 297
5.2.5 ブログサイトの機能を拡張してみる 299
機能拡張はテーマオプションとプラグインでする 299
Hint メンテナンス中 299

5.3 ブログサイトにバナー広告を出してみる 302

5.3.1 アフィリエイト 304
アフィリエイトのメリット 304
ASP 305
Memo タグクラウド 305
楽天アフィリエイトでの広告バナーのリンクコードを作成する 306
バナーをページに貼る 307
Memo Googleアドセンス 309

5.4 もっと簡単に投稿したい 310

5.4.1 メールで投稿する ····· 312
　メール投稿を設定する ····· 312
A to Z Jetpack by WordPress.com ····· 314
5.4.2 スマホから投稿する ····· 315
　スマホのアプリで投稿する ····· 315
Hint Webブラウザーで管理画面を開く ····· 317
Hint WordPressアプリでWebサイトを分析 ····· 319

5.5 投稿の状態（ステータス）を設定する 320

5.5.1 下書きと公開 ····· 322
　投稿のステータス ····· 322
Hint ブロックエディターのキーボードショートカット（1） ····· 323
5.5.2 パスワード認証でページを保護 ····· 324
　投稿のパスワード保護 ····· 324
Memo パスワードで保護された記事を読むには ····· 324
Memo 新しい投稿画面でパスワード保護 ····· 325
5.5.3 公開日時を予約 ····· 326
　設定した日時に自動で公開する ····· 326
Memo 予約システム ····· 327
Hint ブロックエディターのキーボードショートカット（2） ····· 327
Column Word文章をWordPressに登録する ····· 328
Tips 背景のぼけた写真の撮り方 ····· 329
Q&A ····· 330

Chapter 6 セキュリティをしっかりしたら訪問者を増やそう 331

6.1 WordPressサイトのセキュリティ対策 332

6.1.1 Webサイトのセキュリティ ····· 334
6.1.2 SSLを設定する ····· 337
6.1.3 WordPress関連のサーバーソフトの管理 ····· 338
6.1.4 WordPressのテーマやプラグインの管理 ····· 339
6.1.5 ユーザーアカウントの管理 ····· 340
6.1.6 プラグインによるセキュリティ対策 ····· 341

6.2 どれくらいの人が見ているのか知りたい 343

6.2.1 サイト統計 ····· 345
　サイト統計情報を見るための数字 ····· 345
　せっかく来た訪問者をすぐに帰さない ····· 345
Memo トラックバックとピンバック ····· 346
6.2.2 Jetpackのサイト統計情報 ····· 347
　WordPress.comで見るサイト統計情報 ····· 347

6.2.3 Google Analyticsのサイト統計 348
Google Analyticsを導入する 349

6.3 検索エンジンからの訪問者を増やすには 355

6.3.1 検索エンジンの最適化 357
SEOは誰にとって重要なのか 357
6.3.2 検索エンジンによる評価を上げる!? 358
Memo ネットショッピングで顧客を呼ぶために 361
Memo 内部対策と外部対策 361
6.3.3 SEOのできることをする 362
WordPress.comからリンクを張る 362
All in One SEOのSEO設定 362
Hint 自分でつくったブロックパターンを登録する 364
Hint SEOスコアの改善例 370
Q&A 371

Part 3 入社2年目の新米が事務所のサイトをつくる 372

Chapter 7 ビジネスサイトをつくるぞ 373

7.1 カスタマイズ前に子テーマを用意する 374

7.1.1 テーマの親子関係とは 376
親テーマと子テーマ 376
Column コンテンツはどこにある? 378
7.1.2 子テーマをつくるには 379
親テーマをコピーした子テーマをつくる 379
Column FTPクライアントソフト 380
子テーマ用のテンプレートファイルを用意する 381
子テーマに切り替える 385
Hint テンプレートファイルの制御コード 386

7.2 テンプレートファイルをカスタマイズしてみる 387

7.2.1 ある探偵事務所のWebサイトづくり 389
ビジネスサイト用のベーステーマ 389
Hint オンラインショップの手本 390
Memo 子テーマの変更が反映されないとき 390
7.2.2 テンプレートの中のCSS 391
HTMLとCSSのセレクタ 391
Memo バックアップ 393
7.2.3 ヘッダーのタイトルをカスタマイズする 394
サイトタイトルをカスタマイズする 394
7.2.4 ヘッダーに電話番号を載せる 398
ヘッダーテンプレートファイルをカスタマイズする 398

Tips 画像のURLをコピーする 398

7.3 WordPressをまとめて拡張してみる 403

7.3.1 Jetpackの主な拡張機能 405
Jetpackで追加されるブロック 406
Jetpackプラグインをインストールする 406
7.3.2 問い合わせフォーム 407
Jetpackのフォームを設置する 407
受け取るメッセージ 411
7.3.3 電話番号や住所をページに記述してみる 412
Jetpackで連絡先情報を挿入する 412

7.4 ショートコードで地図を挿入してみる 415

7.4.1 WordPressショートコード 417
Memo HTMLの<a>タグ<img>タグ 419
ショートコードを埋め込んでみる 420
Tips YouTubeを埋め込む 421
Memo タクソノミーとカスタム投稿タイプ 422
7.4.2 プラグインで地図上に事務所の場所を表示する 423
プラグインで地図ショートコードを埋め込む 423

7.5 Shortcodes Ultimateであのデザインをまねる 425

Memo ショートコードの結果はブラウザーで確認する 426
7.5.1 Shortcodes Ultimateの準備をする 427
Shortcodes Ultimateをインストール/有効化する 427
Shortcodes Ultimateのショートコードを挿入するには 428
Memo WordPressデフォルトのドロップキャップ機能 429
7.5.2 コンテンツエリアのレイアウトをデザインする 430
ショートコードで複数の列に分割する 430
スペーサーと仕切り線 432
Hint プラグインがバッティングする 433
7.5.3 Shortcodes Ultimateのビジュアルデザイン用ショートコード 434
二重線で上下を囲まれた見出し 434
テキストボックスを囲む 435
Tips ショートコードタグを「ブロックまたぎ」で使う 436
別サイトからの引用 437
同ページから引用したサブ見出し 438
7.5.4 Shortcodes UltimateのUIデザイン用ショートコード 439
ページにタブを配置する 439
ショートコードでボタンをつくる 441
スポイラーでコンテンツを整理する 443
Memo オンマウスで吹き出し 444
7.5.5 Shortcodes Ultimateのショートコードをカスタマイズする 445
ショートコードのカスタムCSS 445

カスタムCSSで見出しのデザインを変える……446
Tips レイアウトデザインのポイント……449
Q&A ……450

Chapter 8 Webサイトでビジネスする 451

8.1 フォーラム/コミュニティ機能をWebサイトに追加するには 452

8.1.1 WordPressサイトでフォーラムやコミュニティを実現するには……453
8.1.2 wpForoプラグイン……454
8.1.3 wpForoで掲示板の使い勝手を確認する……455
8.1.4 wpForoで掲示板の管理……458
Hint 公開されているトピックを読む……459
8.1.5 wpForoでQ&Aページを作成する……460

8.2 自動で予約できるシステムを導入する 464

8.2.1 Appointment Hour Booking予約システムを導入する……466
8.2.2 予約状況を確認する……472

8.3 オンラインショップサイトをつくる 474

8.3.1 オンラインショッピング機能を導入する……475
WooCommerceを導入する……476
Memo オンラインショップの立ち上げ理由……476
8.3.2 WooCommerceの設定ページ……477
WooCommerceのホームページで基本情報を設定する……478
商品を追加する……482
オンラインストア開店前のチェックリスト……484

Appendix 資料編 485

Appendix 1 HTMLタグリファレンス 486

Appendix 2 CSSプロパティリファレンス 504

Onepoint 疑似要素……529

Index 用語索引 532

キャラクターの紹介

本書は、根来タカナ、音賀ナルミ、大里カモリのそれぞれがWordPressと関わるちょっとした物語が縦糸となり、WordPressの操作説明が横糸となっています。

Part 1　登場人物

根来(ねごろ)タカナ　：コンピューターよりスマホで、何でもしてしまう世代。金沢市の生まれ。岐阜県の専門学校を出て、従業員30人ほどの三重県の会社に就職。写真やイラストが好きで、人から頼まれるとちょっとしたキャラクターをデザインすることもある。通勤はもちろん、半径20kmの範囲ならどこにでも自転車で動き回るアクティブ派。

神崎コウヤ　：三重県在住。名古屋の会社へは近鉄で通勤。多趣味で熱しやすいがすぐに冷めるタイプ。形から入るため、数回使っただけの趣味の道具で家の倉庫はいっぱいになっている。そんな中、バイクツーリングは8年目に突入した。

近藤シロウ　：小さなデザイン会社を経営している。商店のチラシやショップに置くフリーペーパーのほか、企業のリーフレット、名刺や案内はがき、看板やポスターも手がけるフォトショ（フォトショップ）+イラレ（イラストレーター）のプロ。

Part 2　登場人物

音賀ナルミ　："いつでもどこでも、元気いっぱいの笑顔"がモットー。3か月前、高校生の息子が"カノジョ・イズ・ファースト（彼女が第一）！"と宣言。親としては、ホッとした気持ちと同時に少し寂しい気持ちが……。心の寂しさを埋めようと、WordPressでブログサイトを立ち上げ、自分らしくキラキラした情報を発信することを目指す。

Part 3　登場人物

大里カモリ　：大学時代にはニューヨークのすし屋で働き、気付いたときには大学から除籍処分を受けていた。日本に戻って、古いモノやヒトを探すという「時間探偵社」の探偵として働くようになる。好きなすしネタは"かんぴょう巻き"。

事務長　：時間探偵社の社長夫人。ほとんど事務所にいない夫（社長）に代わり、事務所を取り仕切っている。"若い頃は多部未華子に間違われたわ"が口癖だが、年齢はすでに還暦をいくつか過ぎているはず。派手好きで超パワフル！　社員は誰も逆らえない。

自分の夢を発信するために

Webサイトをつくりたいとき、HTMLタグを書くのは時代遅れです。いまは、CMS（コンテンツ・マネージメント・システム）でつくります。
CMSで最大のシェアを持っているのがWordPress。
“WordPressがあなたの未来を切り拓く”――そんな体験をサポートします。

0.1 WordPressは夢を実現する
0.2 WordPressから最新のWebページデザインを拝借する
0.3 WordPressのショートストーリーを体験しよう

Section
0.1 WordPressは夢を実現する

Level ★★★

Keyword WordPress ブログ

あなたはWebページを見ないで1日を過ごせますか。通勤電車、休憩時間、そして自宅など、あなたはスマホやタブレット、コンピューターのモニターを使って、様々な情報を探し、お気に入りのページを閲覧して、仲間たちとネットを通してコミュニケーションを行っていませんか。

このようなWebページの多くがWordPressでできているとしたら、あなたもつくってみたくなりませんか。

0.1.1 WordPressでなきゃ

ほとんどの場合、Webページそのものに価値があるわけではありません。もちろんそうなのです。私たちは、書かれているテキストの内容、掲載されている写真やイラスト、動画の内容など、**コンテンツ**と呼ばれる掲載内容を探してWebページを閲覧するのです。

しかし、同じ内容が載っていても、よく見るサイトとそうでないサイトは、いつの間にかできています。Webページの見栄えによって、私たちはコンテンツの信頼性を知らず知らずのうちに判断していることがあるからです。

だとしたら、簡単に見栄えのいいWebページをつくったほうがよいに決まっています。そこでWordPressの出番となります。

WordPressはそんなにすごいの？

WordPress（ワードプレス）は、Webページを見栄えよく構成してくれるソフトです。サーバーに接続する通信費や電気代はかかりますが、ソフト自体は基本的に無料で使えます。無料なのにWordPressは、すごい機能を備えています。

まず、ページの基本デザインは、WordPressに任せることができます。簡単なカスタマイズは、専用のメニューからクリックして選ぶだけです。ページの一番上（ヘッダー）に載せる写真やロゴを自分で用意すれば、ほかのサイトと間違われることはないでしょう。あとはコンテンツを用意するだけです。

初めてWordPressを使って自分だけのWebページをつくると、多くの人は操作の簡単さとデザインのまとまりにびっくりします。

かつては、プロのWebデザイナーに依頼して、1か月ほどかかっていたWebページが、WordPressならWebデザインを知らなくても半日程度ででき上がります。

こんな素晴らしいソフトですから、もちろんプロのWebデザイナーたちも使っています。制作期間が大幅に短縮できる上、スタイルシートによるデザインのカスタマイズが容易だからです。

もちろん、プロのWebデザイナーとして業務に利用するには、デザインセンスに加えて、素人では手が出しにくいような高度なカスタマイズができるほうがよいに決まっています。それには、Webデザインのセオリーの習得やWebサイトを組み立てる構成力、アフターサービスのためのサイト統計の解析能力やそれを踏まえての提案力なども必要になるでしょう。

実は、これらに対するツールも数多く、情報量も豊富なのがWordPressの真の強みです。

大手のブログではダメなの？

WordPressは、ブログをつくり管理するのを得意としています。WordPressでWebページを作成したり、編集したりする作業は、ブラウザーのページ内で行います。この作業は、大手のブログサイトでブログページを作成したり編集したりするのと、基本的に同じです。

アメブロやFC2、exciteなど、無料でブログページを作成できるサイトは多くあります。また、それらのページを使ってブログを発信してきたユーザーも多いことでしょう。

これらの大手ブログサイトと、WordPressを使って自分でWebページを作成することの大きな違いは自由度です。

大手ブログで運用する場合は、基本的にその枠の中からはみ出ることはできません。例えば、独自のドメインを使うことは難しいでしょう。また、いくつかの機能には制限がかかっていることも多く、特に商業活動には厳しい制限がかけられるようです。

これに対して、有料レンタルサーバーにWordPressをインストールして独自のドメインで運用すれば、ほぼ自由に商業活動ができます。オンラインショップを開店して、カートシステムを導入することも可能です。

また、大手ブログでは、バナー広告などを自由に掲載することもできないところがほとんどです。のみならず、無料でブログサイトを設置できる見返りに、ブログサイト指定の広告が自動的に表示されるようになっています。

WordPressでも、無料のレンタルサーバーを利用するときには、広告が自動掲載されますが、年間数千円を払うだけで独自の広告掲載が可能になります。

WordPressで、ページに掲載した広告の料金で稼ぐアフィリエイトをするときには、アフィリエイトがしやすいテーマを選択することもできます。

▼主なブログサイト

ブログサイト	独自ドメイン	広告	アフィリエイト
FC2ブログ	有料	有料で非表示	可能
Amebaブログ（アメブロ）	不可	有料で非表示	一部可
exciteブログ	不可	有料で非表示	有料で可

0.1.2 WordPressによる夢の実現

Webページの発達は、それまでにはなかった様々な可能性をつくり出し、広げ続けています。かつては世界中に情報を発信しようとすれば、莫大な費用が必要だったのに、Webページを利用することで、簡単にそしてあっという間に情報を世界中に公開できるようになりました。

日常のありふれた事柄でも、それを欲する人々がいるなら、それは立派な情報になりえるということを、私たちはWebを通して知りました。

日常の事柄の発信方法として発展してきたのが、**ブログ**です。飼い猫のこと、庭の花々のこと、料理のレシピ、家のリフォーム、購入した乗用車の乗り心地、もう何でもありです。

情報をほしいと思っている人が多いか少ないかの違いはあるでしょうが、個性的で詳細なブログは新しい情報源としてすでに認知されているのです。

また、見る人が少ないニッチな情報であっても、広い世界の中には、それをほしいと思っている人がいるようで、そのような人たちのコミュニティをつくるのにもブログは役立っています。

Web以前には、ちょっと変わった人、というレッテルを貼られていた人たちが、自信を持って自分の趣味や考えを公開できるようになっているのです。そこには既成のものではない、新しい発見があります。新しい活動も生まれていて、その中には「クラウドファンディング」などで夢を実現する人々も出てきました。

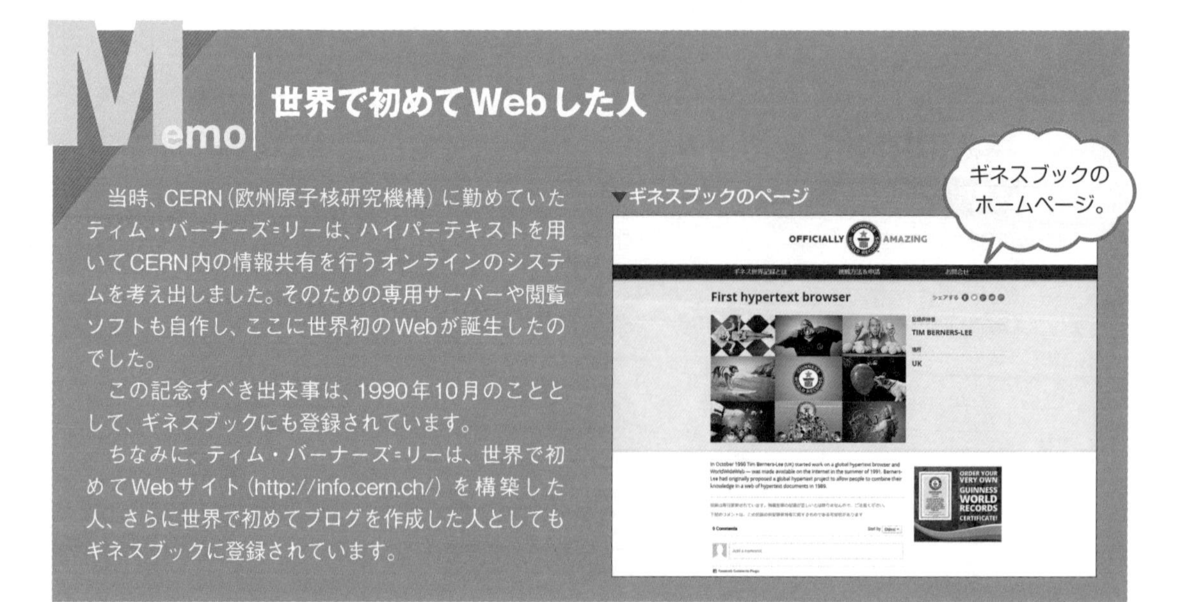

Memo 世界で初めてWebした人

当時、CERN（欧州原子核研究機構）に勤めていたティム・バーナーズ=リーは、ハイパーテキストを用いてCERN内の情報共有を行うオンラインのシステムを考え出しました。そのための専用サーバーや閲覧ソフトも自作し、ここに世界初のWebが誕生したのでした。

この記念すべき出来事は、1990年10月のこととして、ギネスブックにも登録されています。

ちなみに、ティム・バーナーズ=リーは、世界で初めてWebサイト（http://info.cern.ch/）を構築した人、さらに世界で初めてブログを作成した人としてもギネスブックに登録されています。

▼ギネスブックのページ

WordPressなら何が実現可能なのか

WordPressは、Webという新天地に何をしてくれるのでしょう。

いいえ、あまり期待はしてはいけません。WordPressはあくまでも、ツールにすぎないのです。

ただし、新しい活動の可能性、見知らぬ人々との連帯、世界中に散らばっている個の力の結集……といった、これまでにはなかった夢の実現への入り口をつくるのを助けてくれるツールなのです。

いまだこの世界にない夢の実現だけではありません。

すでにWordPressによって、現実となった夢もあります。Webデザイナーは、仕事の質と量を効率よく強化する強力なツールとしてWordPressをフル活用しています。

WordPressのテーマやプラグインの開発を仕事にしているWebデザイナーも大勢います。この分野は現在、世界中のWebデザイナーたちの主戦場となっているのです。

Attention

WordPressの関連の開発に関しては、まだまだ日本語化が遅れている上に、スタイルシートやPHPプログラミングが堪能(たんのう)なWebデザイナーが少ないため、WordPressのデザインをリードするような日本での動きは少ないといえます。日本人向きのテーマやプラグインの開発には、まだまだ余地が残されていると感じます。特に縦書き文化への対応やきめ細かい接客用のプラグイン、日本語フォントを活かした美しいページデザインなど、日本人による提案が待たれているところです。

WordPressをコーポレートサイトとして活用する動きも広がっています。独自のドメインを取得し、それを有料のレンタルサーバーにWordPressをインストールしたサイトで運用すれば、セキュリティの面でもコストを抑えることができます。特に、中小企業のホームページや個人事業主がビジネス内容を紹介するときのリーフレットのようなサイトづくりに、WordPressはウッテツケです。一度作成してしまえば、維持費は年間数千円程度で済みます。商品に対するアンケートフォームの設置やクーポン券の発券などにより、消費者の意識を調べたり、独自の販促活動をしたりすることもできます。

Webページの作成やデザインに時間とコストをかけずに済む、というWordPressの特徴を最大限に活かすなら、アイデア次第で低コストで大きな効果を上げることもできるでしょう。

Section 0.2

Level ★★★

WordPressから最新のWebページデザインを拝借する

Keyword　テーマ　デザイン　機能

コンテンツの重要性はいまさら書くまでもないでしょう。いくらベストセラーソフトのWordPressでも、そこまでは面倒をみてくれません。しかし、最新のWebデザインをまとめて利用できるという点だけでもWordPressの利用価値は大いにあります。閲覧者は、まずはWebページを開いたときの印象に惹(ひ)かれるのですから。

0.2.1　スタイルの基本はテーマにある

WordPressが多くのWebページ制作者に使われている理由の1つとして、Webページデザインの多種多彩な**ひな形**が利用可能、ということが挙げられます。デザインを勉強したことがなくても、一流のWebデザイナーがつくったようなWebページができてしまうからくりは、このひな形（テーマ）にあります。もちろんプロのWebデザイナーにとっても、効率の面から、ひな形が利用できることのメリットは大きいのです。

世界中のWebデザイナーがテーマづくりに参戦

WordPressは、世界中のWebデザイナーに注目されています。WordPressでは、**テーマ**と呼ばれるWebサイトのひな形が流通しています。テーマは、誰にでも作成することができます。WordPress開発元の審査を通過すれば、管理画面から検索することもできるようになります。また、テーマは有料化することができ、Webデザイナーとして新しい収入源ともなります。海外のWebデザイナーのテーマであっても、有料版、無料版を問わず、簡単に利用できます。テーマのインストールも切り替えも非常に簡単で、いろいろ試してみることもできます。また、いったんインストールしたテーマについては、アップデートが行われると、その情報を管理ページで知ることができます。

0.2.2　デザインは見た目と機能

Webデザインといっても、見た目のデザインと機能面のデザインの2種類があります。

見た目のデザインは、レイアウトや配色、テキストの書体やサイズ、バランスなどのデザイン要素を総合したものです。

機能面のデザインは、使い勝手を見た目のデザインにうまく統合する作業です。

Webデザインの両輪

見た目は、閲覧者がWebページを見た最初の印象を左右する重要な要素です。多くのWebページでは、このほかにWebページの目立つ部分に表示される写真やイラストも印象を左右する要素ですが、これらはテーマの制作者にとっては、デザインする際、暫定的に入れておくものにすぎません。

しかし、暫定的なものであっても、デザイナーが全体のデザインのバランスを考えて挿入しているサンプル画像のはずです。自分で使用するつもりの写真やイラストを当てはめてみて、利用できるかどうか検討するとよいでしょう。

さて、テーマ選びの際、サンプルのWebページのプレビューや説明文だけではわからないのが機能面でのデザインです。

一流のWebデザイナーの多くは、自分でプログラミングができるか、プログラマーと組んで仕事を行います。現在のWebページには、インタラクティブな仕組みが欠かせないからです。例えば、写真の上にマウスを乗せるとその一部が別ウィンドウに拡大表示されたり、メニューボタンをクリックするとサブメニューがポップアップしたりする仕掛けです。

これらの仕掛けは、Webページが紙のメディアと異なるところで、Webページらしい部分です。利用者にとって便利で使いやすいことはもちろんですが、説明文なしでも使い方がわかることも必要です。つまりWebデザイナーには、使いやすさやわかりやすさをデザインする、プロダクトデザイナーのような腕前が必要なのです。そのためには、プログラムの知識だけではなく、利用者の立場に立った設計のセンスが要求され、デザイナーにとって重要なスキルとなっています。

奇をてらった仕掛けが似合うWebサイトもあるでしょう。一般向けのサイトには、わかりやすいボタン表示と動作が求められます。機能面だけが目立っても違和感が生まれます。全体のデザインとの融合が望まれます。

テーマの差は機能

WordPressでは、Webデザイナーによって Webサイトのひな形が提供されます。このひな形（テーマ）の差は、見た目のデザインだけではありません。

というか、見た目のバリエーションはそれほど多いわけではありません。実際にテーマ選びをすると実感することですが、同じようなレイアウトのテーマが数多くあります。プレビューを見ると、サンプルの写真や配色、テキストが異なるためにテーマを区別することができますが、実際に自分でつくったコンテンツを表示するためにインストールしてみると、その差がよくわからないくらいよく似たものもあります。しかし、見た目はよく似ていても、選択したテーマによって機能面で差が出ているのです。

テーマとは、Webページの機能を含むひな形なのです。Webサイトの機能面は、プラグインによって追加できるのですが、プラグインを探すのに手間どったり、テーマによってはプラグインがうまく動かなかったりすることがあります。それに対して、テーマに最初から付いている機能は、デザインにマッチして作動し、オプション設定も容易です。ただし、テーマの機能の使い勝手は、実際にテーマを有効化して実行してみないとわからない場合がほとんどです。

無料のテーマでも、機能を有料で追加できるものもあります。機能の追加は、テーマの管理画面から操作します。英語表記のものばかりなので、有料のオプションがほんとうに便利で使いやすいのかどうか、事前に確認するのは難しいでしょう。

Section

0.3 WordPressのショートストーリーを体験しよう

Level ★★★

Keyword　Webサイトサンプル

WordPressは、それぞれの夢をかなえるためのツールです。本書では、WordPressにWebデザインの部分を手助けしてもらいながら、夢のWebページをつくろうとする人たちを応援したいと思います。これからWordPressに関わる4つのショートストーリーが展開していきます。

でも、実際の主人公はあなた自身です。

0.3.1 WordPressでつくる4つのWebサイト

本書では、WordPressで、次のような4つのWebサイトをつくります。

Chapter 2、3では初めてWordPressでブログを体験し、Chapter 4でWebデザインの基礎を押さえ、Chapter 5、6で本格的なブログサイトをつくります。小さな事務所のWebサイトはChapter 7、8です。

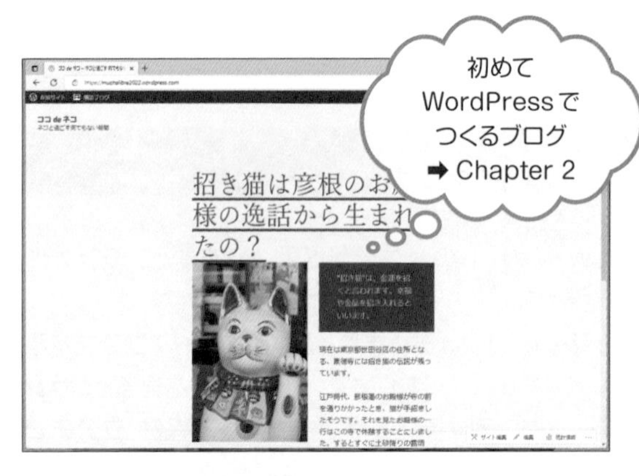

WordPressでやりたいところを読んでください

WordPressで何ができるか知りたい

➡Go to Chapter 1

どの程度のWebページが作成可能なのか、WordPressの最高到達点は、Web上を探せばわかります。一流企業のWebページやブログサイトの多くがWordPressで作成されていることを確認しておきましょう。

もちろん、WordPressを使ったからといって、はじめからこのようなWebページができるわけではありません。一流のWebサイトでは、テーマがあっても、それを大きく改造しているか、ほとんどのページを独自に作成しているからです。

しかし、機能としてWordPressを使っている以上、あなたにもこのようなサイトに近付くことは可能なのです。

また、よくできたサイトを見ると、ユーザビリティのために何に注意するべきかといった視点も学ぶことができます。

よく見るサイトもWordPressでつくられているかも。

▼WordPressでつくられているページ

WordPressでブログづくりを体験したい

➡Go to Chapter 2

WordPressは、サーバーにインストールして初めて使えるソフトです。自由度の高い使い方をするためには、レンタルサーバーを借りるのが最も現実的な方法です。

しかし、ブログの経験もなく、最初からレンタルサーバーを借りてWordPressを始めるということに戸惑いや不安を感じる場合もあるでしょう。

そこで、すぐに始められて、WordPressの基本を身に付けられるのが「WordPress.com」を利用する方法です。WordPress.comは、WordPressの開発元のスタッフが運営しているWordPress専用のブログサイトです。

WordPress.comのアカウントをとれば、すぐにでもWordPressに触れることができます。WordPress.comでつくったコンテンツは、ほかのレンタルサーバー上のWordPressに引っ越して本格的に運用することが可能です。

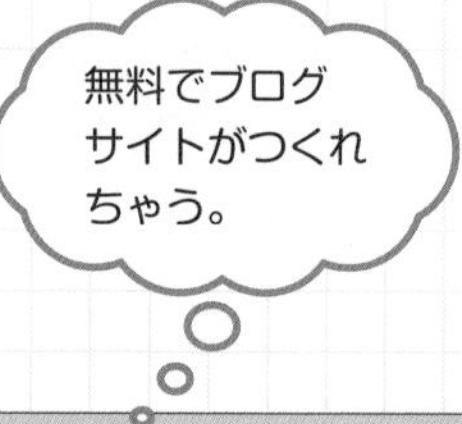

▼WordPress.com

レンタルサーバーでWordPressサイトをつくりたい

➡Go to Chapter 3

WordPressを本格的に使ってWebサイトをつくるための第一歩は、レンタルサーバーを借りることです。WordPressは、自分のコンピューターにインストールすることもできますが、自前でサーバーを用意するのは、現実的ではありません。無料で借りられる高性能なレンタルサーバーも国内に多くあります。これらのレンタルサーバーをうまく使って、自分のWordPressサイトを構築します。

レンタルサーバーを選ぶ一番のポイントは、もちろんWordPressが使えるかどうかです。自動インストール機能のあるレンタルサーバーを選択しましょう。また、スピードや容量なども大切な要素です。

さらに、ビジネスサイトを目指すのなら、少しくらい値段が高くても、セキュリティ面でしっかりした信頼できるレンタルサーバーを選びたいところです。

このChapterでは、スタイルシートやPHPの簡単な編集も行います。

レンタルサーバーでWordPressを使えば、もっと自由なことができる。

▼レンタルサーバー

Webのビジュアルデザインのセオリーを習いたい

➡Go to Chapter 4

Webページの見た目のデザインには、いくつかのポイントがあります。これらのビジュアルデザインのポイントをまとめてみました。

よくできたWordPressのテーマには、これらのセオリーをうまく統合させたものが多く、実際にはテーマを選択するときに意識する必要もありません。

ここではグリッドシステムを使用したWebのビジュアルデザインの基礎・基本をまとめています。細かいカスタマイズの際には、テーマのデザイン性を損なわないように注意してください。

Webページに挿入するボタンなどのインターフェイスデザインについては、特に注意が必要です。テーマのデザイン性にそぐわないようなイラストや背景デザインは、Webサイトの印象をちぐはぐでまとまりのないものにする恐れがあります。インターフェイスを自分で作成しなければならないときには、ほかのデザイナーたちのつくった似たデザインのサイトを参考にしたりしましょう。

Web デザイン
の基本を知る。

▼ページレイアウト

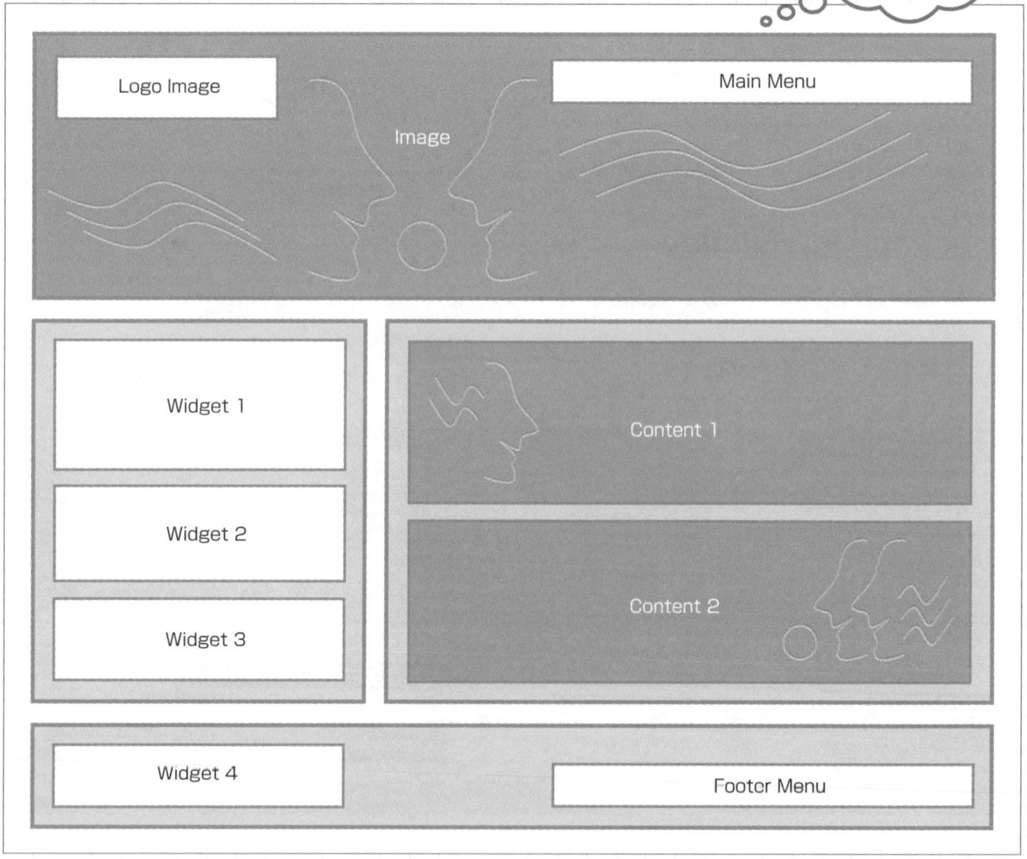

Logo Image
Main Menu
Image
Widget 1
Widget 2
Widget 3
Content 1
Content 2
Widget 4
Footer Menu

スマホユーザー向けブログサイトをつくる

➡Go to Chapter 5

WordPressでWebサイトを管理するときには、PC用の大きなモニターを使うので、ともすると小さなモニターで見ているユーザーのことを忘れてしまいがちです。しかし、実際にはWebページを閲覧するユーザーの多くが、スマホやタブレットのような比較的小さなモニターを使用していることがわかっています。

WordPressのよいところは、1つのWebデザインをつくれば、異なる大きさのモニターに画面表示を最適化できるところです。しかし、スマホなどのモバイルデバイスユーザーを第一に考えるなら、Webサイトの構成やコンテンツ内容の制作段階から、スマホユーザーを意識したテーマを選択したほうがよいでしょう。

実際にスマホでブログサイトや有名企業のサイトを見て、どのような構成がわかりやすいのか、どのようなデザインが見やすいのかをイメージしておきましょう。その上で、ブログサイトのテーマをスマホユーザーファーストのものに選び直してみます。

▼モバイルユーザー向けのWebサイト

KiraKiraTimes

My Hapi2 Blog

スマホユーザーに表示。

タブレットユーザーに表示。

検索サイトからの訪問者を増やしたい

➡Go to Chapter 6

立ち上げたWebサイトをどのようにして告知するのか、ビジネスサイトでは重要な問題です。

現実のショップがある場合は、既存の顧客をオンラインショップへ勧誘するのも比較的容易にできます。

ネット上から顧客を誘導する方法としては、現実のショップと同様に広告を出すことがあります。TwitterやInstagramといったSNSに投稿して、そちらから誘導する方法もあります。

しかし、広告コストをかけずに訪問客を増やす方法としては、検索エンジンの上位に表示させるための方策が有効です。これをSEO対策といい、Googleなどではそのポイントも示されています。

SEO対策を行う過程では、Web統計用のプラグインを使用して、Webサイトの改良ポイントに気付くこともあります。

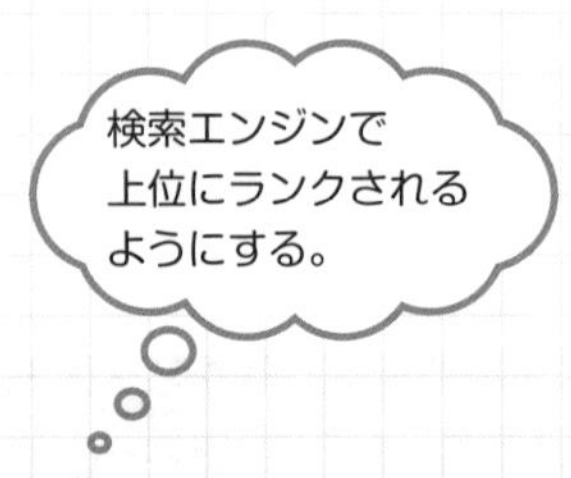

▼Web統計用の機能

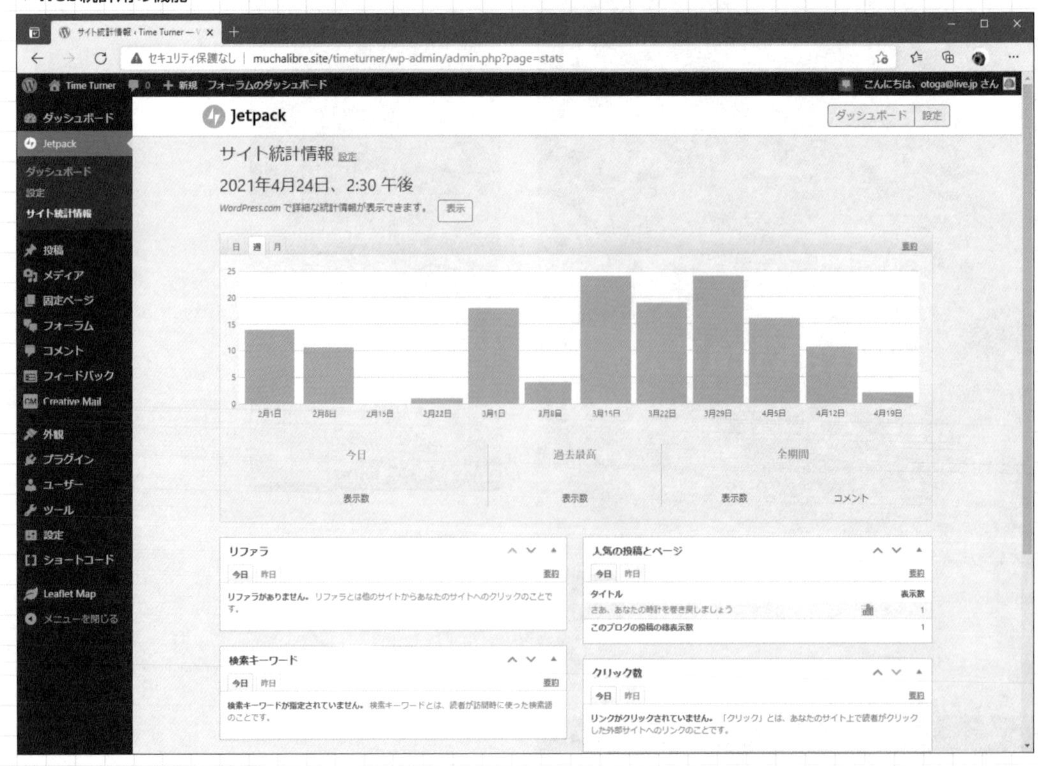

仮想事務所のホームページをつくりたい

➡Go to Chapter 7

街の小さな事務所（仮想の時間探偵社）のホームページをつくります。“懐かしいモノやヒトを探す”という事務所の業務をイメージ化するテーマを採用し、ヘッダーにも自動で画像が切り替わるスライダー機能を取り入れています。

WordPressでこのようなWebサイトをつくるときには、事務所や会社のイメージに合ったテーマを探すことが重要です。

なお、信頼感や清潔感のあるサイトをつくるには、少し硬い印象のテーマがちょうどよいのですが、そういったシンプルで型にはまったテーマは、最新のモノには少ないかもしれません。古いテーマに気に入ったモノが見付かっても、機能が古いと感じたり、必要な機能がなかったりすることがあります。そのようなときは、プラグインで機能を補いましょう。

このChapterでは、本格的なカスタマイズを進めるため、子テーマを利用します。

街のお店のWebサイトをつくる。

▼ビジネスサイト

Webサイトで商売してみたい

➡Go to Chapter 8

立ち上げた小さな事務所のホームページ。事務所のことを知ってもらえるようになりました。今度は、そのホームページで商売をしてみようと思います。

仮想の時間探偵社では、来所の日時を予約できるシステムをホームページに導入します。スケジュールプラグインを使うと、顧客の予約がオンラインでできるようになります。

オンラインで商品を売るためには、オンラインショッピング用のシステムを導入しなければなりません。Amazonや楽天市場などのオンラインショッピングシステムを利用すると、テナント料がかかります。ここでは、オンラインでそこまで大きな商売をするわけではないという設定ですので、無料のプラグインで簡単なオンラインショッピング機能を追加します。

WooCommerceは、WordPress用のオンラインショッピング用のプラグインとして、世界中の多くのサイトで利用されています。ここでは、その導入までを紹介しています。

▼オンラインショップ用のプラグイン

Column WordPressは“自由と協力”

WordPress.orgのホームページには、WordPressがどのようなソフトなのか書かれています。WordPressはオープンソースのソフトであり、その理念や思想に共感したボランティアたちの手によって作成されています。このため、同ホームページによれば、WordPressは「一般公衆使用許諾(GPLv2またはそれ以降)」でライセンスされています。

このライセンスの概要は、同ホームページでは「権利章典」と呼んでいます。以下の4つです。

- どんな目的に対してもプログラムを実行できる自由。
- プログラムの仕組みを調査し、望む動作をさせるよう変更する自由。
- 再頒布する自由。
- 変更を加えた独自のバージョンの複製を他の人に頒布する自由。

さて、本書読者に多いと思われるWebデザイン系利用者も、このプロジェクトへの参加が十分に可能です。WordPressのシステムのソースを書き換えて、より使いやすくしたり新しい機能を加えたりすることだけが、WordPressへの貢献ではないのです。

テーマを作成するには、Webサイトについての深い知識とデザインの素養、そしてプログラミングの経験が必要です。これは少し敷居が高いでしょうか。

プラグインの作成にも、プログラミングの知識は不可欠です。Webデザイナーには難しいかもしれません。

しかし、WordPressにブロック編集が本格的に取り入れられたために、ブロックをうまく組み合わせてWebページをデザインするという、「パターン」と呼ばれるデザイン分野が登場しています。パターンとは、テキストや画像、ボタンなどの要素をデザインしたページをブロックで作成し、そのソースを公開するものです。現在、WordPress.orgの専用ページ(https://ja.wordpress.org/patterns/)からコピーボタンの操作でクリップボードにコピーできます。

このパターンは、誰でも追加できます。美しいレイアウト、デザイン性の高い画像配置、見やすいテキストと使いやすいボタンの配置など、簡単にまねられるブロック編集のソースです。まさにWordPress.orgの理念をデザインにも広げる画期的な取り組みといえるでしょう。

▼パターンページ

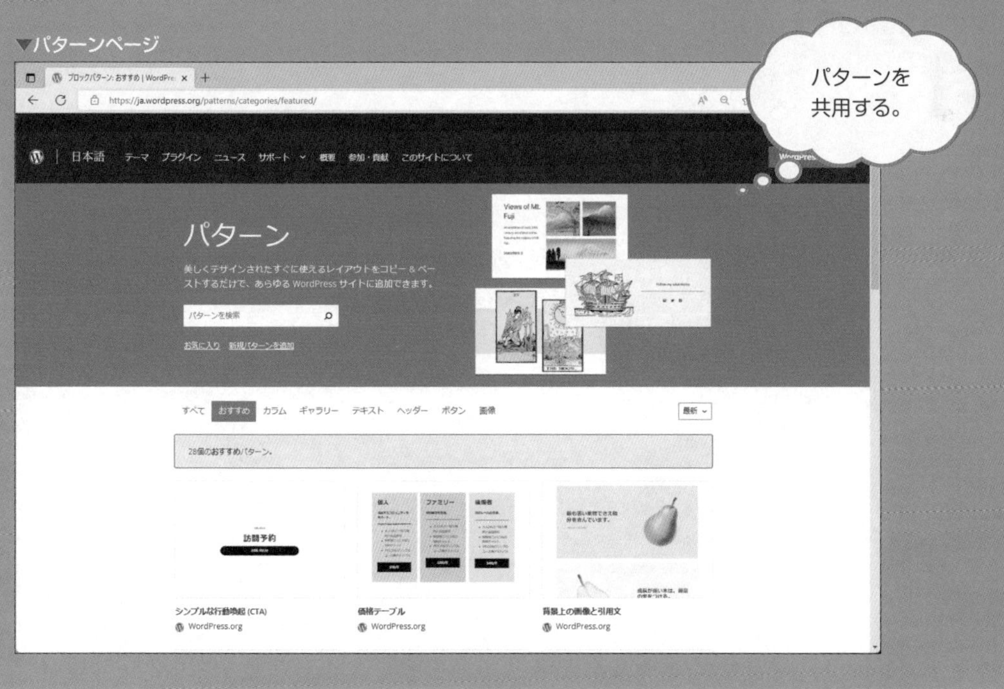

Part 1

タカナは三重県にある林業関係の会社に勤める20歳代の独身女性。趣味の写真やイラスト好きが高じて、自分の絵本を世に出すことを夢見ている。それならばと、SNSの友人からブログをすすめられ、どうせやるなら自分のドメインで本格的にやりたいと決心したのはいいけれど——。

WordPressのことを聞いてから自分でブログサイトを立ち上げるまで

▶ Chapter 1　WordPressを知るというおはなし

▶ Chapter 2　ブログを始めたというおはなし

▶ Chapter 3　レンタルサーバーでブログサイトをつくるおはなし

▶ Chapter 4　Webデザインについて知るというおはなし

登場人物

根来タカナ：自分の絵本を世に出したいなら、まずはブログを勉強したほうがいい、と友人からアドバイスを受け、すぐにその気になった。でも、どこから、どう始めればよいのだろう。

神崎コウヤ：中古車サイトを運営する会社のシステム管理担当。タカナと同じバイクツーリングチームに所属している。タカナからブログサイト立ち上げの相談を受けることになる。

近藤シロウ：神崎の会社と取引のあるデザインオフィスの社長。チラシのデザインで培ったノウハウを活かしてWeb制作も請け負っている。

そうだ！　WordPressがあるじゃないか

WordPressはWebサイト用のソフトにすぎません。しかし、WordPressに会社での成長や仕事の開業を託す人たちがいます。WordPressでつくったサイトが人と人をつなぎます。
それでは、物語の始まりです。

1.1	あのサイトもWordPressでできていたのがわかった話
1.2	WordPressならHTMLを知らなくてもWebページがつくれる話
1.3	WordPressならプログラミングを知らなくてもカートが設置できる話

WordPressがつむぐ物語

何にでも歴史があり、どんなものにも物語があります。世界中で最も使われているWebサイト作成ソフト「WordPress」なら、そんな物語のページをつくれます、きっと——。

根来タカナは、男性が圧倒的に多い林業関係というタフな職場にあっても、毎日、明るく元気だ。たくましい女性のイメージがある半面、タカナにはファンタジーな一面もあった。子供の頃に読んだ新美南吉の「ごんぎつね」のような物語が大好き。かわいい動物や森の妖精が出てくる子供向けの絵本をつくりたい、というのがタカナの夢なのだ。
これまでにも、物語をつづりイラストを描いて、絵本関係のいろいろな賞に応募してみた。しかし、結果はどれも1次審査でボツ。

タカナの所属しているバイクツーリングチーム「MIKOTO」、今日は城を目指したツーリングで途中休憩に入っていた。

コウヤ 「タカナさん、疲れたのかい？　ちょっと元気がないけど。大丈夫？」

タカナ 「神崎さん、ありがとうございます。私はいつも元気いっぱいですよ、と言いたいところですが、実は、また○○絵本大賞の1次に落ちちゃって」

コウヤ 「そうだったのか。タカナさんは絵本を出すのが夢だと言っていたね」

タカナ 「はい。大勢の子供に私の絵本を知ってもらえたらいいなって」

コウヤ 「なら、本の形にしなくても、多くの人に見てもらう方法があるよ。ウェブに載せるのさ」

タカナ 「ウェブか……。見てくれるかな？」

コウヤ 「見てくれる人、つまりファンを増やすには、ブログがおすすめだよ」

タカナ 「ブログ！　私もバイクのブログはよく見ます。そうか、ブログね。やってみます！　神崎さん、ブログのこと教えてください」

コウヤ 「えっ、いいよ。わかった。それじゃ、まずワードプレスから教えるね」

タカナ 「ワードプレス？」

Section 1.1

Level ★★★

あのサイトもWordPressでできていたのがわかった話

Keyword　企業サイト　テーマ　プラグイン　Webサイト

WordPressを使えば、誰にでも簡単にブログが始められます。さらにWordPressでは、デザインや機能にこだわって個性的なWebサイトにすることだって簡単です。クリエイターやデザイナーなら、WordPressのWebサイトに挑戦してみましょう。

WordPressでつくられた企業サイトを訪問する

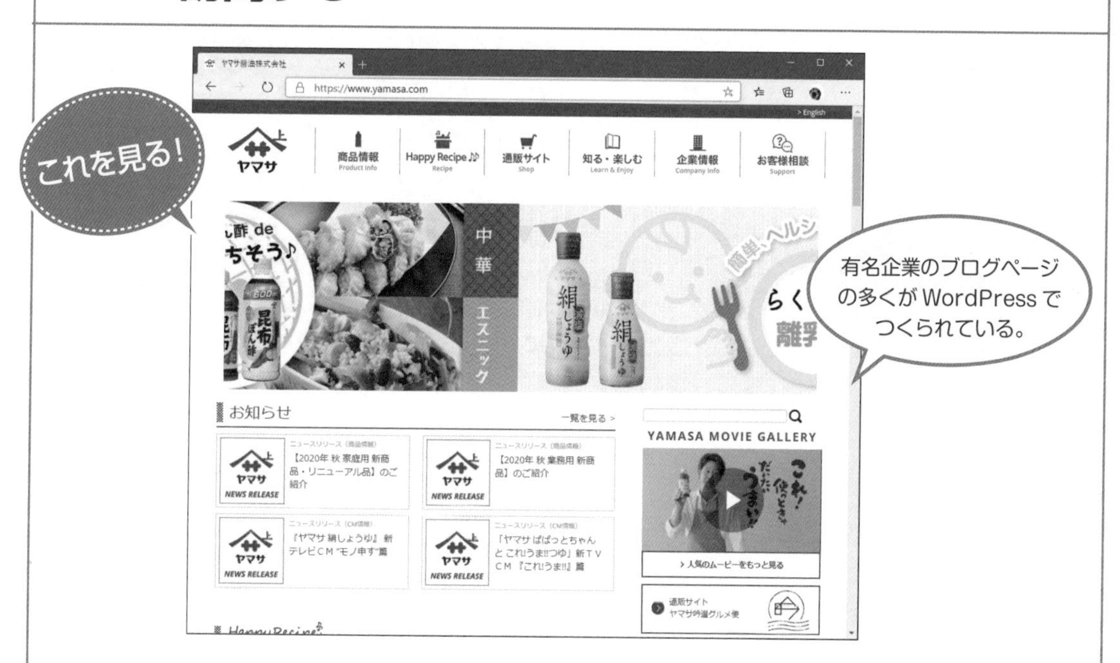

スタートする前にゴール地点、つまりでき上がりの状態を知っておくのはよいことです。Webサーフィンは日常的にしていても、Webページの多くがWordPressでつくられているということには、ほとんど気付きません。

確かに大きな企業のWebサイトは、プロのWebデザイナーが手がけているものですが、使っているのがWordPressであるなら、道具は同じということです。あなたもきっと、そこに近付くことができるはずです。

WordPressでつくられているページを観察する

- ソースを表示する。
- WordPressでつくった痕跡を発見する。
- デザインを評価する。
- 自分のデザインに活かす。

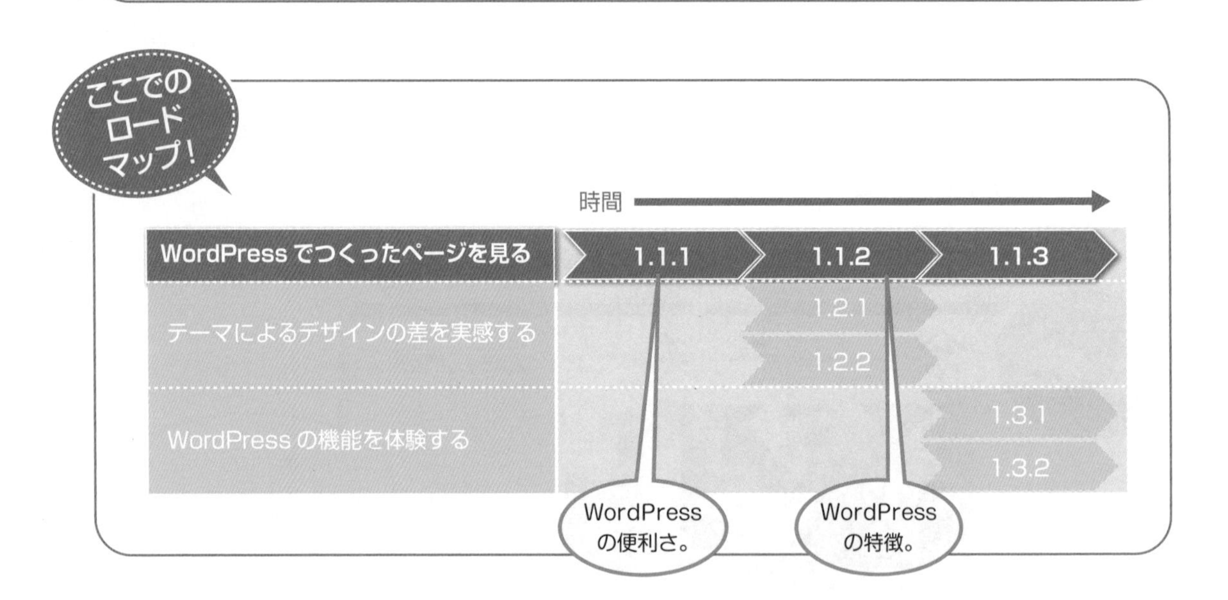

1.1.1 WordPressの便利さを知ろう

本書ではこれから、「WordPress」の便利さや使いやすさ、豊富に揃(そろ)った質の高いデザイン、高機能な面などについて総合的に紹介していきます。

WordPressでつくられたWebサイト

「おたるぽーたる」のホームページも、この「**WordPress**」でつくられています。「Microsoft Word」が、見栄えよく文書を作成するためのソフトであるのと同じように、WordPressはあなたがWebページを作成する手伝いをしてくれます。

一言でWebページといっても、配置されるコンテンツ（画像やイラスト、テキストボックスなど）のレイアウトやデザインは、つくり方によって様々です。

例として取り上げた「おたるぽーたる」のホームページのように、公的なホームページでは、わかりやすさがデザインの第一のポイントになります。

▼おたるぽーたる（スマホ版）

メニューバー：
スマホ用として編集されていると思われるメニュー。

ロゴ：デザインされた画像が使用されている。

メニューボタン：
小さな画面でも見やすく、操作しやすいように、各コンテンツページへの移動ボタンは、画像と文字による大きなボタンとなっている。

画面サイズによってレイアウトが切り替わる

今度は、「おたるぽーたる」のホームページをコンピューターのWebブラウザーで見てみましょう。

スマホの小さな画面と違い、ページを縦や横に区切ったレイアウトになっています。また、一度に表示される情報も多くなります。

▼おたるぽーたる（PC版）

WordPressでホームページを作成するときには、このように、画面サイズによるレイアウトの変更、コンテンツの表示切り替えが自動で行われるように設定できるのです。

今日では非常に多くの人が、スマホやタブレットを使ってWebページを閲覧しています。一方、多くのサイトを効率よく回ったり、しっかりした情報を短時間に得たりするときには、大画面のPCモニターを利用します。

WordPressでは、スマホとPCモニターの両方に最適化されたデザインで、Webページを作成するとき、PCを基準としたWebページを1つだけ作成しておき、それをスマホ用に自動変換することもできるのです。

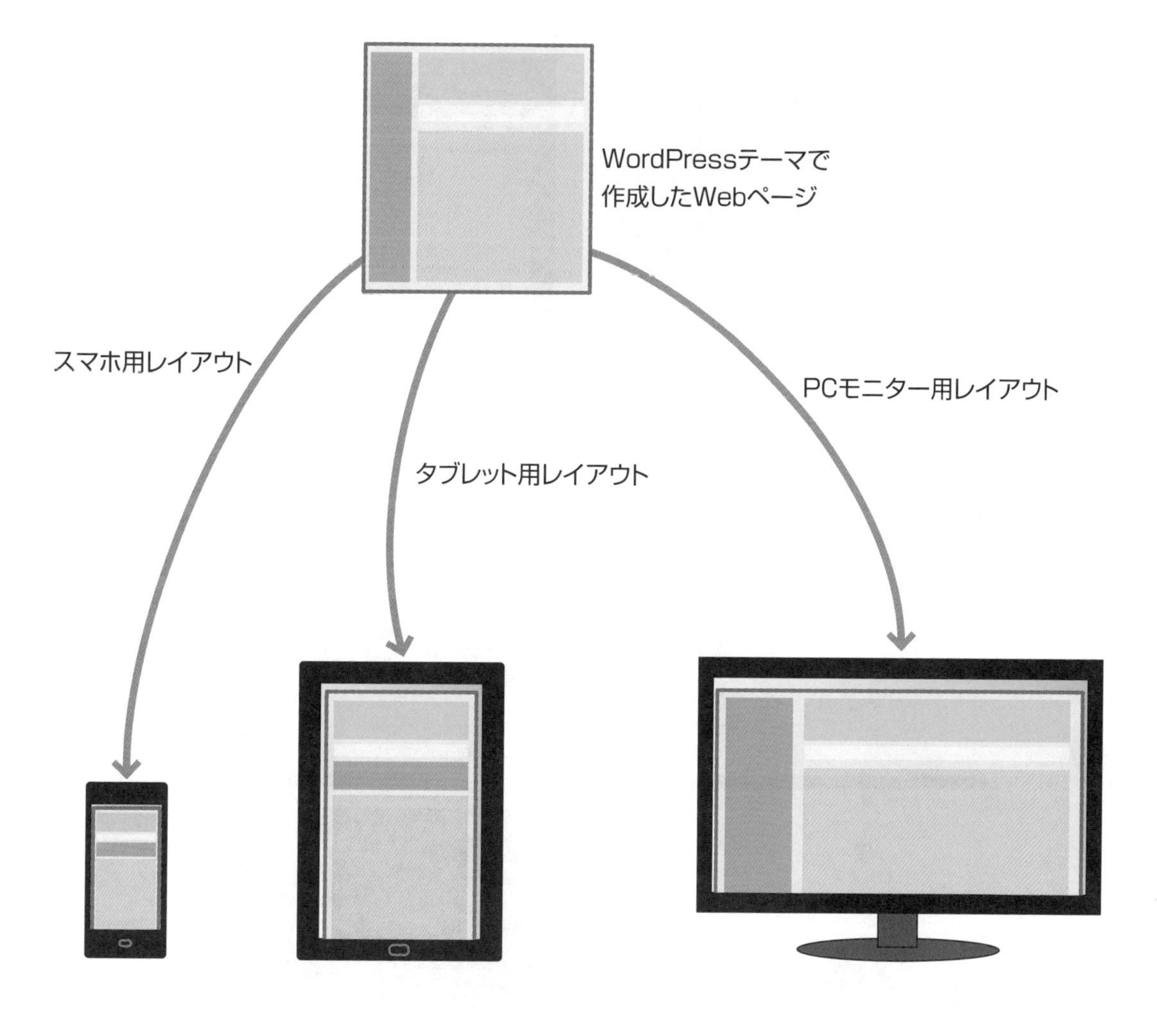

WordPressでは、Webサイトの求めるイメージに合ったデザインがいくつも用意されていて、Webサイトの基本デザインをゼロからつくる必要はありません。あなたはそこから選ぶだけです。

プロがつくってもあなたがつくっても、デザインの大まかなところは変わりません。

このように、手軽にWebサイトが作成できるWordPressですが、非常に多くのプロも使っています。海外では、大企業のブログサイトでの利用が多いWordPressですが、国内でも多くのWebサイトで利用されています。

WordPressは、ブログ機能のほかに固定ページを作成する機能も充実しているため、ブログを併設したビジネスサイトやコーポレートサイトでの利用も多くあります。

中にはEC機能を備えていて、オンラインショッピングができるサイトもあります。

● Webサイトの基本デザインを探ってみましょう

▼清里観光振興会

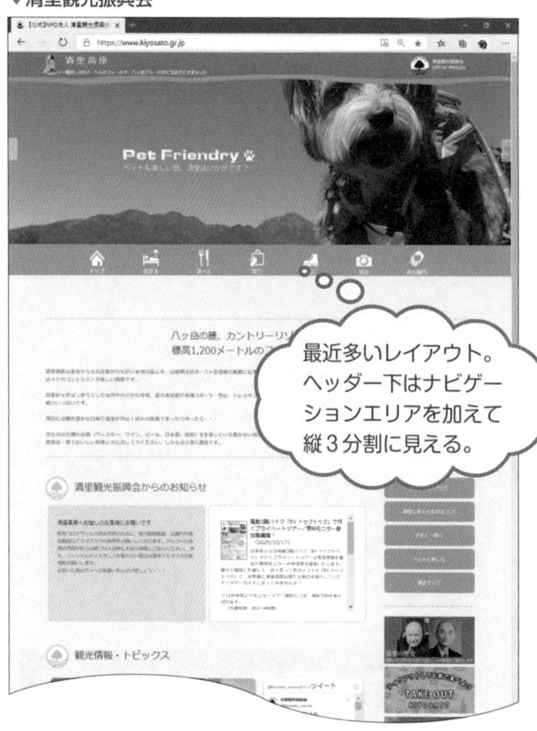

▼大阪城天守閣

▼山崎医院

▼Bella Vista

▼3COINS

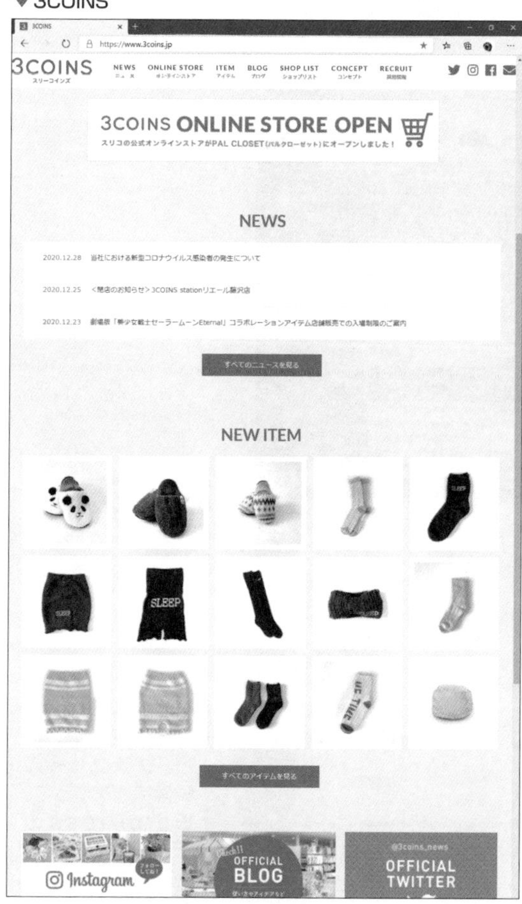

WordPressでは、多くのWebサイトで利用されている基本的なレイアウトのひな形が数多く揃っています。また、ひな形によってはコンテンツエリアの列数も変えられるものもあります。

ネットショッピングを目的としたサイトで、商品の特徴を伝えるアイキャッチ画像をぎっしりと表示している。

Webページのソースで WordPressを確認する

Onepoint

WordPressは、大企業のホームページや誰もが知っている商品のサイト、有名人のブログなどでも使われています。

そういったページがWordPressで作成されていることがなぜわかるかといえば、Webページのソースを見ると、WordPressがつくったという証拠が残されているからです。

例えば、おたるぽーたる（https://otaru.gr.jp/）を表示してソースを表示しましょう。Edgeなら、ページを表示して、Ctrl+Uキーを押します（Google Chromeも同じショートカットキーでソースが見られます）。

表示されたソースの中に、「WordPress」や「wp-content」などのワードを見付けることができるでしょう。

0 自分の夢を発信する
1 WordPressがある
2 ブログをしてみる
3 どうやったらできるの
4 ビジュアルデザイン
5 ブログサイトをつくろう
6 サイトへの訪問者を増やそう
7 ビジネスサイトをつくる
8 Webサイトでビジネスする
資料 Appendix
索引 Index

開発者ツールでWordPressを確認する

「ソース」つまり、Webページのデザインとコンテンツを示しているテキストの内容を表示してWordPressの痕跡を追跡するのに、EdgeなどのWebブラウザーの開発者向けの機能（開発者ツール）を使うこともできます。

「おたるポータル」などのサイトをEdgeで開いて Ctrl ＋ Shift ＋ I キーを押すと、Microsoft Edge DevToolsという開発者ツールが起動します。この開発者ツールでは、Webサイトの分析を行います。Webサイト構築にWordPressが使われていれば、WordPressの設定や構成などの様々な情報を知ることもできます。例えば、ベースとなっているWordPressのテーマ、使われているフォントの種類やサイズ、そのほかのCSSの設定内容、プラグインの情報などもわかります。

1.1.2 WordPressとは

WordPressは、世界中の多くのWebサイトを作成するのに使用されています。その実力は、特に国外で圧倒的です。

WordPressは、アメリカやイギリスで開発されてきた背景もあり、英語圏での利用が多かったのです。近年は日本国内でもその実力が認められて、新しくWebサイトを作成したり、これまでのサイトをリニューアルしたりする際に、WordPressが採用される方向にあります。

WordPressの特徴

マット・マレンウェッグ（Matt Mullenweg）とマイク・リトル（Mike Little）の2人による開発から始まったWordPressは、初期の頃からずっとオープンソースのソフトでした。

WordPressは、PHPで開発され、データベースのMySQLと連携してブログやWebページの作成を動的に行います。さらに、WordPressがもてはやされるのは、サイトの運営や管理も得意だからです。このことから、WordPressは**CMS**（content management system）として扱われます。

ここでは、2003年頃から開発が始まり、現在も発展を続けているWordPressの特徴のいくつかをピックアップして紹介しましょう。

一流のデザインが手軽に手に入る

WordPressで作成するWebページには、ひな形があります。

世界中のWebデザイナーが腕を競って、WordPress用にWebページのひな形を提供しています。これを**WordPressテーマ**（本書では単に「**テーマ**」とも表記）といいます。

テーマでは、Webページに配置するコンテンツのレイアウトのほか、文字や背景色の色調もデザインされています。そしていくつかの機能も備わっています。

利用者は、作成するWebページに合わせてテーマを選択します。コンテンツは自分で用意しますが、ブログサイトならテキストと写真を用意するだけです。

WordPressのソフトのインストール作業は簡単ではありません。Webサーバーも必要です。しかし、これらの面倒な作業や設定は、WordPressのオンラインサービスを利用することで省くことができます。

WordPress.comは、世界中から利用されているWordPressのオンラインサービスです。ブログサイトを公開するのに、アカウント作成から始めても30分はかからないでしょう。

0 自分の夢を発信する
1 WordPressがある
2 ブログをしてみる
3 どうやったらできるの
4 ビジュアルデザイン
5 ブログサイトをつくろう
6 サイトへの訪問者を増やそう
7 ビジネスサイトをつくる
8 Webサイトでビジネスする
資料 Appendix
索引 Index

WordPressにはひな形が多くある

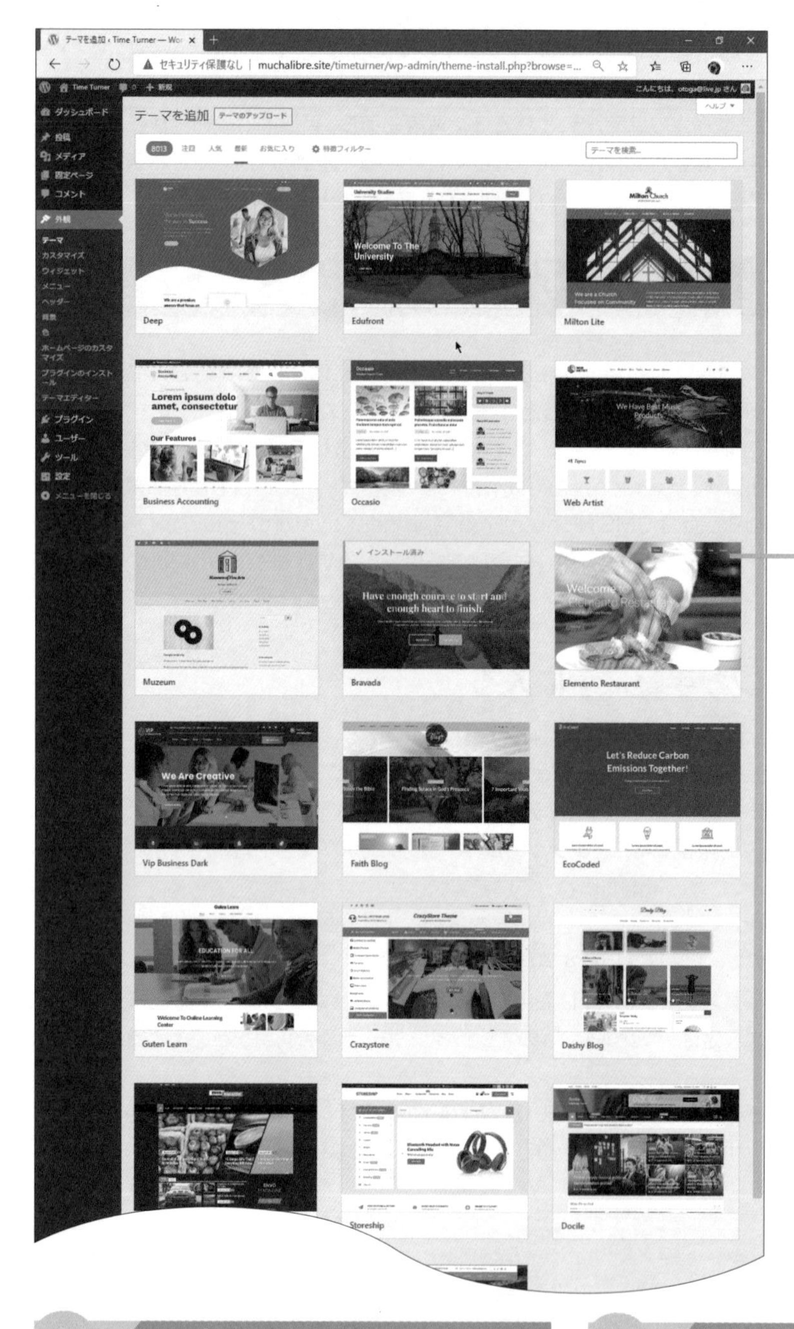

一流のWebデザイナーのひな形（テーマ）を使って自分のWebサイトがつくれる。

nepoint

WordPress.comに登録されているテーマは、WordPress.comの審査をパスしたものばかり。デザイン性はもちろん、機能的にも優れたものが多く登録されています。

nepoint

WordPressのひな形はテーマとして流通しています。

ほしい機能はあとから追加できる

ブログサイトには、ブログの運営に必要な機能が備わっていなければなりません。

投稿するブログ記事を作成したり編集したりする機能はもちろんですが、読者にコメントを書いてもらったり、閲覧制限をしたり、メールから投稿したりする機能も必要です。

WordPressは、もともとブログ用のソフトとして開発されてきた経緯があり、ブログの作成や管理はお手の物ですが、いまでは、デフォルトの機能として、ブログのページではない、一般的なWebページ（WordPressでは**固定ページ**または単に**ページ**といいます）の作成や管理もできます。

このようなWordPressの基本機能のほかに、WordPressではほしい機能をあとから追加することができます。この、追加や削除が自由にできる機能のことを**プラグイン**といいます。

プラグインは、誰でも自由に開発できます。そのため、腕自慢のWebプログラマーによる質の高いプラグインが世界中から集まっています。

▼WordPressのプラグイン

Attention

テーマには、独自の機能をあらかじめ持ったものもあり、同じような機能をプラグインで導入すると、干渉して適切に働かない場合もあります。そのため、プラグインの使用には注意が必要です。

Onepoint

WordPressの追加機能はプラグインとして実装します。

カスタマイズできる

WordPressは、Webページを動的に作成します。動的とは、ブラウザーからWebサーバーにページのリクエストがあってから、HTMLを組んで送信するということです。つまり、ブラウザーからリクエストがあってから、WordPressがWebページを組み立ててHTMLにし、ブラウザーに送信します。このためのプログラムはPHPで書かれており、データベースのMySQLによって管理されているコンテンツを呼び出して、1ページを構成しています。

構成されたページのレイアウトや文字修飾などは、CSSファイル（スタイルシート）によって行われます。

こうして、WebブラウザーにWebページが表示されます。

WordPressでは、ページを構成するPHPファイル、デザインを定義するCSSファイルを自由にカスタマイズできます。ただし、これらのファイルをカスタマイズするには、プログラミングやCSSの知識と経験が必要です。

▼スタイルシートの編集

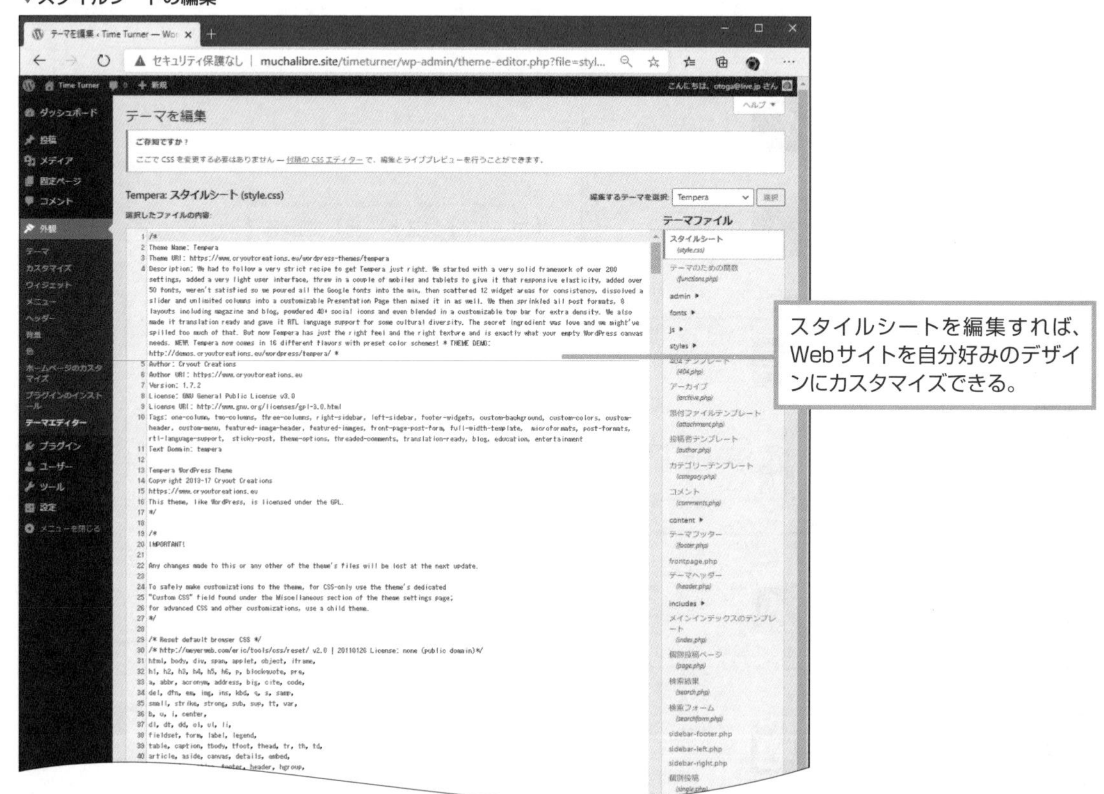

Onepoint

スタイルシート（style.css）ファイルを開いて、直接、編集できます。スタイルシートのプロパティリファレンスは、巻末の「Appendix 2」を参照してください。

Onepoint

テーマのテンプレートファイルは、自由にカスタマイズできます。

1.1.3 デザインスタイルを簡単に変えられる

執筆時点のWordPressのメジャーバージョンは6ですが、少し前のバージョンであるWordPress 5.8からブロック編集が取り入れられています。また、バージョン5.9からはGutenbergプラグインを用いることでフルサイト編集に対応し、現行バージョンではWordPress本体がその機能を備えるようになっています。

フルサイト編集

「フルサイト編集」とは、ブロックを使ってサイト全体のデザインを簡潔に記述できるということで、WordPressエディターの過渡期にだけ"意味のある"語句です。WordPressの進化が進んで、ブロック編集やフルサイト編集が当たり前となったときには、歴史的な言い回しとなるかもしれません。

「ブロック編集」は、コンテンツごとに独立した設定を施すことを目的として、洗練されてきたテクノロジーです。都市開発によるインフラ整備などが、工業地区、商業地区、文教地区、居住地区、行政地区などのブロック(地図上の区割り)によって区別して行われるように、Webページを、見出し、画像、テキストなどのブロックに分けて、それぞれにデザインを設定するわけです。さらに、「フルサイト編集」では、従来のヘッダー、サイドバー、フッターといったテンプレートも、ブロックによってデザインします。

従来のWordPress(特に5.8より前)の操作に慣れているユーザーは、コンテンツ作成/編集用のユーザーインターフェイス(UI)の違いに戸惑うでしょう。すでに呼び名としては、従来のエディターは「クラシックエディター」と呼ばれており、プラグイン(その名も「クラシックエディター」プラグイン)をインストールすることによって、下位互換が保たれます。

▼クラシックエディター

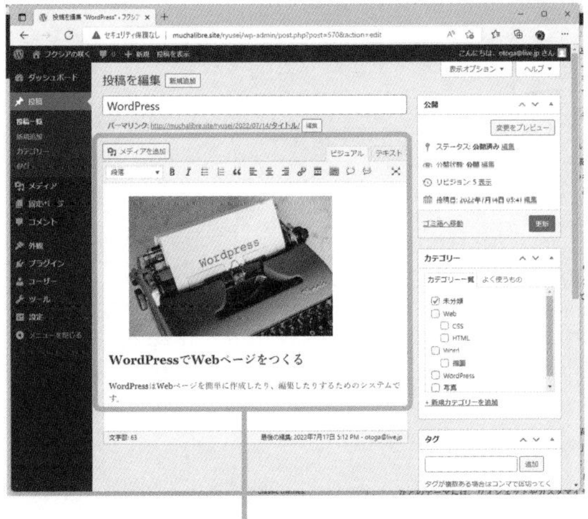

クラシックエディターのUI

▼ブロックエディター

ブロックエディターのUI

ブロックテーマの全体のスタイルを変更する

「ブロックテーマ」とは、現在のWordPressのブロック編集に対応したテンプレートを持つテーマです。

ブロックテーマは従来のテーマと異なり、サイト全体のデザインスタイル（グローバルスタイル）を統括するために「theme.json」ファイルを持ちます。さらに、サイト全体のデザインをまとめて変更するため、「blue.json」「pink.json」「swiss.json」などのjsonファイルを持つことができます。

ここでは、Twenty Twenty-Twoテーマを使ってつくられているWebサイトで、フルサイト編集の威力を見てみることにします。

WordPressのインストール時に設定したアカウント（管理者アカウント）でWebサイトにサインインしたら、Webページ最上段の「サイトを編集」をクリックします。すると、フルサイト編集モードでページが開きます。

続いて、やはりページ最上段右端付近にある◐（スタイル）ボタンをクリックします。すると、ページの右にスタイルウィンドウが開きます。

▼ブロックスタイルを変更

スタイルウィンドウの「表示スタイル」をクリックすると、サイト内のページにまとめて設定可能なデザインスタイルの一覧が表示されます（この表示スタイルは、テーマによっては設定できないこともあります）。一覧からデザインスタイルを選択すると、その結果がリアルタイムに左側のページに反映されます。

▼デザインデータの一括変更

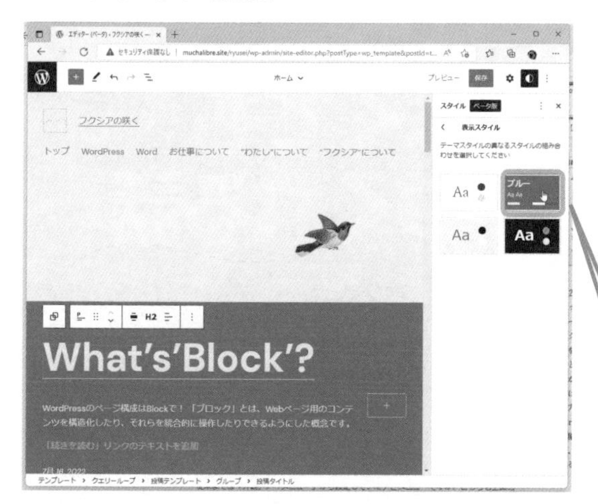

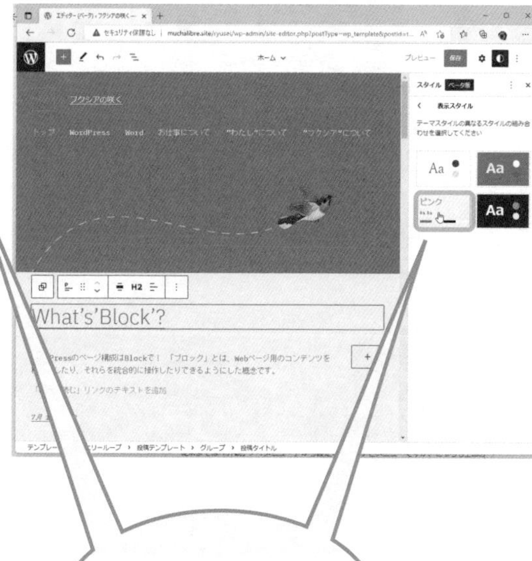

Column WordPressとジャズ

WordPressに限らず、特に海外のソフトウェアには、バージョンごとに開発コードが付されることがよくあります。Windows 95（Chicago）、Windows 98（Memphis）など、Max OS Xでは、大型猫族の名前が付いていました（Cheetah、Puma、Jaguarなど）。

WordPressでは、開発者たちの好きなジャズプレーヤーの名前が付いています。栄えある最初のコードネームは、ジャズ・ジャイアントの1人、「Miles Davis」！

その後のコードネームには、「John Coltrane」（v.2.7）、「Billie Holiday」（v.4.3）などの有名なアーチストたちが名を連ねています。ただし、最近のコードネームでは、ジャズプレーヤー、ジャズシンガーの枠を少し拡大しているようです。それだけ、WordPress自体も歴史を築いてきたということでしょう。

なお、歴代のコードネームは、WordPress.orgの歴史ページ（https://ja.wordpress.org/about/history/）で見ることができます。また、そのページからは、音源サイト（https://www.last.fm/tag/wordpress-release-jazz）へのリンクもあります。

Section 1.2

Level ★★★

WordPressならHTMLを知らなくてもWebページがつくれる話

Keyword　テーマ　デザイン　CSS

　デザインセンス抜群のWebページを見ると、こんなすごいページが自分にもつくれるとはとても思えないかもしれません。HTMLを知らなければ、文字や画像の配置もわかりません。しかしWordPressでは、コンテンツさえあれば、デザインの素人でも、まとまったデザインのWebページができてしまうのです。

WordPress.comでブログサイトをつくる

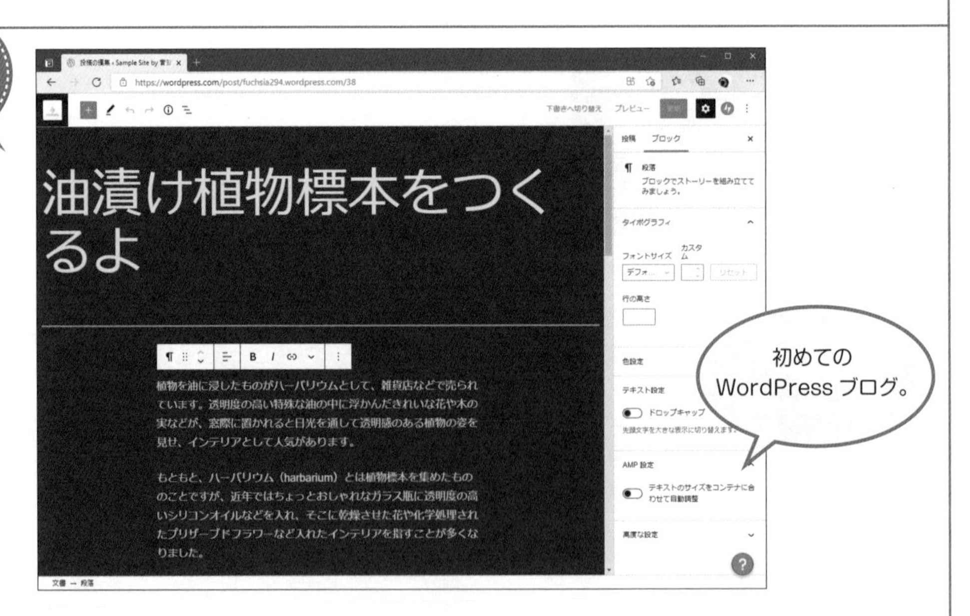

　WordPress.comにアカウントをつくって、とりあえずコンテンツを投稿してみましょう。無料のブログサイトと同じで、レイアウトなどを整えなくても、投稿記事はキレイに表示されます。

　ページのデザインを変えるには、テーマを替えるだけです。テーマを替えると、ページの印象もずいぶん変わります。自分がつくろうとしているサイトに合ったデザインのテーマを探してみましょう。

ここがポイント!

テーマの違いを知る

- テーマを切り替える。
- デザインでページの印象が変わるのを実感する。
- デザインがCSSファイルによって変わることを知る。

ここでのロードマップ!

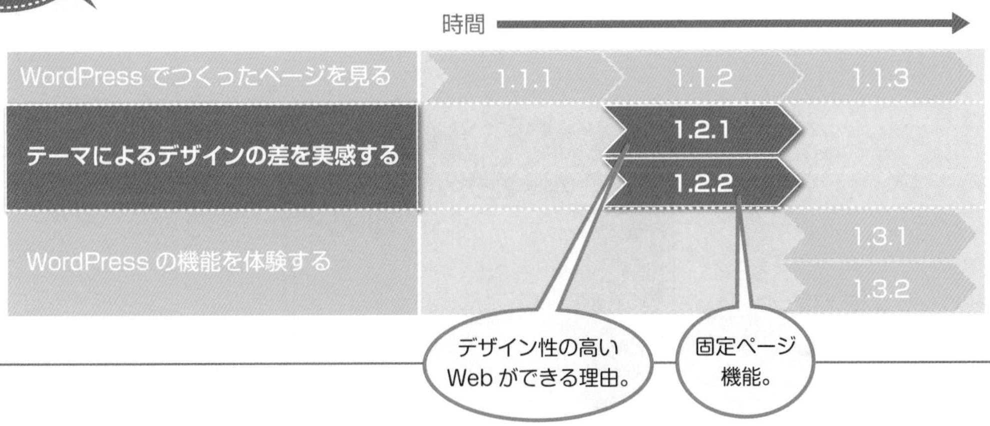

時間 →

WordPressでつくったページを見る	1.1.1	1.1.2	1.1.3
テーマによるデザインの差を実感する		1.2.1 1.2.2	
WordPressの機能を体験する			1.3.1 1.3.2

1.2.1：デザイン性の高いWebができる理由。

1.2.2：固定ページ機能。

Memo テーマは自分でもつくれる

WordPressのテーマは、誰でもつくれます。その方法については本書では割愛しますが、興味があれば、WordPressサポート(https://ja.wordpress.org/support/)を探してみてください。

なお、そのとき作成することになる主なファイルは、style.css(メインのスタイルシート、必須)、index.php(メインテンプレート、必須)、rtl.css、comments.php、front-page.php、home.php、single.php、page.php、category.php、tag.php、taxonomy.php、author.php、date.php、archive.php、search.php、attachment.php、image.php、404.phpです。

自分でテーマをつくるときは、手始めにテーマ名が「Twenty」から始まるWordPressデフォルトのテーマを参考にして、カスタマイズするつもりで行うのがよいでしょう。

1.2.1 デザイン性の高いWebページが簡単にできる理由

HTMLやPHPを知らなくても、WordPressならデザイン性の高いWebサイトをつくることができます。これは、世界中にいる非常に多くのWebデザイナーたちがWordPress用のテンプレートを公開しているためです。

デザインはテーマで決まり

Webデザインには流行があります。Webサーフィンをしていて、"古い"と感じるページは一目でわかりますよね。ページを領域（カラム）に区切っていないのは昔のWebページです。

現在主流のWebデザインといえば、ヘッダーとフッター、そしてコンテンツといった内容をカラムで区切ったレイアウトです。

WordPressでは、Webページを構成するこれらのパーツは、それぞれ別のPHPファイルによって作成されます。これらの領域の組み合わせ方、色の扱い、ボタンのデザイン、文字の書体やサイズの選択など、デザインの要素は多岐にわたります。

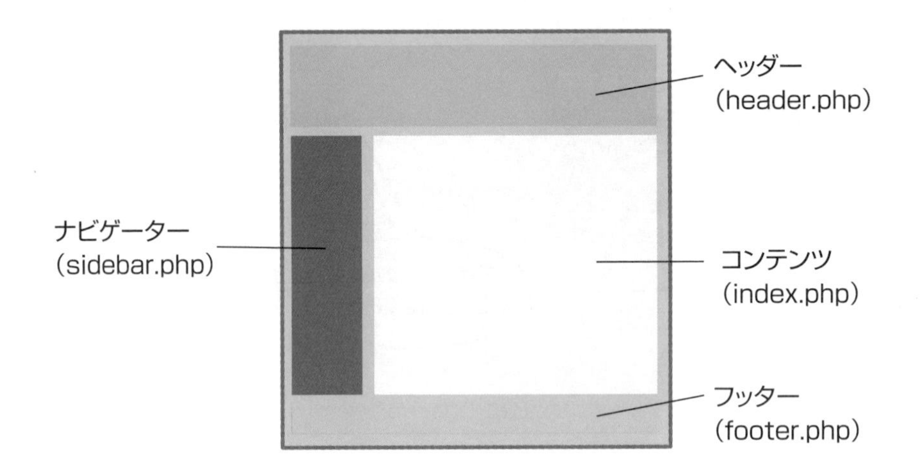

WordPressでは、デザイナーによるデザインのまとまりを**テーマ**といいます。同じコンテンツでもテーマを替えるだけで、Webサイトの雰囲気がまったく違ったものになります。

▼テーマ例1：Orivis

▼テーマ例2：Qwadra

▼テーマ例3：Lingonberry

▼テーマ例4：Brompton

▼テーマ例5：Together

▼テーマ例6：Button2

Memo テーマの内容はよく検討しよう

WordPressのテーマやプラグインには、無料のものと有料のものがあります。無料のものでも「オプションは有料」という場合があります。

有料のテーマには、デザイン性だけでなく機能面でも即公開できるようなものから、デザインに重点を置いていて、機能面ではほとんど追加のないものまであります。

有料のテーマを選択する場合には、料金を払う前に内容をよく検討するようにしたいところですが、WordPressのテーマやプラグインの多くは、世界を市場と考えているため、たとえ日本人が開発していたとしても、英語での説明書きしかない場合もあります。

▼有料テーマの例

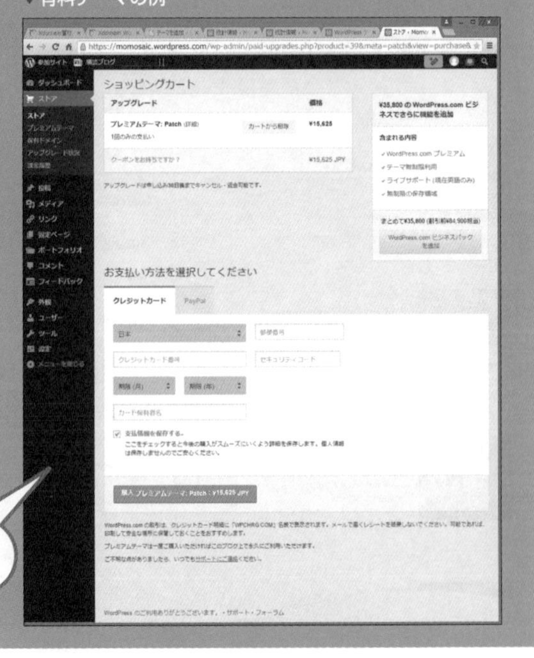

デザインはCSSに従う

いまのHTMLは、テキストや画像などの指定はHTMLで記述しますが、テキストの書体、サイズ、寄せ、色などの文字修飾、画像サイズ、文字の回り込みなどは、別に用意するファイルで設定するようになっています。

たとえスタイルシートを知らなくても、WordPressでは、簡単なデザイン上のカスタマイズができます。それぞれのテーマには、**カスタマイザー**と呼ばれるデザイン変更のためのユーザーインターフェイスが付いていて、これを設定することで、タイトルの変更、ヘッダーへの画像挿入や色調の切り替えなどができます。

▼カスタマイザー

Onepoint

テーマに付いているカスタムメニューをカスタマイザーといいます。配色などの変更は、**カスタマイザー**で簡単にできます。

さらに、ほとんどのテーマには、**テーマオプションページ**が用意されていて、デザインのもっと細かなカスタマイズも簡単にできます。

スタイルシートの知識があれば、WordPressのダッシュボードを使って、スタイルシートファイル（style.css）を直接編集することもできます。

なお、このCSS（カスケード・スタイル・シート）の直接編集には、レンタルサーバーなど、自由度の高い環境が必要です。無料の「WordPress.com」では、スタイルシートの編集はできません。

▼スタイルシートの編集

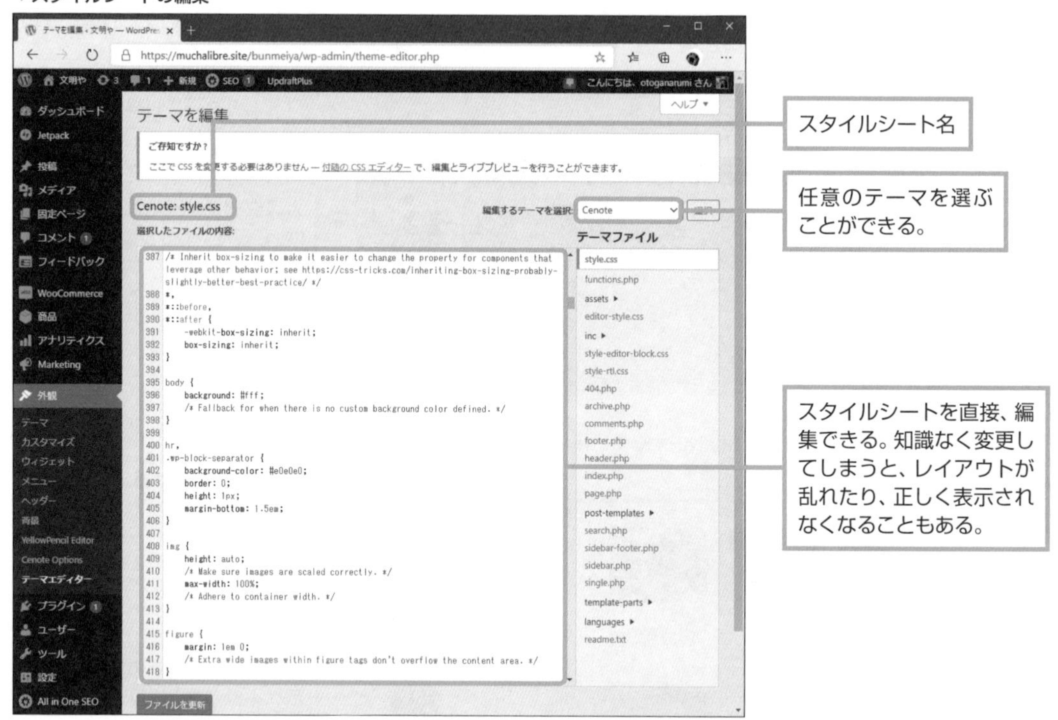

Onepoint

WordPressのページデザインはスタイルシートで管理しています。全体のデザインをカスタマイズするには「style.css」を直接編集します。

1.2.2 ブログとホームページの両方に対応

WordPressの進歩の歴史からいうと、もともとはブログ用のソフトでした。いまでもメインはブログ用として更新が行われているようです。

しかし、使い方によっては、企業などのホームページの制作を行うことも十分に可能です。

ホームページ作成に固定ページ機能を使う

ブログでは、投稿した記事の内容が様々に加工されて表示されます。通常は時間軸に沿って、新しいモノから古いモノへの順に表示されますが、これらの投稿記事を、月ごとにまとめたり、タグによってまとめたりできる柔軟性がブログの利点です。

▼ブログページの例

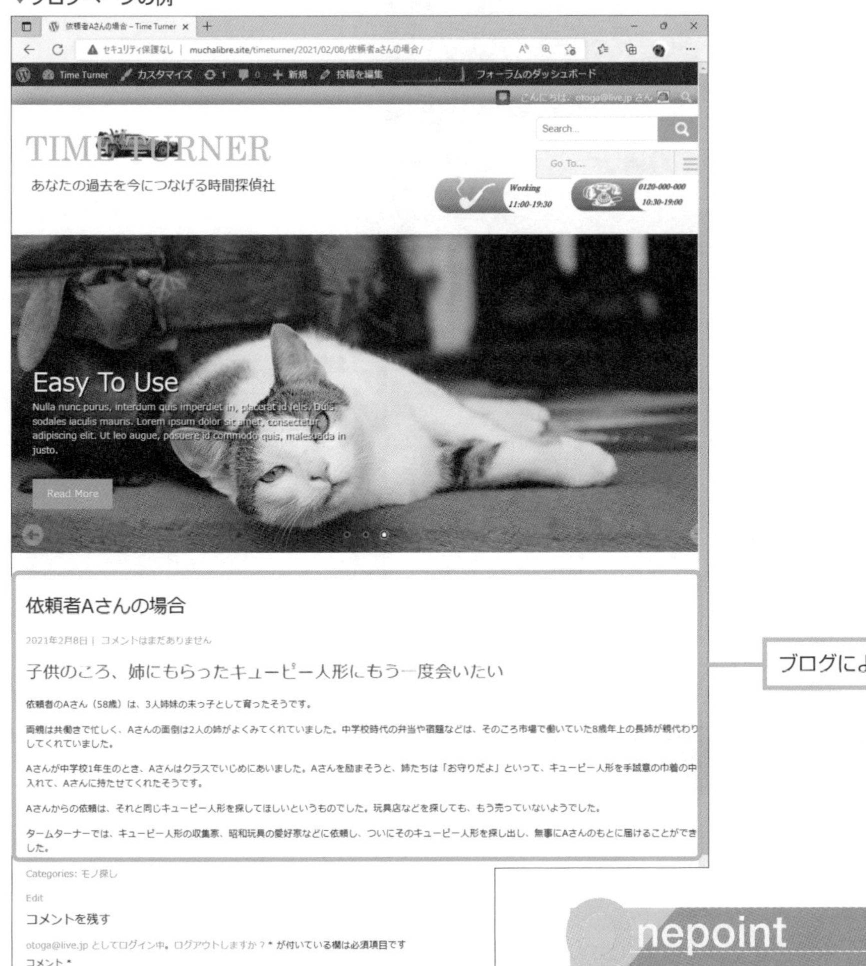

ブログによる投稿記事。

Onepoint

ブログによる投稿は、英語では「post」と表記されるため、投稿することを「ポストする」と表現することがあります。

0 自分の夢を発信する
1 WordPressがある
2 ブログをしてみる
3 どうやったらできるの
4 ビジュアルデザイン
5 ブログサイトをつくろう
6 サイトへの訪問者を増やそう
7 ビジネスサイトをつくる
8 Webサイトでビジネスする
資料 Appendix
索引 Index

しかし、ホームページでは、この柔軟性がアダになります。会社案内のページや社長の写真の載った会社理念のページが、日記のように毎日変わるのでは、信用ガタ落ちです。

WordPressでは、投稿記事用のページのほかに**固定ページ**という種類のページが作成できます。文字どおりの"しっかり固定されたページ"です。固定ページはメニューにすることもできるため、「会社案内」や「アクセス」などのページをつくるのに便利です。

▼固定ページの例

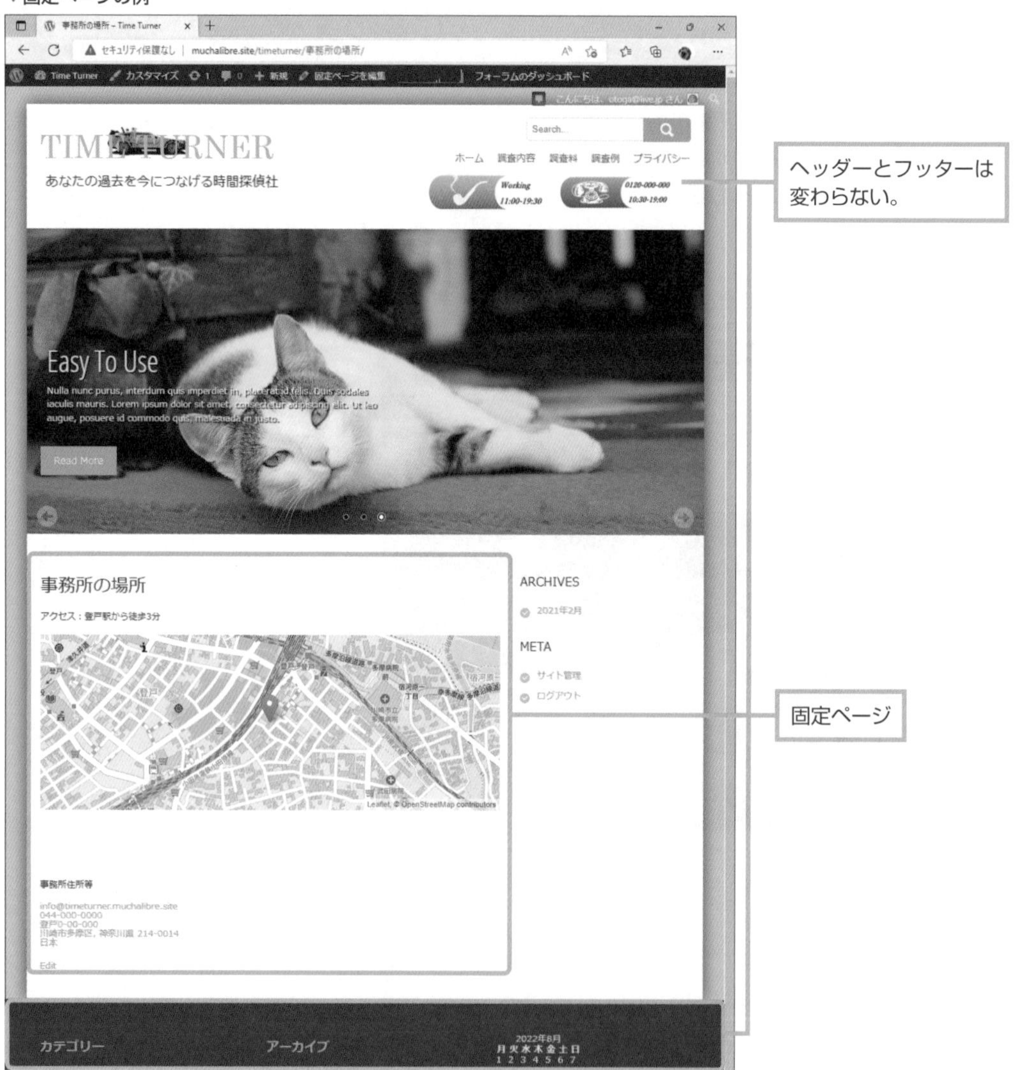

Onepoint

WordPressは投稿（ポスト）と固定ページ（ページ）の2つを混在させて管理します。

固定ページは、投稿と違ってカテゴリーやタグによる分類はできませんが、ページに親子関係を設定したり、ページごとに異なるテンプレートファイルを適用したりできます。

Hint テンプレートファイルとWordPress関数

WordPressが動的にWebページを作成するときのページ表示の指示書が**テンプレート**です。例えば、投稿記事の場合はsingle.phpというテンプレートファイルの指示に従ってページが作成されます。

例として「Twenty Fifteen」テーマの「single.php」（単一記事の投稿）を編集モード（テーマの編集）で開いてみましょう。

▼single.php （Twenty Fifteenテンプレート）

```
<?php
  （コメント省略）
get_header(); ?>
  （以下省略）
```

まず、「<?php」から始まって「?>」で終わっている部分が、PHPによって動的に生成されるWebページをHTMLタグに埋め込むところです。ここを**PHPコードタグ**と呼びます。

どんなデータを埋め込むかは、PHPコードタグの内部に記述します。

「get_header()」は、**WordPress関数**（**テンプレート関数**）と呼ばれるものの1つで、WordPressが取得可能なデータに対して、どんな操作を行うかを記述する部分です。「get_header()」は、文字どおりヘッダー部分を読み込むための関数です。

ヘッダー部分は、「header.php」という別のテンプレートファイルになっています。このように、テンプレートファイルの中で別のテンプレートファイルを読み込むことを**インクルード**といい、「get_header()」や「get_footer()」「get_sidebar()」などをインクルードタグと呼ぶことがあります。

「get_header()」関数では、プロパティ値としてヘッダー用のテンプレートファイルを指定して読み込むことができます。例えば「get_header('ex')」としたときは、「header-ex.php」が読み込まれます。プロパティ値を省略すると、デフォルトのテンプレートファイルが読み込まれます。この場合は、「wp-includes/theme-compat/header.php」です。

WordPress関数の多くは、「get_header()」のように、何をどうするかが英語で示されており、PHPコードの内容を解読するのはそれほど難しくはありません。

なお、PHPコードを記述するときのルールですが、WordPress関数の最後には、「;」（セミコロン）を付けることを忘れないようにしましょう。また、関数の括弧内に記述するファイル名などのテキストは、「'」（クォーテーション）で囲むようにしてください。

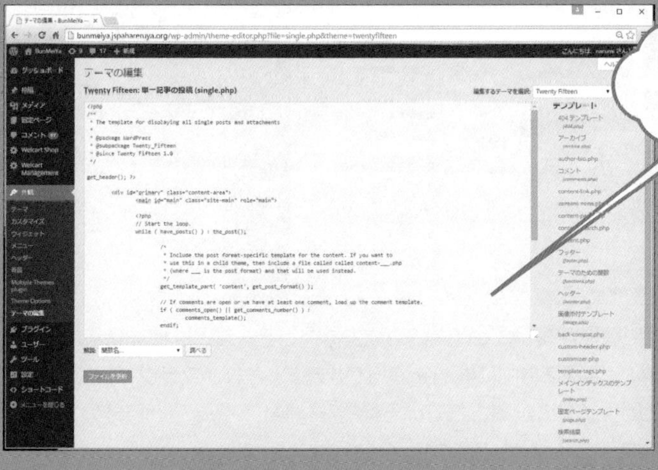

テンプレートファイルの内容を見たり編集したりできる。

Section 1.3

Level ★★★

WordPressならプログラミングを知らなくてもカートが設置できる話

Keyword　カートプラグイン　ECサイト

WordPressなら、コストをかけずにオンラインショップを開くことも夢ではありません。WordPressに機能を追加するプラグインは、世界中のWebプログラマーによって様々なものが公開されています。オンラインショッピングに必要なカートシステムをWebサイトに設置するプラグインさえあります。

プラグインでショッピングカートが実装できる

WordPressでは、選択したテーマに機能が付いている場合があります。テーマとは機能込みのテンプレートなどのことです。しかし、それとは別に自由に機能を追加できます。これが**プラグイン**です。

ここでは、WordPressでつくられたサイトに設置されている機能を体験してみます。自分のサイトにも設置したいものがあれば、それをプラグインとして追加してください。

ここがポイント!

テーマの違いを知る

- WordPressサイトで機能を体験する。
- 機能はプラグインで追加できることを知る。

ここでのロードマップ!

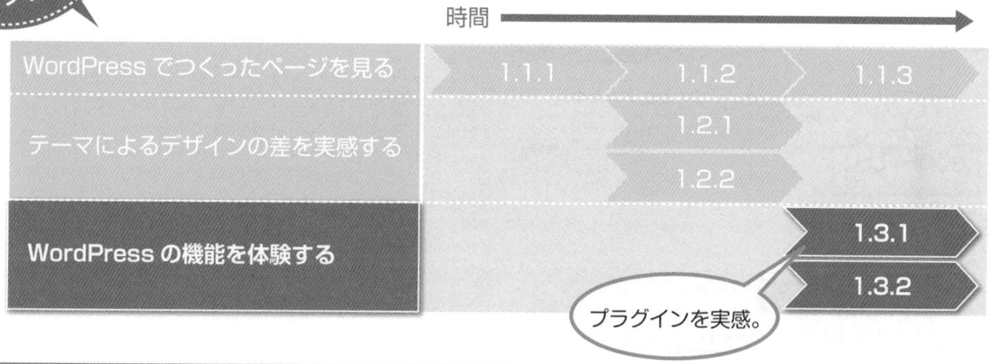

時間 →

WordPressでつくったページを見る	1.1.1	1.1.2	1.1.3
テーマによるデザインの差を実感する		1.2.1	
		1.2.2	
WordPressの機能を体験する			1.3.1
			1.3.2

プラグインを実感。

Hint 使っているテーマを知る

Webページが WordPressでつくられているかどうかは、「1.1.1 WordPressの便利さを知ろう」の中で説明したようにするとわかります。プロのWebデザイナーが手がけたWordPressによるWebサイトでは、このようにしてWebページのソースにWordPressでつくられているという痕跡が残るのです。

実は、WordPressのテーマが簡単にわかることもあります。無料のテーマを使った場合、著作権を示す表示と共に、WordPressのテーマ名が堂々と表示されるのです。

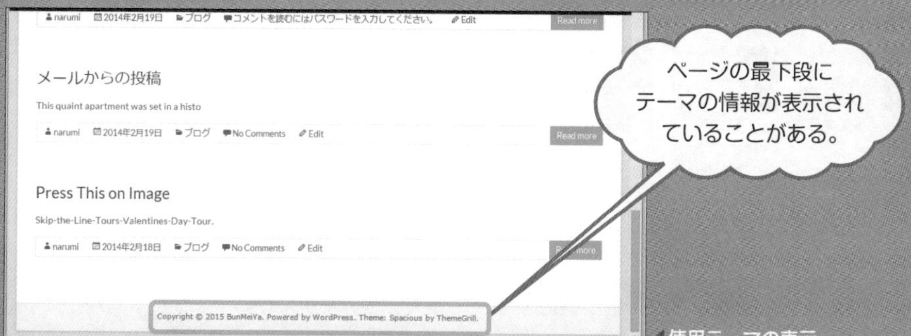

◀使用テーマの表示

1.3.1 WordPressサイトの機能を体験する

WordPressでつくられているショッピングサイトを表示し、そのサイトのいろいろな機能を試してみましょう。

プラグインを実感する

ここでは、WordPressでつくられている「ecokitty」サイト（https://ecokitty.co.uk）を開き、プラグインで設置されたと思われる機能を実感してみましょう。

▼ecokitty

Onepoint

WordPressプラグインの「WooCommerce」でつくられています。

購入した顧客から送られた写真でギャラリーページをつくるのに、プラグインを使っていると思われます。ギャラリーに並べられている写真から任意の写真をクリックすると、その写真だけが拡大されて表示されます。このような「Lightbox」機能も、プラグインを導入することで使用できるようになります。このページの場合は、写真をタイル状に並べて表示するギャラリープラグインに付属している「Lightbox」機能を利用しているのかもしれません。

▼Lightboxプラグイン

クリックした画像だけを
目立たせて表示する。

オンラインショップを兼ねているので、オンラインで商品やサービスを注文するためのカートシステム*も導入されていました。

***カートシステム**　オンラインショップに導入されることがある機能で、購入を決めた商品を記憶させておいて、最後に一括して支払いができるようにするソフトのことです。

▼カート

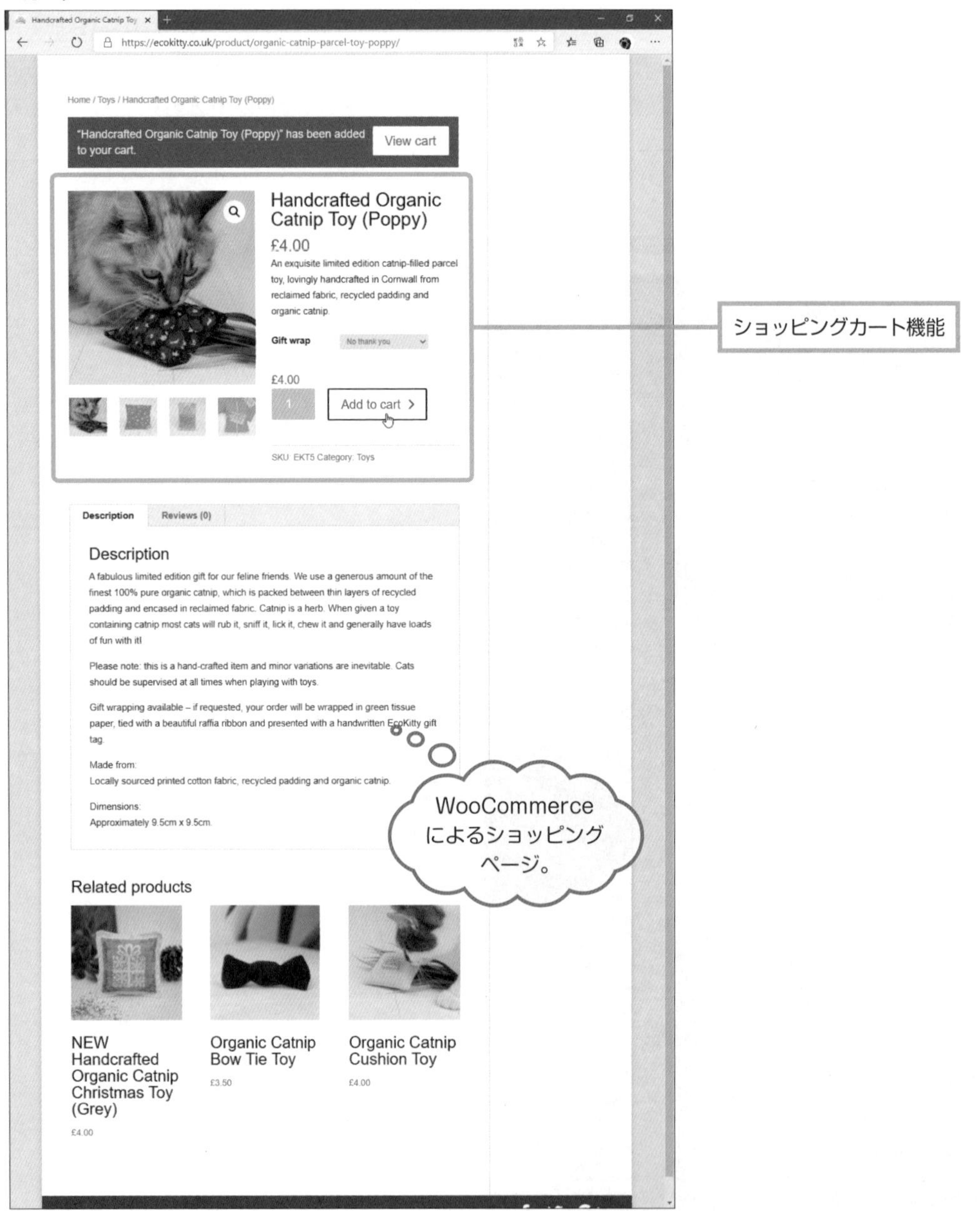

Onepoint

WooCommerceでは、商品の登録は専用ページで行います。複数の写真も登録できます。

YouTube動画を埋め込んで商品を紹介していたり、SNS共有ボタンが設置されていたりします。シンプルなサイトですが、センスのいいイラストや写真が多く、商品のイメージをよく伝えています。

1.3.2 サイトに機能を簡単に設置できた理由

趣味でしていることを日記にしたり、仲のよい友達との情報交換をしたりするためのブログなら、無料のブログサイトにアカウントをつくれば、機能としても十分でしょう。

ところが、機能面でも自由に自分らしさを出したいとか、広告を貼り付けて副収入を得たいとか、オンラインショップを開店したいとなると、無料ブログサイトでは無理です。

無料のものでよいのでレンタルサーバーを借り、そこでWordPressを使ってWebサイトを運営すれば、自由度はずっと広がります。

しかし、機能を追加するのにプログラミングやサーバーの設定をしなければならないとなったら、簡単にはいきません。WordPressには、**プラグイン**があります。高機能で有料のものもありますが、自分でプログラミングすることを思えば、ちょっとの投資であなたのやりたいことに手が届くかもしれません。

プラグインの選択

プラグインには、サイトの機能を高める目的のものと、サイト管理の効率を上げるものの2種類があります。

サイトの機能を高めるものとしては、マウスポインタを重ねると画像が拡大されるもの、問い合わせフォームを設置するもの、Google地図を簡単に貼り付けられるもの、長大なページの下のほうから一気に上のページにスクロールするためのボタン、ページ表示を高速化するプラグイン、オンラインショッピング用のカートなど、どこかで見たことのある機能なら、その機能を持つWordPressのプラグインがおそらく見付かるでしょう。

サイト管理の効率を上げるプラグインも非常に多く存在します。こちらは、管理や運営に慣れてきて、どんなプラグインがほしいかわかった頃に導入してもよいでしょう。

導入したプラグインは、手動で有効化・無効化できます。設定項目や設定方法は、それぞれのプラグインで異なります。

テーマと同じように、人気のあるプラグインは頻繁に更新が行われます。WordPressの管理を行うダッシュボードのプラグインページでは、インストール済みのプラグインの更新状況を知ることができます。

▼プラグインの詳細情報

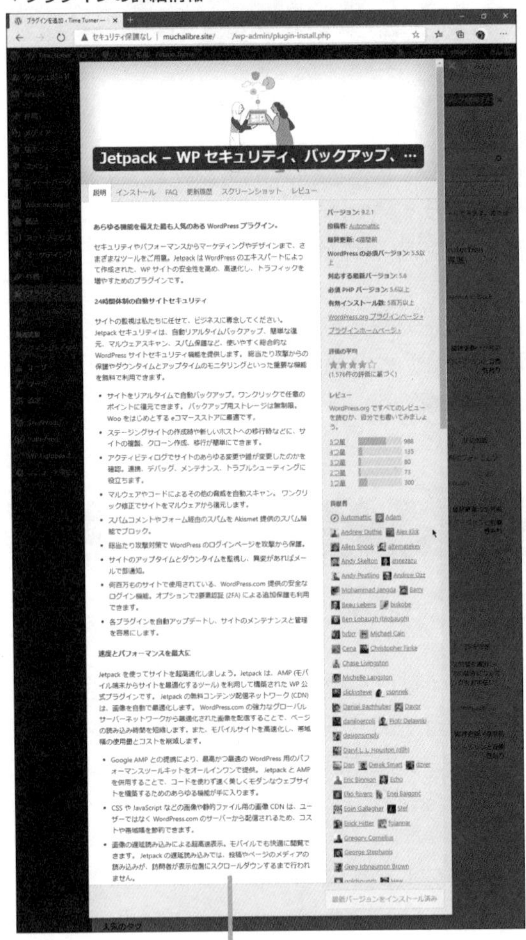

Jetpackプラグインの説明。

▼プラグインの管理

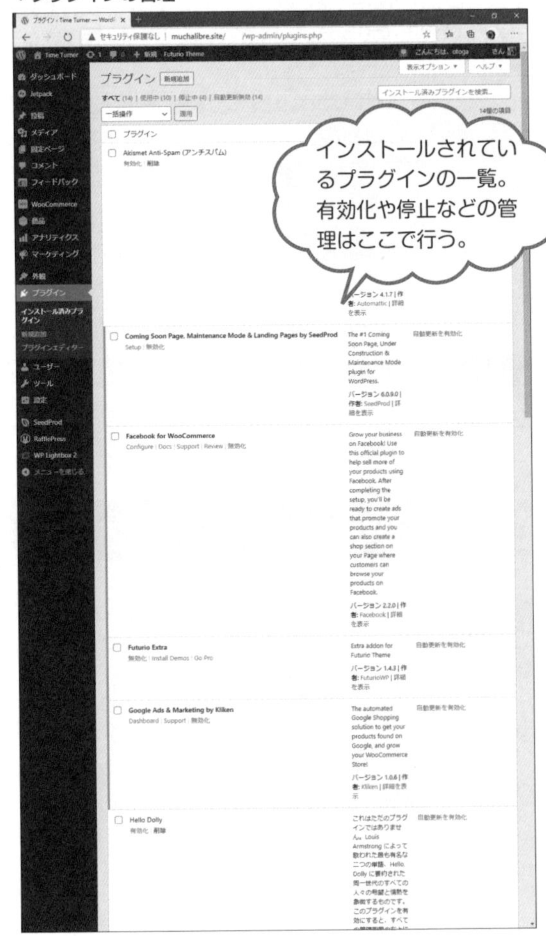

Onepoint

プラグインは、管理者が選択的にインストールする拡張機能です。WordPressのプラグイン開発は、世界中のプログラマーによって行われています。

Onepoint

インストールされているプラグインが一覧表示されます。有効化／無効化や設定の更新、削除を行うページです。

プラグインのカスタマイズ

プラグインもPHPで記述されたプログラムです。編集にはプログラミングの知識が必要です。

安全にカスタマイズするには、ダッシュボードのプラグインメニューから**プラグイン編集**サブメニューを開きます。

▼プラグインファイルの直接編集

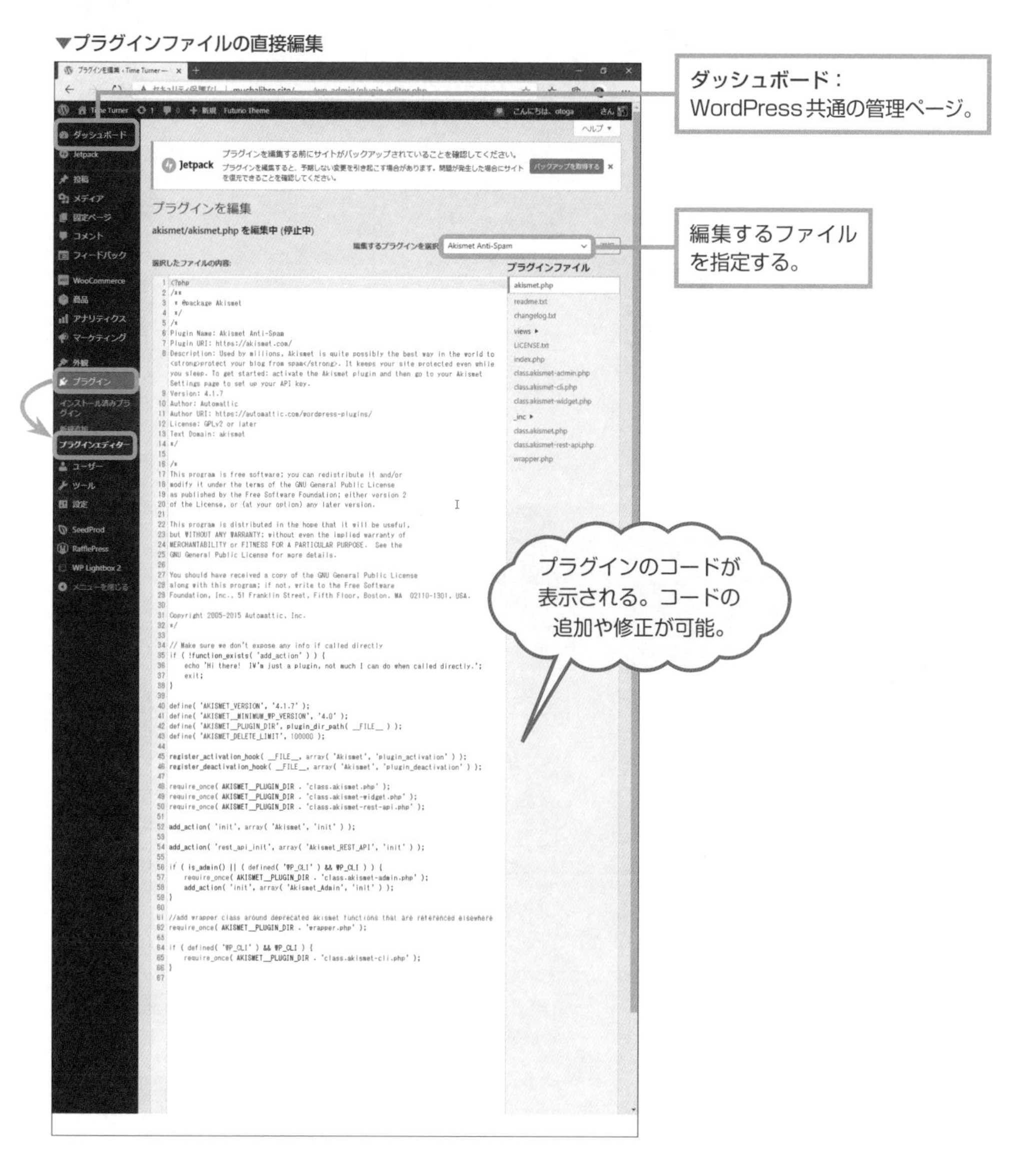

Onepoint

WordPressでは、ブラウザーを使って、プラグインのPHPファイルやJSファイルを直接編集できます。

WordPressをバージョンアップしたい

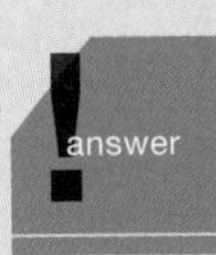

プラグインやテーマの対応状況を確認してから

過去のメジャーアップデートでは、データベースの構造変更やデータ更新が行われ、旧バージョン用のプラグインやテーマの一部が使えなくなることがありました。

WordPressでは、テーマやプラグインのバージョンアップがあると、ダッシュボードメニューの更新欄に赤丸が表示されて、使っているテーマあるいはプラグインに、バージョンアップが行われたことが示されます。この中にWordPress本体のバージョンアップも含まれます。

まずは「WordPressの更新」ページを開いて、何が更新できるのかを確認しましょう。そして、WordPress本体のメジャーバージョンアップが通知されていたら、慌ててバージョンアップせずに、まずは使っているテーマやプラグインの対応状況をつかみましょう。

テーマやプラグインのバージョンアップは、WordPress本体のそれよりも遅れて行われるのが一般的です。1～2か月かかる場合もあります。それらの対応を見てからでも遅くはないでしょう。

もちろん、メジャーバージョンアップの際には、旧データやプラグイン、テーマ、画像ファイルなどをバックアップしておくようにしましょう。

WordPress.comは無料で使える？

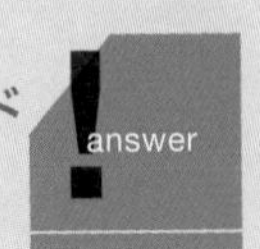

はい。ほかに有料のアップグレード版もあります

WordPress.comは、WordPress専用のWebサービスです。無料版でもWebサーバーで3GBの容量が自由に使えますし、年間1万2000円ほどになるPremium版では、自分で取得したドメインが使えます。WordPressの広告は表示されなくなります。オンラインショップもできるBusiness版は、年間3600円ほどです（料金はいずれも2022年10月現在）。

WordPress.comの有料版を使うよりは、国内のレンタルサーバーにWordPressをインストールして使うほうが安く上がります。

スマホ用アプリはある？

もちろん、あります

WordPressアプリには、iOS用、Android用が揃っています。アカウントを持っているWordPress.comサイトのほか、レンタルサーバー上にインストールしたWordPressサイトにもアクセスでき、表示・編集・設定が可能です。

iOS用アプリ

Chapter 2

WordPressでブログをしてみる

WordPressでブログを始めようとしたタカナですが、どこから手を付けてよいかさっぱりわかりません。

タカナ 「ブログって、どうやってつくればいいのでしょう？」

コウヤ 「実際にやってみるのが一番ですよ」

タカナ 「でも、サーバーの知識やHTMLのことあまり知らないし…」

コウヤ 「大丈夫。知識や経験がなくても、簡単に始められるよ。まずは、WordPress.comで体験してみるといい」

2.1 WordPress.comでブログを始めてみる

2.2 ブログってどんなもの？

Level ★★★

Section 2.1 WordPress.comでブログを始めてみる

Keyword　WordPress.com　新規投稿

WordPressでブログを体験しましょう。ここでは、アカウントを登録するだけで、無料で利用できるWordPress.comを利用します。WordPressサイトを自分で構築するよりずっと簡単なので、誰でもすぐにWordPressに触れられます。

WordPress.comでブログを投稿する

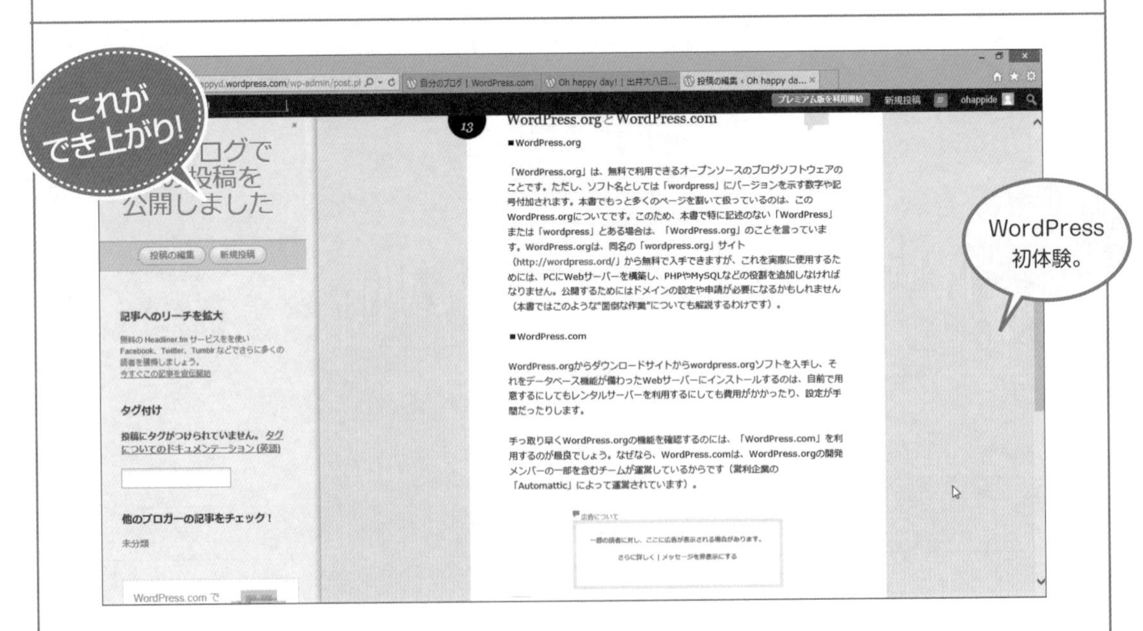

「WordPress.com」でアカウントをつくったら、身近な情報を記事の形にして発信しましょう。

ブログ作成に必要なスキルは、コンピューターで文字を打てることと、撮影した写真をアップロードすることくらい。信じられないくらい簡単に、あなたのつくったブログが、世界中に公開されます。あっという間に。

ここがポイント!

ブログを知ろう（1）

WordPress.comは、簡単にWordPressを体験できるサイトです。無料版でも、WordPressのダッシュボードを使った基本操作を習得するには十分です。ここでは、実際にブログをつくりながら、WordPressの基本操作を身に付けていきます。

- WordPress.comにアカウントをつくる。
- ブログを新規投稿する。
- ブログを公開する。

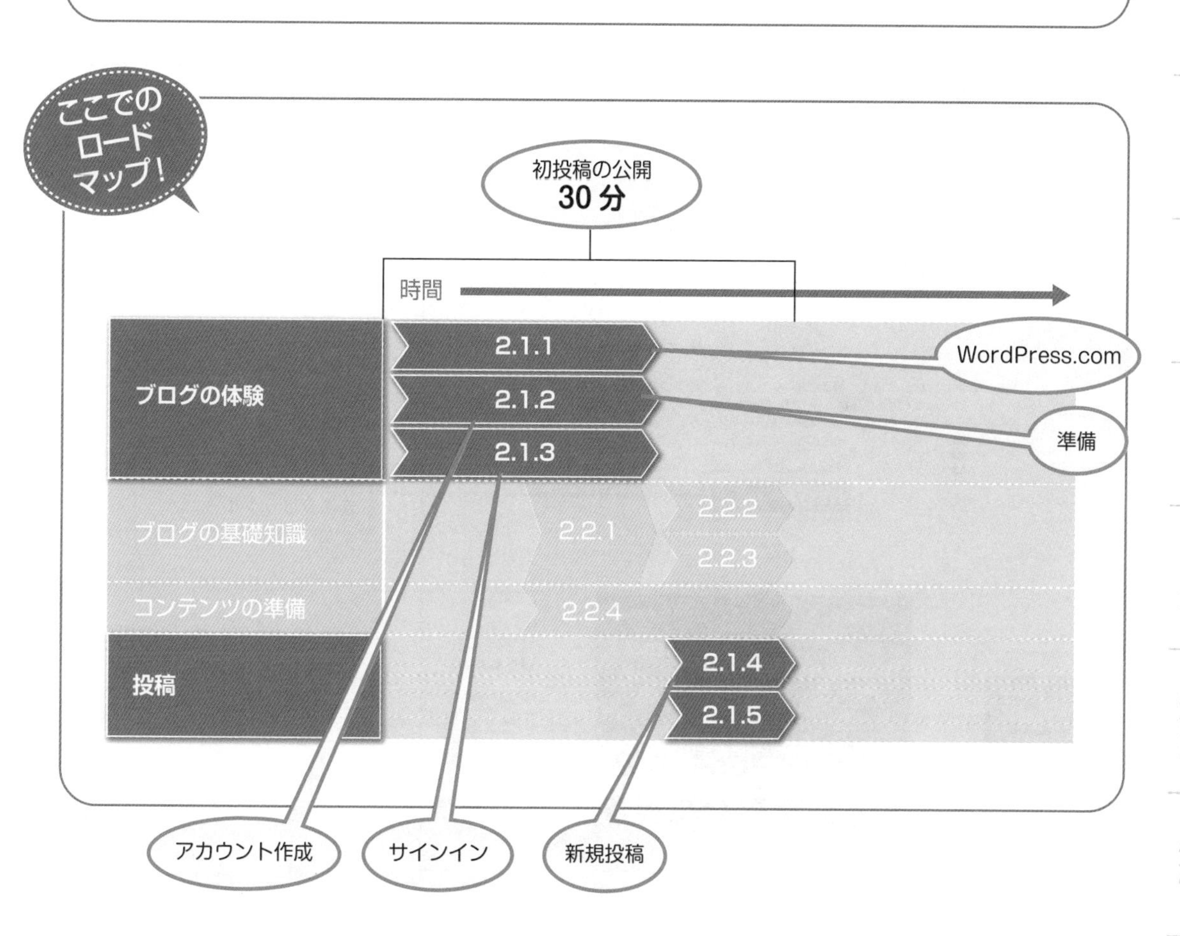

2.1.1 WordPress.com

WordPressは、システムを起動するPCなどのコンピューターとサーバーに関する知識さえあれば、誰でも無料で利用環境を構築できます。そのためWordPressを利用できるところは非常に多くあります。

サーバーが用意できれば、WordPressを自分でインストールすることもできますが、WordPressをもっと手軽に構築することのできるレンタルサーバーもあります。例えば、「Xserver（https://www.xserver.ne.jp/）」や「ロリポップ（https://lolipop.jp/）」などでは、プログラムのインストールから基本設定までを自動で行ってくれます。

しかし、とにかくWordPressの使い勝手やデザインなどを試してみたいのなら、「**WordPress.com**」が断然おすすめです。WordPress.comなら、アカウントを作成するだけで自分のブログをすぐに作成・管理できるようになるからです。

▼WordPress.com

Onepoint

新しく「WordPress.com」アカウントを取得することは、**ログイン**ボタンからでも可能です。操作手順が少し異なるだけです。

2.1.2 WordPress.comを準備する

WordPress.comを使って、WordPressの使い勝手を試してみましょう。

まずはWordPress.comサイトでアカウントを取得します。これだけで自分のブログが作成できるようになります。

WordPress.orgとWordPress.com

ところで、一般にWordPressといわれているものと、WordPress.comとは、何が同じで何が違うのでしょう。

日本で一般に「WordPress」といわれているのは、「**WordPress.org**」のことです。本書でも「WordPress」をこの意味で使用しています。しかし、本章では「WordPress.org」の機能を手軽に試す場所として、**WordPress.com**を使用します。名前が似ていてややこしいですが、「WordPress.com」はアメブロやexciteブログなどと同じ、ブログ用サイトと考えてください。

念のため以下に「WordPress.org」と「WordPress.com」の違いをまとめておきます。

WordPress.orgとは

「WordPress.org」は、無料で利用できるオープンソースのブログソフトウェアのことです。ただし、ソフト名としては「wordpress」にバージョンを示す数字や記号が付加されます。本書で最も多くのページを割いて扱っているのは、このWordPress.orgについてです。このため、本書で特に注記がなく「WordPress」または「wordpress」とある場合は、「WordPress.org」のことをいっているのだと思ってください。

「WordPress.org」は、同名の「WordPress.org」サイト(https://wordpress.org/)から無料で入手できますが、これを実際に使用するためには、PCにWebサーバーを構築し、PHPやMySQLなどの役割を追加しなければなりません。公開するためには、ドメインの設定や申請が必要になる場合もあります。

▼WordPress.orgのホームページ

WordPress.comとは

「WordPress.org」のダウンロードサイトから「WordPress.org」ソフトを入手し、それをデータベース機能が備わったWebサーバーにインストールするのは、自前で用意するにしてもレンタルサーバーを利用するにしても、費用がかかったり、設定が手間だったりします。

手っ取り早くWordPress.orgの機能を確認するには、「WordPress.com」を利用するのが最良です。なぜなら、WordPress.comは、WordPress.orgの開発メンバーの一部を含むチームが運営しているからです（営利企業の「Automattic」によって運営されています）。

▼WordPress.comのホームページ

WordPress.comの利用時には、Webブラウザー上からすべての作業を行います。例えば、「senmenki」というアカウントをつくったとすれば、アカウントがサブドメインになって「https://senmenki.wordpress.com/」というURLのブログが作成されます（独自ドメインで登録できるタイプもあります）。もちろん、WordPress.comではWebホスティングは不要、WordPress.orgも自動で最新のバージョンに更新されます。アクセスログやコメント追跡などの機能も無料です（有料のプレミアム版も用意されています）。

WordPress.comの無料版のデメリットは、ソフトやデータベースの管理権限、FTPのアクセス権が与えられないことです。このため、PHPテーマやプラグインをFTPを使ってアップロードすることはできません。また、JavaScriptやCSSの追加・変更も制限されます。もっと素早く快適に、自由度の高いことがしたいときは、ほかのレンタルサーバーを利用するか、有料版にアップグレードしなければなりません。

▼WordPress.comのタイプ別の内容

	WordPress.com 初心者	WordPress.com パーソナル	WordPress.com プレミアム	WordPress.com ビジネス	WordPress.com eコマース
無料ブログ	○	○	○	○	○
独自ドメイン	×	○	○	○	○
カスタムサイトのアドレス	×	○	○	○	○
スペース	3GB	6GB	13GB	200GB	
WorldPress.comの広告	あり	なし	なし	なし	なし
カスタムデザイン	×	×	○	○	○
広告設置	×	○	○	○	○
VideoPress	×	×	○	○	○
プレミアムテーマ	×	×	×	○	○
サポート	コミュニティ	メール	メール	ライブチャット	ライブチャット
使用料	無料	¥6,000/年	¥10,800/年	¥34,800/年	¥62,640/年

※内容は2022年9月調べ。

「.com」「.org」はドメイン表示

「WordPress.com」や「WordPress.org」に使われている「.com」「.org」は、もともとはWebサイトの住所に当たる第一ドメインのことです。

ドメインとは、Webサイトをグループ分けするときに使用する住所表示のようなもので、第一ドメインはその最も広い範囲を示します。

「.com」は商業利用サイトを示し、「.org」は政府機関など公的なサイトを示しています。ちなみに、日本という国に限定すると「.co.jp」「.or.jp」となります。

WordPress.comのアカウントを取得する

WordPress.comを利用してブログを作成するには、WordPress.comのアカウントを取得する必要があります。日本語での表示、日本語での入力もできるようになっているので、誰でも簡単にアカウントを取得できます。取得後には確認メールが届くので、メール本文中のボタンをクリックすると、ブログ作成がすぐにできるようになります。

Process

❶Webブラウザーを使って「WordPress.com（https://wordpress.com/）」にアクセスします（日本では自動的に「wordpress.com/ja/」にアクセスします）。
❷次に、**サイトをはじめよう**ボタンをクリックします。
❸ステップ1では、メールアドレス、ユーザー名、パスワードのアカウント情報を設定します。これを忘れると後日にログインできなくなるので、メモしておきましょう。なお、複数のアカウントを作成したいときは、メールアドレスやユーザー名としてそれぞれ別のものを設定しなければなりません。設定したら**アカウントを作成**ボタンをクリックします。

▼アカウント情報を設定する

Process

❹ステップ2ではサイト名を決定します。無料で使えるサイトのアドレスは、「（4文字以上の任意の英文字）.wordpress.com」となります。

▼サイト名を決定する

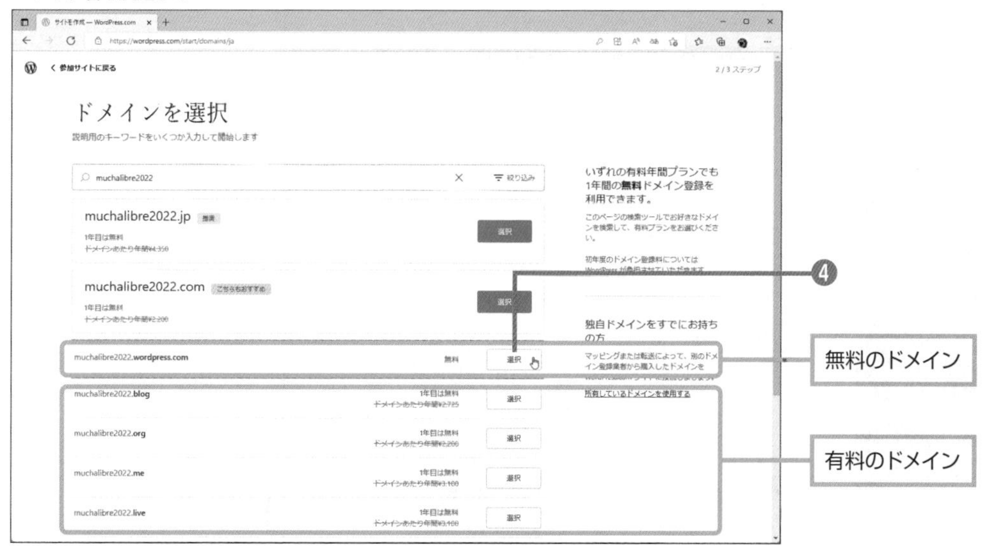

Process

⑤**無料サイトで開始**をクリックします。

⑥「目標は何ですか?」ページが表示されたら、右上の**ダッシュボードへスキップ**をクリックします。

⑦WordPress.comの管理ページが表示されます。ホームページを見るには、管理ページから**サイトを表示**ボタンをクリックします。

▼プランを選択する

▼ホームページを見る

Process

❼表示されたホームページはまだ公開されていない仮のページです。サイトのタイトルを入力したり、画像を追加したりテキストを変更したりして自分だけのブログサイトを完成させ、インターネットに公開できます。

▼仮ページを表示する

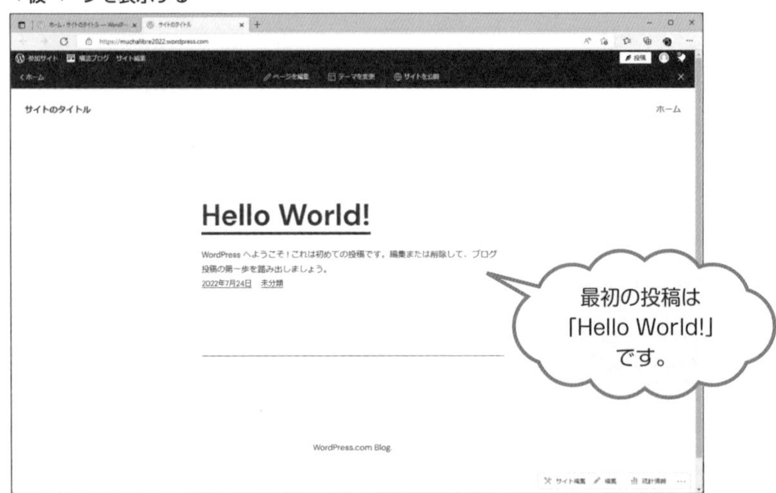

Onepoint

WordPress.comで新しくアカウントをつくる代わりに、GoogleやAppleに登録されているアカウントがあれば、それらのアカウントをWordPress.comアカウントとして登録することもできます。

2.1.3 WordPress.comのサインイン

WordPress.comにアカウントが登録できたら、次回からはログインページから各自のページにサインイン（ログイン）しましょう。サインインが成功すると、WordPress.comの専用の管理ページが開きます。

WordPress.comにサインインする

WordPress.comにサインインするには、アカウント登録時に設定したメールアドレスかユーザー名と、メールによる2段階認証かパスワードによる認証を通過しなければなりません。WordPress.comサイトにはクッキーが組み込まれているため、アカウント登録に使用したWebブラウザーでWordPress.comサイトを開くと、自動的にログインが完了することがあります。

▼WordPress.comのホームページ

Process

❼WordPress.comのホームページ最上段の**ログイン**をクリックします。

Process

❷ログイン用のフォームにWordPress.comサインイン用の**メールアドレス**か**ユーザー名**を入力して、**次へ**ボタンをクリックします。
認証が正しくなされると、サインインが完了します。

❸入力したメール（またはアカウント情報に設定されているメール）に2段階認証用のメールが送信されます。メールを開いて**WordPress.comにログイン**ボタンをクリックします。

▼ログイン用のフォーム

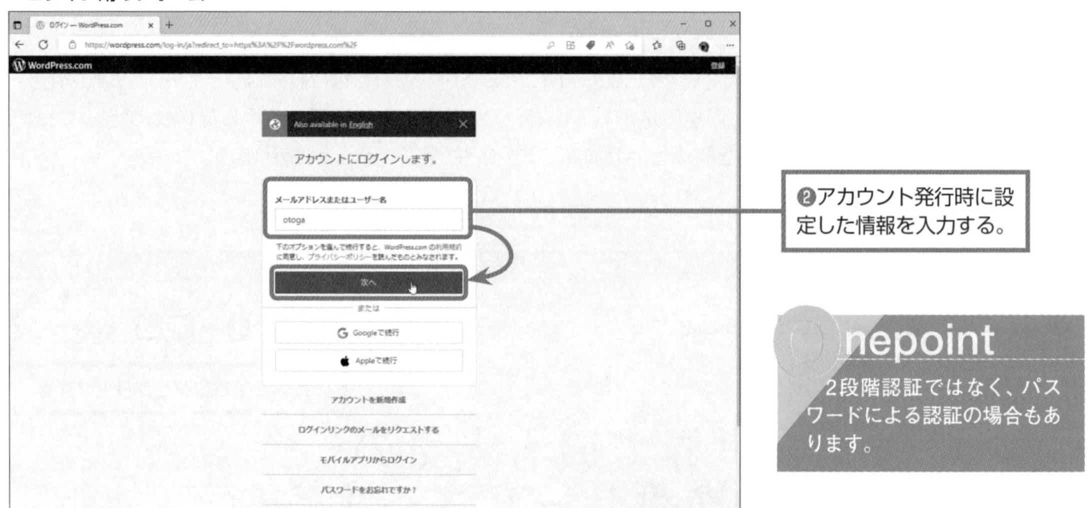

Onepoint
2段階認証ではなく、パスワードによる認証の場合もあります。

Onepoint
WordPress.comのアカウント作成時にGoogleやAppleのアカウントを登録した場合は、「Google（Apple）で続行」ボタンをクリックします。

▼ログイン用のフォーム

2.1.4 WordPress.comへの新規投稿

WordPress.comにログインすると、表示されるのはWordPress.com独自につくられている管理ページです。通常のWordPressの管理ページは、WordPress.comの管理ページとは少し違っています。これは、WordPress.comの無料サイトでは、WordPressに本来ある機能のいくつかが制限されて使えないためだと思われます。

実践的なサイト作成、サイト管理には3章以降で説明するWordPressの管理画面（本書ではこれを**ダッシュボード**と表記します）を使うため、WordPress.com独自の管理画面の操作にあまり習熟する必要はありません。

WordPressのダッシュボードを体験したいときには、ダッシュボードメニューの下のほうにある**WP管理画面を表示**をクリックしてください。WordPress.comの管理画面がダッシュボードに似せてつくられていることがわかるでしょう。

新規投稿を公開する

記事の投稿では、専用のフォームを使ってタイトルと本文を入力します。投稿文は下書きとして保存することもできます。でき上がったらプレビューしてみましょう。一呼吸置いて内容を確認後、公開するように習慣付けましょう。

Process

❶WordPress.comにサインインしたら、**参加サイト**ページで投稿サイトを選択（1つしかないときは操作不要）したあと、[サイト] メニュー➡ [投稿] を選択します。投稿ページが開いたら、**新規投稿を追加**ボタンをクリックします。

▼自分のブログ

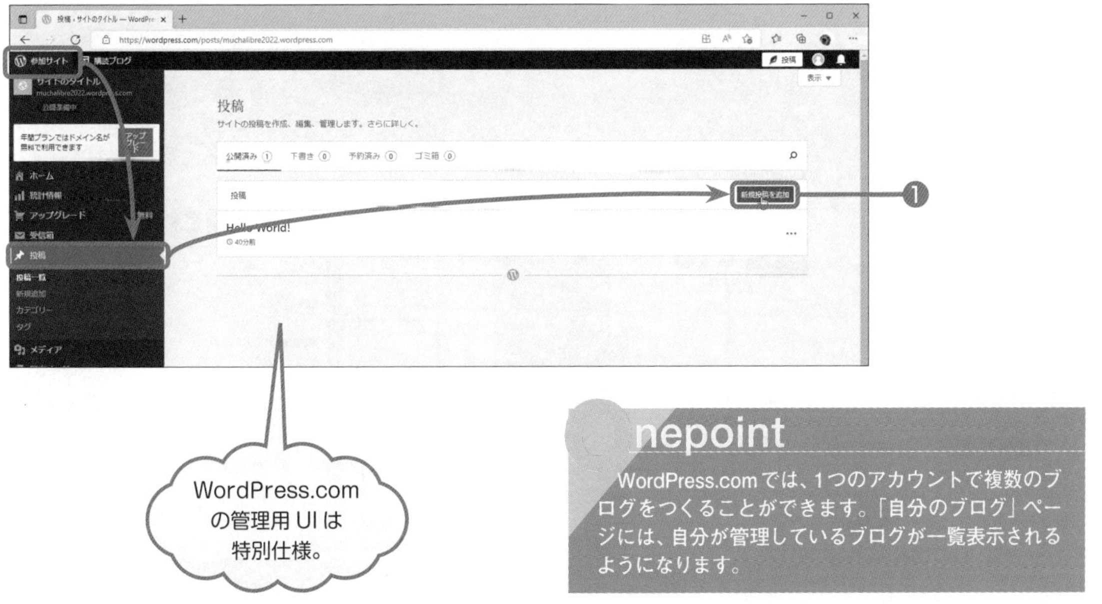

Onepoint

WordPress.comでは、1つのアカウントで複数のブログをつくることができます。「自分のブログ」ページには、自分が管理しているブログが一覧表示されるようになります。

Process

❷「新規投稿」ページが開きます。**タイトル**や**本文**を入力したり画像を挿入したりして、**公開表示➡新しいタブでプレビュー**をクリックします。
❸プレビューした内容やデザインがよければ、サイトを公開します。

▼「新規投稿」ページ

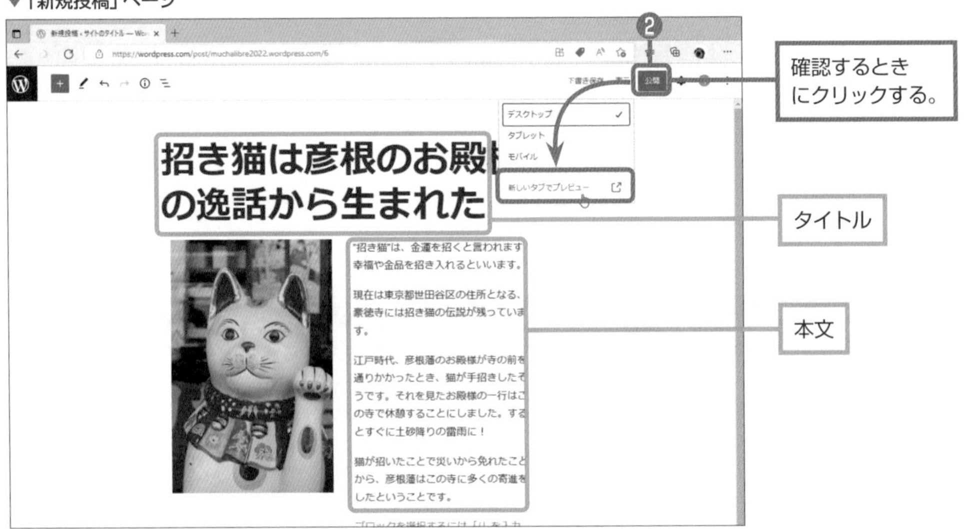

Tips 設定メニューを開くには

表示ボタンから右に2つ目の**設定**ボタンをクリックすると、画面右に設定メニューが開閉します。

このメニューの**投稿**タブでは、公開のスケジュール、投稿のカテゴリーやタグ、アイキャッチ画像の設定などを行うことができます。アイキャッチ画像とは、投稿を印象付けるイメージ画像のことで、投稿本文には載りませんが、投稿の頭の部分や一覧などに表示されます。

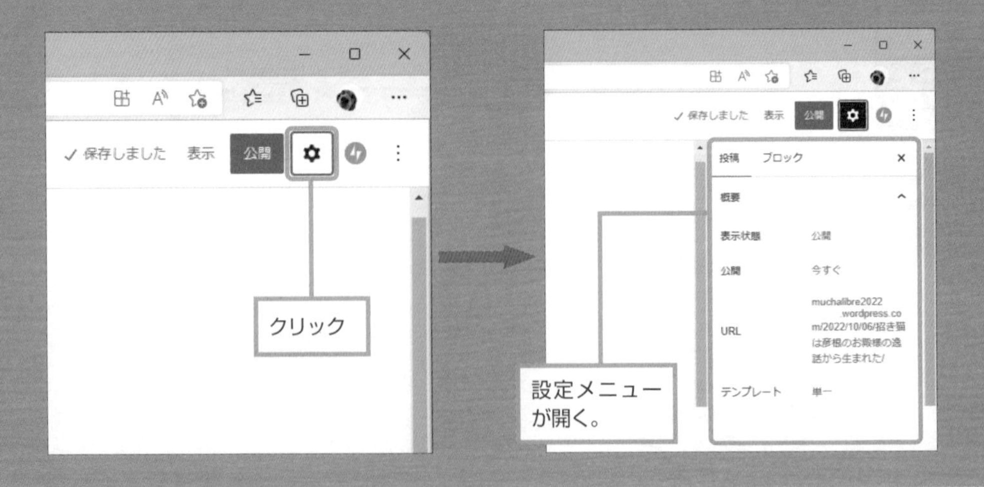

Process

❸投稿の確認メッセージが表示されます。**公開**ボタンを再度クリックします。

▼投稿の確認画面

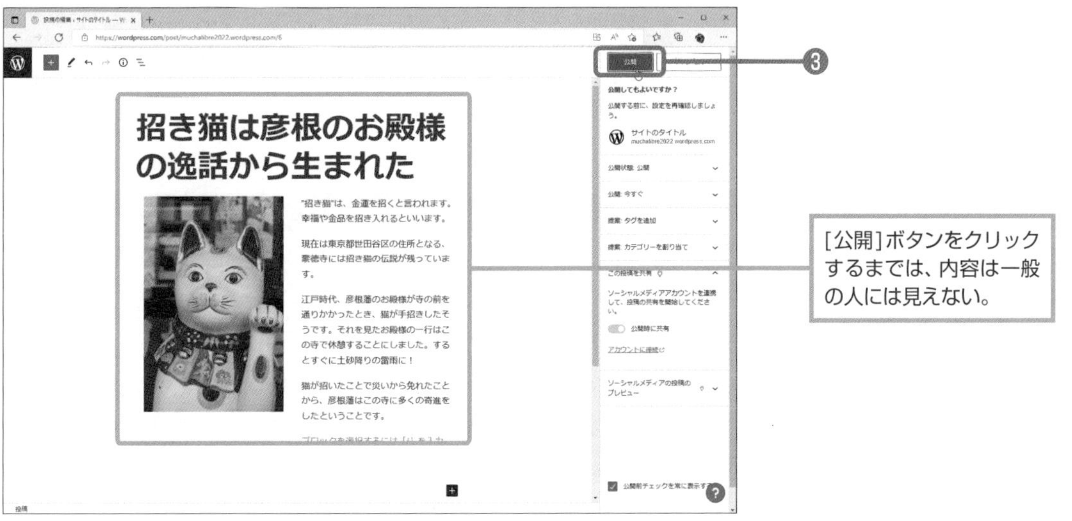

Process

❹投稿が完了すると、投稿が公開された旨のサイドバーが表示されます。**投稿を表示**ボタンをクリックします。

▼公開完了

▼公開された投稿ページ

Process

❺公開された投稿ページが表示されました。

Onepoint

執筆時のWordPress.orgのバージョンは6.02です。バージョンによって画面デザインやボタンの配置などが異なる可能性があります。適宜読み替えてください。

投稿できる権限

WordPressでは、グループでの投稿をサポートしています。一般的な管理ルールを踏襲していて、管理者のもとに権限の制限されたユーザーがぶら下がるといった構造です。

WordPressサイトを仲間と運営するとき、ユーザーごとに権限を設定できます。ブログ記事を作成できる権限には、「管理者」「編集者」「投稿者」「寄稿者」があり、排他的に権限設定します。

各権限のおおよその内容は、次表のようになります。

▼管理権限

権限	内容
管理者	すべての管理機能を持ちます。
編集者	自分および他のユーザーの記事の投稿/公開/編集/削除およびカテゴリーやリンクの編集ができます。
投稿者	自分の投稿は公開/管理できます。メディアファイルのアップロードはできません。
寄稿者	自分の投稿の管理ができます。投稿の公開やメディアファイルのアップロードはできません。
購読者	記事の閲覧/コメントの投稿/メールマガジンの受け取りができます。通常のサイトコンテンツの作成はできません。

使い方の例としては、記事投稿者の記事内容を承認したいときに、ユーザーごとに適切な権限を設定します。記事投稿の公開オプションの設定で**レビュー待ち**に設定した記事は、管理者または編集者権限のユーザーが許可するまで公開されません。

本章で説明しているブログ投稿や編集の操作は、1人で作業している前提なので、権限はすべて「管理者」です。

2.1.5 ブログの投稿を体験して

WordPress.comを使ったブログの投稿体験は、どうだったでしょうか。WordPressの操作はそれほど難しくなかったのではないでしょうか。しかし、ブログを書く段階になると、何を書けばよいのか、どのような写真を用意すればよいのかなど、多くの人はブログの内容(コンテンツ)について悩むことが多いようです。

指南書の中には、身の回りのことなら何でもよい、などと無責任なことを書いているものもあるようですが、それでは友人や親しい人が一時的に見てくれるだけに終わってしまいます。

何を、どのように書けばよいのか。そのヒントは、過去にあなたはどのような情報を探したことがあったか、を思い出すことです。例えば、雑貨店で見かけたインテリアに心惹かれたとして、そのインテリアを自分でつくってみたら楽しいだろう、そのための情報をネットで探してみよう――。そんな経験があれば、ハーバリウムやフェルト小物などのクラフトづくりをブログにして発信すればよいのです。集めてきたコレクションについてのウンチクを一つひとつ書くのもよいでしょう。ラーメン通なら、ラーメン店を食べ歩いて、その食レポを書くのも悪くありません。

次の節では、どんなブログサイトにすればいいのかまだ決まっていない人向けに、ブログの基本的な機能や特徴を探ってみたいと思います。

Section 2.2

Level ★★★

ブログってどんなもの?

Keyword　WordPress.com　ブログ

ブログは、誰でも手軽に始められます。ごく一般的なブログであれば、お金もかかりません。コンピューターを操作して、ワープロを使って写真入りの文章をつくったことがあれば、知識や技能はそれ以上必要ありません。ページのデザインやレイアウトは、あらかじめ用意されているひな形（テンプレート）から選ぶだけです。

WordPress.comについての基礎知識を得る

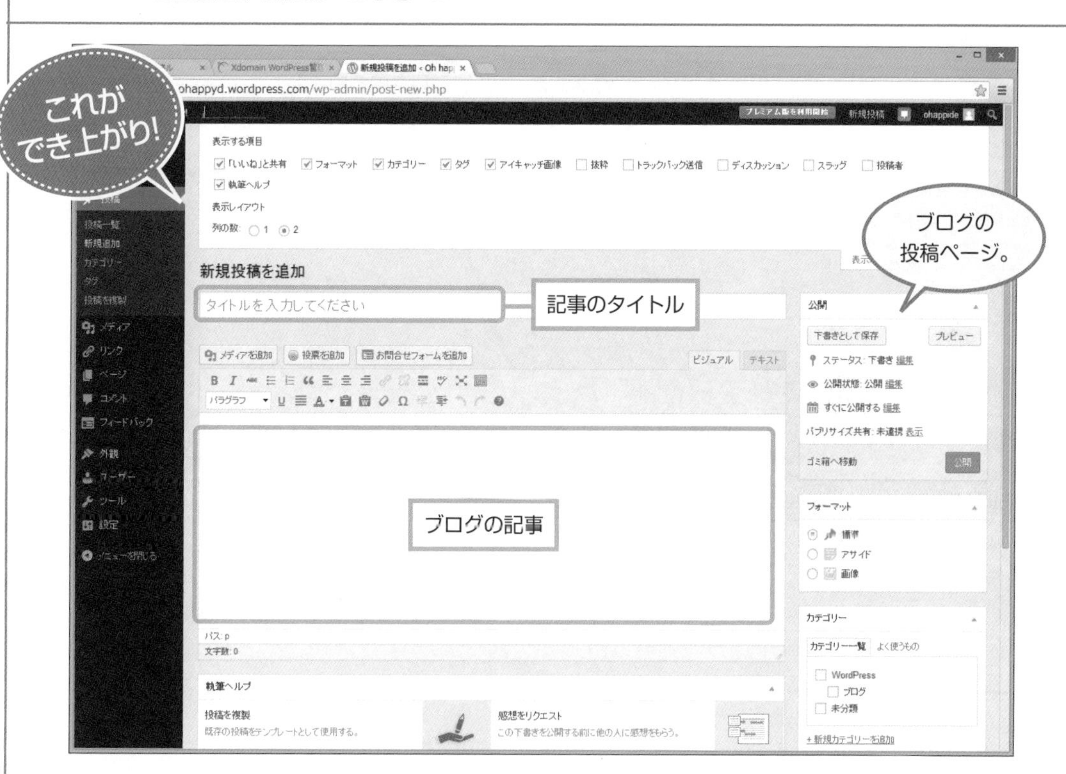

そもそもブログとは何か、そしてブログやWebサイトを作ることのできる「WordPress」とは何かを知ります。

ブログを知ろう（2）

WordPressは、もとはといえばブログシステムとして誕生したものです。そのため、誰もが簡単にブログを公開できます。

ここでは、WordPressのブログ機能を概観しておきます。実際にWordPressでブログを書くのは、Chapter5からになります。

- ブログの基礎知識を学ぶ。
- WordPressのブログ機能の基礎を知る。
- 扱うコンテンツについて知る。

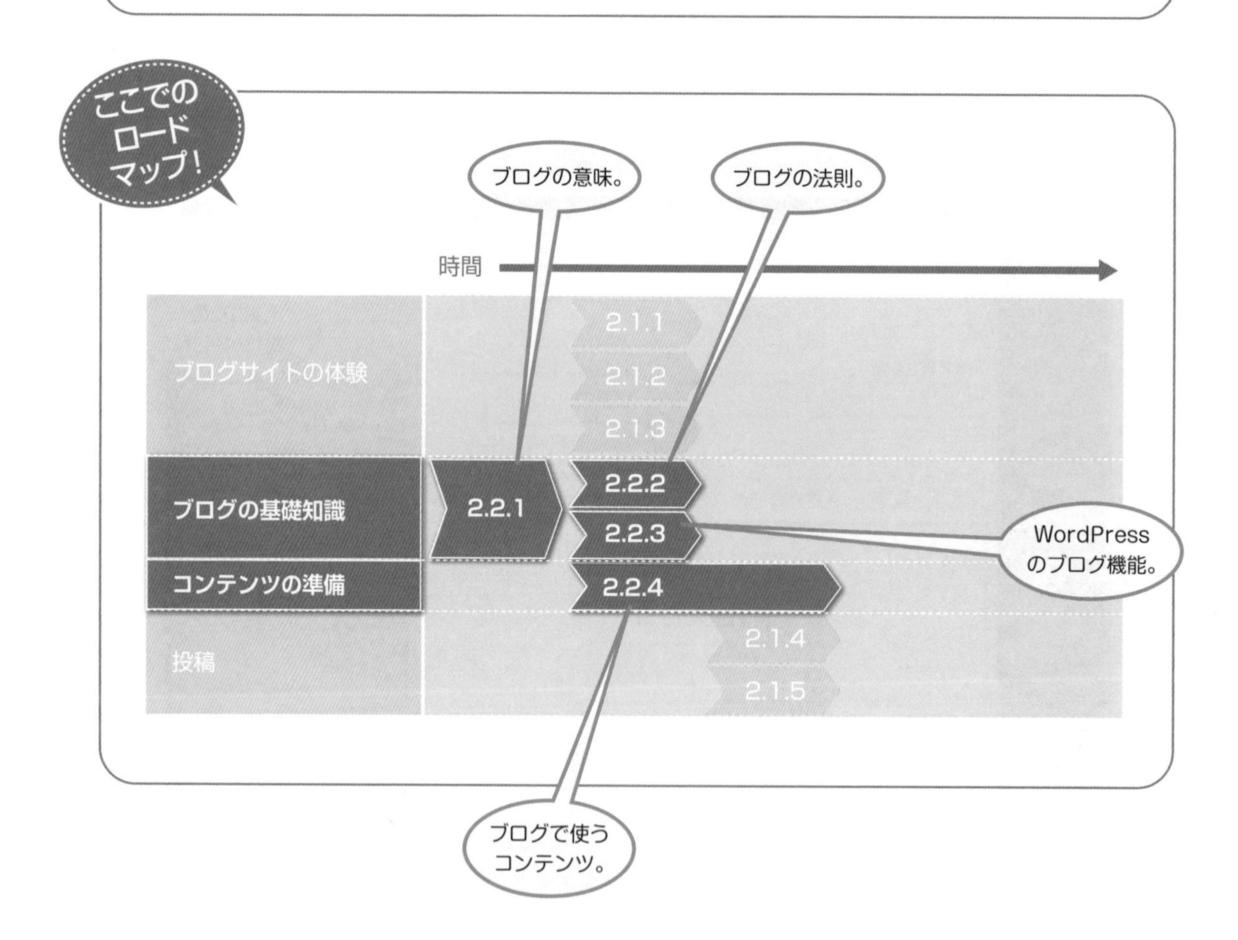

2.2.1 ブログとは

WordPressというのは元来、ブログ用のものです。バージョンが1.0になる前からブログ用のオープンソースソフトとして開発されてきました。もちろん、いまでもブログの作成や管理は大得意で、お手の物というわけです。いまではブログ機能のほかに、Webサイト全体を作成・管理する機能も一級品だと評価されています。

WordPressの使い方を紹介するとき、WordPressの成り立ちや現在のユーザーインターフェイスに従い、ブログとそのほかの機能を分けていくのがわかりやすいと思います。

ここでは、「そもそもブログとは何か」を確認してみましょう。ただし、Webページの使い方には、まだまだ可能性が秘められているかもしれません。あまり堅苦しく考えないで、ざっと目を通してみてください。

ブログの誕生と広がり

ブログは2000年初頭のアメリカが発祥といわれます。インターネットが民間に開放されて数年が経った頃で、Web（当時は正確にWorld Wide WebまたはWWWと呼ばれていました）は情報発信の一般的なツールになりつつありました。

Webから情報を発信するにあたっては、数日から数か月にもわたって取材を重ね、デザインに凝ったり、ローカルな情報をまとめて掲載したりする“かっちりとした”ホームページが流行りでした。「世界に向けて情報発信！」とはやし立てられると、どうしても肩に力が入るものですね。

しかし、世界中が注目するようなすごい情報でなくても、日常見たり聞いたりしたことを簡単にWebページに載せたいという人たちも大勢いました。これだけなら最小限のHTMLの知識だけでよいので、身近な情報を発信する人たちが増えてきました。

「見たよ」という反応

ところが、日記のように身の回りの出来事や自分の考えを好きで発信してはいても、それを徒労に感じることがあります。「誰がこのページを見ているのだろう」「ページを見てくれた人はどう思ったのかな」など、最初は夢想していることが楽しいのですが、そのうちページを更新する回数が少なくなってきます。

有名人でもない一般人がニッチな情報発信を続けることができるのは、Webページを見た人からの“生の反応”があるからです。ページ内に記したメールアドレスを使って、見た人からのメッセージが寄せられようになると、更新する意欲が俄然湧いてきます。

周囲で起きた出来事や、自分が感じたことを書きとめたものをWebで発信すると、それをおもしろいと感じた世界中の人から反応がある。これは楽しい体験でした。ニッチな情報でも、世界中に対象を広げれば、それを必要と思ってくれる人が、けっこう大勢いることに気付くのです。

2001年9月にアメリカで起きた同時多発テロ事件のあとでは、意見交換や情報発信をする道具として、ブログはその役割を世界中に知らしめ、世論を担う新しいメディアとしても注目されるようになりました。

ブログの意味

Webサーバーには、アクセスしたユーザーの記録が残されます。これを**log**（**ログ**）といいます。

いつ、どこから来た人が、どのページをどれくらい見ていったか、などの情報は時系列に沿ってログに記録されますが、これらの情報は主にWebサーバーの管理者しか見ることができませんでした。

そこで、Webページを訪問したユーザーが自分の意思でコメントを残したり、情報を書き足したりしていく仕組みが生まれました。「見たよ！」という証拠のコメントは、管理者だけでなく誰でも見ることができます。ほかの人から別の意見や情報が書き込まれることもあって、ページに奥行きと深みが出てきました。

このような仕組みによって、Webページに対しての意見や反応は、ダイレクトにページに表示されます。コメントを見たほかの人がそのコメントにコメントを付けたり、訪問者どうしで意見交換をすることができました。誰も見てくれない、何の反応もない、というのはつらいものです。訪問者が書き足していく"ログ"は、Webページで個人的な情報を発信しているユーザーにとっては、ほんとうにうれしいものだったようです。こうして、継続して情報発信する意欲が高まりました。

社会を知り、変えるツールとして

掲載した情報に対するリアクションがダイレクトに得られるような新しいスタイルのWebページは、ジャーナリストや芸術家、政治家、有名人などの情報発信ツールとして発展し始めます。

多くの人が注目するページでは、記事に対する反応も速くなりました。さらに、コメントが膨大な量になることもあります。コメントを寄せる読者間でトラブルが起きるといったことも頻発しました。また、世論を気にする人や人気に左右される人にとって、ブログは手軽で強力な情報ツールになりました。半面、記事の内容やその表現を間違えると、批判傾向のコメントがページを占め、俗にいう「ブログの**炎上**」が起きることもしばしばです。

Webページ上にログ（記録）を残す、この新しいスタイルは、「Web」の「log」ということで「**Weblog**」と呼ばれました。これが転じて「**blog**」となり、Webページのジャンルの1つとなるに至ったのです。

コミュニケーションのツールから

一般の人がブログを使うときの動機としては、自分の知っている情報や技能をほかの人たちに知ってもらいたい、という純粋な理由もあるでしょう。さらに、公開することでブログを通したコミュニケーションの輪を広げたいという目標もあるでしょう。

仕事に結び付けたいという人もいます。自分の仕事上の専門知識をブログに載せることで、仕事が舞い込んだという話も聞きます。ブログページに広告を載せることで、その対価を得るといったアルバイト（**アフィリエイト**）をすることも可能です。

ブログというと個人が公開している情報ページといった印象ですが、Web検索のときの検索ワードによっては、ブログページが検索結果の上位に表示されることもあります。例えば、潮干狩りに行こうとして、必要な装備や貝の探し方、料理法などを知りたいと思って検索すれば、外出好きな家族のつくったブログが見付かるはずです。

つまり、多くの人たちから支持されている情報ページとして、ブログを使うことができます。そして、多くの人が訪れるなら、それを商売に結び付けることも可能になるのです。

2.2.2 ブログの法則

現代における情報発信のツールとして、ブログはすでに確固たる地位を築いています。有名なブログも数多く存在していますが、その変転はものすごく速くて栄枯盛衰、次は何が話題になるのか誰にもわかりません。

あなたが半年後に月間数十万PV（ページビュー）のブロガーになっていたとしても、驚きません。

PVとはページ単位の表示数で、Webサイトの価値を表すひとつの指標です。PVはそれほどでなくても、ニッチで濃く、確かな情報を効果的に載せられれば、ブログを活かす道はいくらでもあります。

ブログには、「○○せよ！」という、ゲーム攻略法のような"鉄板"法則はありません。しかし、「○○したほうがいいよ」という程度の"緩い"ルールは経験則として存在します。

●第一法則

得するブログの最初の法則、それは「見た人が得したな、と思える情報が得られるブログ」です。つまり、「見た人が得するブログ」です。

「なるほど、ためになった！」「そうそう、これが知りたかった」「そんなやり方もあるのか」といった、訪問した人に喜んでもらえる情報を載せたいものです。

どうでもいい投稿を毎日載せるくらいなら、1週間に1ページでも、ほんとうに有益な情報を載せるようにしましょう。

●第二法則

これを一歩進めて、本書では、得するブログの法則に「どうせブログをするなら、自分にも利益になる情報を発信したほうがいいよ」を追加したいと思います。「自分も得するブログ」です。

ブログを書くために情報を探し回ってヒトやモノと出会い、その体験や感じたコトをブログに載せることで、自分の成長を実感できたらいいですよね。そんな記録がブログだとしたら、素敵ではないでしょうか。

得するブログとは

自分にもメリットをもたらしてくれるブログとは、どんなものでしょう。どんな情報をブログに載せればよいのでしょうか。

それは、自身のスキルアップや仲間づくりを意図した情報（自己啓発型）、知名度や好感度のアップに寄与する情報（自己アピール型）、集客や売上のアップに役立つ情報（リターン期待型）です。

自己啓発型

「自己啓発型ブログ」は、仕事や趣味の記録をブログにすることで、成長過程を記録するものです。ブログを続けることで、得てきたものがわかります。

スキルアップの様子はもちろんですが、ブログを通して知り合った人たちとの交流によって、さらに磨かれた情報が投稿される、そんな様子がつづられている個人のブログは多くあります。

ブログの特徴として、一方通行の情報発信ではなく、双方向性が確保されているということがあります。このため、投稿する情報に対しての指摘やアドバイス、批判が掲載されます。そのため自然に交流の場が形成されるのです。

自己アピール型

「自己アピール型ブログ」の例としては、タレントのブログがあります。

ブログは会員制のファンクラブのホームページと違い、基本的には一般の人たちも自由に閲覧可能です。このため、アンチファンにも公開されていて、言動によってはブログが「炎上」することもあります。なお最近では、ブログを意図的に炎上させることで知名度を上げる、という“高度な”使われ方も見られます。

リターン期待型

「リターン期待型ブログ」の例としては、道の駅の駅長が投稿するブログです。

道の駅のイベントの様子、旬の農産物や地元の特産物の情報など、掲載する情報ひとつで集客に大きな差が出ます。

発信される情報を心待ちにするファンが増え、知り合いに会いに来るように、道の駅を訪れるようになります。もちろん、売上も伸びます。

得するブログのつくり方

ブログに何を載せるかは、それほど簡単な問題ではありません。それなりの情報収集とその分析が必要です。

ブログに載せる情報の選び方

簡単に作成・編集できるからといって、とりあえず何でもいいから投稿するという安易な考えはやめましょう。ネット上に流れている他人の情報をうのみにして転載するというのは、もってのほかです。

これまで述べたことと矛盾するように思われるかもしれませんが、情報は“生もの”です。したがって、タイムリーな情報はそれだけで価値があります。たとえ稚拙な文章であっても、ピンボケの写真であっても、それが自分の伝えたいことを端的に表現した創造物であり、いま伝えるべきと判断したのなら公開する価値があります。もしも記事の投稿で迷ったら、想定している読者にとって、この記事は必要なのかどうかを考えてみましょう。

なお、戦略的な自己アピール、商品紹介の予定があって、その伏線としてブログの投稿を利用するといった場合もあります。ブログの影響力を考えれば、ブログを中心とした情報戦略を練る場面も出てくるでしょう。

PVを増やす戦略とテクニック

“人のためになり、そしてそれが自分の成長にもつながるブログ”を書き続けることは理想です。そんな得するブログを目指さなければなりません。しかし、ログデータを解析するプログラムによってブログの良し悪しが判断されるのも現実です。

他人があまり載せないような上質の情報を載せたのに、見てもらえないのは悔しいですよね。

現在のインターネットでは、検索サイトの検索結果の上位に表示されるようにすることは、多くの人に見てもらうためのひとつの手段です。

SEO*と呼ばれる手法は、Webページの内容よりも、検索エンジンの検索結果表示アルゴリズムを解析し、それに合わせてWebページの体裁やコンテンツを調整するものです。

ブログやホームページにちょっとした工夫をすることで、ブログ全体を訪問者に印象付け、しばらく滞在してもらい、コメントを残してもらったり、RSSボタン*を押してもらったり、Facebookの「いいね！」ボタンを押してもらったりすることを期待できます。

ブログを書くときの人格

ブログを始めようとするとき、最初にしなければならないのは、投稿の範疇(はんちゅう)を決めることです。

最初の例として、ある有名人のブログを見てみましょう。ビデオ撮りされたテレビ番組が放映された翌日、共演者とのエピソードやその感想、裏情報が載せられます。ファンにとって、番組の臨場感が増すのに加え、本人を身近に感じられる記事です。次の例は、道の駅の駅長さんのブログです。道の駅の様子、旬の特産物、近くの観光地の様子など、写真やイラストと共に掲載されています。駅長さんの人柄が表れていると、会ってみたいと思うこともあるでしょう。

この2つの例では、個人のブログ（素のブログ）というより、仕事上のブログ（組織構成員人格によるブログ）であることを、しっかりと意識しなければなりません（パターンⅠ）。

＊**SEO**　Search Engine Optimizationの略。
＊**RSSボタン**　ページの更新を知らせる「RSSフィード」をRSSリーダーで受け取りたいときにクリックするボタン。

▼パターンⅠ

次に、学生や主婦など特定の組織に所属しない個人（厳密にはすべての個人はいずれかの組織に所属しているわけですが、ブログの情報源として意識するような組織に所属していない個人とします）は、素の人格として、身近なことがブログに掲載する主な情報になります（パターンⅡ）。

▼パターンⅡ

しかし、ネット社会が発展してきた現代において、ブログを始めようとする個人は、すでにネット社会とつながっています。

ネット上でだけ交流している仲間がいる場合、互いのハンドルネームだけを知っていて、素の人格や組織構成員人格はまったく知らない、といった付き合い方も普通に行われています。このような人はネット上で育ててきた人格（ネット人格）でブログを行うことができます（パターンⅢ）。

ネット人格でのブログで特に警戒すべき危険が2つあります。1つはネット社会の匿名性に関しての危険です。匿名であるがゆえ、どんな発言をしても批判にさらされる恐れはありません。

そのため、自分本位な記事が多くなります。このこと自体は、ネットの自由性、あるいは日本国内だけではなく世界中に認められている自由な権利として問題はありません。

しかし、ブログを集客のため、知名度や好感度を上げるためのツールとして考えた場合、（特別な場合を除いて）匿名あるいはハンドルネームでブログを行うメリットはありません（ペンネームとして、実社会およびネット社会で別人格を持っている場合はこの限りではありません）。

もう1つは、ネット人格で活動している場合、ともするとブログに載せる情報をネットからのコピー&ペーストで済ませることがあるという点です。

ほかの2つの人格でのブログにおいても同様の危険性がありますが、ネット社会を主な活動場所にしていると、情報源がどうしてもネットに偏るため、この傾向が強くなります。ネット社会に流れている情報は、“伝言ゲーム”で伝わったものであることを意識しなければなりません。つまり、又聞き➡又又聞き➡又又又聞き➡…です。

引用としてブログに掲載することも頻繁に行われていますが、まず、引用についてのルールを守ることが必要です。正しく引用されているとしても、引用または転載ばかりのブログは、信頼性に欠ける上、読者に不誠実な印象を与えます。やはり集客のため、知名度や好感度アップのためのツールにはなりえません。

ネット人格でも素晴らしいブログを運営することはできます。そのような例も数多くあります。それらに共通しているのは、ネット人格であっても素の人格と同じように、ブログに真摯に向き合う態度が見られるという点です。

素の人格のブログでは、個人情報や生活の部分を隠したとしても人間性が透けて見えます。ネット人格でブログをするときも、自分の考えや創作物を正直に投稿することを続けるようにしましょう。

▼パターンⅢ

ネット上に再構築
した人格として
ブログをする。

ネット人格

どの人格でブログを開設するのかが決まれば、ブログに載せる情報の範疇が見えてきます。

パターンⅠでは、肩書のある人格として、組織の利益につながるような情報を第一に考えることになるでしょう。

パターンⅡでは、一般の人たちから見た場合、あまり重要な情報は載せられません。載せる情報が個人的すぎるからです。しかし、個人的感想にも需要はあります。趣味、研究内容、郷土の話題、地元の食べ歩きなど、損得を度外視した個人レベルでの交流を目指すブログが自分のペースでできるでしょう。

パターンⅢは、実社会かネット社会かの違いだけです。ネット社会での個人レベルで活動していれば、その中で得られる情報を掲載します。ネット社会の組織に益のある情報を載せるといった利用もできます。

2.2.3 WordPressのブログ機能

WordPressでブログに記事を載せるには、インターネットに接続したPCなどから、作成した記事をWordPressサイトに投稿するという操作を行います。

ブログ機能

Webページの1つのジャンルであるブログが短期間で非常に多くのユーザーに支持されたのは、Webページの作成作業が非常に簡単にできたことが大きいといわれています。HTMLを知らなくてもWebページを作成できるというだけではなく、Webブラウザー内に表示されるフォームやボタンを操作することで、ホームページ作成ソフトがなくても見栄えのよいWebページができ上がるところも大きかったようです。

もちろんWordPressもブログ作成システムです。WordPressの操作はすべてWebブラウザーを使って行います。

投稿パネル

WordPressのブログ記事の投稿や編集は、Webブラウザー内に表示される**投稿パネル**で行います。ダッシュボードのサイドメニューから**新規追加**を選択すると、**新規投稿を追加**パネルが開きます。これが、新規にブログ記事を作成できる投稿パネルです。

すでに公開されているブログに表示される**編集**リンクをクリックしたり、ダッシュボードのサイドメニューから**投稿一覧**を選択して開くパネルから任意の投稿の**編集**リンクを選択したりすると、選択した投稿内容が投稿パネルに読み込まれて表示され、編集作業ができるようになります。

●投稿パネルの画面構成

ダッシュボードのサイドメニューが左側に表示されます。その右側の大きなテキストボックスのフォームは、テキストを入力するボックスです。「フォーム上で、修飾された文字の様子や挿入した画像の配置などを、実際のブログ表示に近い表示で確認しながら入力・編集できるWYSIWYGのビジュアルエディター」および「HTMLタグによる入力や編集を行うタイプのエディター」の2つを、必要に応じて切り替えながら投稿記事の編集作業を行えます。

テキストフォームの上には、よく利用する編集用のツールボタンが並んでいます。また、さらに上には投稿記事のタイトルを入力するテキストボックスがあります。

その右側や下側には、オプション設定を行うためのモジュールを配置できます。WordPressでは、本文用のテキストボックスの右横に**公開モジュール**が表示されています。これらのモジュールは、画面右上の**表示オプション**タブをクリックして、表示させるモジュールと非表示にするモジュールをチェックして選択します。一時的に内容を折りたたむには、各モジュールのタイトル部分をクリックします。また、このタイトル部分をドラッグすることで、モジュールの配置を変更することも可能です。

▼投稿パネル

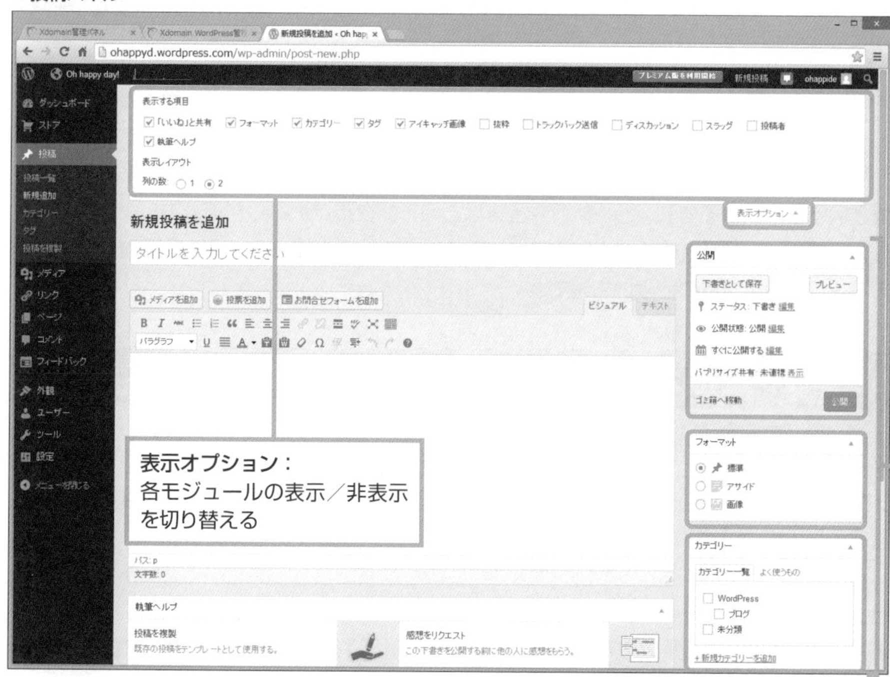

Memo コンテンツの型

Webコンテンツはどのように書けばよいのでしょう。

「ブログ」というWebスタイルは、「日記型」のコンテンツを想像させます。ブログは、テキストの入力と画像の挿入が容易にできました。そのため、HTMLを知らなくてもメモのように日常の出来事やアイデアを書きためることができて便利でした。これが、「ブログはオンラインの日記」といわれる理由です。

しかし、ブログは日記型コンテンツしか書けないのかといえば、そうではありません。そこで、独自の視点でコンテンツを分類してみました。WordPressサイトをつくるときの参考にしてください。

日記型の変形として、「絵日記型コンテンツ」があります。写真やイラストを主役にしたコンテンツです。動画にすると、「ビデオ日記型コンテンツ」です。

WordPressでは、Wordから直接、表やグラフ入りのドキュメントを投稿できます。Wordドキュメントの表やグラフはExcelと連動させることができるので、結局、データを使って説得力のあるコンテンツをWordPressに載せることが可能です。このような「データ型」コンテンツは、ビジネスサイトの有効なコンテンツとなるでしょう。

複数のWebページを1つの読み物としてまとめたのが「構成型」コンテンツです。例えば、商品ができるまでの工程を説明したり、その商品の手入れの仕方を説明したりしたものです。

誰かにインタビューした内容を編集して載せるのが、「インタビュー型」コンテンツです。対談形式でもよいでしょう。

Webサイトでコンテンツを発信するときには、コンテンツの情報そのものの鮮度や確度、オリジナリティーなども重要ですが、どのような伝え方をすれば閲覧者にもっと興味を持って読んでもらえるか、という視点も大切です。これは、どのように包装すれば商品を持ち帰りやすいか、といった情報の見せ方と同じです。持ち帰り商品にとって、包装や手提げ袋のデザインやつくりが重要なように。

2.2.4 ブログで使うコンテンツ

ブログもWebページの一種なので、Webページに掲載できる形式のコンテンツなら、ほとんどOKです。

ただし、現場で起きたことを速やかに投稿できるというブログの魅力を活かすものといえば、テキストと写真ということになるでしょう。動画や音楽などのデジタルファイルをアップロードすることもできますが、ファイルサイズの大きなこれらのコンテンツは、外部のクラウドに置いて、ブログにはそこへのリンクを表示するのがよい方法です。

WordPressブログで扱えるコンテンツ

WordPressでは、Webページで一般に扱うことのできるコンテンツを掲載できます（下表参照）。なお、プラグインを利用することで、WordPress画面で表示または再生できるようになる形式のものもあります。

▼WordPressで扱えるコンテンツ

コンテンツの種類	説明
テキスト	投稿フォームから入力します。文字修飾やインデント設定などもツールボタンで設定可能です。
写真やイラスト	.png、.gif、.jpg、.jpegの各画像形式のファイルをアップロードし、それをテキスト内に挿入します。画像の編集機能ではトリミングとサイズ変更ができます。
動画	.mp4、.m4v（MPEG-4）、.mov（QuickTime）、.wmv（Windows Media Video）、.avi、.mpg、.ogv（Ogg）、.3gp（3GPP）、.3g2（3GPP2）の各形式の動画ファイルをアップロードし、それをテキスト内に挿入します。WordPress.comではVideoPress（有料）へのアップグレードが必要です。
外部サイト（画像、動画）	YouTubeやGoogleマップなど外部の動画・画像サイトのコンテンツをブログ内に埋め込んで表示できます。
音声	.mp3、.m4a、.ogg、.wavの各形式の音声ファイルをアップロードし、それをテキスト内に挿入します。WordPress.comの場合、容量アップグレード（有料）によってこれが可能になります。
ドキュメント	.pdf、.doc、.docx、.ppt、.pptx、.pps、.ppsx、.odt、.xls、.xlsx、.zip形式のファイルを扱うことができます。WordPress.comの場合、容量アップグレード（有料）によって可能になります。
リンク	同一サーバー内のファイルや外部サーバーのファイルへのリンク、またはWebページへのリンクを設定できます。

WordPressでは、これらのコンテンツをブログ記事内に表示しますが、ページの基本的なデザインは選択するテーマによって決まるため、通常、ユーザーがブログ投稿において意識するのは、テキストとそれ以外のコンテンツのサイズやその配置です。

投稿パネルでは、ビジュアルエディターを使ってブログ記事を作成することで、実際のブログ表示に非常に近い形で編集をすることが可能です。

ブログ用の写真撮影

　ブログに掲載する写真は、どうやって準備しましょうか。まずは、自分あるいは身近な人が撮った写真を使うことを考えましょう。

　個人的で身近な情報、その中でもテキストだけではどうにもならない情報（例えば、街のお花見情報、クワガタの生育日記など）は、自分で写真を用意しないと情報に意味がなくなってしまいます。

　様々なタイプのカメラが存在している現在、写真技術も多様です。ここでは、戸外でスマホに付いているカメラを使う場合と、室内で簡易スタジオをつくって商品を撮る場合の2つについて説明します。

スマホの写真術

　外出先といっても、ブログ用の写真を撮るつもりで行くなら、スマホよりはコンパクトカメラやレンズ交換式カメラなどのちゃんとしたカメラのほうをおすすめします。しかし、シャッターチャンスはいつやって来るかわかりません。近年は、一般視聴者がスマホで撮影した写真や動画がテレビのニュースで使われることも多くなってきました。

　ここではスマホのカメラを使って、ブログ用の写真を撮るためのポイントを紹介しましょう。

●ブレ防止とピント合わせに時間をかける

　写真用のアプリの性能がアップしたからといって、必要以上にアプリに頼るのはよくありません。特に手ブレの補正は難しく、修正がきかないこともあります。

　ブレを最小限にする基本は、スマホをしっかりとホールドしてシャッターを切ることです。どうしても片手で撮影しなければならないときを除いて、スマホは両手で保持し、画面のボタンではなく、本体横のボリュームボタンでシャッターを切るようにしましょう。

▼スマホカメラを撮るときの構え

スマホカメラのオートフォーカス機能に頼って撮影したあと、その写真をPCのモニターで見たときに、ピントが甘かったことに気付くことがよくあります。手動でピントを合わせる機能のないスマホカメラでは、微調整が難しく、どうしてもアプリの機能に頼らざるを得ません。

ピントの甘さを解消するには、画面をズームアップしてピントが合っているかどうかを確認しましょう。被写体内に文字があれば、できるだけ文字がはっきりと見えるようにピントを合わせるとよいでしょう。

●アプリの設定を変えて何枚も撮る

戸外でブログ用に撮影した写真を家に帰って確認したとき、思ったような写真が撮れていなくてがっかりすることがあります。写真を撮り直すだけのために、再びその場所まで行けないことのほうが多いでしょう。だから、バッテリーが許す限り、何枚も写真を撮っておく必要があります。

まずは、同じ設定で角度や倍率を変えて何枚か。露出を変えたりストロボを使ったりして、さらに何枚か。そして次には、アプリの設定を変えて同じように撮影しておきます。

アプリの設定で解像度が変えられるなら、できるだけ大きなサイズで撮るようにします。編集するときにも、解像度が高いと編集後も画質が落ちにくくなります。

スタビライザー機能をオンにすれば、手ブレを緩和できるでしょう。

被写体に合ったデジタルフィルターが用意されていれば、それらを試してみるのもよいでしょう。

●スマホカメラも基本は光！

カメラは"光と影"を写し取るモノです。露出やシャドウなどの修正は撮影後にアプリを使ってできる場合もありますが、テキストで表現するその場の臨場感を写真が映し出していることが重要です。

被写体を移動させることの難しい戸外での撮影においても、基本は同じです。光の当たり方がよくない場合、改善する可能性があればしばらく待つくらいの余裕がほしいところです。

人物撮影などで影をできるだけ消したいときには、レフ板を使用します。本格的なものでなくても、段ボールとアルミホイルでつくれます。

夜または暗がりでの撮影は、ストロボを使うことも多くなるでしょう。スマホの写真撮影では、これが最も苦手なところです。光量が少ない上に、ストロボの光る向きを調整できないからです。

商品写真を撮る

ブログやホームページに載せる商品写真を撮るなら、スマホのカメラを使う理由はありません。ちゃんとしたカメラを使いましょう。

また、簡易的なミニスタジオをつくるだけで、写真のでき上がりが驚くほどよくなります。

●ミニスタジオをつくる

ネットで商品を販売するための写真撮影なら、商品写真の出来次第で売上は大きく違ってきます。

フォトスタジオに行って撮影した経験があれば、ちゃんとした撮影にどんな要素が必要なのか想像できると思います。まずは、なんといっても光です。昼の太陽光に近い光を用意しますが、これによって影が目立っては何にもなりません。一般的な商品撮影では、被写体の撮影面に対して自然な光が十分にある状態が最もよいでしょう。このとき、できるだけ際立った影ができないようにします。曇った日の戸外での撮影がベストであるというように、日の当たる部分と影の部分の強いコントラストを避け、柔らかな自然な感じに、しかも撮影側から光が当たっているように注意しましょう。

さらに、背景にも気を配ります。商品にもよりますが、背景の色は、単色（普通は白色）または、単色から黒または白へのグラデーションで、皺や折り目が写らないようにします。

これらの条件に沿ったミニスタジオを設置するのは、そんなに難しいことではありません。数万円程度のミニスタジオキットも販売されていますが、数分の１の費用で自作することもできます。

商品の上方からは太陽光に近い自然な光を当てます。一般には、昼白色（色温度5000ケルビン）の蛍光灯あるいはLEDランプが使われます。この光を、薄い白色の布などでつくったディフューザーを通して商品に当てます。さらに、必要に応じて商品の前面やや下方向から（商品よってはやや上方向から）弱い光を当てることもあります。多くの場合は、撮影面側からレフ板を使い、前面からの光を補足します。

商品の背面ですが、通常は商品の十分に上から、緩やかにカーブした紙（または皺のない布）を商品の背景に垂らし、皺や折り目ができないように商品の下を通して前面まで十分に敷きます。背景になる紙や布は、単色か、グラデーションが多く使われているようです。商品を魅力的に見せるのに、背景は大きな役割を演じます。素材や色をいろいろ試してみるとよいでしょう。

もちろん、カメラは三脚に固定し、タイマーあるいはレリーズやリモートシャッターを使って手ブレをなくしましょう。光の具合や商品の置き方が決まり、カメラ側で露出やシャッタースピード、ホワイトバランスを設定したら、あとは商品を次々にかえてピントを確認し、シャッターを切ればよいのです。ネットでの商品販売を本気で考えるなら、効率面からいってもミニスタジオを設置する意義は相当大きいといえるでしょう。

▼写真用ミニスタジオ

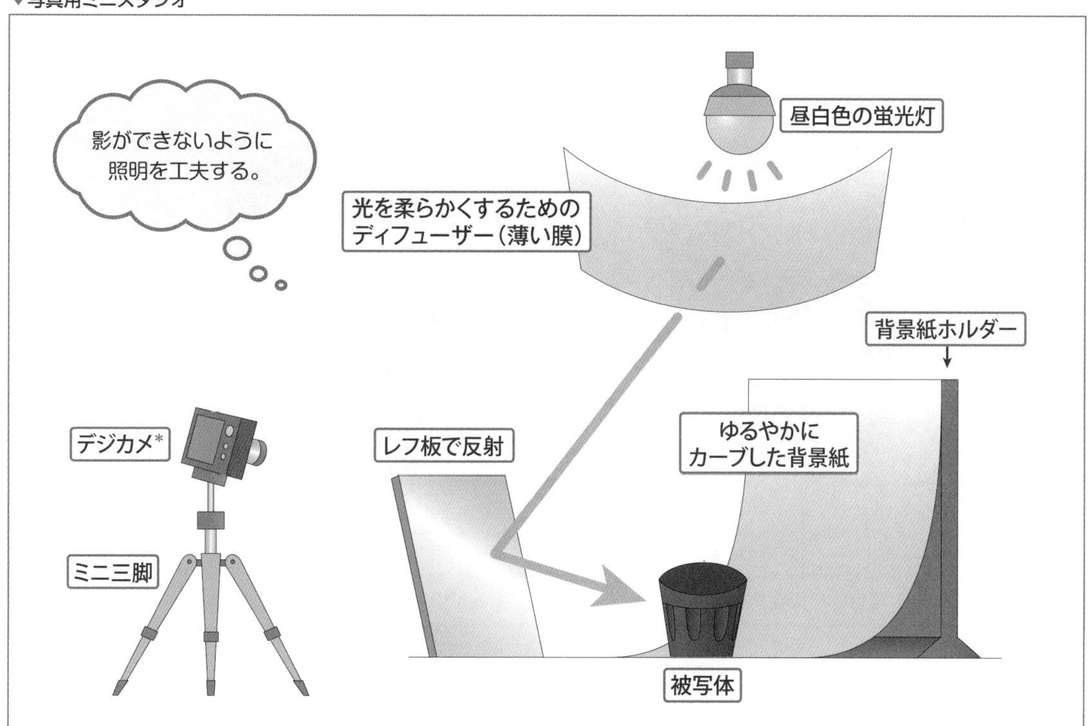

＊デジカメ　普通のコンパクトデジタルカメラで十分。

●マクロとズームの使い分け

マクロモードは、カメラ自体を被写体にぶつかるくらい近付けて撮影するときに使います。そのため、日用品などの商品撮影で使うことも多いでしょう。

マクロ撮影では、上方からの光を遮らないようにする、カメラを固定する、などの基本を守って撮影しましょう。また、奥行きのある被写体では、どこにピントが合っているのか確認しながら撮るようにしましょう。

自分がネットショッピングをするときのことを考えてみましょう。例えば、海外製の腕時計の中古品をネットから購入しようとする際には、腕時計の細部を確認するのではないでしょうか。購入を考えているユーザーは、写真を拡大し、傷や欠け、汚れなどをチェックするはずです。また、メーカー名や商品名、製造国（地域）の表示も見るでしょう。できる限り高解像度でしっかりピントの合った写真でなければ、商品への疑いや懸念を払拭することができません。ネットショッピングでは、掲載する商品の写真によってユーザーの購入／非購入が決定されるといっても過言ではありません。

さて、同じ湯のみをマクロモード（写真A）と通常の撮影モード（写真B）で撮影したものを比べてみてください。マクロモードで撮影した写真Aは、実物よりも湯のみの口が広く開いているように誇張されているのがわかります。

これは、小さなレンズで接写をした場合に見られる歪曲収差と、広角で接写を行った場合に現れる奥行きの誇張が原因です。マクロ撮影で商品の背景をボカすといった印象的な撮影テクニックもありますが、商品の形状が実物と大きく異なっていては問題です。

ちなみに写真Bは、ズーム機能を使って撮影したものです。撮影による歪みはほとんどありません。

▼写真A：マクロモード

奥行きが誇張される。

▼写真B：通常の撮影モード、ズーム使用

歪みが少なく実物に近い。

著作権の問題

写真に限らず、ネット上のコンテンツの著作権にまつわるライセンス問題は、これまでの法律が追い付いていかない状態があり、コンテンツの利用が進まない状況にあります。世界中の人々が自由に写真を投稿して共有するFlickrのようなサイトでは、なおさらです。

Flickrでは、ライセンスについての問題を**クリエイティブ・コモンズ・ライセンス**によって解決しています。

●クリエイティブ・コモンズ・ライセンス

「クリエイティブ・コモンズ」という国際的非営利組織が提供しているコンテンツ利用のライセンスが「クリエイティブ・コモンズ・ライセンス（CCライセンス）」です。

このライセンス制度は、「作者は著作権を保持したまま作品を自由に流通させることができ、受け手はライセンス条件の範囲内で再配布やリミックスなどをすることができます。」（クリエイティブ・コモンズのHPより）というものです。

従来のライセンスでは、著作権に関するすべての権利を主張する「All rights reserved」か、これらすべてが消滅（あるいは放棄）した公有の状態「Public domain」のどちらかでした。

クリエイティブ・コモンズでは、作品の共有を目指し、もっと細かな利用区分の設定を行いました。これが「Some rights reserved」の考え方です。実際には、次表の6種類に分かれています。

▼CCライセンス

ライセンスの種類	説明
Attribution（表示）	原作者のクレジットを表示することで、使用範囲を限定せずに使用を許可。
Attribution-NoDerivs（表示-改変禁止）	原作者のクレジットを表示することで、使用範囲を限定せずに使用を許可。ただし、派生作品をつくって頒布することは禁止。
Attribution-ShareAlike（表示-継承）	原作者のクレジットを表示することで、使用範囲を限定せずに使用を許可。なお、派生作品には元の作品と同じライセンスを設定すること。
Attribution-NonCommercial（表示-非営利）	原作者のクレジットを表示することで、非商用範囲において使用を許可。
Attribution-NonCommercial-NoDerivs（表示-非営利-改変禁止）	原作者のクレジットを表示することで、非商用範囲において使用を許可。ただし、派生作品をつくって頒布することは禁止。
Attribution-NonCommercial-ShareAlike（表示-非営利-継承）	原作者のクレジットを表示することで、非商用範囲においては派生作品の頒布も許可。なお、派生作品には元の作品と同じライセンスを設定すること。

▼クリエイティブ・コモンズについての説明ページ

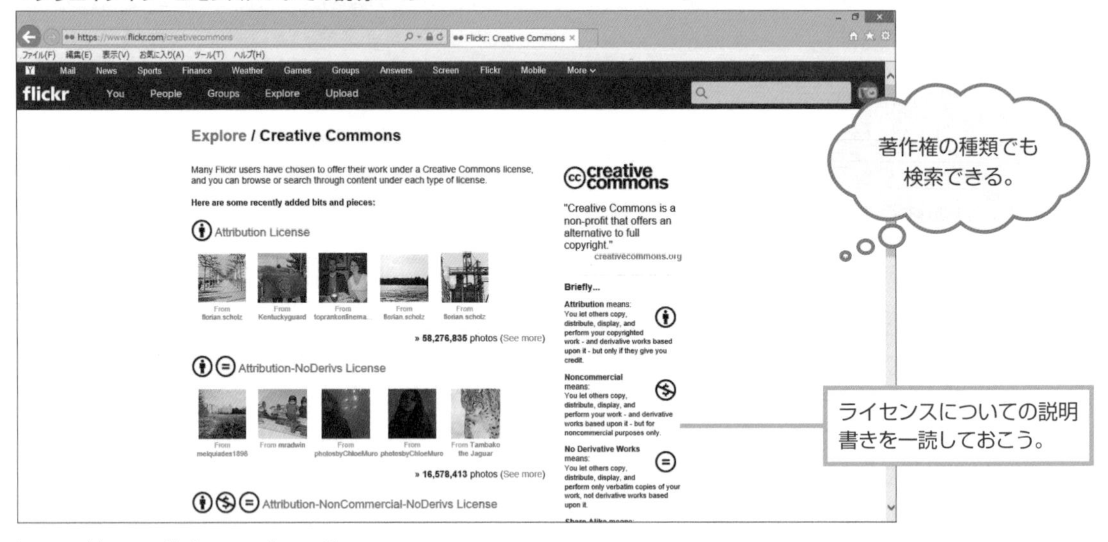

https://www.flickr.com/creativecommons

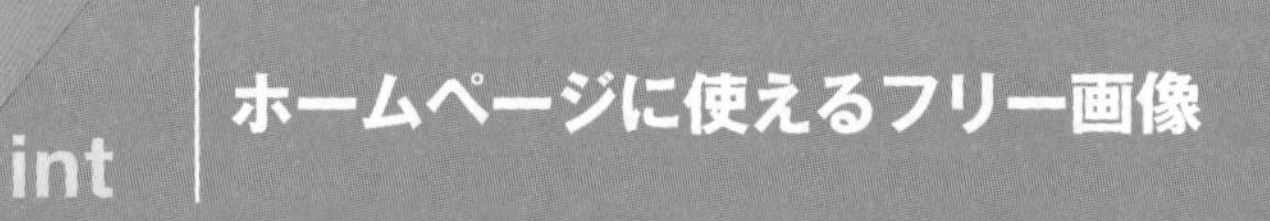

Hint ホームページに使えるフリー画像

ホームページで画像を使いたいとき、写真やイラストをどうしましょう。ブログに載せる情報を示す重要な写真なら、もちろん自分で撮影しなければならないでしょう。しかしそうでなければ、フリーで使える写真やイラストをインターネットで探すのが簡単で便利です。

Flickr（https://www.flickr.com/）は写真のプロが多く集まる写真素材のサイトです。フリーで使える写真もありますが、デザイン性、品質共によい写真は有料になっているのが普通です。

画像素材として数が多く、使い勝手のいいのは、Pixabay（https://pixabay.com/ja/）です。検索する場合、日本語も英語も両方利用できます。Pixabayで写真やイラストを探してダウンロードするページを開くと、その写真の著作権や利用に関する情報が日本語で表示されます。「無料ダウンロード」「商用利用無料」「帰属表示は必要ありません」と表示される画像については、無料で自由に利用することができます。なお、無料で使用できますが、撮影者や作成者（「イメージの作家」）への寄付をすることができます。

▼Pixabay

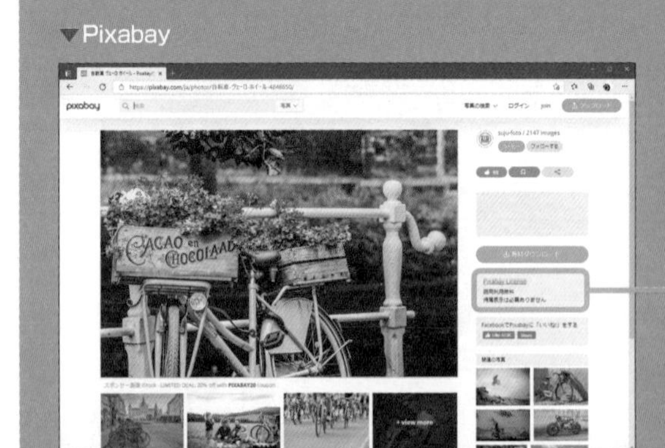

Chapter 3

これってどうやったらできるの

タカナは、WordPress.comの操作を通して、コンテンツ作成の基本やサイト構成についてもわかってきた。その一方で、無料版のWordPress.comに物足りなさも感じ始めていた。

タカナ 「神崎さん、Webサイトでもっといろんなことがしてみたいです」

コウヤ 「そう来ると思ってました。では、レンタルサーバーを使いましょう」

タカナ 「サーバーを借りるのですね」

コウヤ 「そうです。もっと自由にWordPressを使うこともできますよ」

3.1 サーバーは借りて使う
3.2 ページデザインを変えてみる
3.3 機能を追加する
3.4 ウィジェットを編集する
3.5 プラグインのPHPを編集する
3.6 テーマのCSSを編集する
3.7 ブロック対応のテーマでサイトを編集する

Section 3.1

Level ★★★

サーバーは借りて使う

Keyword　レンタルサーバー　Webサーバー

WordPressはサーバー側で動くシステムです。このため、実際に運用するにはどうしてもWebサーバーが必要です。しかし、個人または中小企業がWebサーバーを自前で揃えるのは不経済です。そこで、レンタルサーバーの出番です。

レンタルサーバー（Xserver）を借りる

数あるレンタルサーバーの中からXserverを例に、WordPressが使えるようにするまでの手順を説明します。Xserver以外でも、たいていのレンタルサーバーはWordPressの自動インストールに対応しています。

ここがポイント!

レンタルサーバーにWordPressをインストールしよう

WordPressを使い倒すためには、無料のWordPress.comでは制限がありすぎます。だからといってWebサーバーを自前で用意するのも大変です。そこで、月額1000円ほどで使用できるレンタルサーバーを使って、自分専用のWordPress環境をつくってみましょう。

- レンタルサーバーにアカウントをつくる。
- WordPressをインストールする。
- WordPress.comからコンテンツをエクスポートする。
- レンタルサーバーのWordPressにインポートする。

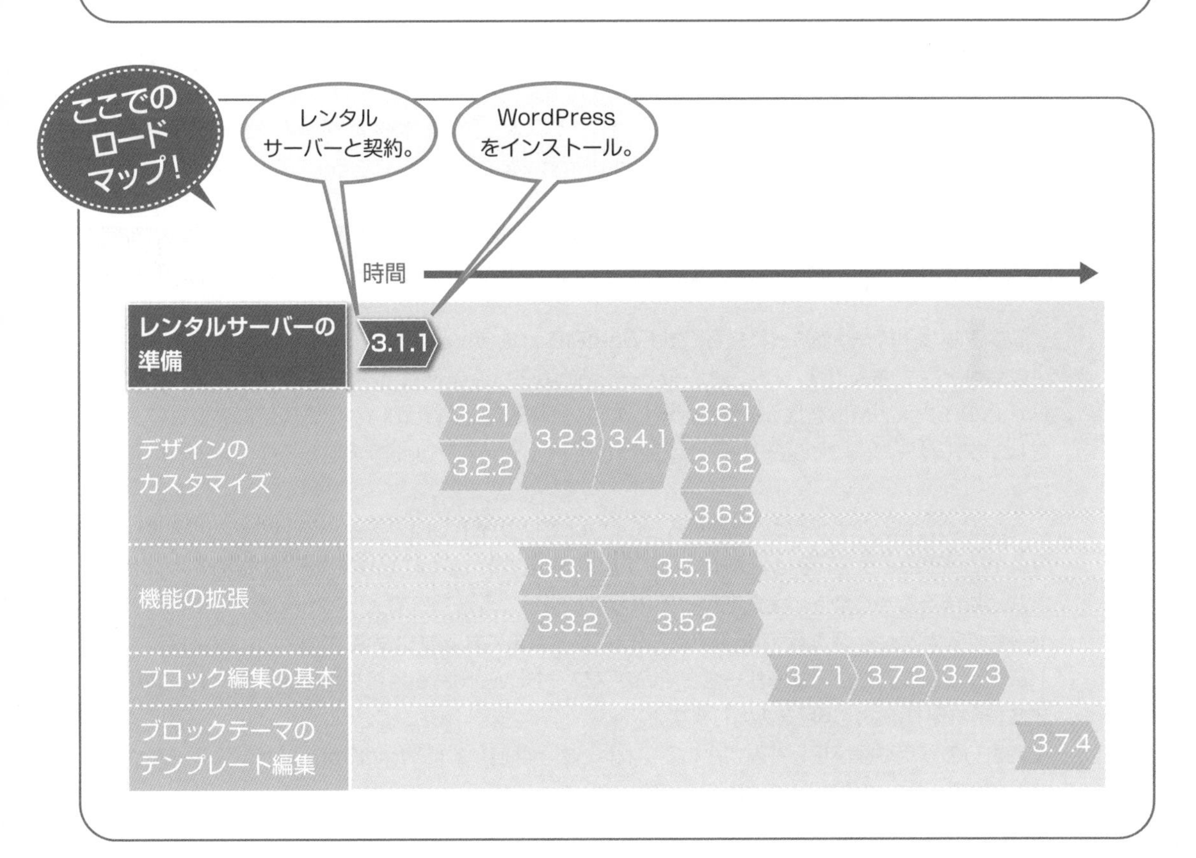

3.1.1 レンタルサーバーのWordPress

WordPress人気の高まりから、レンタルサーバーでWordPressを提供するサイトが増えました。Xserverなどのように、WordPressのインストールや設定を自動でしてくれるところも多いので、ユーザーが自分でファイルをアップロードしたり、サーバーの設定をしたりする必要もなく、自由度の高いWordPressサイトを構築するハードルはずいぶん低くなっています。

Xserverの利用を開始する

本書でWordPressの説明に使用するレンタルサーバーは**Xserver**です。Xserverは、高機能・高速のサーバーです。価格帯は1か月1000円程度の個人または個人商店向きのレンタルサーバーから、大企業向き・商用利用向きのものまで、規模や利用内容、予算によって選べます。

Xserverでは関連サイト（Xserver Domain）で独自ドメインの取得サービスも行っています。独自ドメインでWordPressサイトを構築する計画なら、サーバーレンタルとセットで独自ドメインが無料または安くなるサービスもあるようです。

Xserverを利用するためには、所定の申し込み手続きが必要です。支払い額はプランと契約期間によって異なります。最新の情報はホームページ（https://www.xserver.ne.jp/）で確認してください。

Xserverと契約して支払いが完了し、ドメインなどの基本設定が済んでいれば、簡単にWordPressをインストールして、任意のWordPressサイトを構築できるようになります。

XserverにWordPressをインストールする

レンタルサーバーが借りられたら、次はWordPressを使えるようにします。

Xserverなど多くのレンタルサーバーでWordPressを使えるようにするためには、WordPressのインストールを行う操作を指示します。具体的には、WordPressの運用に必要なファイルをレンタルサーバーにインストールし、取得したドメイン名のWebサイトから使えるように設定します。

そのためには、WordPressサイト名（Xserverでは**サイトURL**）を決める必要があります。設定するWordPressサイト名はドメイン名の下層に表示され、URLになります。このためアルファベットから始まるわかりやすい名前を付けるようにしましょう。このほか、WordPressサイトをインストールするために必要な設定項目には、ブログタイトルになる**ブログ名**、WordPressダッシュボードにアクセスするための**ユーザー名**とその**パスワード**、WordPress管理用の**メールアドレス**があります。それぞれの設定項目を入力します。

これらの設定項目が正しく入力されていれば、あとは自動的にWordPressがインストールされます。インストールにかかる時間は、ほんの1、2分です。

Process

❶Xserverのアカウントページにログインします。
❷**サーバー管理**ボタンをクリックします。

▼Xserverアカウントページ

Onepoint

ここでは、Xserverレンタルサーバーのトップページから「アカウントページ」を介して、「Xserverサーバーパネル」にログインしていますが、トップページの「ログイン」メニューから直接、「サーバーパネル」を選択することもできます。

Onepoint　ドメインを取得する

インターネットドメイン（本書では単に「ドメイン」と表記します）とは、インターネット上のサーバーに割り当てられる看板のようなものです。実際には、インターネットに接続するコンピューターやデバイスにはIPアドレスと呼ばれるインターネット上の番地が割り振られるのですが、人にとってIPアドレスは数字や記号の羅列でしかなく、意味を持ちません。そこで、IPアドレスを意味のある文字列にしたものがドメインです。

例えば、「whitehouse.gov」というドメインは、アメリカ大統領が執務を行うホワイトハウスのホームページです。このドメインはアメリカの政権中枢であるホワイトハウスのホームページに唯一割り当てられたものです。「whitehouse.gov」の「.gov」は「government」を指し示す記号で、アメリカ合衆国の政府機関を表します。よく目にする「.com」は「commercial」、つまり商用サイトを示します。これらのようにドメインの最後に付けられる、ドメインの種類を表すドメインをトップレベルドメイン（TLD）と呼びます。日本の場合は、日本を表す「.jp」の手前にドメインの種類を示すドメインを付けるため、「.go.jp」「.co.jp」となります。

ドメインはインターネット上で一意である必要があります。このためドメインは、専門の国際機関によって一元的に管理されています。この機関とドメインの取得を望むユーザーとの間にあるのが、「Xserver Domain」や「お名前.com」など、ドメインの販売を行っているレジストリと呼ばれる会社です。登録したいと思うドメイン名があるときには、これらのレジストリのWebサイトにアクセスし、そのドメインが使用可能かどうか、つまりまだ使われていないかどうかの確認をすることになります。

ドメインを取得するといっても、実際にはドメインは買い取れるものではなく、所定の期間、使用する権利が取得できたと考えるとわかりやすいでしょう。レジストリとの契約によって、ドメインの使用期間が決まります。ドメインの使用にかかる金額は、この使用期間のほか、トップレベルドメインの種類によっても変わります。日本ではトップレベルドメインとして「.jp」や「.co.jp」に人気があり、ほかよりも高い値段が付いています。

Process

❸**WordPress簡単インストール**をクリックします。

▼Xserverサーバーパネル

Process

❹WordPressをインストールするドメインを選んで、**選択する**をクリックします。

▼ドメイン選択画面

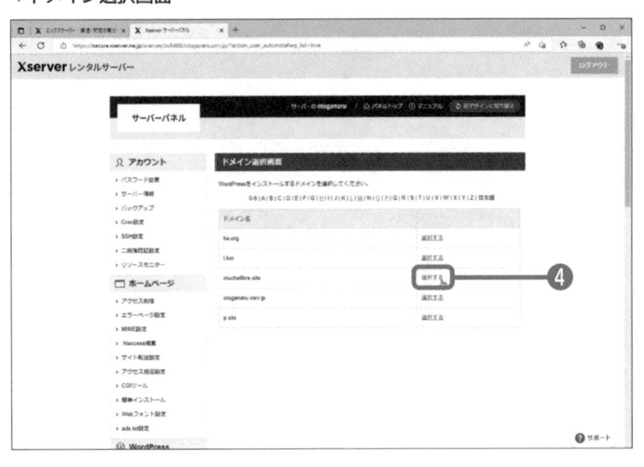

Onepoint

ここに表示されるドメインは、Xserverサーバーパネルの「ドメイン」欄の「ドメイン設定」をクリックすると開くページで追加したものです。ドメイン設定の詳細な方法については、ドメイン設定ページから見られるマニュアルを参照することができます。

Process

❺**WordPressインストール**タブを開きます。
❻設定項目を入力します。
❼**確認画面へ進む**ボタンをクリックします。
❽**インストールする**ボタンをクリックします。

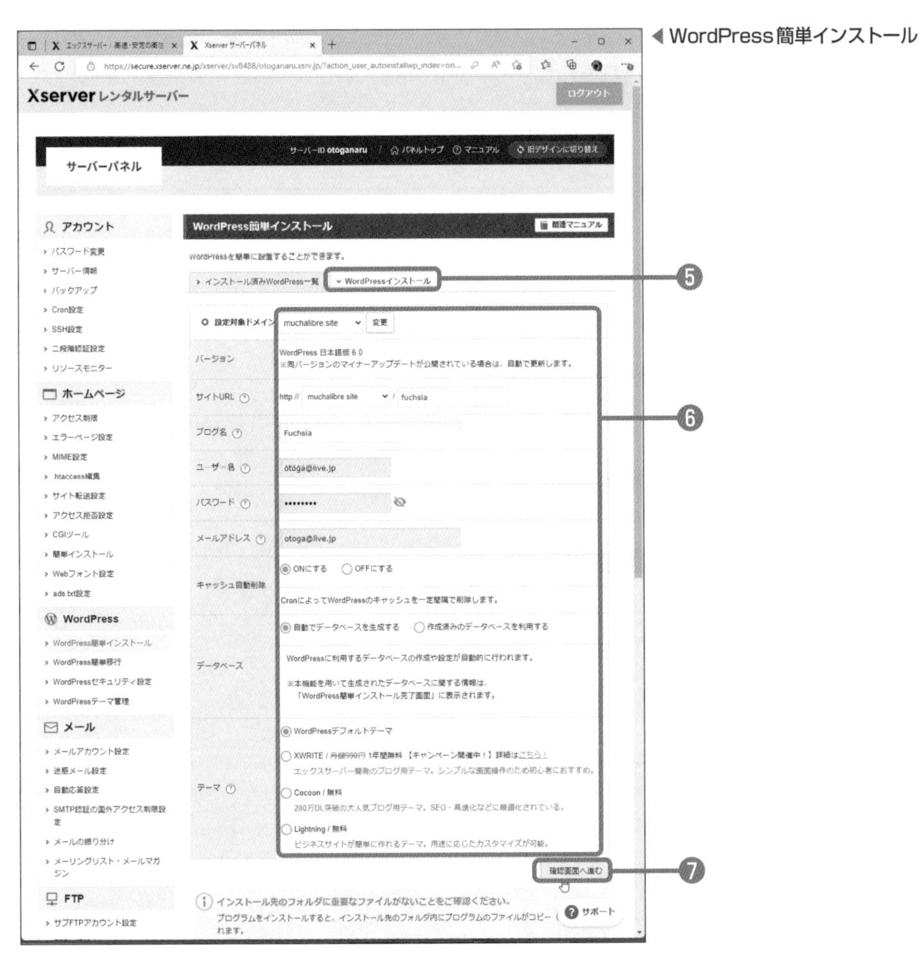

◀WordPress簡単インストール

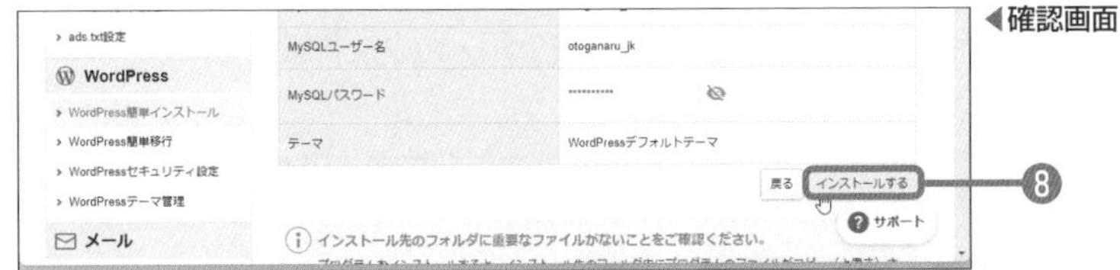

◀確認画面

Memo　WordPressのほかに必要なシステム

WordPressは、WordPressだけで運用することはできません。WordPressは動的にWebページを作成します。このためには、PHPというプログラミング言語の処理系とSQLサーバーが必要です。

WordPressバージョン6.0を作動させるには、PHPバージョン7.4以上、MySQLバージョン5.7以上またはMariaDBバージョン10.3以上が推奨されています。Webブラウザーからのアクセスを受けて、PHPとSQLデータベースによって動的に構成されたWebページを適切に送信するためには、Webサーバーも必要です。

WordPressを構成するために必要となる様々なファイルは、Xserverなど多くのレンタルサーバーにはあらかじめ揃っています。これらが揃っていない環境でWordPressを構築するには、サーバーに関する高度な知識と技能が必要です。

Process

❾しばらくするとインストールが完了します。
❿管理画面URLに表示されているリンクをクリックします。

▼インストール完了

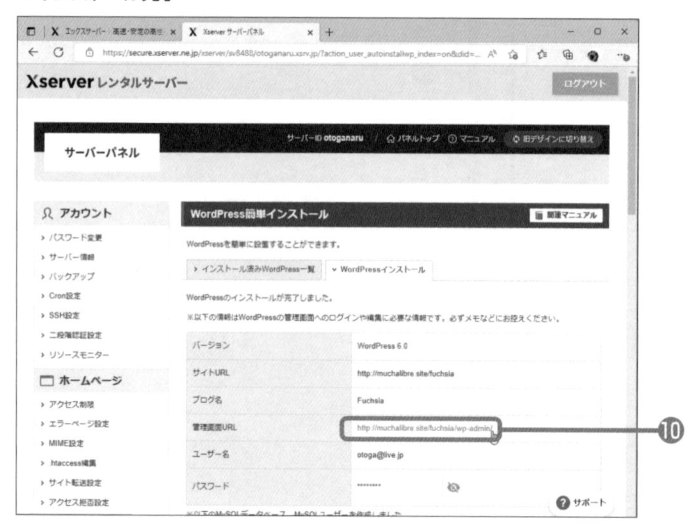

Process

⓫インストール時に設定したWordPress管理画面へのログイン用アカウント情報を入力して**ログイン**ボタンをクリックします。

▼WordPressログインページ

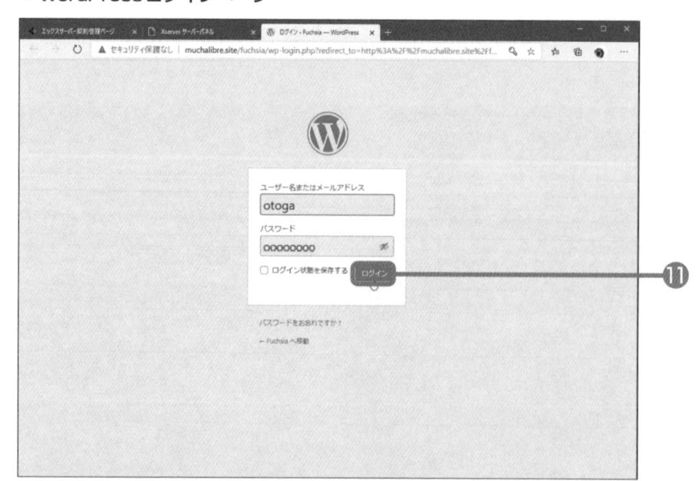

▼WordPressダッシュボード

WordPress標準の管理ページ

Process
⑫WordPressのダッシュボードが開きました。

0 自分の夢を発信する
1 WordPressがある
2 ブログをしてみる
3 どうやったらできるの
4 ビジュアルデザイン
5 ブログサイトをつくろう
6 サイトへの訪問者を増やそう
7 ビジネスサイトをつくる
8 Webサイトでビジネスする
資料 Appendix
索引 Index

Memo WordPressページへのアクセス

インストールされたWordPressサイトにつくられたWebページを見るには、Webブラウザーのアドレス欄に、WordPressサイトのURLを入力します。例えば、ドメイン「muchalibre.site」につくられた「fuchsia」というWordPressサイトを見たければ、「muchalibre.site/fuchsia」にアクセスします。

WordPressをインストールした直後、まだ何もコンテンツを作成していないときにWebブラウザーでWordPressサイトを開くと、「Hello World!」ページというデフォルトページが開きます。WordPressでサイトを構成していくと、このページは表示されなくなります。

次に、WordPressの管理ページ（ダッシュボード）を開くには、WordPressサイトのURLの後ろに、「wp-admin」を付けてアクセスします。

つまり、WordPressで構築されているWebサイトの管理ページには、「（ドメイン名）/（WordPressサイト名）/wp-admin/」のURLでアクセスできます。なお、このようなデフォルト設定のままでWebサイトを運用するのは、セキュリティ上好ましくありません。対処法については、「6.1.6　プラグインによるセキュリティ対策」を参照してください。本書の構成上、現時点ではまだコンテンツが何もないため、しばらくはデフォルトのWordPressログインページURLを使います。

	WordPressでつくられたWebサイトのトップページ	WordPress管理ページへのログイン
URL	https://(ドメイン名)/(WordPressサイト名)/	https://(ドメイン名)/(WordPressサイト名)/wp-admin/
例	https://muchalibre.site/fuchsia/	https://muchalibre.site/fuchsia/wp-admin/
メモ	トップページとして設定されているWebページが開きます。	WordPress管理ページ（ダッシュボード）のログインアカウント認証ページが表示されます。

カスタマイズでWordPressが開かなくなったら

WordPressはWebサイトを作成するソフト（プログラム）の集まりです。オープンソースの思想でつくられているため、WordPressに関するネットワークやプログラミングに必要な情報が豊富に蓄積されています。また、Webサーバーやデータベースなどのシステムを利用するため、サーバーやデータベースの知識があれば、WordPressをカスタマイズする範囲が広がります。さらに、プログラミングの経験があれば、ソースレベルでのカスタマイズも可能です。

ネットワークプログラム開発の経験者であれば、システムの根本的なカスタマイズによって、ときには重大なシステムエラーを引き起こすことがあるのも周知の事実です。例えば、WordPressを構成する重要なファイルである「function.php」を直接、編集したとき、わずか1文字をミスタイプしただけで、ダッシュボードが開かなくなることもあります。

WordPressは世界中で非常に多く利用されているため、そういったトラブルのほとんどはすでに誰かによって報告され、その対処方法がアップロードされています。

ただし、それらの情報を利用するには、何が原因なのかがわかっている必要があります。カスタマイズを行うときには、（WordPressの機能やプラグインを使うときも含め）エラーの直前にどのような編集を行っていたのか、どの関数の何をどのように変えたのか、などをメモするようにしましょう。カスタマイズの計画書などを作成し、それに沿って行うのもよいでしょう。

Column

ブログを引っ越す

ブログを別のサーバーに引っ越す際の手順としては、まず、引っ越し元でコンテンツをエクスポートします。これは、いわばブログデータを梱包する作業です。次に、梱包データを新しいサーバーに移します。この作業がインポートです。

WordPressには、ほかのWordPressサイトからコンテンツを移動（または複製）する機能があります。移動（複製）元で「エクスポート」したファイルを、移動（複製）先に「インポート」します。

①エクスポート（WordPress.comの場合）

WordPress.comには、エクスポート機能が最初から付いています。

WordPress.comで投稿していたブログページや固定ページをファイルにエクスポートします。これは、引っ越し前の荷づくりと同じような作業です。

②インポート（Xserverの場合）

エクスポートされたコンテンツは、ZIPファイルに梱包された引っ越し荷物です。これを引っ越し先で荷ほどきして、再配置します。これがインポートです。

本書で作業場所の例として使用しているXserverでは、インポート機能はプラグインとして追加・拡張します。もちろん、プラグインの知識がなくても作業は簡単にできます。

まず、インポート用プラグイン（インポーター）のインストール作業があります。次に、エクスポートされたZIP形式のファイルを展開してからインポートを実行します。なお、インポートする際は、管理者権限のあるユーザーとして実行する必要があります。

Section

3.2 ページデザインを変えてみる

Level ★★★

Keyword　テーマ

どんなWebページなのかを印象付けている大きな要素として、ページのデザインがあります。ページの区割りや画像やタイトル、機能ボタンの配置など、ゼロからやっていては日が暮れてしまいます。WordPressのテーマで、世界中のWebデザイナーがつくったひな形を使わせてもらいましょう。

▶SampleData

https://www.shuwasystem.co.jp/books/wordpresspermas190/

chap03 ▶ sec02

テーマを変更する

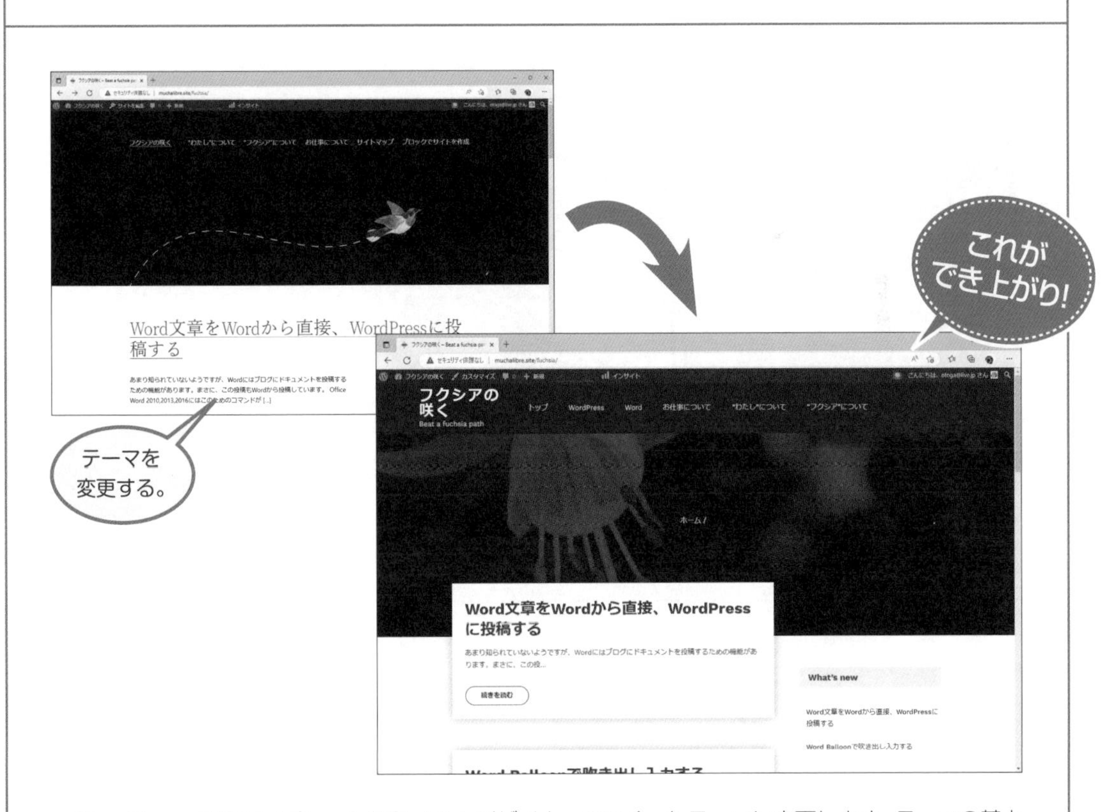

WordPress標準テンプレートから、Webデザイナーのつくったテーマに変更します。テーマの基本的な変更方法やデザイン変更のポイントを説明します。

ページデザインを変えよう

- テーマについての基礎知識を学ぶ。
- テーマをインストールする。
- テーマを変更する。
- テーマをカスタマイズする。

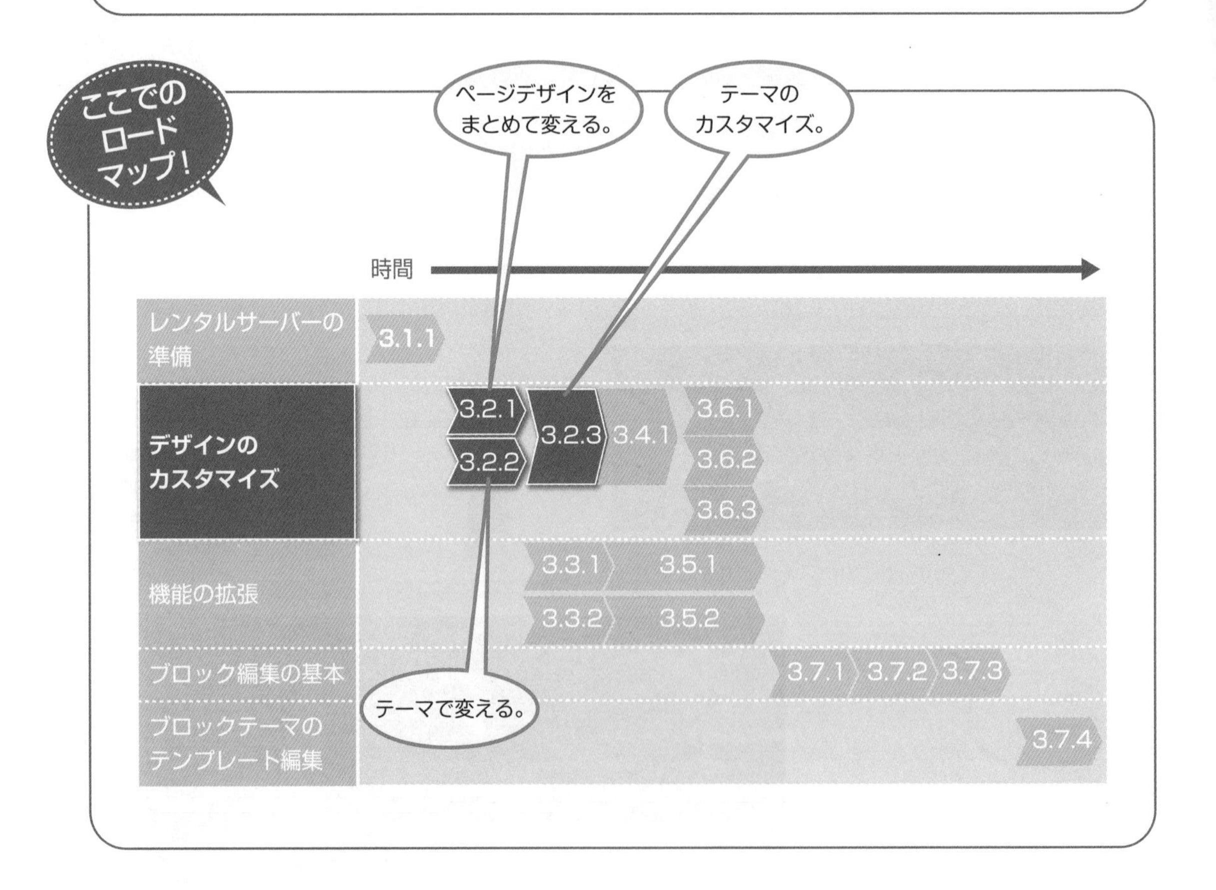

3.2.1 テーマはページデザインをまとめて変える

もともと静的Webページでも動的Webページでも、HTMLやCSSなどの知識さえあれば、Webシステムの限界まで自由にデザインできます。しかし、CMS（コンテンツ・マネージメント・システム）の発達によって、このような技術的な敷居はぐっと低くなりました。

現在、Webデザイナーたちにとっては、WordPressのテーマのようなCMSのデザインパッケージこそが主戦場といえるでしょう。

そんなWebデザイナーたちが競ってデザインしたWebページのデザインが**テーマ**です。WordPressなら、デザインする技能は不要です。必要なのは選ぶセンスだけです。

テーマとは

WordPressでは、統一感を保ったまま、サイト全体のページデザインをまとめて簡単に変更できます。このようなWordPressで利用できるページデザインのテンプレートを**テーマ**といいます。

さて、テーマの変更は、ダッシュボードの**外観**メニューから行うのですが、WordPress.com以外のサイトでは、すでにインストールされているテンプレートしかメニューには表示されません。

利用しているレンタルサーバーによっては、WordPressが用意している年度版の標準テンプレートだけかもしれません。

しかし、安心してください。ダッシュボードのテンプレートメニューに、ほんの少しのテンプレートしか表示されなくても、オンラインで数百種類ものテーマテンプレートからテンプレートを検索できます。

このほか、個々のWebデザイナーがそれぞれ自身のWebサイト上に無料・有料で公開しているテーマを使用する方法もあります。ただしこの場合は、自分でサーバーにアップロードしなければなりません。

標準のテンプレート

WordPressには、WordPress.orgが標準で用意してくれているいくつかのテーマがあります。これらのテーマは、どこでも簡単に使えるものです。

標準のテーマは、その年ごとにつくられています。このため、テーマ名が西暦になっています。例えば、2022年度版の標準テーマはTwenty Twenty-Two、といった具合です。さらに、その年の標準テーマだけではなく、過去のものも選べます。

なお、WordPress.orgが提供している標準テンプレートは、どれも無料です。

▼テーマの説明

ダッシュボードから簡単に選択できるテーマ

WordPress.comには、WordPress.orgによる標準のテーマ以外にも、有料・無料取り混ぜて、いくつかのテーマが登録されています。

レンタルサーバーでWordPressを使っているときには、そのサーバーにインストールされているテーマの一覧しか表示されません。

使えるテーマの種類はレンタルサーバーの運営者次第です。

しかし、ほとんどのレンタルサーバーでは、ユーザーはWordPress.orgに登録されているテーマを検索し、気に入ったものを簡単にインストールできます。

▼テーマを絞り込むフィルター

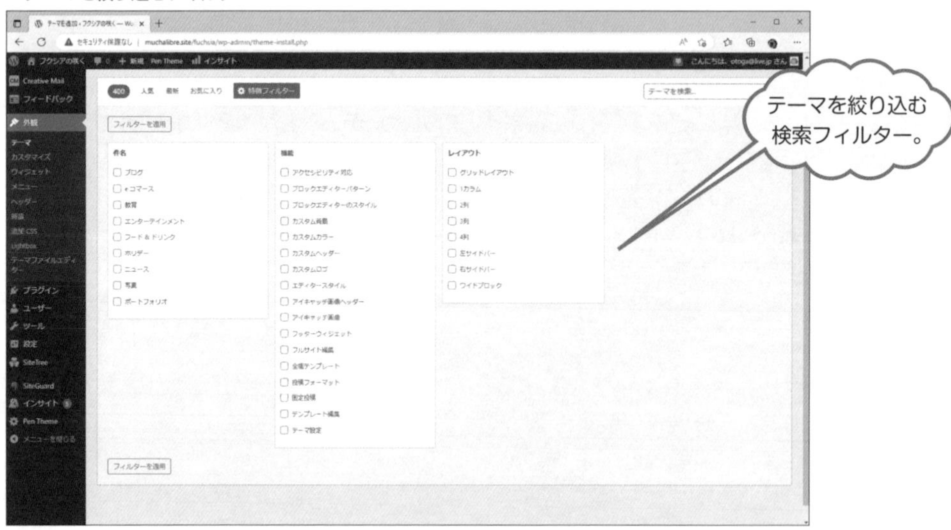

自分でアップロードするテーマ

　テーマを構成するファイルは、配布可能な形に梱包されています。テーマの配布は、決められたファイル形式で作成し、それらをテーマパッケージとして梱包すれば、誰にでも可能です。

　このため、デザインメーカーや個人がテーマを作成して、無料公開または有料販売していることがあります。これらのテーマを利用するには、まず、テーマファイルをダウンロードします。

　テーマを構成するファイルは、ZIPファイルとして、ひとまとめに梱包されています。これをアップロードして利用するには2つの方法があります。

　1つ目の方法は、ダッシュボードの**テーマの管理**ページから、**テーマのアップロード**機能を使う方法です。Webページからアップロードでき、面倒な設定も自動で行ってくれるので、比較的簡単です。

　そして2つ目の方法は、もう少し技術を必要とするもので、カスタマイズ感たっぷりです。最初にローカルコンピューターにダウンロードしたテーマのZIPファイルを解凍します。すると、解凍したテーマのパッケージファイルの中に「css」や「js」、「images」といったフォルダーやindex.phpファイルなどを見付けることができます。

　これらのファイルを自分で適宜修正（カスタマイズ）したうえ、**ZIP**ファイルにまとめずバラのままでアップロードするには、別に用意した**FTP**ソフトを使用します。

▼テーマに必要なファイル

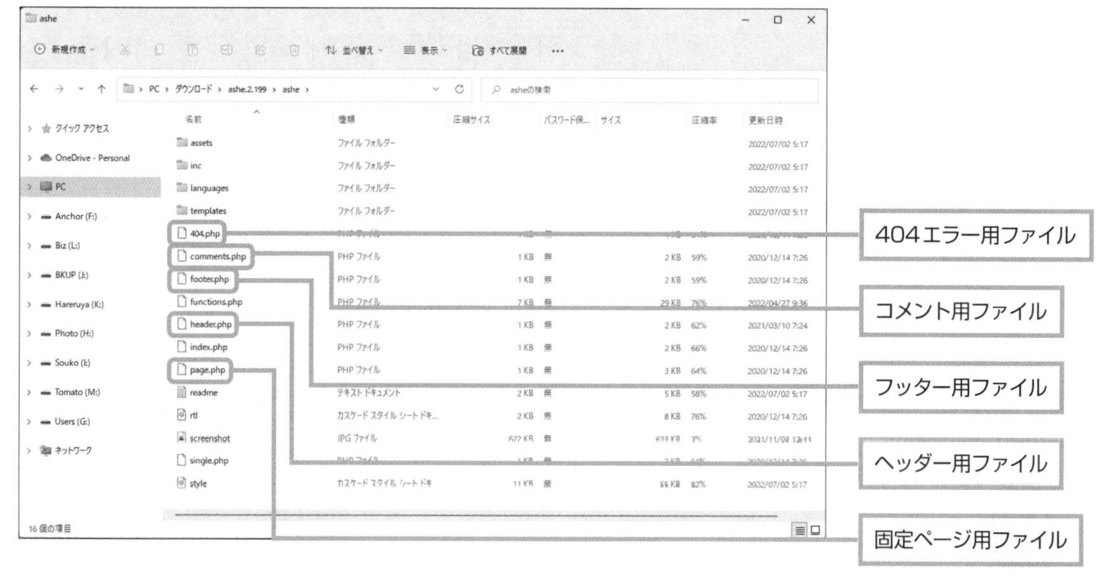

Onepoint

テーマのパッケージファイルを解凍すると、テーマ表示に必要なフォルダーやファイルが展開されます。

FTPソフトを使えば、テーマを構成するファイルを**ZIP**ファイルにまとめることなく、そのままサーバーにアップロードすることもできます。FTPソフトでは、レンタルサーバーのWordPress用のディレクトリーに移動したのち、「¥wp-content¥themes¥」まで移動し、この下にテーマ名のフォルダーにあるファイルやフォルダーをアップロードします。WordPressのダッシュボードから**テーマの管理**ページを開くと、FTPでアップロードしたテーマが追加されていることがわかります。なお、本格的なカスタマイズについては4章を参照してください。

Column 手動でアップロードしても使いたいテーマ

Web上では、非常に多くのWordPressテーマのパッケージファイルを見付けることができます。これらの中でも特に有料なものについては、PHPやスタイルシートを使って、レイアウトや機能に工夫が凝らされているわけですが、それらはどうしてもWordPress環境そのものの制約を受けることになります。つまり、WordPressの枠内でのカスタマイズであって、これまで見たこともないWebページをWordPressでつくろうとしても、おそらく無理です。

何がいいたいかというと、WordPressでデザインできるWebページのデザインパターンは、WordPressのテーマにきっとあるということです。そして、おそらくはWordPress.orgにアップロードされている数百のテーマテンプレートの中に、探しているデザインはあると思います。

しかし、間違えないでください。ここでいっているのは、デザインパターンのことです。テーマはデザインパターンのテンプレートのほかに、機能面が強化されています。「ほしい機能が揃っていてすぐに使える」ということに、有料であることの意味があるのだと思います。

はっきりいえば、現在、デザインに重点を置いてWordPressのテーマを選ぶとき、ローカルの環境でテーマ開発を行うなどの特殊な場合を除き、ダッシュボードやFTPソフトを使ってテーマZIPファイルをアップロードする必要性はありません。信頼性の面からいってもそうです。どこの誰が作成したのかわからないようなテーマZIPファイルを開く、といったリスクは冒したくないものです。

しかし、だからこそ、ほかとはちょっと違ったホームページをつくりたい、というときには、思い切って海外のWordPressテーマサイトをのぞいてみましょう。個性豊かなWebデザイナーたちが手がけた最新のテーマを選ぶことができます。

国内でも、多くのWebデザイナーがWordPressテーマを発表しています。デザインは海外のものほど多彩ではありませんが、メニューが日本語であること、情報を得やすく比較的安全なところがメリットです。

▼テーマZIPファイルのアップロード

3.2.2 テーマでページデザインを変える

使用しているレンタルサーバーに、すでに使いたいテーマがインストールされていれば、テーマの切り替えは簡単にできます。それには、ダッシュボードの**外観**ページに表示されるテーマから気に入ったものを選んで、**有効化**するだけです。しかし、このページに気に入ったテーマがないときには、まずテーマを追加することから始めましょう。

テーマを追加する

ダッシュボードの**外観**メニューの**テーマ**ページには、現在インストールされているテーマが一覧表示されます。言い換えると、ここにないテーマは、まずインストールしなければなりません。

先に説明したように、WordPress.orgに登録されているもの以外からインストールするには、テーマ用にパッケージされたファイル群をダッシュボードやFTPソフトでアップロードします。

ここでは、レンタルサーバーのWordPressサイトのダッシュボードで、WordPress.orgに登録されているテーマから選んでインストールします。WordPress.comのダッシュボードでも基本的な操作は同じです。

Process

❶ダッシュボードの**外観➡テーマ**ページを開きます。
❷テーマのプレビュー一覧の最後にある**新しいテーマを追加**をクリックするか、**新規追加**のリンクをクリックします。

▼テーマの追加

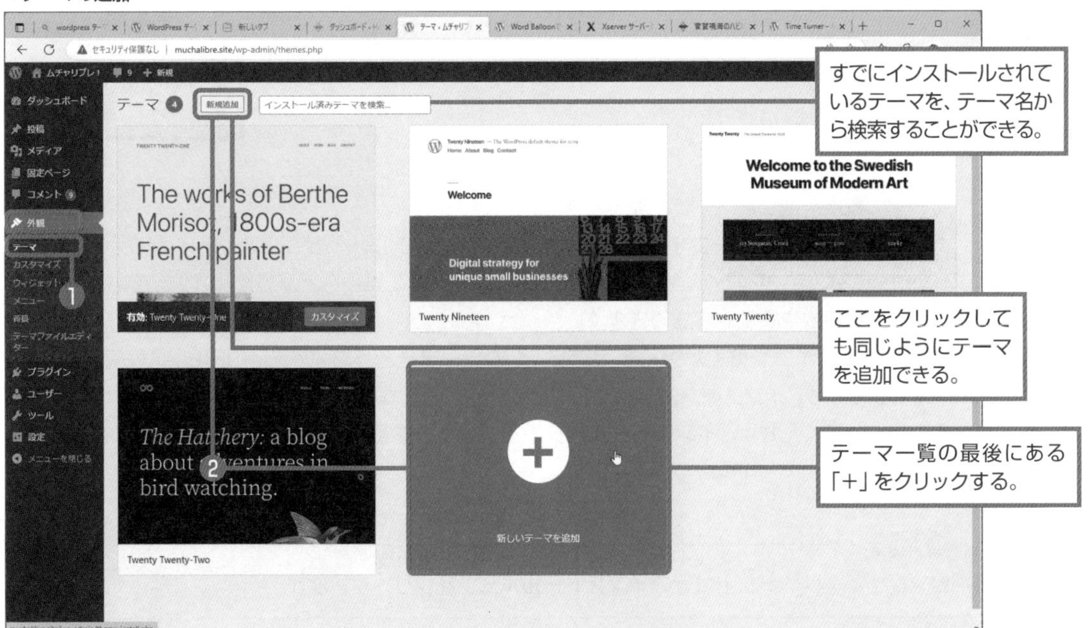

WordPress.orgに正式に登録されているテーマのプレビュー画面一覧が表示されます。このページを**テーマを追加**ページと呼びます。

このプレビューでは、最初のページのレイアウトがわかります。機能など詳しいことが知りたいときは、プレビュー画面にマウスポインターを置いたときに表示される**詳細&プレビュー**をクリックします。

▼テーマの選択

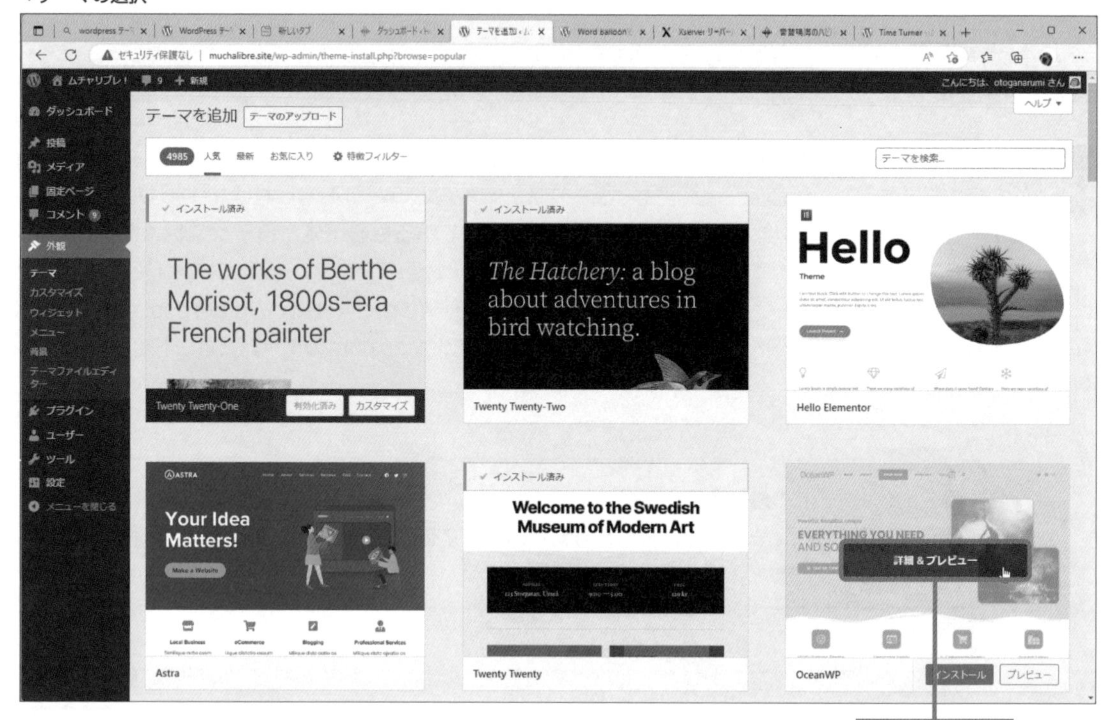

テーマの概要を載せたページが開きます。

ページ右側のプレビューウィンドウには、選択したテーマによるサンプルページが表示されます。プレビューによってサイトのいくつかのページのデザインを見ることができます。また、ページ左側ではテーマの特徴や評価も確認できます。

テーマのデザインや機能が気に入ったら、そのテーマをとりあえずWordPressサイトにインストールしましょう。インストールしても、すぐにサイトのデザインのテーマが変更されるわけではないので安心してください。**インストール**ボタンをクリックすると、自動でテーマのインストール作業が始まります。

Process

❸プレビューページ左上付近の**インストール**ボタンをクリックします。

▼プレビューページ

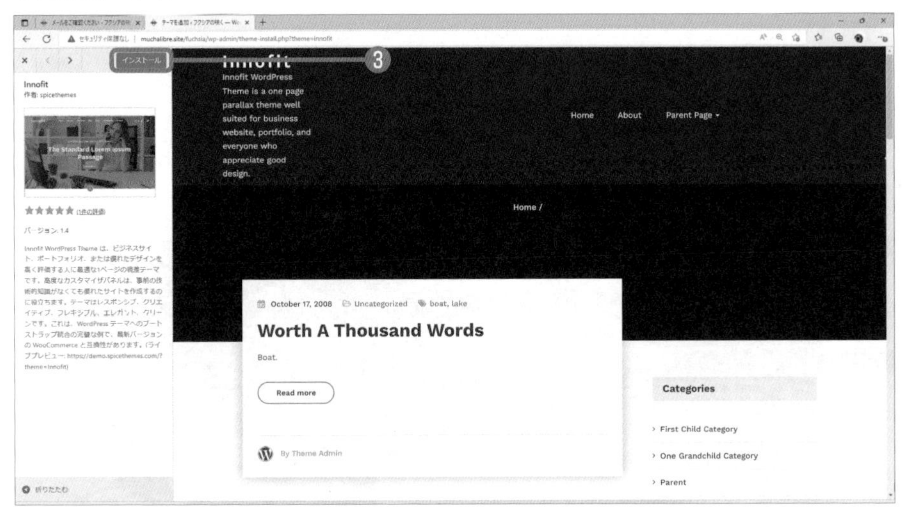

追加テーマのインストールが終了したら、ダッシュボードのテーマパネルに、追加されたテーマが表示されています。

Process

❹追加されたテーマにマウスを重ね、**ライブプレビュー**ボタンをクリックします。

ライブプレビューボタンをクリックすると、操作しているWebサイトのトップページがプレビュー表示されます。後述のカスタマイザーも使えるので、すでに公開されているWebサイトでも、デザイン変更を管理者だけが見られます。元のページに戻るには、カスタマイザーの**閉じる**ボタンを押します。

▼テーマパネル

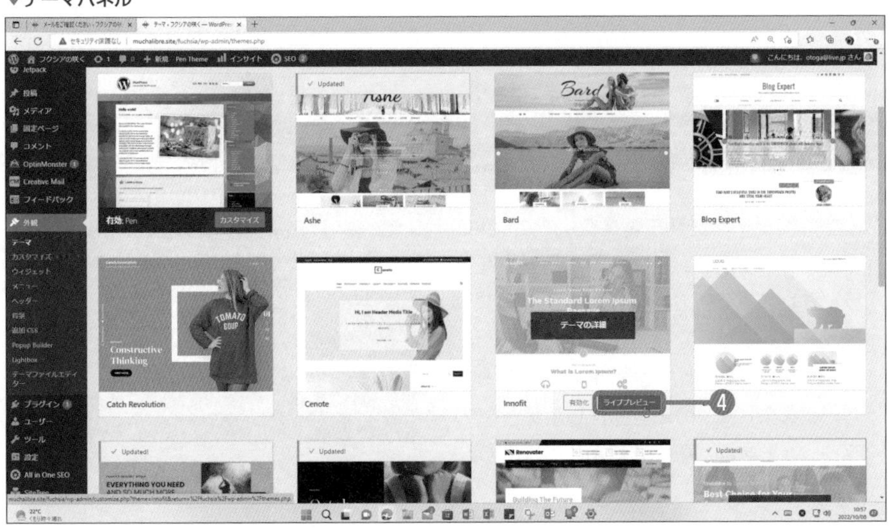

0 自分の夢を発信する
1 WordPressがある
2 ブログをしてみる
3 どうやったらできるの
4 ビジュアルデザイン
5 ブログサイトをつくろう
6 サイトへの訪問者を増やそう
7 ビジネスサイトをつくる
8 Webサイトでビジネスする
資料 Appendix
索引 Index

ライブプレビューすると、いま公開しているWebページを変えずに、そのコンテンツだけを使って新しいテーマによるWebページをプレビューできます。プレビュー画面の左側に表示されるカスタマイザー（メニュー）を使って、Webページデザインの変更を試行することもできます。もし気に入ったデザインができたら、**有効化して公開**ボタンをクリックします。

▼ライブプレビュー

デザイン変更の有効化と公開が完了すると、完了を知らせるメッセージページが表示されます。

Onepoint
インストールしただけでは、Webサイトのテーマを変更したことにはなりません。**有効化**するとテーマが切り替わります。

テーマを変更する

すぐにテーマを切り替えたいときには、インストール済みテーマ一覧で**有効化**をクリックします。なお、有効化はライブプレビューをしてからでもできます。

テーマの有効化が完了すると、**テーマ**ページの先頭に、いま有効化したテーマのプレビュー画面が表示されるようになります。

Onepoint
ライブプレビュー中のページの左側には、カスタマイザーが表示されます。カスタマイザーを使うと、変化をプレビューしながらデザインをカスタマイズできます。デザインが気に入ったら、**有効化して公開**ボタンをクリックします。

▼インストールされているテーマ

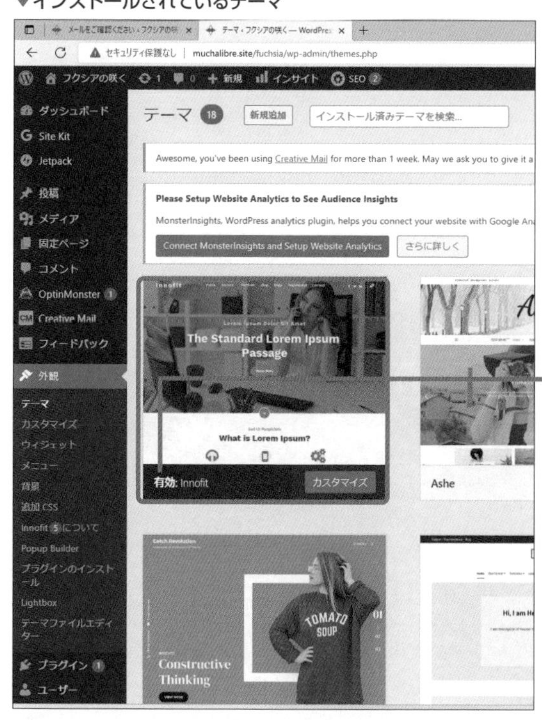

現在公開しているテーマは「有効」と表示される。

Onepoint

ダッシュボードの**テーマ**ページには、インストールされているテーマが一覧表示されます。一番目（左上）に表示されているテーマが、現在、有効化されているテーマです。

　ここで操作例に使用したテーマは、インドのWebデザインスタジオが作成した「Innofit」です。テーマのデフォルトの機能性は標準的な出来で、ヘッダーの大きな画像が目立つ、基本的には2カラムレイアウトのデザインです。しかし、トップページに固定ページを指定すると、専用のカスタマイザーによってデザイン性の高いページが簡単に構成できるようになります。

▼Innofitテーマ

カスタマイズにより1カラムにできる。

0 自分の夢を発信する
1 WordPressがある
2 ブログをしてみる
3 どうやったらできるの
4 ビジュアルデザイン
5 ブログサイトをつくろう
6 サイトへの訪問者を増やそう
7 ビジネスサイトをつくる
8 Webサイトでビジネスする
資料 Appendix
索引 Index

Hint 情報密度の高いWebページ用のテーマ選び

WordPressのテーマは、世界中のWebデザイナーの主戦場となっています。そのためか、最新のテーマの中には、日本の一般の商店やビジネス用にはちょっと奇抜すぎるような凝ったデザインのものが多く見られます。

奇をてらっていなくても、使いやすさや見やすさを追求すれば、文字サイズが大きく、大きなボタンをできるだけ少なく配置したモダンなデザインになることにも一理あります。

一方、Yahoo!などのポータルサイトに見られるような、情報をぎっしりと詰め込める、シンプルで機能的なサイトをつくりたいという要求も、多くはないけれど根強くあります。

そういった情報密度の高いWebサイトをつくるのにちょうどよいテーマを見付けるには、最近人気のテーマのカテゴリーを探しても無駄です。このようなときには、「テーマを追加」ページで「特徴フィルター」を使い、レイアウトの「4列」あるいは「3列」をチェックして、検索してみましょう。

検索されたテーマの中には、シンプルなレイアウトで、テキストや画像の情報をいっぱい詰め込めそうなものが見付かるはずです。

▼特徴フィルター

Hint　テーマの有料と無料の差は？

サーバーインストール型のWordPressでは、インターネットを使って世界中からダウンロードしたテーマを使うことができます。その数、数万以上ともいわれていて、正確にはよくわからないほどです。

本書では、主にWordPressのダッシュボードのメニューから無料のテーマを探して、それらをベースに設定やカスタマイズの方法を説明していますが、WordPressに登録されていない有料・無料のテーマの中にも素晴らしいものがいっぱいあります。

無料テーマと有料テーマの大きな差は、ビジュアルデザインの変更や機能カスタマイズの手間と考えればよいでしょう。

自分の作成したいWebサイトページの基本レイアウトに近いものが無料テーマにあれば、それをベースにスタイルシートやPHPファイルを編集したり、プラグインを追加したりして、Webサイトをつくり上げていくことはできるでしょう。しかし、そのためには知識や技能、そして時間がかかります。有料テーマは、このような手間にかかる時間を買うものだと考えることもできます。

さらに、有料テーマにはアップグレードやサポートのサービスが付いているものもあります。つまり、安全面やトレンド性も期待できるというわけです。

さて、そのようにビジネスとしての利用に有用なことが多い有料テーマですが、価格はどれくらいするのでしょう。有料テーマのサイトとして人気の「themeforest.net」に登録されているテーマを見ると、4ドルから59ドル程度のものが多いようです。これらの価格が安いと感じるか、高いと感じるかは、コストや時間、クライアントから要求されている機能、Webデザイナーの技量、英語力などによって総合的に判断することになるでしょう。

有料テーマをベースにしてWebサイトを作成すれば、おそらく制作時間を短縮することはできると思われますが、デザインや機能を含めた全体の出来が無料のものよりよくなるとは限りません。結局のところ、サイトの価値を決めるのはコンテンツなのです。コンテンツまで制作してくれるなら、日本円で数千円に収まるはずはありません。

▼themeforest.net

有料テーマばかりが売られている。

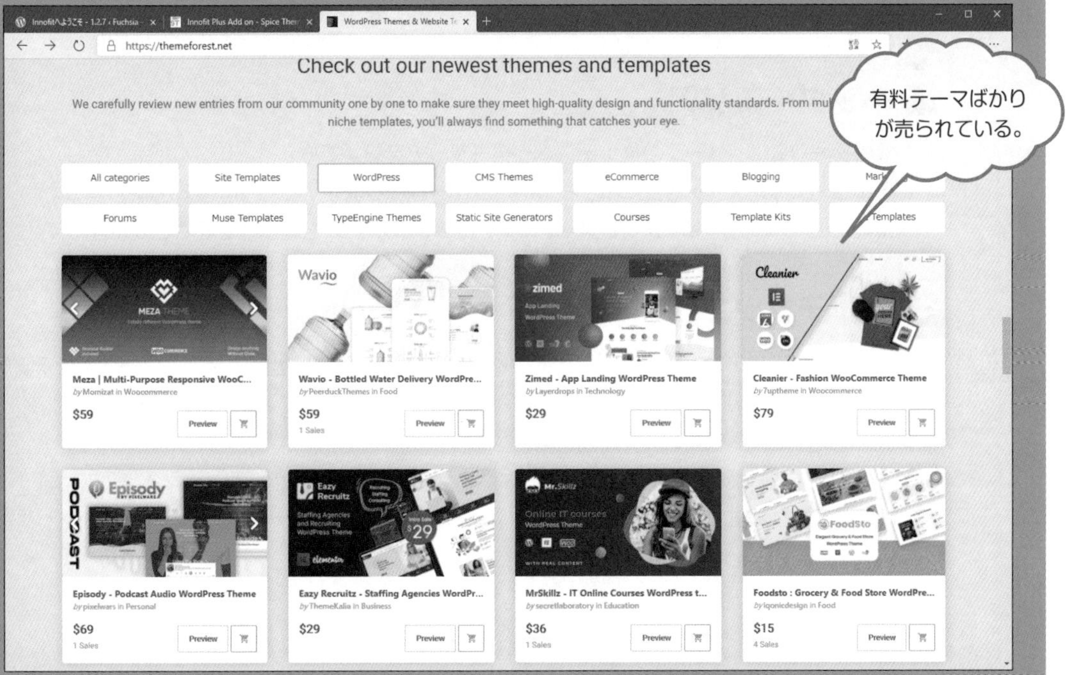

3.2.3 テーマデザインをカスタマイズする

Webデザインを仕事にしている人、企業や組織のホームページ制作の担当者、Webを主な宣伝媒体とする個人事業主などのWordPress利用者にとって、WordPress活用の最大のポイントは、"テーマ選び"にあります。

さて、WordPressの**テーマ**は、1つはデザイン性、もう1つは機能性の2つを同時に提供する、Webページづくりのひな形です。

テーマのデモサイトのきれいで魅力的なコンテンツに惑わされ、インストールしたテーマを有効化するまでは簡単ですが、思っていたようなWebページにならず、がっかりすることも多いものです。

もちろん、Webページがパッとしないのはコンテンツそのものにも原因がありそうですが、テーマ選びが間違っていたのかもしれません。

テーマのほんとうの良し悪しは、テーマをカスタマイズするときに現れます。

よくできていて人気のあるテーマは、的を射たカスタマイズ項目があり、デザインや機能のバリエーションが豊富です。

WordPressを踏破する最大の課題かつゴールは"テーマのカスタマイズ"です。

ここでは、「Innofit」テーマを使って、その基礎知識と基本操作を身に付けましょう。

テーマの構造

WordPressは、いくつかのパーツを組み合わせてできているともいえます。これらのパーツは、Webページのレイアウトには欠かせない要素になっているものです。

WordPressのページは大きく分けると、上から「ヘッダー」「コンテンツ」、そして「フッター」の3つのエリアからできています。

ヘッダーエリア

多くのテーマでは、ページの最上部にヘッダーエリアを設定できます。

このエリアには、ページ内容にふさわしいヘッダー画像を表示してページを印象付けます。

また、ヘッダーエリアにはサイトタイトルやキャッチフレーズを表示させることも可能です。

コンテンツエリア

多くのテーマでは、コンテンツエリアとサイドバーのレイアウトをカスタマイザーによって簡単に設定することができます。Innofitテーマには、レイアウト設定があって、サイドバーの位置を左側、右側、なしから選択できます。

サイドバーに何を表示するかは、ウィジェットの設定で行います。次ページの図では、「What's new（新着情報）」「Archives（アーカイブ）」「Categories（カテゴリー）」の順にウィジェットを配置しています。並び順は任意に変更できます。

フッターエリア

ページの一番下が**フッター**エリアです。長いページでは、フッターエリアを見るには、スクロールしなければなりません。このため、フッター自体が必須ではありません。

フッターエリアには、ウィジェットを表示します。必須ではありませんが、設定の仕方次第ではコンテンツの一覧や情報を見渡しやすくなり、ほかのサイトとの差別化にもつながるので、フッターエリアの使い方を工夫するとよいでしょう。

▼テーマの構造（Innofitテーマ）

Onepoint

ヘッダーのメニューバー、サイドバー、それにフッターには同じようなナビゲーションリンクやボタンを配置できます。しかし、まったく同じ内容を配置するのではなく、サイトのユーザビリティを考慮して配置を決めましょう。重複することもありえます。

テーマをカスタマイズする

現在のWordPressのテーマのデザインを簡単にカスタマイズするには、ダッシュボードのサイドメニューから**外観➡カスタマイズ**を選択します。

すると、サイドメニューがテーマデザインのカスタマイズ用に切り替わり、右側のメインカラムにはサイトのフロントページがプレビューされます。デザインを変更すると、メインカラムに変更内容がプレビュー表示されます。

カスタマイズが終了したら、サイドメニューの**公開**ボタンをクリックします。カスタマイズを取り消したいときは、保存する前に、サイドメニューの「×」ボタンをクリックします。

▼カスタマイザーによる設定箇所

nepoint

カスタマイザーによるカスタマイズ箇所は、テーマによって異なりますが、ほとんどのテーマでは、サイトタイトル、背景画像、ウィジェット、固定フロントページが変更できます。

▼Innofitの主なカスタマイズ項目

Section 3.3

Level ★★★

機能を追加する

Keyword　プラグイン

インストール直後のWordPressは、新車のようなものです。車ではナビやLEDヘッドランプ、アルミホイールなどが、オプションになっている場合が多いように、WordPressでは、メールフォーム機能やスパムコメント防御機能などがオプションです。無料で付けられるものもあれば、有料のものもあります。

プラグインをインストールする

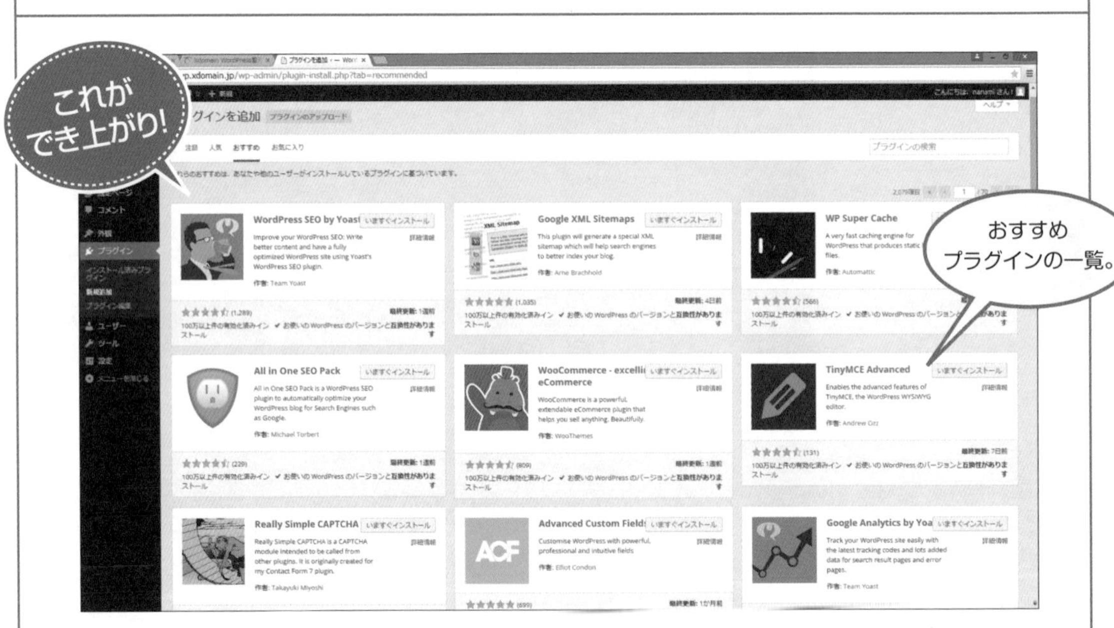

標準のプラグインを使ってプラグインの基本操作を習得したあと、自分で必要と思うプラグインを探し、それをインストールします。

ここがポイント！

プラグインをインストールしよう

- プラグインについての基礎知識を学ぶ。
- 標準のプラグインを有効化する。
- プラグインをネットからインストールする。

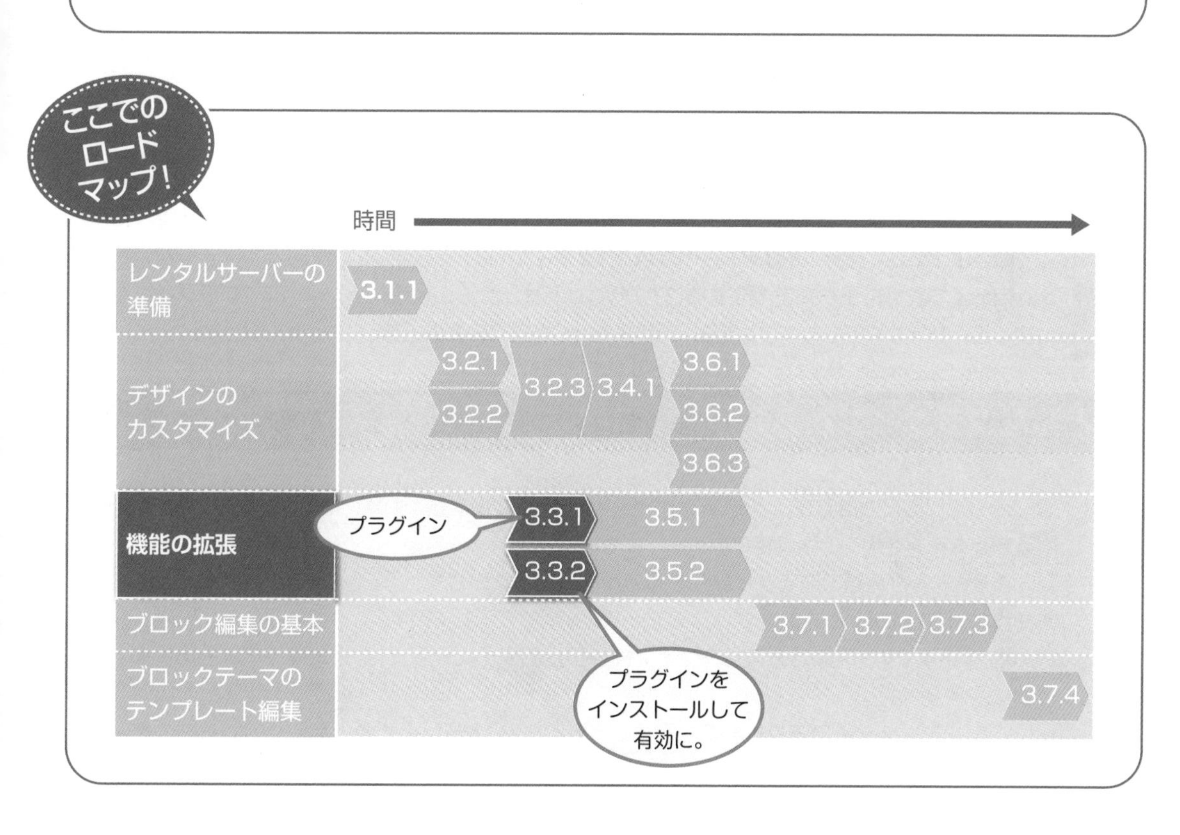

3.3.1 プラグインはできることを広げる

WordPressは非常に柔軟なシステムです。その特徴は「プラグイン」という機能拡張ツールに象徴されています。

プラグインとは

「できるだけシンプルに」という思想からか、“必要なものを必要なときだけ”ということで、WordPressのデフォルトの機能は、最低限というか、ほとんど何も付いていません。とはいえ、作業のほとんどをオンラインで行うWordPressに、総花的に多くの機能を詰め込むのは非効率です。

プログラムの一部にバグが見付かったり、新しく機能を追加したりしたときにはアップデートをしますが、機能が多ければ多いほどその頻度が高くなってしまいます。

また、サーバーの負荷を少なくするためも、プログラムはできるだけ小さいほうがいいのです。

オープンソースでつくられているWordPressでは、その拡張機能も世界中のプログラマーによって競うようにして開発されます。このため「プラグイン」は、玉石混交の状態にあります。

自分のつくったテーマを販売することがWebデザイナーの仕事だったように、プラグインを販売することも行われています。つまり、プラグインにも有料のものと無料のものがあります。

どんなプラグインが必要か

街の人口ほどもあるプラグインの中から、ほんとうに役立ち、使いやすくて、できれば無料で使えるプラグインを探すのは大変です。

まず、どんな種類のプラグインがあるのかもわからないでしょう。もちろん、プラグインの名前も知らないでしょう。

名前から内容を想像できるプラグインもありますが、「Jetpack」など意味不明なものも多くあります。

この状況はスマホのアプリを探すときに似ています。結局、多くの人が使っているものをインストールすることになるのです。

WordPressを使う目的がわかっているなら、その分野のプラグインで何が多くの人に使われているかはわかります。ダウンロード数を見るのです。内容がよくわからなくても、多くの人が使っているプラグインなら、あなたにとっても必要なものである可能性があります。

しかし、目的が固まっていないのに、手当たり次第に人気のプラグインをインストールするのはやめましょう。インストールしようかなと思ったプラグインは、まず、詳細情報を確認しましょう。ただし、英語表示ですが……。

ということで、本書ではいくつかのプラグインを紹介していますので、「3.3.2 インストールしたプラグインを有効にする」をご覧ください。

なお、本書で推奨したからといって、すべてをインストールする必要がないのは先に説明したとおりです。また、本書の執筆時には存在しなかった魅力的なプラグインが登場しているかもしれません。明日、どんなプラグインがヒットするか、誰にもわからないのですから。

3.3.2 インストールしたプラグインを有効にする

プラグインは、拡張機能なので、使うものは任意に機能をオンにします。

操作はダッシュボードから行います。このあたりはテーマと同じです。使いたいプラグインをインストールして、それを有効化するのです。プラグインの使い方を習得するために、日本語版WordPressのプラグイン、**WP Multibyte Patch**をインストールして設定してみましょう。

プラグインをインストールする

ここでは、WP Multibyte Patchをインストールします。

そして、インストール後に有効化すると、使えるようになります。

なお、プラグインによって設定ページの表示方法や使用方法が異なります。多くのプラグインでは、ダッシュボードから設定ページを開いて行います。

標準では付いていないプラグインは、次のようにして使用できるようにします。

Process

❶ダッシュボードの**プラグインを追加**ページを開いたら、使いたいプラグインを探します。探し方ですが、検索ボックスにワードを入力して、プラグインのタグから探したり、プラグイン名から探したりします。**お気に入り**や**おすすめ**から探す方法もおすすめです。この場合は、各プラグインの紹介に表示されるダウンロード数や★の数を参考にするのもよいでしょう。

❷さて、インストールしてみようというプラグインが見付かったら、**今すぐインストール**ボタンをクリックします。このあと、確認のメッセージが表示されることがあります。その場合は、インストールを許可するボタンを操作してください。

▼プラグインを追加

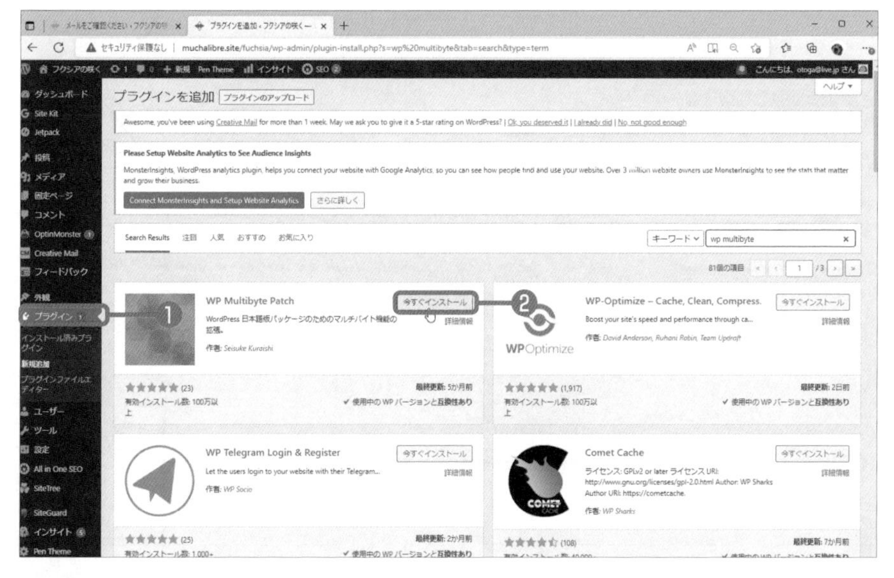

Process

❸しばらく待つとインストールが終了し、ダッシュボードのプラグインページに、プラグインのインストールが完了した旨のメッセージが表示されます。すぐにプラグインを使用したいときは、**有効化**をクリックします。

WP Multibyte Patchを設定する

WP Multibyte Patchは、メール送信やトラックバック受信、検索などの処理でほかのサーバーとやり取りする中で、日本語の文字が正しく認識または表示されないなどの不具合を修正します。WordPressを日本語化するためのパッチなので、有効化しておくようにしましょう。

Process

❶ダッシュボードの**プラグイン**メニューを開くと、インストール済みプラグイン一覧が表示されます。
❷現在、有効化されているプラグインは、背景が薄水色に表示され、プラグイン名下の項目に**無効化**が表示されます。**無効化**をクリックすれば、機能が停止します。
❸停止しているプラグインを動かしたいときは、プラグイン名下の**有効化**をクリックします。
❹プラグイン名下に**設定**項目があるものの中には、設定を行わなければ、実際には機能しないAkismet Spam Protectionのようなプラグインもあります。
❺プラグインファイルをサーバーから削除するには、プラグイン名下の**削除**項目をクリックします。

▼インストールされているプラグイン

Column　標準プラグイン

WordPressに標準で装備されているプラグインには、「Akismet Spam Protection」と「Hello Dolly」があります。

●Akismet Spam Protection

Akismet Spam Protectionは、投稿に寄せられるコメントを自動的にチェックし、スパムと判断すると、Webページには表示しません。デフォルトの設定では、コメントスパムはスパムフォルダーに移動され、15日間保管され、その後、自動で削除されます。

Akismet Spam Protectionを使用するには、設定が必要です。プラグイン名下の**設定**をクリックすると、ブラウザーでAkismet Spam Protectionの設定ページが表示されます。このページからAPIキーを取得して、それをダッシュボードの**Akismet Spam Protection**設定ページで指定します。

どのようにスパムかどうかの判断をしているかというと、Akismet Spam Protectionの専用サーバーにコメントスパムを送信するサーバーのブラックリストがあり、それに該当するサーバーからのコメントをスパム扱いするというものです。APIキーはその通信に利用されます。

なお、Akismet Spam Protectionが無料で使えるのは、個人使用に限られます。商用サイトについては、規模に応じて有料になります。

●Hello Dolly

「Hello Dolly」というプラグインは、ジュリー・ハーマンの作詞・作曲による曲で、1964年にルイ・アームストロング（サッチモ）が歌ってアメリカで大ヒットした「Hello Dolly」の歌詞をWordPressの管理ページに表示するというものです。

本書では、「3.5　プラグインのPHPを編集する」で、プラグインのカスタマイズを行うときのサンプルとして「Hello Dolly」を使用します。

▼Hello Dolly

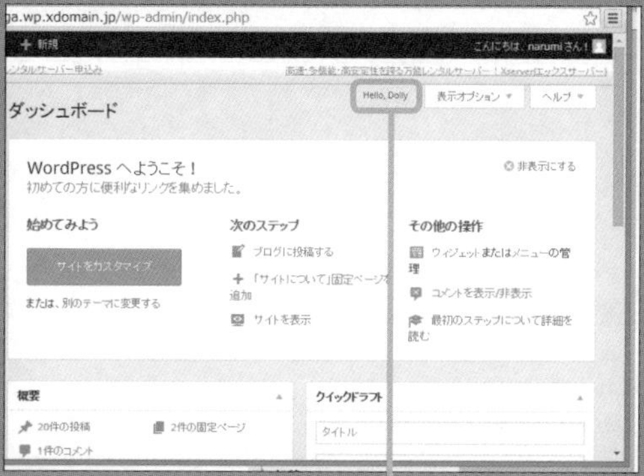

Hello Dollyの歌詞の一部が表示される。

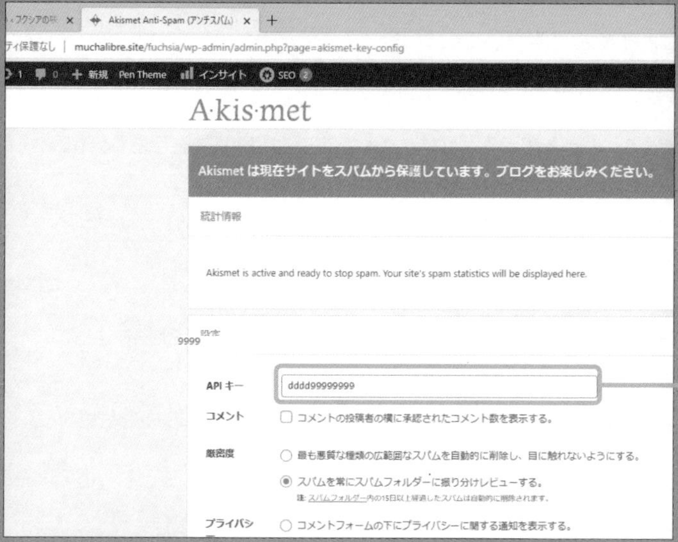

APIキーを取得。

◀Akismet Spam Protection

おすすめプラグイン

一般によく使われているプラグインを下表に示します。なお、セキュリティ上の理由、およびプラグイン相互のコンフリクト問題を軽減するため、これらを全部インストールするのではなく、必要なものだけインストールして使用するようにしてください。

また、最新のWordPressバージョンでは、動作確認されていないものがあるかもしれません。その場合はプラグインを使用しないか、動作確認されている類似のものを使うようにしましょう。

▼推奨プラグイン

プラグイン名	概要	解説
All in One SEO	Webサイトを検索エンジンの検索結果の上位に表示させるための最適化(SEO)を手助けするプラグイン。	6.2 6.3
bbPress	フォーラムづくり。WordPressのフォーラムもこれでつくられている。	
BJ Lazy Load	ページ表示の速度を上げるプラグイン。	
Breadcrumb NavXT	現在のページがWebサイト内のツリー構造のどこにあるかをパンくずリスト(breadcrumb list)で示すプラグイン。 パンくずリストとは、Webサイト内でのページの位置を、階層の最上位から順に並べて示したものです。	
Captcha	ブログのコメント用に投稿認証を追加します。	
Categories to Tags Converter	タグ作成をサポートします。	
CodeStyling Localization	管理ページの翻訳を可能にします。	
Contact Form 7	問い合わせフォームをつくれます。制作者は日本人です。	
Crayon Syntax Highlighter	コードを行番号付きで表示します。	
EWWW Image Optimizer	ページの画像サイズを圧縮します。	
Google Analyticator	Google検索エンジンのSEOに利用できます。	
Head Cleaner	閲覧者に素早くページを表示させるプラグイン。設定は日本語で表示されます。	
JetPack by WordPress.com	SNS共有機能、サイト統計、問い合わせフォームなど30種類以上のプラグインがパッケージされています。	5.4 6.1 6.2 7.3
Lightbox Plus ColorBox	ページや投稿上の画像をクリックすると、ページの手前に画像だけを別に表示します。	
Menu Icons	メニューのテキストラベルの前にイラスト化された画像(アイコン)を付けます。	
Q and A	FAQページをつくれます。	

Acunetix WP Security	Webサイトのセキュリティを高めるプラグイン。	
TinyMCE Advanced	コンテンツ作成/編集用のビジュアルエディターを拡張します。	
WP Multibyte Patch	日本語使用時に有効化することが推奨されています(ただし、有効化することによって、一部のプラグインで不具合が発生することもあります)。	3.3
WP-PageNavi	ページナビゲーションを表示します。	
Shortcodes Ultimate	ページレイアウトやタブ表示、リンクボタンなど50種類以上の機能をショートコードで設置できます。	7.5
Easy FancyBox	画像をクリックすると、指定した画像が別ウィンドウに表示されるようにできます。	4.3
wpForo	マルチテンプレートによるデザイン変更が容易な電子掲示板です。	8.1
Leaflet Map	ショートコードによる地図表示プラグインです。	7.4
BuddyPress	グループや組織の簡単なSNSをつくることができます。	
Word Balloon	吹き出しをページに設置できるプラグインです。	5.2
Block Pattern Builder	独自のブロックパターンを登録します。	6.3
Wordfence Security	許可されていないリクエストをブロックします。	6.1
SiteGuard WP Plugin	ログインページ名を変更するなど、セキュリティを強めます。	6.1

Hint プラグインのコンフリクト処理

WordPressのプラグインは、世界中のプログラマーによって日夜開発され、バージョンアップが続いています。このため、プラグインのインストールや更新により、それまで正常に動作していたプラグインが、突然動かなくなることがあります。

このようなプラグインの衝突(コンフリクト)が起きた場合には、次のようにして問題を解決します。

❶ プラグインを手動でインストールしたときに起きたトラブルでは、FTPを使ってアップロードしたプラグインのフォルダーやファイルを削除したあと、再度アップロードしてください。

❷ WordPressテーマのテンプレートファイルを編集して、プラグインのコードを書き換えたときに起きたトラブルでは、変更が正しいことを確認しましょう。

❸ ファイルをアップロードした場所が「wp-content」フォルダー内のプラグインフォルダーかどうか確認してください。

❹ 古いバージョンを削除したかどうか確認してください。

❺ カスタマイズしたテーマを使用しているときは、元のテーマに戻して、プラグインの問題が起きるかどうか確認しましょう。

❻ すべてのプラグインを停止して、問題が起きないことを確認し、問題がありそうなプラグインを有効化します。このとき正常に動作すれば、ほかのプラグインと衝突している可能性が高いといえます。ここから、ほかのプラグインを1つずつ有効化して、どのプラグインを有効化したときに問題が起きるかを調べ、衝突しているプラグインを見付けます。衝突する2つのプラグインが見付かったら、どちらかは使用できません。

Onepoint プラグインメニューについて

プラグインを設定するためのユーザーインターフェイスは、プラグインによって異なります。例えば「BuddyPress」では、ダッシュボードのサイドメニューの設定のサブメニューにBuddyPressメニューが追加されます。これに対してJetpackなどでは、ダッシュボードのサイドメニューにプラグイン名のメニューが新規に作成されます。

▼BuddyPress

プラグインの中には、ダッシュボードメニューのサブメニューに追加されるものもある。

Jetpackに収録されている機能。

▼Jetpack

Jetpackなどはメインメニューに追加される。

Section 3.4

Level ★★★

ウィジェットを編集する

Keyword　ウィジェット

ほとんどのWebページには、特定の機能を簡単に作動させることのできるボタンやリンクがあります。Webページでよく使うこういった機能は、あらかじめテーマのパッケージの1つとして用意されているもので、「ウィジェット」と呼ばれます。

ウィジェットを設定する

テーマによって配置エリアは異なりますが、検索ボックスや最新の投稿などを並べて表示する**ウィジェット**を設定します。

ウィジェットを設定しよう

- ウィジェットについての基礎知識を学ぶ。
- ウィジェットを再配置する。
- ウィジェットを設定する。

ここでの
ロード
マップ!

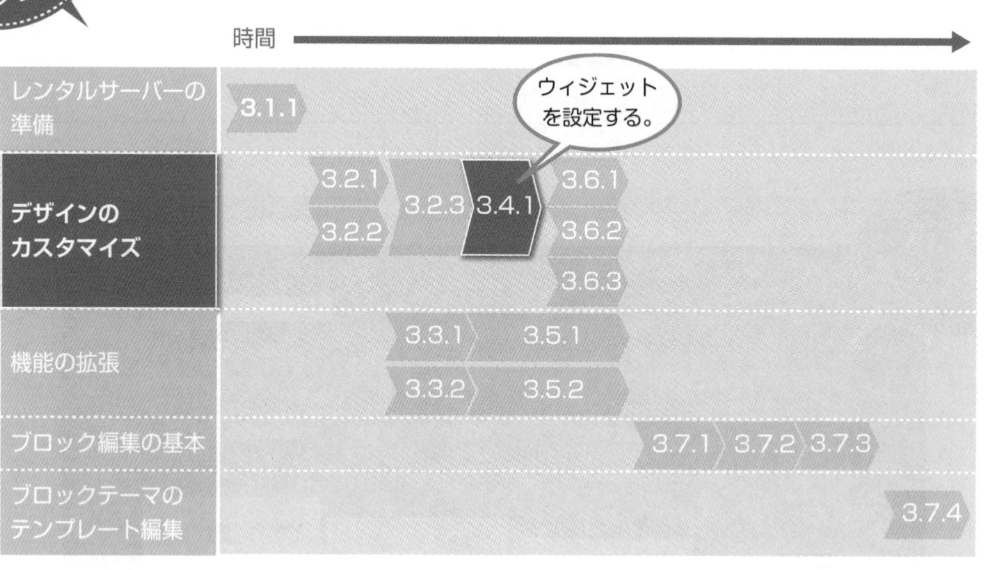

3.4.1 ウィジェットはページ上のアプリ

ウィジェット（widget）とは、windows＋gadgetの合成語と思われます。一般的な意味は、コンピューターのユーザーインターフェイスを構成する1つの小さな部品です。

WordPressで使われる**ウィジェット**は、Webページを構成する要素の1つです。例えば、検索ボックスやカレンダー、メニューなどのことです。

これらの要素は、機能こそ違っていても、Webページ上にレイアウトされる要素としては同じものとして、つまり**ウィジェット**として扱われることになります。

スマホのアプリの中には、時計アプリやカレンダーアプリのように、アプリアイコン自体にアプリが機能した結果が表示されるものがあります。もちろん、アイコンとしてその機能を起動するボタンとしてのはたらきも持っています。Webページ上に配置されるウィジェットは、スマホのアプリと同じようなふるまいをします。

ウィジェットの配置

WordPressの「ウィジェット」は、ユーザーが任意に表示/非表示を決められます。表示/非表示のほかに、ウィジェットの表示順もユーザーがカスタマイズできます。

ウィジェットが配置される場所は、コンテンツエリアではなく、サイドバーやフッターなどテーマによって決められています。なお、一部のウィジェットはプラグインによって追加されます。

▼ウィジェット（フッター）

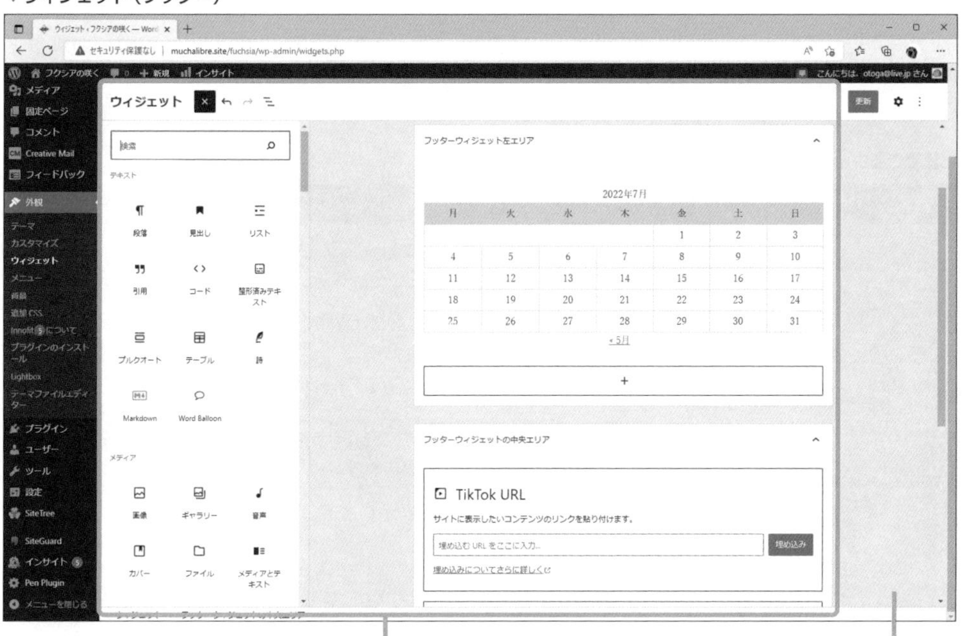

フッターに配置するウィジェットの項目や順序を設定できる。

テーマ「TwentyTwenty-One」のウィジェット設定ページ。

ウィジェットの利用

一般的なテーマでは、ウィジェットはウィジェットエリアに配置されます。

ウィジェットエリアの位置は、テーマによって異なります。

Innofitテーマでは、「サイドバー」「フッター左」「フッター中央」「フッター右」「ソーシャルメディアメニュー横」「購読者セクション」などにウィジェットを設定できます。

しかし、「サイトエディター」によるフルサイト編集に対応しているTwenty Twenty-Twoなどのテーマには、ウィジェットやカスタマイザーにウィジェット用の特別な設定項目はなく、サイトエディターに表示されたページ上でカスタマイズできるようになっています。

どちらにしても、ウィジェットの設定は、サイトの使い勝手を左右する重要なデザイン要素です。テーマデザイナーによる既定のウィジェット配置をもとにしてカスタマイズするのが基本ですが、もちろん、すべてのウィジェットエリアにコンテンツを配置するのがベストなわけではありません。最近のWebデザインでは、ヘッダー領域のウィジェットデザインが重視されています。これは、スマホなど情報表示エリアの少ないデバイスを使用する機会が増えたこと、さらに、フッター領域までスクロールするユーザーの割合は高くないことなどがあります。フッターはウィジェットエリアとしては広く、多くの情報を表示できます。しかし、上記のような理由から長大なページになることのあるブログなどでは、ユーザーがフッターエリアを見ることはほとんどありません。

このため、SNSへのリンクボタンをページの側面に配置したり、ヘッダーメニューの一部を常時表示したりするテーマも増えています。フッターエリアには、サイトのタイトルやクレジットだけといったものも多くなっています。

WordPress 6からは、ウィジェットの設定に、既存のコンテンツをそのラベルを選択して並べ替えるといった方法が使えなくなりました。そこで、ウィジェットにどのような情報を配置すればよいのかが見えにくくなっています。次の表は、以前のバージョンのあるテーマにあった配置可能なウィジェットとその説明です。

▼サイドバーに配置できるウィジェットの例

ウィジェット名	説明
RSS	RSS/Atom フィードから投稿を表示します。表示するフィード内の項目数を設定できます。項目の内容、作成者、日付の表示/非表示を設定できます。
アーカイブ	投稿の月別アーカイブを表示します。ドロップダウン表示にすることもできます。投稿数を表示することもできます。
カスタムHTML	任意のHTMLを表示します。
カテゴリー	カテゴリーのリストを表示します。ドロップダウン表示にすることもできます。投稿数を表示することもできます。階層を表示することもできます。
カレンダー	投稿のあった日付がリンクされるカレンダーを表示します。
タグクラウド	タグをタグクラウド形式で表示します。
テキスト	任意のテキストを表示します。HTMLタグが使えます。
メタ情報	ログイン/ログアウト、管理、フィードと WordPress のリンクを表示します。
固定ページ	サイト内の固定ページのリストの一部を表示します。
最近のコメント	最近のコメント一覧を表示します。表示するコメント数のデフォルトは「5」です。

最近の投稿	サイトの最新の投稿を表示します。表示する投稿数のデフォルトは「5」です。投稿日を表示することもできます。
検索	サイト内の検索ができる検索フォームを表示します。
Akismetウィジェット	Akismet Spam Protectionプラグインを有効にして、設定した場合に使用できるようになります。Akismetが捕獲したスパムコメント数を表示します。

ウィジェットを設定する

それではウィジェットを設定しましょう。ここでは、**Twenty Twenty-Two**テーマを使って、フッターエリアにウィジェットの配置設定を行ってみます。

Process

❶ダッシュボードのサイドメニューから**外観➡エディター**を選択します。
❷ページがエディターで開かれます。ページの一番下のフッターエリアまでスクロールします。
❸フッターエリアをクリックして選択します。現在、フッターエリアには左側にサイト名、右側にクレジットが表示されています。
❹フッターのテンプレートメニューから**置換**をクリックします。
❺すると、フッター用のいくつかのデザインが表示されます。ここでは、ブログ用にデザインされているフッターに変更します。「フッターを選択してください」ウィンドウを下にスクロールして、**ブログフッター**をクリックします。

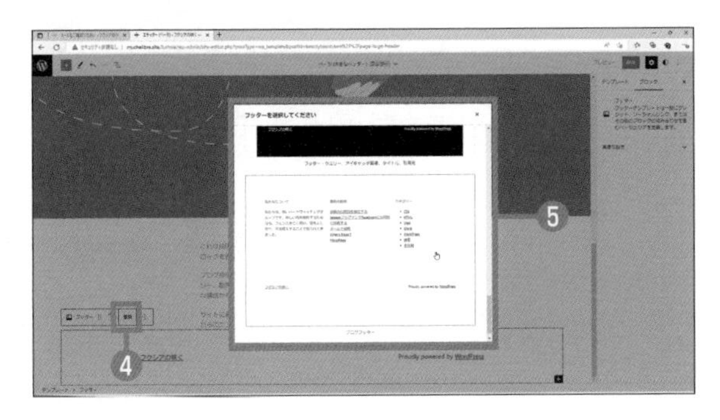

❻フッターエリアのデザインが変更され、サイトの投稿内容などが表示されます。

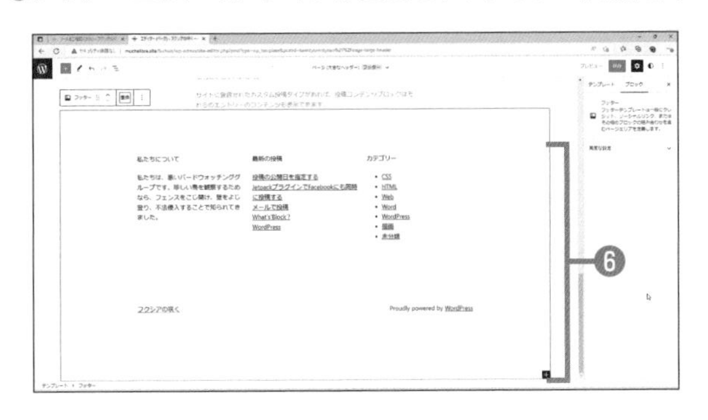

Section

Level ★★★

3.5 プラグインのPHPを編集する

Keyword プラグイン PHP プラグインエディター

以前のWordPressでは、PHPプログラムがテーマ用のコンポーネントとコンテンツを組み立てました（現在のWordPress 6では、HTMLファイルを使用してブロックが組み立てられています）。ページ用のコンポーネントもプラグインのPHPプログラムが作成します。

▶SampleData

https://www.shuwasystem.co.jp/books/wordpresspermas190/

プラグインファイルを編集する

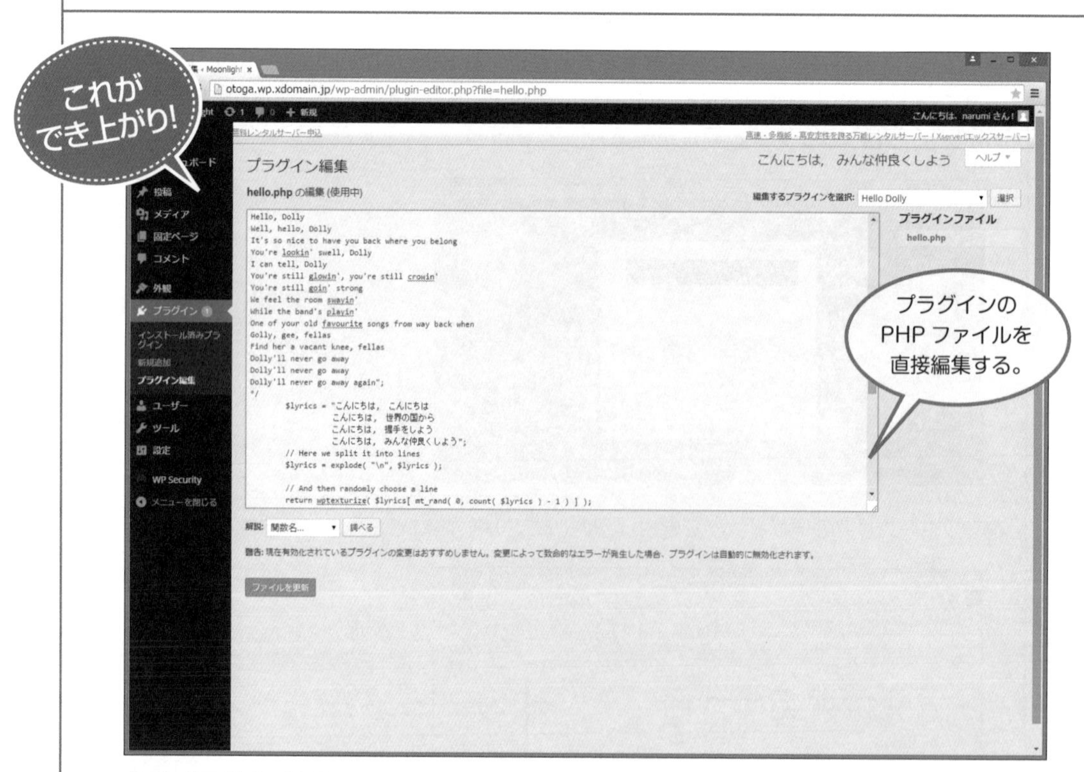

標準プラグイン**Hello Dolly**のPHPファイルをカスタマイズすることを通して、WordPressの仕組みに触れます。

プラグインをカスタマイズしよう

- PHPの基礎を学ぶ。
- プラグインのPHPファイルを編集する。

ここでの
ロードマップ！

時間

レンタルサーバーの準備	3.1.1
デザインのカスタマイズ	3.2.1 3.2.2 3.2.3 3.4.1 3.6.1 3.6.2 3.6.3
機能の拡張	3.3.1 3.3.2 **3.5.1** **3.5.2**
ブロック編集の基本	3.7.1 3.7.2 3.7.3
ブロックテーマのテンプレート編集	3.7.4

PHPの基本。
プラグインの編集。

3.5.1　PHPについて

WordPressではWebサイトのデザインをテーマによって簡単に変えられます。切り替えたテーマをカスタマイズするのも簡単で、設定値を選択するだけです。

このようにHTMLの知識がなくてもWebページを簡単に変更できるのは、PHPというプログラムによって動的にWebページが生成されているからです。

HTMLとPHP

Webブラウザーが表示するWebページは、雑誌のような印刷された誌面が表示されるのではありません。

Webページというのは、Webサーバーから送られてくるWebページの設計書に沿って、Webブラウザーが構成したものなのです。

この設計書を記述するために用いられるのがHTMLまたはXHTMLというマークアップ言語です。そして、WordPressではこれらのマークアップ言語による設計書（ファイル）をWebサーバー側で生成しています。

HTML

Webページが表示される仕組みを簡単に説明してみましょう。

まず、コンピューターからWebページへのアクセスを要求すると、Webサーバーはそのページの HTMLファイルをリクエストのあったコンピューターに送り返します。次はコンピューター側です。開いているWebブラウザーは、受け取ったHTMLファイルに従ってページを構成します。なお、Webページに配置される画像は別便で送られ、Webページ上にはめ込まれます。

▼Webページ

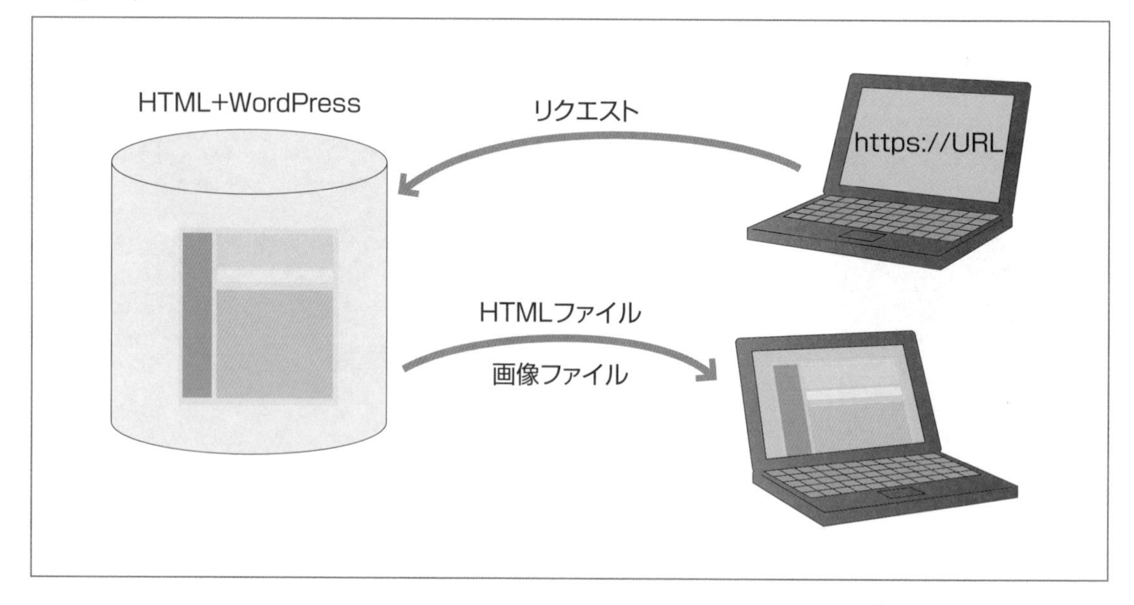

PHP

WordPressでは、最初からきっちりとデザインされたHTMLファイルによるWebページがあるわけではなく、Webブラウザーからのリクエストによってプログラムがその都度、HTMLファイルを生成します。このためのプログラムが**PHP**です。

プログラムであるPHPは、使用する関数の値を変えれば、様々にデザインを変えることができるため、HTMLファイルだけを使ったWebページに比べて柔軟性に富んでいます。このため、PHPによるWebページを**動的ページ**とも呼びます。

▼動的Webページ

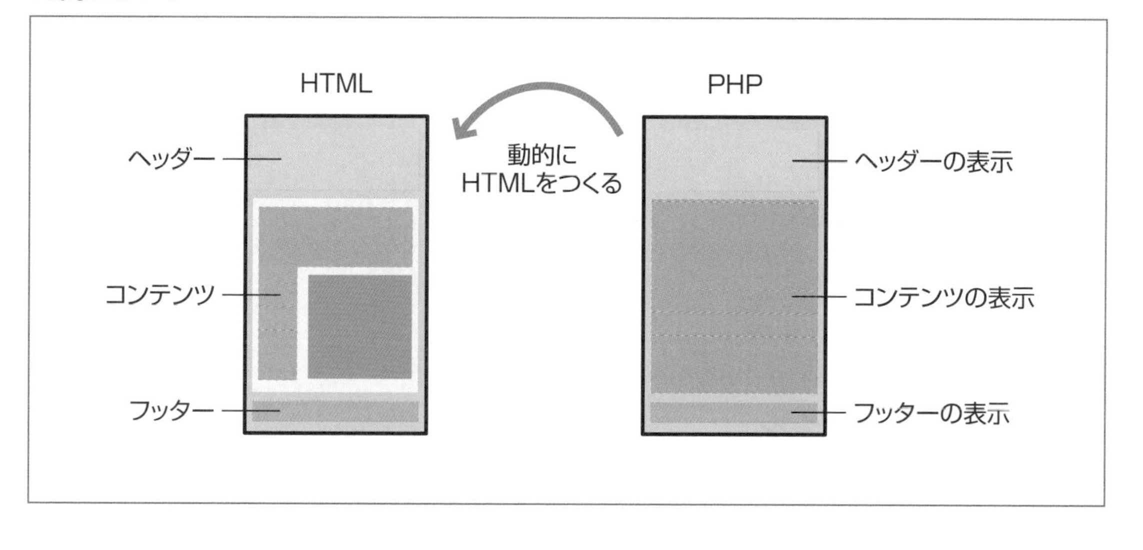

0 自分の夢を発信する
1 WordPressがある
2 ブログをしてみる
3 どうやったらできるの
4 ビジュアルデザイン
5 ブログサイトをつくろう
6 サイトへの訪問者を増やそう
7 ビジネスサイトをつくる
8 Webサイトでビジネスする
資料 Appendix
索引 Index

PHPの基本

PHPに限らずプログラミング言語には、コンピューターに指示する部分のほかに、それがどのような指示なのかをメモしておくコメント部分を記述することができます。

PHPの最初と最後

▼PHPの文法

<?php	……… 始まり
●●…●●	……… 中身
?>	……… 終了

HTMLが、<html>から始まり、</html>で終わるように、PHPのスクリプト（プログラム）は、<?phpで始まり、?>で閉じます。

コメント

PHPスクリプトを編集するような本格的なWordPressのカスタマイズでは、コメントに注目するとよいでしょう。コメントは、作者がその内容や情報をスクリプト内に記したメモのようなもので、プログラムの動作とは関係しません。

自分でスクリプトを変更するとき、最初はうまく動くかどうかわからないことがあります。スクリプトの変更に自信のないときは、元のスクリプトをコメント扱いに変更し、自分のスクリプトを追加するとよいでしょう。このようにしておけば、うまく動かなかった場合も、すぐに元に戻せます。

PHPのコメントは、/*と*/で囲まれた部分です。この部分はプログラムの実行からは無視されます。また、行の先頭や途中に//または#を入れると、その右から行末まではコメントとして扱われます。

▼PHPのコメント

```
<?php
  // この行はコメント
  # この行もコメント
  /*
   コメントはここから始まって
    次の行の記号の前までずっとコメント
  */
?>
```

保存ファイル

PHPスクリプトが記述されているファイルは、Webサーバーが識別できるように、拡張子を「.php」にします。Twenty Twenty-Oneテーマの主なPHPファイルには下表のものがあります。

WordPressは、少し前のバージョン（WordPress 5.8, 5.9）からブロックエディターへとページ作成方法が進化しています。本書執筆時点のWordPress 6では、ブロックによるページ作成をきめ細かく制御するため、WordPressのサイト構成ファイル群の一部がバージョンアップされています。いまのところ下位互換性があるため、以前に作成されたテーマを使っているサイトのページも十分に再現されます。

▼Twenty Twenty-OneテーマのPHPファイル

PHPファイル	説明
404.php	ファイルがないとき（Not Found）のエラー用テンプレートです。
archive.php	月別ページ、カテゴリー別ページ、タグページ、投稿タイプページ、投稿者ページなどの基本のテンプレートです。
author-bio.php	投稿の下に著作情報を表示するテンプレートです。
comments.php	パートテンプレートでコメントを構成します。
footer.php	パートテンプレートでフッターを構成します。
functions.php	オプションの関数ファイルです。
header.php	パートテンプレートでヘッダーを構成します。
image.php	添付ファイル表示ページを構成します。
index.php	メインテンプレートです。テンプレート階層ではホームページの優先順位が最も低くなっています。多くのWordPressテンプレートでは、home.phpを用意しています。home.phpがあれば、index.phpよりも先にそちらを読み込むようになっています。
page.php	固定ページを構成します。
search.php	検索結果ページを構成します。
sidebar.php	パートテンプレートでサイドバーを構成します。
single.php	メディアページや個別記事のページの基本のテンプレートです。

3.5.2　例として[Hello Dolly]の歌詞を変える

テーマのレイアウトを行っているPHPファイルの変更は、少し難易度が高いので、まずはプラグインのPHPファイルをカスタマイズしてみましょう。

プラグインもPHPで書かれているので、プログラムの基本は同じです。

プラグインの編集

「Hello Dolly」プラグインのPHPファイル（hello.php）は、「/wp-content/plugins」にあります。このファイルを直接編集してもよいのですが、プラグインはダッシュボードの専用のエディターを利用して編集することができます。

ダッシュボードの**プラグイン➡インストール済みプラグイン**でHello Dollyプラグインを停止させておいてください。

ダッシュボードのメニューから**プラグイン➡プラグインエディター**を選択します。すると、**プラグインを編集**ページが開きます。ページ右上の**編集するプラグインを選択**リストボックスから**Hello Dolly**を選択し、**選択**ボタンをクリックします。

編集の際は、読み込まれたPHPスクリプトを直接修正します。

歌詞の変更

Hello Dollyの歌詞を好きな歌詞や詩に変更してみましょう。

このプラグインは、改行までのテキストをランダムに取得し、それを表示します。表示するタイミングは、管理画面が表示されたときです。

このような仕組みを**プラグインAPI**と呼んでいます。

プラグインAPIでは、指定したアクションがあると、それを合図にしてWordPress本体の機能がプラグインの機能をひっかけて作動させます。まるでお祭りの露店のヨーヨー釣りのようなイメージで、**アクションフック**といいます。

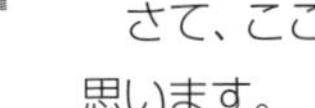

さて、ここではプラグインの簡単なカスタマイズに話を限定して、あまり難しい説明は避けたいと思います。

歌詞の内容とフォントサイズだけを変更してみましょう。

hello.phpのスクリプトを見てください。変数の「$lyrics」にHello Dollyの歌詞が設定されているのがわかるでしょう。この歌詞を好きなように変更してみましょう。

また、フォントサイズは、dolly_css()関数で設定されています。cssが付いているので関数名から内容が想像できます。また、前行のコメントも参考になります。「font-size: 11px;」の「11」の数字が文字の大きさを指定するものです。この数字を「20」にすると、文字が少し大きくなります。

編集が終了したら、**ファイルを更新**ボタンをクリックし、プラグインを有効にして変更結果を確認してみましょう。

▼Hello Dollyをカスタマイズ

```
<?php
/**
 * @package Hello_Dolly
 * @version 1.7.2
 */
/*
Plugin Name: Hello Dolly
Plugin URI: https://wordpress.org/plugins/hello-dolly/
Description: This is not just a plugin, it symbolizes the hope and enthusiasm of an entire generation summed up in two words sung most famously by Louis Armstrong: Hello, Dolly. When activated you will randomly see a lyric from <cite>Hello, Dolly</cite> in the upper right of your admin screen on every page.
Author: Matt Mullenweg
Version: 1.6
Author URI: https://ma.tt/
*/

function hello_dolly_get_lyric() {
	/** These are the lyrics to Hello Dolly */
	$lyrics = "こんにちは、こんにちは
こんにちは、世界の国から
こんにちは、握手をしよう
こんにちは、みんな仲良くしよう";
	// Here we split it into lines
	$lyrics = explode( "¥n", $lyrics );
	// And then randomly choose a line
	return wptexturize( $lyrics mt_rand(0, count($lyrics)-1));
}
// This just echoes the chosen line, we'll position it later
function hello_dolly() {
	$chosen = hello_dolly_get_lyric();
	echo "<p id='dolly'>$chosen</p>";
}
// Now we set that function up to execute when the admin_notices action is called
add_action( 'admin_notices', 'hello_dolly' );

// We need some CSS to position the paragraph
function dolly_css() {
	// This makes sure that the positioning is also good for right-to-left languages
```

カスタマイズ

```
        $x = is_rtl()    'left' : 'right';
        echo "
        <style type='text/css'>
        #dolly {
                float: $x;
                padding-$x: 15px;
                padding-top: 5px;
                margin: 0;
                font-size: 20px;
        }
        </style>
        ";
}
add_action( 'admin_head', 'dolly_css' );
?>
```

カスタマイズ（font-size: 20px の「20」）

▼ダッシュボード

カスタマイズしたHello Dollyが表示した歌詞。

Section 3.6

Level ★★★

テーマのCSSを編集する

Keyword　スタイルシート　CSS　テーマファイルエディター　クラシックテーマ

WordPressは、一流のデザイナーがデザインしたWebページを、誰でも簡単に利用できるところに人気があります。さらに、HTMLやスタイルシートの知識を勉強すれば、微妙な調整をすることも難しいことではありません。ここでは、スタイルシートの一部を変更して、その効果を確認します。

▶SampleData

https://www.shuwasystem.co.jp/books/wordpresspermas190/

chap03

sec06

スタイルシートを変更する

Twenty Twenty-Oneテーマのスタイルシートの一部を変更して、投稿ページのHTMLコードを編集することで、任意の段落の文字列の文字色と文字サイズなどの文字書式を変更します。

WordPress 6のブロックに対応したテーマ（ブロックテーマ）のCSSは、以前のテーマ（クラシックテーマ）で使用されていたCSSとは書式が変わっています。ここでは、クラシックテーマのCSSの編集について説明しています。

ここがポイント！

スタイルシートを編集しよう

- スタイルシートの基礎知識を得る。
- クラスのプロパティ値を変更する。
- デバイスによる設定値の場合分けを行う。
- サイト全体のフォント／書体を変更する。

ここでのロードマップ！

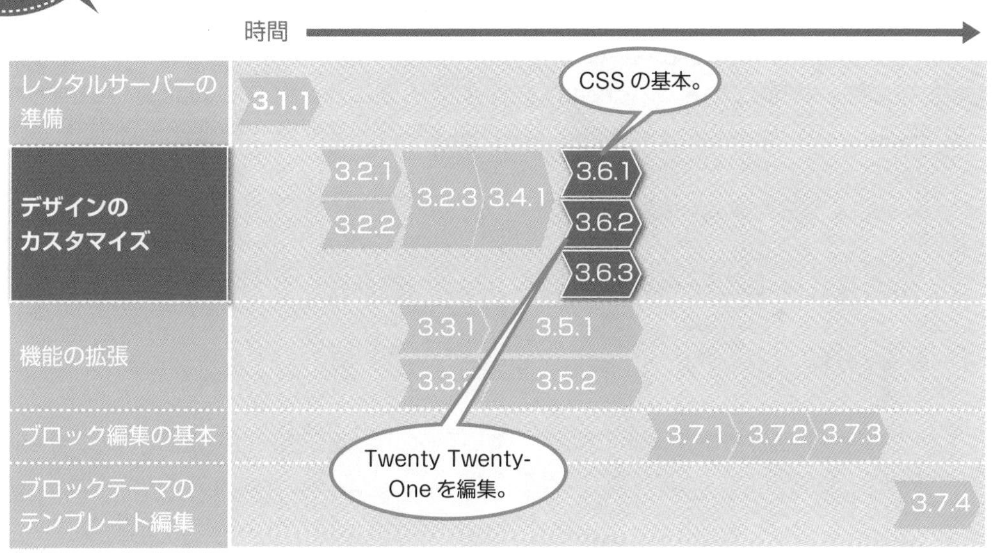

3.6.1 CSSでデザインを変更する

「CSS」(Cascading Style Sheets)は、Webページのレイアウトを指定する規格です。
Webページを Webブラウザーに表示させるために、従来からあるHTMLでは、情報部分(コンテンツ)とページレイアウトなどのデザイン部分を1つにして記述していました。ここからデザイン部分だけを取り出したのがCSSです。

CSSの基本

ここでは、WordPressのクラシックテーマであるTwenty Twenty-Oneテーマに投稿した画像付きの記事をもとにして、CSSの基本を見てみましょう。

CSSの記述場所

デザインが書かれているCSSを、コンテンツが書かれたHTML(WordPressではHTMLを生成するPHP)と統合するのは、メインとなるHTMLの役目です。

つまり、HTMLの**<head>**タグにCSSの指定を記述します。記述の方法には2通りがあります。
1つ目は、HTMLファイルの**<head>**タグ内にスタイルシートもいっしょに記述してしまう方法です。

```
<style type="text/css">
 <!--
.style1 {color: #FF00FF}
 -->
 </style>
```

2つ目の方法は、WordPressで採用されているもので、CSSファイルを別に用意し、**<head>**タグ内にはその場所だけを記述するものです。

```
<link rel="stylesheet" href="style.css" type="text/css" />
```

管理面からいえば、ファイルとしてHTML(または、HTMLを生成するPHP)とCSSを分けておいたほうが便利です。

WordPressでは、各テーマのディレクトリーツリー(「/wp-content/themes/(テーマ名)」)内に、拡張子が「.css」となっているファイルがいくつかあります。通常、全ページに適用するデザインを記述したスタイルシートは、「style.css」というファイル名となっています。

Process

● WordPressでCSSファイルを見たり、編集したりするには、ダッシュボードのサイドメニューから**外観➡テーマファイルエディター**をクリックします。

▼style.cssファイル

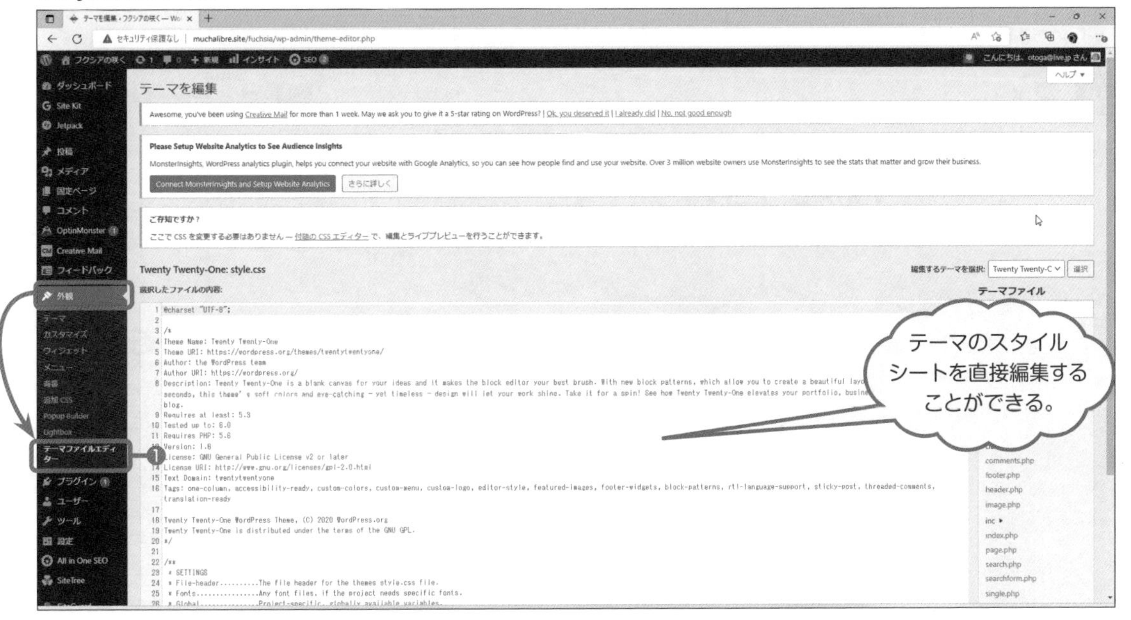

スタイルシートを使ったHTML

Webブラウザーがリクエストしたページを表示できるのは、Webサーバーから送信されてくるHTMLとコンテンツデータを再構成するからです。このHTMLは人にも理解しやすい言語で書かれています。WordPressではこのHTMLを**コード**と呼んでいます。

投稿や固定ページを作成・編集するとき、WordPressの通常の編集モードは**ビジュアルエディター**です。ビジュアルエディターは、ブロックを使ったページ構成モードで、**グーテンベルグ**という技術が使われています。ビジュアルエディターでは、実際にWebブラウザーに表示されるのと同じページ上に、コンテンツを直接入力します。実際の表示に近いレイアウトやデザインを意識しながらテキストや画像を配置できる、便利な編集機能です。

WordPressは、ビジュアルエディター以外にHTMLコードを記述する編集機能、**コードエディター**を備えています。HTMLはテキスト形式で記述するマークアップ言語なので、Javaなどの本格的なプログラミング言語に比べればわかりやすいと思います。グーテンベルグの編集機能やテーマのカスタマイズ機能だけではできない細かな編集をしたいときには、HTMLコードを直接編集することができます。また、アフィリエイトのコードをページに埋め込むときにも、コードエディターを使うことになります。なお、HTMLコードを直接編集するためには、HTMLについての知識が必要です。

ここでは**Twenty Twenty-One**テーマの投稿のHTMLコードを編集しますが、CSSと連携したデザイン編集を行うため、HTMLコードには参照するCSSクラスを記述するだけとしています。

Process

❶任意の投稿を編集モードで開きます。
❷WordPressのトップツールバーの**オプション**ボタンをクリックします。
❸エディター欄の**コードエディター**をクリックします。

▼コードエディターの起動

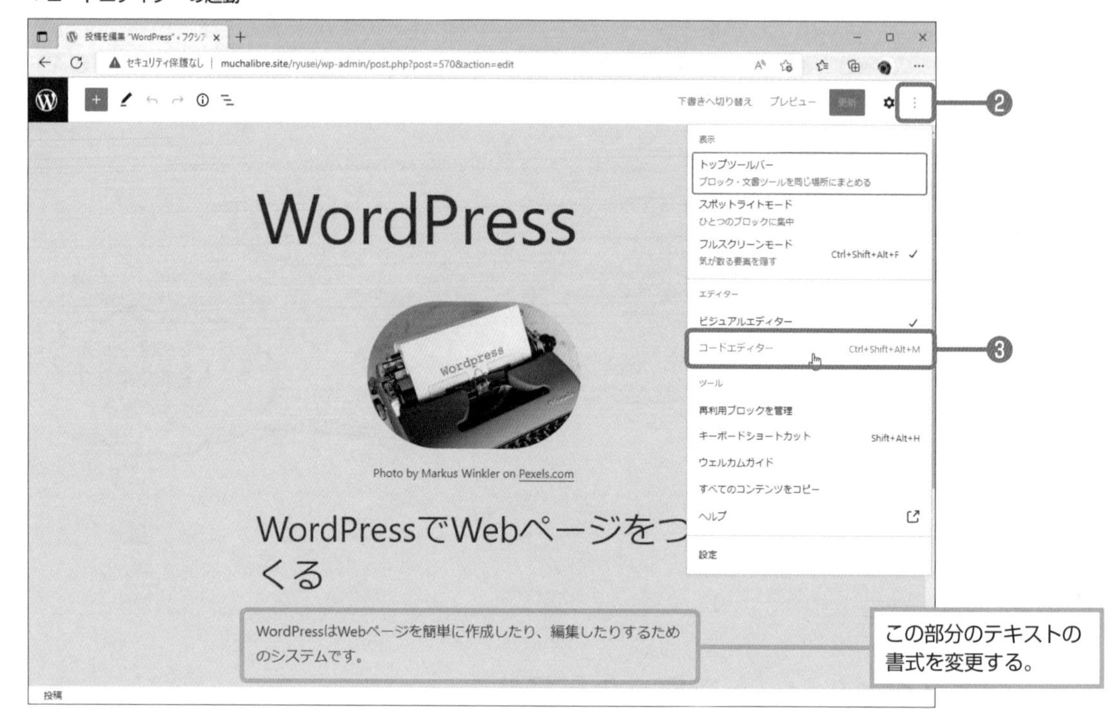

Process

❹半角文字でHTMLコードを編集します。
❺**更新**ボタンをクリックします。

▼投稿ページのHTMLコード

```
1  <!-- wp:image {"id":574,"sizeSlug":"medium","linkDestination":"none","clas
   sName":"is-style-rounded"} -->
2  <img src="(画像ファイル)" alt="close up shot of a typewriter" class="wp-
   image-574"/>
   <!-- /wp:image -->
3
4  <!-- wp:heading -->
5  <h2>WordPressでWebページをつくる</h2>
6  <!-- /wp:heading -->
7
8  <!-- wp:paragraph -->
9  <p class="ryuseitext">WordPressはWebページを簡単に作成したり、編集したりするためのシス
   テムです。</p>
10 <!-- /wp:paragraph -->
```

追加したコード。

Memo

ここでは投稿ページの9行目の「<p>」タグを「<p class="ryuseitext">」に変更しています。これは、「<p>」タグのクラスをCSSでカスタマイズするための記述です。クラス名の「ryuseitext」は任意に付けることができますが、スタイルシートで一般的に使われていない名前にする必要があります。なお、HTMLにクラスを付け加える変更では、ページには何の変化も起きません。

Column

CSSのサイズ単位

CSSでサイズを指定するときに使用できる単位記号は何種類もあります。

まずは、コンピューターの画面表示ではおなじみの「px」（ピクセル）です。画面表示に正確に対応させることができる単位です。

「pt」（ポイント）は文字サイズの単位で、ワープロでよく使われます。1ptは72分の1インチ（約0.35mm）です。このため、1インチが72ピクセルなら「px」と同じ値になります。

「em」は「現在の文字フォントサイズ」を基準としています。つまり、1emで指定した文字は標準文字サイズと同じ大きさです。また、1.5emは標準サイズの1.5倍のサイズに拡大することと同じです。

Twenty Fifteenテーマでは、画面サイズがデフォルトの文字サイズ（16px）の何倍になっているかで、レスポンシブデザインのスタイルシートで振り分けを判定しています。

「ex」は、「em」と似ていますが、文字サイズの基準が小文字の「x」です。ということは、「ex」は英文用、「em」は日本語用と考えてよいでしょう。

Memo

HTMLコード内の「<!」の意味

<!-- wp:paragraph --><!-- wp:html -->などの「<!--」はコメント記述のHTMLコードですが、これらのコメントはグーテンベルグによるブロックを設定するためのWordPress独自のタグです。このタグを外しても通常はHTMLコードに問題がなければページは正常に表示されますが、ビジュアルエディターのブロックが正常に動作しなくなります。

0 自分の夢を発信する
1 WordPressがある
2 ブログをしてみる
3 どうやったらできるの
4 ビジュアルデザイン
5 ブログサイトをつくろう
6 サイトへの訪問者を増やそう
7 ビジネスサイトをつくる
8 Webサイトでビジネスする
資料 Appendix
索引 Index

classをCSSで定義する

HTML側のclass属性で指定されたスタイルは、CSS側では（タグ名）+（.）+（クラス名）で設定されます。

ここまでで**Twenty Twenty-One**テーマの任意の投稿ページのHTMLコードの**<p>**タグに**ryuseitext**クラスを追加しています。ここでは、新規に定義する**ryuseitext**クラスの内容をCSSに記述します。

記述の方法には、次の4つがあります。

（1）**Twenty Twenty-One**テーマのstyle.cssファイルを編集する
（2）テーマの子テーマを作成して、そのstyle.cssに追加する
（3）WordPress付属のCSSエディターで追加する
（4）専用のプラグインを利用する

この中で（1）の方法は直接、メインのCSSファイルを編集するため、推奨されません。小さなタイプミスがあっても、ページのレイアウトが大きくずれたり、最悪の場合、ページにエラーメッセージが表示されて、まともな表示がされなくなったりするリスクがあります。

（2）の方法では、テーマを本格的にカスタマイズできます。また安全性も高く、WordPress.orgでも推奨されている方法です。本書では、「7.1　カスタマイズ前に子テーマを用意する」で詳しく説明します。

ここでは（3）の方法で、次ページのコードAのように**ryuseitext**クラスを設定します。この方法は安全性が高く、しかも作業自体も簡単で素早く変更結果を確認できます。コードAの1行目はHTMLコードの**<p class="ryuseitext">**で指定したデザインを設定するためのCSSコードの書き出しです。**p**タグの**ryuseitext**クラスなので、2つを「.」でつなぎます。デザインの内容は「{」「}」の間に記述します（2〜4行目）。ここでは、テキスト色（**color**）、影付き文字（**text-shadow**）、そして文字サイズ（**font-size**）の3つのプロパティを設定しています。各プロパティの後ろには「：」（コロン）を記述し、さらにそのあとにプロパティの値を記述します。プロパティを設定したら、行の最後は「；」（セミコロン）で閉めます。

なお、（4）の方法について、汎用的なスタイルシートカスタマイズ用のプラグインも存在していますが、本書では詳細な解説は割愛します。テーマの中には、さらに細かなカスタマイズができるプラグインが用意されている場合があります（一部有料の場合もあり）。このようなテーマ制作会社によるプラグインのほうが、デザインの崩れが少なく安全で使い勝手もよいようです。

では、始めましょう。

Process

❶ダッシュボードのメニューから**外観➡カスタマイズ**を選択します。
❷**カスタマイザー**メニューから**追加CSS**をクリックします。
❸追加するCSSでの変化をリアルタイムに確認するために、HTMLコードに**ryuseitext**クラスを記述した投稿ページを開きます。
❹半角で**コードA**を入力し、テキストが変化するのを確認します。
❺**公開**ボタンをクリックします。

▼コードA

```
p.ryuseitext{
  color: #8888ff;
  text-shadow: 1px 2px 2px #55ff00;
  font-size: 2.1rem;
}
```

▼CSSエディター

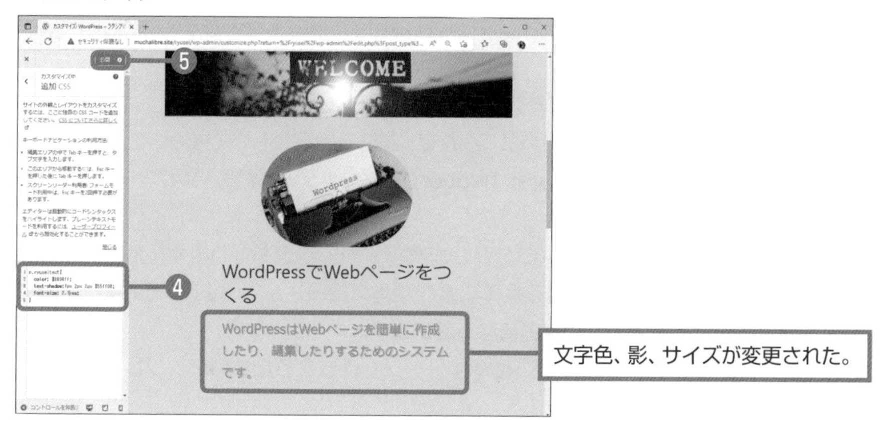

3.6.2 WordPressのページ生成

WordPressのテーマによるページ構成は、**ヘッダー**、**コンテンツ**、**サイドバー**、**フッター**の領域を組み合わせて作成されています。そして、これらの各ページ領域は、データベースとPHPによって動的に生成されます。

もちろん詳細なレイアウトやデザインはCSSの役目です。つまり、ヘッダー領域のデザインにはヘッダー用のCSSがあり、フッター用にはまた別のCSSがある、といった具合です。テーマはWebサイト全体のデザインを担当するので、いくらページ領域ごとにデザインされているといっても、テーマ全体の統一感が重要になります。

ここでは、**Twenty Twenty-One**テーマを例にとり、テンプレートファイルの中身を確認しながら、デザインの一部を変更してみます。

クラシックテーマはCSSでどうやってページを構成しているのか

WordPressのクラシックテーマは、**テンプレートファイル**、**テンプレートタグ**、**CSS**の3種類で構成されています。

例えば、メインのテンプレートファイルで「ページの構成要素（ヘッダー、サイドバー、コンテンツ、フッター）をどのように配置するか」といったテーマの基本構造を決めています。これらの構成要素は、パズルのピースのように個別に設定されているため、異なるページを表示するときに同じ部分なら使い回すことができます。また、それぞれの構成要素ごとにテンプレートファイルが用意されていることもあります。

0 自分の夢を発信する
1 WordPressがある
2 ブログをしてみる
3 どうやったらできるの
4 ビジュアルデザイン
5 ブログサイトをつくろう
6 サイトへの訪問者を増やそう
7 ビジネスサイトをつくる
8 Webサイトでビジネスする
資料 Appendix
索引 Index

テンプレートファイルは、テーマの使い勝手やレイアウトデザインの根幹です。実際には、メインテンプレートファイル（index.php）を利用しなくてもページを構成できるテンプレートがほとんどです。このようなテーマでは、header.php、footer.phpなどを作成して、テンプレートファイルの内容や構成を分担させているものもあります。しかし、**index.php**だけはどのようなテーマであっても必須のテンプレートファイルです。これはWordPressの仕様なのです。ほかのテンプレートファイルがない場合、最終的にページを構成する役割を果たすのがindex.phpだと決められているからです。

テンプレートタグは、プログラム上必要な関数です。データベースから必要な情報を取得するための命令です。テンプレートタグは、テンプレートファイルの中で使われています。

例えば、Twenty Twenty-Oneテーマのメインテンプレート（index.php）をテーマファイルエディターで開いてみてください。

17行目の**get_header()**は、ヘッダーを読み込むためのタグです。WordPressでは、投稿を整理するために使うキーワードのことも**タグ**といっているので、非常に紛らわしいですが、ここでいう**タグ**はプログラム上の関数（命令）のことです。**get_header()**は"ヘッダーを読み込め"という命令で、ここでは**header.php**が実行されます。

このように、テンプレートファイルでは、プログラムが実行されることもあります。index.phpの26～43行では、if文を使って、作成されている投稿記事を順番に読み込んでいます。そして、最後に45行目でフッター部分を作成するといった構造になっています。

これを見てわかるように、index.phpは非常に簡単なページを構成するためのテンプレートファイルなのです。

▼index.php (Twenty Twenty-One)

```
 1  <?php
 2  /**
    (途中省略)
15  */
16
17  get_header();
18
    (途中省略)
26  if ( have_posts() ) {
27
28  // Load posts loop.
29  while ( have_posts() ) {
30  the_post();
31
32  get_template_part('template-parts/content/content',get_theme_mod
    ('display_excerpt_or_full_post','excerpt'));
30  }
34
35  // Previous/next page navigation.
36  twenty_twenty_one_the_posts_navigation();
37
```

header.phpを読み込む。

投稿がある限り投稿を読み込み、その下に前後の投稿への移動リンクを設定する。

```
38 } else {
39
40 // If no content, include the "No posts found" template.
41 get_template_part( 'template-parts/content/content-none' );
42
43 }
44
45 get_footer();
46
```

footer.phpを読み込む。

3.6.3 すでにあるCSSのプロパティ値を変更する

「3.6.1　CSSでデザインを変更する」では、Webページの任意のテキスト部分のCSSを変更しましたが、Webサイト全般に及ぶデザインの変更を行うには、どうしてもstyle.cssなどのスタイルシートファイルの内容を変更する必要があります。

ここでも前述のように、スタイルシートを変更するにはいくつかの方法があるのですが、今回はWebサイトの多くのページに関わる変更なので、勝手にクラスを追加するわけにはいかず、style.cssなどの内容を見て、どのクラスを変更すればよいかを調べなくてはなりません。

良質なテーマでは、スタイルシートの定義名や設定に法則性があるため、時間がかかることを覚悟すれば、スタイルシートを解析することは可能でしょう。しかし、たとえそうであったとしても、ほとんどのテーマではスタイルシートが長大になるので、CSSによるWebページの作成に慣れていないと作業は大変苦労することになります。

ここでは、カスタマイザーにある**CSSエディター**の機能を使って、Twenty Twenty-Oneテーマ全体に関わるテキストサイズを変更してみます。この方法では、プロパティ値の変更がリアルタイムにページに反映されるため、（どのプロパティを変更すればよいかを突き止められれば）的確にデザインの変更を進めることができます。もちろん、スタイルシート自体をさわることがないため、安全に作業ができます。

テーマ全体に関係するような基本設定は、コードBのように**:root**クラスによって定義されます。

▼コードB（Twenty Twenty-Oneのstyle.cssから一部抜粋）

```
:root {
  （途中省略）
  /* Font Size */
  --global--font-size-base: 1.25rem;
  --global--font-size-xs: 1rem;
  --global--font-size-sm: 1.125rem;
  --global--font-size-md: 1.25rem;
  --global--font-size-lg: 1.5rem;
  --global--font-size-xl: 2.25rem;
  --global--font-size-xxl: 4rem;
```

```
  --global--font-size-xxxl: 5rem;
  --global--font-size-page-title: var(--global--font-size-xxl);
  --global--letter-spacing: normal;
  (途中省略)
}
```

Memo テンプレート階層

　Webブラウザーからのリクエスト（クエリ）によって、WordPressは生成するページをどのように構成するかを決定しています。このとき、用意されているどのテンプレートファイルを使用するかの順序はWordPressの仕様書によって決まっています。これをテンプレート階層と呼びます。

　例えば、Webブラウザーがフロントページをリクエストしてきたとき、テーマに「front-page.php」があれば、フロントページの設定が「最新の投稿」「固定ページ」のどちらであっても、このテンプレートファイルによってページが生成されます。しかし、「front-page.php」がない場合は、フロントページの設定が「投稿」なのか「固定ページ」なのかによってテンプレートファイルが使い分けられます。「投稿」なら「home.php」によってページを生成します。一方、「固定ページ」なら「カスタムテンプレート」（$custom.php）➡設定された「スラッグ」用のテンプレート（page-$slug.php）➡設定された「ID」用のテンプレート（page-$id.php）➡（page.php）➡（singular.php）の順にファイルを探していき、見付かればそのテンプレートファイルに従ってページを生成します。フロントページのテンプレート階層は下図に示しました。すべてのテンプレート階層を見たいときは、「WordPress Codex日本語版（https://wpdocs.osdn.jp/テンプレート階層）」を参照してください。

　テンプレートがどのようなテンプレートファイルを使用しているかは、「テーマファイルエディター」で確認することができます。

　これらのテンプレートファイルがない場合に使用されるのが「index.php」です。このテンプレートファイルはWordPressテーマの必須のテンプレートファイルです。

▼テンプレート階層（サイトフロントページ）

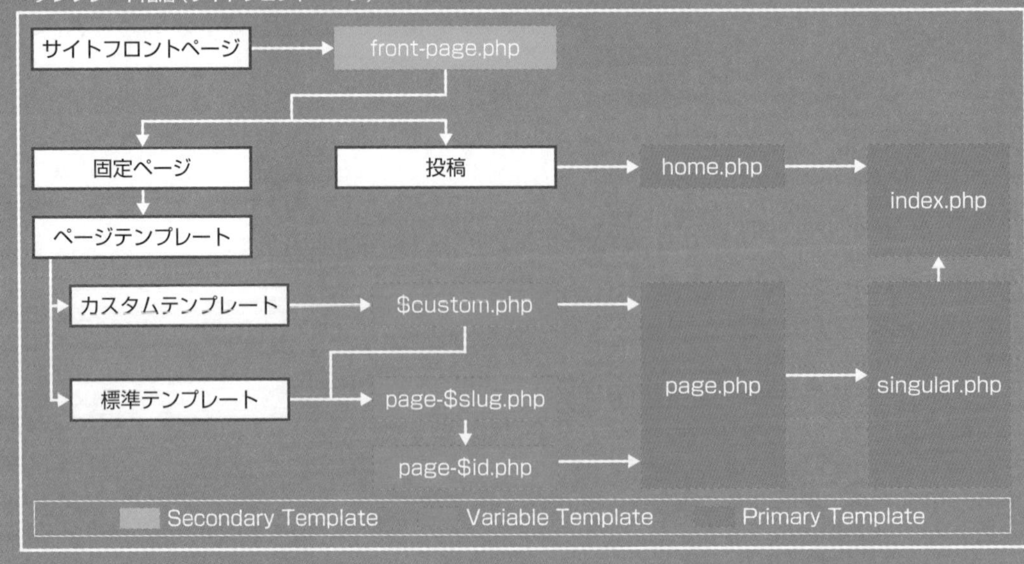

テーマ全体に関係するデザインを変更する

前述のようにWordPressでは、テンプレートファイルによって大まかな構成が整い、そこにタグを使って読み込まれる情報が表示されることによってページが構成されます。

それでは、細かなレイアウトやデザインを決めるCSS（カスケーディング・スタイル・シート）について、Twenty Twenty-Oneテーマを例に確認してみましょう。

ここでは前述の続きとして、Twenty Twenty-Oneテーマをテーマファイルエディターで開き、構成ファイルの中のheader.phpを見てみます。このテンプレートファイルもindex.phpと同じテンプレートファイルですが、実際にページを構成するためHTMLとPHPによって記述されています。

ファイル名からもわかるように、header.phpはヘッダーを作成するためのテンプレートファイルです。ヘッダー部分には、タイトル、キャッチフレーズ、ロゴなどのほか、メインメニュー（Primary）が配置できます。このとき、例えばタイトル文字をどのような大きさで、またどのようなフォントで表示するか、などを決めるのがCSSの役割です。

CSSファイルもテーマファイルエディターを使って編集可能ですが、CSSの知識を持たないで勝手にいじると、最悪の場合にはページに何も表示されないことも起こります。そこで、CSSやテンプレートファイルを書き換えるときには、前もってファイルをバックアップしたり、子テーマと呼ばれる編集用のファイルを準備したりすることが推奨されています。CSSの編集やPHPファイルの改良などの詳細は他の専門書に譲り、ここでは、テーマのカスタマイザー付属のCSSの書き換え機能（追加CSS、CSSエディター）を使い、サイトタイトルのサイズとフォントの変更をしてみます。カスタマイザーでの変更なので、値を変更するとその結果はすぐにページに反映されます。

なお、ここで行っているCSSの変更は、他のページにも反映されます。変更後、公開する前に他のページのデザインも確認するようにしましょう。

Process

❶カスタマイザーを起動します。
❷テーマのカスタマイザーメニューから**追加CSS**をクリックします。

Hint

何人かで記事を書きたい

WordPressでサイトを管理するのは、初期設定では管理者グループの「admin」だけです。自分ひとりでサイトを管理する場合は、実質的にWordPressにログインするアカウントだけが、このadminです。

しかし、サイトを2人以上で管理したいときには、サイト管理の権限を付与したアカウントを追加することができます。

サイト管理権限には、管理者、編集者、投稿者、寄稿者、購読者の5つがあり、順に権限は弱くなります。

編集者権限は、自分および同サイトの他ユーザーの記事の投稿/公開/編集/削除およびカテゴリーやリンクの編集ができます。

投稿者権限は、自分の記事の投稿や編集は自由にできます。

寄稿者権限は、投稿の公開やメディアファイルのアップロードはできないので、投稿を許可制にするときに使用できます。

0 自分の夢を発信する
1 WordPressがある
2 ブログをしてみる
3 どうやったらできるの
4 ビジュアルデザイン
5 ブログサイトをつくろう
6 サイトへの訪問者を増やそう
7 ビジネスサイトをつくる
8 Webサイトでビジネスする
資料 Appendix
索引 Index

▼付属のCSSエディターを呼び出す

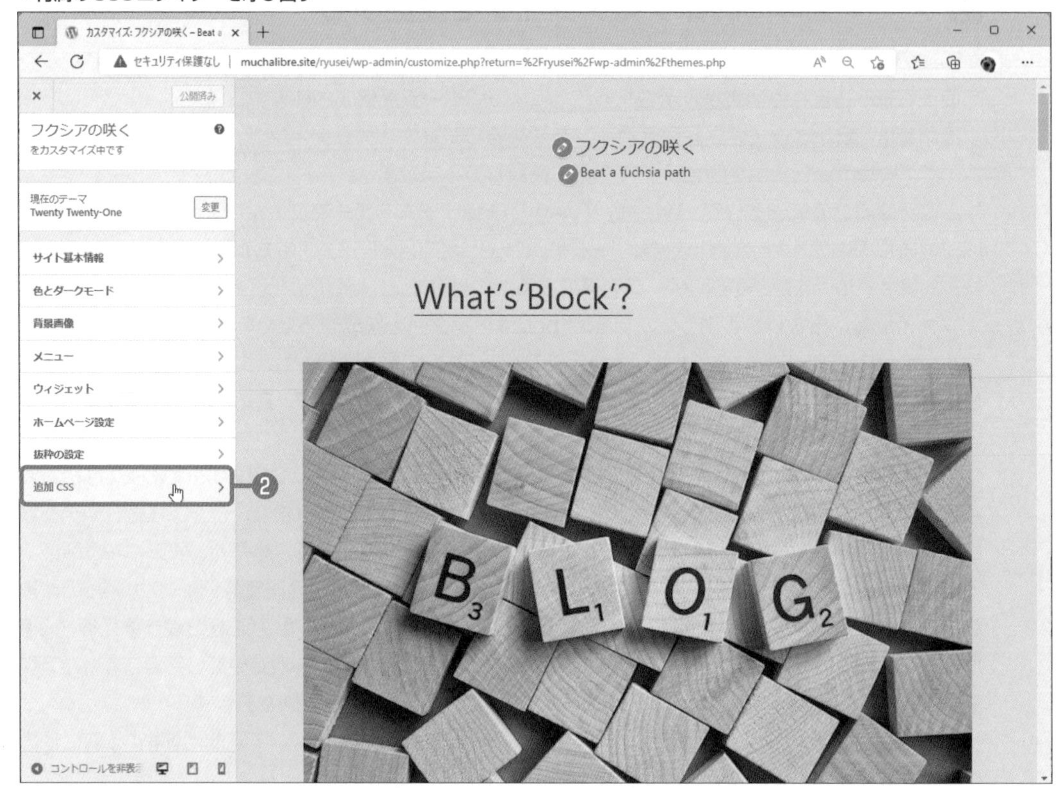

Process

❸表示されたエディターボックス内のCSSをコードCのように変更します。変更した内容はリアルタイムに右側に反映されます。

❹変更をページに反映させるには、**公開**ボタンをクリックします。

▼CSSエディター

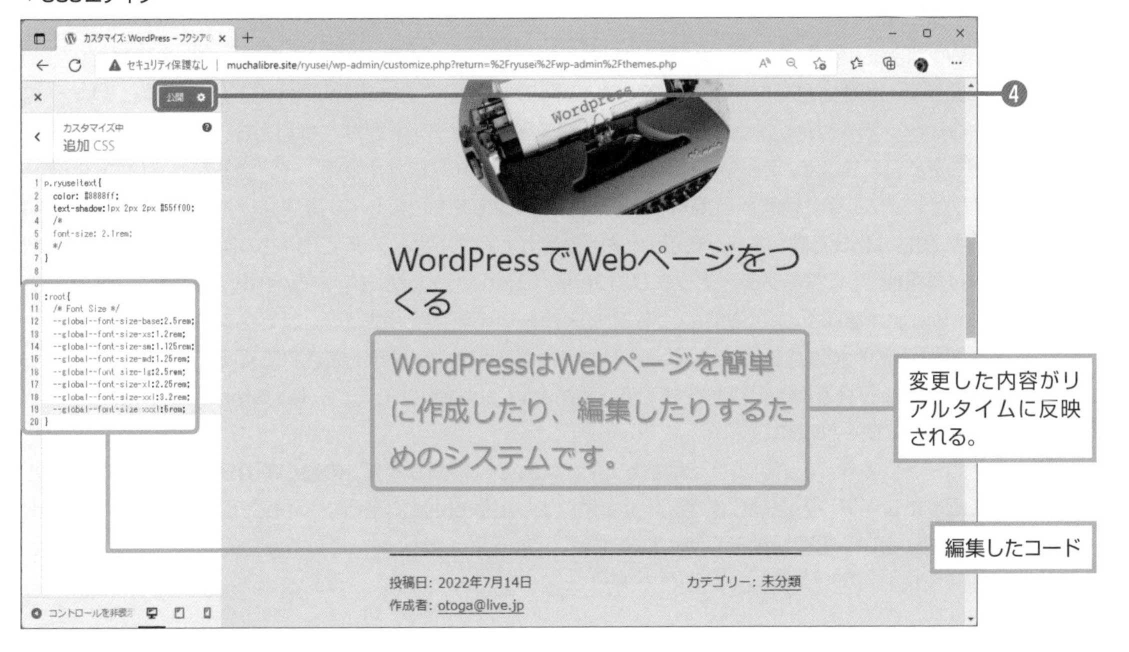

▼コードC（CSSの変更箇所）

```
:root{
  /* Font Size */
  --global--font-size-base: 2.5rem;
  --global--font-size-xs: 1.2rem;
  --global--font-size-sm: 1.125rem;
  --global--font-size-md: 1.25rem;
  --global--font-size-lg: 2.5rem;
  --global--font-size-xl: 2.25rem;
  --global--font-size-xxl: 3.2rem;
  --global--font-size-xxxl: 5rem;
}
```

本文の文字サイズ（base: 2.5）
キャッチフレーズの文字サイズ（sm: 1.125）
サイトタイトルの文字サイズ（lg: 2.5）
投稿タイトルの文字サイズ（xxl: 3.2）

Hint

実際の作業では、CSSのどの部分（class）を書き換えるのかといった調査が必要になるため、Webプログラミングの知識が必要になります。また、指定するclass名や設定値はテーマによって異なります。

Onepoint

追加したCSSを削除するには、「追加CSS」エディターボックス内の記述を削除して「公開」ボタンをクリックしてください。

CSSでレスポンシブデザインを実現する

WordPressで作成したレスポンシブ対応のページは、PC用の広い画面からスマホの横幅の狭い画面まで、最適化されたデザインで自動表示できます。この仕組みにはCSSが一役買っています。Webサーバーに Webブラウザーからページ表示のリクエストがなされるとき、自動で画面サイズ情報も送られてきます。テーマのCSSは、複数の画面サイズに対応したレイアウトをあらかじめ用意していて、リクエスト情報から得られた画面サイズ情報をもとにして、最適なレイアウトを選択しているのです。CSSでは、ページ表示(出力)のメディアタイプとメディア特性の組み合わせによる場合分けが可能で、これを**メディアクエリ**(Media Queries)と呼びます。Twenty Twenty-Oneテーマのstyle.cssを見ると、下記のようなコード(コードD)を見付けることができます。

CSSの**@media**から始まるフレーズは、Webブラウザーから送信されてくるデバイス情報を使って振り分けられるレイアウト仕様です。**@media screen**はモニターに、**@medhia print**はプリンター出力に使われます。

コードDのメディアクエリを翻訳すると、**screen(画面サイズ)の最小幅482px以上のモバイルに限ったレイアウト**となります。メディアクエリには**only**(に限った)、**and**(両方を満たした)、**not**(除いた)という論理演算子も使われます。

▼コードD

```
@media only screen and (min-width: 482px) {(スタイルシートコード)}
```

Column クラスを使ってフォントを指定するには

スタイルシートでbodyタグのフォント設定を変更すると、テーマ全体のフォントが変更できます。サイト全体のフォントに統一感を持たせるには重要なことですが、一部分だけに別のフォント/書体を使うには別の方法を使います。

サイト全体ではなく、使いたい場所に使いたいフォントを指定するには、クラスを使うことができます。

下の例では、スタイルシートでフォント/書体を指定した「<p>」タグのクラスを設定しています。表示する文書中で使用するときには、「<p>」タグのclass属性に、スタイルシートで設定したクラスを指定します。例えば「<p class="fontstyle01">Moji</p>」などのようにします。

▼スタイルシート側

```
p {
font-size: 100%;
font-weight: bold;
}
p.fontstyle01 { font-family: 'メイリオ',serif; }
p.fontstyle02 { font-family: 'MS ゴシック',sans-serif; }
```

▼HTML側

```
<p class="fontstyle01">ABCabc123あいう</p>
<p class="fontstyle02">ABCabc123あいう</p>
```

Tips Notoフォントに変更する

フォント／書体はスタイルシートなどで「font-family」を指定することで変更できるのですが、OSによって搭載しているフォント／書体が異なるために、デザイナーの意図が100%再現されることはありません。

OSに依存しないフォント／書体を使ってWordPressのサイトを表示したいなら、「Webフォント」を使うことができます。

Webフォントとは、ネット上からフォント情報をダウンロードしながらページを表示するというものです。このため、文字の見栄えやレイアウトなどのOSへの依存は極力避けることができます。

Webフォントとして人気があるのは、AdobeやGoogleが開発したオープンソースのフォントでしょう。

これらのフォントセットを利用するには、利用するフォントセットの置かれているサーバーのURLを指定することと、スタイルシートに「Noto Sans Japanese」「Source Han Sans」などと指定するだけです。

ここでは、GoogleのWebフォントを利用する方法を紹介します。

これまでのスタイルシートの編集と同じように、style.cssを編集モードで開いてください。

bodyタグの設定の前に、次のコードEとコードFを適当な位置に挿入します。コードEは、Notoフォントセットをインポートするための設定です。

▼コードE

```
@import url(https://fonts.googleapis.com/earlyaccess/notosansjapanese.css);
```

▼コードF

```
font-family: 'Noto Sans Japanese', serif;
```

スタイルシートを変更し終えたら、「ファイルを更新」ボタンをクリックし、サイトを表示してフォントが変更されたのを確認しましょう。

このとき、ネット環境によってはページ表示に時間がかかりすぎると感じることがあるかもしれません。これはフォントをダウンロードする時間が余計にかかるためです。

▼Webフォントに変更

フォント書体を変えてみた

ABCDEFGHIJKLMNOPQRSTUVWXYZ
abcdefghijklmnopqrstu 0123456789 !?

ABCDEFGHIJKLMNOPQRSTUVWXYZ
abcdefghijklmnopqrstu 0123456789 !?

ABCDEFGHIJKLMNOPQRSTUVWXYZ
abcdefghijklmnopqrstu 0123456789 !?

いろはにほへとちりぬるをわかよたれそつねならむうゐのおくやまけふこえてあさきゆめみしゑひもせす　明治元年,大正二年,昭和三年,平成四年

Section 3.7

Level ★★★

ブロック対応のテーマでサイトを編集する

Keyword　ブロック　ブロックテーマ　ブロックエディター　グーテンベルグ

WordPress 6は、ブロック対応のバージョンが「2」です。WordPress 6は、最新のブロック編集に対応しています。このブロック編集に完全対応したテーマは、「フルサイト編集（Full-site editing）」で検索することができます。従前のテーマもブロック単位での編集に対応しています。

▶SampleData
https://www.shuwasystem.co.jp/books/wordpresspermas190/

chap03 ▶ sec07

ブロックテーマでブロック編集する

フルサイト編集に完全対応しているTwenty Twenty-Twoを使って、ブロック編集を体験します。

ここがポイント！

ブロック編集を知ろう

- ブロック編集の特徴を知る。
- ブロックエディターを操作する。
- ブロック編集用のテーマを導入する。
- フルサイト編集を体験する。

ここでのロードマップ！

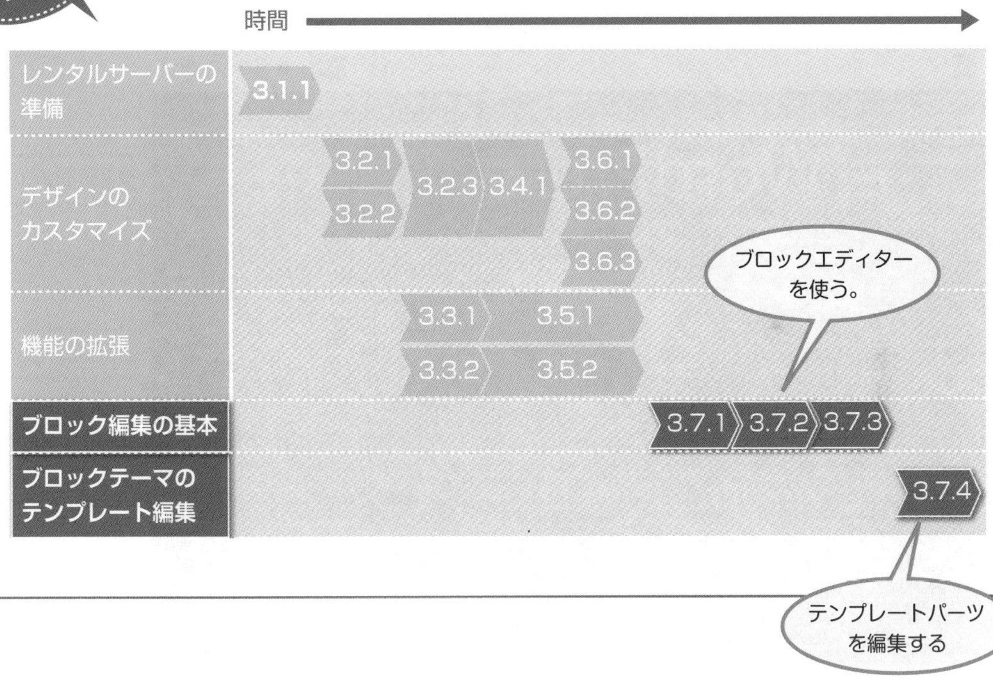

時間 →

レンタルサーバーの準備	3.1.1
デザインのカスタマイズ	3.2.1 3.2.2 3.2.3 3.4.1 3.6.1 3.6.2 3.6.3
機能の拡張	3.3.1 3.3.2 3.5.1 3.5.2
ブロック編集の基本	3.7.1 3.7.2 3.7.3
ブロックテーマのテンプレート編集	3.7.4

ブロックエディターを使う。

テンプレートパーツを編集する

3.7.1 ブロックとは

ブロックの基本

WordPress 6に導入されている「ブロック」とは、Webページ用のコンテンツを構造化したり、それらを統合的に操作したりできるようにした概念です。

この「ブロック」というネーミングからは、ページの編集作業が"ブロック単位"で行われることが容易にイメージできます。一般にWebページを作成する場合、ページを構成するタイトル、見出し、本文、画像などは、それぞれコンポーネント（部品）として扱われます。これらのコンポーネントが「ブロック」の単位と考えると、わかりやすいでしょう。

「タイトル」ブロック以外のデフォルトのブロックは「段落ブロック」です。段落ブロックは、文章を入力するためのブロックです。ブロックの性格を文章以外に切り替えることで、画像やビデオなどのコンテンツに対応したブロックにすることができます。

3.7.2 ブロックエディター

最新版WordPressには、ブロック編集用の専用エディターが付属しています。このため、従来のようにGutenbergプラグインは不要です。

WordPress.orgのアナウンスによれば、「ブロック」技術を中心としたWordPressの進歩は、まだまだ道半ばといったところだそうです。ブロックエディターについても、ここ最近のマイナーバージョンアップにおいても急速な変化を見せています。したがって、本書で説明する画面や操作箇所が実際を異なることもあるかもしれません。

しかし、すでに「ブロック」技術は動き始めています。Webデザイナーたちは、その新しい技術を身に付け始めています。これまでにないような、素晴らしいデザインのブロックテーマが次々に発表されています。

さらに、ブロックを使えば、統一したスタイルを手早くサイト全体に施すことが可能です。CSSレベルの微妙なスタイルの調整を、ブロック単位、テンプレート単位、あるいはサイト単位でまとめて施すことができるのです。これは、ほとんどのWebデザイナーにとって興味ある変更点です。

ブロックの編集

「ブロック」は、段落、見出し、画像などのように、Webページを構成する1つのコンポーネントのまとまりです。

「ブロック」を使用して、Webページにコンテンツを入力するときは、次のように操作します。

Process

❶種類を指定してブロックを追加します。
❷コンテンツを入力します（不要の場合もある）。
❸コンテンツの属性を設定します。

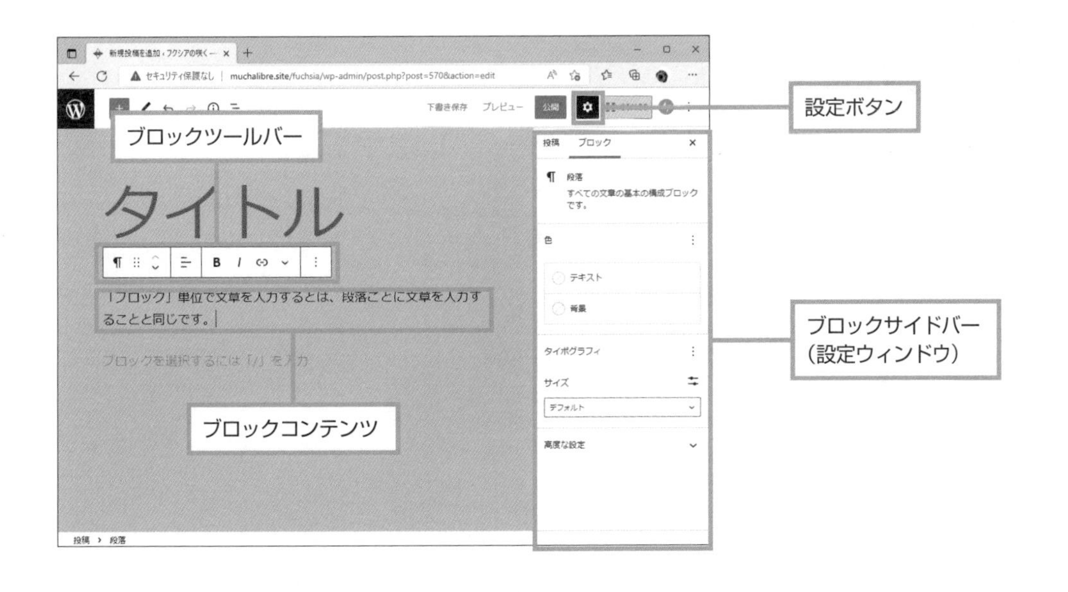

ブロックを追加するときには、まずはコンテンツの種類を指定します。コンテンツの種類の選択メニューは、使用頻度の高いものが最初に表示されます。その中にない場合は、「すべて表示」をクリックするか「/」キーを押すと、左ウィンドウに表示されます。テキスト（本文）を入力する場合は、そのままキーボードからテキストを入力します。

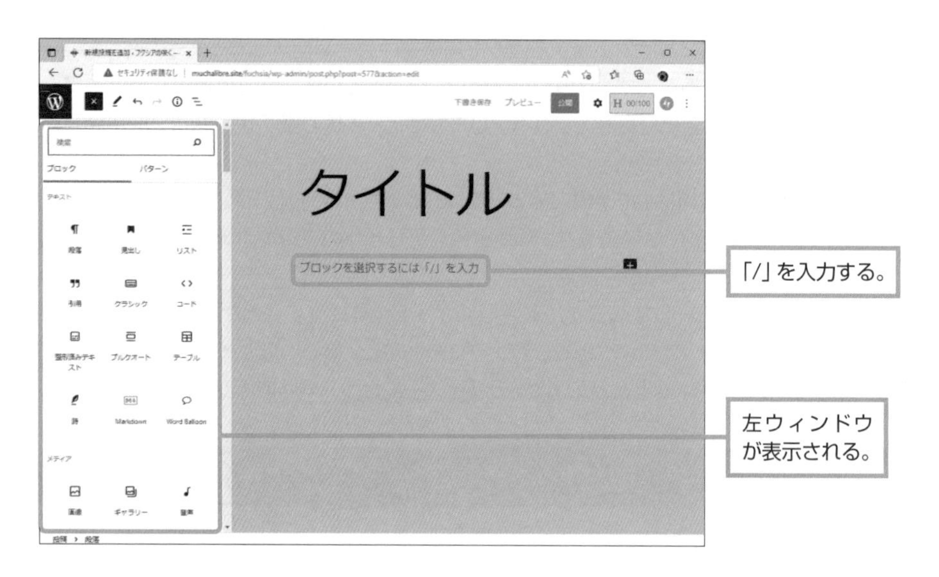

ブロックを追加すると、ブロックツールバーが表示されます。ブロックツールバーは、ブロックごとにその内容を設定するためのものです。ブロックツールバーには、ラベルなしのボタンしか表示されないので、どのような設定内容なのか知るためには、ボタンを一つひとつクリックしてみるしかありません。例えば、追加した「見出し」ブロックのブロックツールバーの「H2」ボタンをクリックすると、このボタンが文字サイズを設定する機能であることがわかります。

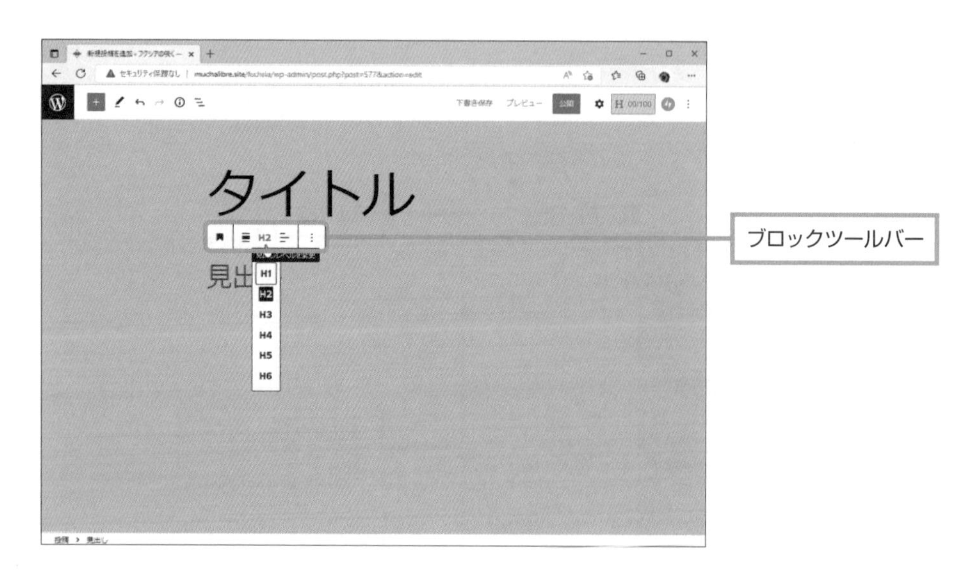

コンテンツを入力したり、追加されたブロックを設定したりします。例えば、ブロックツールバーで見出しブロックの文字サイズを「H3」に変更したのち、本文の見出しを入力します。コンテンツを入力する前に表示されている文字は、コンテンツの入力として何をどのように操作すればよいかを書いた指示文字です。この指示文字は実際のページには表示されません。よく見ると、指示文字の文字色は黒ではなく濃いめの灰色です。コンテンツを入力する必要のないブロック（例えば、空きを調整するための「スペーサー」など）では、ブロックとして追加されたコンポーネントの設定をします。

ブロックごとの属性を設定するには、WordPressツールバーの「⚙」（設定）ボタンをクリックします。すると、「ブロックサイドバー」が表示されます。「ブロック」タブが選択されていることを確認して、表示される項目を見て、変更を試してみましょう。気に入らない場合は、簡単に元に戻せます（ブロックサイドバー内の該当する設定項目の「⋮」（表示オプション）ボタンをクリックして表示される「すべてリセット」をクリックする）。

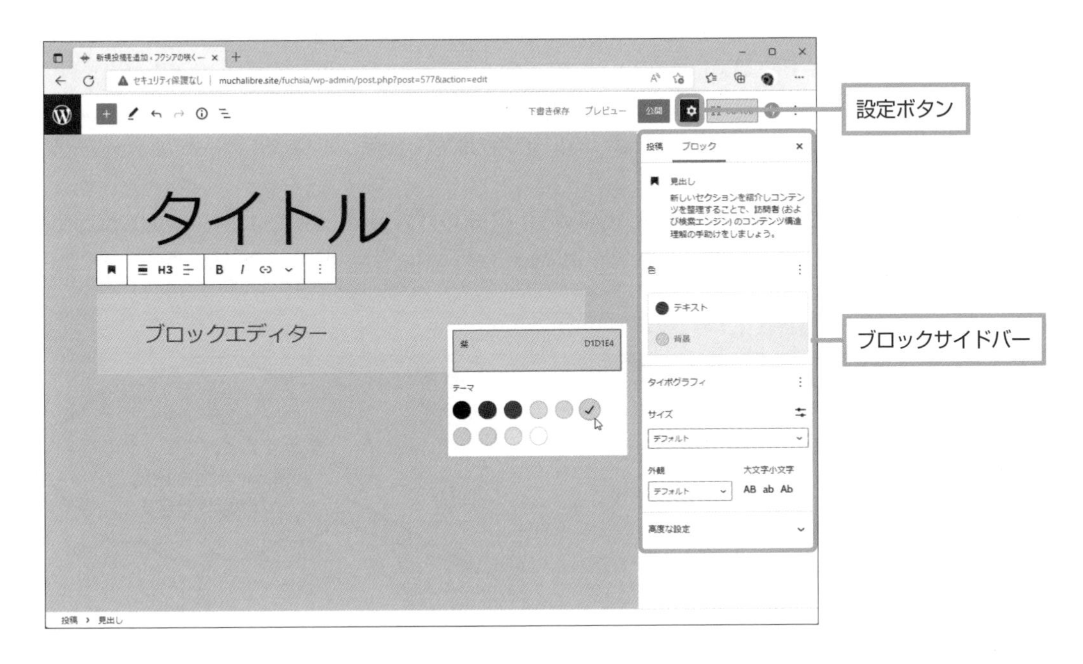

3.7.3 ブロックに対応したテーマ

「1.1.3 デザインスタイルを簡単に変えられる」で紹介したように、Twenty Twenty-Twoなどのブロックテーマでは、サイト内のすべてのページに関係するデザインスタイルも、簡単に変更することができます。

ブロックテーマ

Twenty Twenty-Oneテーマのような「クラシックテーマ」でも、ブロックを使用してWebページづくりをすることができます。しかし、それは最新版のWordPressがクラシックテーマをエミュレートしているだけであり、最新のWordPressの性能を引き出しているとはいえません。

Twenty Twenty-Twoテーマなどブロックに対応した（フルサイト編集対応）テーマでは、テーマの作成方式がブロック用に最適化されています。このようなテーマをブロックテーマ*と呼びます。

例えば、クラシックテーマのTwenty Twenty-Oneの「index.php」では、「<?php get_header(); ?>」のような「テンプレートタグ」と呼ばれるPHP用の関数を使用して、動的にページのヘッダー部を構成していました。

これに対して、ブロックテーマのTwenty Twenty-Twoの「index.html」では、「<!-- wp:template-part {"slug":"header","theme":"twentytwentytwo","tagName":"header"} /-->」のようになります。

▼Twenty twenty-two

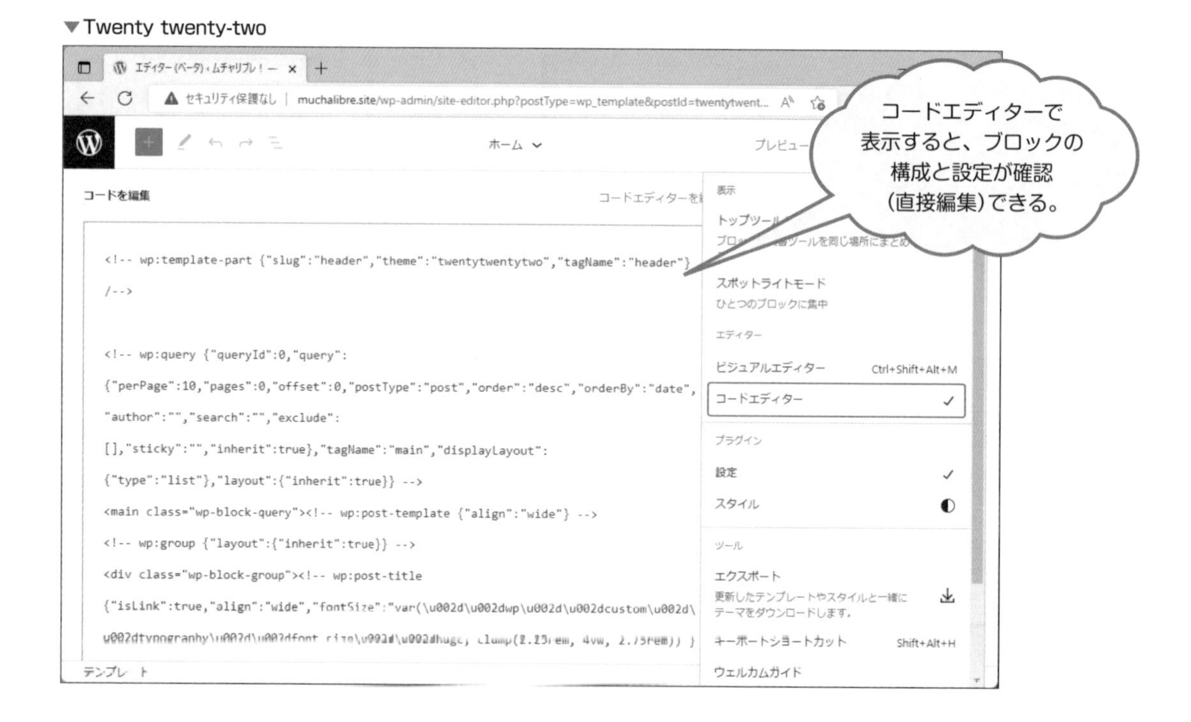

*ブロックテーマ　サイト作成/編集全般において、ブロックの仕様が適用可能になったことから「フルサイト編集（Full-site editing）テーマ」と呼ぶこともある。執筆時点ではバージョン2。

▼ブロックテーマと旧テーマ（クラシックテーマ）の仕様比較

	ブロックテーマ	クラシックテーマ
ページ構成	HTMLファイルを使用してブロックを表示する。テンプレートファイルはテンプレートフォルダーに保存される。	PHPファイルを使用して、パーツとコンテンツを表示する。テンプレートファイルはルートディレクトリーに保存される。
テーマデザインの設定	ブロックを使用する。	テーマ内にあるテンプレートファイルによって、同形式のページ表示が動的に作成される。
ウィジェット	ウィジェットの代わりにブロックを使用する。（旧ウィジェットはブロックに変換される）	ウィジェットによってサイドバーやヘッダーなどを使用する。
エディット（作成/編集）	サイトエディターを使用する。（カスタマイザーも使用可）	カスタマイザーを使用して作成/編集ができる。
ナビゲーション	ナビゲーションブロックを使用。	ナビゲーションメニューを登録する。
テンプレートファイルとテンプレートパーツ	テンプレートファイルはテンプレートフォルダーに保存。テンプレートパーツはパーツフォルダーに保存。	テンプレートパーツは任意のディレクトリーに保存可能。
サイトテンプレートの作成/編集	404などのサイトテンプレートの作成/編集は、サイトエディターで可能。	サイトエディターで404ページなどを作成/編集することはできない。

theme.jsonファイル

「theme.json」ファイルは、テーマスタイルやブロックを設定することのできるファイルです。WordPress 5.8以降で使用されるようになっています（WordPress 6では、theme.jsonのバージョンは「2」になっています）。

テーマを作成するときに、テーマ全体のスタイル（グローバルスタイル）、ブロックごとのスタイル（ブロックスタイル）、およびブロックエディターの設定をするためのファイルです。

theme.jsonにより、カラーパレットなど色の設定、フォントサイズなど文字の設定、ドロップキャップなどのテキストのマージンやパディングの設定その他が、CSSファイルを直接変更することなくできるようになっています。このため、従来に比べてCSSファイルの数が減っています。

theme.jsonファイルは、階層的に記述されます。ルートレベル（第一階層）には、theme.jsonのバージョンを示す「version」と、その下に階層的に記述される設定の範囲を示す「settings」（ブロックエディター全体）、「style」（サイト、ブロック）、customTemplate（カスタムテンプレート）、templateParts（テンプレートパーツ）などを指定します。

これらの下層には、設定要素を階層的に指定し、最後に設定値が記述されます。

theme.jsonを編集するには、WordPressのダッシュボードから「外観」➡「テーマファイルエディター」を開き、「編集するテーマを選択」でテーマを指定し、「theme.json」を選択します。なお、theme.jsonの内容をむやみに変更すると、テーマデザインがめちゃくちゃになったり、ブロックエディターの表示と内容が変わってしまったりすることもあるので要注意です。

▼theme.jsonの例

```
{
    "version": 2,
    "settings": {
        "blocks": {
            "core/paragraph": {
                "color": {
                    "palette": [
                                {
                    "name": "Blue",
                    "slug": "blue",
                    "color": "#0000FF
                                }
                    ]
                }
            }
        }
    }
}
```

ルートレベル
ブロック
段　落
色
パレット
設定値

Column WordPressの進化についていく

クラシックテーマでのサイト作成/編集に慣れているユーザーは、最初はブロックテーマでの作業に違和感を覚えるかもしれません。WordPress.orgによると、このようなWordPressの進化は、まだまだ途中だということです。

しかし、ブロックテーマがこれまでとまったく違ったファイル構成や操作方法というわけでもありません。旧テーマで作成したWebサイトがまったく表示できなくなったり、投稿が編集できなくなったりするわけでもありません。クラシックテーマの操作に慣れていたとしたら、新しいブロックテーマの仕組みや操作を確認するのに、多少の時間と実習が必要になるかもしれません。

一方、新しくWordPressを使用し始めるユーザーも、ブロック編集だけを習得すればよいというものではないでしょう。現在、WordPressの資産として、クラシックテーマによる素晴らしいWebサイトが多く存在しています。クラシックテーマのカスタマイズ法や扱い方も知っておく必要があるでしょう。

クラシックテーマのほとんどがブロックテーマに変わるのに、どれくらいの時間がかかるかはわかりません。ブロックテーマがユーザーにとってほんとうに使いやすく、魅力的なWebサイトを効率よく作成/編集できるのか——WordPressの進化の方向が正しいかどうかわかるまでには、もう少し時間がかかるかもしれません。

3.7.4 テンプレートパーツをパーソナライズする

ブロックテーマでは、テンプレートパーツ（ヘッダー、サイドバー、フッターなど）、テンプレート（ホーム、ページ、404など）、そしてサイト全体について編集できます。

ブロックテーマを使ってサイトをデザインする

ここでは、ブロックテーマの一例としてTwenty Twenty-Twoテーマを「サイト編集」し、自分なりのサイトデザインとすることに挑戦してみましょう。

出来のよいブロックテーマでは、HTMLやCSSなどの知識はほとんど不要です。あらかじめデザイナーによって用意されている設定項目と設定値を変化させ、気に入ったサイトデザインを目指します。

▼素のテーマ

▼同テーマをパーソナライズしたサイト

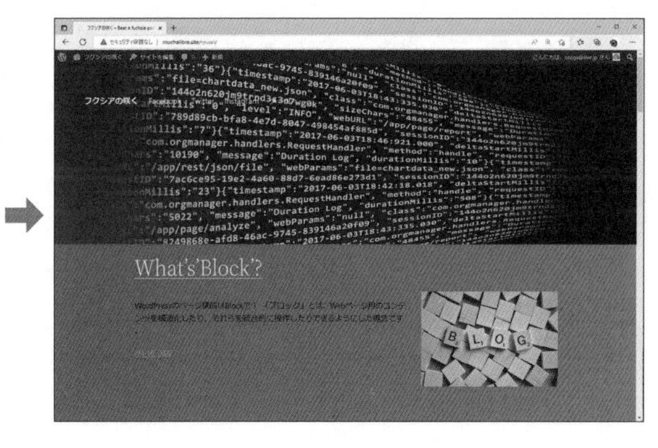

ヘッダーのデザインを付属の別のものに差し替える

ここでは、ヘッダーのデザインをまとめて変更します。ここに示すのは、テンプレートパーツを変更する手順です。

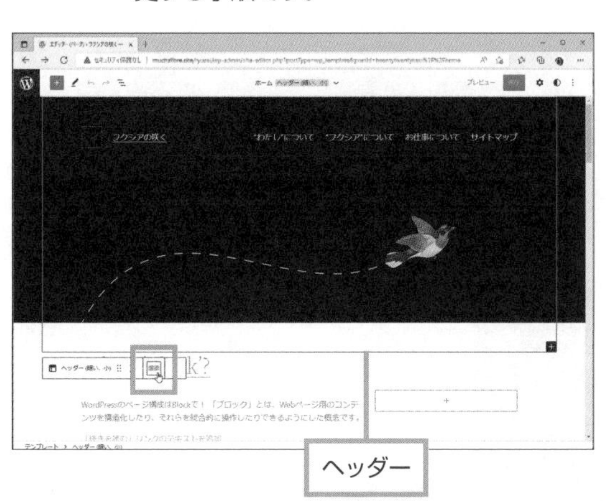

ブロックエディターでページ全体を編集している場合は、まず、ヘッダーエリアを選択しなければなりません。しかし、慣れないと、ヘッダーの画像やスペーサーなどが選択されてしまい、なかなかヘッダーエリアをクリックできません。確実にヘッダーを選択するには、設定ウィンドウの「テンプレート」から「ヘッダー」を選択するとよいでしょう。

Process

❶ヘッダーが選択されると、ヘッダー用のブロックツールバーが開きます。「置換」をクリックします。

0 自分の夢を発信する
1 WordPressがある
2 ブログをしてみる
3 どうやったらできるの
4 ビジュアルデザイン
5 ブログサイトをつくろう
6 サイトへの訪問者を増やそう
7 ビジネスサイトをつくる
8 Webサイトでビジネスする
資料 Appendix
索引 Index

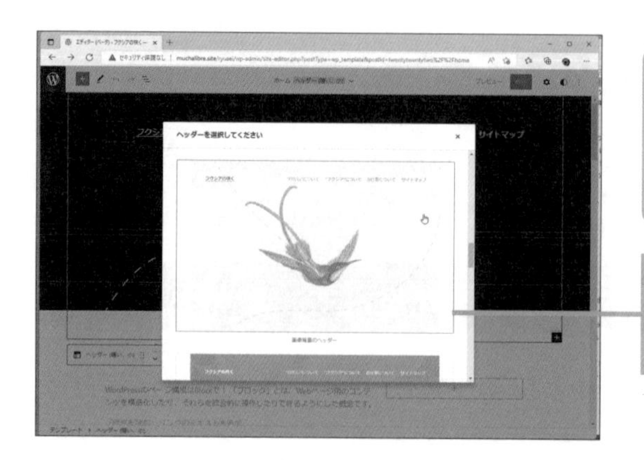

Process

❷既存のテンプレートの一覧が表示されます。ここでは、「画像背景のヘッダー」をクリックして選択します。

変更可能なテンプレートの一覧。

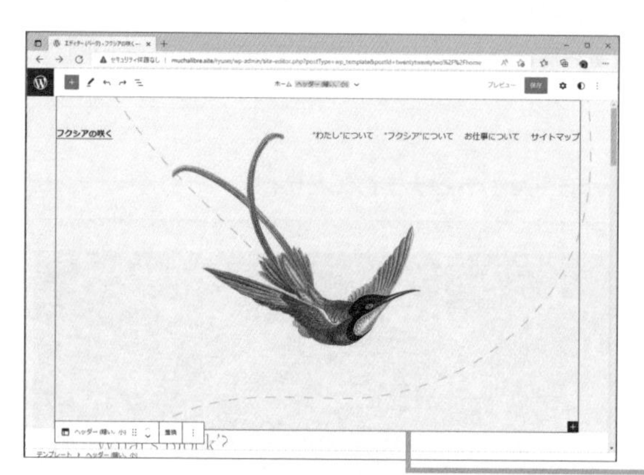

Process

❸このヘッダーテンプレートでは、ヘッダーの背景画像の上にテキストが配置されています。また、画像とテキストの位置関係は、スペーサーブロックによって調整されています。テキストは、現在、サイトタイトルとメインメニューが表示されています。

コンテンツに別のヘッダーテンプレートのデザインが適用された。

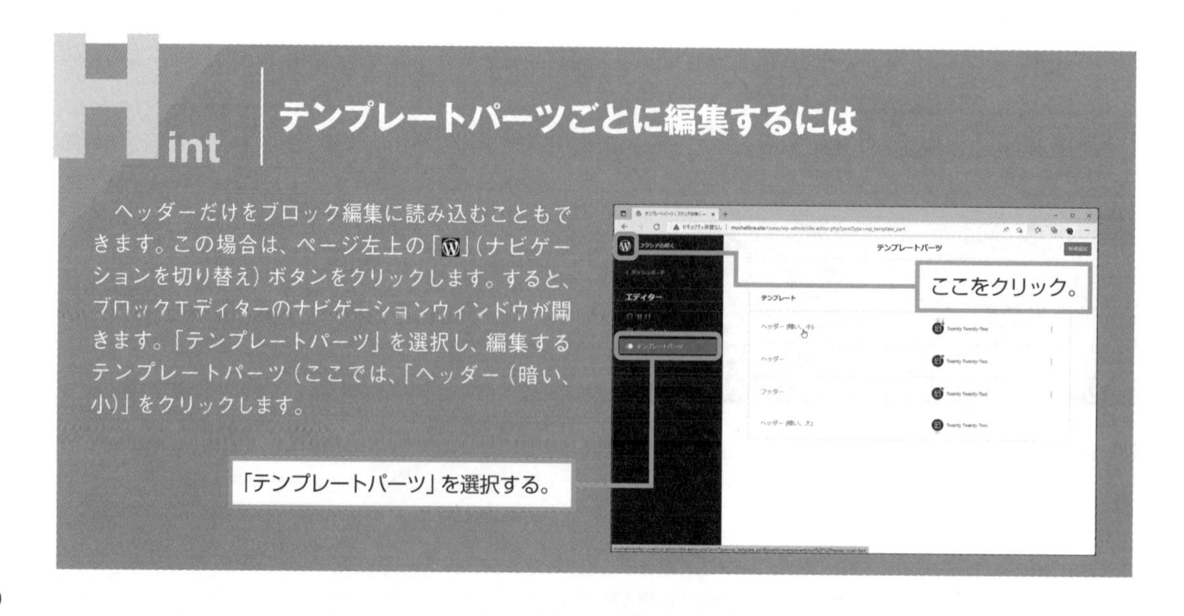

Hint テンプレートパーツごとに編集するには

ヘッダーだけをブロック編集に読み込むこともできます。この場合は、ページ左上の「W」（ナビゲーションを切り替え）ボタンをクリックします。すると、ブロックエディターのナビゲーションウィンドウが開きます。「テンプレートパーツ」を選択し、編集するテンプレートパーツ（ここでは、「ヘッダー（暗い、小）」をクリックします。

ヘッダーの画像を別の画像に変更する

次は、ヘッダーの背景に読み込まれている画像を別の画像（あらかじめメディアライブラリにアップロードしておく）に変更します。

Process

❶画像を選択し、画像ブロックツールバーから**置換**をクリックし、**メディアライブラリを開く**を選択します。

画像を選択する。

「メディアライブラリ」を選択する。

Process

❷**メディアライブラリ**から画像を選択し、**選択**ボタンをクリックします。すると、鳥の画像の代わりに、選択した画像がヘッダーに読み込まれます。ヘッダーの中央付近をクリックすると、スペーサーブロックが選択されます。

メディアライブラリから選んだ画像に置き換わった。

サイズ変更ハンドル

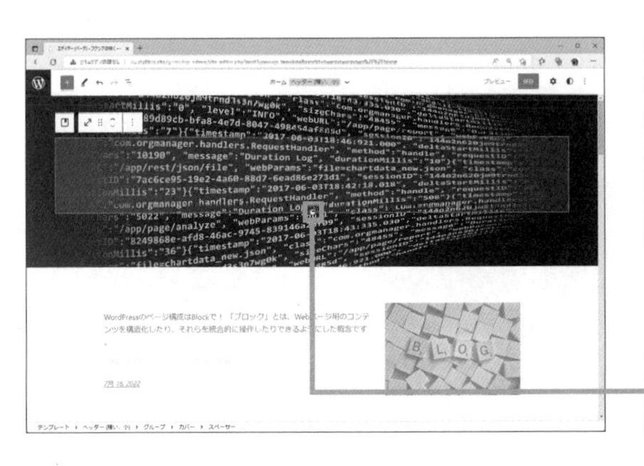

Process

❸スペーサーの下辺中央のサイズ変更ハンドルを上下にドラッグして、スペーサーの上下幅を調整します。それに応じて画像サイズも調整されます。

サイズ変更ハンドルを上下にドラッグして画像のサイズを調整する。

サイトタイトルとメニューの文字色を変更する

デフォルトのヘッダー用テンプレートパーツでは、タイトル（リンク付き）とメインメニュー（リンク付き）の文字色が黒色になっていました。変更後の画像が暗いものであるため、このままでは文字がほとんど読めません。そこで、これらの文字色を「白」に変更します。こういった要素の設定には、「ブロックサイドバー」を使います。

「タイトル」要素をクリックして選択し、「ブロックサイドバー」の「色」の「リンク」で「白」を選択します。同じように、メニュー要素の色も「白」に変更します。

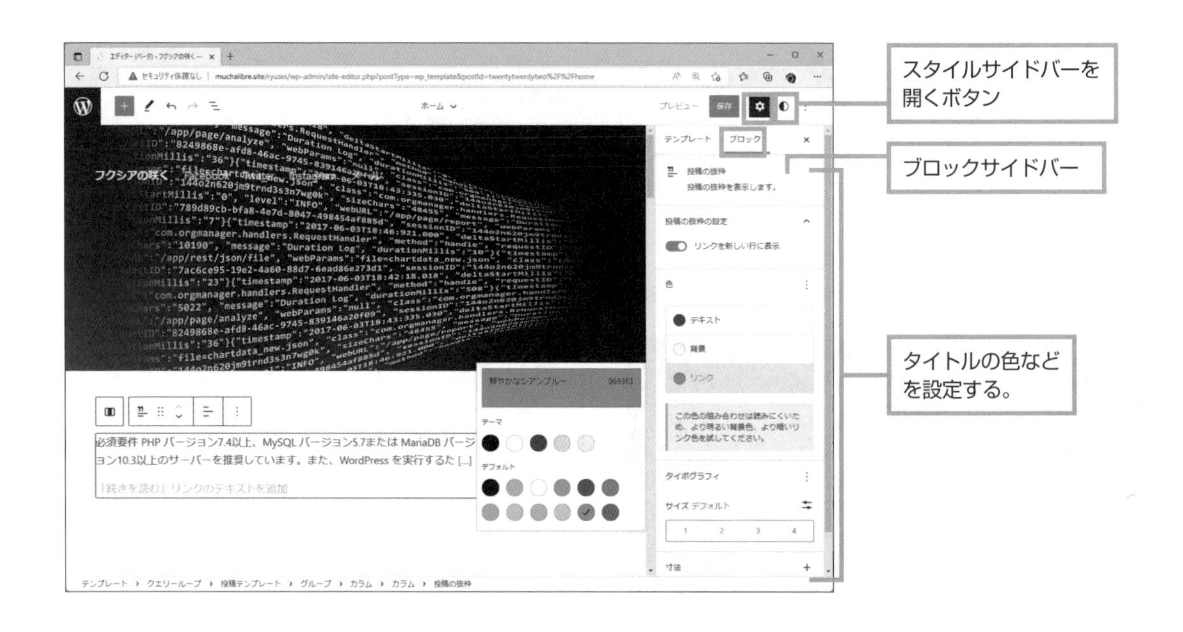

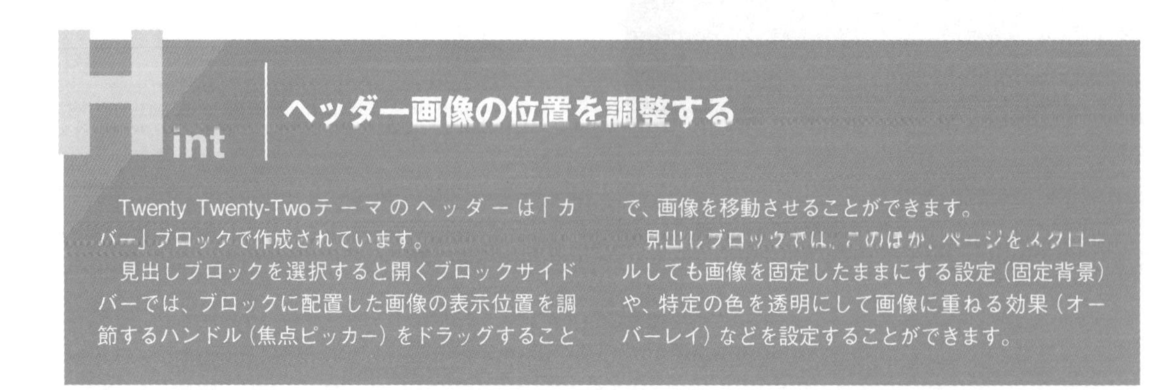

Hint　ヘッダー画像の位置を調整する

Twenty Twenty-Twoテーマのヘッダーは「カバー」ブロックで作成されています。

見出しブロックを選択すると開くブロックサイドバーでは、ブロックに配置した画像の表示位置を調節するハンドル（焦点ピッカー）をドラッグすることで、画像を移動させることができます。

見出しブロックでは、このほか、ページをスクロールしても画像を固定したままにする設定（固定背景）や、特定の色を透明にして画像に重ねる効果（オーバーレイ）などを設定することができます。

サイト全体に関わる背景色やテキスト色を変更する

個々のブロックの属性の設定はブロックサイドバーで行いますが、サイト全体の設定は「スタイルサイドバー」で行います。

ここでは、背景色とテキスト色、リンク色を変更してみます。

スタイルバーは、フルサイト編集対応のテーマで、ブロックエディターを起動し、メニューバー右側にある◐をクリックします。

「スタイルサイドバー」を開いたら、「色」を選択します。

Twenty Twenty-Twoテーマでは、17色がパレットに登録されているのがわかります。テーマ内で使う色が雑多にならず、全体に統一感を持たせるためには、あまり多くの色数を使うのは控えましょう。背景色を変更するには「背景」をクリックします。

「背景」を選択する。

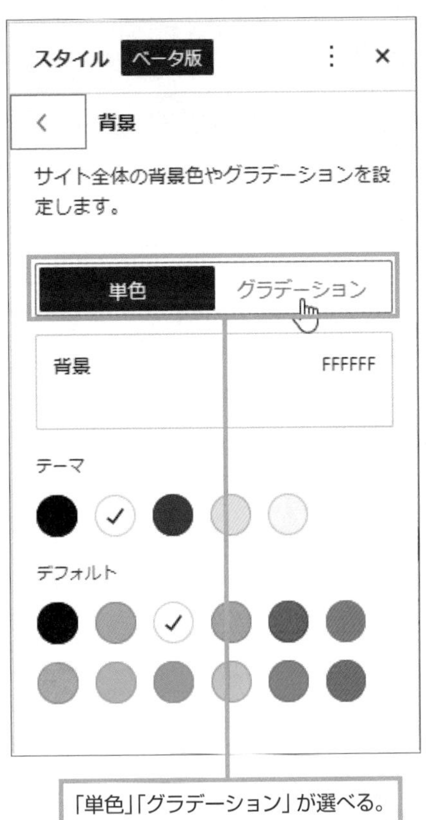

「単色」「グラデーション」が選べる。

現在、背景色（単色）には、パレットの17色が登録され、白色にチェックが付いています。「グラデーション」をクリックします。

「●」(寒色から暖色へのスペクトラム) を選択し、グラデーションの角度などを設定します。設定値はリアルタイムにページに反映されます。

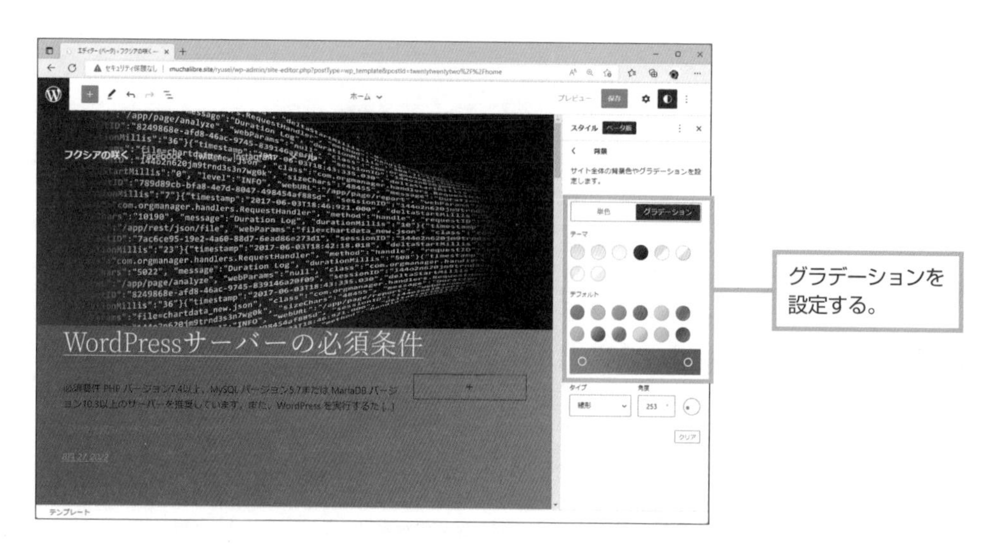

背景色の設定が完了したら、スタイルサイドバーの上部にある「<」をクリックして「色」設定のウィンドウに戻ります。

「スタイル」の「色」設定ウィンドウに戻ったら、「テキスト」をクリックします。

「テキスト」の色を白色に設定します。同じようにして「リンク色」も白色に変更します。

ホームテンプレートに投稿のアイキャッチ画像用ブロックを追加する

Twenty Twenty-Twoテーマの「ホームページの表示」を「最新の投稿」に設定*している場合、投稿ページのタイトルおよびテキストの一部が順に表示されます。

ここの位置にアイキャッチ画像も表示させるようにします。

「サイト編集」で「ホーム」を開きます。投稿ページの表示欄の右カラムには、まだブロックが設定されていません。そこで、この位置の「+」(ブロックを追加)をクリックし、ブロック追加メニューが表示されたら、検索欄に「アイキャッチ」と入力します。すると、検索結果に「投稿のアイキャッチ画像」ブロックが表示されるので、これをクリックします。

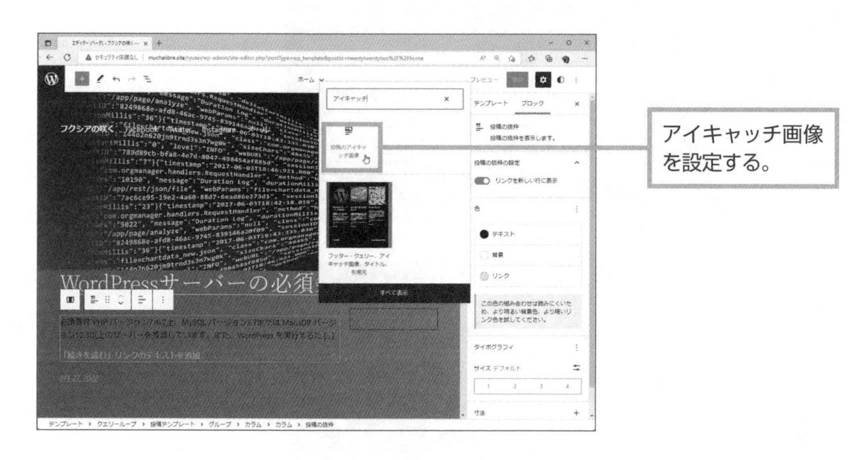

編集結果は「保存」する

テーマを編集したら、その結果を保存します。保存せずにエディターを閉じようとすると、注意喚起のメッセージウィンドウが表示されます。

スタイルサイドバー上部の**保存**ボタンをクリックします。

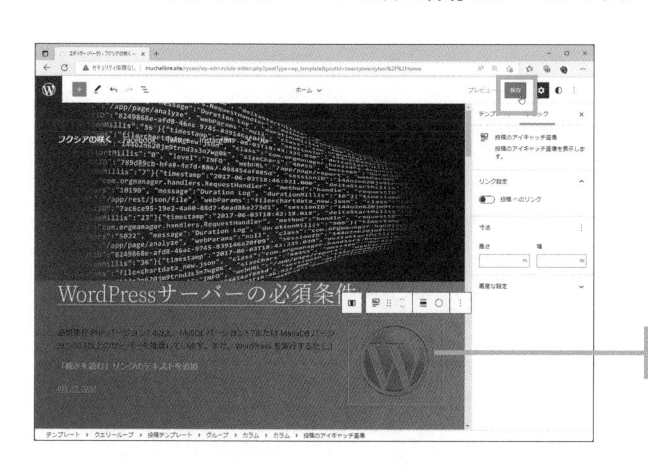

***…に設定** カスタマイザーの「ホームページ設定」で設定できる。

続いて、サイドバーにはどのテンプレートを更新するかが表示されます。
ここでは、「ホーム」にチェックが入っているのを確認して、「保存」ボタンをクリックします。

Hint　テーマのカスタマイズを元に戻す

フルサイト編集およびブロック編集では、ページの最上には「元に戻す」「やり直す」ボタンが表示されます。これらのボタンを使えば、施した編集が気に入らなかったとき、簡単に元の状態に戻すことができます。

しかし、すべての操作の手順をさかのぼれるわけではありません。テーマを散々編集したあとで、サイトデザインが気に入らずリセットしたくなったときに困ります。

テーマを大幅に編集するときには、「子テーマ」を使うのが一般的です。子テーマについては、「7.1　カスタマイズ前に子テーマを用意する」を参照してください。

Column WordPressのセキュリティ対策「ソフトウェアはいつも最新に」

WordPressに限らず、インターネットサーバーのセキュリティ対策として第一に考えなければならないのは、ソフトウェアを最新に保つということです。OSやファームウェアを含めてコンピューターはプログラム（ソフトウェア）で動きます。コンピューターウイルスなどは、このプログラムの隙を突いてきます。どのソフトも最初から「悪意あるプログラム」に隙を見せてつくられるわけではありませんが、ソフトウェアをつくったあとでプログラム上の隙（脆弱性）が発見され、そこを利用して情報を盗んだり悪意を持ってコンピューターを攻撃したりする輩が現れます。脆弱性が確認されると、その部分を修正したプログラムに書き直されます。これがソフトウェアをバージョンアップするひとつの理由です。そのため、WordPress管理者にとっても、関連するソフトウェアを最新に保つことは重要な作業となっているのです。

本書で解説しているようなレンタルサーバーを使用してWordPressを運営する場合、関連するソフトウェアをレンタルサーバー会社がどこまで更新してくれるのかを確認しておく必要があります。WordPressのインストールサービスを行っているレンタルサーバー会社でも、利用者に無断でWordPressを更新することはありません。また、WordPressと連携しているプログラミング言語なども勝手には更新されません。これらは、WordPressの機能やデザインと関係することがあるためです。

WordPressのセキュリティを強固にするためには、WordPress関係のソフト（WordPress本体、PHPなどWordPressと連携しているプログラミング言語、追加したテーマやプラグイン）の更新指示が届いているかどうかを、日常の業務の一環として確認するようにしましょう。更新されているものがあれば、内容を吟味したあと、必要なら速やかに作業を行いましょう。なお、Webサーバーやメールサーバーの更新作業については、多くのレンタルサーバーでは会社が行っているため、WordPress管理者が行う必要はありません。

▼WordPressダッシュボードに表示されたセキュリティ情報

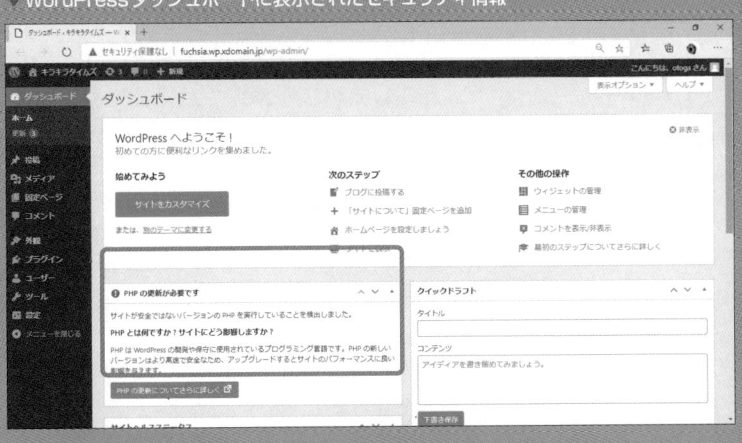

ウィジェットとは？

様々な情報機能を持ったリンクやボタンです

ウィジェットとは、WordPressのページ要素の分類の1つで、様々な情報を表示するためのリンクやボタンなどです。ウィジェットの表示場所は、ヘッダーやサイドバー、フッターです。通常はウィジェットを操作すると、該当する情報がコンテンツエリアに表示されます。

ダッシュボードの**外観➡ウィジェット**でウィジェットの設定パネルが表示されます。

ウィジェットは、テーマがもとから持っているものに加え、有効化したプラグインによって追加されている場合もあります。

ウィジェットパネルでは、表示したいエリアにウィジェットをドラッグして追加し、さらに並び順を指定することで、配置順を設定することができます。

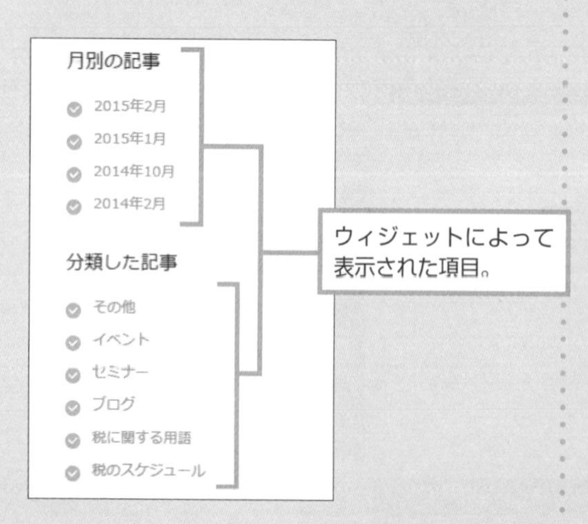

プラグインのカスタマイズにはPHPの知識が必要？

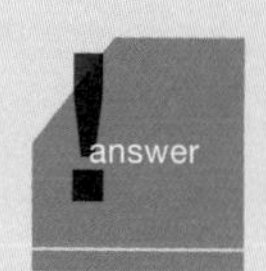

必須というわけではありません

プラグインは、WordPressの機能を拡張するプログラムです。PHPで書かれていて、個別にインストールして、使いたいときに有効化します。

インストールされているプラグインの中でPHPを直接編集しなくても設定を変更できるものは、ダッシュボードの**設定**パネルから、プラグイン専用の設定パネルを呼び出すことができます。ただし、自分流にカスタマイズしたいときには、プラグインのPHPファイルを編集する必要があります。

プラグインでどんな機能を追加していいのかわからない

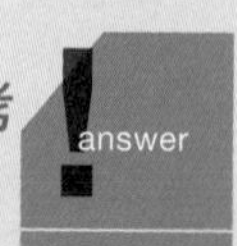

本書のおすすめプラグインを参考にしてください

プラグインは、ほしい機能だけを簡単に追加できる、とても便利なWordPressの仕組みです。しかし、いざプラグインを選ぼうとすると、膨大な数の中からどれを選べばよいのか途方に暮れてしまいます。

WordPressのプラグインの新規追加ページでプレビューされるものは、すべて表示が英語である上に、まず何が必要なのかもピンときません。こんな機能があったらいいのに、と思って探すというのが筋だとは思いますが、初心者にはそんなことは無理です。

そこで、多くの人がすすめているプラグインをとりあえずインストールして使ってみる、というのが無難な方法です。

Chapter 4

Webのビジュアルデザインを勉強しよう

コウヤは、Web制作を外注している近藤シロウと仕事の打ち合わせが終わってから……。

コウヤ 「近藤さん、ところで、WordPressでブログサイトをつくるなら、どんなテーマがいいですかね？」

シロウ 「うーむ、テーマというより、デザインの基本ができているかどうかですね」

コウヤ 「テーマを選ぶだけではだめだと」

シロウ 「チラシにしても、Webページにしても、人に何を見せるのか、どのように見せるのかは、デザインによって変わってきますから、それがチグハグだとみっともないですよね」

4.1 Webデザインをかじってみる
4.2 ビジュアルデザインを知る
4.3 インターフェイスデザインについて考える
4.4 サイト構成を考えて完成形イメージを描こう
4.5 固定ページのフロントページをつくろう
4.6 ブロックでデザインする

Section 4.1

Level ★★★

Webデザインをかじってみる

Keyword　デザイン　コンセプト　ワークフロー

Webデザイナーは、プログラミングをまったく知らないままではできませんでした。Webプログラマーもデザインの知識がなくては、洗練されたデザインのWebページはつくれませんでした。しかし、WordPressの登場により、どちらもできなくても、デザインも機能もそこそこのWebページができるようになりました。しかし、それだけではダメです。そこでまずは、Webデザインを行う上で知っておきたい作業の進め方やアイデアについて、その概要を説明します。

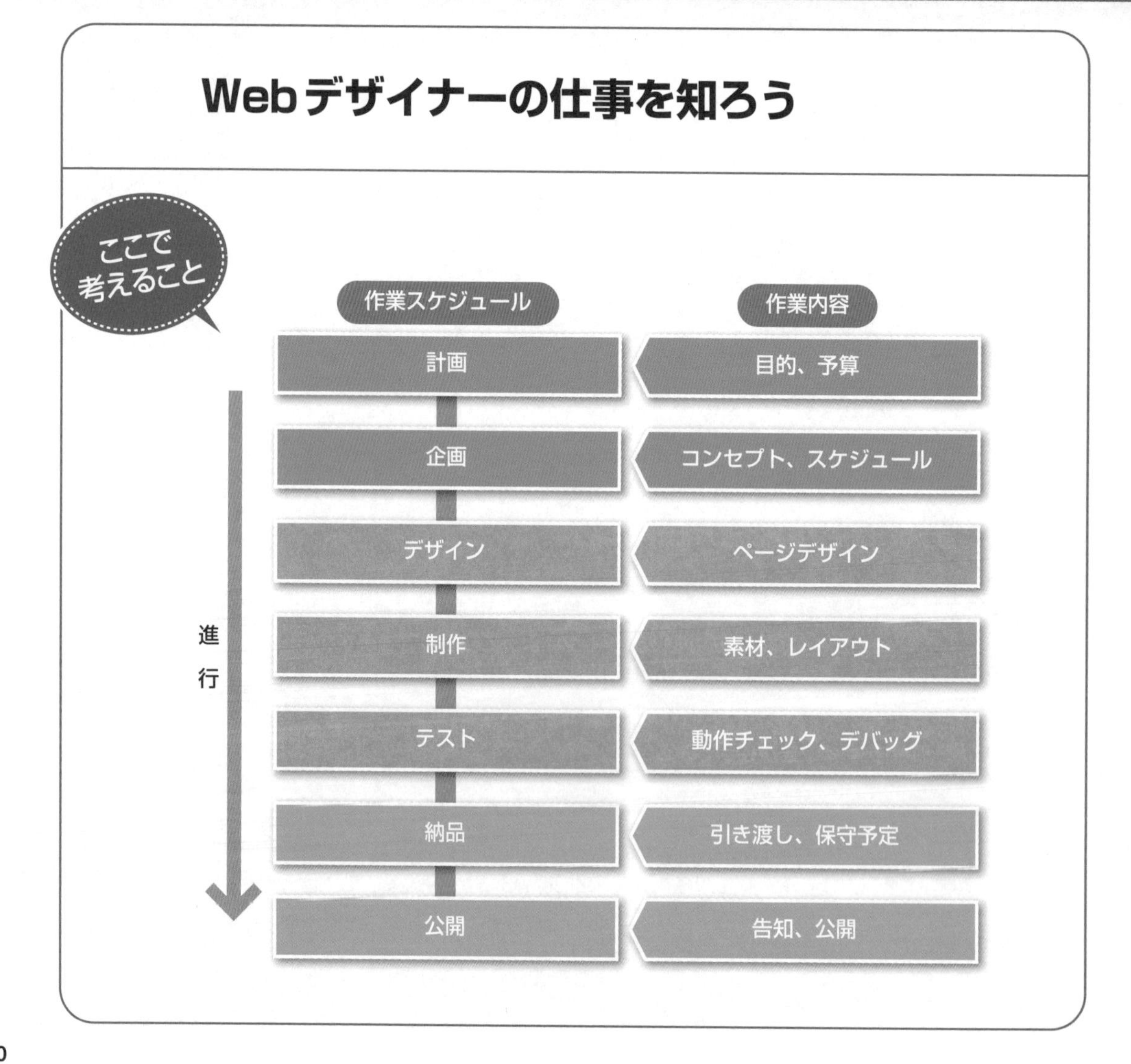

ここがポイント！

Webページのデザインのことを知る

- Webページをデザインする前に知っておいたほうがよいこと。
- Webデザイナーの資質について知る。
- どのように作業を進めるかを概観する。

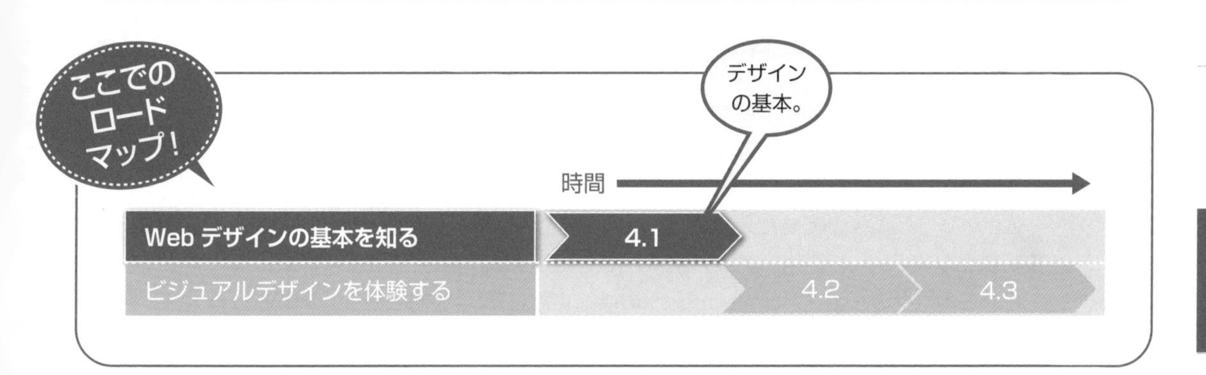

Memo Webデザイナーに必要な技量

Webデザインは、見た目の**ビジュアルデザイン**と使い勝手の**機能デザイン**の2つに分けられます。

Webページにたどり着いたユーザーの心を一瞬でキャッチするには、ビジュアルデザインによる工夫が必要です。Webページレイアウトやカラーについての知識とセンス、適切に写真やイラストを選択できる技量が必要とされるでしょう。

訪問してくれたユーザーにWebページをスクロールさせたなら、最初の作戦は成功したと思われます。次の目標は、誘導したいWebページへのリンクボタンをクリックしてもらうことです。

リンクボタンをどのようにデザインするかを判断するには、ビジュアルデザインに加えて、機能面でのデザイン資質が必要です。タブ形式にするか、ドロップダウンメニュー形式にするかなど、ユーザーを誘う仕掛けを設置する必要が出てきます。ユーザーインターフェイスに関するデザインには、プログラミングの知識が不可欠です。

ただし、WordPressを使う限り、機能デザインはプラグインに代替させることができます。プラグインを適切に選択することができれば、デザイナーはプログラムのカスタマイズができる程度で大丈夫です。

さらに、Webデザイナーには、訪問者にどのようにWebサイトを回遊させるのか、どのページに誘導するのかといった、Webサイト全体を考えての構成力も要求されます。

現在では、SNSやクラウドとの連携も必要です。Webサイトへの集客を増やすための効果的なリンクデザインを総合的に考えるには、豊富な経験も必要になります。

また、大きなWebサイトを作成しようとすれば、複数のWebデザイナーやイラストレーター、フォトグラファーのほか、商品・サービスの開発者、販売担当者、宣伝担当者などを総合的にまとめる、プロデューサーとしての技量も要求されるでしょう。

4.1.1 Webページのデザイン

Webデザインの考え方をビジュアルデザインの視点から再構成してみたいと思います。

WordPressでは、世界中のWebデザイナーたちによるテーマを、無料または安価で手に入れることができます。

しかし、どれを選択すればよいのか、そしてどのようにカスタマイズすればよいのか——といった判断には、技術者のデザインという視点ではなく、ビジュアルデザイナーの視点が欠かせないのです。

デザイン全体を見渡すということ

Webページは、様々なものにたとえられてきました。

「電子ニュース」「電子掲示板」「電子ブック」などにです。「電子○○」とは、いまでは昭和の雰囲気が漂う懐かしい名前です。

Webページをつくってきた人々は、Webの可能性を実験しながら、それまであった新聞や掲示板、書籍などのメディアを参考にしてきたということでしょう。

これらの既存のメディアとWebページの共通点として、まずは2次元空間におけるメディアということが挙げられるでしょう。

それまでの既存のメディアは、新聞紙、紙の書籍、黒板などの掲示板といった2次元の印刷物または手書きのメディアでした。

これに比べ、電気の力で動くコンピューターのデータとして扱われ、やはり電気の力でモニターに映し出されるWebページは、「電子」によって表示されているといえます。

実際の紙や黒板と、電気による表示方式の違い。Webページが既存のメディアと異なるのは、これだけでしょうか。

いいえ、違います。Webページの最大の特徴といえるのは、双方向性やハイパーリンクによる情報の共有にあります。

ユーザーは、ページに埋め込まれたボタンやリンクをクリックすることで、自分の進みたいページに移動したり、メッセージを入力してそれをページに表示し、さらにそのメッセージに対するリアクションを受け取ったりできるのです。

同一サイト内に作成されるページは、紙の書籍のように1ページ目から順に読まれるとは限りません。また、1枚の紙に収まる文字数や写真数の制限を考慮してページ構成を考える必要もありません。

Webデザイナーには、「リニアなページ進行ではなく、幾通りにも複雑に進んでは戻るページ進行を想定しながら、それでもユーザーにわかりやすく充実度の高いサイトを構成する能力」が要求されます。

また、ユーザーが表示するモニターのサイズによっては、自分が作成したレイアウトやコンテンツが意図したとおりに表示されるという保証はありません。

▼Webページの関連性

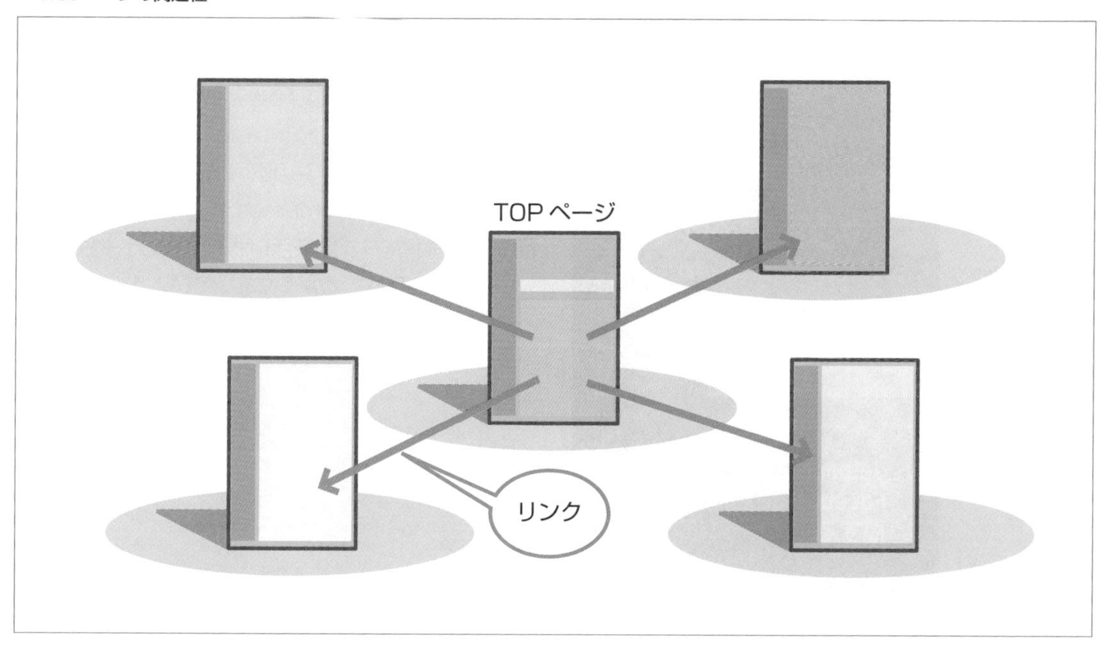

想定しているユーザーは、パソコンの大きなモニターでWebサイトを見るのか、それともスマホのような狭い画面でマウスやキーボードを使わない環境なのか、またはその両方を想定するのか、出力するデバイスの大きさや特徴を考える必要もあります。

このような、これまでの紙メディアによるデザインとは異なる視点でのデザインが要求されるのです。

▼PCモニターで見たページ（横長）

横長で大きなサイズの画面。機能性と情報量の両方を備えたページ構成が可能。

▼スマホの画面で見たページ（縦長）

横長のPCモニターでも、ブラウザーのウィンドウを縦長にすることがあります。このようなページの形状の変化にも柔軟に対応できるWebページデザインが望まれています。

前ページとこのページの画面例は、レスポンシブデザインに対応したWordPressテーマです。縦長の画面ではサイドバーが非表示にされ、メニューもドロップダウンで表示されるようになっています。

Webデザイナーに必要とされること

本書では、WordPressを使うことで、ビジュアルデザインからテクニカルデザイン、そしてサイト管理までを1人で行う、ということを想定しています。

そして、実際にそれは可能なのです。

ここでは、一般的なWebサイトの構築からサイトデザイン、制作、管理までを行うために、Webデザイナーにとって必要と思われる資質を考えてみたいと思います。

まず、ビジュアルデザインの能力です。もちろん、デザインは感性の分野ですから、「持って生まれた才能！」といえば、それでおしまいなのですが、それがないからといって悲観することはありません。WordPressでは、テーマを選択することで、簡単に一流のWebデザイナーによるサイトデザインを手に入れることができるのですから。

また、その選択が間違っていた場合でも、比較的簡単にデザインを切り替えることができます。

とはいえ、デザインの基礎知識は持っていて損はありません。

2つ目は、Webに関する基礎知識です。HTMLのこと、CSSのこと、PHPのプログラミング、Webサーバーについてなどです。

WordPressでは、これらの知識がなくてもWebサイトは作成でき、日常の管理もできます。無料のレンタルサーバー、無料のWordPressテーマでも、ある程度の成果は上がると思われますが、いつまでも続けられるかといえば、どうでしょうか。

HTMLのタグの知識やCSSの書き方については、WordPressのテンプレートファイルを実際に見て、さわりながら勉強するとよいでしょう。

最後のWebサイトの管理ですが、こちらは、レンタルサーバーによって対応が多少異なります。サポートをしっかり受けたいときには、有料のサーバーを借りるようにしましょう。ビジネスサイト、コーポレートサイトを運営するなら、独自のドメインをきちんと取得し、ページビューなどの目標を持ってサイト運営を行うようにしましょう。

たとえWordPressを使用するのであっても、異なる能力を必要とするこれらの作業を1人が完璧に行うのは非常に難しいかもしれません。

ビジュアルデザインに関しては、イラストやデザインが得意で、できればサイトに掲載する情報にも詳しい人が行うのが理想です。

機能面で充実させたければ、プログラミング経験者に相談するのがよいでしょう。

Webサーバーについての知識はそれほど必要とされませんが、レンタルサーバーの場合は有料で借りて、十分にサポートを受けられる体制を整えましょう。

日常の管理も、できれば複数人で行うのがよいでしょう。いくつもの目で見てチェックを入れるのがベストとは限りませんが、いくつもの個性をうまくミックスしたほうが広がりと深味のある情報サイトになります。

ということで、企業サイトの立ち上げと運営は、できればチームを組んで行うのがよいでしょう。

▼Webデザイナーの領分

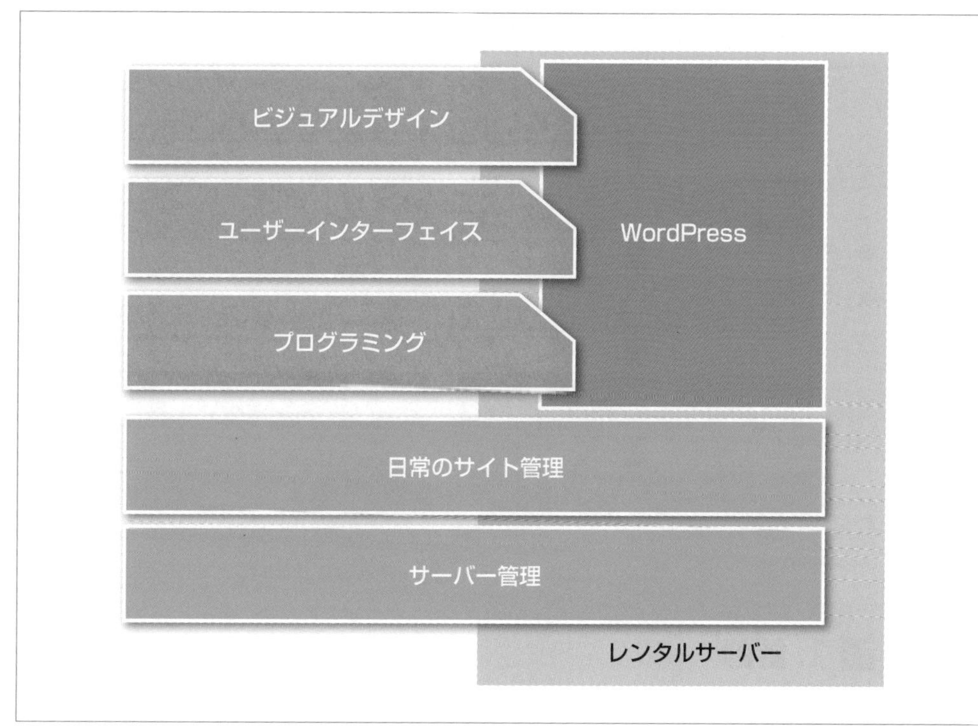

0 自分の夢を発信する
1 WordPressがある
2 ブログをしてみる
3 どうやったらできるの
4 ビジュアルデザイン
5 ブログサイトをつくろう
6 サイトへの訪問者を増やそう
7 ビジネスサイトをつくる
8 Webサイトでビジネスする
資料 Appendix
索引 Index

4.1.2 Webデザインのワークフロー

一般的なWebサイト作成の流れ（**ワークフロー**）をもとに、WordPressを使ったWebサイト作成の流れを整理しておきましょう。ここで紹介するWebサイト作成作業は、実際にWebデザインの会社で行われているものを参考にしていますが、個人や自社サイトの場合も基本は同じです。

実際の制作過程では、クライアントの都合や要求その他様々な理由から、日程の変更や過程の省略などが行われます。作成条件に合うように適宜読み替え、組み直してください。

制作の流れを立てるということ

ここでは、クライアントからWeb制作の注文が入ったという仮定で話を進めます。

▼ワークフロー

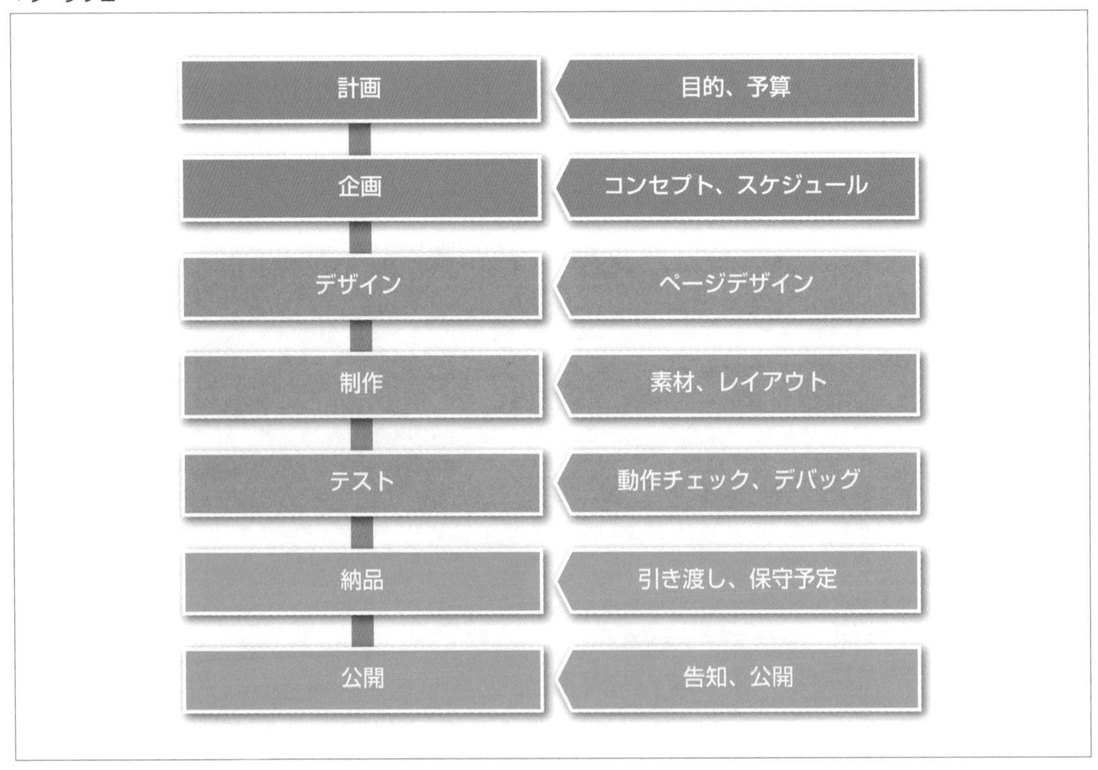

1. 計画

クライアントとの打ち合わせが最初にあります。会社のWebサイトをリニューアルする中心メンバーになるなど、自分自身がクライアントの一部である場合もあるでしょう。そのような場合でも、以前の担当者や関係部署からできるだけ多くの情報を得ておくようにしましょう。

特にWebサイトへのユーザーからのクレームや要望などがあった場合には、確実にチェックしておきたいものです。その上で早い段階で「コンセプト」を提案し、それをクライアントに提示して承認を得ておくようにしましょう。

何のためにホームページを立ち上げるのか、またはリニューアルするのかを、文字やイラストで明確に表現できるようにしましょう。

計画の見通しができてきたら、予算やスケジュールもクライアントに提示します。正式に進行への承諾がなされたら、いよいよ作業の開始です。

2. 企画

コンセプトに沿ってサイト全体の構成を考えましょう。

Webページの場合、1ページに入る文字数や写真の枚数などの制限が緩くなっています。だからといって、ユーザーに長々とスクロールさせるページがいいのかどうかは考えなければなりません。

情報はリンクに分割し、リンク構造を組み立ててみましょう。

WordPressでは、固定ページ機能を利用してこれらのページを作成することになります。

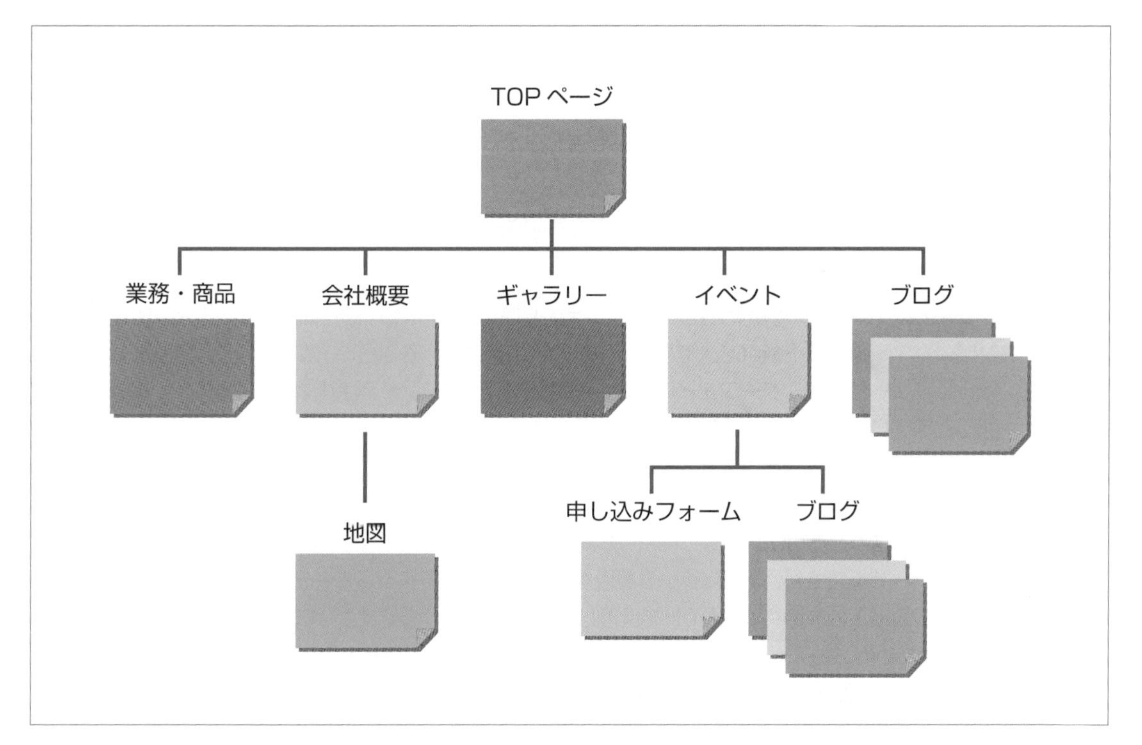

3. デザイン

画面のビジュアルデザインを行います。

手描きデザイン（**カンプ**）を描いて、デザインを練るとよいでしょう。

WordPressのテーマをひな形に使う場合も、最初からテーマを探すのではなく、まずはカンプを描いて、そのイメージに近いテーマ、またはカンプイメージをカスタマイズによって実現できそうなテーマを選ぶようにしましょう。

4. 素材

コンテンツを用意します。実際にはコンピューターのデータとして揃えるのですが、クライアントからは会社のリーフレットをもらったり、商品の写真データをもらったりすることになります。テキスト部分は、キーボードでの打ち込みになると思いますが、社長のあいさつ文などは早めに依頼しておきましょう。

重要なのが、会社や商店の名前やロゴです。歴史のあるところでは、その意匠が決まっています。わずかな変更も許されません。色の指定がある場合もあります。色合わせについては、Webサイトをテストできるようになってから、あらためてPCのモニターを通して確認するようにしましょう。

また、社是や会社の歴史などの情報、株主向けの情報、住所や連絡先の電話番号など、間違うわけにはいかない重要な情報も多くあります。公開までに何重にもチェックするようにしましょう。

5. レイアウト

素材が揃ってきたら、レイアウトに入りましょう。WordPressで固定ページを新規作成し、構成に沿ってタイトルやスラッグ（URLの一部となる短縮名）を設定します。重要なコンテンツは、編集エリアで直接打ち込むのはできるだけ避け、クライアントとの打ち合わせで確認されたデータからコピーしましょう。タイプミスなどをなくすためです。

WordPressの投稿機能を使って旬の情報を載せたい場合は、固定ページを先に作成しておき、ブログ向きの情報はあとから載せるようにしましょう。掲載するのに適した時期に近いほうが、正確で豊富な情報量になるからです。

6. テスト

ひととおりコンテンツができ上がったら、テストしてみましょう。制作に関わった人だけではなく、コンピューター操作に不慣れな人を含め、多くの人にテストしてもらい、気付いたことを聞き取ります。こうしてユーザーインターフェイスやリンクなどで不備な部分、改良したほうがよい部分、追加・削除したほうがよいページなどが浮かび上がります。

オンラインショップを併設する場合は、特にテストを繰り返す必要があります。テストは様々な場合を想定して行うようにしましょう。実際に購入の発注を通しで行い、宅配業者から商品を配送させることも必要です。また、クレジット決済や銀行振込などの支払方法についても、実際に行ってチェックしてください。不備な点、改善点を見付けて、修正することを**デバッグ**と呼びます。もちろん、100%ミスのないWebサイトを目指してデバッグするのですが、情報量が大量になればなるほど、そのための労力は大変なものになります。

Webサイトは印刷によるメディアとは異なり、編集・修正が短時間にできるメリットがあります。公開予定時間が守れるようにデバッグすることを考えて、作業を行うようにしましょう。そして、公開後もしばらくの間は、すぐに修正できるように体制を整えておくことに目標を移行しましょう。

7. 公開

クライアントとの話し合いで公開日時を決定し、公開を様々な方法で告知したら、いよいよWebサイトの公開（リニューアルオープン）です。

WordPressでは、日時を指定して公開することも可能です。利用するとよいでしょう。

公開後には、できるだけ早い時期に再度、テストを行うようにしましょう。

Section 4.2

Level ★★★

ビジュアルデザインを知る

Keyword　ビジュアルデザイン　レイアウト　グリッドシステム

　WordPressの非常に多くのテーマデザインにも採用されていて、現在、Webページ制作の主流となっているビジュアルデザインについて具体的に解説します。例えば、レイアウトやカラーについての基本的なデザインの扱い方を知っていれば、WordPressのテーマを選択し、それをカスタマイズするときにもきっと役に立つでしょう。

ビジュアルデザインのコツを知る

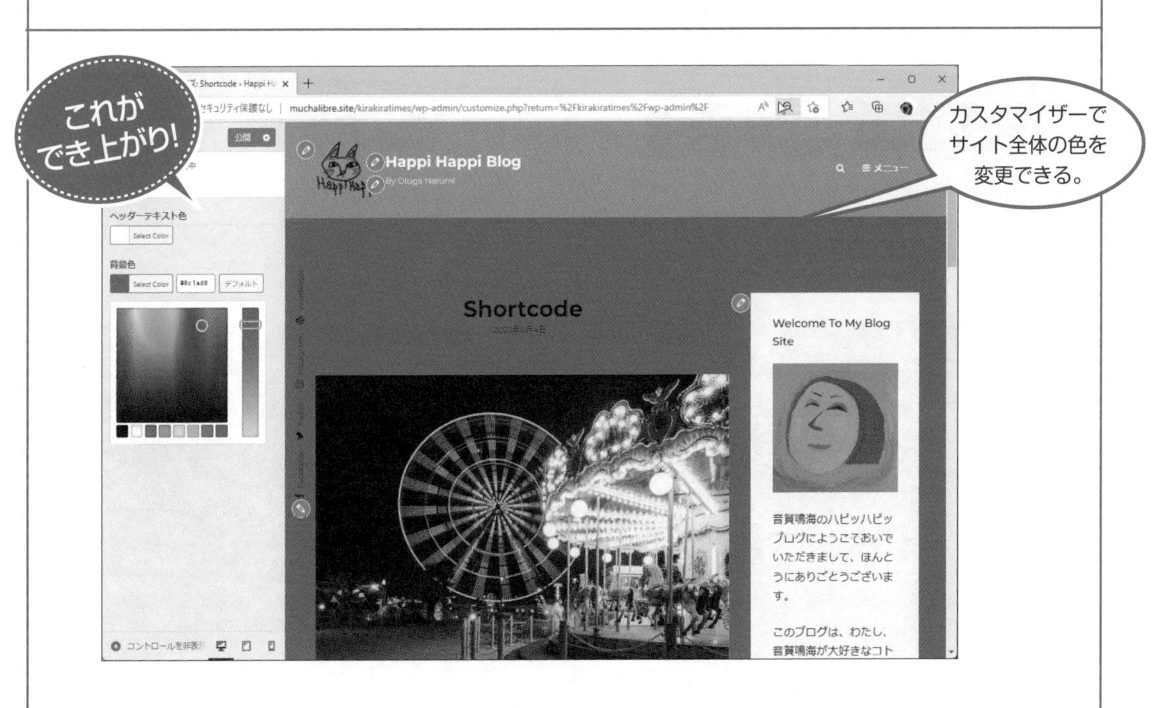

　WordPressのカスタマイザーを使って、各部の色を変更するときに、配色のコツを知っていると簡単です。

Webページデザインについて知る

- レイアウトスタイルについて知る。
- アイデアを生み出す。
- グリッドシステムを採用する。
- テキストデザインについて知る。
- カラーについて知る。

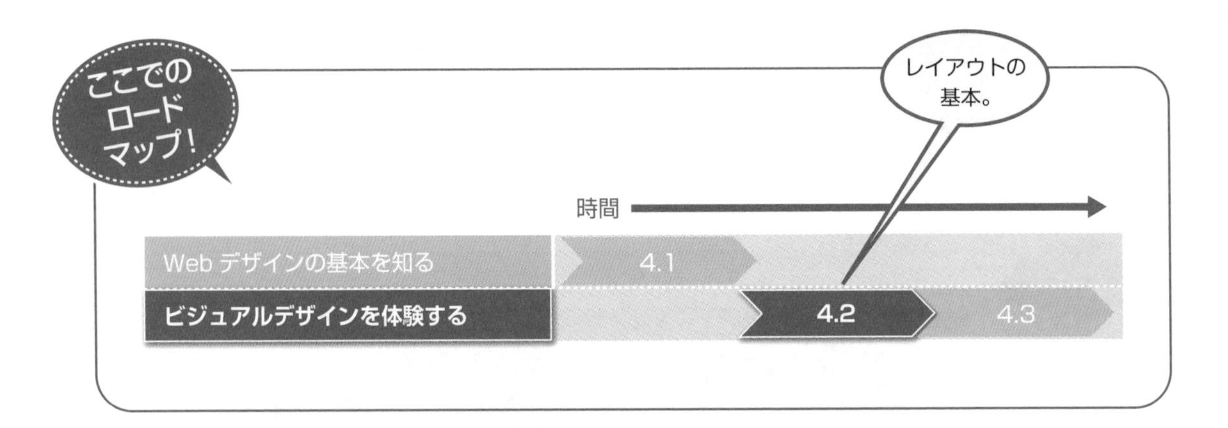

Hint いまどきのWebデザイン

Webデザインにも流行り廃りがあります。

現在はモバイル用に最適化したデザインが主流になっています。このため、Webページ上のユーザーインターフェイスになるボタン類は、できるだけわかりやすいデザインになる傾向があります。

モバイルの場合、指によるジェスチャ操作に対応させるため、機能デザインにはユーザビリティを追求するものが多く見られます。かといって、これまでのPCのモニターに慣れているユーザーが戸惑うようではダメです。

WordPressのテーマのほとんどは、レスポンシブデザインを採用しています。ただし、注意したいのは、フォントの書式やフォントサイズによっては、モニターサイズが変更されたときに意図しないレイアウトになったり、使いにくくなったりすることがあるという点です。

この意味では、レスポンシブデザインの機能にすべてを委ねるのではなく、デザイナーがスタイルシートを微調整しなければならないでしょう。

最後に、Webデザインの宿命として、最新の技術をほかよりも早く取り入れなければならないということがあります。これこそが、ほかとのわかりやすい差別化だからです。そして、その新技術をいち早く使いこなせるようになるデザイナーが注目されるのは、当然のことかもしれません。

4.2.1　レイアウトスタイル

Webデザインのポイントは、「情報をデザインする」ということです。そのためのメディアがWebだということです。

コーポレートサイトのデザインなら、企業イメージを念頭に置いて、Webサイトをデザインすることが重要です。「楽しさ」なのか「信頼」なのかによって、Webデザインは大きく異なるからです。

レイアウトスタイルは、WordPressのテーマ選択によってほぼ決まります。

しかしここでも、つくりたいWebサイトのデザインをテーマに合わせるのでなく、まずは自分でレイアウトスタイルを考えてみることから始めましょう。

レイアウトスタイルの思考

Webページを作成するとき、ページレイアウトの重要性はいうまでもありません。それは、Webページを使っていればおのずとわかります。

現在のHTMLテクノロジーを使う限り、Webページレイアウトのパターンは出尽くしているといってもいいでしょう。ユーザーはWebページを見るとき、ブラウザーを使います。一般的なブラウザーは数種類ありますが、どれもページを上から下へと見ていきます。日本語サイトでは、ほとんどは左から右への横書きです。

このようなデバイスやブラウザーによる制約がある限り、Webページのレイアウトも大きく変わることはないでしょう。

Yahoo! JAPANやexciteなどの検索エンジンサイトは特殊なレイアウトですが、1ページになるべく多くの情報を詰め込むといった手法から、ニュースサイトやポータルサイトも同じように、画面を縦長の3カラムに分割するようなレイアウトが採用されています。

楽天市場の商品一覧ページは、シンプルに短冊状にまとめられた商品の紹介が延々と続きます。

既存のWebサイトを参考にするのはよいのですが、例えば乗用車のサイトは、インタラクティブな仕掛けや、決してわかりやすいとはいえないユーザーインターフェイスが用いられていることが多いです。たぶん、あなたがWordPressで作成しようとするビジネス用のサイトからは遠くかけ離れているでしょう。

もし参考にするなら、あなたが気に入って、使いやすいと感じるWebサイトのレイアウトや、同業他社のWebサイトのレイアウトを参考にするのがよいでしょう。

▼ページレイアウト例(Yahoo! JAPAN)

▼楽天市場の商品一覧

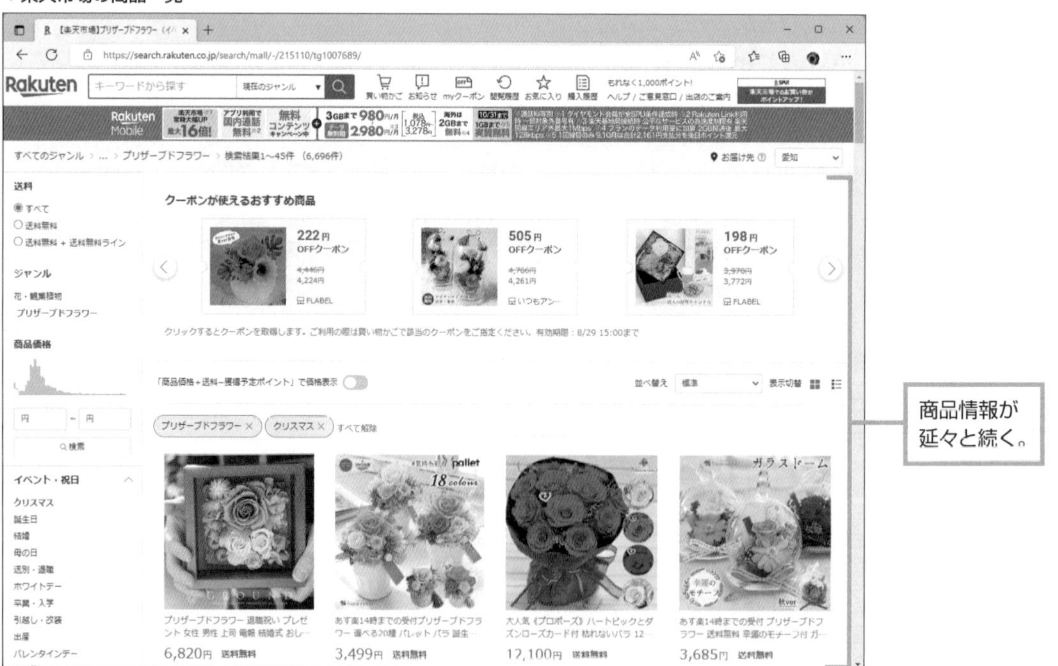

レイアウトの手描き

Webレイアウトのイメージが湧いたら、方眼紙にレイアウトスタイルを描いてみましょう。

コンピューターがオフィスを変革してきた1990年代を振り返ってみると、ビジネス現場では声高に「ペーパーレス」が叫ばれていました。

鉛筆や定規、方眼紙の代わりにキーボードやマウス、モニターで創造しろというものでした。単純な事務処理ならいざ知らず、創造の現場では定着し切れませんでした。タブレットを使うことで、鉛筆を電子ペンに持ち換えることはあっても、デザイナーがペンを捨てることは難しいのです。

デジタルデザインの世界においても、アイデアをひねり出したり、練ったりするときには、どこでも簡単に取り出せて、すぐに描いて記録できる鉛筆とメモ帳は最高の情報記録ツールなのです。

Important

この、方眼紙に描くという作業がWebデザインでも重要です。

方眼紙を使って描くWebデザインでは、長方形の領域を基本に描くことになります。ユーザーインターフェイスに円を使うことがあっても、その配置する位置は、基本的に方眼のマス目を使って決められます。

4.2.2 グリッドシステム

ミューラー＝ブロックマン*によって生み出された**グリッドシステム**というデザイン手法が、Webのビジュアルデザインに応用されています。

グリッドシステムは、2次元のページデザインを行うときの基本です。

グリッドシステムでWebページをデザインする

グリッドとは、縦横の線で仕切られた格子です。「方眼」「碁盤の目」のように、正方形が規則正しく並んでいます。

この方眼を使ってWebデザインを行います。

まずはグリッドシステムを使ってWebページのエリア分割を行います。

ヘッダーエリア、サイドバーエリア、コンテンツエリア、フッターエリアの枠線をグリッドに合わせて引きます。

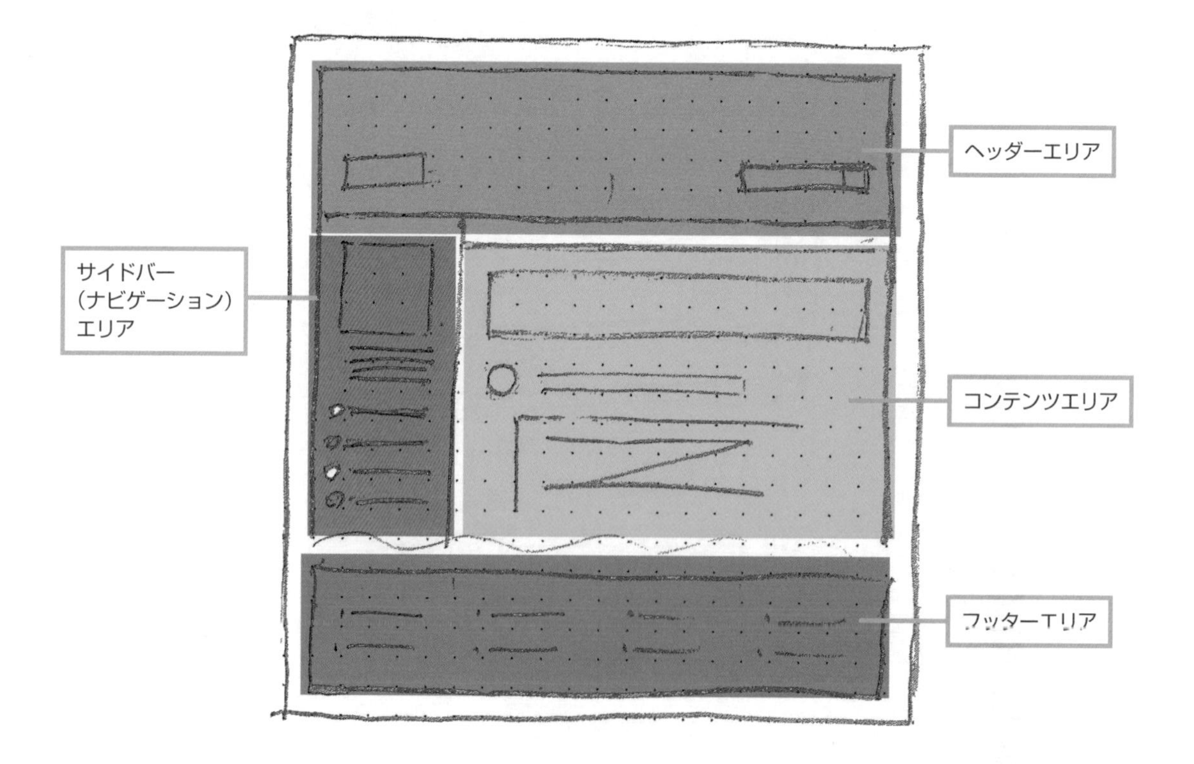

グリッドシステムを使ってWebページをデザインするときは、次のような3つのポイントに注意するとよいでしょう。

＊**ミューラー＝ブロックマン**　スイスのグラフィックデザイナー（1914～1996）。

1つ目は、「各エリアの境界はグリッドの縦線あるいは横線を利用して1本の直線にする」ことです。

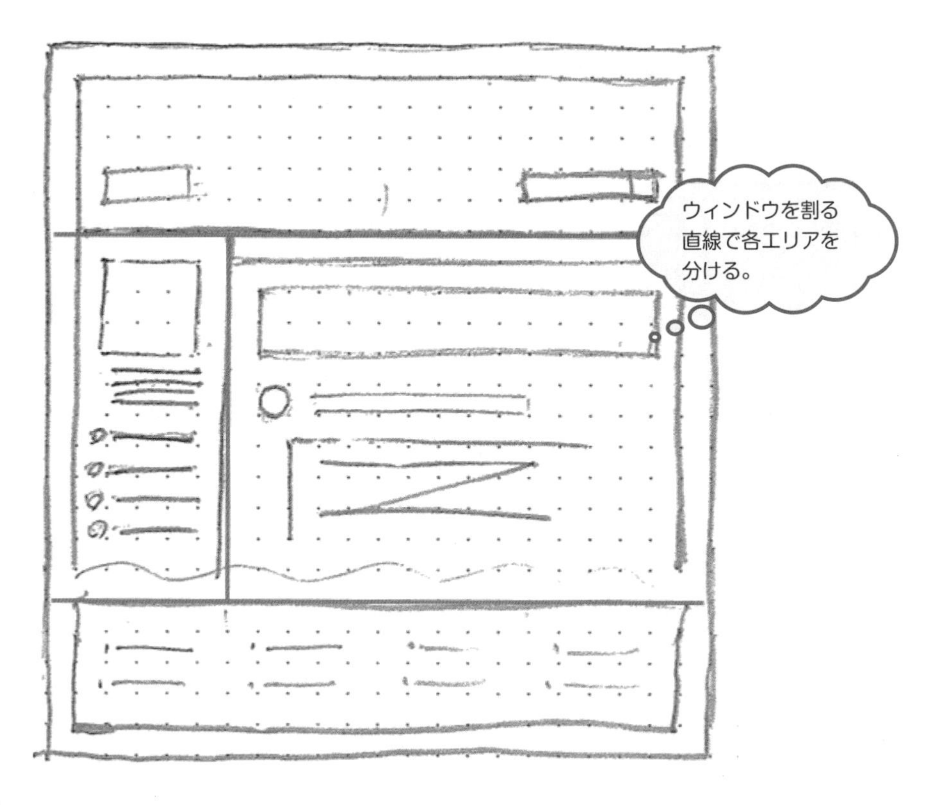

2つ目は、「各エリアの配置については、対称性を考慮する場合とそうでない場合の効果を比較検討する」ことです。

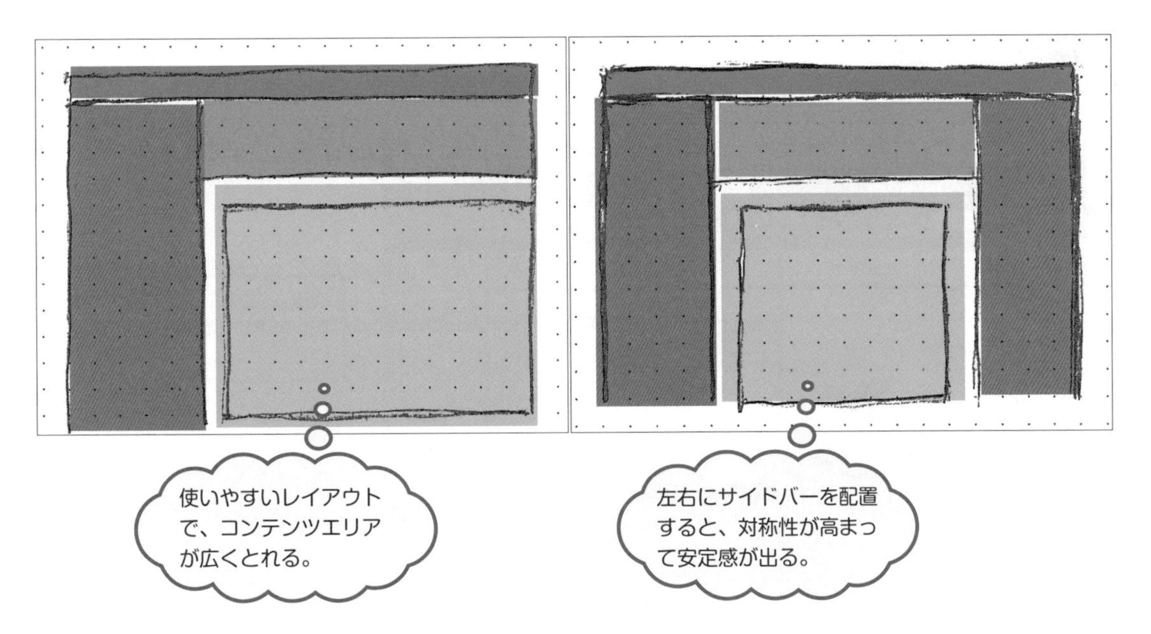

3つ目は、「テキストと画像の整列にもグリッドを活用する」ことです。

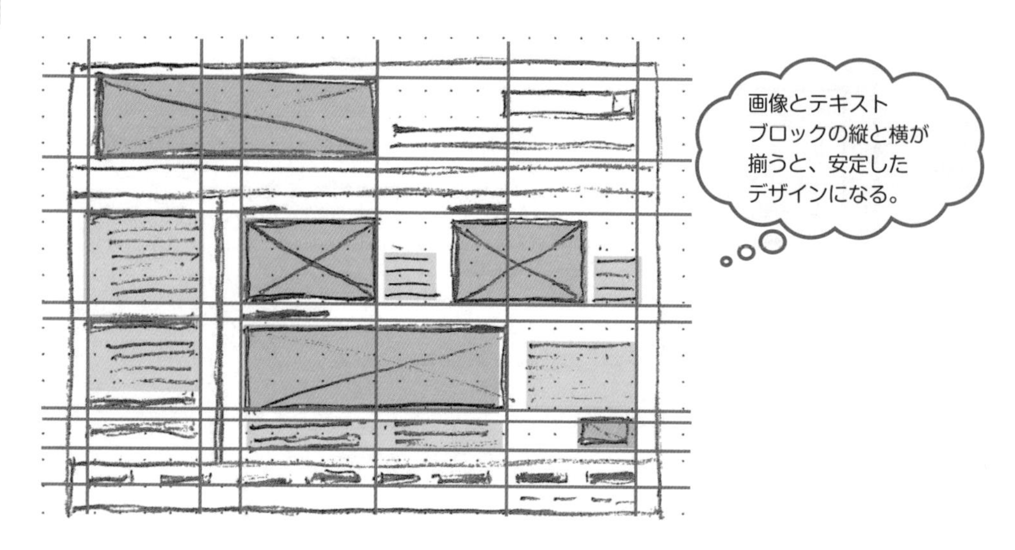

WordPressのテーマも、このグリッドシステムを使ってデザインされています。

しかし、外国のデザイナーがデザインしたテーマを日本語表示で使用する場合、3つ目のポイントがクリアできない場合があります。

例えば、サイドバーのメニュー表示がコンテンツエリアのテキスト表示と同一の横線に乗らず、ちぐはぐな印象を与えるといったことです。

これは、フォントサイズの違いによるものです。外国人が作成したテーマを日本語で使用する場合、このことを頭に入れてカスタマイズを行う必要があります。例えば、フォントサイズや行間の調整で解決する方法、最初からエリアごとのフォントサイズを明確に分けたり、エリア枠を誇張したりしてエリアの性格を際立たせることで、グリッドの不統一感を解消する方法、などがあります。

▼www.bauhaus-shop.deのページから

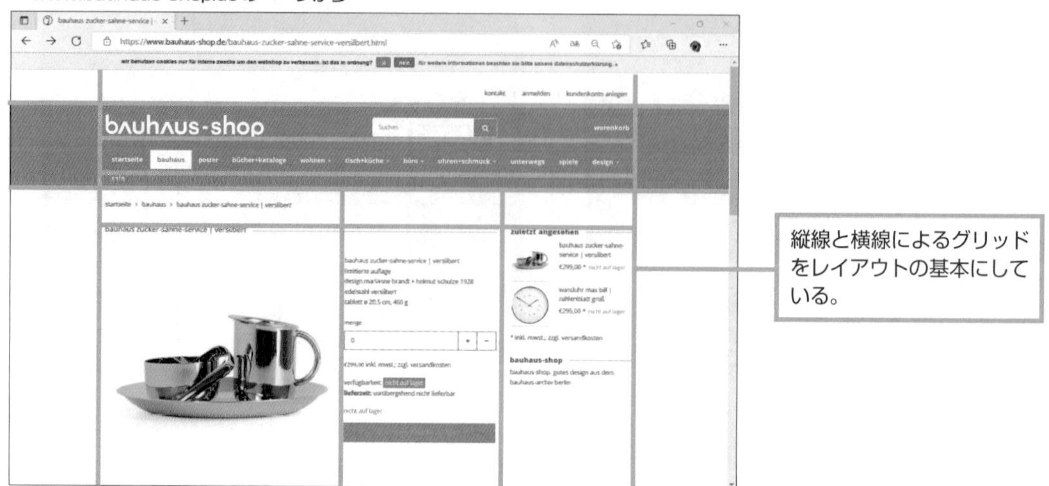

4.2.3 アイデアの具現化

WordPressには、世界中のWebデザイナーが腕を競って提案した膨大な数のテーマが存在します。その中から選べば、かっこいいWebページ、かわいいWebページ、スマートなWebページは簡単につくれるでしょう。

しかし、それだけではデザインしたことにはなりません。あなたなりのアイデアが活かされていなければ、でき上がったWebページを見たとき、コンテンツは居心地悪そうに見えるに違いありません。

YouTubeの動画を参考にして、借り物の浴衣を着てきた学生の違和感といった印象でしょうか。着こなしているわけではないので当たり前ですが、それでもポイントを押さえた自分なりの工夫が光っていないのでは、個性を探すことが難しいでしょう。

Webページをデザインするとは、Webページを通してコンセプトを具現化することにほかなりません。たとえWordPressのテーマを使っていても、デザイナーのアイデアによって適度に消化され、再構成されることで、ユーザーの意識を無理なくコンセプトに導くことができるのです。

アイデアの生まれる瞬間

Webページのアイデアとは、どのようなものでしょう。具体的にいうと、ここではページレイアウトのことです。

すでにクライアントが決まり、コンセプトも固まっています。クライアントを満足させるデザインは、デザイナーが自分なりに考えるしかありません。これがアイデアです。

頭で考えていてもなかなかよいアイデアが浮かばないときは、様々なWebページを見るのもひとつの方法です。しかし、それだけでは細かなところはぼんやりしたままです。WordPressのテーマに見られるとおり、Webページの大まかなデザインが出尽くした感のある現在、よいアイデアとは、個々の案件を目的のコンセプトに導くのに説得力を持った決定打のことです。

1. 紙に何枚も描いてみる

このようなアイデアを限られた時間内で生み出すためには、アイデアを思い付くまま紙に描いてみることをおすすめします。

描いていると、アイデアが膨らみ、進むべき方向性も見えてきます。別の紙に何枚も描いて、机上に並べてみたり、しばらくそのままにして、食事に行ってみたり、別の仕事をしてみたり……。そのような熟成の時間を経てアイデアを比べてみるときにも、アイデアを紙に描いておく意味があります。紙だからこそ、簡単に見比べられるし、机上にまき散らしておけるのです。

そして、突然、決定的なアイデアが浮かぶ瞬間があります（いつも、クライアントを納得させる決定打が出るというわけではありませんが）。

結果的にそれが既存のテーマに似ていたとしたら、そのテーマをWebページ制作の下敷きに使えばよいだけです。そのときには、テーマのカスタマイズにおいて、完成度の高い仕上がりが期待できるでしょう。

▼レイアウトアイデア

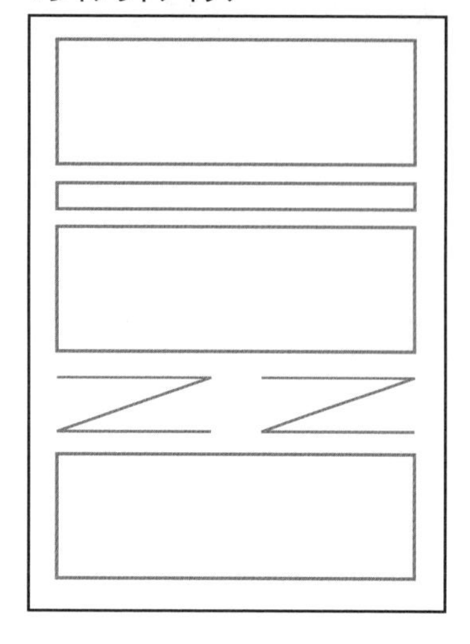

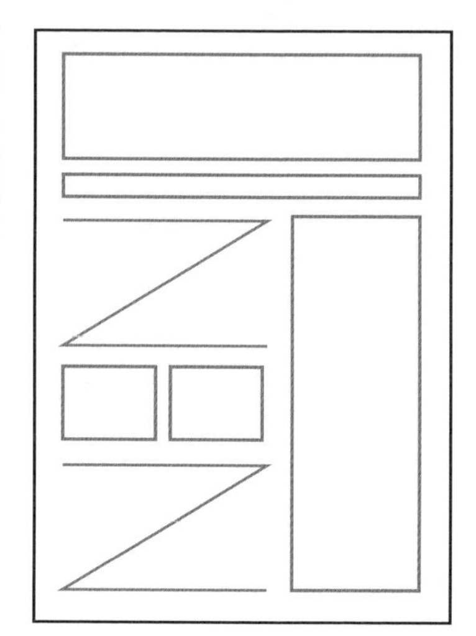

2. アイデアは消えやすい

アイデアは、寝ている間や風呂に入っているとき、通勤電車の車中などで突然に浮かび、そして、別のことに意識が移った瞬間に消えてしまいます。

アイデアが浮かんだら、とにかくメモするなりして、書き残すことが重要です。

あとから見返したときに、大したアイデアではなかったと思うことも多いのですが、それでも、選択肢の1つを減らすことができるのですから、無駄だったわけではありません。

アイデアが浮かんだら、丁寧に描くのではなく、できる限り素早く、浮かんだときのイメージを自分なりの表記方法で記しておきましょう。

3. 心が動かされるということ

デザイナーにとっては、感性がとても重要な資質です。

様々なクライアントからの要求を消化しなければならないWebデザイナーは、豊富な感情体験を持っていたほうがよいでしょう。

街を歩くとき、郊外へのドライブ、日常の家族との団らんの時間などに、心が動かされた場面を経験したなら、人にそのことを話して、それが他人も共有できることなのか、他人の反応はどうなのかを確かめておくとよいでしょう。

美術館やコンサートなどに行くのももちろんよいのですが、カメラをいつも持ち歩き、心動かされたことを写真といっしょにブログにするというのも、Webデザイナーにとっては一石二鳥です。

デザイナーは作家ではありません。とにかく他人とは違った個性や新しい表現が求められる作家では、Webデザイナーとして様々なクライアントの要求に応えることは難しいでしょう。

ですから、Webデザイナーとしては、共感できる情報の伝え方を、できるだけ多く揃えておけるとよいでしょう。

それには経験するのが一番です。時間があれば、自分とはまったく違った仕事をしている人、異なる年代の人、外国から来た人など、別のカテゴリーの人々と接する機会を増やしましょう。

4.2.4　レイアウトの要素

Webページのビジュアルデザインは、デザイナーの感性によって決まるといっていいでしょう。しかし、一流の美術品や日用品には、「計算」が隠されていることが多いのです。

例えば、感性を数値化したものとして有名な**黄金比率**です。ここでは、Webページのレイアウトの基本的なパターンを要素ごとに見てみましょう。

グリッド

Webページのレイアウトは、**グリッド**を基本にしましょう。

Webページ自体、初期の頃から、電子ブックが念頭に置かれていたために、書籍等で行われていたグリッドシステムを使った編集様式が主流になっています。

ヘッダーやサイドバー、フッターといった特別な機能を持ったエリアは、グリッド線をガイドとして配置します。また、コンテンツエリア内のテキストや画像の配置もグリッドに沿って配置します。こういったことが、ページ全体の安定感を生み出すことにつながります。

また、グリッドを高度に使用することで、安定した静的なイメージを持たせたWebページに仕上げることも可能です。

▼安定したイメージングの構成

0 自分の夢を発信する
1 WordPressがある
2 ブログをしてみる
3 どうやったらできるの
4 ビジュアルデザイン
5 ブログサイトをつくろう
6 サイトへの訪問者を増やそう
7 ビジネスサイトをつくる
8 Webサイトでビジネスする
資料 Appendix
索引 Index

バランス

Webページ全体のバランスでは、左右のバランスをどうするかが、最大の課題です。

ユーザーが通常の方法でブラウザーを開いたときに表示されるWebページを念頭に、レイアウトを考えましょう。

左右のバランスが整ったサイドバーに挟まれた少し広めのコンテンツエリア。そして、これらの上にヘッダーが乗っているレイアウトは、安定感が抜群です。落ち着いて、コンテンツエリアの情報を読むことができます。

▼左右のバランスが整ったページ

動線

Onepoint

画像をいくつか並べてページを構成するときには、画像のサイズと配置が、バランスをとる要素になります。左右のバランスをとりたいときは、同じくらいの画像サイズの写真を左右対称の位置に配置します。バランスを考慮した上で、さらに「ユーザーがページに配置した情報に目を通す順序」を意図的につくり出したいときには、左上から右上、そして下の段へ、といった動線を意識したレイアウトにすることができます。

▼動線を意識したレイアウト

Important

人は、Webページを見たときにまずどこに視線が行くのか、そしてその視線をどこに誘導したいのか――つまり動線を考えて画像またはテキストブロックを配置しましょう。

このとき、モニターの大きさを考慮して、1画面に表示される量を基本とし、その後、ユーザーがスクロールしたときの動線も考えるようにします。

フロントページに多くの情報量を表示したいときには、ヘッダーの大きな画像は邪魔になることもあります。

リズム

決まった形を規則正しく繰り返すことで、ページにリズムが生まれます。

ユーザーの感性に働きかける方法の1つです。

リズムを意図した配置では、ラフを描くなどして、どのようなイメージをユーザーが持つかをテストしてみなければなりません。リズムを持たせるビジュアルデザインは高度なデザイン技術で、間違った形を選んだり、大きさの順番を間違えたりすると、不安定で不快なイメージをユーザーに与えてしまうこともあるからです。

動くコンテンツもリズムをWebページに与えます。

動くページでは、静止しているWebページよりもさらに、リズムを設定するのに注意を要します。ユーザーの想定される年齢とも微妙に関係してきます。十分に検討してから行うようにしましょう。

▼リズミカルな構成

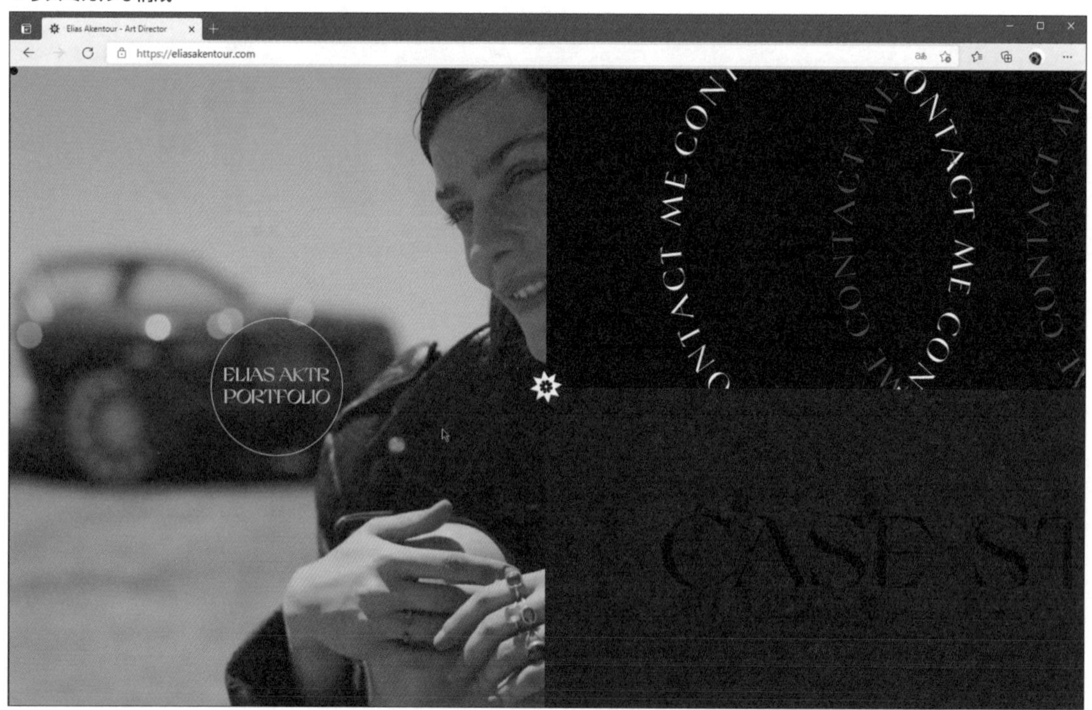

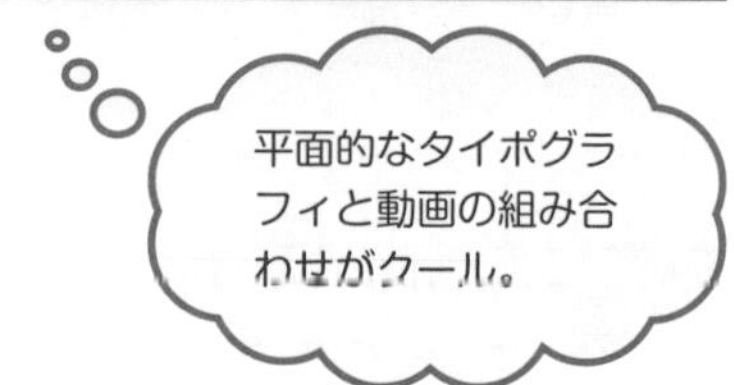

対比

サイズの異なる長方形のエリアで画面を構成すると、ダイナミックなページになり、ワクワク感やドキドキ感を表現できます。

大きさの違いを使ったレイアウトでは、画像が特に大きな役割を果たします。もちろん、ページ内で優先して表示したい情報の写真を大きくし、優先順位の低い情報には小さな写真を使うのが基本です。

レイアウトは、グリッドに沿ったものとし、動線を考慮すると、左上に大きな写真、右下にも大きめの写真といったレイアウトが定石です。しかし、このようなよくあるレイアウトは、写真やイラストが印象的な場合にこそ、ユーザーの興味を持続させられるものです。いつも代わり映えのしない写真が並んでいるだけでは、飽きられてしまいます。

コンテンツの入れ替えの少ないビジネスサイト向けとしては、あまりおすすめできないレイアウトです。

▼対比によるダイナミックな構成

縦と横

日本語の場合、見出しや説明の文字を縦に並べること（縦組み）は普通にあります。しかし、Webページではといえば、縦組みはあまり目にすることはありません。

あまり見ないからといって、できないわけではありません。縦組みをデザインに組み込めば、印象的なページをレイアウトすることができます。グリッドを使って、配置するだけではなく、コントラストを考えて、縦と横とを強く印象付けることで、より縦組みを意識的に使用することができます。なお、情報の本体は横組みにして表示するようにしましょう。ここまで縦組みにすると、特別な場合を除いて、ユーザーに大きな違和感を抱かせることになるからです。

▼縦と横を意識させるページ

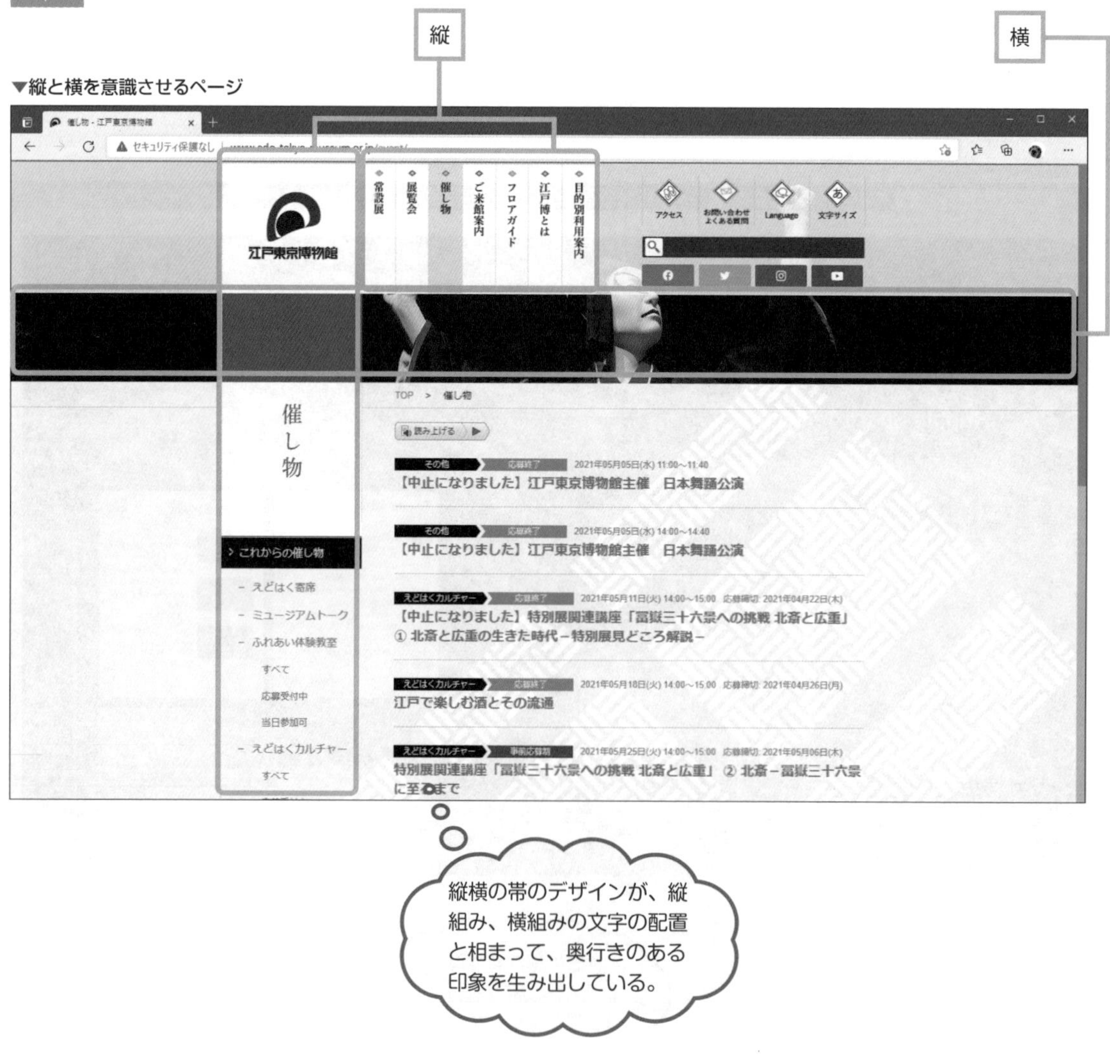

インタラクティブ

動きのあるインタラクティブなリッチインターネットアプリケーションであるHTML5を取り入れたホームページが増え続けています。

YouTubeのようなビデオの再生とは一線を画すHTML5の動画は、かつてのWebページにはなかった様々な表現を生み出しています。最近のトレンドの1つは、マウスの動きに従って画面が揺れたり、色が微妙に変化したり、といったインタラクティブに変化するページです。HTML5の登場前にも、マウスオーバーで色が変化したり吹き出しが出たりするボタンはつくれました。HTML5の技術を得たことで、Webデザイナーたちは、以前にはなかった自由な発想でWebページを表現の場にし始めています。

▼ページ余白のアクセント

マウスの動きに従って画像が表示される仕掛けになっている。

ファーストインプレッション

情報や商品、サービスを探している人の立場で考えてみましょう。Webページで何かの情報を探しているとき、その人はすでにいくつも似たようなWebページを見ているとします。そのような人が「これは！」と思ってじっくりと見入るWebページとは、どのようなものでしょう。

探しものをしている人にとって、初めて見る屋号、ショップ名、会社名なら、見る人を惹き付けるのは、おそらくファーストインプレッションです。

しかも、ほとんどの人は最初のページの一番上のほうしか見ないのですから、その部分のデザインを慎重につくらなければなりません。

物販サイトなら、価格の安さを打ち出すテキストを目立つように表示したり、ブランド名をわかりやすく表示したり、「バーゲン」や「タイムセール」、「クリアランス」など、消費者を刺激する語句を大きく目立つように表示することになるでしょう。

スライダーを使って売れ筋商品の写真を効果的に表示するのもよいでしょう。見る人の感情に訴えかけられれば言うことはないでしょうが、心のどこかにひっかかる程度でもよいのです。

訪問者にページ上でマウスを動かしてもらえれば——つまり"少しとどまってみようかな"と思わせれば——、次の仕掛けに誘導できるのです。

毎日見慣れたポータルサイトのレイアウトデザインには、安心感はありますが、デザインから受ける印象は意図的にカットされています。コンテンツに集中させるためです。

しかし、ビジネスサイトではそのような必要はありません。ガンガン、印象付けをしてかまわないのです。

ファーストインプレッションを演出する大きな要素は、人の顔の写真です。社員の集合写真や経営者の笑顔、モデルの魅惑的な視線など。

人の顔写真があると、見る人の視線は必ず、そこに移動します。フォトレタッチソフトを使って、効果的に修整したものを使いましょう。

最後に、Webサイトのトップページには、会社や商品のイメージに合ったデザインが求められます。どんなに印象深いデザインでも、会社のイメージに合っていなければダメです。

デザイナーはクライアントの会社のイメージ、経営者のイメージ、商品のイメージを探ることから始めていかなければならないわけです。

そして、そのときに得られるファーストインプレッションに注意しておいて、Webサイトのデザインに活かすようにするとよいでしょう。

▼WordPressのテーマ「Oblique」

印象的な斜めのレイアウトとモデルの視線が、ほかとは違ったファッション系のWebサイトであることを印象付けている。

4.2.5　文字による伝達

Webページを利用するユーザーにとって、そこに書かれているテキストを読むという作業は、情報を得ることにほかなりません。このためデザイナーとしても、テキストはデザインの一要素であるだけでなく情報である、ということを十分に意識しなければなりません。

日常の生活の場では、テキストを簡単にしたアイコンやサインがそこかしこに見られます。標識や地図などです。Webページでも、適切な視覚伝達の要素としてアイコンなどの利用を進めることは、デザインの面からだけでなく、ユーザビリティの観点からも重要です。

テキスト

テキストは情報伝達の基本です。しかし、書籍や雑誌に比べ、制約の多い電子デバイスでテキストを読ませることについては、Webページに特有の注意が必要です。

スマホやタブレットなどの携帯できる情報デバイスが普及している現状であっても、雑誌に比べれば、Webページはユーザーがテキストを読むことに関して負担を強いています。

そこで、Webページに表示するテキストは、短いセンテンスに区切り、回りくどい表現を避け、わかりやすくすることが望まれます。ブログなどでは、抜粋あるいは概要の機能を使用して、ユーザーが本文を読む前に内容の一部を簡単につかめるような配慮が必要です。

デザイン文字で大切な要素は、フォントです。しかし、Webページの場合、多くは表示するコンピューターに搭載されているフォントの中から選ばれる仕組みになっています。

▼テキスト表現は基本

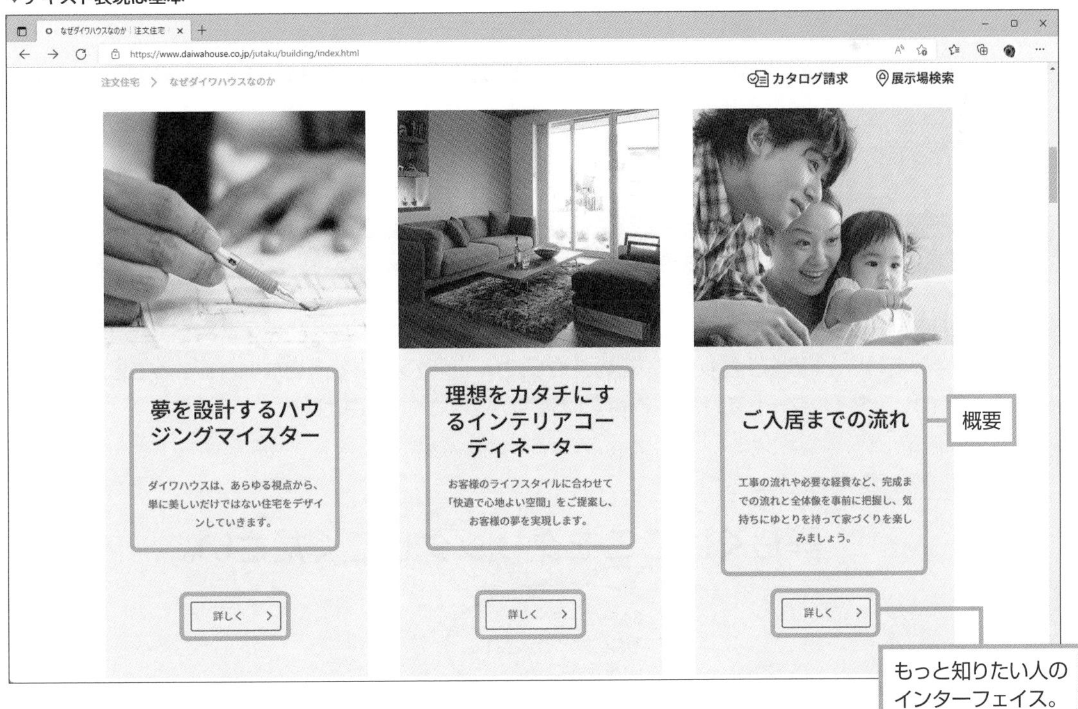

このため、テキストによるデザインは制作者の意図していないレイアウトに変化してしまうこともあります。現在は、**Google Fonts**などの**Webフォント**を利用することで、ほとんどの環境で同一デザインのテキストを表示する方法はあります。しかし、表示スピードの点で遅かったり、文字種が少なかったりして、いまひとつといったところです。

最後に、Webページのテキストは情報そのものです。ユーザビリティの視点を抜きにして、デザインだけに偏ることは避けなければなりません。どんなに素晴らしいデザインでも、中身が伝わらなければ意味がないのです。ユーザーが読めなければ、無駄なのです。

そのために、フォントサイズや書体は見やすいものを選択するようにしましょう。

アイコンとピクトグラム

▼アイコン

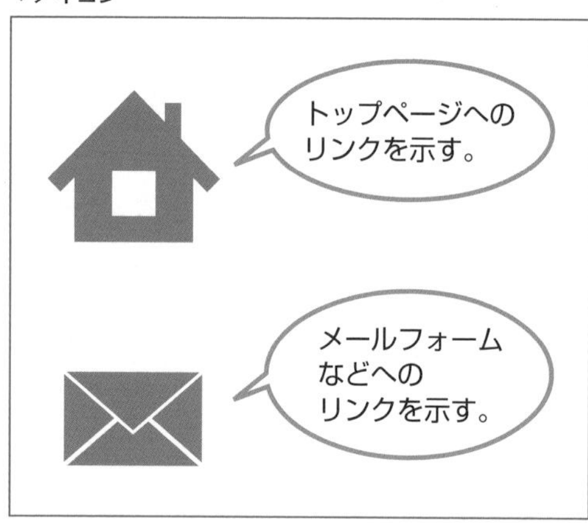

テキストを補うために、Webページでは**アイコン**や**ピクトグラム**をよく使用します。

これらの要素は、そのページの使用言語を理解できない人でも、そのデザインを見れば、示している事柄がわかるようにつくられることが理想です。

これらの要素を適切にデザインする技量を備えているデザイナーなら、Webページ全体のデザインをまとめることもできるでしょう。

もしそうでなければ、どこかから使えそうなデザイン（使用が許可されているもの）を見付けてきて、利用することもできます。全体のデザインを壊さないような注意は必要でしょう。

スマホなどで使用されてきた絵文字は、デザイン的に単純すぎるので、Webページでの使用は難しいでしょう。ブログのテキスト部分にアクセントとして挿入する、といった使い方に絞ったほうがよさそうです。

ハイパーリンク

ハイパーリンクは、Webページの大きな特徴です。HTMLのハイパーリンクでは、タグ設定部分の色が変わり、下線も引かれます。この色や下線がデザイン的に不適切な場合もあるでしょう。その場合は、スタイルシートをカスタマイズする必要があるかもしれません。

▼テキストリンク

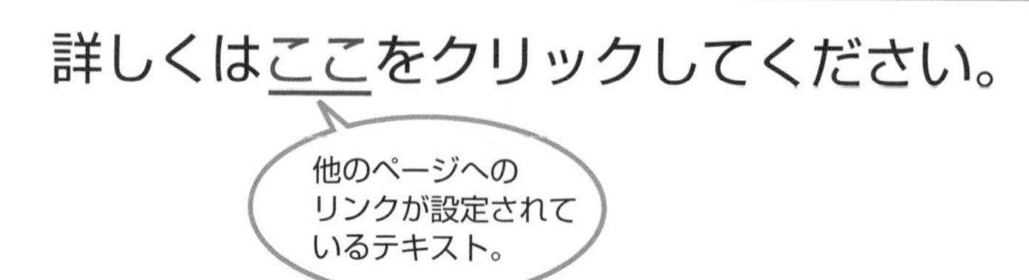

4.2.6　カラーによる伝達

レイアウトに続いて重要なのはカラーです。使用するカラーのセットを決めるとき、最初に決定するカラー、というより、すでに決定しているカラーがあります。それは、会社などのイメージカラー、会社のロゴのカラー、代表商品のカラーなど、使用するようにクライアントから義務付けられているカラーです。

色の三要素

デザインを始める時点でメインとして使うことを義務付けられているカラーがある場合は、そのカラーを中心に配色を決定していくわけですが、そのような決定的な使用カラーがない場合は、ここでもコンセプトに従ってカラーを選択します。Webページの場合、モニターの発色に差が生じるため、**セーフカラー**と呼ばれる各ブラウザーに共通な216色を基本に、色を決めていくことになります。微妙な色使いはできる限りやめておいたほうが無難です。

さて、カラー選びをしてみましょう。まずはコンセプトを再度チェックしましょう。カラーの持つイメージは、案外、はっきりとしています。例えば、暖色系と呼ばれるとおり、赤色やオレンジ色は暖かなイメージです。反対に青色の系統は冷たいイメージです。

1. 色相

色の様相の違いを**色相**といいます。色相の違いは、色の違いとして表れます。このため、イメージの違いがはっきりと出ます。色相を円状に配置したものを**色相環**といい、マンセルの色相環が有名です。マンセルの色相環は、色相を20の色味に分解し、それらを少しずつずらして円周上に配置します。このとき、隣り合っている色を**類似色**、向かい合った色を**補色**と呼びます。

▼色相環

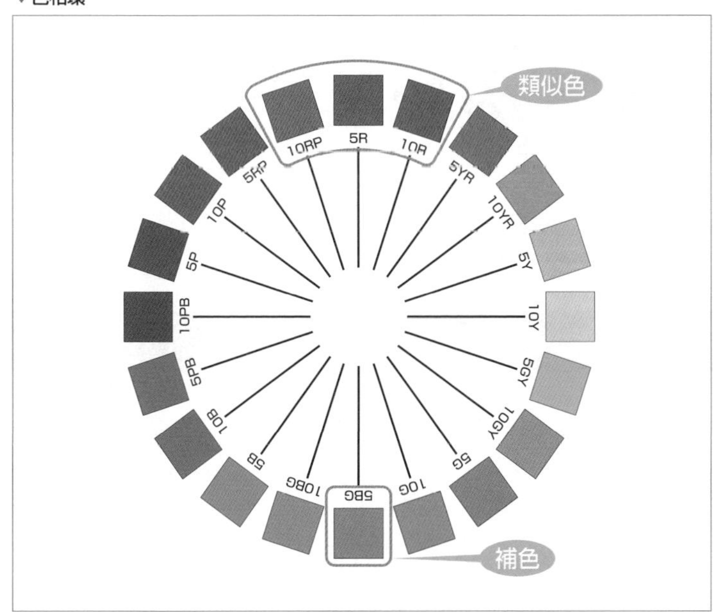

2. 明度

色の明るさを示す要素が**明度**です。

▼グレースケール

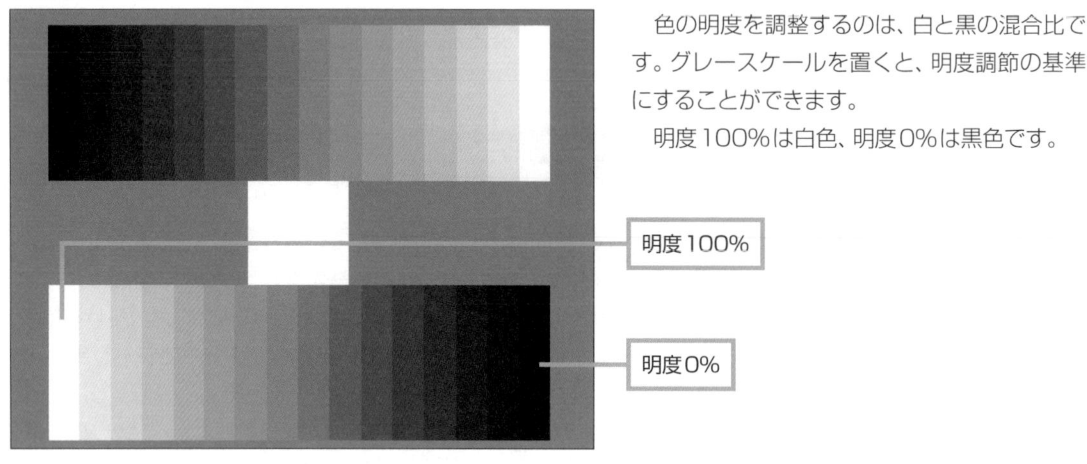

色の明度を調整するのは、白と黒の混合比です。グレースケールを置くと、明度調節の基準にすることができます。

明度100%は白色、明度0%は黒色です。

3. 彩度

彩度とは、色の鮮やかさを表す要素です。

▼ペイントの色の編集

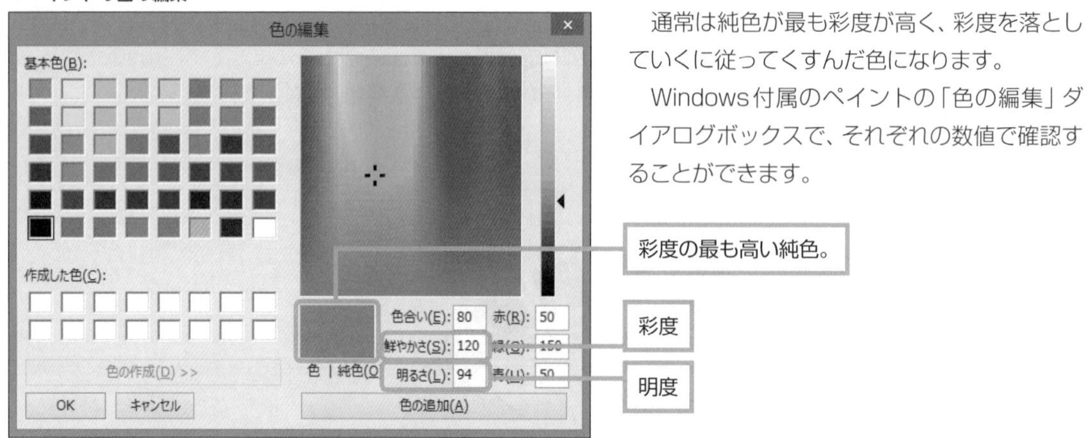

通常は純色が最も彩度が高く、彩度を落としていくに従ってくすんだ色になります。

Windows付属のペイントの「色の編集」ダイアログボックスで、それぞれの数値で確認することができます。

配色

Webページの配色を変更すると、もとは同じデザインのテーマでつくったWebページでも、イメージがガラッと変わることがあります。

同系色は、色相環の隣接する色相を使った配色です。

同系色でも淡い色のものを使うと、非常に静かな落ち着いた感じになります。

反対に、同系色の濃い色を使うと、インパクトの強い感じになります。

さらに、印象的な配色にするには、色相環での反対側の色を組み合わせて使用します。非常に強いイメージになりますが、これらの2色は補色の関係にあるため、バランスはとれています。

▼インパクトのある配色

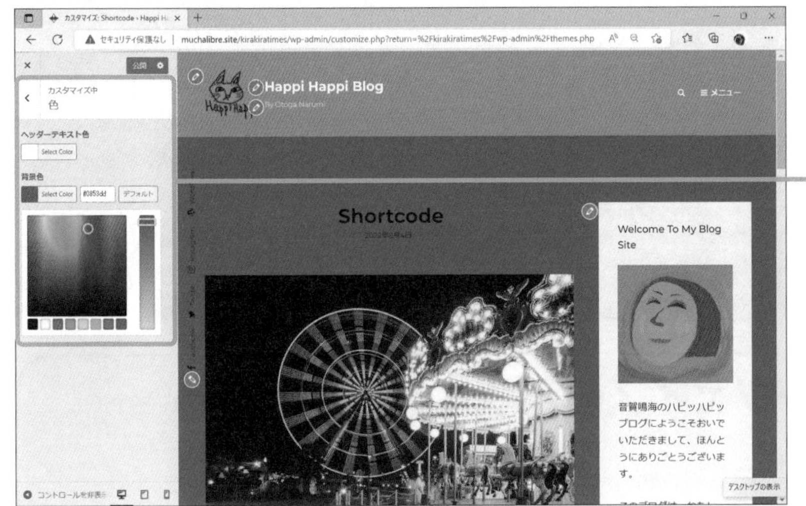

テーマの各部の配色を設定するカスタマイザー。

同じ配色でもトーン*を落とすと、調和をとりやすく、落ち着いた感じになります。

WordPressでは、テーマのカスタマイザーの「色」パネルを使い、ヘッダーの背景色や文字色、メニューの背景色や文字色などを自由に変更できるものがあります。テーマによっては、ページに使われている配色をまとめて変更できるものもあります。

▼トーンを落とした配色

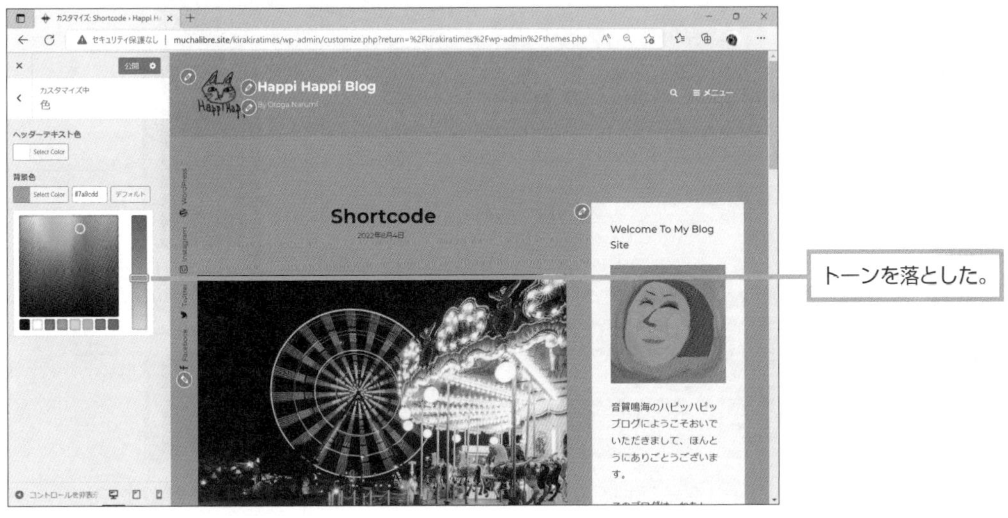

＊**トーン**　色調。色の明暗（明度）と色のあざやかさ（彩度）の組み合わせによる色の表わし方。

Section 4.3

Level ★★★

インターフェイスデザインについて考える

Keyword　ボタン　ピクトグラム　メニュー　ユーザーインターフェイス

Webページには、インタラクティブ性があります。クリックやスクロールをしながら、情報を探したり、共有したりするのがWebページの特徴です。そこで、ユーザーインターフェイスの重要性が生まれます。使いやすいインターフェイスデザインを行うために、多くのWebページで採用されているボタンやメニューについて解説します。

インターフェイスのデザインをいろいろ見てみる

アイコン（ピクトグラム）をインターフェイスに使うことで、ユニバーサルデザインを目指すことができます。

ここがポイント!

Webページ特有のインターフェイスについて知る

- ●ボタンについて知る。
- ●ピクトグラムについて知る。
- ●プルダウンメニューを知る。
- ●小さな画面のインターフェイスについて知る。

ここでのロードマップ!

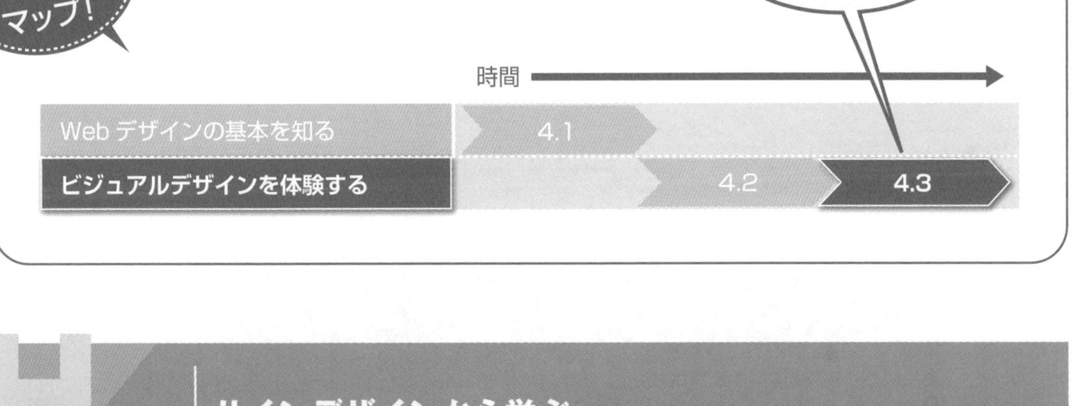

Hint サインデザインから学ぶ

普段よく目にする「サイン」の例としては、道路の標識やトイレの入り口、非常口、インフォメーションなどがあります。

文字で説明されていなくても、サインで内容がわかるのは、サインが最も伝えたい情報を単純に伝えようとしているからでしょう。

Webデザインにおけるボタンやピクトグラムなどのユーザーインターフェイスも、これとよく似ています。たとえ文字が書かれていなくても、説明書きがなくても操作目的がわかるようなデザインのボタンにする必要があるのです。

また、実際のサインをよく見ると、サインを表示するためのフレームや支柱、プレートにもデザイナーの注意が行き届いていることがわかります。これもWebデザインに活かせる重要な視点です。

空港の案内板は、文字がわからなくてもサインでわかる。

▼空港のサイン

4.3.1 マウスとキーボードによる操作

コンピューターを使ってWebページを閲覧するときに、最も利用しているユーザーインターフェイスはマウスです。

ページのいろいろな場所に設置されているリンクを効率よく操作するには、簡単に位置を指定できるマウスが最も便利だからです。

ボタンとピクトグラム

Webページ上のマウス操作を容易にしている要素の1つが**ボタン**（あるいは**アイコン**）です。

マウスでクリックしやすいように、ある範囲を持ったリンクがボタンです。

ボタンのように何らかの情報を示した絵文字で、リンクが特に設定されていないものを**ピクトグラム**と呼びます。これらは、Webページ上に画像として埋め込まれています。その画像にリンクを設定すると、ボタンになります。

Webページには、文字で示さなくても図柄で判断できる機能を持ったボタンやピクトグラムがあります。例えば、虫めがねのデザインは検索、プリンターのデザインは印刷機能を起動します。

▼バチカン美術館

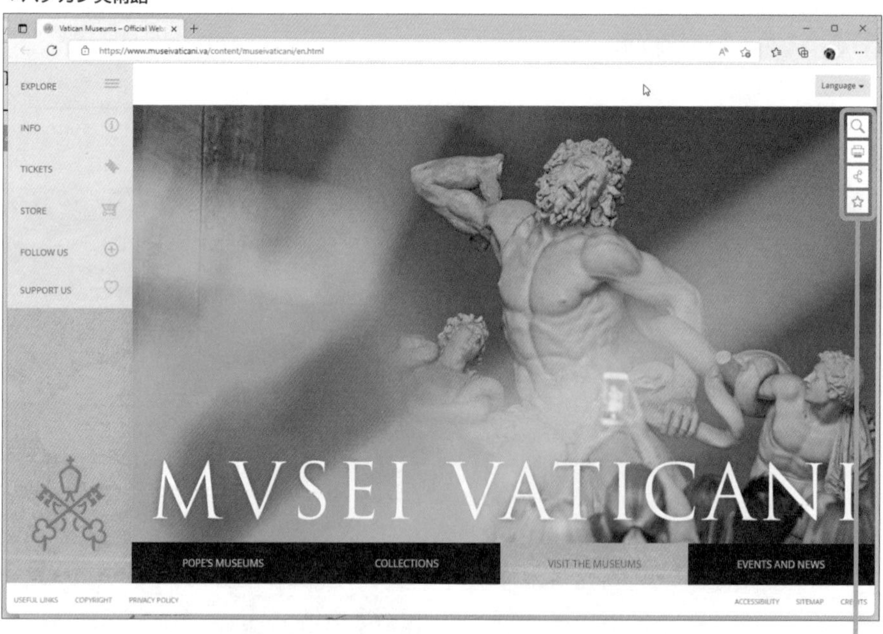

コンピューター関連でよく見かけるアイコンで、これらをクリックするとどんなことができそうか、容易に想像できる。

テキストリンク

テキストリンクは、本文中のテキストやメニュー項目にリンクを設定し、決められたページにジャンプさせせます。

通常、テキストリンクが設置されているリンクはほかとは違った色になります。さらに、以前にジャンプしたことのある（履歴にジャンプの事実が残っている）ページやコンテンツへのテキストリンクは、さらに別の色で表示されます。

しかし、リンクを示す色の変化は、文書全体の配色に大きく影響を与える場合もあって、スタイルシートで、デフォルトのリンク色や既リンク色を一般の文字色と同じにしたり、ページの配色に合わせて変更したりしています。

▼カスタマイズされたテキストリンク

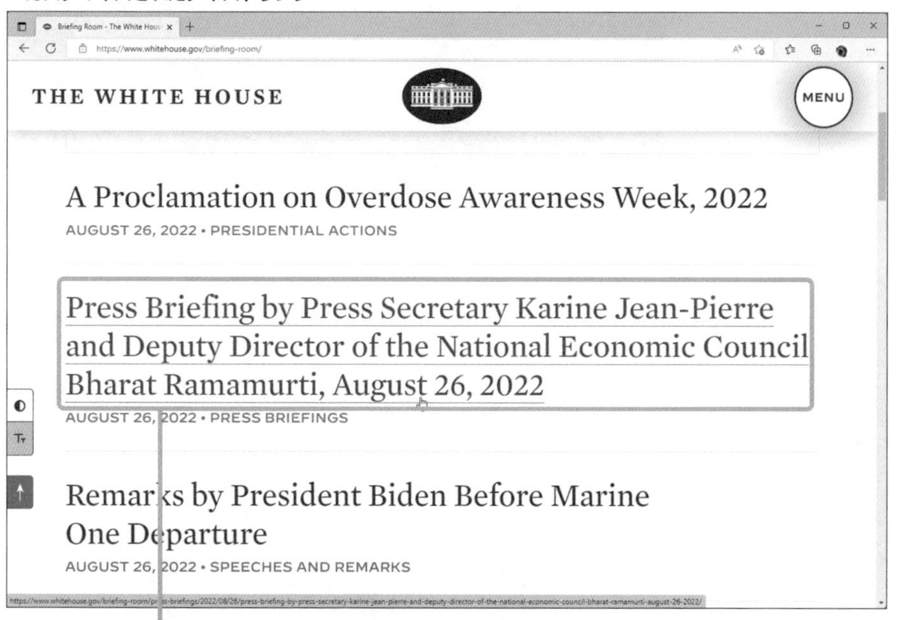

通常、リンクが設定されたテキストは、ほかと色が変わり、下線を引かれる。この色などはカスタマイズできる。

メニュー

WordPressのテーマの多くは、メニュー表示を備えています。インタラクティブなメニューは、JavaScriptによって実現されています。

プルダウンメニューは、コンピューターのアプリケーションで一般に利用されるメニュー方式なので、ユーザーインターフェイスとしてなじみがあります。

Webページに独自のメニューを設置する場合、慣例として「≡」（または、この変形）が、メニューボタンです。メニューボタンをクリックすると、ページの左（右）や上からメニューウィンドウが現れます。メニューボタンによるナビゲーションの表示は、特にスマホ用ページでよく利用されます。

▼プルダウンメニュー

Memo インタラクティブ・インターフェイスの効果

Webページの大きな特徴は、インタラクティブ性にあります。

マウスを動かすとページ内で何か変化が起きる、という"仕掛け"は、操作者（閲覧者）に次の動作を要求します。これによって、ユーザーを意図したコンテンツに導くことも可能です。

このような仕掛けは、CSSやJavaScriptなどによって実現できますが、WordPressでは、テーマにあらかじめ実装されているものもあります。また、プラグインで追加できるものもあります。

WordPressのインタラクティブ性の例としては、「**Easy FancyBox**」による画像表示があります。

このプラグインは、商品画像を拡大して見せます。

ページに表示されている小さなプレビュー画像をもっと大きくして見てみたい、というユーザーの要求を満足させるものです。なお、このプラグインの場合、別ウィンドウに表示する画像のサイズを、ページ表示のサイズより大きくしておくのが設定のポイントです。

▼Easy FancyBox

4.3.2　モバイル用ユーザーインターフェイス

　現在、WordPressのテーマの多くが**レスポンシブデザイン**に対応しています。レスポンシブデザインとは、デバイスのモニターサイズに合わせて、適切なページを選択して表示する機能です。

　スマホでのWebページ閲覧をメインとするWebページほど、小さな画面への対応は重要です。

スマホ用のメニュー

　スマホでもコンピューターのモニター用のWebページを表示できますが、非常に小さいユーザーインターフェイスを操作するのは不便です。

　WordPressでは、基本的にコンピューターのモニターサイズでWebページを作成しておき、それを小さなサイズにする手法をとっています。

　このとき、メニューは指によるタッチ操作に最適化されます。

　具体的には、大きなメニュー項目を3つほどに限定して表示するか、メニューボタンを表示し、プルダウンメニュー形式にするかです。

▼モバイル用ページ

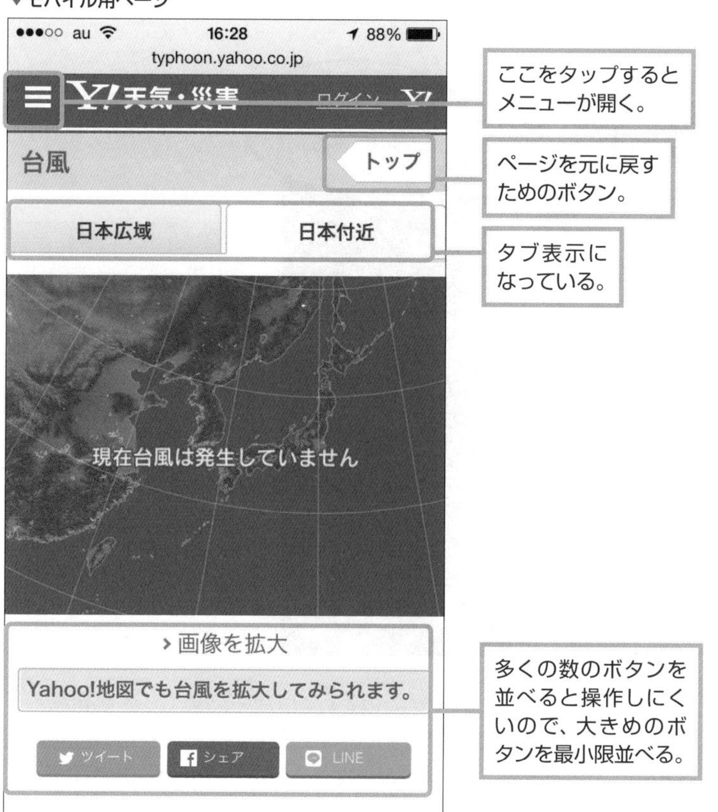

Section

Level ★★★

4.4 サイト構成を考えて完成形イメージを描こう

Keyword　サイト構成　テーマ

Webサイトはたとえるなら、1つの雑誌、1軒のショップ、1つの博物館です。入り口から入った閲覧者は、サイトの主題を紹介する写真や説明書を見ることになるでしょう。そして、想定した動線に従って閲覧者を誘導します。Webサイトは、ページをただ並べただけではダメです。どんなWebページをつくって、どのように配置するか、Webサイトの構成を熟考しましょう。

ページレイアウトのラフを描く

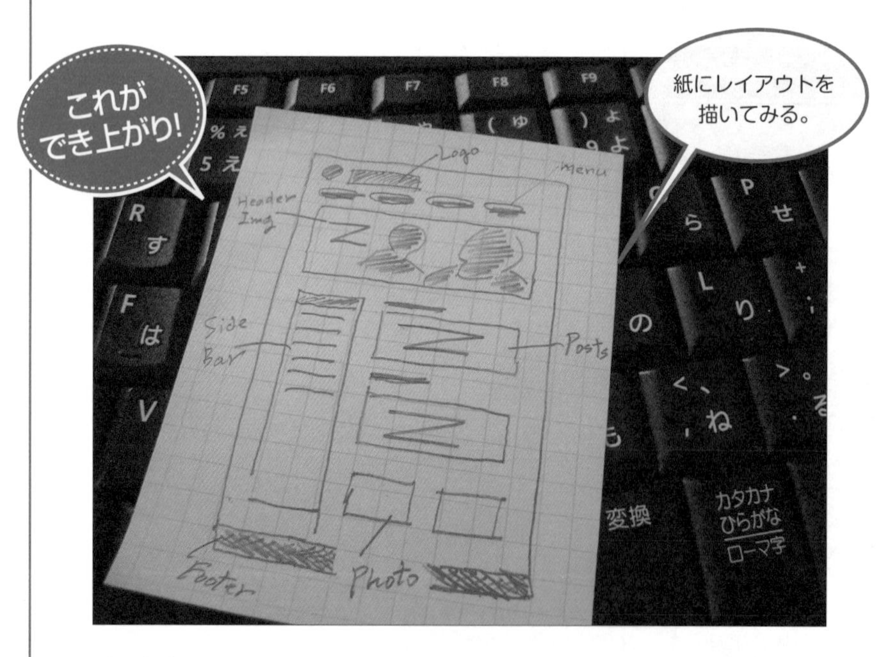

誰に何を見せ、何を目的とするWebサイトをつくろうとしているのでしょうか。Webサイトを利用するユーザーのイメージはできていますか。コンテンツは適切ですか。Webサイトをつくり始める前に、重要な基本事項のいくつかは再度確認しておきましょう。そのためには、Webサイトの設計図を描くとよいです。Webサイトの設計図を紙に描き出してイメージが固まってきたら、WordPressの豊富なテーマの中から最も近いものを選択します。

ここがポイント！

理想のWebサイトができそうなテーマを選ぼう

世界中のWebデザイナーが腕を競い合っているWordPressテーマの中には、あなたのイメージする理想のWebサイトのデザインがあるはずです。WordPressのWebサイト作成で初心者が“やらかしてしまう”原因は、理想のWebサイトをイメージできていないことです。イメージした完成形に近いテーマを見付けることができれば、作業時間を大きく短縮でき、でき上がりも満足のいくものになるでしょう。

- 目的を明確にする。
- Webサイトのレイアウトや機能をデザインする。
- コンテンツを揃える。
- ページ構成を考え、そのディレクトリー構成をつくる。
- テーマを選択する。

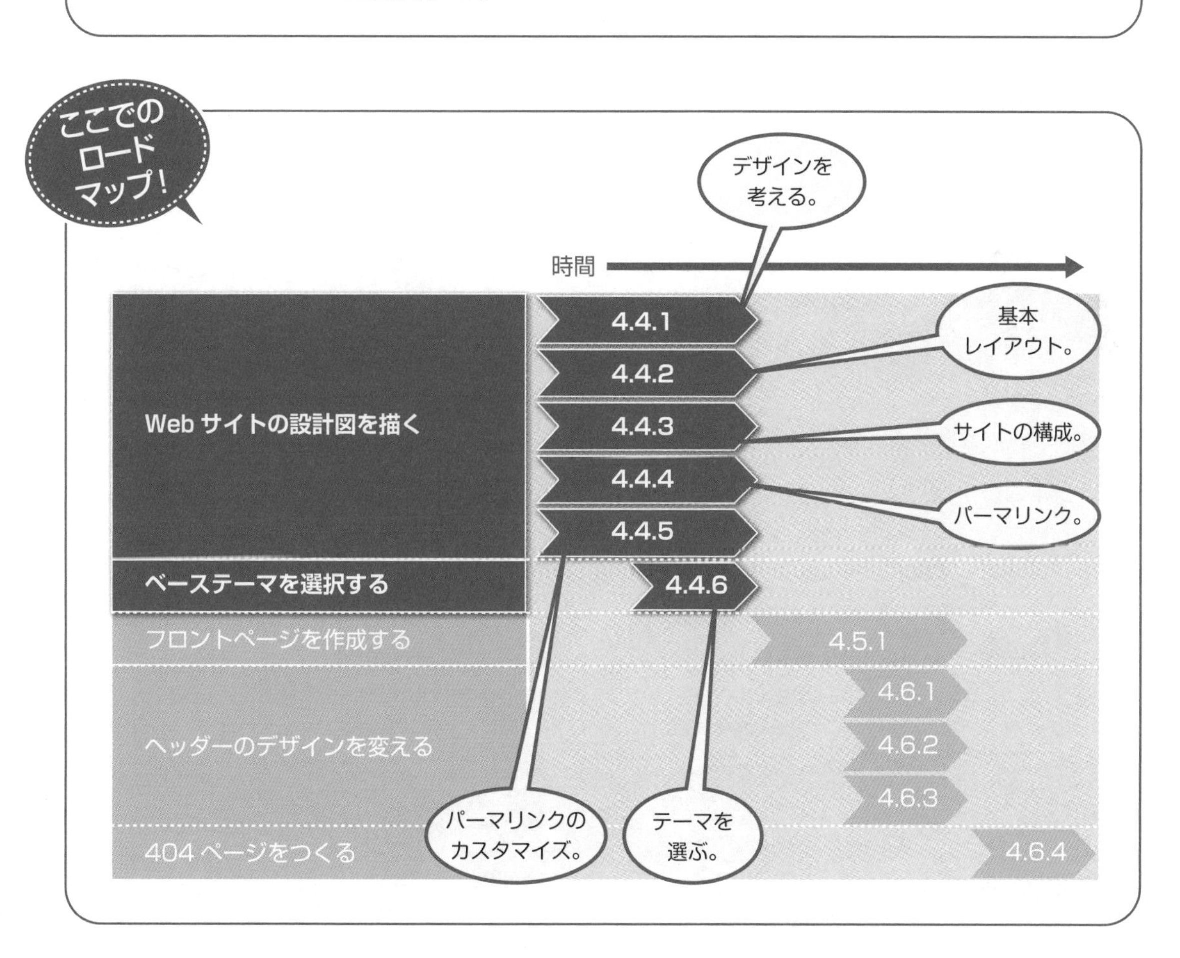

4.4.1 ページをデザインするときに最初に考えたいこと

本書を読んでいる方のほとんどは、すでにこの分厚い本書を手にするだけの理由があるのだと思います。それをここでもう一度はっきりとさせてみましょう。

誰のためのサイトか

Webサイトは全世界に公開されるという大前提があります。Webに載せたのに秘密にしておきたかったというのは通りません。Webページは、アダルトサイトなど年齢制限がある場合や、会員制ページへのアクセスをアカウントなどでチェックする場合を除いて、誰もが許可なく入ることのできる場所なのです。

だからこそ、サイトの入り口となる最初のページ（WordPressでは「**フロントページ**」といいます）には、ここには何があるのかを予感させるデザインが必要です。つまり、サイトのトップページを見た人に、「ここは、あなたが探していたページですよ」と感じさせるデザインです。

Webの利用者は、どのようにしてそのページにたどり着くのでしょうか。Web検索は大きな影響力を持っています。そのためにSEO対策が必要な場合もあります。その方策については6章で説明しますが、まずはもっと基本的なことを押さえましょう。どんなデザインにするか、どんなページにするか、それらは訪れる人を思い浮かべられなければ決められません。

Column マキシマイザーかサティスファイサーか

どんなWebページデザインにするか——。それを決定するポイントとして、「マキシマイザー」「サティスファイサー」というステレオタイプの分け方をあえて取り入れてみたいと思います。

「マキシマイザー」とは、最高のものを選ぶまで、あれやこれやと迷うタイプです。モノやヒトを選ぶときに、できるだけ多くの情報を得ようとします。オンラインショッピングでは、商品データを見比べ、レビューを読み、さらに実物が見られるなら、近くの実店舗に行ってみて、さらに迷って、また別の商品のカタログをダウンロードして……といったタイプです。

「サティスファイリー」とは、ファーストインプレッションを重要視するタイプです。モノやヒトを選ぶとき、イメージや雰囲気に流されるというのとはちょっと違います。データや情報もちゃんと読みます。オンラインショッピングでも、データを確認し、レビューだって読みます。もちろん、価格も重要視します。

この2つのカテゴリーに分類される客がオンラインショッピングで同じ商品を購入したとしましょう。

「マキシマイザー」は、選びに選んだ商品なので、満足度が高いといえるでしょうか。欲望がマキシマムなこのタイプにとって、もし満足できないところがあればガッカリ度もマキシマムになります。

「サティスファイサー」は、惚(ほ)れて購入した商品なので、たとえ出来が悪くても、それはそれなりに愛情を持ってもらえるものなのです。

あなたがつくろうとしているWebページを見てほしいと思う人は、どちらのタイプでしょう。「できるだけ多くの人に見てもらいたい。だから両方のタイプ！」というのは、ちょっと欲張りかもしれませんよ。

誰のためのサイトをつくるのか

「誰」です。「誰」に訪れてほしいのか、「誰」に見てもらいたいのか。
「誰」なのかをはっきりさせるために、その「誰」のプロフィールを考えてみましょう。

誰

- どこの国の人？
- どこに住んでいる人？
- 何歳くらいの人？
- 学生？　社会人？
  それともリタイアしたシルバー層？
- 男の人？　それとも女の人？
- 特定の職業の人？
- 年収はどのくらい？
- 貯蓄額はどのくらい？
- 最終学歴は？
- 飲酒、喫煙はする？
- スマホは持っている？
  それはAndroid？　それともiPhone？
- タブレットは持っている？
  それはAndroid？　iPad？　それともWindows？
- コンピューターは持っている？　Windows？　Mac？
- 趣味は？
- 休日にすることは？
- 病気や大きなけがの経験は？
- 家族の構成は？
- 仲のいい友達は何人くらいいる？
- 持家？　それとも借家？

どんな人たちが
読んでくれるか
想像してみよう。

自分のため？

つくる目的は

見せる相手を想定できたら、それは何のためのものなのか、改めて考えてみましょう。

企業や商品のためのサイトの場合には、それはお客様へのサービスというのが第一にあるでしょう。つまり、商品に関する様々な情報を提供したり、付加価値を提案したりすることができます。

イベントや芸能・芸術その他の文化的活動などのサイトでは、ファンのためのスケジュールの告知や限定情報の提供などを行っているところが多くあります。

これらの目的は、大きく分けると、「広げるためのサイト」と「限定的なサイト」の2つになります。もちろん、両方の目的を含むものもあります。

これまで知らなかった人にも情報を知らせたい。こんなときには、世界中に公開されているWebは強力なメディアになります。

SEO対策は、検索エンジンの上位にランクされるようにするという、新人歌手のキャンペーン活動のようなものです。

まだ訪れたことのない利用者をサイトに呼び寄せ、知らせたいコトやモノを広く知ってもらうことが目的の1つです。

Webサイトのもう1つの目的は、より深く関わってもらうことです。そのためには、心のどこか、頭の片隅にひっかかる何らかのコンテンツが必要でしょう。できれば、お気に入りに登録してほしい、それが2つ目の目的です。

そのためには、会員制にして、ログインが必要な専用ページを充実させることが必要になるかもしれません。そして、SNSとの連携は欠かせません。

どんなコンテンツを載せるのか

次に、ページの形式を考えましょう。ブログは、WordPressの得意とするところです。**投稿**または**ポスト**ともいいます。

投稿では、いつ投稿したのかが重要な要素です。情報を探すとき、同じようなタイトルならできるだけ新しいものを探しませんか？　閲覧者の気持ちになってみて、早く知りたいであろう情報はブログに投稿しましょう。

また、ブログは時間軸をはっきりさせたいときにもわかりやすいですね。普通に投稿したブログは、時間軸に沿って表示され、蓄積されます。閲覧者は、過去の情報を見付けたいときには、年月日のカテゴリーで探すこともできます。

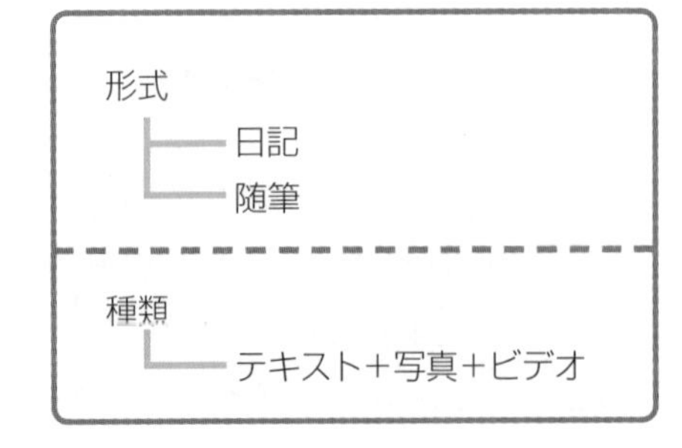

●日記形式

日記形式は、「いつ、何をしたか」という非常にシンプルな形式の文章です。通常は一人称で書きます。このため、著者は文体も書き方も気ままに書くことができます。

このようなブログは、読むほうにとっても気軽に閲覧でき、親しみやすかったり、興味を引く内容だったりすれば、ページビューのアップが継続して期待できます。

一方、この形式は投稿者の個性が最も表出されることから、読者への感情を過剰に刺激し、結果としてブログ炎上といったことが起こる場合もあります。

プラスのイメージアップを目指す事業者がブログを利用する場合には、ブログ炎上リスクを減らすための仕組みを持つことが必要です。具体的には、ある個人名で投稿される記事であっても、公開する前に別の人が目を通す、または別の人が編集してから公開するといった仕組みをつくります。また、読者からのコメントへのリコメントや削除も個人でするのは大変です。何人かがグループとして取り組むことが必要になるかもしれませんが、そのようなときにもあくまで個人が返信しているといった体(てい)になるよう、この場合は最後に日記投稿者が校閲するようにします。

日記形式のブログにする内容としては、イベント、行楽、趣味、食べ歩き、製品の使用、DIY、ハウツー、芸能、スポーツ、経済などの感想や情報が多いようです。

●随筆形式

ニュース性の弱い事柄や考えを、個人的な視点で自由に記した随筆形式（エッセイやコラム、小論文を含む）の投稿は、日記よりは堅苦しいですが、同時にきちんとしている印象になるでしょう。

WordPressでは、ほかのサイトから引用することが容易にできるため、ページにほかからの情報を差し込む随筆形式の投稿や固定ページの作成も楽です。

この形式で記述すると決めて書くなら、日記に比べて思慮深くなることでしょう。時間をかけて書いてもかまいません。1週間に1つ、場合によっては1か月に1つでもいいかもしれません。ほかのサイトからピンバックやトラックバックが来るようなページになれば、アクセス数の増加が望めます。

随筆として書かれていれば、日記のような軽はずみな記述自体が減ります。したがって、揚げ足をとるようなコメントなどが日記に比べて少なくなる一方、より専門的な見地からの賛成、反対などのコメントや意見が寄せられる可能性もあります。このような反応には、できる限り真摯な態度で対応するように心がけましょう。

随筆形式での投稿に適している題材というものはなく、日記の場合と同じように、Webサイトの目的や内容に合っていれば何でもいいのです。日記と異なるのは、感情をできるだけ排した語り口で、理論整然とした内容を述べることが求められるところです。

中でも社会情勢、政治経済、教育、技術やほかにも学芸的な分野は、日記形式よりも随筆形式での公開が似合っているように思います。

なお、いくら慎重に時間をかけてとはいっても、ある程度のボリュームはほしいところです。

●写真やビデオ

WordPressのテーマの中には、最初から写真を主としたブログに特化しているものも少なくありません。非常に多くの写真家やビデオ作家、イラストレーターが、自分の作品を公開する場としてWordPressを利用しています。

写真などのメディアがページの主体となります。それにキャプションや撮影者のコメントを添えるということになります。

4.4.2 ページの基本レイアウトのラフを描こう

Webが民間に開放されて四半世紀が過ぎました。

Webページの大まかなデザインも固まっています。

PC用のフロントページについていえば、最上部など最も目立つ場所に大きな写真、目立つタイトル、ロゴを配置することです。実用性を重視するサイトなら、その下に様々なページに誘導するためのウィジェットまたはバナーを配置します。この配置は、多くはサイドバーです。タイトルや企業ロゴなどの写真やイラストは、画面の上部に横に大きく入る場合が多いようです。サイドバーは、その下に縦長に入ります。左右どちらかに入る場合もあれば、両方に入ることもあります。

このようなWebページの区切りを**カラム**といいます。

ページをカラムで区切る

どのようなページデザインにするかを考えるときの1つ目の課題は、このカラムの配置です。

カラム配置には、いくつかのパターンがあります。特殊な場合を除いて、WordPressでよく利用されているカラム配置を参考にするとよいでしょう。これらのデザインは、ユニバーサルデザインとも呼べる安心感があります。

情報を効率よく伝えたいときには、タイトルロゴなどのカラムを横いっぱいに表示します。この部分は、**ヘッダー**と呼ぶこともありますが、Twenty Fifteenなどのテーマではヘッダーを右端に縦長で配置することもあり、必ずしも最上部に横長というわけでもありません。

話を戻して、3カラムまでのレイアウトをサポートしているテーマの多くは、ヘッダーを横長にとり、その下に縦長のカラムを配置します。左か右のカラムは、ナビゲーション機能を持ったサイドバーとして使い、コンテンツは最も広いカラムに表示します。このようにすると、横に並ぶカラムの数は2つになります。中には3カラムをサポートしているテーマもあります。

フッターは、ヘッダーに対して、ページの最下段に横長で表示される領域です。ウィジェットの表示場所としても使用できます。

4カラムをサポートしているテーマの多くは、フッターをカラムに列分割しています。このカラムもウィジェットの配置によって表示/非表示を指定できます。

次ページの図は、4カラムをサポートしているテーマのものです。左端のカラムは**メインサイドバー**、その右の3カラムをコンテンツエリアにしています。このテーマでは、ヘッダーとフッターの間のエリアは、1～4カラムに分割したレイアウトを選べます。各カラムには、ウィジェットを配置することもできます。

▼ブログページでよく目にするレイアウト

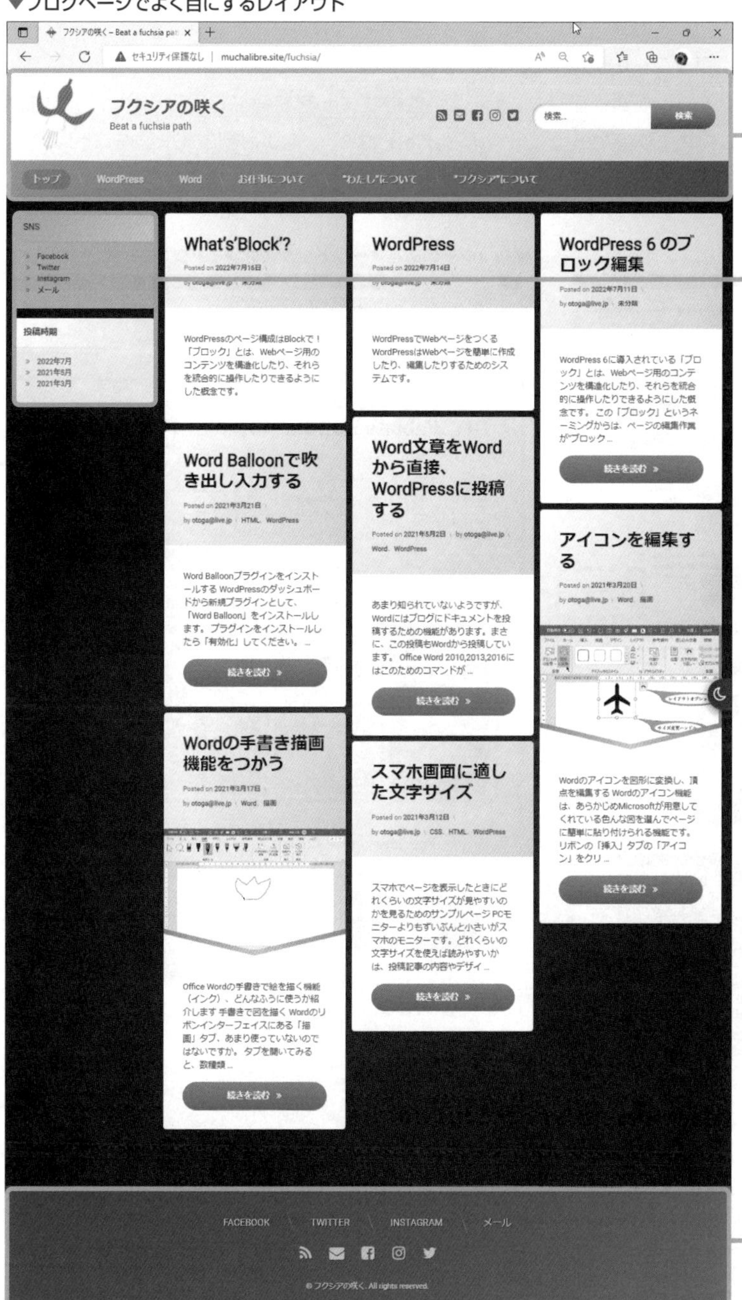

ヘッダー
サイトのタイトルや象徴的な写真、イラストを大きく配置できる。

メインサイドバー
ウィジェットを使って、カスタムメニューやカテゴリー分けされた投稿、固定ページへのリンクなどのナビゲーションを自由に配置できる。

フッター
ページの一番下のエリア。任意の順でウィジェットを配置できる。

Onepoint

Twenty Fourteenテーマでは、左側のサイドバーをメインサイドバーとしていますが、テーマによっては**レフトサイドバー**と呼ぶ場合もあります。サイドバーに比べて、ヘッダーやフッターは、多くのテーマで共通化しています。

基本レイアウト

さあ、ヘッダー、カラム、フッターの配置を決めましょう。

しかし、最初はどうもイメージが湧きません。そこで、他のサイトを参考にしてみましょう。なお、ここに示したページ例では見えていませんが、多くのサイトではページの下端にページ幅いっぱいのフッターが配置されています。

▼ヘッダーと2カラムのテーマ

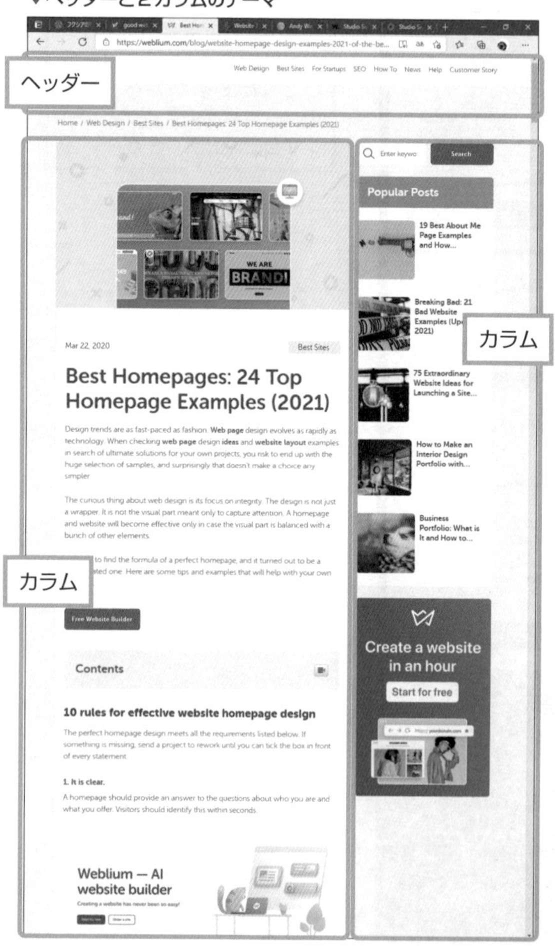

ヘッダー以外は、左コンテンツエリアと右ナビゲーションエリアの2カラム構成。ナビゲーション用のカラムのほうを狭い幅にするのが一般的なレイアウト。

▼ヘッダーのあるオーソドックスなレイアウト

上からヘッダー、1カラムの中に4列の案内板、3列の同幅の画像となっているオーソドックスなページレイアウト。中小企業や事務所などの比較的情報量が少ないサイトで、安心感をイメージさせたいときに用いられることが多い。

▼複数のヘッダー

スマホ用のレイアウトと同じで、情報量が少ない代わりに、必要な写真やイラストを中心に構成する。

▼アイキャッチ画像だけを配置

グリッドシステムによって、3列に等分して同サイズの画像を並べている。

Memo 英語を恐れない

英語圏で開発されたコンピューターソフトであっても、メーカーが日本を大切な市場と考えれば、日本語版をつくります。

もちろん、WordPressも本体は日本語化されています。しかし、海外のサードパーティーがつくるテーマやプラグインは、日本語化されないものが大半です。日本語化するスタッフがいないというのが、その理由だと考えられます。

このため、どんなに出来がよくても、英語圏でつくられたテーマやプラグインは、その設定や説明が英語であることが、初心者に敬遠される原因の1つとなっています。

しかし、WordPressの素晴らしさを知った人たちは、このような言語のハードルを軽々と越えていきます。WordPressの世界に魅力を感じたのなら、英語を怖がっている暇はありません。まず、やってみることです。

▼ヘッダーと背景を合体

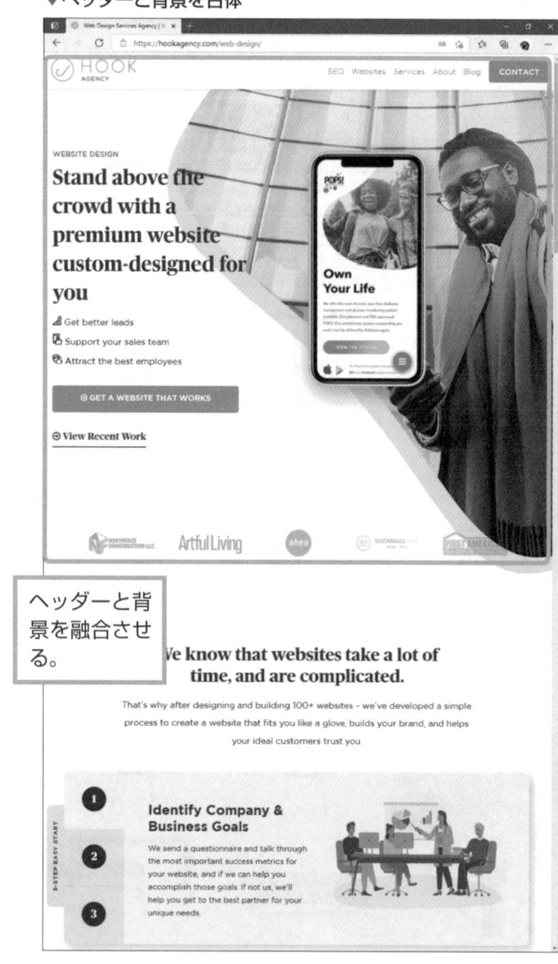

ヘッダーと背景をいっしょにして写真の対象物を大きく配置する。ページのインパクトは強くなる。視線を誘導する効果もある。

▼1カラムレイアウト

画面いっぱいに象徴的な画像を表示する、スマホユーザー向けのデザイン。スクロールしても、大きな画像とボタンが配置されていてスマホでも操作しやすい。

4.4.3 サイトの構成を考えよう

Onepoint

ところで、Webは本にたとえられることがあります。Webブラウザーに表示されるひとまとまりをページと呼ぶのも、そのためかもしれません。

そう考えれば、さしずめブログは日記、ショッピングサイトは通販カタログでしょうか。

本や雑誌と考えれば、ただページを重ねるのではなく、そこには構成や目次などの機能が必要になります。もちろん、本には似ていてもWebに特化したものです。

フロントページ

サイト構成を考えるとき、最初に解決しておいたほうがよいのは、サイトへの最初の接続時に表示されるフロントページに“何”を表示するかです。

“何”に当たるのは、WordPressの場合、「投稿ページなのか固定ページなのか」ということです。

▼ヤマハ株式会社のフロントページ

ブログをメインにする場合は、最新の投稿または投稿の一覧を表示するように設定します。

コーポレートサイト、ビジネスサイトの場合は、一般的には固定ページをフロントページに設定します。

ここでは、ヤマハ株式会社のホームページを例として見てみましょう。

フロントページは、ページ幅いっぱいのスライドの下に、製品やサービスのページに移動するボタンを配置しています。

このように、多くのビジネスサイトでは、会社や商品の顔となるフロントページは固定ページとしますが、その一部に投稿を表示するのもよいアイデアです。なお、ヤマハ株式会社のページはWordPressではありませんが、優れた構成となっていて参考になります。

サイト構成

通常、同じドメインまたはサブドメイン以下に配置されるディレクトリーに保存されるファイルによって表示されるページは、制作者が1つの目的を持って作成したもので、これを**Webサイト**または単に**サイト**と呼びます。

Webサイトは、1冊の本に相当する小サイトの場合もあれば、何巻もの百科事典に相当し、新たなコンテンツの保存によって膨張し続ける中サイト〜大サイトの場合もあるでしょう。したがって、どのサイトでも共通して考慮しなければならないのは、サイトの総ページ数ではなくて、ページのはたらきやそれらのつながりです。

サイト

Webページはサイト内のファイルが互いにリンクすることで、ひとまとまりとして扱われます。リンクによってページを移動するというのは、非常に便利な仕組みではあるものの、ともすると、「自分はいまどのページにいるのか？」そして「どうすれば希望するコンテンツのあるページにたどり着けるのか？」がわからなくなってしまう恐れがあります。Webが民間に開放された初期のホームページによく見られた失敗でした。

そこで、コンピューターのファイル管理におけるディレクトリー管理と同じ手法を、サイトの構造にも持たせます。つまり、フロントページ（トップページ）をサイトの唯一の頂点とし、この下にコンテンツごとにカスケードされたページをぶら下げます。

さらに細分化することもできますが、重要なのは、どのページからもサイトのトップページあるいはカテゴリーのトップページに、ワンクリックでジャンプできるリンクを置くことです。

WordPressでは、プラグインを使うことで、サイトのディレクトリー構造を表示する**パンくずリスト**機能が使えます。この機能を使うと、トップから現在のページまでのディレクトリーが階層化されて一目瞭然となり、さらに、ワンクリックで上位のどの階層のページにもジャンプすることができます。

また、メニュー表示をオンにすれば、トップページへのジャンプはいつでも、どのページからでもワンクリックで行うことが可能です。

このようなユーザーインターフェイスは、現在、ほとんどのWebページに備えられていて、一般化しているため、利用者にとっては、ディレクトリー構造と適切なページへのリンクの付いたメニューは当たり前となっています。

このように慣れ親しんだユーザーインターフェイスとまったく異なるサイト構成やカテゴリー分類を採用することは、特殊なサイトを意図的につくる場合以外には避けるべきです。

サイト構成を考える

ビジネスサイトとして会社のホームページをWordPressで作成するとしましょう。このとき、どのようなサイト構成が一般的なのかを次に示します。例として今回参考にするのは、ヤマハ株式会社のホームページです。

なお、ヤマハ株式会社のトップページは、横長のヘッダーの下に、各コンテンツページに移動するボタンとして、キャプション付きの写真を整然と配置しています。

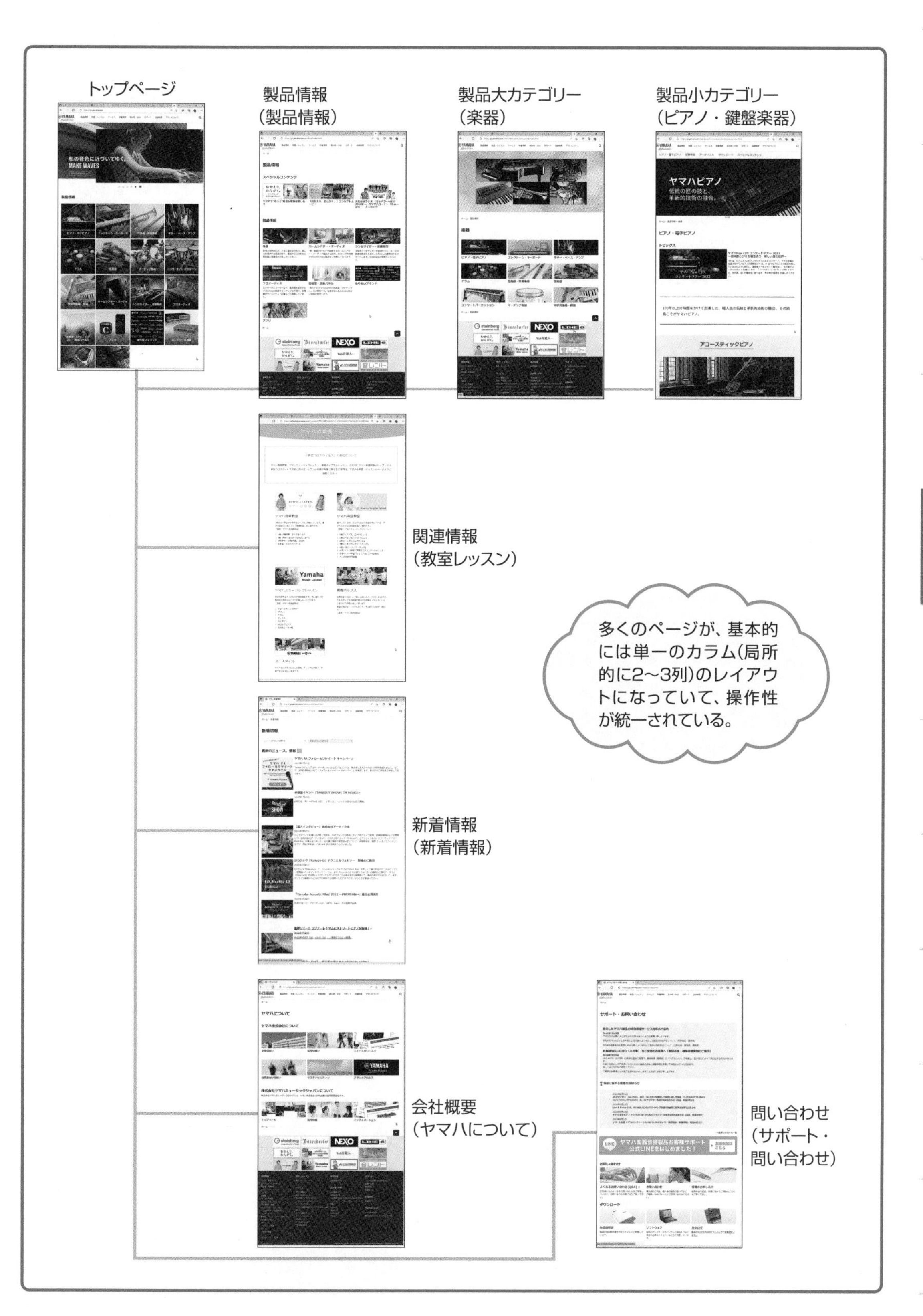
トップページ
製品情報
（製品情報）
製品大カテゴリー
（楽器）
製品小カテゴリー
（ピアノ・鍵盤楽器）
関連情報
（教室レッスン）
新着情報
（新着情報）
会社概要
（ヤマハについて）
問い合わせ
（サポート・
問い合わせ）
多くのページが、基本的
には単一のカラム（局所
的に2〜3列）のレイアウ
トになっていて、操作性
が統一されている。

ヘッダーの上にはメニューがあります。このメニューが第1カテゴリーまたは大カテゴリーに対応しています。非常にわかりやすい構成です。

メニューはドロップダウン形式になっています。それぞれの大カテゴリーの下には、コンテンツページへのリンクがあったり、さらに細かな小カテゴリーへのサブメニューが表示されたりします。

必要なカテゴリー分けは、会社や商品によって様々でしょうが、多くのビジネスサイトではヤマハ株式会社のような、製品情報、新着情報、問い合わせ、会社概要の各ページを持つのが基本の構成になるでしょう。

固定ページと投稿ページの使い分け

例に挙げたヤマハ株式会社のホームページに限らず、ビジネスサイト系では通常、固定ページをトップページにした固定ページメインの構成になっています。

投稿ページと固定ページとを比べたときに、機能としてももちろん差異があるのですが、それよりも**固定ページ**のほうが投稿記事よりも信頼度、信用度、まじめ度が高いというイメージがあります。もちろんブログの投稿記事にも、しっかりと情報やデータを収集し、丁寧に慎重に言葉を選びながら作成している例も多くあるのですが、簡単に投稿できるページは低級だというイメージ付けがあることは否定できません。

ビジネスサイトの場合、責任者や担当者が日記形式でブログを投稿して成功している例も多くあります。本書でもその活用を解説しています。

しかし、投稿機能の用途は日記形式のブログに限定されません。ヤマハ株式会社のホームページでは、「新着情報」の各情報のコンテンツ公開に投稿機能が使われています。音楽家の活動状況やイベント、セミナーの情報を紹介するコンテンツです。

ビジネスサイトの場合、すでに終わってしまったイベントの記事を投稿するよりも、これから行われるイベントの情報を載せるほうがメリットは大きいはずです。このような関連活動の告知として投稿機能を利用するというのがよいでしょう。

投稿を利用したページをサイトに組み入れる場合には、新着情報、活動報告、製品やサービスについてとりあえず早く知らせたい重要な情報などのページ作成に利用するようにしましょう。

これらのページ以外で、更新の必要性が低いページは、固定ページにしましょう。

Column 使いやすさとわかりにくさ

WordPressなどのCMSでつくったサイトは、それがまったく別のサイトであってもよく似た印象を持つことがあります。これは、CMSがテンプレートをひな形にしてWebサイトをつくっているからです。

多くのサイトがほかのサイトと似たつくりになっているというのは、利用者にとって悪いことではありません。Webページをどのように閲覧するか、などといった説明書きが不要なのは、Webページの歴史の中で利用者が利用しやすいデザインが定着していることを示しています。特に、効率が要求されるオンラインショップサイトなどでは、商品の内容だけが違っていて、残りのページレイアウトやボタンは同じということもあります。同じであることが、わかりやすいという安心感・信頼感につながるのです。

しかし、効率化を追求するあまり、伝えたいことが利用者の印象に残らないという場合もあります。

ブランド戦略では、ある程度、想定したカテゴリーの利用者を裏切らない印象が重要になります。

4.4.4　パーマリンクについて

URLとは、インターネット上のコンテンツの場所を示すもので、Webブラウザーにページや写真を表示するときに必要です。

WordPressで作成するサイト内のページは、動的にページが作成されるため、デフォルトではURLのファイル名に当たる部分が、例えば「https://otoga.wp.xdomain.jp/?p=1」などとなっています。

ドメインのあとのページファイルを示す部分が、投稿記事では記事ごとに「?p=1」のように、固定ページではページごとに「?page_id=123」のように記号化されます。

こういった管理上の記号ではなく、URLを人が見て意味がわかるようにすることもできます。これが「パーマリンク」です。

パーマリンク

パーマリンクは、その名のとおり「恒久的なリンク」を設定するという趣旨の機能です。つまり、動的なものではなく、固定され、容易に変更されないというのがその建前となっています。

例えば、URLのコンテンツを示す部分を住所のビル名と考えるとわかりやすいでしょう。ドメインの部分が「○○県○○市○○町○丁目○番地」です。ここは勝手に変えるわけにはいきません。しかし、このあとに続くビル名や何階にある部屋か、部屋の宛名を会社名にするか、部署名にするかなどは、役所や郵便局に届けなくても郵便物や宅配便は届きます。

ただし、ビル名や部署名がデタラメでいいということではありません。正しい表札が出ているということが条件です。そして、恒久的に同じ名前が使われていることが望ましいのです。しょっちゅう名前が変わると、届かないこともあります。

実際、パーマリンクを変えると、そのページを「お気に入り」に設定していたWebブラウザーからは、リンクが切れていると判断される可能性があります。特に、パーマリンクの設定をデフォルトからそれ以外に変更した場合や、反対にデフォルトに戻した場合には、ページが見付からなくなります。

このような現象が起きる恐れがあるということは、検索エンジンからも好意的には見られず、SEOとして不利だという指摘もあります。

0 自分の夢を発信する
1 WordPressがある
2 ブログをしてみる
3 どうやったらできるの
4 ビジュアルデザイン
5 ブログサイトをつくろう
6 サイトへの訪問者を増やそう
7 ビジネスサイトをつくる
8 Webサイトでビジネスする
資料 Appendix
索引 Index

4.4.5 パーマリンクをカスタマイズする

投稿に関するパーマリンクの設定では、あらかじめ用意されている共通設定からその命名ルールを指定するか、または**構造タグ**を使用してカスタマイズするかが選択できます。

なお、パーマリンクの設定を行うなら、サイトの開設時またはできるだけ早い時期に行うのがよいでしょう。なぜならば、パーマリンクの自動設定を行ったとしても、以前のページには適用されないためです。

さて、投稿ページに実際にパーマリンクを設定する方法ですが、ダッシュボードのサイドメニューから**設定➡パーマリンク設定**をクリックします(WordPress.com無料版には、このオプションはありません)。共通設定の項目からラジオボタンを1つ選んでクリックします。

▼ダッシュボード

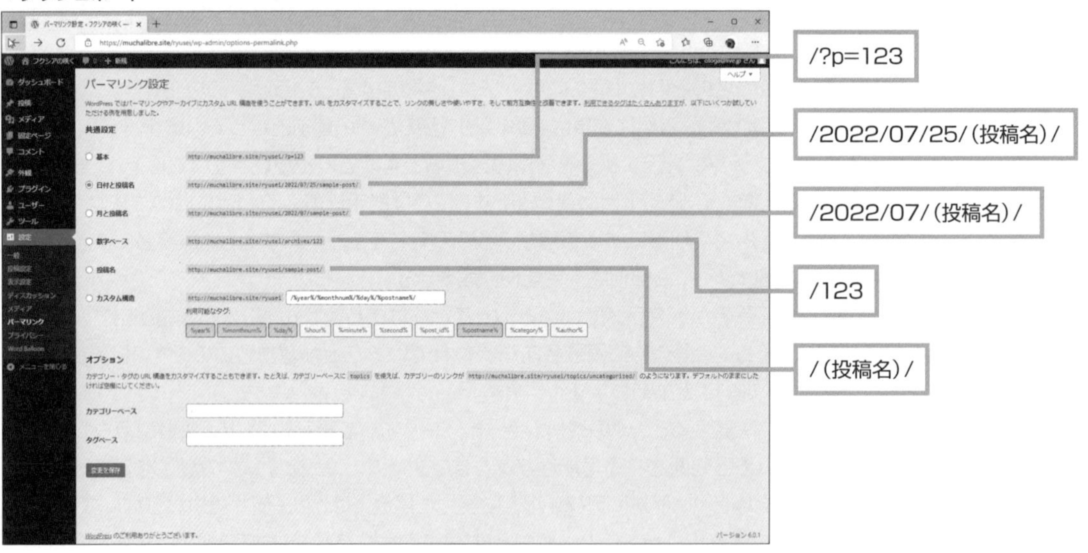

▼パーマリンク

共通設定の項目	表示例	構造タグ
基本	https://example.jp/?p=123	-
日付と投稿名	https://example.jp/2015/01/01/tokomei/	/%year%/%monthnum%/%day%/%postname%/
月と投稿名	https://example.jp/2015/01/tokomei/	/%year%/%monthnum%/%postname%/
数字ベース	https://example.jp/archives/123	/archives/%post_id%
投稿名	https://example.jp/tokomei/	/%postname%/

カスタム構造をオンにすると、構造タグを使って独自のパーマリンクを付けることも可能です。なお、構造タグは、複数並べて設定することもできます。

▼パーマリンクのカスタマイズ

構造タグ	説明
%year%	投稿した年月日の年を4桁で表示します。
%monthnum%	投稿した年月日の月を2桁で表示します。
%day%	投稿した年月日の日を2桁で表示します。
%hour%	投稿した時間の時を2桁で表示します。
%minute%	投稿した時間の分を2桁で表示します。
%second%	投稿した時間の秒を2桁で表示します。
%post_id%	投稿の固有IDを表示します。
%postname%	投稿の投稿名を表示します。
%category%	投稿のカテゴリーを表示します。複数のカテゴリーを指定している場合には、カテゴリーIDの一番小さなものが表示されます。
%author%	投稿の作成者を表示します。

Memo

ほかのページからの引用

ほかのページのコンテンツへのリンクを私的使用の範囲内で張るとき、一般的にはリンク先の管理者あるいは作成者にリンクの許可申請をする必要はありません。Webというシステムが、リンクすることで情報を有機的に共有するものだからです。

しかし、自分のサイトの投稿や固定ページで情報を引用するときには、引用元がほかのWebサイトの記事に限らず、雑誌や書籍などからのものであっても、引用のルールに従うようにしましょう。

そのルールとは、まずは自分のコンテンツの中で他者のコンテンツを引用する必要性がある場合に限られます。引用する場合には、どこから引用しているのか、どこが引用部分なのかが容易にわかるようにします。もちろん、引用するのは引用元の一部分でなければなりません。

WordPressで投稿記事やページを作成するとき、参照用のタグによって参照/引用の表示は簡単にできます。併せて引用元も明らかにしておくとよいでしょう。

固定ページのパーマリンクを設定する

固定ページのパーマリンクは、投稿ページのそれと少し異なります。

まず、**設定➡パーマリンク設定**のデフォルトでは、固定ページも**?page_id=123**のように表示されます。そこで投稿ページと同じように、/年/月/日/を使用しようとしても、固定ページでは無視されます。

固定ページのパーマリンクでは、「%postname%」の構造タグを指定します。これによって、固定ページに付けられているタイトルをパーマリンクとして表示させられるようになります。

▼カスタム構造の設定

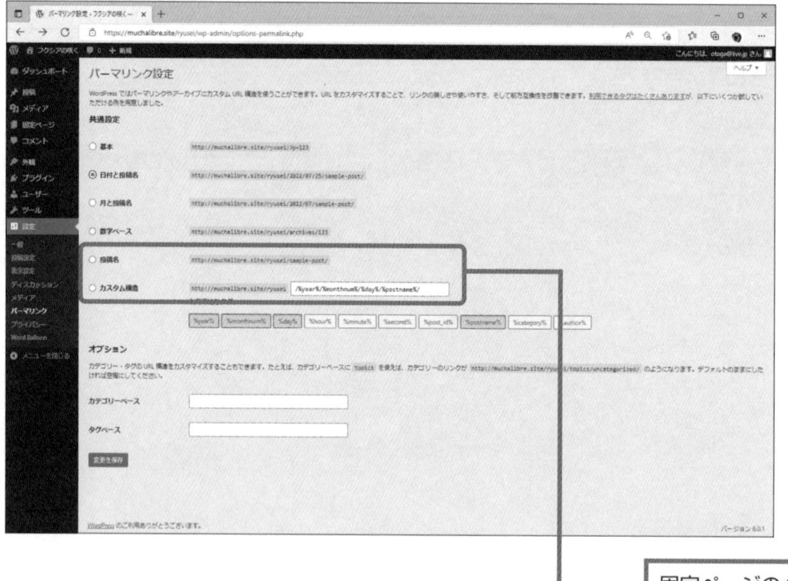

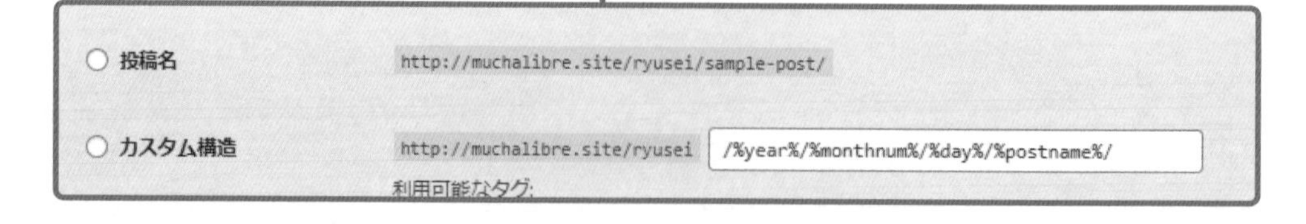

ただし、コンテンツのパーマリンクにタイトルを使用することには問題点もあります。一般的なブログサイトやホームページでは、投稿のタイトルを日本語で付けている場合が多いと思いますが、このときパーマリンクをカスタマイズして「%postname%」を指定していると、URLのディレクトリーにはドメイン名に続いて日本語のタイトルが表示されるようになります。日本語表示されたURLは、Webサーフィンをするユーザーにとっては、ページの内容がわかりやすくてよいのですが、タイトルが正しく日本語で表示されるかどうかはWebブラウザーの機能によります。そして、日本語のタイトルが表示されないWebブラウザーでは、この部分が記号や英数字による長々とした意味不明の文字列として表示されてしまいます。

それでは、タイトルをパーマリンクにするにはどのようにすればよいのでしょう。Googleなどの検索エンジンには英語表記が有利との記述もありましたが、少なくともいまのGoogleの見解によれば日本語でも英語でも大差ないようです。このため、タイトルをパーマリンクにするときに日本語のままでよいか、それともスラッグ機能を使って英語表記に変えるかという問題は、Webサイトでのユーザビリティをどのように考えるかという管理運用上の問題に帰結させ、Webサイトで統一したルールをつくるのがよいと思います。

日本語が理解できる主に日本人だけが対象なら、日本語のタイトルをそのままディレクトリーに使っても問題ないでしょう（ただし、長いタイトルを短くするなどの編集は必要になるかもしれません）。そのほうが視認性はアップすると思われます。しかし、英語圏の人にもコンテンツを閲覧してもらいたいなら、日本語のタイトルをURLに含めるのは避けたほうがよいと考えるかもしれません。

ここでは、投稿ページのURLにタイトルを付けるパーマネントリンク設定を行ったあと、その投稿のスラッグを編集します。

Process

❶パーマリンク設定ページで、**カスタム構造**を選択し、**%category**や**%postname%**などを設定したあと、固定ページの**クイック編集**で**スラッグ**にページの内容を示すような短い日本語表記または英語表記（サイトで統一）を設定します。
❷設定後には**変更を保存**ボタンをクリックします。

▼パーマリンク設定

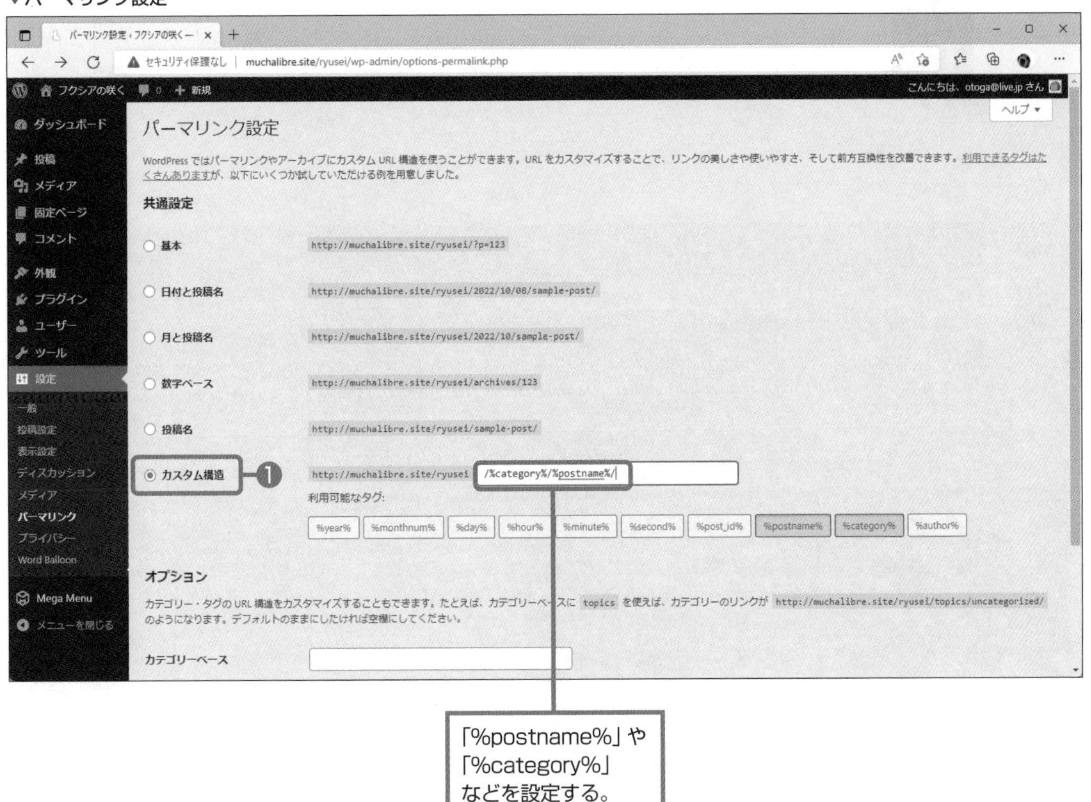

0 自分の夢を発信する
1 WordPressがある
2 ブログをしてみる
3 どうやったらできるの
4 ビジュアルデザイン
5 ブログサイトをつくろう
6 サイトへの訪問者を増やそう
7 ビジネスサイトをつくる
8 Webサイトでビジネスする
資料 Appendix
索引 Index

Process

❸投稿ページあるいは固定ページで、任意のページの**クイック編集**をクリックします。
❹**スラッグ**ボックスをクリックして、スラッグの内容を書き直します。
❺**更新**ボタンをクリックします。

▼投稿ページのクイック編集

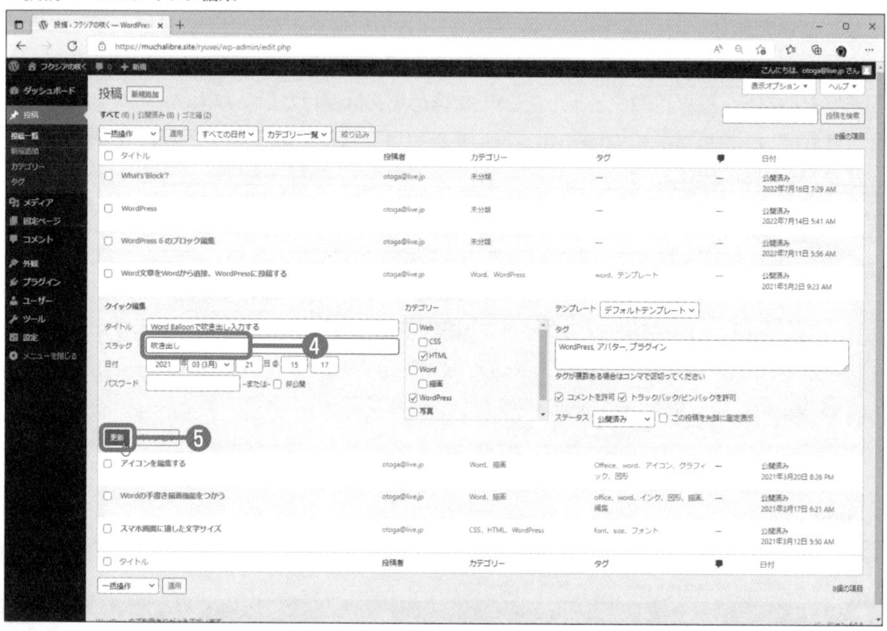

Hint パーマリンク設定とSEO

どうしたら大勢の人にWebページを訪問してもらえるかを考えるとき、いまでは検索サイトの存在を考慮しないわけにはいきません。

ユーザーがGoogleなどの検索サイトでキーワードを使ってWebページを検索します。この結果としていくつかのWebサイトが表示されます。上位に表示されれば、それだけで大勢の訪問が期待できます。

このように、検索サイト（検索エンジン）の上位に表示させるための作業を**SEO**（Search Engine Optimization）と呼びます。本書では「6.3 検索エンジンからの訪問者を増やすには」でその方法の一部を紹介しています。

投稿のパーマリンクを適切に設定するのもSEOの一環です。GoogleのSEOに関するガイドドキュメント（https://developers.google.com/search/docs/）には、WebページのURLはシンプルな構造にするのがよいと記述されています。このSEO作業は、WordPressではパーマリンク設定に相当します。

そのドキュメントには、「論理的かつ人間が理解できる方法で（可能な場合は ID ではなく意味のある単語を使用して）URL を構成できるよう、コンテンツを分類します」とあります。

つまり、人がURLを見て理解できるくらいの内容と長さであることが求められるのです。

4.4.6　理想に近いテーマを選ぼう

世界中で利用されているWordPressには、毎日のように世界中から新しいテーマが寄せられます。あなたが理想とするWebページのデザインを実現するベースになるテーマは、おそらくその中にあります。

デザインラフをもとに、理想に近いテーマを探してみましょう。

多カラムのテーマ

さて、デザインのポイントは、基本となるページをどのように分割するのかということでした。

基本的なビジネスサイトでは、横長のヘッダーの下にあるサイドバーを左右どちらに付けるか（ヘッダーとフッターの間のエリアを2カラム）、または両方に付けるか（同3カラム）の選択肢があります。

ビジュアルイメージを大きく打ち出したいなら、ヘッダー部分にスライドショー機能を持っていて、サイドバーのないタイプも検討します。通常、ヘッダー部分は1カラムになります。

フッター部分を3～4カラムに分割しているサイトは、多くの異なる情報ページを含んでいる大きなWebサイトに多いようです。フッター部に固定ページのサイトMapなどを表示しています。

特徴フィルターでテーマを検索する

何千もあるテーマから、希望するものを探し出すのは大変です。そこで、テーマを絞り込める検索機能を使うことにしましょう（WordPress.comからは使用できません）。

もちろん、この方法では世界中のテーマが検索対象とはなりませんが、とりあえず最も手っ取り早い方法です。この方法で見付かればそれでいいですし、気に入ったものがない場合は検索エンジンを使って、国内外のテーマを探すことになるでしょう。

Process

❶ダッシュボードからテーマを新規インストールする操作を行います（**外観➡テーマ**をクリックし、**新規追加**ボタンをクリック）。
❷**テーマを追加**ページで**特徴フィルター**をクリックします。すると、WordPress.orgに登録されているテーマを検索するためのフォームページが表示されます。
❸ここで、希望するデザインや機能を持つテーマを探すことができます。検索条件にチェックを入れたら、**フィルターを適用**ボタンをクリックします。

▼テーマフィルター

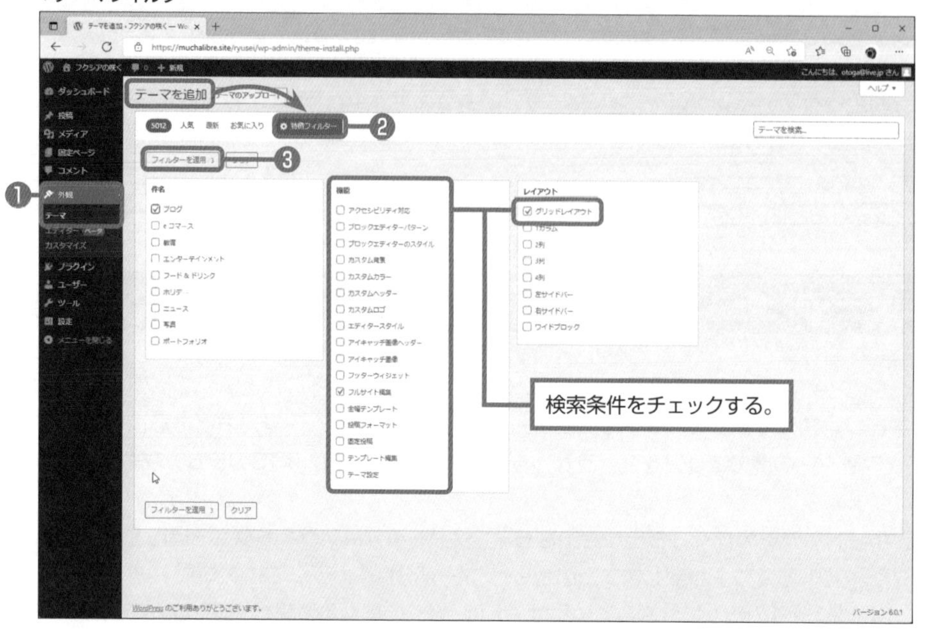

フィルターで絞り込んだテーマが一覧表示されました。

Process

❹より詳しい内容を確認したり、現在のサイトに適用させた場合の表示をプレビューで確認したりするには、テーマのサムネイルにマウスを乗せて**詳細&プレビュー**をクリックします。

▼条件に合致したテーマ

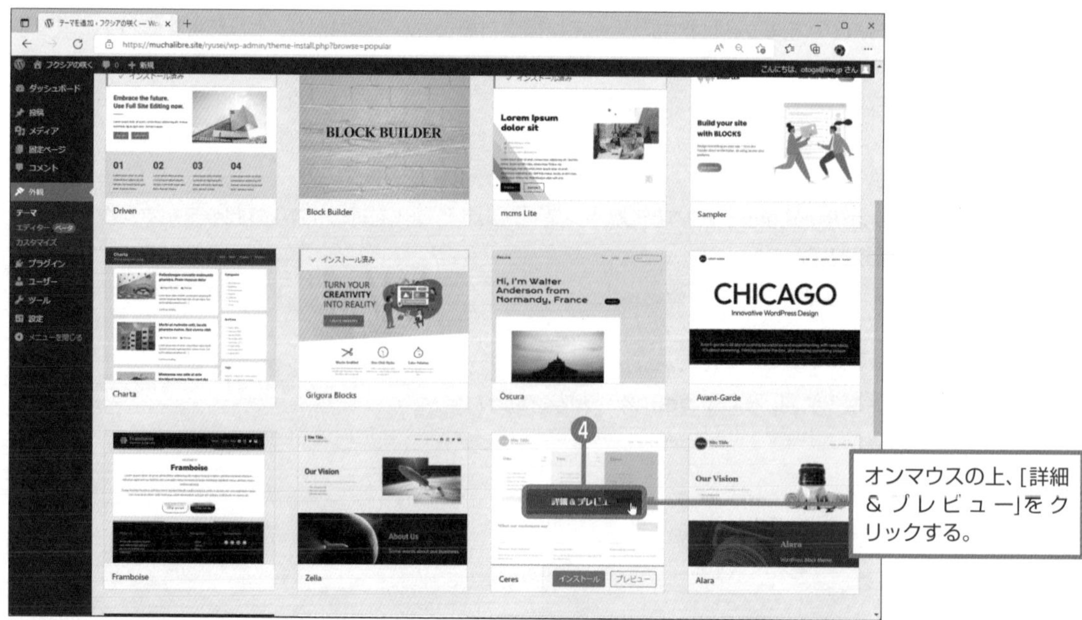

選択したテーマのライブプレビューが表示されます。左サイドバーの一番上に表示される**<>**をクリックすると、この状態で次々にほかのテーマでのライブプレビューを確認することができます。

ただし、フロントページだけのライブプレビューなので、デフォルトでフロントページに表示されるのが投稿なのか固定ページなのかによって印象が変わります。そのため、デフォルトでの設定とは逆のページでどのように表示されるかを確認するには、実際にインストールして確認するしかありません。

Process

❺気に入ったテーマが見付かったら、左サイドバーの一番上の**インストール**ボタンをクリックします。

▼詳細&プレビュー、テーマのインストール

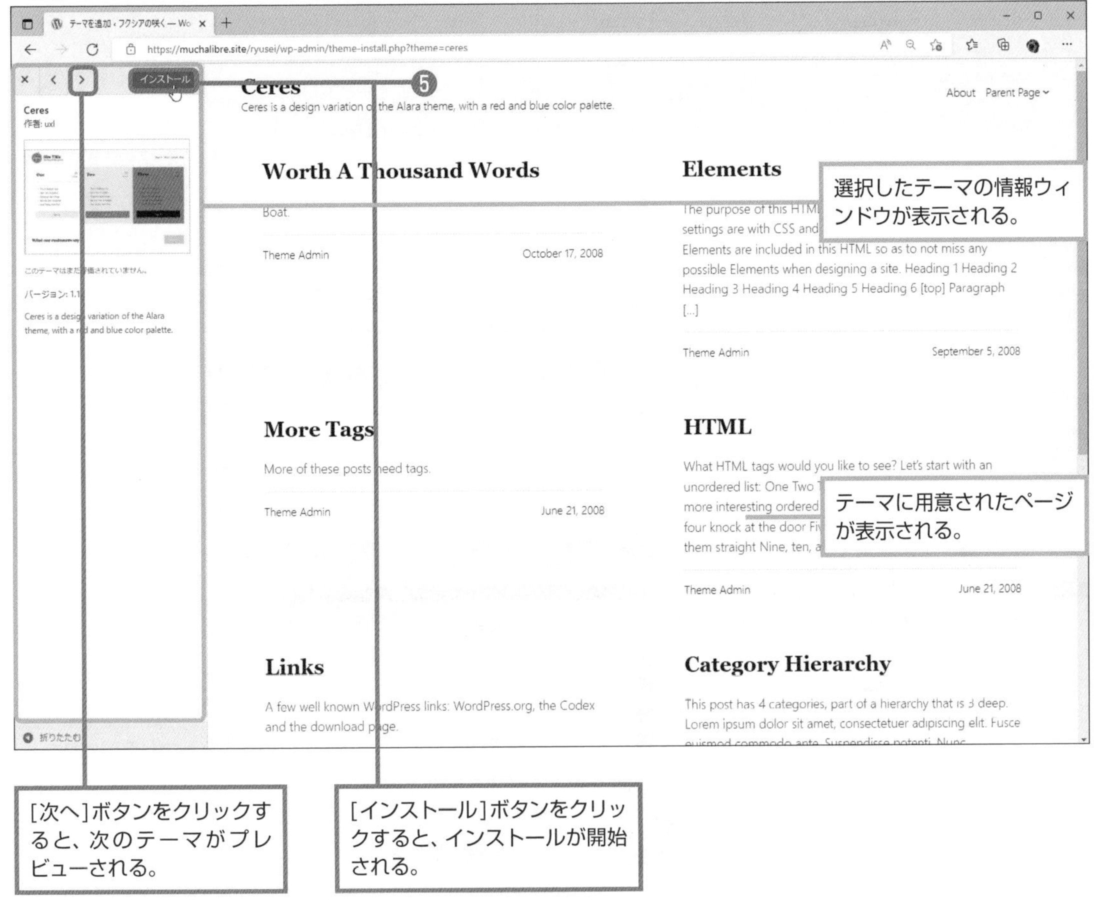

Process

❻インストールが完了しました。すぐに現在のサイトに適用させたいときには、**有効化**をクリックします。

▼テーマの有効化

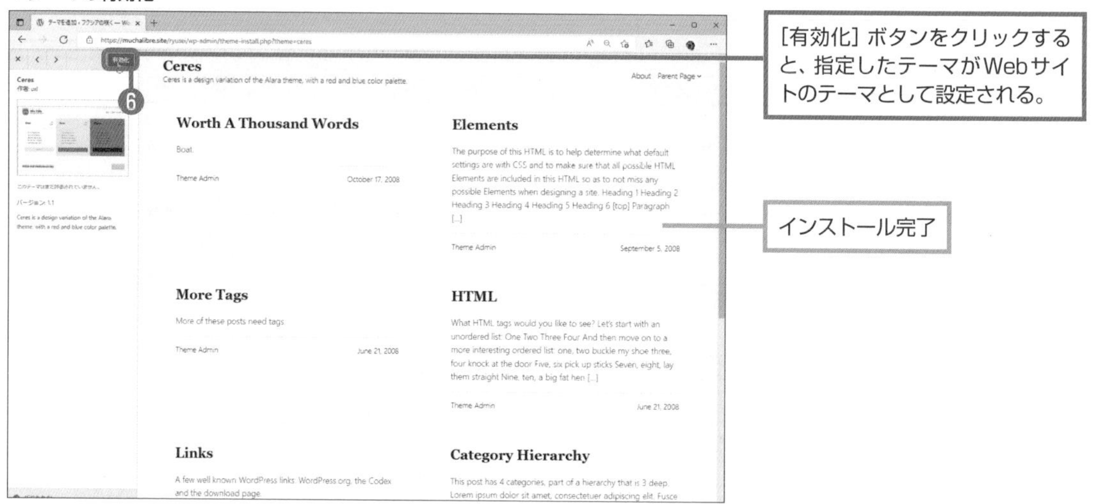

Process

❼テーマが変更されました。テーマが一覧表示されたページが表示されたら**サイトを表示する**をクリックします。すると、変更されたテーマのWebサイトが表示されます。ここでは、Ceresテーマに変更しています。

▼変更後のサイトを確認

レスポンシブレイアウト

レスポンシブデザインとは、Webブラウザのウィンドウのサイズを任意に変更しても、Webデザイン、特にレイアウトが大きく乱れることなく表示するための思想あるいは技術を指します。WordPressは、レスポンシブデザインに沿うように設計されていて、PCのWebブラウザに表示したときのWebページのデザインを元にして、タブレットやスマホなどの携帯端末用のWebページのレイアウトを自動で組み替えます。このため、WordPressテーマの中には、「**レスポンシブレイアウト**」対応と記されているものもあります。

現在、一般に利用できるWordPressのテーマのほとんどが、レスポンシブレイアウトに対応していてます。レスポンシブレイアウト対応のテーマによるWebサイトの作成では、通常はPC用のモニターサイズでWebページを作成し、エディターでそのページをタブレット用、スマホ用に切り替えてデザインの微調整を行います。

▼PC

▼タブレット

▼スマホ

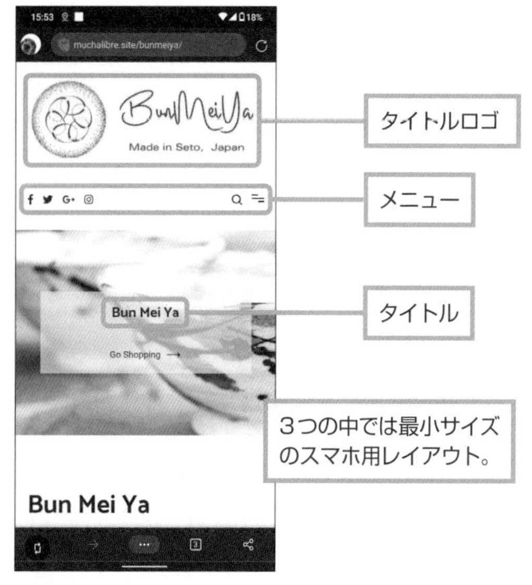

Section 4.5

Level ★★★

固定ページのフロントページをつくろう

Keyword　固定ページ　フロントページ

Webページといっても、現在では大きく2通りのものがあります。1つは、ブログページです。投稿記事を1単位とするコンテンツで、カテゴリーやタグなどによって分類されます。これに対して、ほとんど更新することのない、更新されては困るWebページがあります。このタイプのWebページは、WordPressの［固定ページ］機能を使って作成されます。

▶SampleData
https://www.shuwasystem.co.jp/books/wordpresspermas190/

フロントページをつくる

Webサイトの中でもビジネスサイトは、特に玄関となるフロントページが重要視されます。ここでは、ビジネスサイトの大雑把なページ構成を考えた上で、フロントページをはじめとして、基本となる情報を載せるWebページを固定ページで作成します。そして、テーマに付属するオプション機能を使い、固定ページをつくり上げていきます。

ここがポイント！

フロントページをつくろう

- 固定ページを作成する。
- 固定ページをフロントページにする。
- 固定ページをカスタマイズする。

ここでのロードマップ！

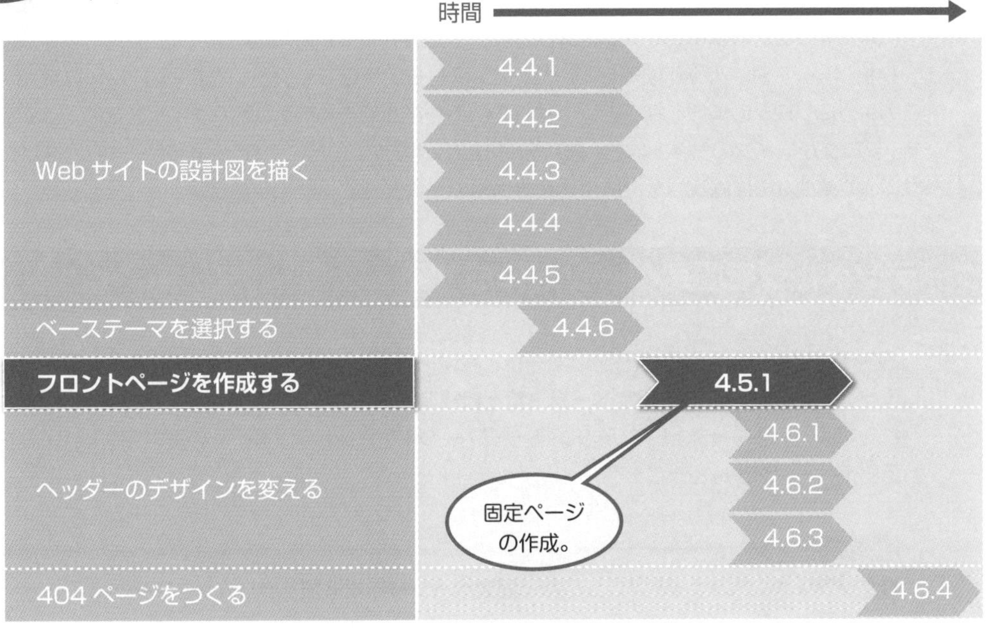

4.5.1　固定ページを作成する

CMSとしてWordPressが注目されるのは、固定ページの作成や管理が容易にできることもその理由の1つです。

投稿ページと固定ページとは、いくつかの違いがあります。特徴を知った上で、どちらで作成するかをちゃんと分けておくようにしましょう。

固定ページ

固定ページとして作成するほうがよいコンテンツは、閲覧者にとってはトップページからの階層が浅く、探しやすいものです。これは、サイトを初めて訪問した閲覧者が、サイトの特徴やコンテンツを素早く知りたいと思うためです。

外国語のサイトを閲覧したときに、それがたとえ検索エンジンで見付けたサイトであったとしても、どこに必要な情報があるかがよくわからなくて、あちらのリンクこちらのボタンと探しているうちに嫌になって別のサイトにジャンプした、という経験があるのではないでしょうか。

投稿ページでは、情報が堆積していくので、少し古い情報でもいちいち探さなければなりません。このようにブログの情報を探すという根気のいる作業ができるのは、そのサイトを気に入ってからです。ブログがメインのサイトなら、最新のブログが重要なコンテンツでしょうが、一般的なビジネスサイトで重要なのは固定ページによる基本情報の充実度です。

グーテンベルグで固定ページを作成する

固定ページの作成や管理を行うには、ダッシュボードのサイドメニューから**固定ページ**をクリックします。サブメニューには、**固定ページ一覧**と**新規追加**の2つがあります。

ここでは、固定ページとして新たに「トップページ」を作成しますが、その後、同様にサイトを構成する固定ページを作成しましょう。

Process

●ダッシュボードのサイドメニューから**固定ページ➡新規追加**をクリックします。

WordPressのページ編集機能は、グーテンベルグ（Gutenberg）と呼ばれるビジュアルエディターです。このエディターの特徴は、「作成ページを構成するテキストや図形などを、それぞれの特徴に応じたブロックとして配列し、そのブロックごとにコンテンツに合わせた詳細な設定ができる」という点です。例えば、通常の文章は**段落ブロック**に記述します。この段落ブロックはテキストデータを入力するテキストブロックです。段落ブロックに入力した文字列は、Webページに表示される文字情報になるのですが、段落ブロックといわれる理由は、改行するとその段落が終了するところにあります。このため、段落を改めて文章を続けるには、新しい段落ブロックを挿入することになります。また、ブロック単位なので、段落の順序を変更することも容易です。

ブロックには、テキストを入力する段落ブロックのほか、**見出し**、**リスト**などテキスト形式に応じたブロックがいくつも用意されています。もちろん、画像用には**画像**、**ギャラリー**、**カバー**などがあります。

ブロック内の詳細な設定項目は、ブロックの種類ごとに異なります。段落ブロックでは、フォントサイズや色設定、ドロップキャップなどの設定ができます。ブロックのデザインや機能についての設定は、ページに挿入した任意のブロックの設定ウィンドウを開いて行います。

さて、それではグーテンベルグを使って固定ページの作成作業に入りましょう。固定ページの新規追加操作を行うと、開いたページには、「タイトルを追加」「文章を入力、または/でブロックを選択」と表示されたデフォルトのボックスが表示されています。なお、新規投稿でもこれら2つと同じボックスが表示されます。

タイトルについて

タイトルを追加ボックスには、このページのタイトルを入力します。ここに入力したタイトルをカスタムメニューにすることもできます。例えば、タイトルに**お知らせ**と入力すると、メニュー名の選択欄に**お知らせ**が追加されます。また、WordPressでの固定ページ管理もタイトル名で行われます。

固定ページのパーマリンクでは、タイトル名がディレクトリー名として使用されます。また、親ページを設定した場合、パーマリンクは親ページのタイトルの下層ディレクトリーとして表示されます。一般には日本語でタイトルを入力すると思われますが、そうするとURLのディレクトリー表示にも日本語が入ります。ドメイン名の多くはアルファベットと数字なので、ページやコンテンツの所在を示すURLに1バイトの英数文字と2バイトの漢字やかなが混在することになります。

現在、Webブラウザーでブログを閲覧するとき、このような文字の混在をよく目にします。混在があってもGoogleなどの検索サイトへの登録に関して不利になることもないようです。であれば、タイトルがURLの後半に表示されているほうが、ページを閲覧する日本人にとっては視認性がよく、都合がよいことが多いと思います。

それでも、長い日本語のタイトルをそのままページのURLとした場合（パーマリンクにタイトル名を入れるように設定していたり、スラッグにタイトルなどの日本語を使っていたりしている場合）には、不都合が起きることがあります。日本語のような2バイト文字は、結局はサーバー側では1バイト文字列に変換して処理されていて、URLを日本語化しているのはWebブラウザーのはたらきによるところが大きいのです。このため、日本語化してくれないWebブラウザーでは、日本語の部分が意味のない長大な文字の羅列になってしまいます。

Tips

英単語のつづりの間違いがわかる

WordPressの固定ページと投稿ページで、アルファベット表記の英単語を含むテキストを入力しているとき、どこかの単語に赤色の波下線が表示されたら、それは辞書にない単語の可能性があります。つまり、英単語のつづりがどこか間違っているかもしれません。もう一度調べてみましょう。

URLに日本語が入っていると、アドレスの表示や検索結果を見ただけで、どんなページなのかがわかりやすくなります。日本人だけに向けてのWebページなら、ページや投稿のタイトルは短い日本語にするとか、タイトルをキャッチーにして凝りたいとか、人によっていろいろです。英語圏の人たちにも見てもらいたいなら、URLになる部分（スラッグ）を1バイトの英数字に設定し直すことも必要です。Webサイトの管理ルールとして、タイトル名とスラッグをどのように設定するかを決めたほうがよいでしょう。固定ページでのスラッグ指定によるパーマリンクの変更については、前述の「4.4.4 パーマリンクについて」でも解説しています。そちらも参考にしてください。

▼固定ページのURLスラッグを設定する

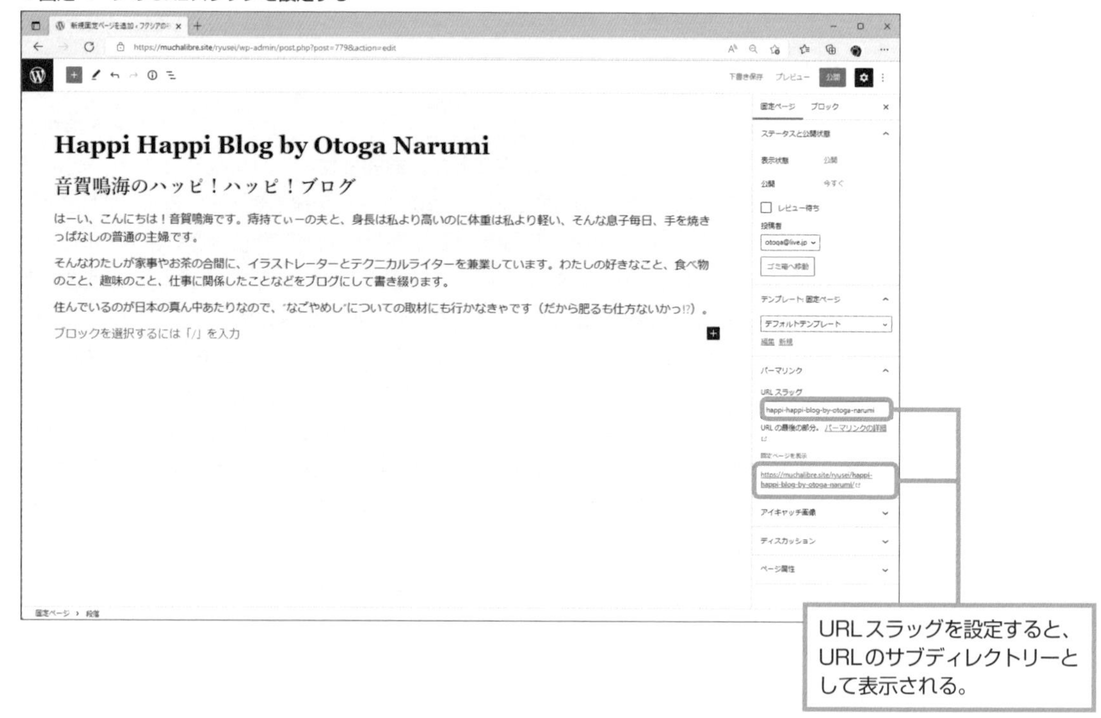

URLのディレクトリー構造

ページ属性欄の**親**項目では、固定ページのURLでのディレクトリー構造を設定します。デフォルトの**（親なし）**では、ドメインの直下にタイトルまたはスラッグによるディレクトリーが作成されます。

ページ属性の**親**項目のドロップダウンリストを開くと、作成されている固定ページの一覧が開きます。ここでいずれかを選択すると、URLのディレクトリー構造が、その固定ページの子に再設定されます。例えば、製品個々のページを作成し、それを**製品情報（products）**の下層ディレクトリーとしてURLに表示させることができるわけです。このとき、**製品情報（products）**ページは、実際には表示しないページでもかまいませんが、検索などで表示される可能性もあるので、ディレクトリー構造に沿ってページをきちんとつくっておくことをおすすめします。

ページ属性欄の**順序**は、サイドバーに表示される固定ページの表示順を指定するものです。親ページがある場合は、親ページ内での表示順になります。

段落ブロックの文字を設定する

固定ページの段落ブロックにテキストを入力してみましょう。段落ブロックへのテキスト入力はワープロを打つ要領と同じです。改行すると、自動的に段落が終了しますが、それまではWebブラウザーの幅で文章が自動的に折り返されます。

段落ブロック内のテキストの書式設定は、設定ウィンドウを開いて行います。ブロックを選択し、⚙をクリックして設定ウィンドウを開きます。

タイポグラフィ欄を展開したら**サイズ**リストボックスを開いて、フォントサイズを変更することができます。

色設定欄を展開すると、テキストやボックスの背景の色が変更できます。

タイポグラフィ欄では、段落の最初の１文字だけをより大きなサイズの文字に変更する**ドロップキャップ**を設定できます。

ボックスへの変更を指定すると、編集領域の固定ページがリアルタイムに変更されます。

段落ブロックの変更が完了したら、**更新**ボタンをクリックします。

ここでは、段落ブロックについて設定方法を解説しましたが、ほかの種類のブロック内のコンテンツを修飾するときも同じように操作します。

▼段落ブロック内のテキストを設定する

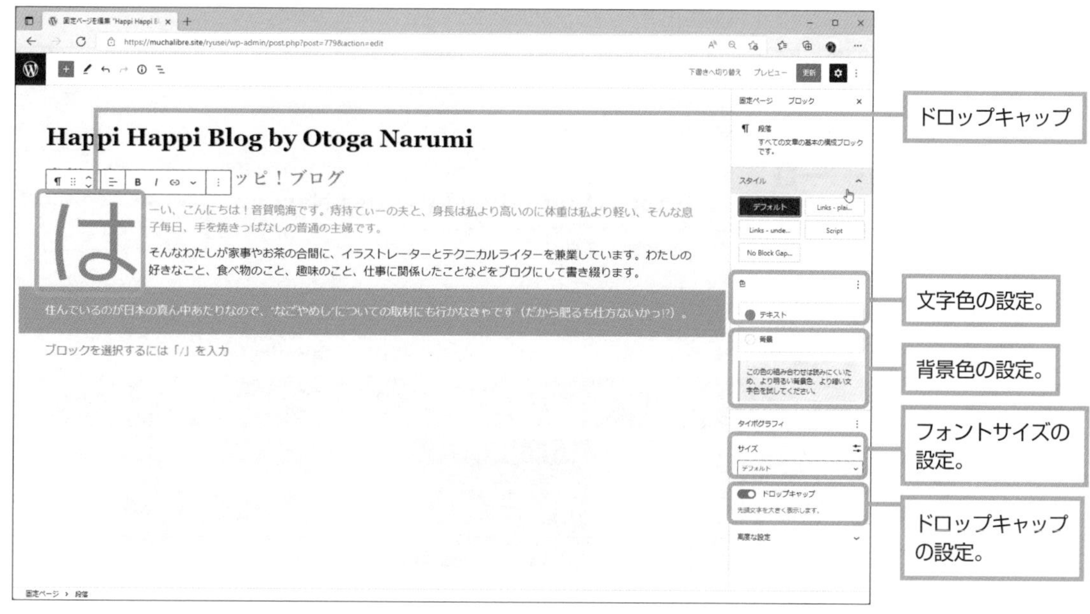

フロントページを固定ページにする

WordPressのページには、投稿によるページと固定ページの2種類があり、デフォルトではフロントページに最新の投稿ページが表示されます。

ビジネスサイトのフロントページでは、投稿ページではなくて固定ページにするほうがよいでしょう。

Process

❶フロントページにアクセスしたとき表示されるページを、特定の固定ページにするには、ダッシュボードで**外観➡カスタマイズ**をクリックします。すると、画面左端にカスタム用のメニューバー（カスタマイザーメニュー）が表示されます。

❷そのメニューから**ホームページ設定**のドロップダウンメニューを開くと、**ホームページの表示**で**最新の投稿**または**固定ページ**を指定できます。

❸さらに、**固定ページ**にした場合には、既存の固定ページの中から任意のページを選んでフロントページにします。

❹最後に、カスタマイザーメニュー上端の**公開**ボタンをクリックします。

▼フロントページの指定

Tips Menuにアイコンを付ける

ヘッダーやサイドバーに表示するメニュー項目の頭に、デザインされたアイコンを表示すると、目立ってかっこよくなります。Webページをタグで記述している時代には、メニュー項目のテキストの前に自作した画像を挿入していましたが、WordPressではプラグインを使うことで、簡単にアイコンを表示できます。

この手のプラグインはいくつかありますが、**Menu Icons**プラグインもその1つです。

Menu Iconsをインストールして有効化すると、メニュー編集時にアイコンを設定できる項目が追加されます。アイコンを設定する手順は次のとおりです。

ダッシュボードから**外観➡メニュー**を開き、編集するメニューを選択したら、**メニュー構造**欄でアイコンを設定するメニューを開きます。

開いたメニュー項目の中の**Icon**欄の**Select**をクリックします。

すると、開いているページの前面に**Dashicons**一覧が表示されます。指定したいアイコンをクリックします。アイコンが選択されたら、右下の**Select**ボタンをクリックします。

この操作をメニューごとに繰り返し、最後に**メニューを保存**ボタンをクリックします。

Webサイトを表示して、メニューアイコンが設定されたのを確認してください。

▼アイコンの付いたメニュー

Topページ　製品情報　ギャラリー

▼Dashicons一覧

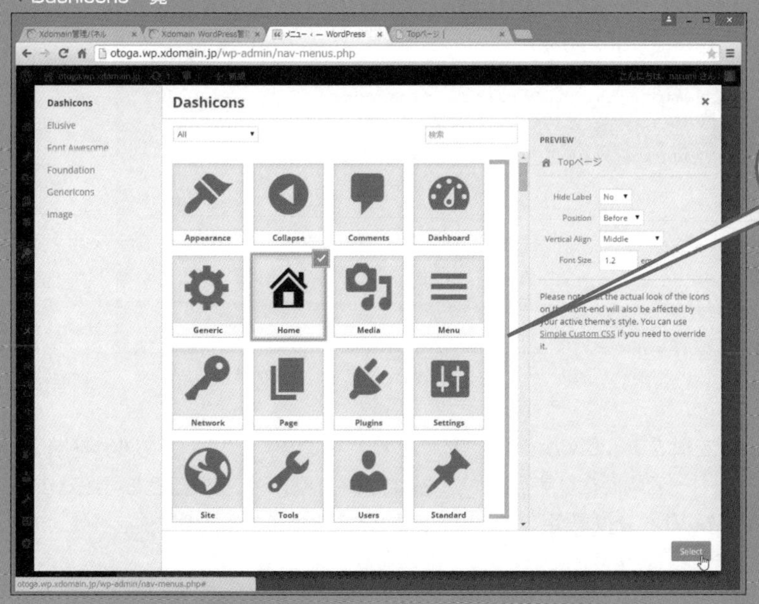

Menu Icons
プラグ-インで
使用できるアイコン
の一部。

Section 4.6

Level ★★★

ブロックでデザインする

Keyword　ブロックテーマ　フルサイト編集　テンプレートパーツ　404ページ

最新のWordPressでは、本格的なブロック編集が可能になりました。このため、従来の編集方法（クラシックエディター）を使うためには、クラシックエディタープラグインをインストールしなければなりません。WordPressが目指すフルサイト編集とは何か、これまでのWebサイトづくりとどのように変わっているのか、実際にさわって確認してみましょう。

▶SampleData

https://www.shuwasystem.co.jp/books/wordpresspermas190/

chap04 ▶ sec06

フルサイト編集でページを構成する

フルサイト編集では、ページを構成する要素がすべてブロック化されています。これらの要素を階層的にグループ化したり、スペーサーで隔てたりすることで、複雑なレイアウトにすることも可能です。また、同じ種類のブロックやテンプレートの設定をまとめて変更したり、サイト全体の属性を調整したりすることができます。

フルサイト編集でヘッダーやフッターなどのデザインを変えよう

- ●ヘッダーのテンプレートパーツを変更する。
- ●フッターのテンプレートパーツを変更する。
- ●ヘッダーのメニューを編集する。
- ●顔イラストを追加する。
- ● 404ページを編集する。

ここでの
ロード
マップ!

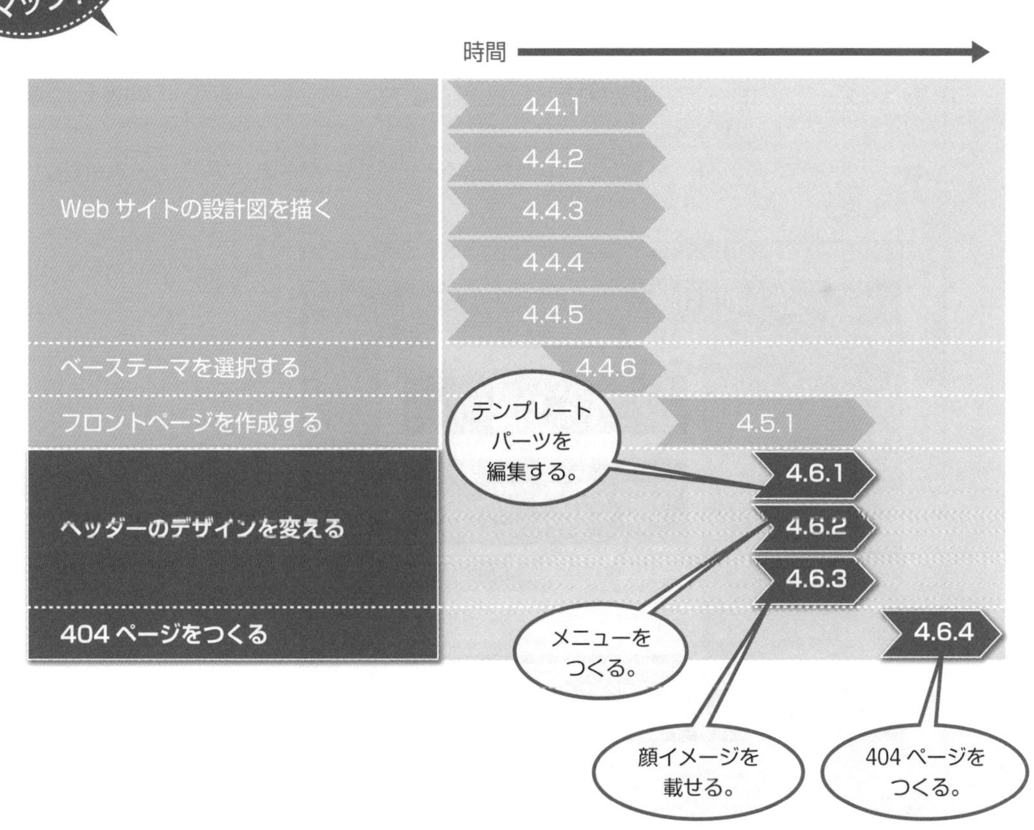

4.6.1 テンプレートパーツでヘッダーとフッターのデザインを変える

WordPressでは、サイト内のページは動的に作成されます。このとき、ヘッダーやフッターは同じデザインのものが挿入されます。これをテンプレートパーツと呼びます。

ブロックテーマの多くは、ヘッダーやフッターなどのテンプレートパーツのデザインを複数個備えています。ユーザーは、これらの中から気に入ったデザインのものを選ぶだけです。もちろん、これらのテンプレートパーツをパーソナライズすることも可能です。テンプレートによって動的にページを作成するため、テンプレートパーツの変化は、そのパーツを使っているすべてのページに表れます。

ここでは、フルサイト編集ができるブロックテーマの「Ceres」を使っています。他のフルサイト編集対応のテーマでも、操作は同じようにできます。

最初に、固定ページをホームページにしているブログサイトのヘッダーをパーソナライズします。その後、フッターも編集します。

それでは、サイトをフルサイト編集モードで開いてください。

Process

❶ページでヘッダーエリアを選択します。うまく選択できないときには、右上の**設定**ボタンをクリックして、ブロックサイドバーを開き、**テンプレート**タブに切り替えて、**ヘッダー**を選択します。

❷**ヘッダー**テンプレートが選択されると、ヘッダーの下にブロックツールバーが開きます。**置換**ボタンをクリックします。

❸ヘッダーテンプレートの一覧が表示されたら、使いたいヘッダーテンプレートを選んでクリックします。

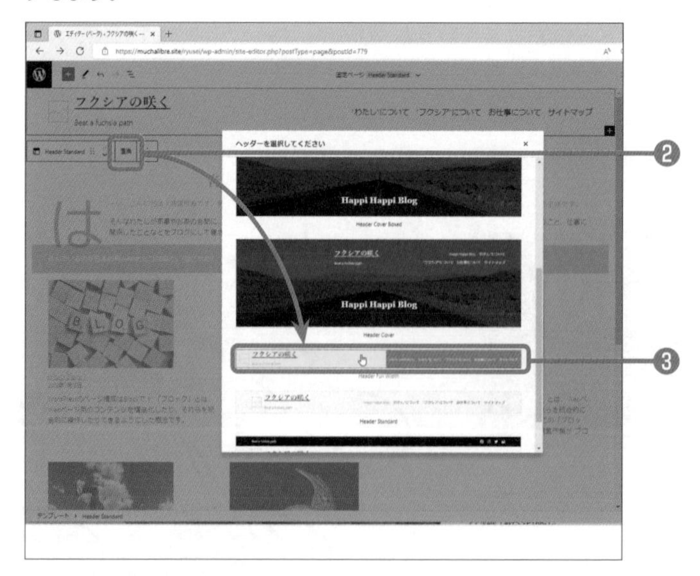

❹ヘッダーのテンプレートが切り替わりました。ヘッダーの**サイトロゴ**ブロックをクリックして、**サイトロゴを追加**と表示されたら、再度、クリックします。

❺サイトロゴにする画像を選択すると、画像が追加されます。

❻次は、フッターです。ヘッダーのときと同じようにフッターを選択し、テンプレートパーツの一覧から使いたいテンプレートを選択してクリックします。

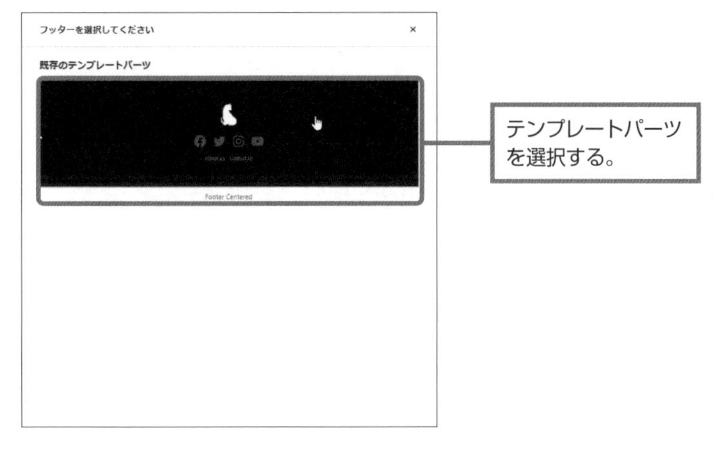

❼ブロックサイドバーを開き、色を変えます。ここでは、ヘッダーのようにツートンカラーにしています。

❽編集が終了したら、**保存**ボタンを2回クリックしておきましょう。

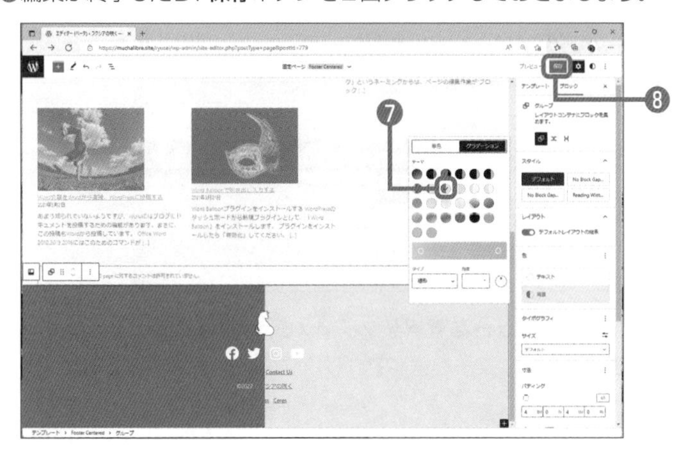

4.6.2 メニューを作成する

ブロックテーマのメニューは**ナビゲーション**ブロックで作成します。

フルサイト編集に対応していれば、ヘッダー、フッター、あるいはサイドバーのテンプレートには、すでにメニューが設定されています（以前のテーマのメニューが存在している場合）。これらのメニューは、ナビゲーションブロックによるものです。

Process

❶フルサイト編集でヘッダーを開き、既存のメニューを選択します。メニューが存在しない位置に新たにメニューを追加するには、「＋」をクリックして、**ナビゲーション**ブロックを追加します。

❷ナビゲーションブロックのメニューから**編集**をクリックします。

❸**リンクへ変換**ウィンドウが表示された場合は、**変換**ボタンをクックします。

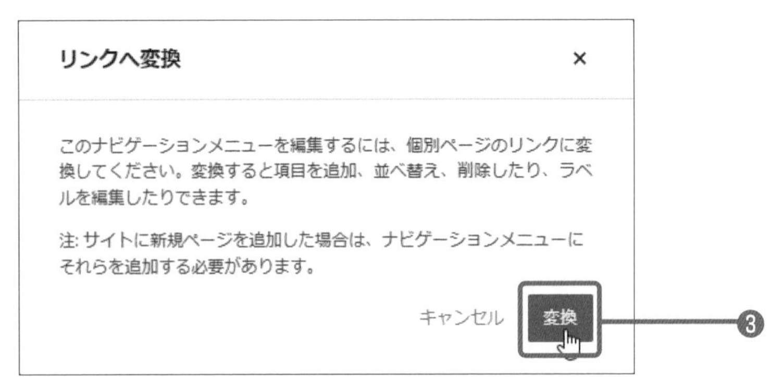

❹ブロックツールバーから**ナビゲーションを選択**ボタンをクリックします。

❺ブロックツ　ルバ　から**メニュ　を選択**をクリックし、用意されているメニュ　からナビゲ　ションブロックに表示するメニューを選んでクリックします。

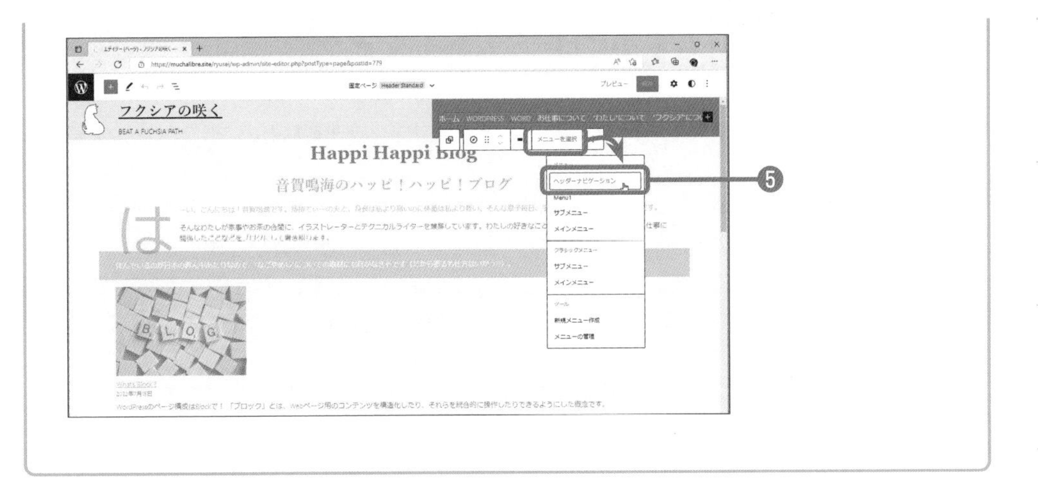

Memo メニューの作成について

執筆時点のバージョン（WordPress 6.0）では、ナビゲーションブロックによるメニューの作成や管理が従来のようには簡単にできません。メニュー要素の一つひとつにリンクを設定したり、サブメニュー化したりするのも慣れが必要です。フルサイト編集のUIが使いやすいものになるには、もう少し時間がかかると思います。

そこで、以前のUIのようにメニュー項目とメニュー構造を視覚的に並べ替えてメニューを作成するプラグインを導入するのもよいでしょう。

「Max Mega Menu」プラグインを有効化すると、ダッシュボードにメニュー用の項目が追加されたり、カスタマイザーでもメニューが使えるようになったりします。

▼Max Mega Menu

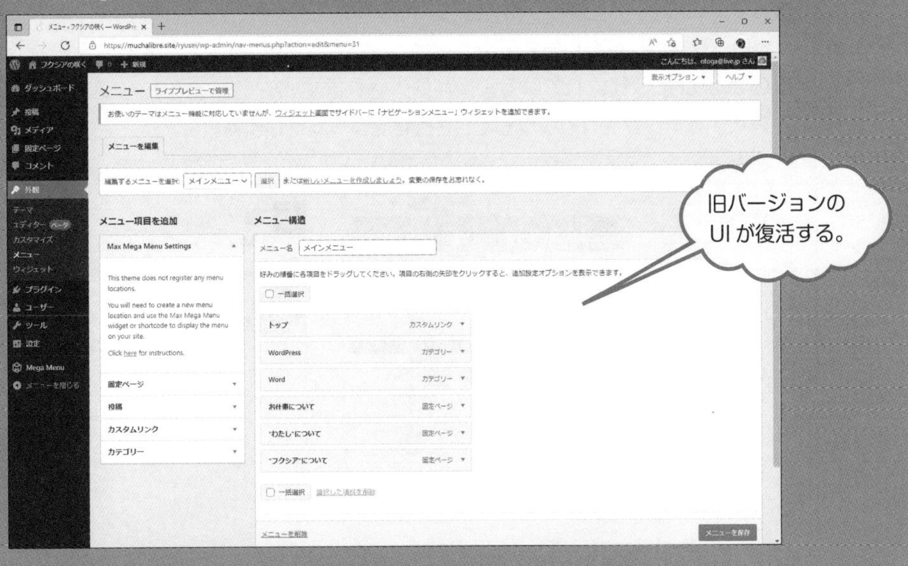

4.6.3 作者や管理者の顔画像を追加する

ブログなどの情報ページには、作者あるいはブログ管理者などのプロフィールを載せるのが一般的です。

Twenty Twenty-Twoテーマなどにある「画像を丸く縁取りする」機能を使って、顔写真を編集し、それを画像ブロックに表示すれば、プロフィール用の顔写真ができ上がります。

ここでは別法として、「アバター」ブロックを使った顔画像（写真やイラスト）の挿入をします。この画像は、アバター写真を管理する専用のサイト「Gravatar」に登録することになります。

Process

❶**ダッシュボード**から**ユーザー➡プロフィール**を選択します。

❷**プロフィール写真**欄で**Gravatarでプロフィール画像の変更が可能です**をクリックします。

❸「Gravatar」サイトに移動したら、アカウントを作成してアバター用の画像を登録します。

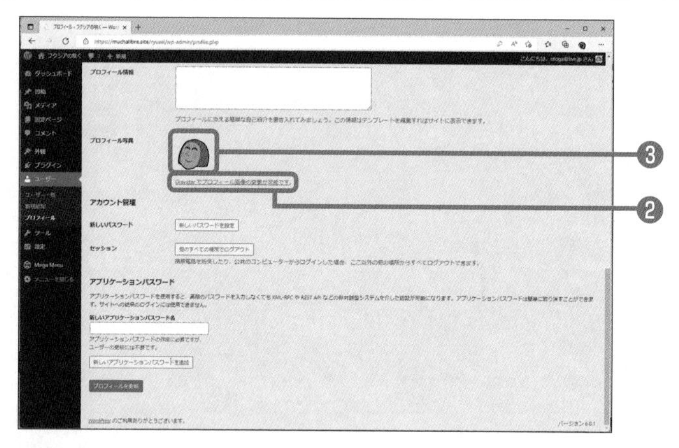

❹画像を追加するテンプレート（ここではヘッダーに追加します）をフルサイト編集で開きます。

❺ヘッダーの「+」をクリックしたら、検索欄に「アバター」と入力します。検索された**アバター**ブロックをクリックします。

❻Gravatarに登録されている画像が挿入されます。アバターブロックのブロックの表示場所を選択するボタンをクリックして、**右寄せ**をクリックします。

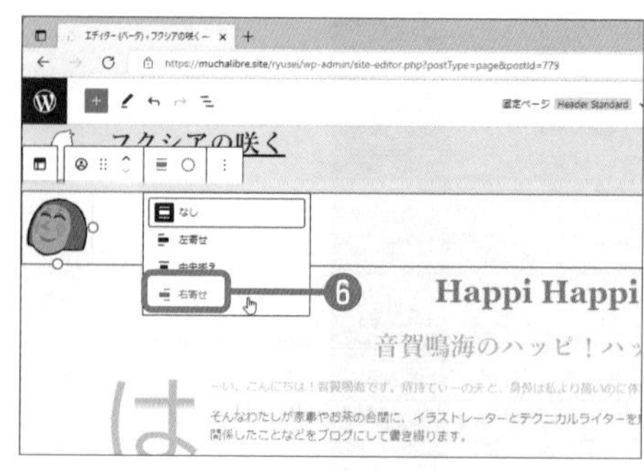

❼顔画像が右端に移動しました。画像の周囲のサイズ変更ハンドルを操作して、画像の大きさを調整することもできます。

Hint ブロックが選択しにくいとき

フルサイト編集やブロック編集でブロックを選択するのに、一般的にはマウスでブロックをクリックする方法がとられます。

しかし、ブロックが入り組んでくるとマウス操作ではなかなかブロックを選択することができなくなり、イライラすることもあります。

そのようなときは、エディターの最上部左側にある「 」(リスト表示) ボタンをクリックします。

すると、開いているページで使われているブロックの関係が階層的に表示されます。これを見れば、どのようにブロックが構成されているかもわかります。

ブロックの階層をたどり、編集したいブロックを見付けてクリックすれば、ページ上のブロックが選択されます。

この、ブロックのリスト表示を利用すると、ブロックの並び順を簡単に変更できます。それによってページの構成も変化します。

ここをクリックする。

グループ化されているブロックの構造が表示される。

4.6.4 404ページのデザインを変える

　テンプレートは、Webブラウザーからのリクエストに応じてWordPressがページを組み立てるときのデザインのひな形です。

　一般には、リクエストされたページが存在しないとき、Webシステムは「404エラー」ページを表示することになっています。もちろん、404エラーページもテンプレートがあります。ここでは、この404ページをパーソナライズしてみます。

Process

❶ブロックエディターを開いたら、左上のWordPressロゴ（アプリケーションを切り替え）ボタンをクリックします。

❷開いたメニューから**テンプレート**をクリックします。

❸**404**をクリックします。デフォルトの404ページ用のテンプレートが開きました。

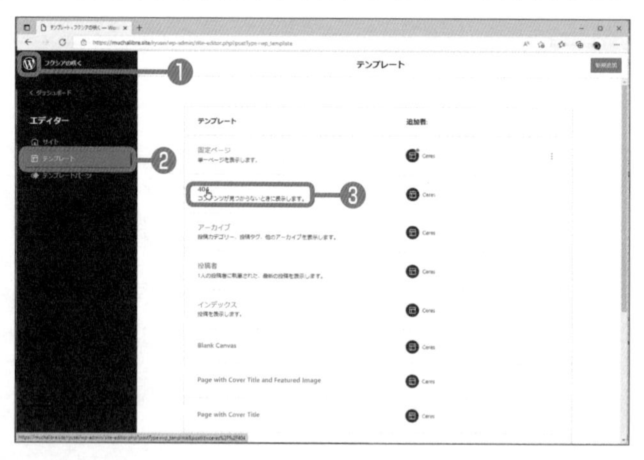

❹テンプレートを編集します。ここでは、段落を追加してテキストを入力したり、画像を配置したりしています。編集が終了したら、**保存**ボタンを2回クリックします。

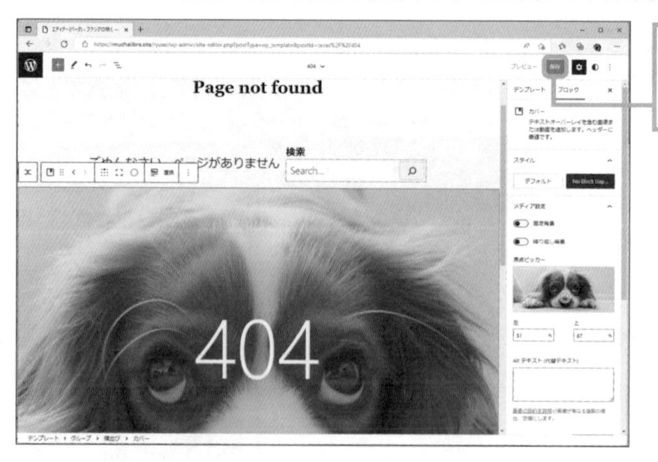

編集が完了したら保存ボタンをクリックする。

Memo 「パンくずリスト」って何？

Webページのナビゲーション機能の1つで、非常によく使われるものに「パンくずリスト」があります。Webサイトのページ構成は、トップページから階層的になっていることが多く、そのような基点となるページからの構成を順に表示したものが「パンくずリスト」です。Windowsなどコンピューターでファイルの位置を示すため、「c:¥Documents¥Web¥Images¥01.jpg」という表示をしますが、これとよく似ています。

ところで、この「パンくずリスト」というのは、どこから来た名前なのでしょう。「パンくずリスト」は、グリム童話の「ヘンゼルとグレーテル」に出てきます。

パンくずリストに関係した部分のあらすじを簡単に説明しましょう。

森に貧しい家族がいました。ある日、両親はついに、まだ小さな兄のヘンゼルと妹のグレーテルを口減らしのために森の奥に捨て置く決心をします。ヘンゼルとグレーテルは、その企てを知ってしまいます。そこで、ヘンゼルは夜でも見付けやすい小石をいくつもポケットに詰めます。

両親に連れられて森の奥に行く途中で、ヘンゼルはポケットの石を両親にわからないように路傍に置いていきます。置き去りにされたとき、この小石が道しるべとなって2人の兄妹は家に帰り着くことができました。

両親はもう一度、同じことをします。このときは、ヘンゼルは小石を持っていくことができませんでした。このときヘンゼルが道しるべとして路傍に置いたのが「パンくず」だったのです。

このヘンゼルの行為から、ページ閲覧の足跡を残す道しるべとしての機能を「**パンくずリスト**」と呼ぶようになったというわけです。

ところで、ヘンゼルとグレーテルの「パンくず」、物語の中では2人が家に帰るための道しるべにはなりませんでした。鳥や小動物に食べられてしまったからです。両親に捨てられたかわいそうな兄妹の運命は!? 続きが気になる方は、グリム童話をお読みくださいね。

Onepoint 変更は自動では保存されない

設定を変更したら、変更を保存しなければなりません。変更の保存を手動で行うには、画面右上に表示される「更新」ボタンをクリックします。

保存せずにページを切り替えようとすると、保存せずに切り替えてもよいか、という旨のメッセージウィンドウが表示されます。通常は、このアラートメッセージでページの移動を「キャンセル」して、「更新」を実行します。

なお、現在のWordPressのバージョンでは、10秒ごとに自動保存されます。この自動保存ファイルには最新のスナップショットだけは保存されます。一方、更新操作を手動で行った場合は、リビジョン（版）が追加され、あとで任意のリビジョンに戻すことができます。

花屋をしているので、Webサイトをふさわしいデザインにしたい

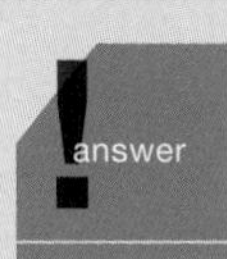

お洒落(しゃれ)な感じにしてはいかが?

ちょっと洒落た感じのWebサイトにしてはどうでしょうか。花の写真が重要です。西洋風の小物か和風の小物をいっしょに写してみましょう。レフ板や照明をうまく使い、花束やアレンジメント、フラワーボックスの花にあまり陰ができないよう、花の色がきれいに発色するように注意して撮影しましょう。

フォントにも気を配りましょう。商品に合ったフォントを選び、画像にして使いましょう。

Webページのレイアウトは、あまり大きくないヘッダーの下を2カラムに分割し、左サイドバーにナビゲーション、右カラムには写真を主にしてコンテンツを配します。写真がきれいに撮れれば、花の写真や店の写真をメインに構成できるでしょう。背景を黒色にして、写真を際立たせる工夫があってもいいかもしれません。色とりどりの花の写真が陳列されるので、写真以外のページのトーンは落とし気味にしましょう。

Webページの文字が気に入らない

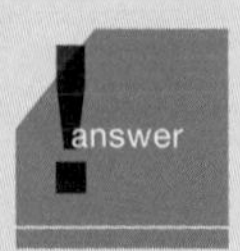

フォントを設定しましょう

フォントは、Webページのデザインにとって、とても重要な要素です。しかしながらWebページのフォントを変更するのは簡単ではありません。なぜならブラウザーによって表示されるフォントの多くは、コンピューターにインストールされているフォントの中で、ごく一般的に使用されているものを使うように設定されていることが多いからです。

WordPressで作成されるページのフォントを変更するためには、スタイルシートの編集が必要です(テーマの中には、オプション設定を変更するだけでフォントを変更できるものもあります)。

スタイルシートを使った具体的なフォント変更方法については、「3.6　テーマのCSSを編集する」を参照してください。

配色はどのように選べばいい?

ページのイメージに沿った配色にしましょう

色の組み合わせ(配色)の選び方で、Webページのイメージはずいぶん変わったものになります。

例えば、シックな大人の雰囲気にしたければ、彩度を少し抑えた紺色やアースカラーを使います。反対に躍動感があるかわいらしさを表現したければ、ピンクを基調として同系色でまとめるか、一部に色相の補色を使います。明度も彩度も上げ気味でよいと思います。

コンテンツの文字色やその背景色は一般的に黒色と白色を使うのがよいとされています。特別な理由がない限り、サイトの命ともいえる情報(テキストコンテンツ)の表示は、デフォルトのままにしておくのがよいでしょう。

また、アクセントにするイラストや線の色、太さにも統一感を持った色を使うようにしましょう。

多くのテーマではカスタマイザーで、ヘッダーのタイトルやその背景、メニュー部分の背景、それにサイドバーの背景や文字色を変えられるようになっています。

WordPress.comのテーマのように、カスタマイザーでページ要素の配色をまとめて設定できるパレット機能を備えたものもあります。

サイトの最初のページは何になる？

フロントページです

Webシステムでは、Webサーバーに登録されているサイトをサイト名だけで呼び出した場合、つまり「https://サイト名/」といったようにアクセスのリクエストが来ると、index.htmlなどの決められたファイルを送信することになっています。

このindex.htmlのようなページのことを**ホームページ**などといいますが、WordPressでは**フロントページ**と呼んでいます。

フロントページを決めるWordPressの指定は、カスタマイザーで行うようになっています。このとき、index.phpを選択するのではなく、既存の固定ページの任意のページや最新の投稿ページを割り当てます。

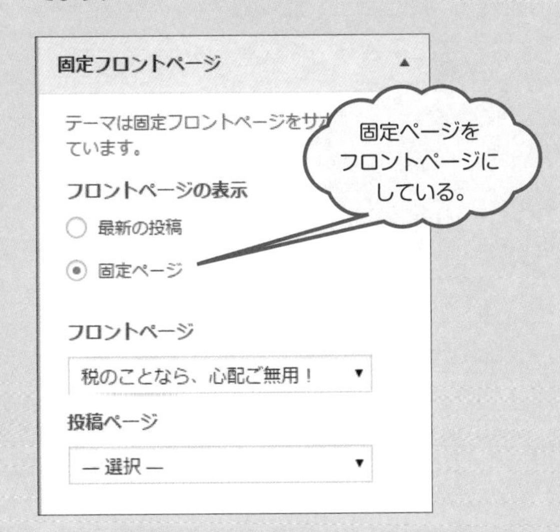

メニューの項目を変更したい

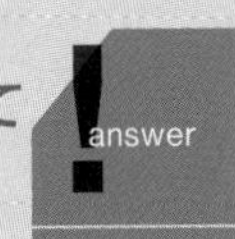

「外観」➡「メニュー」で変更をしてください

テーマによってメニューの表示位置が違います。多くのテーマでは、デフォルトでヘッダーにメインのメニューを設定するようになっています。このとき設定するメニューは、あらかじめ作成されているメニューの中から選びます。メニュー項目を変更したり、メニューを新規に作成したりするには、ダッシュボードメニューから**外観➡メニュー**を開きます。

ビジネスサイトのレイアウトとしては何がいい？

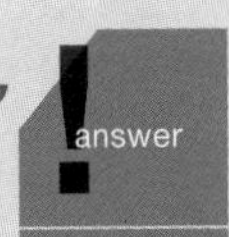

わかりやすく安定感のあるレイアウトがよいでしょう

コーポレートサイトや商店の紹介サイトなどのページレイアウトは、奇抜な目立つデザインよりは、安定感があり落ち着いた感じのデザインがクライアントには好まれます。

さらにユーザビリティの観点からは、わかりやすいナビゲーション位置、サイト構成が必須になります。

情報量が多くなって、文字や写真が小さくなることは仕方がありませんが、スマホやタブレットなど画面サイズの小さなデバイスでの閲覧者への配慮をしましょう。レスポンシブデザインのテーマを使って作成するとよいでしょう。

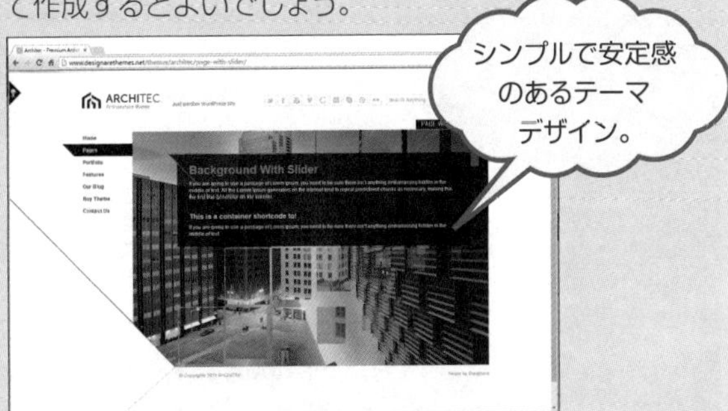

Part 2

主婦だってブログで情報発信するわよ

普通の主婦がWordPressでブログサイトをつくって自分らしい情報を発信。そこに広告を載せれば小遣い稼ぎもできて一石二鳥ね。

スマホユーザーを主に考えたテーマでつくったブログサイトにネット広告を掲載し、どうすれば訪問者が増えるかを画策する

▶ Chapter 5　主婦が街の話題や趣味の話をブログにしてアフィリエイトするというおはなし
▶ Chapter 6　サイトへの訪問をもっと増やそうというおはなし

登場人物

音賀ナルミ：主婦歴20年。自分の時間が増えて、これまで無理して我慢してきたこと、やりたかったのにできなかったことを全力でやろうとしている。ブログはその記録にもなりそう。

Chapter 5

スマホユーザー向けのブログサイトをつくろう

主婦業とパートで毎日忙しいナルミさん。ようやく一人息子が少し大きくなって時間ができたので、旅に出たり、自然の食材で料理をしたり、カフェでママ友とおしゃべりをしたり、身近なところに楽しみを見付けている。それを活かそうと、ブログを始めることにした。もちろん、WordPressを使ってみた。

ナルミ 「昔とった杵柄(きねづか)。こう見えても、学生時代はWebデザインが得意だったんだから！」

「WordPressですって？　自分でブログサイトがつくれるの？　すごーい」

「まずは身近な情報を公開しましょ」

「そうね。そのうち、お小遣いくらいなら稼げるようになるかもしれないわね。えへっ（笑）」

5.1 主婦がブログサイトをつくってみた

5.2 ブログサイトをプラグインで改造してみた

5.3 ブログサイトにバナー広告を出してみる

5.4 もっと簡単に投稿したい

5.5 投稿の状態（ステータス）を設定する

Section 5.1

Level ★★★

主婦がブログサイトをつくってみた

Keyword　ブログサイト

かつて大手サイトでブログを運営していたことのある主婦が、レンタルサーバーでWordPressを使ったブログづくりに挑戦します。ブログサイトの設計やデザインをどのように行っていけばよいのでしょうか。そのためには、つくっていくブログサイトの目的を自分自身に対して明確にしておくとよいでしょう。

ブログ用テーマを選択する

個人レベルでブログを始めた場合、ともすると身近な情報の羅列に終わってしまいがちです。もちろん、個人が勝手に発信する情報の多様性、ニッチ度こそがブログの魅力なのですが、WordPressでブログサイトを立ち上げるのであれば、自分にとっても他人にとっても有意義なものにしたいですね。ここではブログサイトづくりの準備をしながら、コンテンツのカテゴリーを念頭に置いたブログサイトの構成を考えます。

ブログサイトの運営方針を決めます

ブログサイトの制作や運営のノウハウは、Webサイトのそれとは少し異なります。もともとブログサイト構築用に開発されたWordPressでは、体裁を整えるだけなら造作もないことです。

しかし、それだけではブログサイトはできません。やはりコンテンツが重要なのです。コンテンツを掲載するサイトの構成やデザインは、そのあとで決まります。

- ブログサイト運営の目的を明確にする。
- ブログサイトの構成を考える。
- ブログサイトに適したテーマを選ぶ。

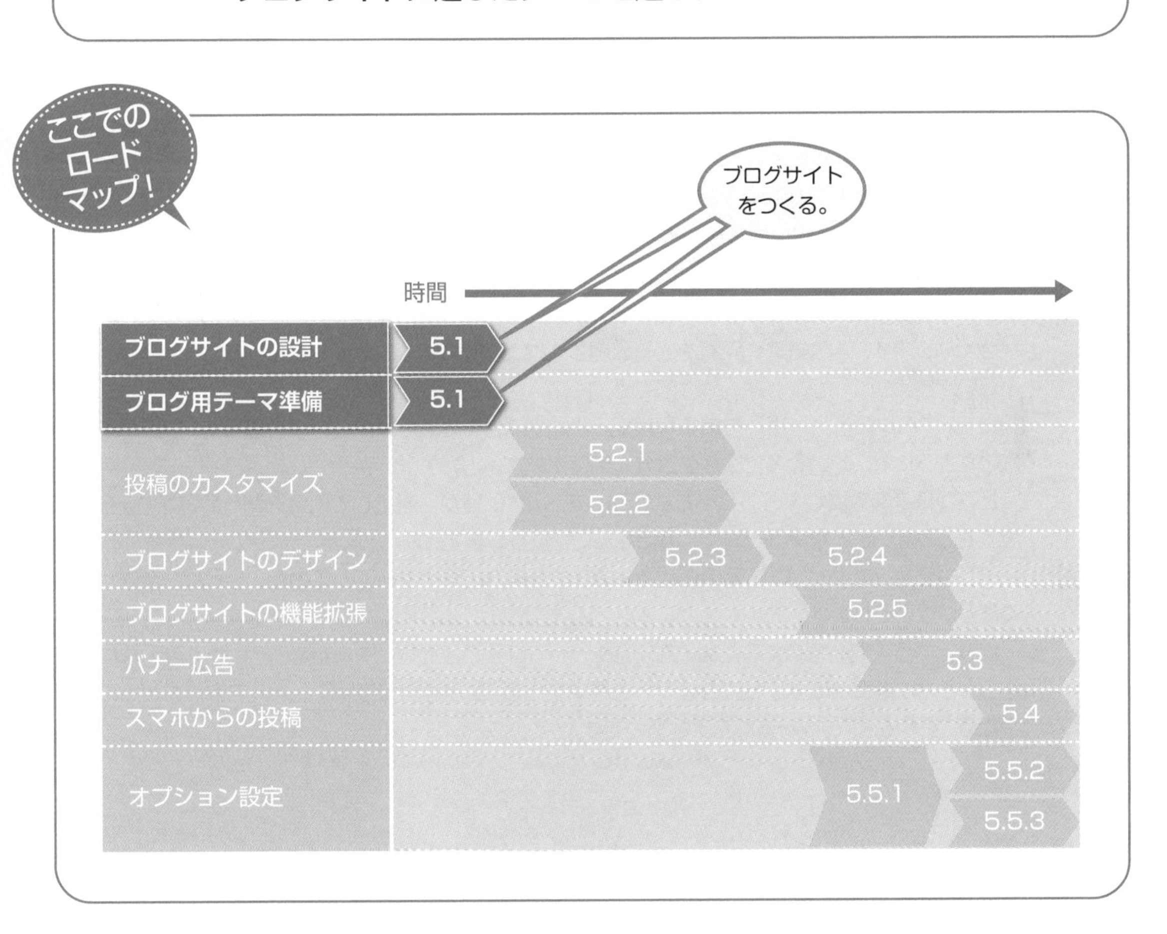

5.1.1 私はどうしてブログサイトをつくるのかな？

ブログを頻繁に更新する人を**ブロガー**と呼びます。

現在、ブロガーは大きくは2つに分けられます。

1つのグループは、ブログをすること自体に目的を求める人たちです。ブロガーの多数派です。

そして、もう1つのグループは、ブログを別の目的のための手段と考える人たちです。

ブログは何のため？

ブログは世界中に公開されます。見ず知らずの大勢の人があなたのブログを読みます。ブログは、そこに最大の意味があります。

それが嫌な人は、ブロック指定をしながらSNSによって、特定の人とつながりましょう。

すでにブログを更新することが日課となっているブロガーにとって、ブログは何のためにあるのでしょうか。

人それぞれですが、アンケートによると、「メモ代わり、日記代わり」という回答が多いようです。すぐに反応が返ってくるSNSは、逆にメモ代わりに使うには面倒です。

「楽しい、おもしろい、好き」といった意見は、ブログの本質を敏感に感じ取った初心者に多いようです。初めての経験や驚き、発見が起こることがあり、そうするとさらに強い刺激を求め、ときにはリアルなつながりにも発展します。同じ嗜好（しこう）や趣味の人が集まり、ブログに反応する人たちはたいてい好意的なため、自然に緩い閉鎖性を帯びることもあります。

男女でもブログへの意識に差があります。男性がつくるブログは、女性のブログに比べて意見やアイデアを社会に広く誇示する傾向にあります。社会的地位の高い職種の人は、男女を問わずこの傾向が強くなります。専門知識や経験を広く公開したいというのは、人としてある程度、本能的なものだと思います。

さて、ブログの苦労と喜びをある程度知ると、ブログを始めたばかりの頃と違って、ブログをただ好きなように書いているのではない自分に気付きます。

どこか読者を意識しておもねった言い回しをしたり、何かに遠慮して内容を削っていたり、果ては思ってもみないことを平気で書くようになっていたりします。

そうならないためには、結局のところ、ブログを何のために書いているのか、ちゃんと意識しておくことが重要でしょう。

自分という人間を宣伝するため。自分の関わっていることを宣伝するため。とにかくみんなに見てもらえるネタを書いてネット広告の収入を増やすため。誰か専門家の目にとまって声がかかるのを待つため。すべて、ブログを書く立派な理由です。

5.1.2 ブログサイトをデザインするわ

ブログをメインにする場合、ページ構成というよりも投稿のカテゴリー分類を行うほうがよいでしょう。

ブログによるサイトづくりにWordPressは持ってこいです。

ブログ用のテーマも多く揃っています。

ブログサイトの構成を決める

ブログサイトをできるだけ多くの人に見てもらいたいと思うなら、コンテンツの充実を目指しましょう。

写真やイラスト、動画などのデジタルコンテンツの紹介がメインだとしても、実際にこれらのコンテンツだけで閲覧者を惹き付けるには、相当の腕が必要です。

また、実際にはこれらのコンテンツにもキャプションを付けるのが一般的です。短いキャプションよりも、1枚の写真を説明する文章を付けるようにしましょう。

つまり、テキストが重要です。しかも、ある程度の分量をいつもキープするようにしたいものです。

情報がまとまっているページなら、繰り返し見てもらえる可能性があります。普遍性のある情報ならなおさらです。

H Hint

実際のブログサイトの運営では、人気のあった投稿について、ある期間分を1つの固定ページにまとめ直すとよいでしょう。

本章のサンプルでは、管理者の趣味分野をブログカテゴリーとしています。ブログ投稿を重ねる中で、記事の量や質が高まったものを固定ページ（特集ページ）としています。

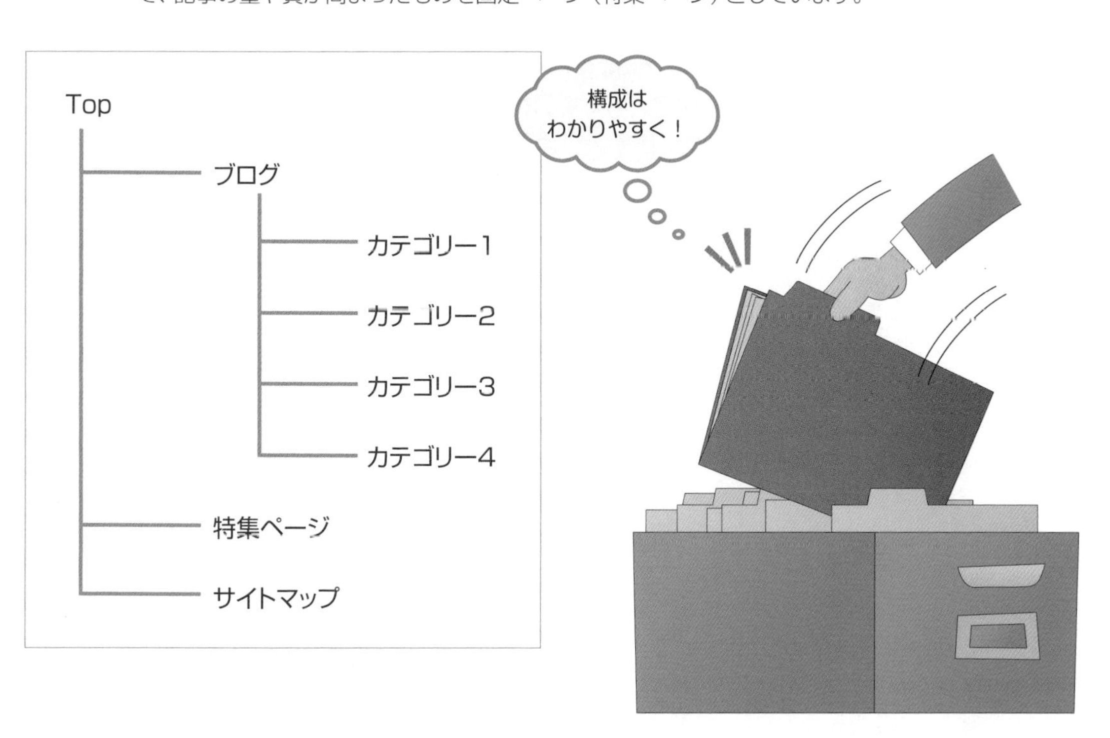

5.1.3 スマホユーザーをメインとしたデザイン

現在、一般の人たちの多くは、Webページを閲覧するのにPCよりもスマホやタブレットなどを使用しています*。PCは主に仕事時間に、スマホやタブレットは余暇や趣味などの個人時間に、とはっきり分けて使用する人も大勢います。

WordPressでブログを発信する場合、一般の個人を対象とするなら、PC用の広いモニターサイズでデザインするよりも、普段よく見るスマホサイズのモニターを主としたデザインを心がけるべきです。

WordPressは、**レスポンシブデザイン**に対応しています。これは、モニターの大小に合わせて自動的にデザインを最適化する機能です。仕組みとしては、Webブラウザーからページのリクエストといっしょに送信されてくるモニターサイズに関する情報をもとにして、WordPressがスタイルシートのモニターサイズごとのデザインを読み取ってページを構成します。このため、PC用のデザインとスマホ用のデザインは別物と考えたほうがよいでしょう。スマホユーザーに特化したWebページをデザインしようとするなら、スマホ用ページがどのように構成されるか、どのように機能するかを第一に考えましょう。

モバイルフレンドリーなWebデザインとは

PC用とモバイルデバイス用のページデザインでデザイナーが意識しなければならないのは、1つの画面に入る情報量および操作性の違いです。スマホでは、1画面に表示される情報量を絞る必要があります。そうでないと、ページ内の情報を探すためにピッチ（ズーム）やスワイプ（スクロール）などの操作が必要になってしまいます。

文字サイズを小さくすれば多くの情報を見せることはできますが、想定するユーザーの年齢やコンテンツの内容に沿って、文字サイズは十分に考慮しなければなりません。また、PCでは主にマウスを使うのに対して、モバイルデバイスでは指操作です。特にスマホでは、片手に持ちながら、しかもスマホを持っている手の指で操作することも考慮する必要があります。このため、小さなテキストのリンクをタップさせるよりは、適切にデザインされたボタンなどのユーザーインターフェイスを配置します。

WordPressでスマホユーザーを意識したサイトを構成するなら、テーマを選択する際には、このようなスマホ向きの視認性（文字サイズやレイアウト）と操作性（ボタンやメニューなどのユーザーインターフェイスの工夫）を備えたものを選ぶようにするとよいでしょう。

＊…使用しています Google調べでは、アメリカで身近な情報を検索する場合、約94%の人がスマホなどのモバイルデバイスを使用しています。また、家や職場でも80%近い人がモバイルデバイスから検索機能を利用しています。

▼Penテーマ

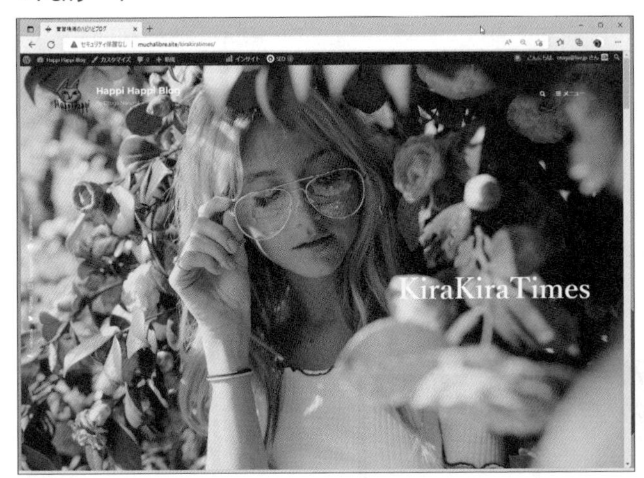

PC用

タブレット用

スマホ用

▼Catch Revolutionテーマ

PC用

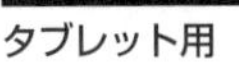
タブレット用

スマホ用

画面が小さくなると、
特にヘッダーの
デザインが変わる。

●文字サイズについて

HTMLでは文字サイズは<h>タグで指定するのが普通です。<h1>が最も大きなサイズで、<h2>はページタイトルなどに使われます。本文は<h3>または<h4>です。

CSSでは文字サイズはフォントサイズとして<p>タグなどの**size**オプションで指定します。文字サイズの指定には、絶対スケールの**px**のほか、相対スケールの**em**、**rem**などが使えます。サンプルページをつくって、文字サイズを検証してみたところ、本文には3〜5pxの大きさが読みやすいようです。もちろん、コンテンツの内容やユーザーの年齢、所属なども考慮して文字サイズを決めるべきです。どのくらいの文字サイズが適当かは慎重に検討するようにしましょう。

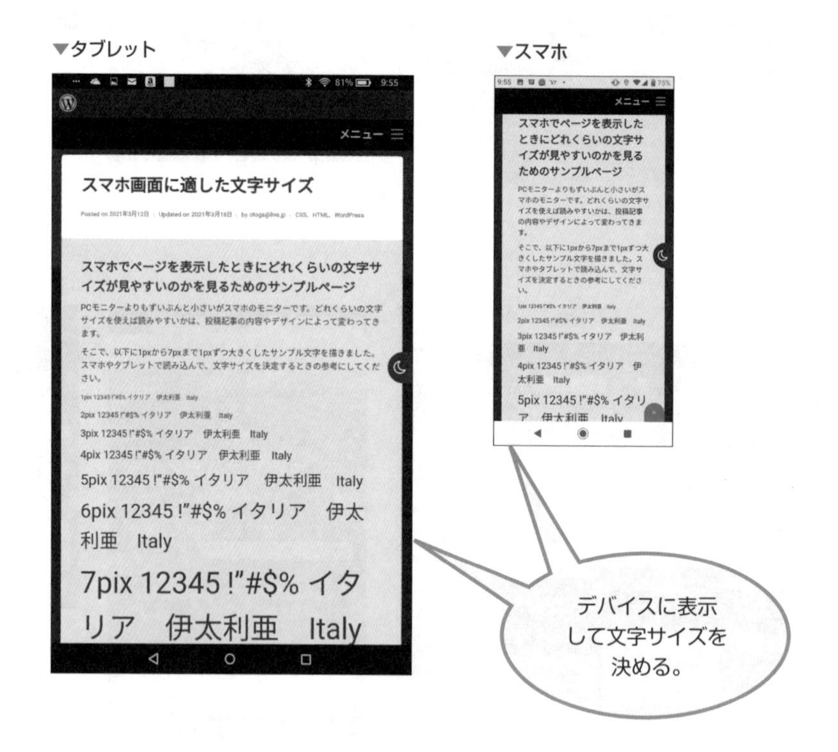

●レイアウトについて

スマホ用のページレイアウトの基本は、「縦長の縦1列」です。片手でスマホを操作することを考えたとき、スワイプ操作によるスクロールは、スマホを持った手の親指を使うことになります。親指の動きを考えると、横スクロールよりも縦スクロールのほうがずっと簡単にできる、というのが理由です。

PC用のページレイアウトでは、ヘッダー、サイドバー（ナビゲーター）、コンテンツエリア、そしてフッターというのが基本レイアウトです。PCレイアウトではヘッダーの下、コンテンツエリア横に配置されるサイドバーは、スマホレイアウトでは配置されないか、されてもコンパクトにしてヘッダー下に置かれます。つまり、スマホレイアウトでは、上から順にヘッダー、コンパクトなナビゲーター、コンテンツ、そしてフッターとなります。

▼ページの構成要素

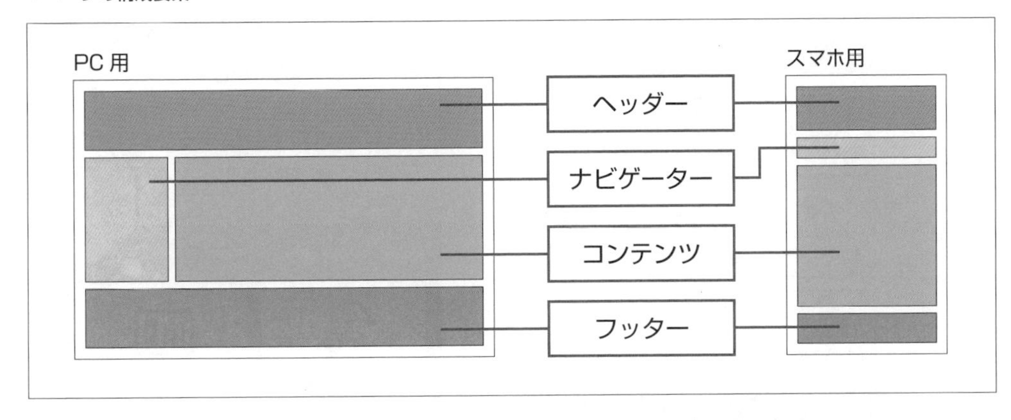

●ユーザーインターフェイス(UI)

タップやスワイプなど指での操作が想定されているモバイルデバイスでは、ボタンなどのユーザーインターフェイスの出来/不出来がWebサイトの操作性の良し悪しに直結するといってもよいでしょう。

PC用Webページのように、文字にリンクを設置した場合、文字サイズによっては押し間違いが起こりやすくなります。ユーザーが通常の閲覧時にはほとんどタップしないと想定される、例えば、「パスワードを忘れた場合はここをタップしてください」などでは、文字にリンクを設置することもあるでしょう。

しかし、想定される一般的なページジャンプにユーザーを誘導するためには、テキスト2文字分よりずっとタップしやすいボタンを使うようにしましょう。それに、ボタンのほうがテキスト2文字分よりもタップする気になります。

スマホユーザーは、Webページを見ているのか、それとも専用アプリの画面を見ているのかを明確に区別しているとは思われません。Webページの画面であっても、専用アプリの画面デザインや操作性と比べられることになります。しかし、一般的には専用アプリの画面のほうが、ボタンなどのユーザーインターフェイスの自由度はWebページよりも高いです。

▼Webページの画面（ヤマダ電機）

▼専用アプリの画面（ヤマダ電機）

Webページとアプリを比較すると、Webページは簡単に更新できるため、タイムリーな情報を掲載するのが得意です。一方の専用アプリは、情報の提示よりは閲覧者の操作を誘導するようなデザインにしています。つまり、専用アプリは情報ページへの入り口の意味合いが強いように思われます。

しかし、街のショップや中小企業が専用アプリをつくるコストも時間も、通常はありません。ならば、Webのトップページを専用アプリのようにするのも悪くありません。このため、ボタンのデザインや大きさ、配置が、モバイルデバイス向けのWebページでは重要な要素になります。押しやすい位置にわかりやすく設置するのは当然ですが、だからといってスクロール時に間違って押してしまうようなレイアウトでは、ユーザーをイライラさせてしまうでしょう。

モバイル用Webページではメニューにも工夫が必要です。PC用のWebページの基本的な画面レイアウトでは、ページの上端やサイドバーにページジャンプのためのリンクの一覧を表示することが多くあります。どこをクリックすればよいのか一目でわかるので便利です。

しかし、ページデザインを考慮したモバイル用ページでは、表示するメニューの数に制限が付きます。このため、PC用では最初から一覧表示されていたメニューを、メニューボタンのタップによって開くようにしたものが多く見られます。メニューを見るために余計な一手間が必要とはいえ、スマホではこのユーザーインターフェイスがすでに当たり前になっていて、利用者が戸惑うことはほとんどありません。

▼スマホ用ページのメニュー（ヤマダ電機）

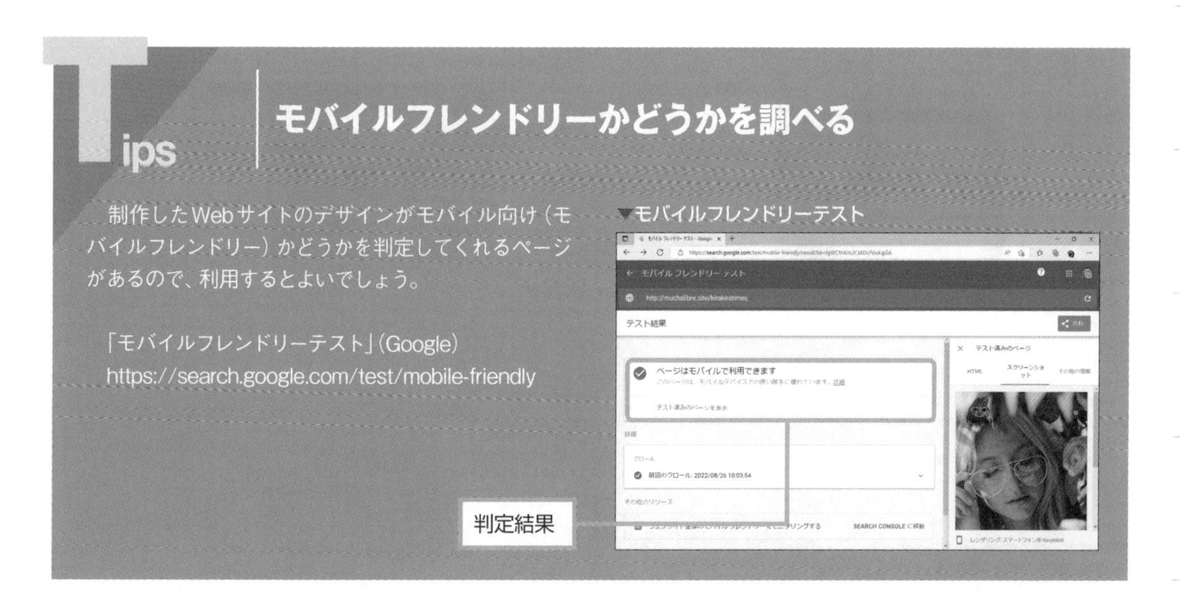

Tips モバイルフレンドリーかどうかを調べる

制作したWebサイトのデザインがモバイル向け（モバイルフレンドリー）かどうかを判定してくれるページがあるので、利用するとよいでしょう。

「モバイルフレンドリーテスト」（Google）
https://search.google.com/test/mobile-friendly

▼モバイルフレンドリーテスト

5.1.4 スマホユーザー向けブログ用のベーステーマ

前述のように、スマホユーザー向けのテーマは、大きなモニターのPC専用テーマでつくられていてはダメです。小さなスマホのモニター用に最適化されたデザインのテーマが必要です。このため、現在ではいくつものモニターサイズに対応したレスポンシブデザインのテーマが隆盛を極めています。

しかし、それらのテーマを詳しく試すと、PC用のデザインをモバイル向けに転用したテーマと、最初からモバイル向けデザインを主としたテーマとでは、デザインや操作性に差があります。

モバイル向けのテーマでは、ヘッダーのデザインが重要です。なぜなら、ホームページを開いたとき、モバイルデバイスではヘッダーが大きく表示されるのが一般的で、多くはヘッダー部分だけが表示されてコンテンツ部分はスクロールしないと見られません。このため、ヘッダーに表示されるタイトルや背景画像、スライダー、ロゴその他のレイアウトや配色などの要素を考慮したデザインが要求されます。ヘッダーは、まさにサイトの"顔"です。サイトの内容を象徴するようなデザインになるように工夫しましょう。

ここでは、新進気鋭のWebデザイナーたち（HTMLPIE）による「Pen」テーマと、すでに世界中に利用者を多く持つWebデザイン会社（Catch Internet Pvt. Ltd*）による「Catch Revolution」テーマ*を使って、モバイル用のブログサイトをつくっていきます。

Penテーマの特徴は、カスタマイザーを使って非常に細かな設定ができるところです。子テーマを用意しなくても、Penが用意しているカスタマイズ用のオプションを選択するだけで、多彩なデザインを試すことが可能です。グラデーション表示、Dark Modeも標準で備えています。また、ページ表示時のアニメーションが随所に用意されていて、その都度、閲覧者を楽しませてくれます。このような高機能なテーマであっても、そのレイアウトはとてもシンプルで、ブログ向きです。

Catch Revolutionでは、ヘッダーの画像がPC用とモバイル用を問わずモニターいっぱいに表示されます。WordPressのデフォルトテーマの1つである**Twenty Seventeen**が、ヘッダーにモニターいっぱいの商品画像を表示するように、Catch Revolutionテーマも、サイトのイメージ画像を最大限に表示することで閲覧者に強烈な印象を与えます。

▼Pen

▼Catch Revolution

---

* **Catch Internet Pvt. Ltd**　ネパールの企業です。
* **「Pen」テーマと…「Catch Revolution」テーマ**　どちらのテーマも無料で使用できます。

Section 5.2

Level ★★★

ブログサイトをプラグインで改造してみた

Keyword　続きを読む　ユーザビリティ　レイアウト　吹き出し

WordPressブログサイトでは、一般的なビジネスサイトに比べて、コンテンツの更新や管理作業を頻繁に行わなければなりません。このため管理者としては、面倒な管理作業はできるだけ簡単に済ませて、コンテンツの制作に時間をかけたいところです。また、閲覧者にとっても機能的に使いやすいページデザインが、サイトの評価を上げることにつながります。

▶SampleData

https://www.shuwasystem.co.jp/books/wordpresspermas190/

chap05 ▶ sec02

見やすく、使いやすいサイトに変える

あなたがブログサイトを閲覧していて気になるのは、第一はもちろんコンテンツの内容でしょうが、次にはデザインや機能面にも注意が向くでしょう。Webサイトをビジュアルや機能面などでも総合的にデザインするプラグインを探してみましょう。

使いやすいブログサイトに改造しよう

外国でつくられたテーマに素敵なデザインや便利そうな機能を見付けても、その使い方の説明が英語のみだと面倒さを感じてしまいます。制作者・管理者用にWordPressのテーマをカスタマイズする第一歩は、テーマの日本語化です。これによって、ブログページの項目名などの表記も日本語になります。

閲覧者にも利便性を感じられるようにするカスタマイズも重要です。サイトの回遊性を上げるための仕組みは、テーマオプションやプラグインの形で提供されています。あとは、それを導入するかどうかの決断だけです。

- カテゴリーを構成する。
- コンテンツ表示をカスタマイズする。
- ページデザインを変えてみる。
- 機能を拡張してみる。

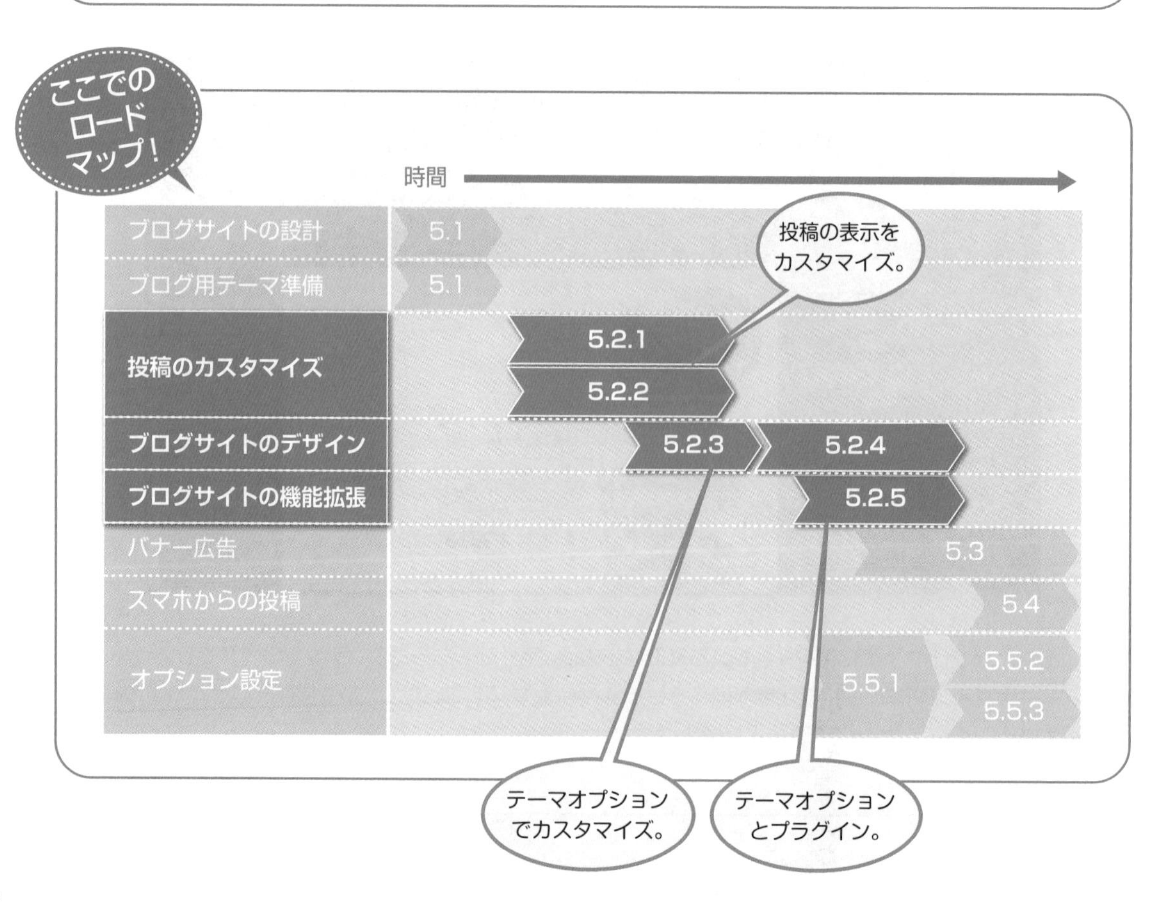

5.2.1　サイトの投稿カテゴリーを構成する

訪れる閲覧者にブログサイトの情報をわかりやすく提示するには、整理されたカテゴリー構成に従って投稿情報を分類する必要があります。

どんな情報をブログにするかが決まったら、カテゴリーを構成します。カテゴリーには、親と子といったカスケード構造を持たせるようにします。投稿が増えてくると、カテゴリーも広がります。当初は想定していなかったカテゴリーを追加しなければならないことも起こります。そこで、最初は大本の親になるカテゴリーだけを決めておき、順次、子や孫のカテゴリーを追加します。

カスケードなカテゴリーを追加する

カテゴリーは、投稿ページの作成時に追加することもできますが、ブログサイトに載せる情報が決まったら、サイトの運営方針に沿った親カテゴリーだけは、あらかじめ作成するようにしましょう。

Process

❶ダッシュボードから**投稿➡カテゴリー**を選択します。
❷カテゴリーページが開いたら、**名前**ボックスにカテゴリー名を、**スラッグ**ボックスにスラッグを入力します。
❸設定が完了したら、**新規カテゴリーを追加**ボタンをクリックします。

▼カテゴリーの構成

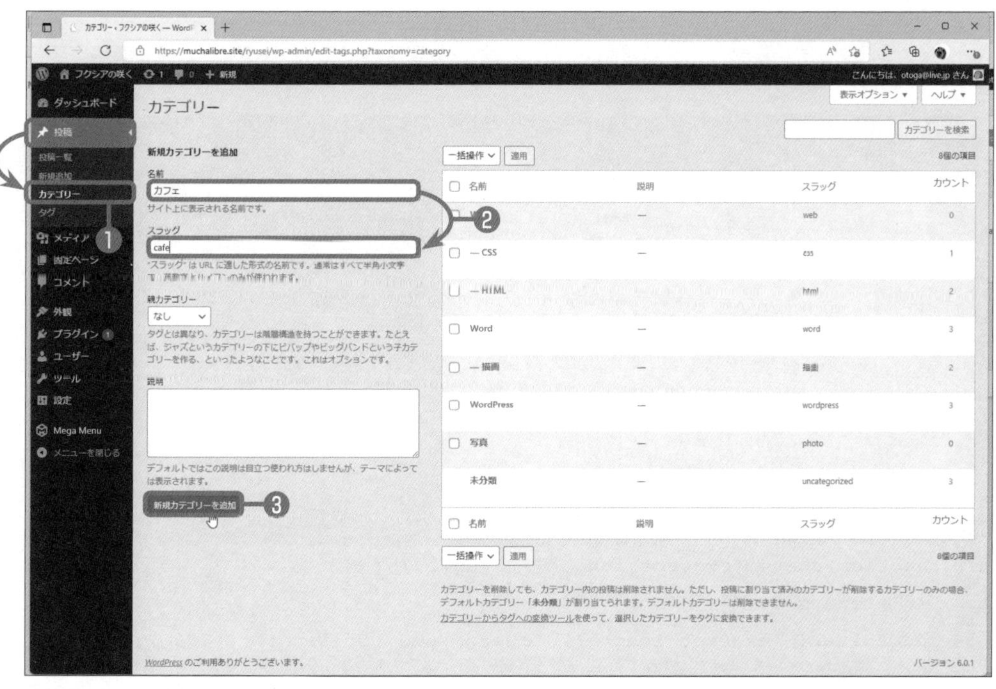

Hint 投稿時にカテゴリーを新規追加するには

投稿ページを作成中に新規にカテゴリーを追加するには、投稿ページの編集画面で、 をクリックし、開いたメニューの「カテゴリー」欄で「新規カテゴリーを追加」リンクをクリックします。

このカテゴリー欄では、作成済みのカテゴリーも表示されています。投稿をカテゴリーに分類するには、割り当てたいカテゴリーにチェックを付けます。このとき、親カテゴリーにチェックを付けずに、その子カテゴリーにチェックを付けることもできます。

▼投稿ページオプション

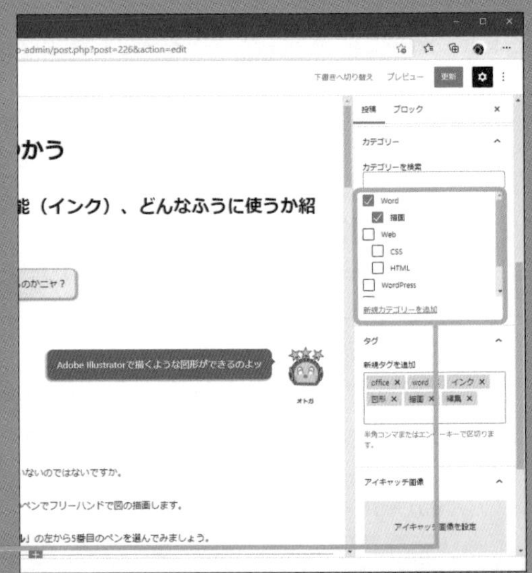

カテゴリーを設定

Hint 抜粋を表示するタグ

抜粋する文書を指定すると、通常は「the_excerpt()」テンプレートタグによって処理され、抜粋文書の文末に「[...]」が表示されます。これをクリックすると元の文書全体が表示されることから、「[...]」は続きを読むためのリンクではありません。

さて、the_excerpt()と同じような用いられ方をするテンプレートタグの「the_content()」は、本文中に「<!--more-->」が使用されているとき、アーカイブなどのリスト形式のページに、このタグより前の文書を表示します。「the_content()」も抜粋と同じように、文書の一部を文章の頭から決められた文字数だけ表示できます。抜粋文字数を変更するには（ここでは文字数を「80」字に変更）、「functions.php」内に次のようなコードを追加します。

▼抜粋する文字数の変更

```
function custom_excerpt_length( $length ) {
     return 80; }
add_filter( 'excerpt_length', 'custom_excerpt_length', 999 );
```

5.2.2 投稿の表示をカスタマイズするわ

ブログサイトの最大のコンテンツは、何といってもブログ、すなわち**投稿記事**です。

投稿記事をどのようにレイアウトするか、いろいろな投稿の中から、閲覧者に興味のある記事をどのように探してもらうか、そして、いかにして別の記事にも興味を持ってもらうか、といった観点でWebサイトをつくっていきましょう。

投稿記事の抜粋と「続き」について

通常、投稿済みのブログ記事をカテゴリーやアーカイブで表示すると、時系列に沿って記事の全文が表示されるか、テーマによっては記事の一部だけが、設定した文字数で文章を途中で切って表示されます。そして、残りの文書を含めて全文を表示するには、途切れた文章の後ろに表示される**Read More**や**続きを読む**などのボタンやリンクをクリックします。

自動的に文章の途中で切ってしまうのは、きれいではないですよね。

それに、この機能では文章の最初の何文字かを表示するだけなので、文章の最初にキャッチーな文言や要約などを書いておかないと、なんだかよくわからない記事に間違われてしまいます。

抜粋を別につくる

アーカイブでの投稿表示に、意図したとおりの抜粋を載せたいなら、そのテキストを**抜粋**として設定しましょう。

抜粋のテキストは、投稿の編集ページで、設定オプションウィンドウを開き、**投稿**タブの抜粋欄のテキストボックスに入力します。ここに、投稿の概要や内容をよく示すフレーズを入力します。本文中の任意の箇所をコピー&ペーストすることもできます。

一般的には、投稿の自動抜粋は投稿本文の冒頭から30〜50文字程度とされています。しかし、抜粋機能を使えば、本文の任意の箇所または概要を自由に設定することができます。

「抜粋」の表示について

細かいことですが、設定によってアーカイブ表示のテキストのあとに続く表示が変わります。抜粋する文字列を入力せずに、抜粋機能を利用した場合には、本文の最初から設定した文字数までが表示され、そのあとには**続きを表示**などの操作を促す表示が付きます。抜粋欄のテキストボックスに抜粋用のテキストを入力した場合は、アーカイブ表示の最後に「**…**」が付き、そのあとに**続きを表示**などが表示されます。また、後述の**続きを表示**を設定すると、アーカイブ表示には設定した段落まで表示され、そのあとには何も付け足されません。

筆者は、抜粋の表示を次のようにするようルール化しています。参考にしてみてください。

①文書のまとめになる部分を途中まで抜き出す。
②抜き出す文字数は50文字～80文字程度。
③抜き出す文字数の平均はブログ内であまり偏らないようにする。
④設定オプションの抜粋欄を利用し、読点「**、**」で切れるようにする。
⑤操作を促す記述は**全部見る**にする。

▼ブログのアーカイブ表示

「抜粋」と「続きを表示」の違い

抜粋と同じように、アーカイブ表示において、先頭から任意の段落までのテキストを表示する機能に**続きを表示**があります。

抜粋は投稿の設定オプションで設定したのに対して、**続きを表示**は**続き**ブロックとして編集している本文に挿入します。

また、抜粋が段落の途中でも設定可能なのに対し、**続きを表示**は基本的には段落の切れ目に設定します。

さらに、アーカイブ表示にしたとき、**続きを表示**ではRead Moreなど、閲覧者の操作を促す表示は出ません。

このように、**抜粋**とはいくつかの点で異なりますが、どちらもアーカイブ表示の際にテキストの概略または一部をうまく表示することに狙いがあります。

抜粋および**続きを表示**機能を使うときの注意点ですが、これらの機能はWordPress本体にもとからあるものです。しかし、テーマの中にはカスタマイズオプションで抜粋機能に関するオプションを追加するものがあります。このため、**抜粋**および**続きを表示**機能を使うとき、複数の設定を行うと、意図しない表示になることがあります。

Catch Revolutionテーマは、カスタマイズオプションに**抜粋設定**があります。この設定では、**抜粋の長さ**が設定できます。WordPress本体の抜粋文字数は日本語で55文字なのですが、このテーマを使うと表示文字数を変更できます。

WordPressの抜粋機能のデフォルトでは、タイトルを除いて本文の最初から55文字（Catch Revolutionのように抜粋文字数を設定できるテーマでは、設定文字数が優先）が抜粋として表示されます。しかし、投稿ページの編集モードの設定ウィンドウの抜粋欄に文字列を入力すると、こちらが優先されて表示されるようになります。このときの文字数は、文字数設定値に従います。

Hint　抜粋文字数の設定

「Catch Revolution」テーマは、カスタマイズオプションで抜粋文字数を設定することができます。

「カスタマイザー」を起動し、「テーマ設定」➡「抜粋設定」です。なお、設定文字数は日本語仕様で2バイト文字に対応しています。

また、このテーマの抜粋設定では、「続きを読む」を任意のフレーズに変更することもできます。

▼Catch Revolutionのカスタマイザー

カスタマイザーで抜粋文字数を設定する。

抜粋と**続きを表示**（**続き**ブロック）を同時に設定した場合には、編集モードで挿入した**続きを表示**は無視され、**抜粋**が優先されます。

このように、投稿のアーカイブ表示の内容を示すテキストを**抜粋**にするか、**続きを表示**にするかは、投稿ごとに設定できます。ただし、表示されるのはWordPress本体またはテーマによって設定される文字数までです。

▼「続き」ブロック

5.2.3 テーマオプションでブログサイトをカスタマイズするわ

テーマの多くは、サイドバーやアーカイブ表示のレイアウトを、カスタマイズオプションで選択できるようになっています。例えばCatch Revolutionテーマでは、「右サイドバー」または「サイドバーなし」を選択できるようになっています。Penテーマでは、ダッシュボードから選択する専用のLayoutオプションページで詳細な設定ができます。

ところで、レスポンシブデザインに対応しているテーマでは、PC用レイアウトにサイドバーがあっても、スマホ用ではサイドバーが取り去られてコンテンツエリアだけになります。

Catch Revolutionテーマでは、カスタマイザーから**テーマ設定➡レイアウトオプション**で、サイドバーを付けるか／外すかが設定できます。サイドバーを付ける設定にした場合、スマホでページを表示すると、PCではサイドバーに表示されるウィジェットが、投稿アーカイブの下に表示されます。サイドバーを外すと、サイドバー内のウィジェットは表示されなくなります。

マガジン風のレイアウトにする

多くのブログサイトでは、トップページの表示を最新のいくつかの投稿のアーカイブ表示にしていると思います。

ブログサイトの顔となるトップページのレイアウトデザインは重要です。投稿のアーカーブ表示に画像（アイキャッチ画像）を表示するかどうか、抜粋をどれくらいの長さにするか、そしてアーカイブ表示のレイアウト（投稿のアーカイブをどのようなレイアウトにして表示するか）は、ページサイト全体のデザインを左右する大きな要素です。

ここでは、**Pen**テーマのPC用ページレイアウトを変更して、実際にどのように見えるかを確認してみます。

Catch Revolutionのように、レイアウト表示のオプション設定をカスタマイザーから行うテーマが多いのですが、Penテーマではダッシュボードから**Pen Theme➡Layout**を選択し、専用ページを開いて設定変更を行うようになっています。このためPenテーマでは、レイアウトを選択して**Save Configuration**ボタンをクリックしたあとで、トップページを更新して確認する必要があります。

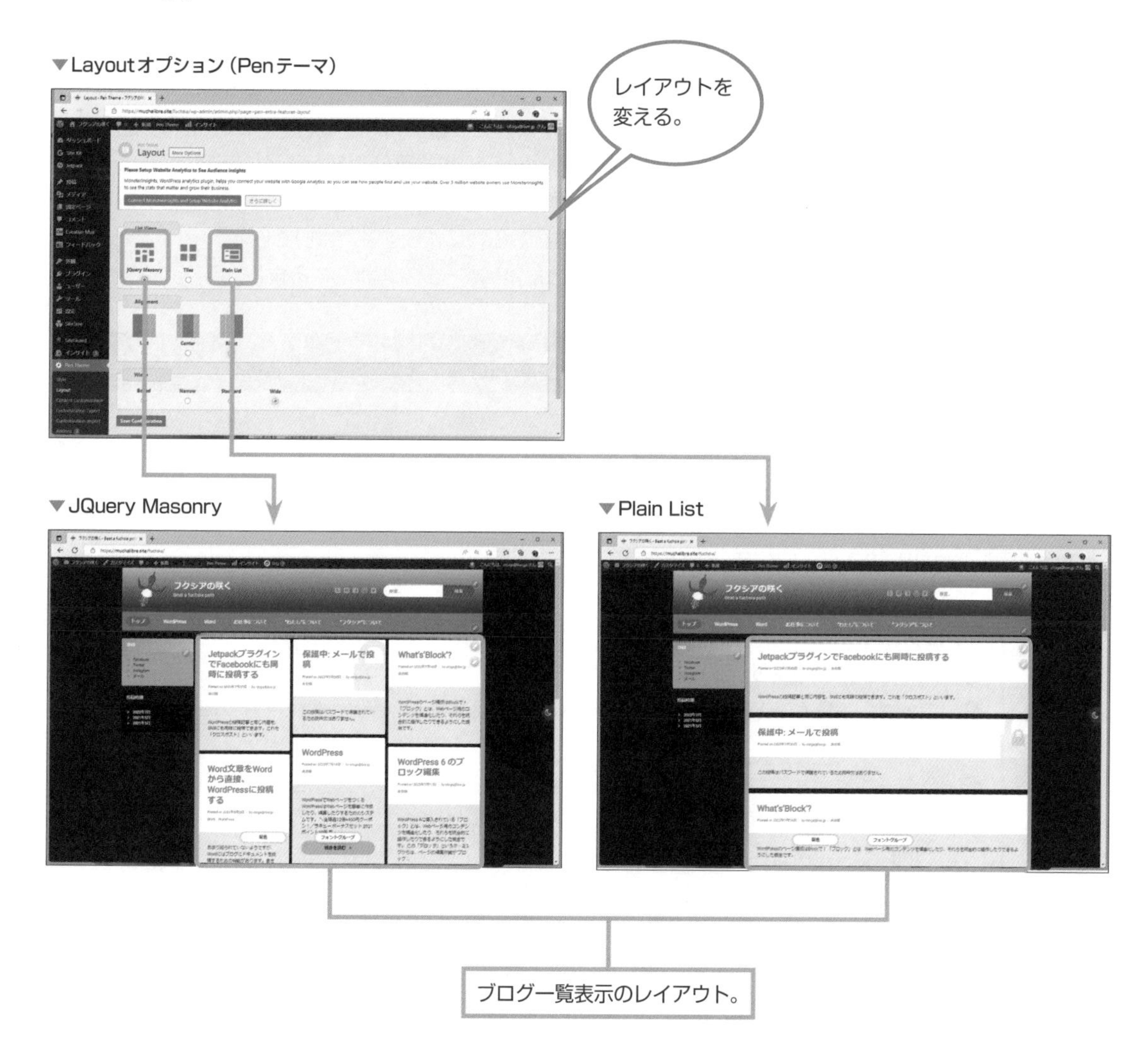

5.2.4 吹き出しプラグインでダイアログ形式の投稿にしてみる

スマホユーザーの多くは、チャットのようなダイアログ形式（対話形式）のページレイアウトに慣れ親しんでいると思われます。

アバターの顔イラストからの吹き出しにテキストが入力されていると、閲覧者の注目はそこに集まりやすくなるでしょう。これを使ってページの目的や目標をダイアログ形式で説明することができます。吹き出しをうまく使うと、閲覧者にページの情報を見てもらうための動機付けがより強くできると思われます。

Word Balloonの設定

Word Balloon*は、ブロックエディターにも対応した吹き出しプラグインです。Word Balloonのほかにも吹き出しプラグインはいくつもありますが、このプラグインはアバター用の画像だけを用意すれば、設置も設定も非常に簡単にできます。

ここでは、Word Balloonプラグインを使って会話形式の投稿を作成してみます。Word Balloonをインストールして有効にしておいてください。

ダッシュボードからインストール済みのプラグインのページを開いて、**Word Balloonの設定**をクリックしてください。

最初に**アバター**を設定します。ここでは、投稿ページの先頭部分で2つのアバターによるダイアログ形式の導入を行います。2つのアバター用の画像はあらかじめメディアページに登録しておいてください。円形に切り抜かれるので、画像の周囲は少し広めに作成するとよいでしょう。

アバターの登録が完了したら、吹き出しを使った投稿ページを編集してみましょう。

吹き出しを挿入してテキストを入力する

ここでは吹き出しの挿入をブロックエディターで行います。

挿入されたWord Balloonブロックの設定を、ページの右側に開く設定ウィンドウで行うのは、他のブロックの場合と同じです。この設定ウィンドウでは、アバターの切り替え、アバターの左右の位置、吹き出しのスタイルなど、細かい設定を行うことが可能になっています。

Process

❶投稿ページで**+**をクリックします。
❷ブロックの一覧から**Word Balloon**を選択します。すると、Word Balloonブロックが挿入されます。
❸アバターが挿入され、吹き出しが表示されます。吹き出しにテキストを入力します。
❹アバターや吹き出しの種類を変更したいときには、⚙をクリックして設定ウィンドウを表示し、変更したい項目の値を変更します。

＊**Word Balloon**　やーまん氏作の吹き出しプラグインです。

▼Word Balloonブロック

レスポンシブデザインを確認してみる

一般的には、WordPressの編集作業をPCで行うことが多いと思います。その場合でも、モバイルデバイスでの表示を確認しながら行うようにしましょう。

レスポンシブデザインに対応していれば、カスタマイザーでタブレット用モニター、スマホ用モニターを切り替えて見ることができます。

これはWebページを見るときに、PCに接続した大きなモニターではなく、タブレットやスマホなどの小さなサイズのモニターを使っている人も多い、というデータがあるからです。特に若い年代の層では、小さなサイズでWebサイトを見る人が半数を超えています。

Webページを表示するとき、表示するモニターのサイズを感知して、Webサーバーがモニターサイズに合ったHTMLを送信することができます。

WordPressの場合には、モニターサイズに合わせたデザインで動的にHTMLをつくるのが、**レスポンシブデザイン**です。ただし、レスポンシブデザインにテーマが対応しているからといって、作成したWebサイトをいろいろなデバイスでテスト表示しなくていいわけではありません。できる限り多くの種類のデバイスで表示や動作をテストしてください。

▼PCモニター

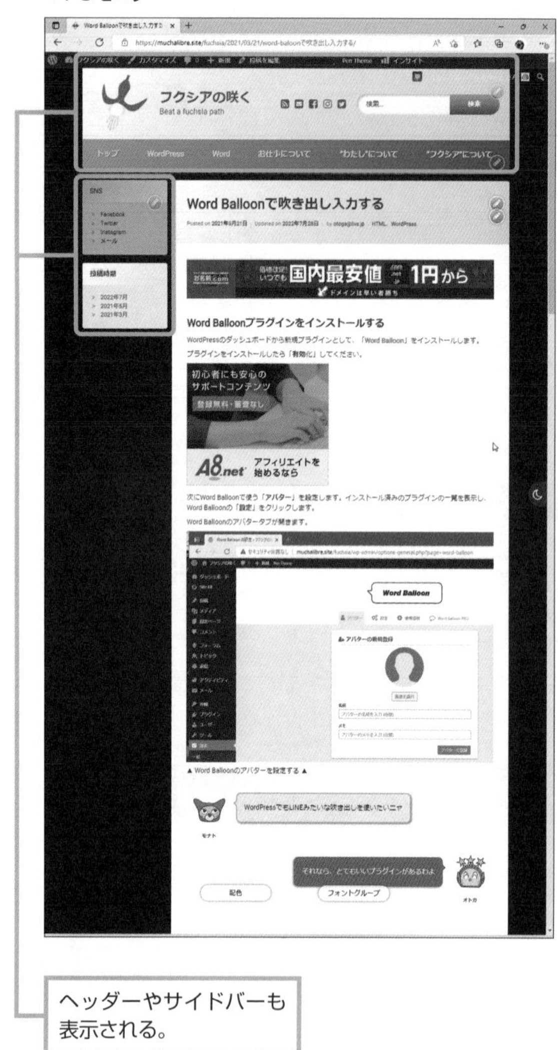

ヘッダーやサイドバーも表示される。

▼タブレット

Primaryメニューが1つにまとめられる。

▼スマホ

Primaryメニューが1つにまとめられる。

Onepoint

タブレットやスマホでは、画面サイズが小さいために、メニューがプルダウン形式のものに変更されています。また、投稿のアイキャッチ画像や抜粋はスクロールしないと見られませんし、サイドバーも表示されません。

5.2.5　ブログサイトの機能を拡張してみる

企業が自社の情報を公開する目的でつくるコーポレートサイト、商品やサービスを紹介するビジネスサイトと、一般の人がつくるブログサイトとでは、運営の目的が異なるでしょう。

個人レベルでブログサイトをよりよくするには、テーマのオプションやプラグインを使うのが最良の選択です。時間があるなら、コンテンツの作成に費やすほうが、パフォーマンスが上がります。

機能拡張はテーマオプションとプラグインでする

ブログサイトの機能を拡張する方向性は、大さく分けて３つあります。

１つ目は、ブログサイトの命であるコンテンツの生産を手助けするものです。２つ目は、サイトの閲覧者に回遊性や操作性を提供するものです。３つ目は、広告やアフィリエイトに関するものです。

ここでは、１つ目と２つ目について拡張のヒントを挙げることにします。広告やアフィリエイト機能については、次節にまとめました。

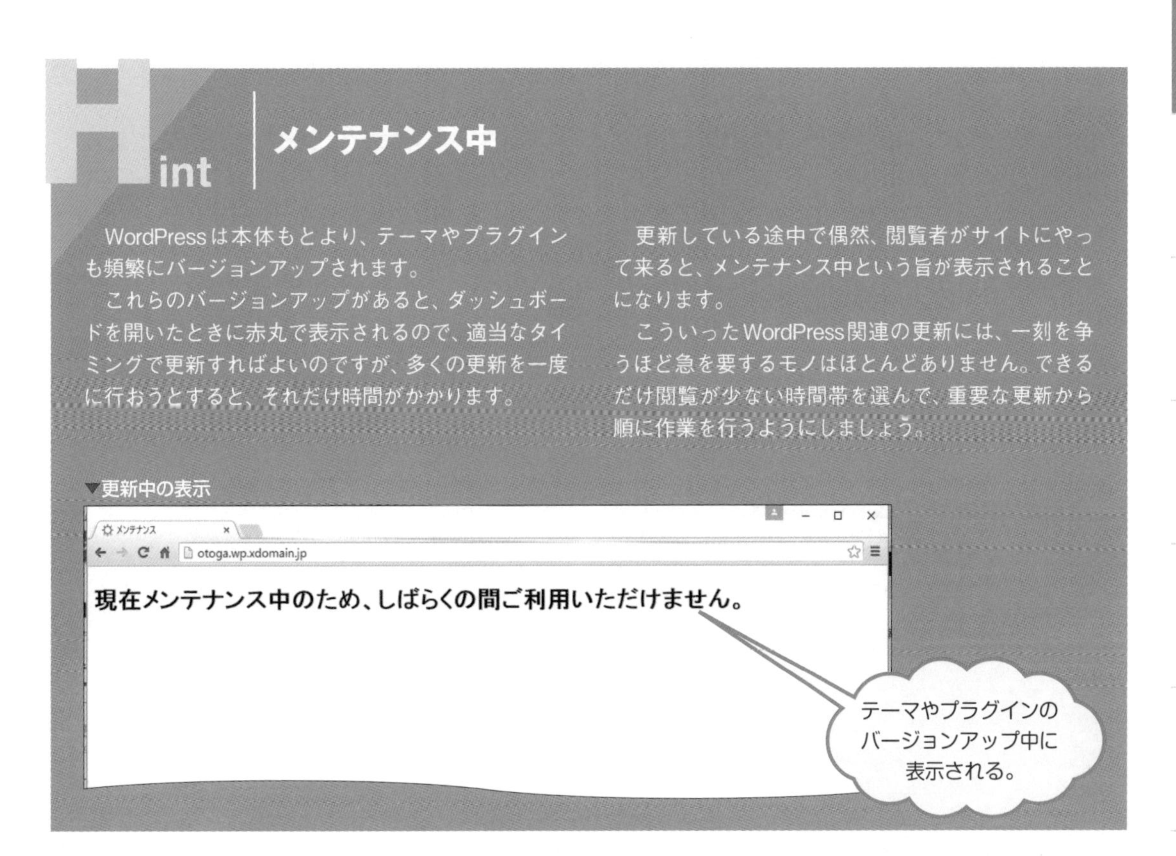

Hint　メンテナンス中

WordPressは本体もとより、テーマやプラグインも頻繁にバージョンアップされます。

これらのバージョンアップがあると、ダッシュボードを開いたときに赤丸で表示されるので、適当なタイミングで更新すればよいのですが、多くの更新を一度に行おうとすると、それだけ時間がかかります。

更新している途中で偶然、閲覧者がサイトにやって来ると、メンテナンス中という旨が表示されることになります。

こういったWordPress関連の更新には、一刻を争うほど急を要するモノはほとんどありません。できるだけ閲覧が少ない時間帯を選んで、重要な更新から順に作業を行うようにしましょう。

▼更新中の表示

コンテンツ生産性のアップ

ブログサイトでは、自分が得意とする分野の情報を多く載せること、または頻繁に更新することが求められます。このようなコンテンツ面での努力はブログ運営の不可欠な要素です。

コンテンツの内容まで作成してくれるプラグインは、さすがにないと思いますが、ブログ運営のためにあると便利なプラグインは何種類か見付け出すことができます。

「Categories to Tags Converter」は、WordPress.org制作のプラグインで、登録されているタグからカテゴリーをつくったり、反対にカテゴリーからタグを作成したりします。WordPress以外のブログサイトからコンテンツを引っ越したときなどに、タグをまとめて大量につくることもできます。操作方法は、ほかのプラグインと少し異なっていて、ブログのインポート/エクスポートのときのように、ダッシュボードでは**ツール➡インポート**から実行します。

ネットからオンラインでブログに使う画像を取得したいときには、「Flickr - Pick a Picture」プラグインが便利です。テレビでも最近は、「イメージ画像」と断って、関連のありそうな画像を流すことがありますね。あの調子です。ブログも画像があるのとないのとでは注目度が大きく異なります。

投稿や固定ページの新規追加・編集に使うエディターの機能を拡張する「TinyMCE Advanced」プラグインなども、入れておくと便利です。

ユーザビリティの向上

訪れたユーザーがサイトの中をあちこち回遊してくれれば、気に入ったページでコメントを残してくれるかもしれません。大勢の閲覧者が見てくれることで、あなたのやりがいにもつながるでしょう。

さらに、ページビューの数が増えれば、すなわちサイトの価値が上がることにつながります。広告主からすれば、ユーザーの注目度の高いサイトに広告を出したいに決まっています。アフィリエイトを行うときにも有利になります。

そこで、閲覧者が便利だな、もっと違ったページも見てみたいな、と思う機能を実装しましょう。

昨今のWebサイト、特にショッピング系のページは長くなっています。下までスクロールしても一気にトップまで戻ってくれる自動スクロールのボタンは必須といえます。この機能は、テーマ自身が備えている場合もあります。なければ、「Scroll To Top」プラグインなど、スクロールをサポートしてくれるプラグインをインストールしましょう。

サイト内のページ構成を見やすく表示してくれる**サイトマップ**も必須のページです。

テーマの中には、ページのテンプレートとして**サイトマップ**が用意されているものもあります。このような機能がないテーマの場合には、プラグインをインストールします。

Attention

テンプレートにサイトマップ、あるいは「Sitemap」が見付からないときは、テンプレートがサイトマップ作成機能をサポートしていません。

Onepoint

サイトマップを自動作成する機能はWordPressデフォルトの機能ではありません。対応しているテーマやプラグインをインストールしなければなりません。

紹介するサイトマップ作成用プラグインは、イタリヤ人のルイージ・カヴァリエリ氏による**Site Tree**です。このプラグインの設定は、専用のダッシュボードで行います。

まず、タイトルだけを付けた空の固定ページを作成しておきます。次に、SiteTreeのダッシュボードの**Site Tree**欄で**Configure**をクリックします。最初の設定「**In which page do you want to show your Site Tree?**」では、先ほど用意したサイトマップ用のページを指定します。次の「**What content types do you want to include?**」では、どのコンテンツをサイトマップ化するかをチェックして指定します。設定が完了したら、**Save Changes**をクリックします。

サイトマップに指定したページを開くと、サイト内の投稿（Posts）や固定ページ（Pages）などへのリンクが設定されたサイトマップが確認できると思います。

▼SiteTree Dashboard

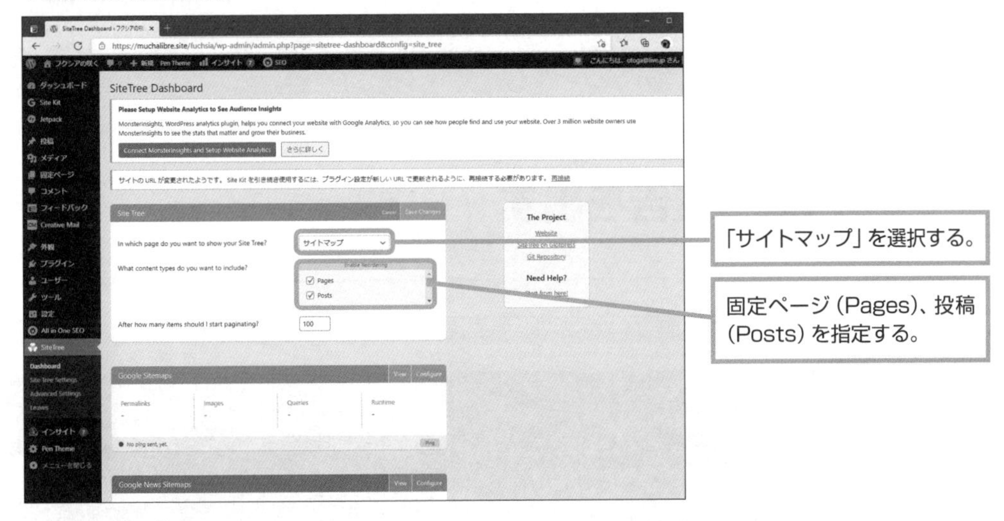

▼作成されたサイトマップ

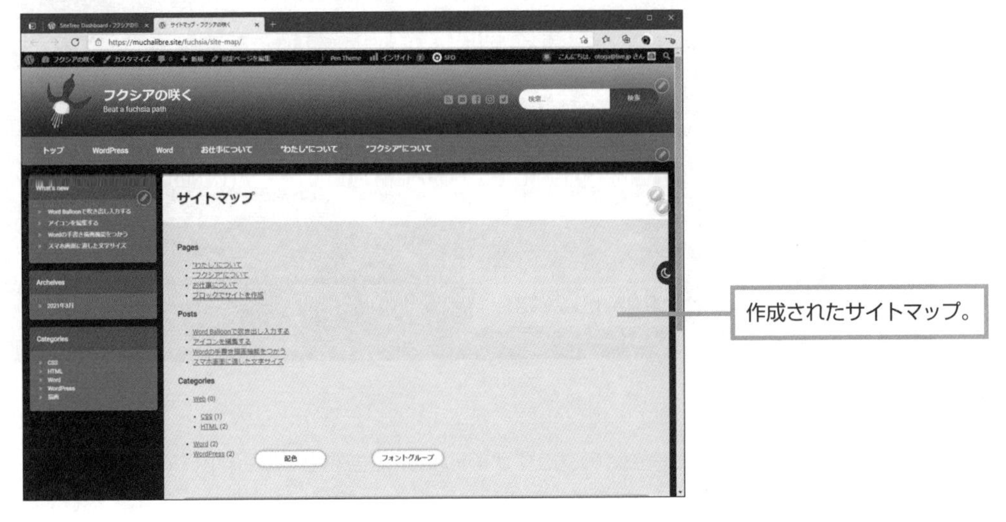

Section 5.3

Level ★★★

ブログサイトにバナー広告を出してみる

Keyword　バナー広告　アフィリエイト

いまではブログサイトに広告が表示されているのは、当たり前のようになっています。商用利用可能なレンタルサーバーでWordPressを運用するのなら、ページに広告バナーを貼っても違和感はありません。ブログの内容と関連性がある商品やサービスなら、さらに興味を惹き、ブログサイト自体を引き立たせる効果を期待することもできます。

バナー広告を出す

自分でつくっているWordPressのブログサイトなら、広告を出すのも自由です（規制のある一部レンタルサーバーもあり）。アフィリエイトを使うと、ページに設置した広告から広告収入を得ることも可能です。

ここがポイント!

ページに広告を出そう

ブログページには、多くのバナー広告が表示されています。閲覧者がこのバナーをクリックしたり、ジャンプ先のサイトで買い物をしたりすると、広告を掲載しているブログサイトにマージンが入る仕組みがあって、いまでは一般に広く利用されています。このような広告収入を目的にしたページについても、WordPressならツールやノウハウが揃っています。

- **バナー広告を設置する。**
- **アフィリエイトで稼ぐ。**

ここでのロードマップ!

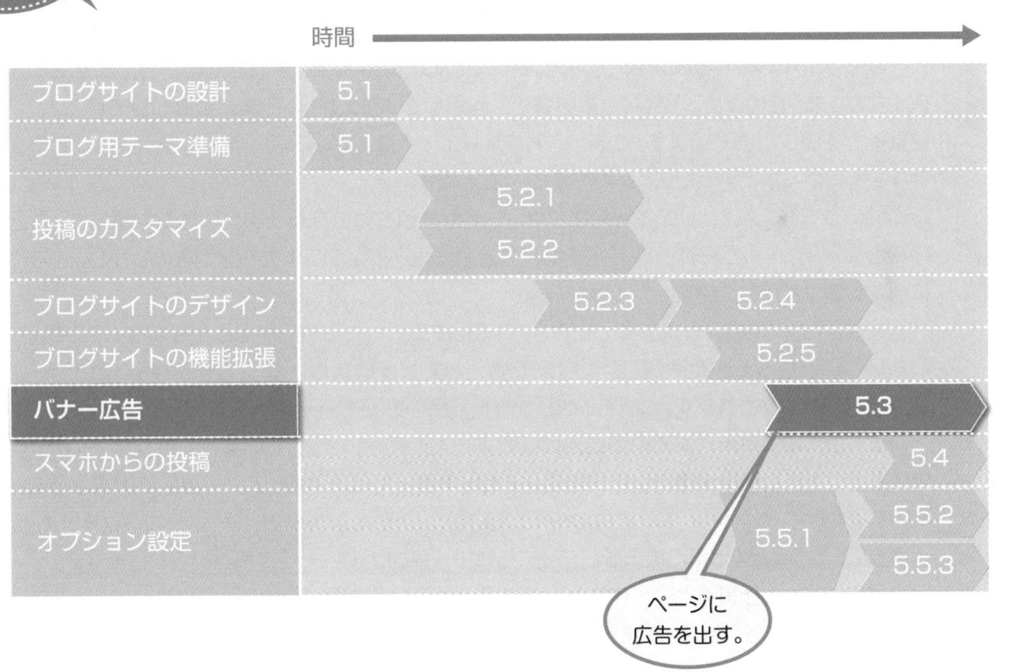

5.3.1 アフィリエイト

アフィリエイトを日本語に訳すと"支部をつくる"、"所属にする"といった意味です。本書では、アフィリエイトを**アフィリエイト・マーケティング**の意味で使っています。直訳すると支部型マーケティングですが、これだとよくわからないせいか、普通は**成功報酬型広告**と訳されています。

Webを利用したとき、広告が表示されるWebページは珍しくありません。広告が表示されないページを探すほうが難しいかもしれませんね。ブログページでも、広告が表示されると信頼感が増したりします。

ここでは、アフィリエイトを利用するための基本を説明します。

アフィリエイトのメリット

Webページに商品や企業のバナーを貼るといった広告手法は、インターネットが商用化された当初からあります。バナーをクリックすると、その企業のWebページにジャンプするといったものでした。

アフィリエイトはこれを進化させたもので、誰のページから企業ページにジャンプしてきたのか、またジャンプしてきただけではなく購入までしたのかをカウントして、それに応じて広告の掲載者に報酬を支払うものです。広告を表示しただけで報酬を得られるタイプもありますが、閲覧者が広告主の指定するサイトで購入まで至ったときと比べると、報酬額は高くありません。

アフィリエイトによる収入は、やり方、時間のかけ方によって、少額なものから高額なものまで幅広くなります。このため、手軽な小遣い稼ぎに利用している人から、副業に位置付けている人、これで生計を立てるプロまでいます。つまり、アフィリエイトはビジネスの一形態と捉えられ、どうすれば効率よく稼げるかといった法則的なものも存在します。

とはいっても、アフィリエイトをすれば、生活が左うちわになるというのは甘い話です。ほとんどの場合は、レンタルサーバーやドメイン代など最低限必要なコストも出ません。しかし、ここに確実に得する裏ワザがあります。

例えば、1万円の購入が成立すると、その15%が支払われる商品があるとします。この商品、自分でもほしいと思っていた商品です。自分で購入してしまいましょう。1万円を払いますが、あとで1500円がバックされます。つまり、ほしかった商品が8500円で購入できてしまうのです。

ネット上でよく宣伝されている商品は、アフィリエイトに対応している可能性が高いので、自分で購入するために広告を掲載し、それを使って自分で商品を購入する、という目的でアフィリエイトを利用するわけです。

さらに、その商品を使用したレポートをブログに掲載すれば、一石二鳥というわけです。

商品のレポートを書くという作業が得意なら、よそのブログに商品の記事を書いて、その原稿料をもらうという手もあります。原稿料は安いかもしれませんが、努力次第で確実に稼げます。

ASP

ASP(Affiliate Service Provider)は、アフィリエイトを配信する広告代理店のような存在です。ASPは、広告主とアフィリエイトをしたい個人や企業との仲介をするわけです。

現在、国内には多くのASPがあります。アフィリエイトは、特定の広告を自分で探して自分のページに貼り付けるというものですが、広告の選択から差し替えまで自動で行ってくれるASPもあります。

ASPごとに異なるのは、アフィリエイトをする人への支払い時に超えていなければならない月ごとの最低合計額(最低支払額)や、振込の手数料、それに審査の有無です。

次表に、一般によく利用されるASPの情報を掲載します。最新の詳細情報は、それぞれのホームページで確認してください。

▼主なASP

	審査	最低支払額	振込手数料
A8ネット	会員登録は無審査(広告ごとに審査の有無が異なる)	1000円	30円(ゆうちょ)
バリューコマース	あり	1000円	無料
楽天アフィリエイト	なし	1円	無料(楽天キャッシュ使用)
JANet	あり	1000円	無料
LinkShare	あり	1円	無料
xmax	あり	1000円	無料

Memo タグクラウド

タグクラウドには、各タグの付与記事数に比例した文字サイズでタグが表示される。

タグクラウドとは、サイト内の投稿記事のタグをまとめて表示する機能です。このとき、そのタグの付いた記事数が多いほどタグを大きく表示します。つまり、サイト内の情報とその情報量が視覚的にわかる仕組みです。

このタグクラウドに表示されているタグをクリックすると、タグ付けされている記事の一覧が表示されます。

WordPressでは、ウィジェットとしてサイドバーやフッターに表示することができます。

▼タグクラウド

楽天アフィリエイトでの広告バナーのリンクコードを作成する

楽天アフィリエイトなどASPの会員になったら、会員アカウントでログインして、貼り付けたい広告を探します。

広告リンクのHTMLコードは、広告を選択すると、自動で作成されます。このとき、バナー画像も別サイトからのリンクで埋め込まれるので、自分で作成する必要はありません。

ここでは、楽天アフィリエイトのバナー広告をWebページに貼り付けるので、実習する場合は、あらかじめ楽天アフィリエイトの会員登録を済ませておいてください。

▼広告の選択

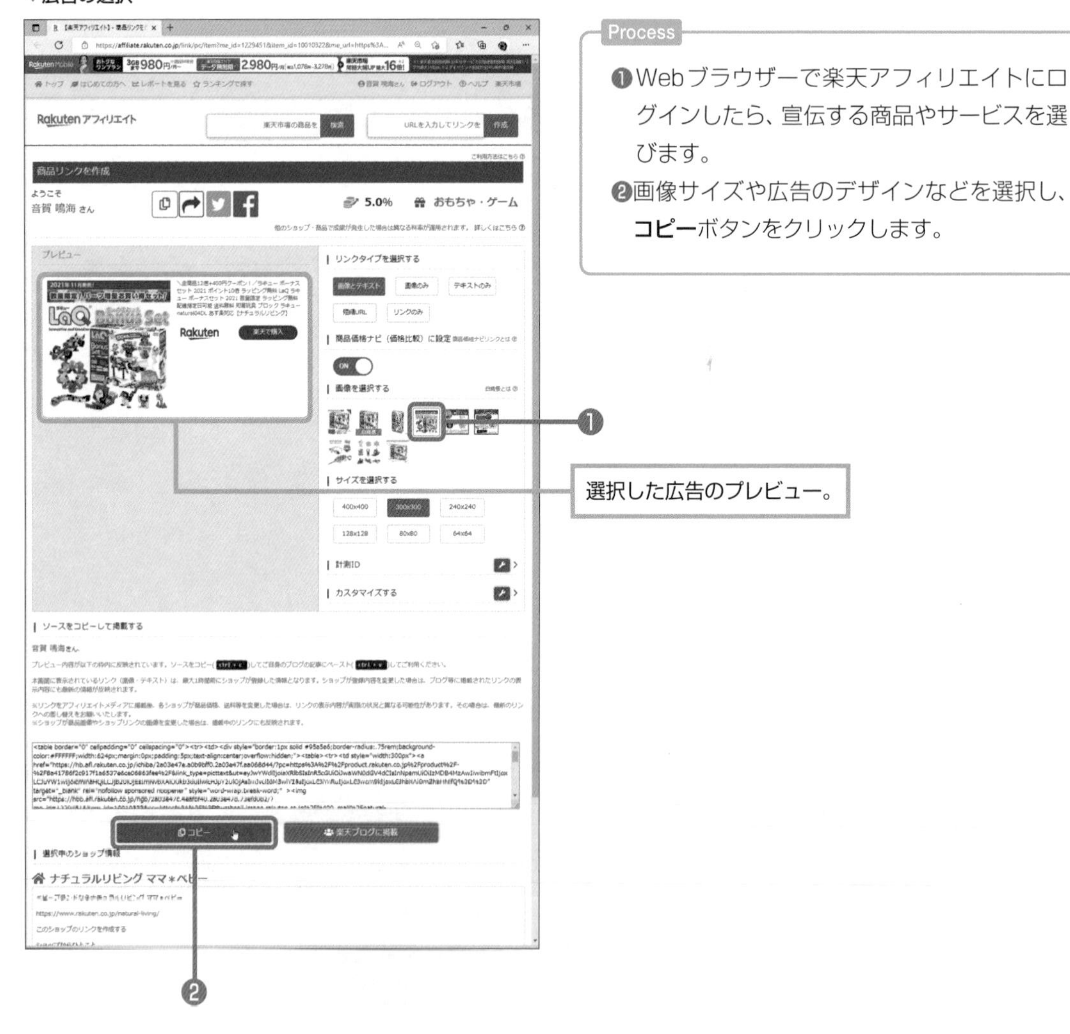

バナーをページに貼る

楽天アフィリエイトのプログラム管理ページなどで、貼り付ける広告のバナーリンクコードが作成されました。このコードはHTMLコードなので、Webページのソースにこのまま貼り付けることができます。

WordPressの場合、任意の固定ページを編集モードで表示し、バナー広告を貼り付けたい箇所に楽天アフィリエイトで作成したバナーリンクコードをコピー&ペーストします。

Process

❶WordPressで、広告を貼り付ける投稿ページや固定ページを編集モードで開きます。
❷広告を挿入する箇所を指定し、ブロックを挿入する+ボタンをクリックします。
❸**カスタムHTML**ブロックを選択します。

▼カスタムHTMLブロックの挿入

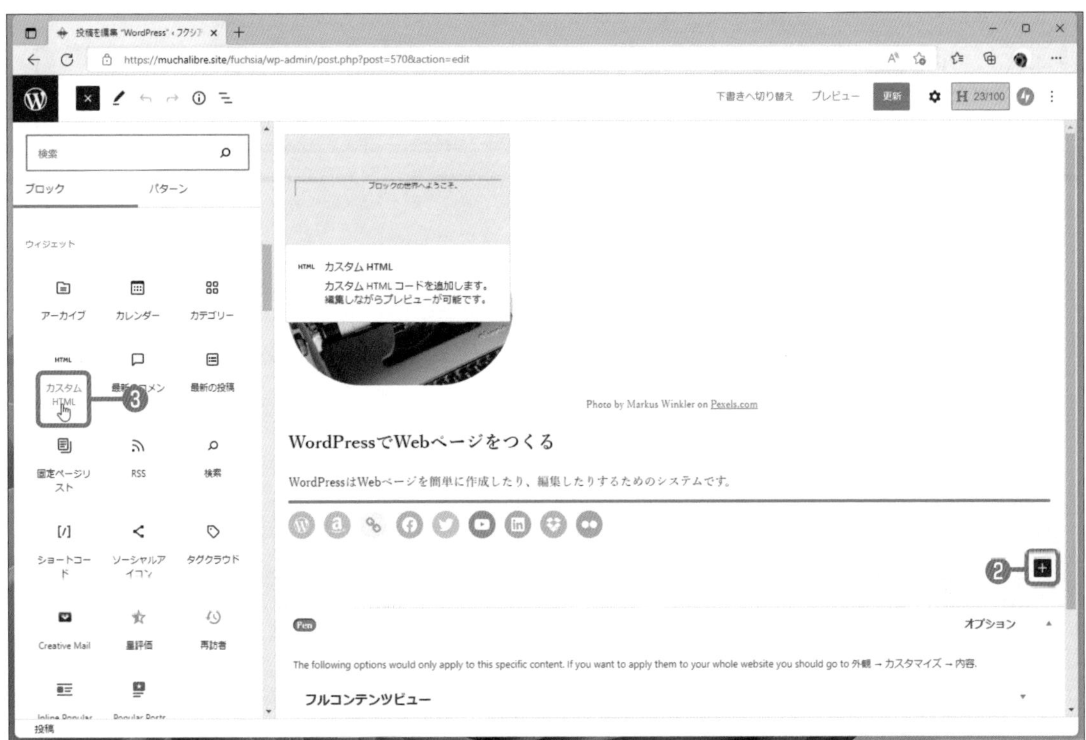

Process

❹ASPのサイトでコピーしたコードを、カスタムHTMLブロックに挿入します。

エイトコードの貼り付け

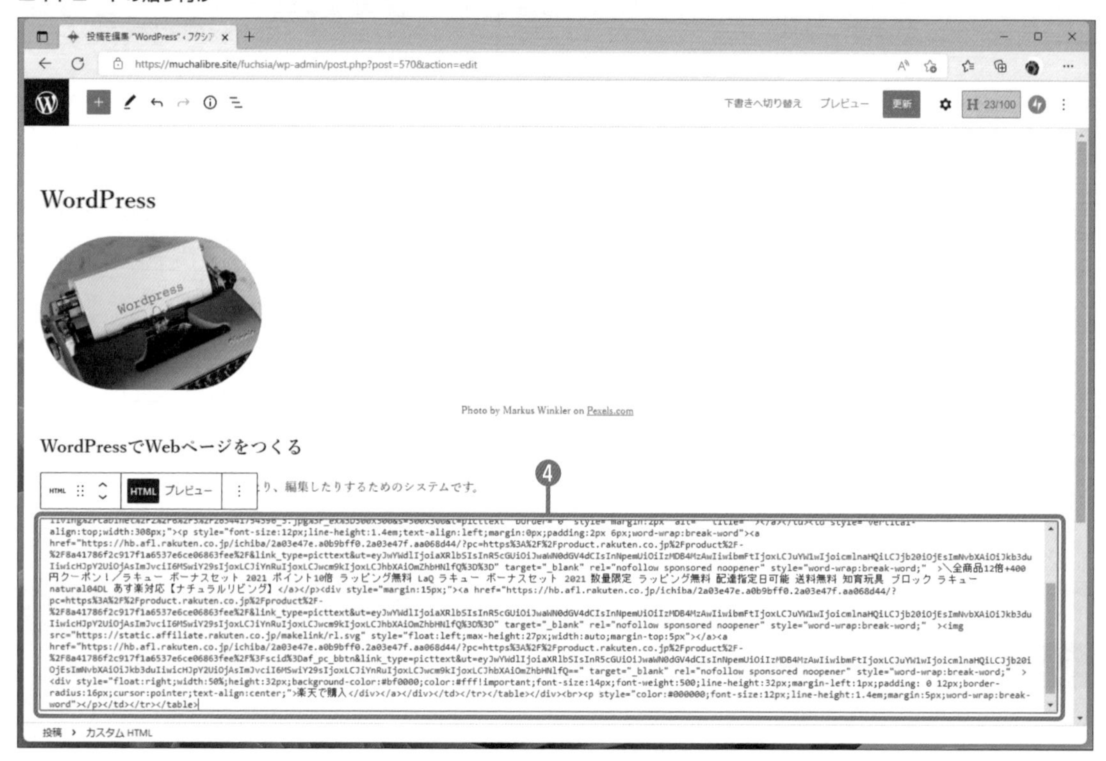

Process

❺ページを公開します。

❻ページを開いて、広告が表示されることを確認します。

▼広告を確認する

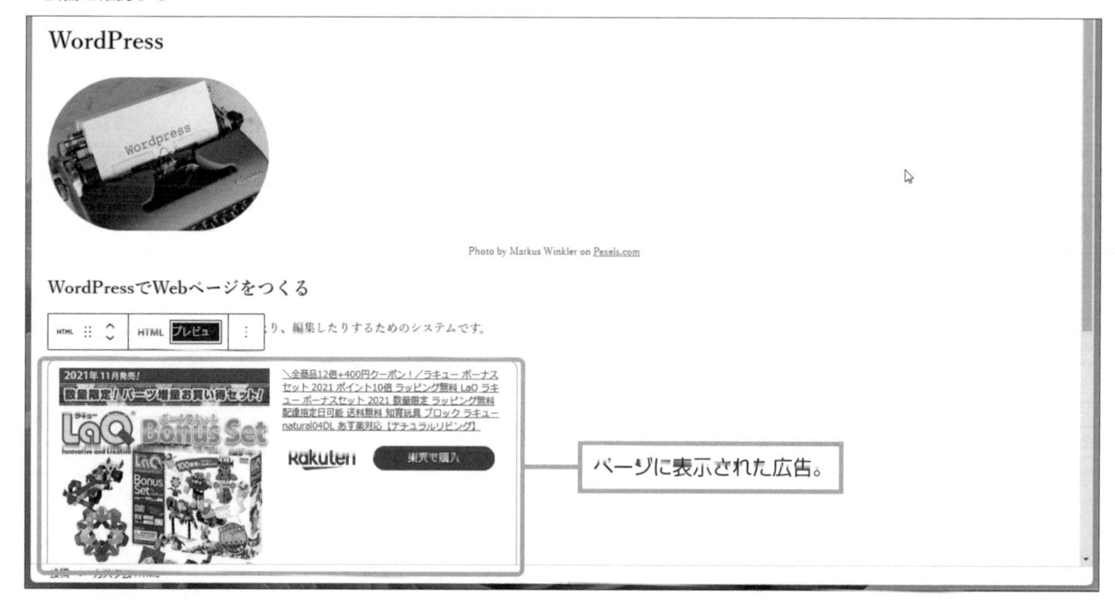

Memo Googleアドセンス

Googleアドセンスは、Googleの運営する広告サービスです。

貼り付けられる広告は、Googleが自動で選んで表示します。報酬はクリック型で、広告がクリックされると報酬がもらえるというわけです。

一度、設定してしまえば、広告を差し替えるなどの面倒な作業はしなくて済みます。

Googleアドセンスを利用するには、Googleアカウントでログインします。**広告の設定**ページで**新しい広告ユニット**を作成します。

広告サイズを選択します。通常はレスポンシブの**自動サイズ**を選択します。

作成されるコードは、楽天アフィリエイトなどと異なり、スクリプト（プログラム）です。

Googleアドセンスのスクリプトをテーマに貼り付けるには、広告用のWebページの審査にパスする必要があります。通常は申し込んでから2〜3日くらいで審査結果が出ます。審査に通ったら、再度、Googleアドセンスページを開き、そこに表示されるスクリプトをコピーして、Webページのヘッダー（<head>と</head>の間）に貼り付けます。WordPressでは、テーマファイルエディターを起動し、使用しているテーマのheader.phpの<head>と</head>の間に貼り付けてファイルを更新します。準備はこれだけです。

Googleアドセンスでは、スクリプトが勝手に広告の表示場所や広告の種類を選んで表示します。基本的にこれをWebページ管理者が変えることはできません。

▼Site Kit by Googleプラグイン

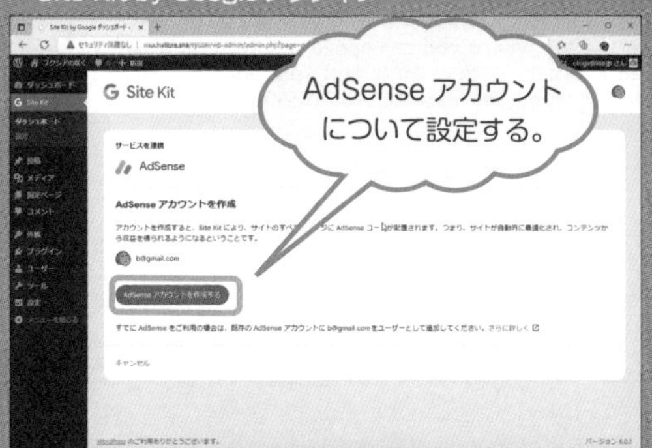

もっと簡単にGoogleアドセンスを使用するには、Googleが配布している**Site Kit by Google**プラグインを使うのがおすすめです。

このプラグインを有効化したら、設定ページからAdSenseのセットアップを行います。セットアップは、GoogleのAdSenseページにジャンプして行います。

▼広告設定のプレビュー

広告の表示について設定できる。

Section

5.4

Level ★★★

もっと簡単に投稿したい

Keyword　メール投稿　レスポンシブ

WordPressからの投稿は、PCでWebブラウザーから行うのが一般的ですが、それだけではありません。メールでの投稿のほか、スマホからの投稿もできます。

▶SampleData

https://www.shuwasystem.co.jp/books/wordpresspermas190/

chap05 ▶ sec04

メールでブログ記事を投稿する

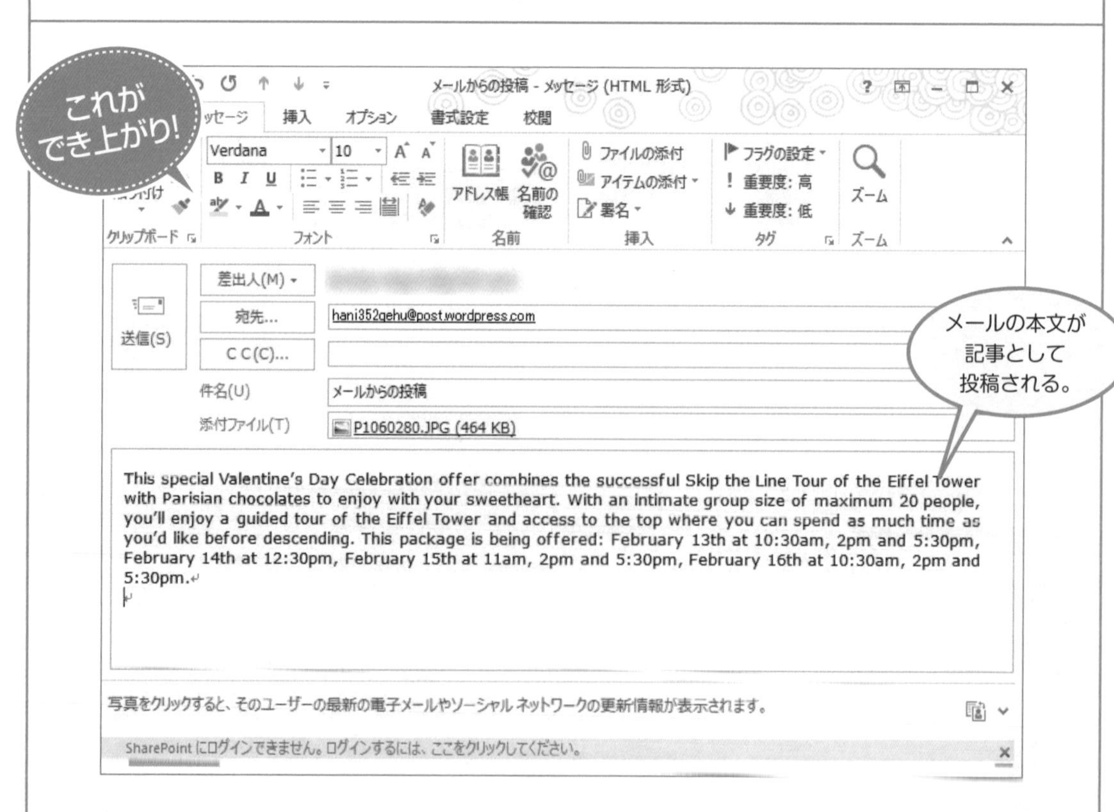

ブログを投稿する場所はいつもオフィスや自宅とは限りません。外出先、取材先などでの投稿は、メールでもできます。もちろん、スマホからの投稿も簡単です。

ここがポイント！

スマホから投稿する

WordPressでは、PCまたはMacなどの広いモニターのWebブラウザーから投稿を行うほかにも、メールでの投稿やスマホからの投稿ができます。

- メール投稿用のアドレスを設定する➡メールで投稿する。
- レスポンシブテーマに切り替える➡スマホで投稿する。

ここでのロードマップ！

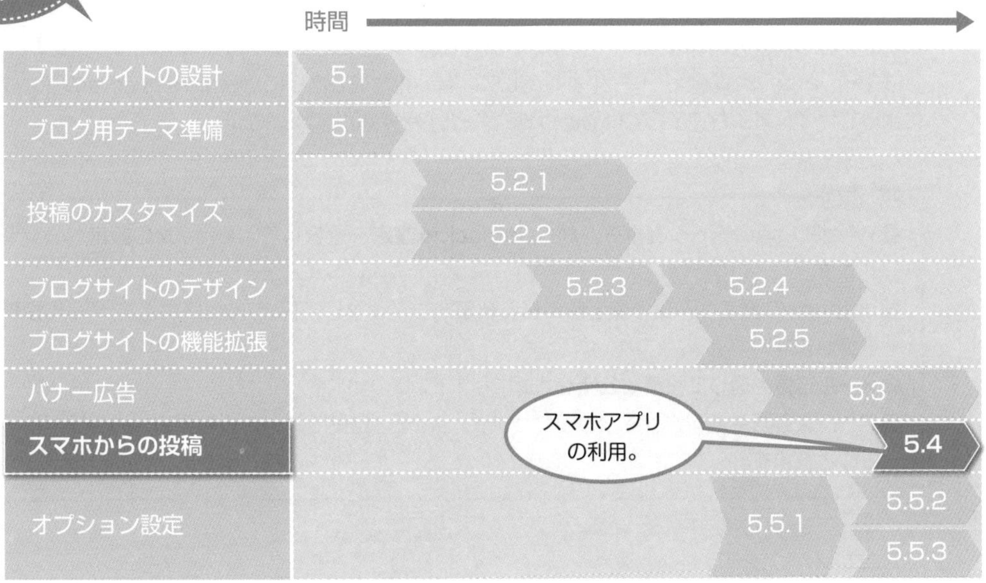

時間 →

ブログサイトの設計	5.1
ブログ用テーマ準備	5.1
投稿のカスタマイズ	5.2.1 / 5.2.2
ブログサイトのデザイン	5.2.3 / 5.2.4
ブログサイトの機能拡張	5.2.5
バナー広告	5.3
スマホからの投稿	**5.4**（スマホアプリの利用。）
オプション設定	5.5.1 / 5.5.2 / 5.5.3

5.4.1 メールで投稿する

WordPressには、メールを使って記事を投稿できる機能があります。

この機能は、あらかじめ取得したメールアドレス宛てに送信したメールの内容が、ブログの記事としてブログページに表示されるものです。

デフォルトの機能としてWordPressは**メール投稿**をサポートしていますが、メールサーバーなどの設定が面倒です。そこで、ここではJetpackプラグインの**メール投稿**機能を利用することにします。

メール投稿を設定する

Jetpackについてはコラムでも紹介していますが、これ1つで便利な機能がいくつも手に入ります(有料版もありますが、無料版でもメール投稿などの機能は使えます)。

さて、Jetpackの利用には、WordPress.comのアカウントが必要になります。WordPress.comのアカウントを持っていない場合は、Jetpackの設定手順の最初でアカウントを作成してください。これによって、メール投稿に必要なメールアドレスやサーバーもWordPress.comのものが使えます。

すでにJetpackがインストールされていて、有効化され、さらにWordPress.comのアカウントによってサインインも完了しているとして、メール投稿の設定に入ります。

Process

❶WordPressのダッシュボードから**Jetpack➡設定**を選択して、Jetpackの設定ページを開きます。

❷Jetpackの設定ページの最上部にある**執筆**をクリックし、下にスクロールして**メール投稿**欄を探します。

❸**メール送信を通じて投稿を公開**をオンにします。

❹**アドレスを再生成**ボタンをクリックします。すると、自動でメール投稿用のメールアドレスが生成されます。

Onepoint

有効化ボタンをクリックすると、自動生成されたメールアドレスが表示されますが、アドレスの再生成をさせることもできます。

Onepoint

生成されたメールアドレスをOutlookのアドレス帳でインポートする場合には、「vCard」リンクをクリックし、ファイル形式で保存することができます。

▼自分のブログ

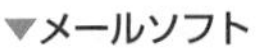nepoint

生成されたメール投稿用のメールアドレスをクリックすると、使用しているメールソフトが起動し、宛先欄にそのメールアドレスが入力されます。

Process

❺メールソフトを開き、新規メールの宛先にメール投稿用のメールアドレスを入力し、本文欄に投稿記事を入力します。件名に入力したテキストが投稿タイトルになります。

❻設定が完了したら、**送信**ボタンをクリックします。

▼メールソフト

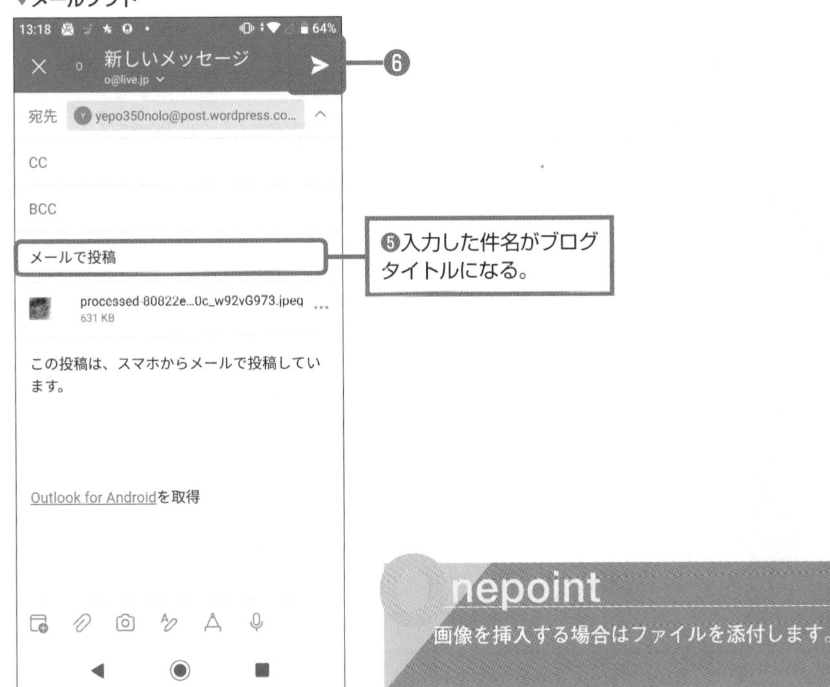

nepoint

画像を挿入する場合はファイルを添付します。

Jetpack by WordPress.com

「Jetpack by WordPress.com」(以下、「Jetpack」)は、WordPress.comでは初期設定で利用可能になっているいくつかの機能と同じような機能を、WordPressのインストールサイトにも付けよう、というとても便利なプラグインです。

つまり、このJetpackひとつをインストールすれば、楽ちんで便利になるということ。

プラグインのインストールについては、「**3.3.1 プラグインはできることを広げる**」を参照してもらうとして、Jetpackの内容について少し紹介しておきましょう。

WordPress.comのメール投稿機能と同様の機能が使えるようになります。WordPressデフォルトのメール投稿機能とは少し設定方法が変わりますが、慣れればどちらを使ってもメール投稿ができます。

●Jetpackの特徴

- 30種類以上のプラグインを1つにしたパッケージ
- 機能の有効化／無効化は手動で行う
- ほとんどの機能を無料で使用できる
- 管理画面が日本語で表示される
- 最大限活用するにはWordPress.comアカウントが必要

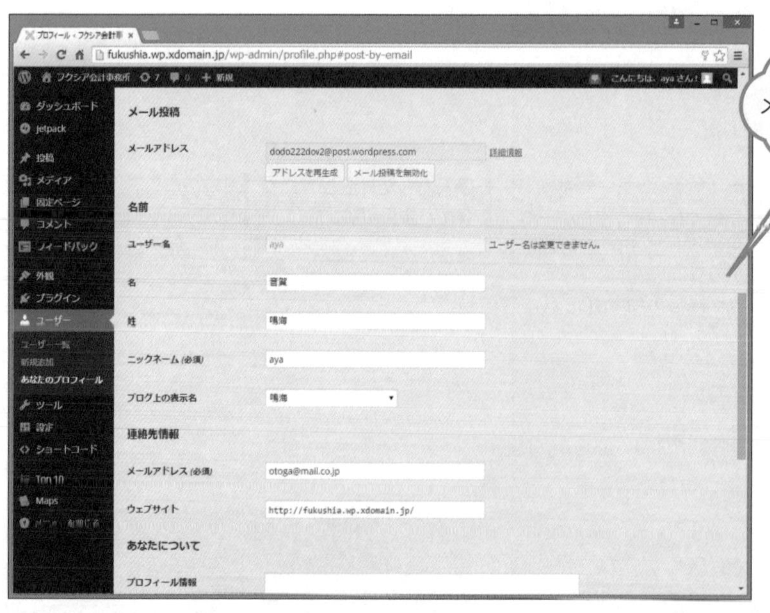

Jetpackのメール投稿モジュールの設定パネル。

5.4.2 スマホから投稿する

iPhoneやAndroidスマートフォンなどの、一般にいう**スマホ**からWordPressに投稿する場面というと、やはり外出先ということになるでしょうか。

行楽地やイベントのブログ、食べ歩きブログなどで、その場の雰囲気や臨場感を伝えるために、その場で記事を書いて投稿する人も多いことでしょう。

Onepoint

スマホからの投稿や編集の際は、専用につくられたWordPressアプリを使うほうが効率よく作業できます。

それぞれの端末に合ったアプリをインストールしておいてください。

WordPressに対応しているアプリはいくつもありますが、ここではAutomattic社のJetpack（サイドビルダー）アプリを使用しています。

スマホのアプリで投稿する

ここでは、Android用Jetpack（サイドビルダー）（Automattic社）を使って、ブログ記事を投稿してみます。

このアプリは、WordPress.com用のアカウントが使えるほか、独自ドメインのWordPressサイトにもログインできるようになっています。自分で構築したWordPressサイトにログインするときは、**既存のサイトアドレスを入力**をクリックします。

▼アプリをインストール

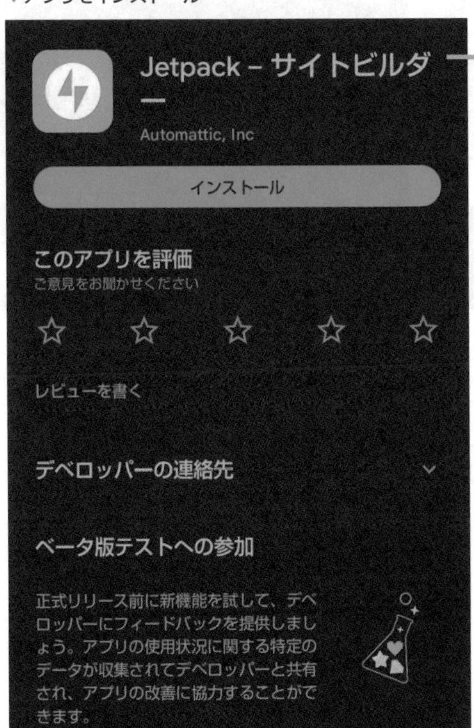

Memo

Automattic社は、アメリカのサンフランシスコ市にある、アプリも制作するWeb関連のIT企業です。「WordPress」というアプリを開発していますが、WordPress.comやサーバー版のWordPressとの実質的な関係はありません。サーバー版のWordPressは、オープンソースなので、基本的には大勢のボランティアによって開発や管理が行われています。

Process

❶WordPressアプリを起動したら、**既存のサイトアドレスを入力**をタップします。
❷サイトアドレス（URL）を入力して、**次へ**ボタンをタップします。

▼「既存のサイトアドレスを入力」をクリック

▼WordPressサイトアドレスを入力

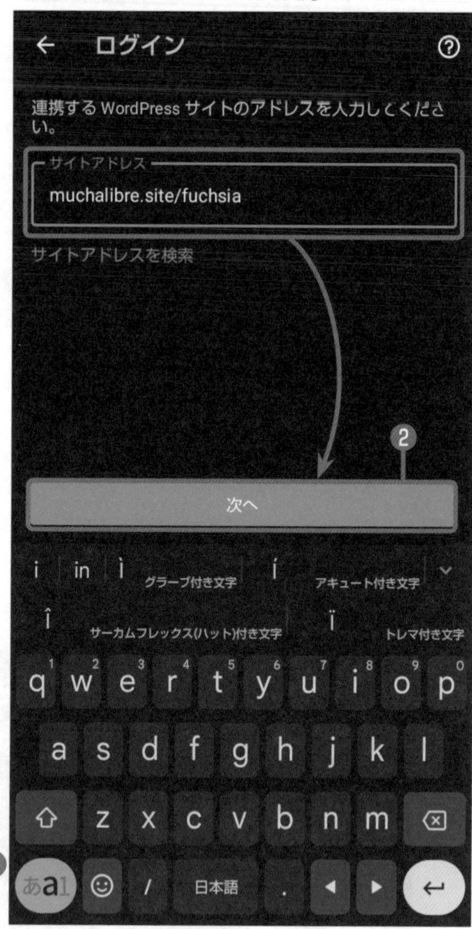

Process

❸WordPress用のユーザー名とパスワードを入力して、**次へ**ボタンをタップします。
❹自分のサイトが表示されたら、接続するサイトをタップします。

▼管理者アカウントの入力

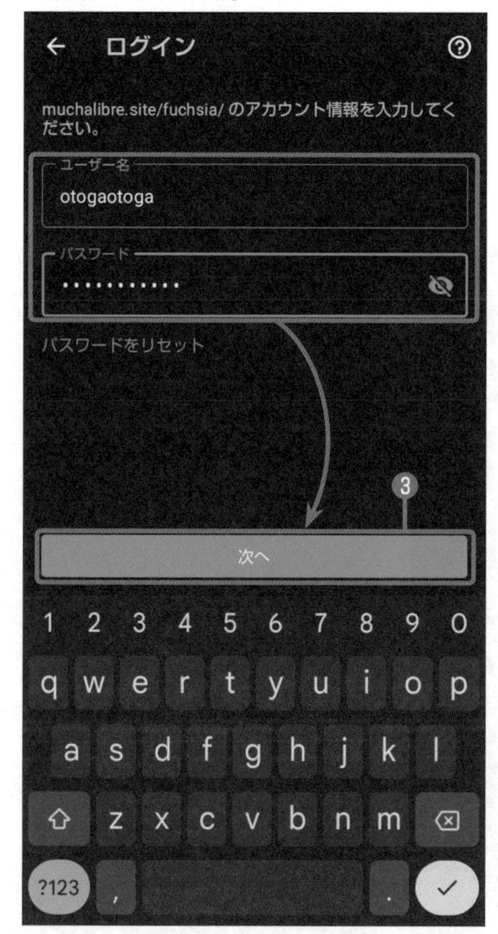

▼ログイン終了

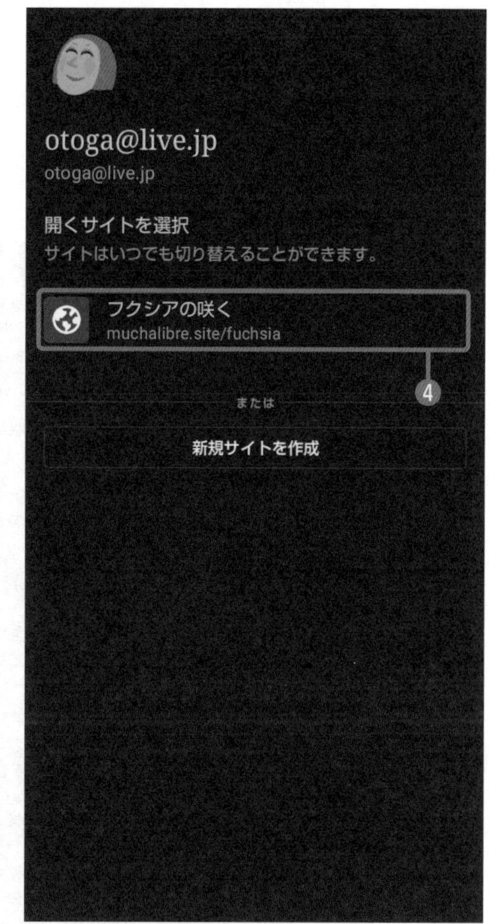

Hint Webブラウザーで管理画面を開く

WordPress管理画面には多くの情報が表示されるため、表示にはPCモニターが適しています。もちろん、WordPressの管理画面はレスポンシブデザインに対応しているため、タブレットでもスマホでもWebブラウザーを使用する場合はPCモニターとほぼ同じ内容が表示されます。投稿の作成や編集もほぼ同じようにできます。

WordPress用のアプリとどちらが使いやすいかといえば、やはりスマホ専用につくられている専用アプリが優位だと思います。ただし、専用アプリでは機能のいくつかが削られています。専用アプリではブロックで追加・設定できる機能も限られます。プラグインも再現されないものがほとんどです。つまり、凝った投稿ページの作成や編集は、専用アプリでは難しいのです。

そこで、外出中にブログ作成を行うときは専用アプリを使い、リアルタイムに感じたその場の臨場感や雰囲気をメモするように、ラフな投稿を作成しておきます。もちろん、公開はせずに下書きとして保存しておきます。仕事場に帰ってきてから、プラグインを使用する写真やイラストを貼り込み、デザインなどを整えて投稿ページを仕上げます。

タブレットやスマホを使用するときには、専用アプリとWebブラウザーの使い分けができると、ブログ制作の能率も記事の質もアップすると思います。

Process

❺WordPress管理画面（ダッシュボード）が開いたら、**投稿**をタップします。
❻最近の投稿がアーカイブ表示で一覧表示されます。既存の投稿を編集する場合は**編集**を、新しく投稿を作成するには**投稿を作成**をタップします。

▼WordPress管理画面（ダッシュボード）

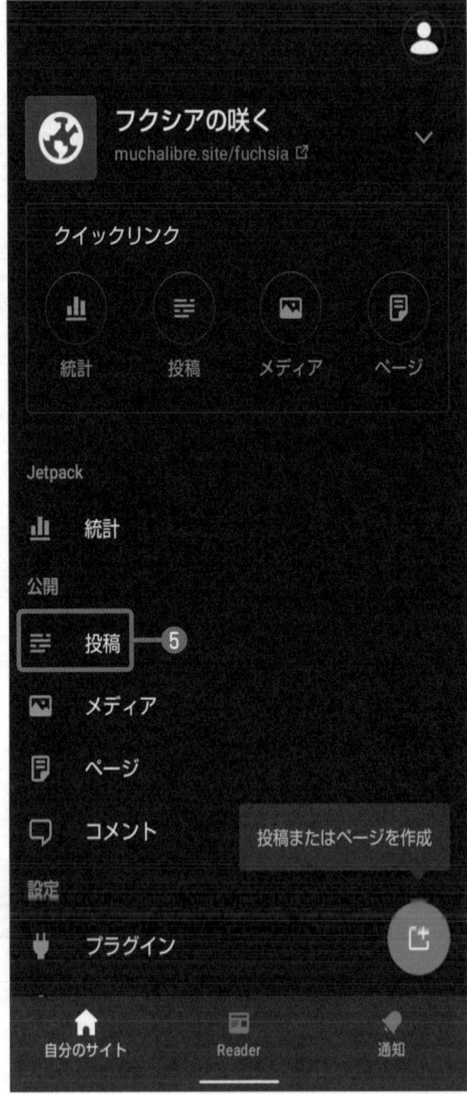

▼ブログ投稿ページ

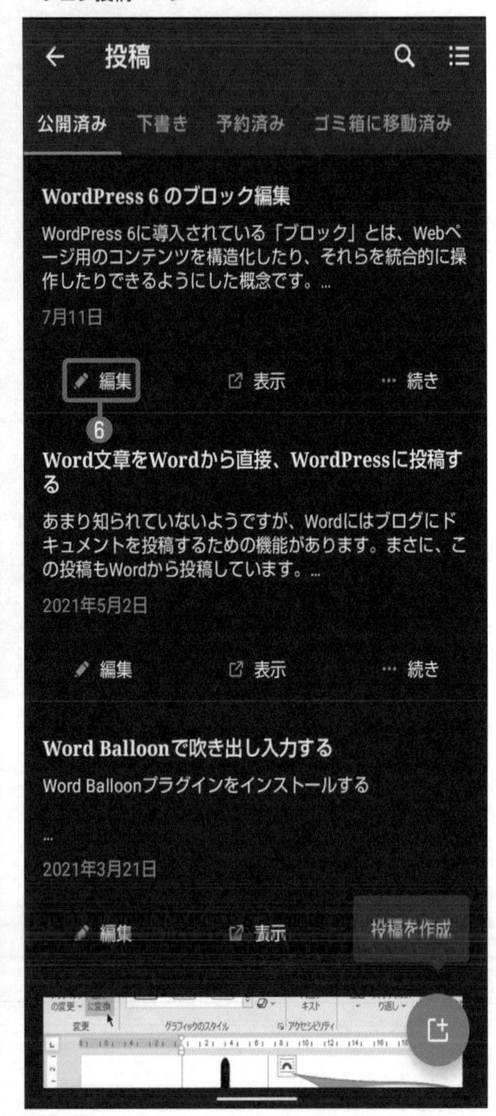

Process

❼投稿の作成・編集ページが表示されます。PC版のWordPressで投稿を作成するときと同じように、ブロックを使った作成・編集作業が可能です。デフォルトでは、アプリで作成した投稿は下書きとして保存されます。

▼WordPress管理画面（ダッシュボード）

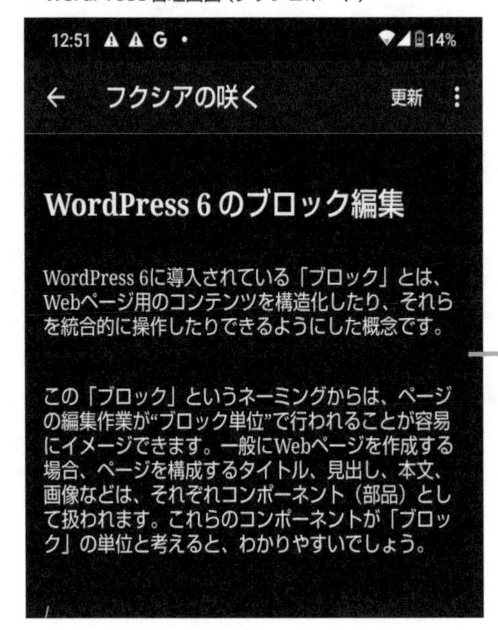

投稿の内容を編集することでできる。編集後には、「更新」ボタンを押す。

Hint WordPressアプリでWebサイトを分析

本書で紹介したJetpackアプリ（Automattic社製）は、Webサイトの分析ができます。実際にはWordPress.comの分析サイトを利用するのですが、アプリからメニューを選択するだけで、指定した分析が実行されます。

Webページ診断や分析ページへのリンク。

分析結果と改善策。

Jetpackアプリ▶

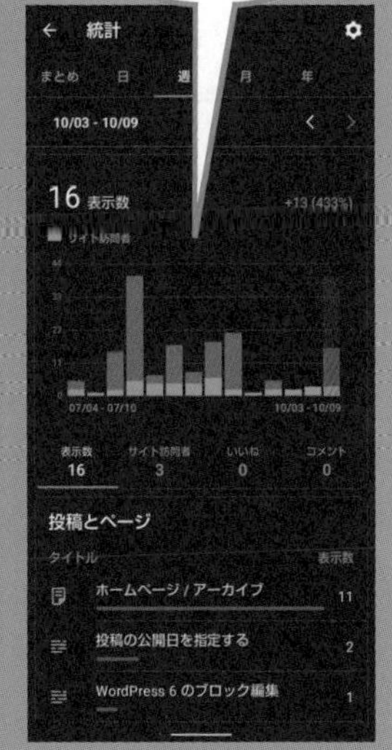

Section 5.5

Level ★★★

投稿の状態（ステータス）を設定する

Keyword　下書き　公開　パスワード　公開日時

投稿を追加するダッシュボードパネルからは、「公開状態」「タグ＆カテゴリー」「アイキャッチ画像」などのオプションが設定できます。書きかけの投稿を一時、保存するときには、公開オプションを下書きに設定します。

▶SampleData

https://www.shuwasystem.co.jp/books/wordpresspermas190/

chap05 ▶ sec05

投稿にパスワードを設定する

投稿した記事をごく限られた仲間だけに見せる方法の１つとして、**パスワード保護**があります。WordPressでは、記事ごとにパスワードを設定できます。

ここがポイント！

投稿のオプションを設定する

　作成した記事はすぐに投稿する必要はありません。下書きとして一時保存したり、日時を予約して自動で公開したりできます。また、記事にパスワードを設定することで、特定の仲間にだけ記事を見せることができます。

- 書きかけの投稿は下書きで一時保存する。
- 特定の仲間にだけ公開する投稿にはパスワードを設定する。
- 公開日時は予約できる。

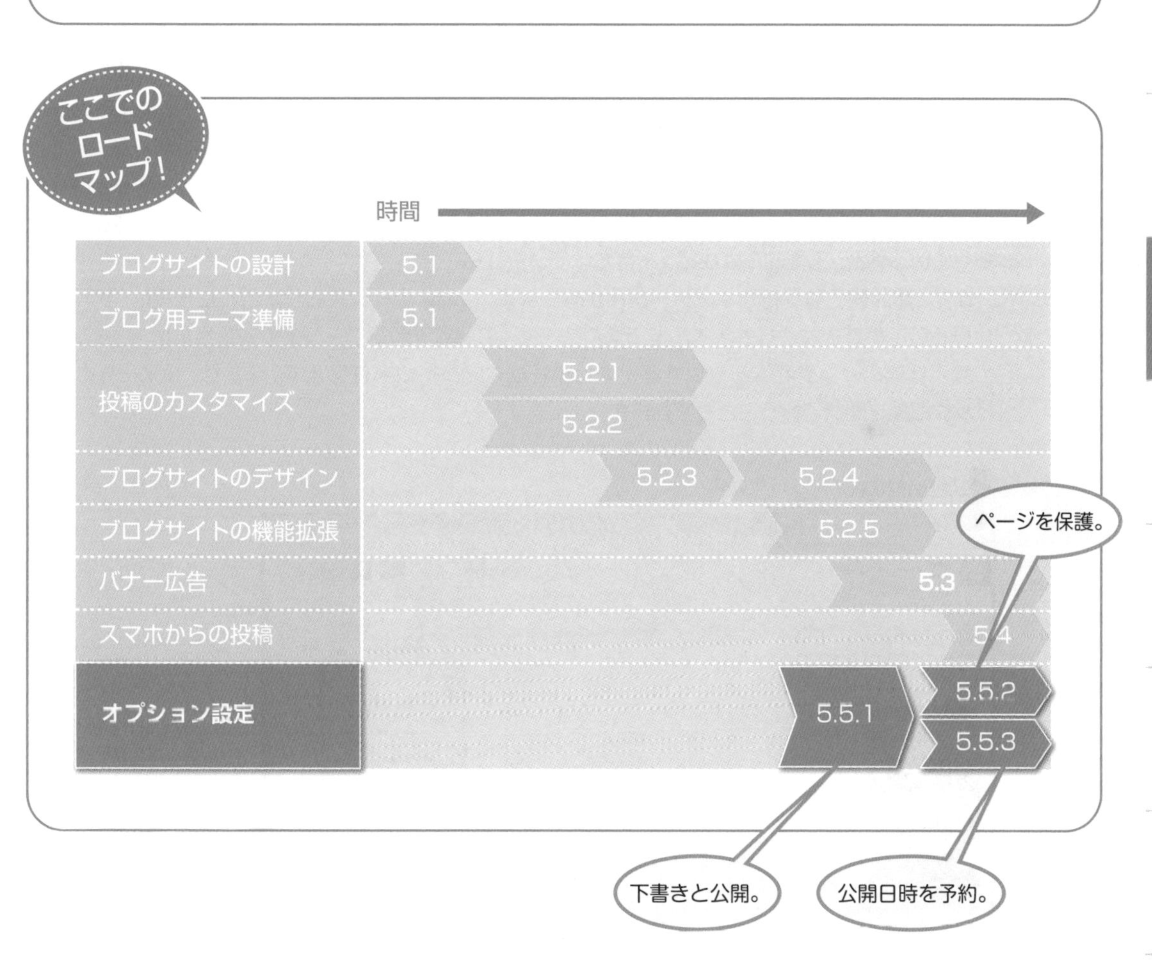

5.5.1　下書きと公開

作成したブログ記事をブログに載せて、誰からも見られる状態にするのが**公開**です。書きかけの記事を保存しておくのが**下書き**です。下書き状態の記事は、ブログページには表示されません。

これらの状態のことをWordPressでは**ステータス**と呼びますが、つまりは投稿の現在の“状態”です。

投稿のステータス

投稿記事の表示状態を表す語句が**ステータス**です。

ブログおよび固定ページの新規追加ページまたは編集ページの**設定**ウィンドウに、対象ページのステータスが表示されます。また、ここではステータスの変更もできます。

投稿記事や固定ページを新規に作成しているとき、そのページは未公開なわけで、このときのステータスは**未公開**です。ただし、WordPressでは**未公開**というステータスはありません。未公開の投稿や固定ページのステータスは**下書き**となり、ページが完成していなくても公開状態を**公開**に設定すれば、ステータスが**公開済み**となり、サイト閲覧者が読めるようになります。**下書き**、**公開済み**のほかには、**レビュー待ち**というステータスがあります。**レビュー待ち**ステータスは、投稿記事を書く人（投稿者）とサイトの管理者が異なる場合に使用するステータスです。レビュー待ちをするのは投稿者で、レビューしてから投稿を公開するのが管理者ということです。投稿者と管理者の役割を1人で担っている場合、基本的には**レビュー待ち**は使いません。

また、**非公開**という特殊なステータスがあります。このステータスに設定された投稿は、管理者しか見ることができなくなります。非公開ステータスの設定を設定ウィンドウで行うには、ウィンドウの表示状態のリンクをクリックすると開く小さなウィンドウを使います。または、投稿一覧から**クイック編集**を開いて行うこともできます。

▼投稿の公開状態

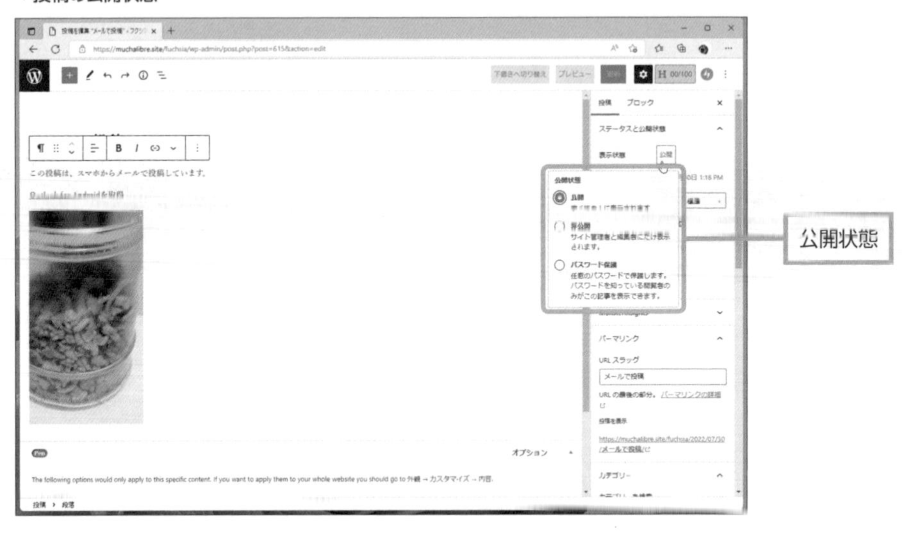

ブログの記事や固定ページの新規追加・編集作業中に**下書き**ステータスに設定するには、設定ウィンドウで変更します。クイック編集でもできますが、投稿の作成時に限られるので、設定ウィンドウを使ってのステータス設定が便利です。投稿ページの編集時に⚙をクリックすると、設定ウィンドウが開きます。

▼ステータス

ステータス	説明
公開済み	投稿または固定ページとして公開され、サイト閲覧者が読むことのできるステータス。
レビュー待ち	WordPressのサイト管理権限が管理者/編集者/投稿者の場合に選択可能なステータス。投稿は保留状態になり、承認されることで公開されます。サイト管理権限が寄稿者の場合は、強制的にレビュー待ちになります。
下書き	新規追加ページでは、初期に設定されているステータス。書きかけの記事も、そのまま保存されます。
非公開	投稿データを残したまま公開を取り下げたり、一時的に公開したりしないようにします。

Hint　ブロックエディターのキーボードショートカット（1）

グローバルショートカット（MacはCtrl➡⌘）	
Ctrl + Shift + Alt + m	ビジュアルエディター/コードエディターの切り替え
Ctrl + Shift + Alt + f	全画面モード（ダッシュボードメニューの有無）の切り替え
Shift + Alt + o	ブロックリストビューを開く
Ctrl + Shift + ,	設定サイドバーの表示/非表示
Shift + Alt + n	エディターの後ろの操作ウィンドウに移動
Shift + Alt + p	エディターの前の操作ウィンドウに移動
Alt + F10	近くのブロックをアクティブにする
Ctrl + s	変更の保存
Ctrl + z	直前の操作を取り消す（アンドゥ）

5.5.2 パスワード認証でページを保護

投稿された記事単位でパスワードを設定しておくことができます。何のためにパスワードで保護するのか、誰に対して保護するのか、使い方はあなた次第です。

投稿のパスワード保護

ダッシュボードから、パスワードで保護したいブログ記事を投稿の編集パネルに開き、公開ボックスの**公開状態**の**編集**リンクをクリックします。

公開状態の初期設定は**公開**になっていますが、これを**パスワード保護**に切り替えて、パスワードを設定します。

▼投稿の編集

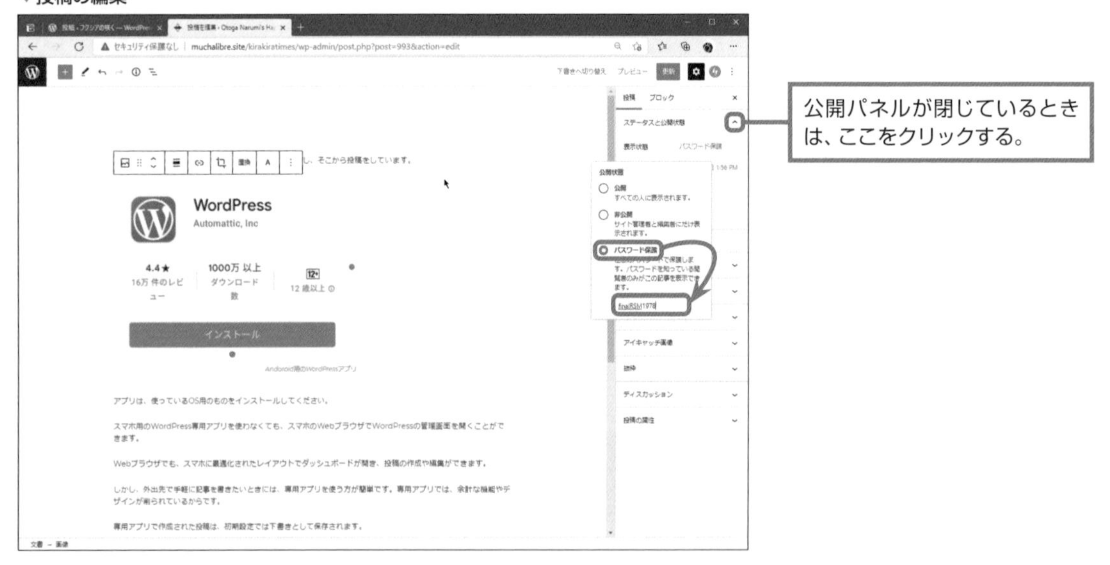

Memo パスワードで保護された記事を読むには

パスワード保護が設定されているブログを見たら、パスワードフォームに決められたパスワードを入力して、**送信**ボタンをクリックします。なお、デフォルトでは、パスワードの複雑さや文字数などの制限はなく、セキュリティ的には強固とはいえません。

▼パスワード保護のあるブログ記事

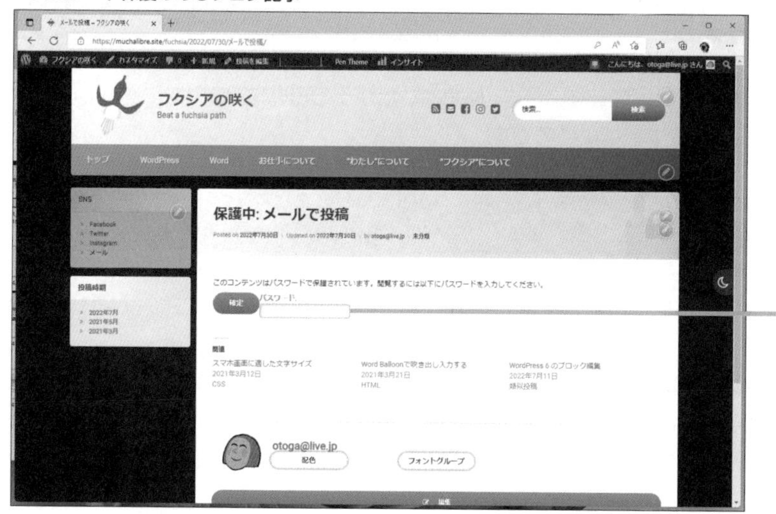

パスワードが設定された投稿には、パスワード入力用のフィールドが表示される。パスワードを入力すると「●●●●●」のように表示される。

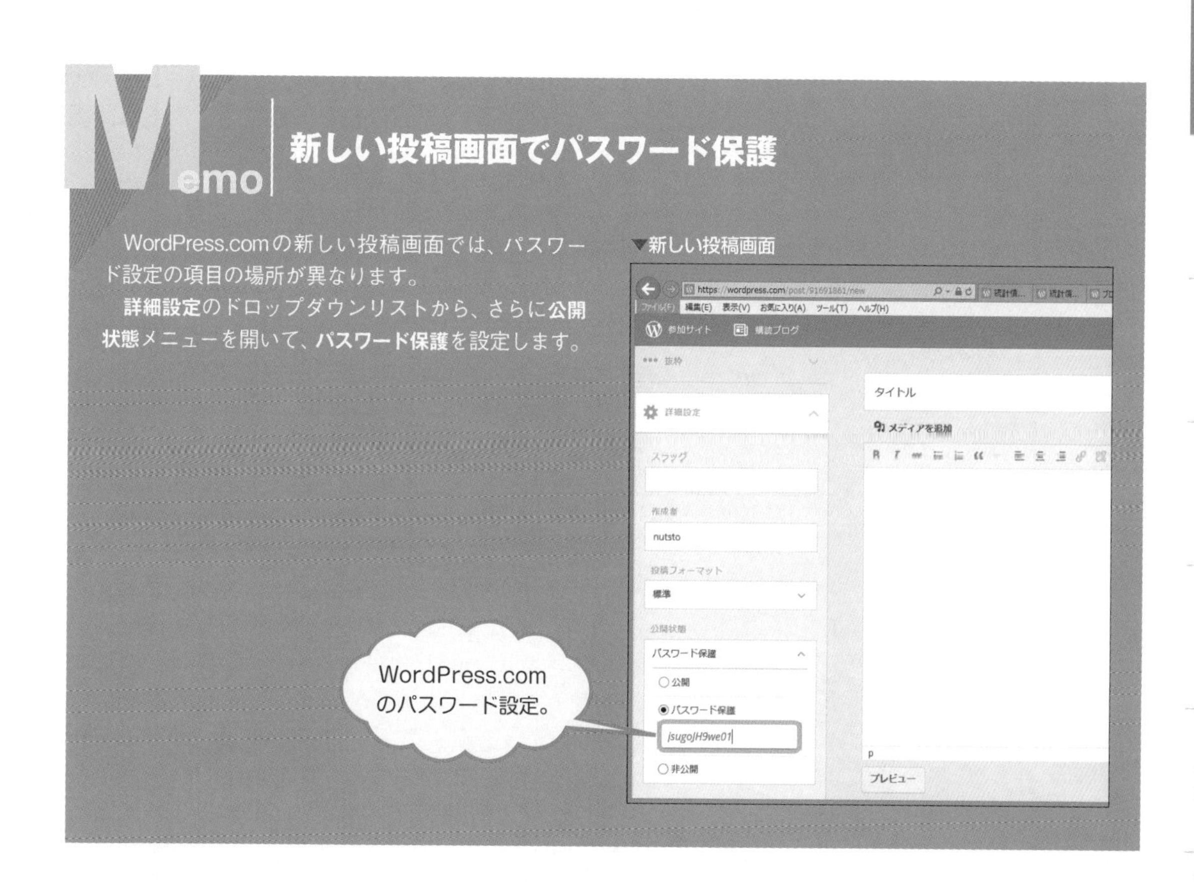

Memo 新しい投稿画面でパスワード保護

WordPress.comの新しい投稿画面では、パスワード設定の項目の場所が異なります。

詳細設定のドロップダウンリストから、さらに**公開状態**メニューを開いて、**パスワード保護**を設定します。

▼新しい投稿画面

5.5.3 公開日時を予約

日時指定で記事を公開しなければならないとき、何もあなたがその日時にPCの前に座っている必要はありません。**タイマー予約**をすればよいのです。

設定した日時に自動で公開する

作成された記事を設定した日時に自動で投稿（公開）することができます。タイミングを見て投稿できる機能です。

ブログ記事を新規作成するか、下書き保存されている記事を投稿の編集パネルに開き、公開モジュールの**すぐに公開する**、または**公開日時**の**編集**リンクをクリックします。

投稿を予約する日時を設定したら、続いて、**公開**モジュールの**予約投稿**ボタンをクリックします。

▼新規投稿を追加

Memo 予約システム

投稿を"予約"するには、「5.5.3　公開日時を予約」のように、もともとWordPressに付いている投稿のステータス機能を使えばよいのです。しかし、"予約"といえば、ホテルなどのブッキングサイトでよく見る「予約システム」もあります。

WordPressの予約システムは、プラグインで実装できます。カレンダーを使った予約システムプラグインには、「Booking Calendar」「Appointment Hour Booking」「Booking Package」などいくつもあります。これらの予約システムを固定ページで使用するには、専用のショートコードをページに埋め込みます。

▼Booking Calendar

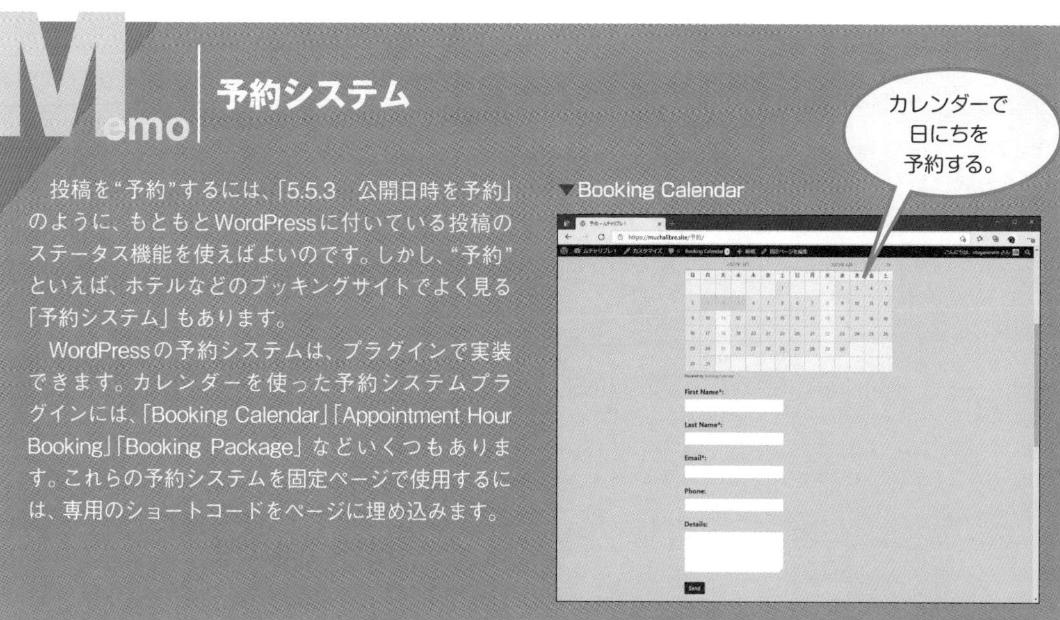

Hint ブロックエディターのキーボードショートカット（2）

ブロックショートカットおよび書式設定（MacはCtrl➡⌘）	
Ctrl ＋ Shift ＋ d	ブロックの複製
Alt ＋ Shift ＋ z	選択したブロックを削除
Ctrl ＋ Alt ＋ t	選択したブロックの前にブロックを追加
Ctrl ＋ Alt ＋ y	選択したブロックの後ろにブロックを追加
Ctrl ＋ Shift ＋ Alt ＋ t	選択したブロックを上に移動
Ctrl ＋ Shift ＋ Alt ＋ y	選択したブロックを下に移動
Ctrl ＋ c	コピー
Ctrl ＋ v	ペースト（貼り付け）
Ctrl ＋ a	全部選択
Ctrl ＋ x	切り取り
Ctrl ＋ b	太文字（ボールド）
Ctrl ＋ i	斜体文字（イタリック）
Ctrl ＋ k	リンクの設定
Ctrl＋ Shift ＋ k	リンクの削除

0 自分の家を発信する
1 WordPressがある
2 ブロクをしてみる
3 どうやったらできるの
4 ビジュアルデザイン
5 ブログサイトをつくろう
6 サイトへの訪問者を増やそう
7 ビジネスサイトをつくる
8 Webサイトでビジネスする
資料 Appendix
索引 Index

Column Word文章をWordPressに登録する

Microsoft Word 2010、2013、2016には、Wordドキュメントを WordPressに投稿するための機能がデフォルトで用意されていました。しかし執筆時のバージョンでは、ブログ投稿用のテンプレートをダウンロードするところから始めることになります。

ここでは、Word 2016より新しいバージョン（本記事は「Microsoft 365 Apps for business」のWordを使用）を使い、Wordドキュメントをブログに投稿するまでの操作を紹介します。

①Wordの**ファイル**タブを開き、**新規**タブを開きます。
②テンプレートから**ブログの投稿**を探してクリックします。
③**ブログの投稿**テンプレートがダウンロードされると、ブログ用の編集ページが開きます。このとき、通常は**ブログアカウントの登録**ウィンドウが開きます。WordPressにドキュメントをアップロードするためには、WordPressサイトのアカウントを入力する必要があります。ここで、アカウント登録を行うには、**今すぐ登録**ボタンをクリックします。

▼ブログアカウントの登録

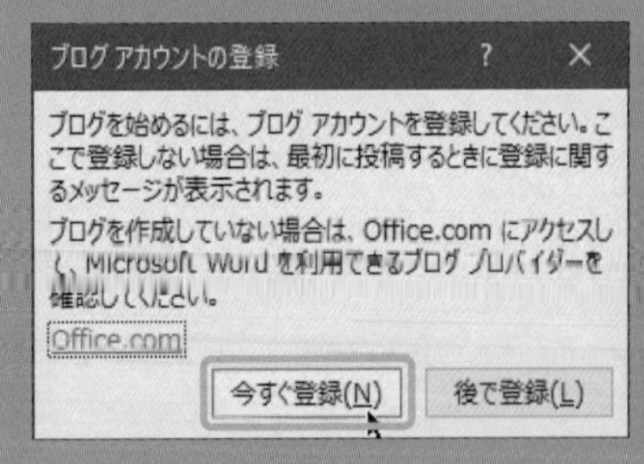

④ブログ登録ウィザードのウィンドウが開いたら、**ブログ**リストボックスから**WordPress**を選択して**次へ**ボタンをクリックします。

▼新しいブログアカウント

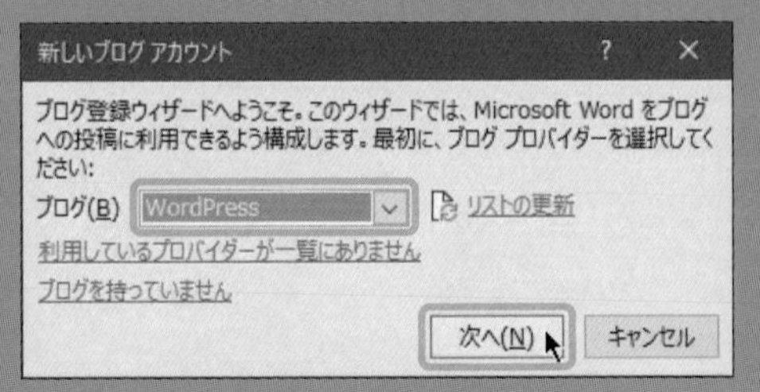

⑤投稿先のブログの設定を行います。**ブログ接続先URL**にWordPressサイトのURLを入力しますが、最後の「xmlrpc.php」は消さないで残します。アカウント情報では、投稿が許可されているユーザーの**ユーザー名**、**パスワード**を入力して、**OK**ボタンをクリックします。

▼新しいWordPressアカウント

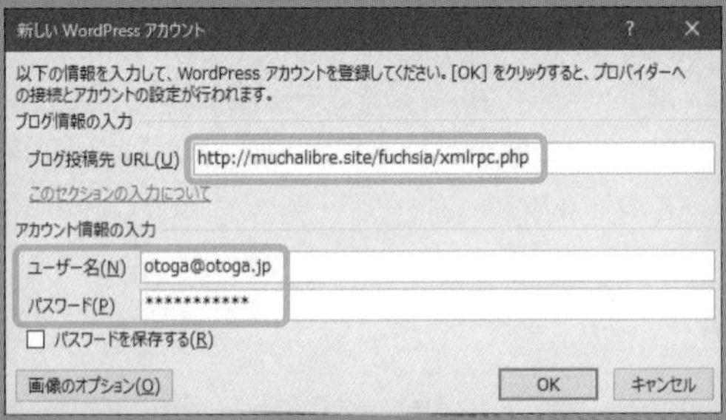

新しい WordPress アカウント
以下の情報を入力して、WordPress アカウントを登録してください。[OK] をクリックすると、プロバイダーへの接続とアカウントの設定が行われます。
ブログ情報の入力
ブログ投稿先 URL(U) http://muchalibre.site/fuchsia/xmlrpc.php
このセクションの入力について
アカウント情報の入力
ユーザー名(N) otoga@otoga.jp
パスワード(P) ************
パスワードを保存する(R)
画像のオプション(O)　OK　キャンセル

WordPressサイトでの認証が成功すると、Wordドキュメントが投稿に変換されてアップロードされます。このとき、ドキュメントに画像が挿入されていると、画像も自動でアップロードされます。なお、画像はJPEGなどWordPressが認識できるファイル形式でなければなりません。

Tips

背景のぼけた写真の撮り方

被写体にはピントが合っていながら背景がぼけた感じの写真は、被写体を印象的に目立たせます。Webサイトでもこのような写真を使うことで、会社のイメージづくりや商品のイメージアップにつながることがあります。

背景のぼけた写真は、どのように撮ればよいのでしょう。手持ちのデジカメやスマホを使って素人でも撮れないことはありませんが、商品の写真撮影にはデジタル一眼レフまたはミラーレスがあるとよいでしょう。

背景のぼけた写真を撮るときには、まず被写体と背景との距離が問題となります。ぼかしたい背景が被写体と接近していては、ぼけなかったり、ぼけの具合が小さくなってしまったりします。

次にカメラの絞りを開けます。デジタルでは、絞り優先のモードにして、絞り値を小さくします。カメラの特性として、絞り値が小さいほど、絞りは大きく開放され、ピントの合う距離（被写界深度）は浅くなります。この設定で被写体にピントを合わせれば、背景にはピントが合わず、ぼけるというわけです。デジタル一眼レフもミラーレスも、あらかじめこの様子はファインダーや本体背面のモニターで確認できます。ぼけ具合が気に入らないときは、絞り値を変えるか、被写体と背景との距離を変えるように撮影位置を移動します。

なお、絞り優先モードで絞り値を小さくすると、シャッタースピードは速くなります。少し暗い場所では、露出が不足することもあります。補助照明やレフ版などをうまく使うようにしましょう。

▼背景のぼかし

テーマを日本語にしたい

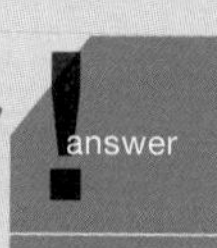

ja.poとja.moをlanguageフォルダーにコピーします

デザインが素敵で使ってみたいのに、日本語化されていないテーマを見かけることがあります。設定項目やオプションが英語で書かれているのは、単語を調べながらでも使うことができますが、Webページにも英語で表示されるのは、少し困りものです。

WordPressのファイルは、国際化に対応しています。しかし、この機能を利用するには、日本語への翻訳ファイルを用意しなければなりません。

簡単に日本語化するには、すでに日本語化に対応しているテーマから、この翻訳ファイルをコピーする手があります。具体的には、WordPressのデフォルトのテーマ（Twenty Fifteenなど）のテンプレートファイル群の中から、FTPソフトを使い、「ja.po」「ja.mo」の2つのファイルをlanguageフォルダーからダウンロードし、それを、日本語化したいテーマのlanguageフォルダーにアップロードします。

これでも日本語への対応がうまくいかないときは、Poedit（https://poedit.net）を使い、ja.poファイルを開いて編集し、それをja.moファイルに変換して、アップロードしてみてください。

ページに広告を出したい

ASPを利用するのがよいでしょう

Webページに広告を掲載し、その効果に応じて広告収入を得るのが**アフィリエイト**です。アフィリエイトは、GoogleやYahoo! JAPANなどでも個別に申請することができます。

本格的にアフィリエイトを始めたいなら、アフィリエイト・サービス・プロバイダー（ASP）を利用するとよいでしょう。

Googleアドセンス広告が表示されない

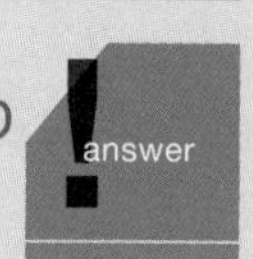

表示までに数日かかることもあります

Google専用の広告**Googleアドセンス**は、アフィリエイトとして人気があります。一度設置すると、自動でサイトに関連した広告が表示されます。

設置にはGoogleアカウントが必要で、さらにいくつかの登録と承認の手続きが必要です。サイトがある程度できてから申請を出すようにしましょう。

さて、その広告ですが、設置したのに、その箇所が空白のまま、何も表示されなくて焦ることがあります。実は、設定の変更後などには、表示までに数日かかることもあります。待たないと広告が表示されません。

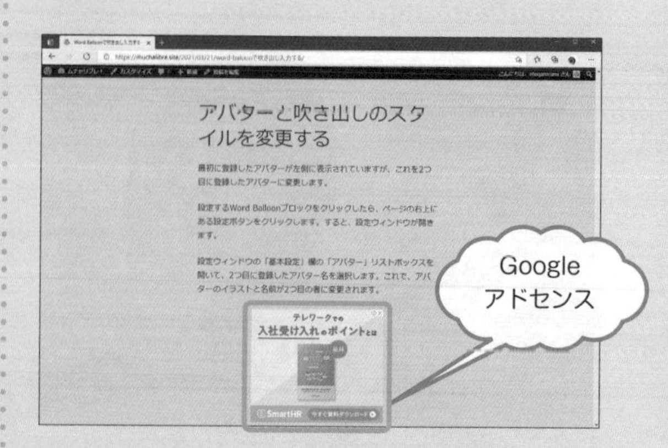

Chapter 6

セキュリティをしっかりしたら訪問者を増やそう

ブログへの訪問者からの反応も増えてきて、記事を書くのが楽しくなってきたナルミ。自分が使って気に入っている道具やサービスをアフィリエイトで紹介することも始めた。でも、もっともっと訪問者を増やしたい。どうすればよいのだろう。

ナルミ 「確かJetpackに"サイト統計"ってのがあったわね。あれを使えば、アクセス数がわかりそう」

「コンテンツの数や質を充実させたのがよかったのか、この頃は順調にアクセス数も増えている。でも、心配なのはやっぱりセキュリティよね。ブログの乗っ取りなんてのも聞くし、どうすればいいのかしら」

6.1	WordPressサイトのセキュリティ対策
6.2	どれくらいの人が見ているのか知りたい
6.3	検索エンジンからの訪問者を増やすには

Section 6.1

Level ★★★

WordPressサイトのセキュリティ対策

Keyword　セキュリティ対策　SSL　自動更新

レンタルサーバー上に構成されているWordPressのWebサイトは、インターネット上の悪意ある侵入、データの不正利用や書き換え、アカウントの乗っ取りなどの危険にさらされています。レンタルサーバーを安く借りている場合には、これらに対するセキュリティ対策を自分で行わなければなりません。

Webサイトに様々なセキュリティ対策を講じる

Webサイトのセキュリティ対策は、サーバーに対するもの、アカウントに対するもの、WordPressシステムに対するものなどがあり、すべてが必要です。閲覧者にすぐにわかるものとしては、Webサーバーが SSLに対応しているかどうかでしょう。SSLへの対応は、レンタルサーバーのオプションサービスとなっているのが一般的です。

ここがポイント!

サイトのセキュリティを強化しよう

レンタルサーバー上のWordPressサイトは、どこかのデータセンター内のサーバーに作成されています。このようなサイトに対して、どのようなセキュリティ対策ができるのでしょうか。

もちろん、それなりの対価を支払うことで、レンタルサーバー会社からより強固なセキュリティ対策が得られます。しかし、一般的なレンタルサーバー料金以上に費用をかけなくても、できる対策はいっぱいあります。

セキュリティ対策で重要なのは、ソフトに穴をつくらないことと、ユーザーアカウントの管理をしっかりすることです。そのようなセキュリティ対策を手伝ってくれるプラグインもあります。

WordPressサイトの管理者には、サイトのセキュリティ対策のほか、コンテンツの質を上げる以外に管理者として訪問者を増やす手立ても必要です。これがSEOと呼ばれる作業です。

- SSLを設定する。
- ソフトの更新。
- アカウント管理。
- セキュリティプラグインの導入。
- アクセス統計の分析。
- SEO対策。

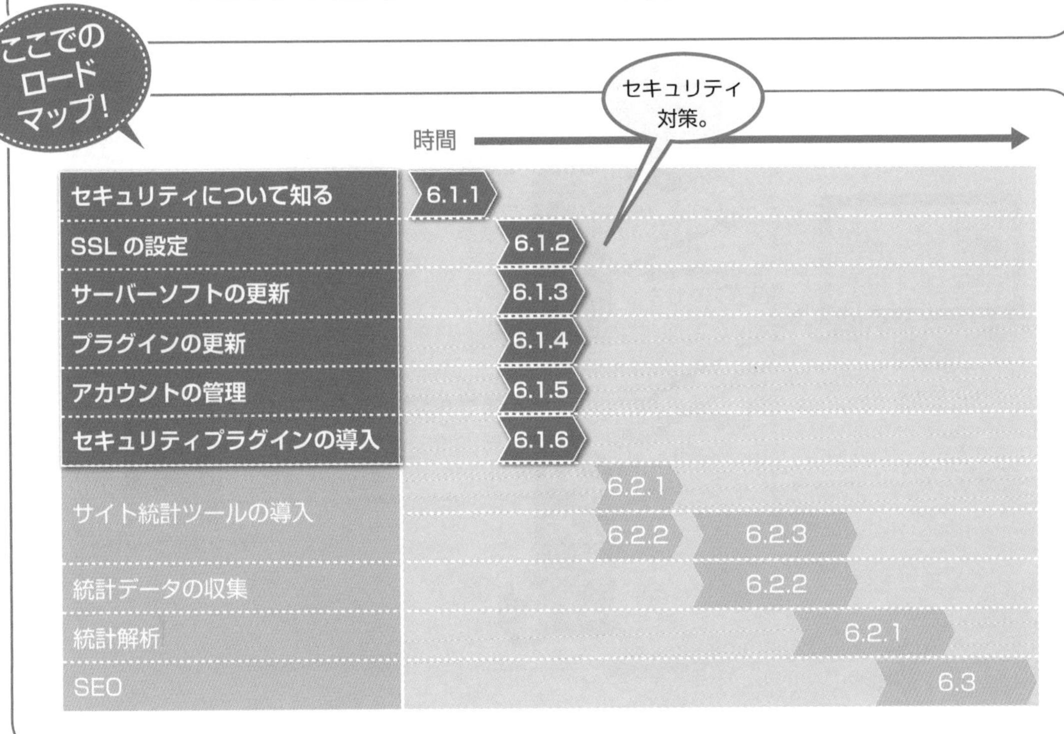

6.1.1 Webサイトのセキュリティ

WordPressを稼働させているシステムには、いくつもの機器やソフトウェアが関連しています。このすべてに対して不正な攻撃が懸念されます。

インターネットは公開されたネットワークなので、不正な通信であっても自由に行き来していま す。このため、WordPressをレンタルサーバーで構築する場合のセキュリティ対策は、インターネットからのデータの出入り口を含むデータセンター内部が対象となります。

WordPressサイトの安全性を確保するには、レンタルサーバー会社がすべき対策と各WordPressサイトの管理者がすべき対策に分けて考えなければなりません。

レンタルサーバー会社での対応

レンタルサーバー会社がしてくれるのは、サーバーレベルでのセキュリティ管理です。サーバーをレンタルする会社なので、これは当然です。

ファイアウォールは、その名のとおり、火災を防ぐ防御壁として、インターネットからの不正な侵入を阻止するはたらきをします。

IDPS（**Intrusion Detection and Prevention System**）とは、侵入検知および防止システムと訳せます。IDPSは、ファイアウォールをすり抜けようとするアクセスを監視していて、挙動がおかしいアクセスを検知すると、自動的に通信を遮断します。

▼ファイアウォール

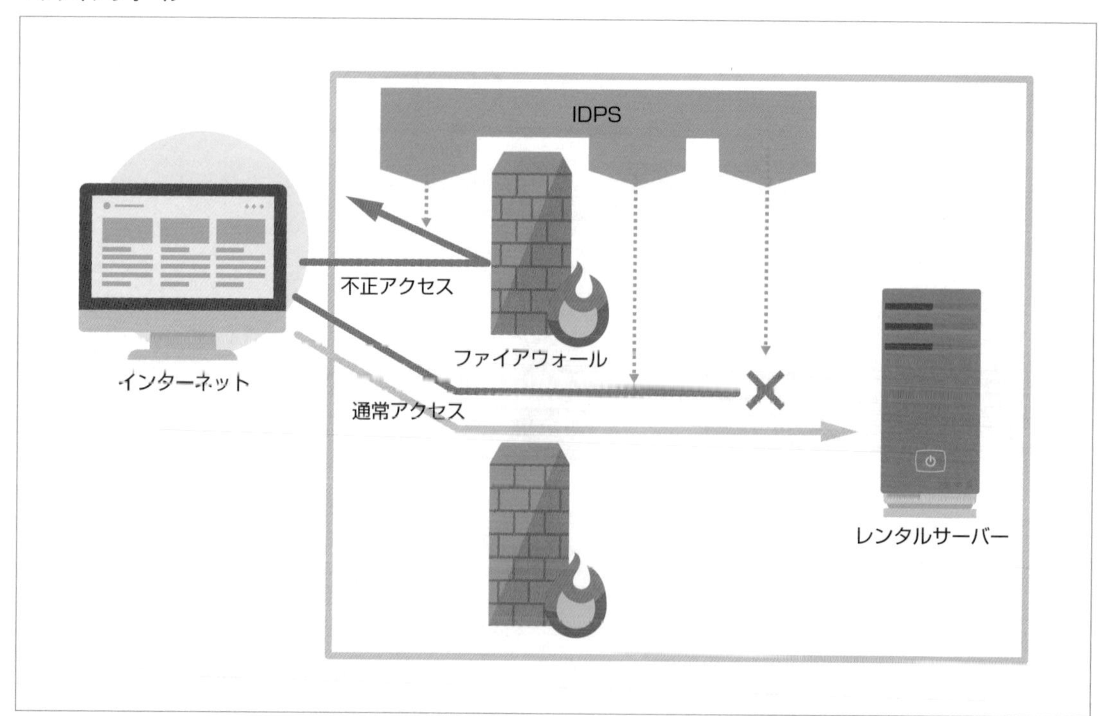

レンタルサーバーでは、一般的にはサーバー内のインターネット関連のOS（基本ソフト）および基本的なインターネットアプリケーションのインストールや更新作業は、レンタルサーバー会社の担当業務です。

どのようなシステムを使用しているかについては、レンタルサーバー会社に問い合わせれば知ることができます。サーバー関連ソフトの脆弱性についての情報、更新や停止についての情報などは、レンタルサーバー会社のホームページに表示されます。

WordPressサイトのサーバー対応

WordPressは、Webサーバーソフトと連携して動作します。ほとんどのレンタルサーバーでは、Webサーバー用のソフトのインストールや管理はレンタルサーバー会社が済ませています。Webサーバーソフトの種類やバージョン、関連のアプリケーション、そしてそれらのセキュリティ対策については、レンタルサーバー会社に確認することができます。

個別の対応としては、Webサイトへのアクセス制限やトラフィックの制限を設定できる場合もあります。

また、レンタルサーバー会社の中には、Web関連の種々のアプリケーションについて監視できるオプション（**WAF：Web Application Firewall**）を提供するところもあります。

▼XserverのWAFの内容（Xserverホームページから抜粋）

設定項目	対策内容
XSS対策	JavaScriptなどのスクリプトタグが埋め込まれたアクセスについて検知します。
SQL対策	SQL構文に該当する文字列が挿入されたアクセスについて検知します。
ファイル対策	.htpasswd、.htaccess、httpd.conf等、サーバーに関連する設定ファイルが含まれたアクセスを検知します。
メール対策	to、cc、bccなどのメールヘッダーに関係する文字列を含んだアクセスを検知します。
コマンド対策	kill、ftp、mail、ping、ls等、コマンドに関連する文字列が含まれたアクセスを検知します。
PHP対策	session、ファイル操作に関連する関数のほか、脆弱性の原因となる可能性の高い関数の含まれたアクセスを検知します。

WordPress管理者としての対応

セキュリティ対策は、すべてレンタルサーバー会社に任せておけばよいというわけではありません。多くのレンタルサーバーでは、WordPressはオプションです。インストールから日頃の管理まで自分で行わなければなりません。

●管理者アカウントの管理

まず、WordPressサイトの管理者が考えなければならないのは、ダッシュボードログインのアカウントの管理です。

▼WordPressの権限グループ

権限グループ	内容
管理者	WordPressサイト内のすべての管理機能にアクセスできます。
編集者	他のユーザーの投稿を含むすべての投稿を公開・管理できます。
投稿者	自身の投稿を公開・管理できます。
寄稿者	自身の投稿を編集・管理できますが、公開することはできません。
購読者	プロフィール管理しかできません。

WordPressの権限グループ（サイト管理権限）は上表のとおりです。ユーザーアカウントを作成するときに、これらのどの権限グループに所属させるかを、ユーザーごとに割り当てます。

管理者も投稿者も1人で兼ねる場合は、管理者アカウント1つで済みます。複数の投稿者を持つ比較的大きなブログサイトの場合は、投稿記事を書くユーザーに**投稿者**の権限を割り当てます。その場合、投稿全体について責任を持つ**編集者**権限を割り当てるユーザーを作成するとよいでしょう。

これらのユーザー権限のうち、セキュリティ上で最も重要なのは、もちろん**管理者**権限を持ったユーザーのアカウントです。テーマやプラグインのインストールには管理者権限が必要なため、管理者アカウント（パスワード）が見破られると、WordPressサイトを好き勝手にされてしまいます。管理者アカウントを持つユーザーの数はできるだけ減らし、そのパスワードは複雑なものにしましょう。

また、管理者用のパスワードは1か月に2回は変更する、などのサイト管理ルールを決めて、それを実直に遂行するようにしましょう。

●ログイン試行回数の制限

WordPressの管理者用アカウント認証画面は、通常、**(ドメイン)/wp-admin/**のURLで表示されます。この認証ページからWordPressのダッシュボードにアクセスするには、ユーザー名とパスワードによる認証を通過するだけです。

管理者イコール投稿者のブログサイトの場合、類推できるようなユーザー名を使っていることも少なくありません。ユーザー名が類推できれば、パスワードの総当たり攻撃によって、認証は簡単に突破されてしまいます。

このような攻撃を防ぐには、指定した回数だけログインが失敗した場合にログインをロックするのが効果的です。

Xserverなどのレンタルサーバーでログイン試行回数制限の設定ができる場合もあります。WordPressのプラグインによってログイン試行回数を制限することもできます。**Limit Login Attempts Reloaded**プラグインは、指定したログイン試行回数を過ぎるとアカウントを無効にします。

▼Limit Login Attempts Reloaded設定

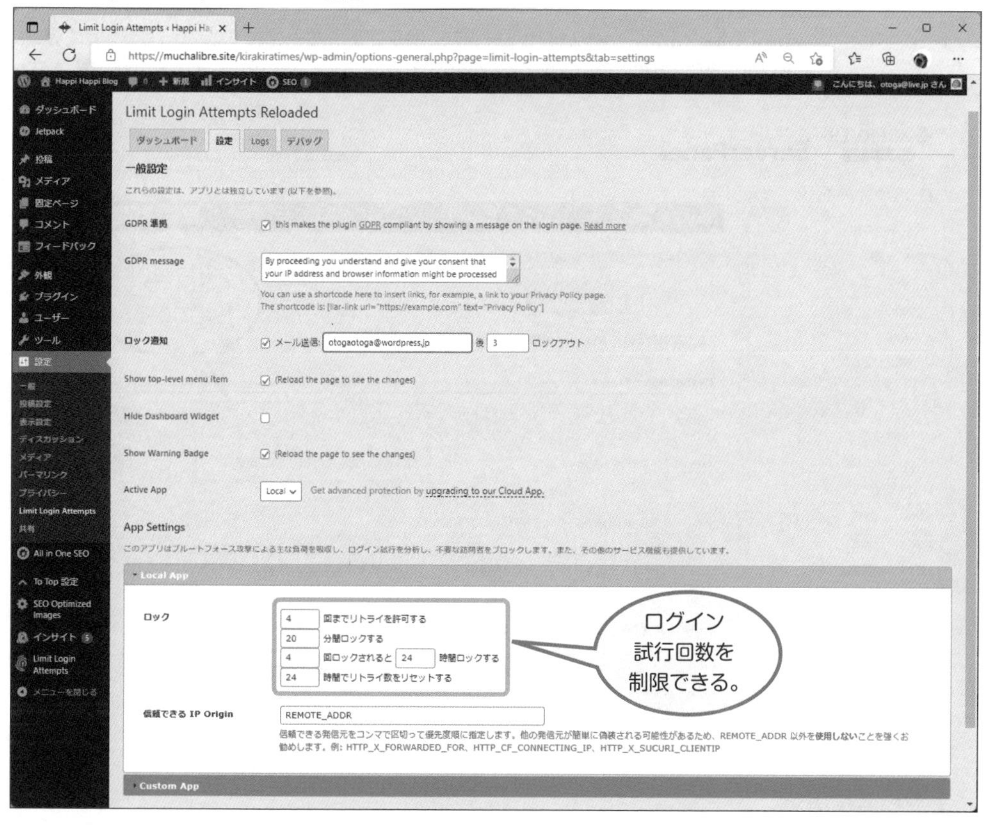

6.1.2　SSLを設定する

インターネットは世界的なデータの通り道です。つまりデータの公道です。接続できれば、誰でも簡単に使えます。データの公道であるために、インターネットを通るデータは（ある方法を使えば）、のぞき見することもできます。

ネットショッピングなどで入力フォームに記述したクレジットカードの番号やパスワード、個人情報もインターネットを流れています。大丈夫なのでしょうか。

これはインターネットの初期からわかっていたことで、このため、Webページからのデータを暗号化してやり取りする方法が開発され、すでに広く使われています。これが**SSL**（Secure Sockets Layer）です。

暗号化されていないWebサイトなのか、SSLで暗号化されているWebサイトなのかは、アドレス欄に表示されるWeb用のプロトコル表示を見ればわかります。**http://**から始まるWebサイトは暗号化されていません。**https://**から始まれば暗号化されています。

最近の傾向として、ネットショッピングや会員情報のやり取りをするページに限らず、Webサイトを開いたら常時SSLで通信することが推奨されています。

SSLの設定は簡単にできます。レンタルサーバーのホームページを確認するか、問い合わせてください。

▼SSLの設定（Xserver）

6.1.3 WordPress関連のサーバーソフトの管理

WordPressによるWebサイトでは、関連するソフトウェアが多数動いています。代表的なのは、動的にWebページを作成するために必要なPHP、コンテンツをデータベース化するためのSQL系のサーバーソフトです。

これらのサーバーソフトは、不正なプログラムの攻撃対象になります。このため、アップデートは管理者の必須作業です。一般的には、レンタルサーバー会社がアップデートを行います。ただし、それまで動いていたWordPress関連のアプリケーションが動かなくなる可能性があるようなメジャーアップデートの場合には、自動的にアップデートすることなく、アップデートが必要な旨の通知のみになることもあります。

自動でアップデートしてくれるのか、それとも管理者が手動で行わなければならないのかは、レンタルサーバー会社に確認しておくようにしましょう。

6.1.4 WordPressのテーマやプラグインの管理

WordPress自身もアップデートされます。便利に使える機能が追加・改良されれば、アップデートを考えることになると思いますが、小さなアップデートでもその都度、更新作業をしなければならないのでしょうか。

はい、WordPressが更新されたらできるだけ早くアップデートしましょう。更新の多くは、WordPressシステムソフトにあった何かしらの不具合を修正したものです。ですから、WordPressの更新は速やかに行うようにしましょう。

プラグインの自動更新

WordPressシステムソフトが更新されると、数日後には、よく利用されているプラグインの中にもアップデート版が公開されるものが出てきます。このようなプラグインのアップデートは、セキュリティ上、急ぐべきかどうかはわかりません。利用しているプラグインの数が多くなると、いちいちアップデートの緊急性の有無を確認するのも大変です。

そのため、利用しているプラグインは、自動更新の設定にしておくことを推奨します。プラグインを自動更新の設定にするには、WordPressダッシュボードのプラグイン一覧ページを開き、自動更新したいプラグインの右端の**自動更新を有効化**をクリックします。

▼プラグイン一覧ページ

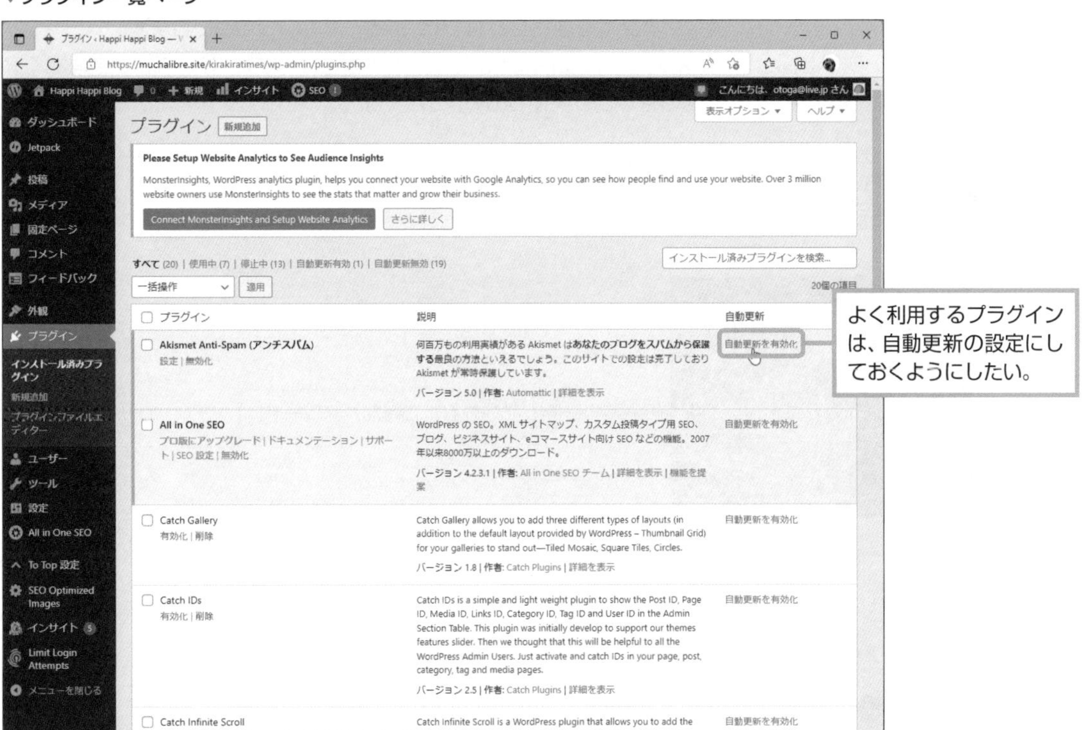

不要なファイルの削除

長くWordPressサイトを運営していると、以前使っていたテーマやプラグインがそのまま残されていることがあります。中には現在のシステムでは動作しないものもあるかもしれません。これらのファイルはすでにごみになっています。

さらに、使っていないことから作者によるバージョンアップが終わっているものもあるかもしれません。こうなると、ただのごみではなく、セキュリティホールになることもあります。

使用していないテーマやプラグインは、無効化するだけではなく、セキュリティ上の理由から削除することを推奨します。

6.1.5 ユーザーアカウントの管理

セキュリティを破ろうとする者が頻繁に使う手は、アカウント情報を得て、堂々とログインしてくるというものです。

多くの場合、ユーザー名は、サイト名や管理者情報から容易に想像できます。このため、セキュリティを保つには、パスワードの複雑性がカギになります（できれば、ユーザー名も簡単に推測されるようなものではなく、あまり知られていない名前に変えることを推奨します）。

パスワードの長さは、少し前までは8文字以上とされていて、8文字のパスワードが多かったのですが、いまでは8文字では数秒で破られる危険があります。そこで、15文字以上のパスワードが推奨されています。もちろん、英数字と記号を混合したもので、辞書にはないつづりにします。

スマホアプリを探して**password generator**などを検索すると、パスワードを自動で生成するアプリが見付つかります。このようなアプリを使うのもよいでしょう。

▼Password Generator

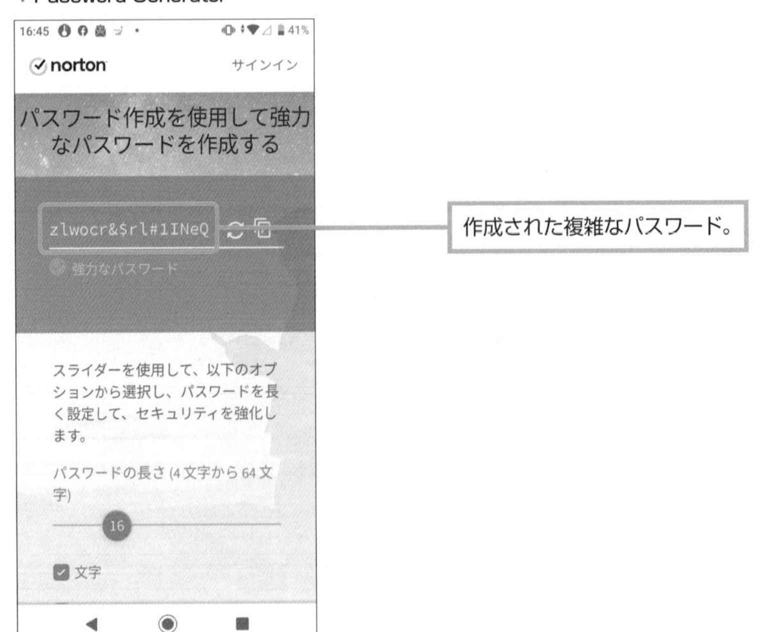

6.1.6 プラグインによるセキュリティ対策

WordPressサイト自体のセキュリティ対策は、サイト管理者の仕事です。そのためには、やはりプラグインを利用するのがよいでしょう。

Jetpack（セキュリティ）

Jetpackのセキュリティに関する機能では、サイトがオフラインになったときに知らせる機能（ダウンタイムのモニター）、総当たり攻撃に対する防御機能（総当たり攻撃からの保護）、ログインに2段階認証を設定する機能（WordPress.comへのログイン）などがあります。

▼Jetpackのセキュリティ

Wordfence Security

Wordfence Securityは、世界中で利用されているWordPressの総合セキュリティプラグインです。

悪意あるIPやマルウェアのスキャンを行うことができます（ただし、無料版ではこれらの署名ファイルの提供が約1か月遅れます）。強力なのは、WAFの機能です。WAFはWebブラウザーなど外部からのリクエストの番人となり、許可されない要求をブロックします。

▼Wordfence Security

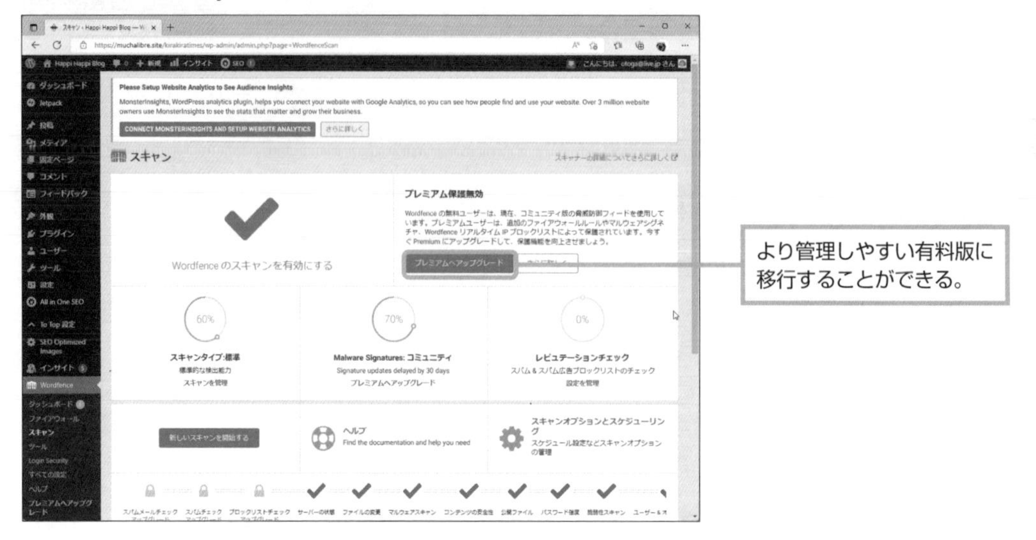

SiteGuard WP Plugin

「SiteGuard WP Plugin」は、日本のジェイピー・セキュア製（現在はイー・ガーディアン株式会社のグループ会社）のWordPress用セキュリティプラグインです。「管理ページアクセス制御」「ログインページ変更」「画像認証」「ログインロック」「ログインアラート」「更新通知」などにより、不正なログインをしてテーマやプラグインを変更しようとする操作からWordPressサイトを守ります。

例えば、「ログインページ変更」機能では、WordPressのデフォルトのログインディレクトリー（「https://（ドメイン名）/wp-admin/」）の「wp-admin」の部分を他のディレクトリー名に変更します。これによって、この設定を知っている正式な管理者ではない者には、WordPressのアカウント認証ページを開くことが難しくなります。

▼ログインページ変更

Section 6.2

Level ★★★

どれくらいの人が見ているのか知りたい

Keyword　サイト統計　Jetpack　Google Analytics

Webサーバーにはログといって、誰がいつどこから来て、どのページをどれくらいの時間をかけて巡って、いつどこに行ったか……などの記録が残ります。ログの解析によって、利用者像が浮かび上がります。何に興味を持った利用者が多いのかがわかれば、そのカテゴリーを増強できるでしょう。そして、増強の効果もログ解析によって確認できます。

サイト統計データをとる

ブログに対する読者の反応は、記事へのコメントにダイレクトに反映されます。実際のアクセス数はログを解析することで詳しくわかります。Webサイトの統計をわかりやすく表示するプラグインやサービスを使って、サイト統計を見てみましょう。Webサイト改良のヒントがあるはずです。

ここでは、Jetpackのサイト統計機能を使って、アクセス数の変化などを数字で捉えます。正確な現状がわかれば、改善策を練るためのヒントもつかめることでしょう。

サイトを改良しよう

Webサイトに保存されるログには、利用者に関する様々な記録が残ります。この膨大なデータを効率よく解析するには、専用のソフトが必要です。

WordPressでは、サイト統計用のプラグインが多数存在します。

また、検索エンジンサイトでは、検索ワードと検索結果が利用者を満足させるものとなるように、検索エンジン利用者に統計情報を提供するオンラインサービスを行っています。ここでは、Google Analyticsを導入してみます。

- **Webサイト統計プラグインを導入する。**
- **サイト統計を始める。**
- **統計結果を見てサイトの改良を行う。**
- **検索エンジンの統計サービスを利用する。**

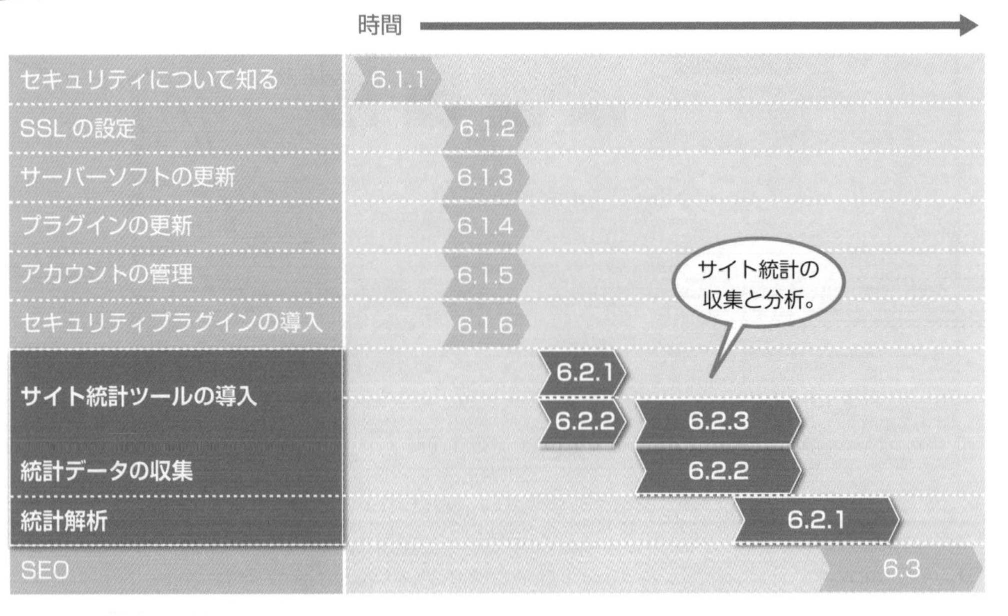

6.2.1 サイト統計

自分のWebサイトが、どれくらい人気があるのか、それともないのか、誰もが知りたいものでしょう。人気のあるサイトと比べてみたいですよね。以前は、アクセスカウンターが付いているホームページを多く見かけたものでした。「あなたは○○○人目の来訪者です」などと表示される数字です。サイトの管理者としてほんとうに知りたいサイト統計の情報とは、このような、ページを表示したらカウンターに1が加算されるような簡単なものではなく、もっと詳細なものです。

サイト統計情報を見るための数字

せっかく苦心してつくったサイトのどこが注目されているのか、来訪者はどのようにサイト内のページを巡回しているのか、どれくらいの時間滞在しているのか、などです。また、どこから来てどこに行ったのか、も知りたい情報の1つかもしれません。このようなデータは、Webの**アクセスログ**として残されます。そのログファイルを解析すれば、サイトを改良する情報が得られるかもしれません。

ページビュー数と来訪者数

サイト統計で最も重要視される数字は、**ページビュー数**です。「PV」と表示されることもあります。

ページビュー数は、文字どおり「ページを見た回数」です。ページが1回表示されると1が加算される数です。

来訪者がサイトを巡回した場合、一般には、すでに表示したページに戻ってもページビューは加算されます。来訪者数とページビュー数に開きがあればあるほど、サイト内のいろいろなページを巡回していたと認識できます。これを値として比べるには、1人当たりのページビュー数、つまりページビュー数を来訪者数で除算した値を算出する必要があります。

バウンス率

来訪者数やページビューは、比較的わかりやすいサイト統計です。もう少し分析に役立つ統計量として**バウンス率**があります。バウンス率とは、閲覧者がWebページを表示したのち、Web内の別のページを表示することなく、すぐに来訪前のページに戻る率です。つまり、「どこからかやって来て、ただちに帰っていった割合」を意味します。バウンス率が高ければ、来訪者をWebサイトにとどまらせることができなかったわけで、Webサイトとして見たとき、全体に魅力に欠けているといわれても仕方がないでしょう。

せっかく来た訪問者をすぐに帰さない

バウンス率の目標をどれくらいに設定するかは難しいところです。しかし、せっかくやって来た訪問者の半数がすぐに飛び去っているようだと、改善の必要があるでしょう。

ではいったいどうすれば、訪問者がWebサイト内の別ページに移動したり、長い間Webサイト内にとどまったりするようになるのでしょう。

自分がある情報を求めてようやくたどり着いたWebページから、ただちに帰る場合を思い起こしてください。おそらくその理由は、自分の探していた情報がそこにないとすぐにわかったためでしょう。つまり、バウンス率を下げるためには、サーチエンジンなどからやって来た訪問者に、探していた情報がここにあることを一目でわからせる必要があります。

そのためには、訪問者がどのようなキーワードを使って検索したのかを知ることが重要です。

そのキーワードに関する情報ページを充実させ、そのページへのリンクを目立つように表示しましょう。さらに、その情報の周辺の有益な情報のタイトルもリストにして表示するとよいですね。

また、ブログ系の情報を載せるなら、ページを分割できるように文章を工夫しましょう。文書の先頭に結論を書いてしまうのがよいとは限りません。読者の興味を引っ張っておいて、2ページ目、3ページ目へとリンクをクリックさせられれば、バウンス率は下がります。

ショッピングサイトでは、この戦略とは反対です。買わせたい商品の写真が最重要です。これをサーチエンジンから来たページに、目立つように表示しましょう。また、その関連商品や売れ筋商品、お得な情報などもそのページにレイアウトします。訪問者がページを下へ下へとスクロースするようにページをつくれれば、商品の購入につながるでしょう。購入まで至らなくてもバウンス率を低下させることができます。

Memo トラックバックとピンバック

トラックバックとは、ブログページを互いに参照し合う相互リンクの機能です。

あるWebページを参照したいとき、WordPressでは作成している投稿の**トラックバック送信**欄に、参照するページのURLを入力します。なお、**トラックバック送信**欄が非表示の場合は、**表示オプション**を操作して表示させてください。ついでに**表示オプション**で**ディスカッション**欄も表示させておくとよいでしょう。

トラックバックを指定することで、リンクを張ったことが相手にもわかります。なお、トラックバックを許可制にしているサイトの場合には、承認されてからトラックバックが表示されます。また、システムによってはトラックバックが表示されにくいこともあるようです。

参照する情報を持っているサイト（参照先）と、それを参照するサイト（参照元）の両方がWordPressを使用している場合には、トラックバックを設定する必要はありません。作成する投稿記事や固定ページ内に参照先のリンクを設定するだけで、自動的に相互リンクが設置されます（**ピンバック**といいます）。

▼トラックバック

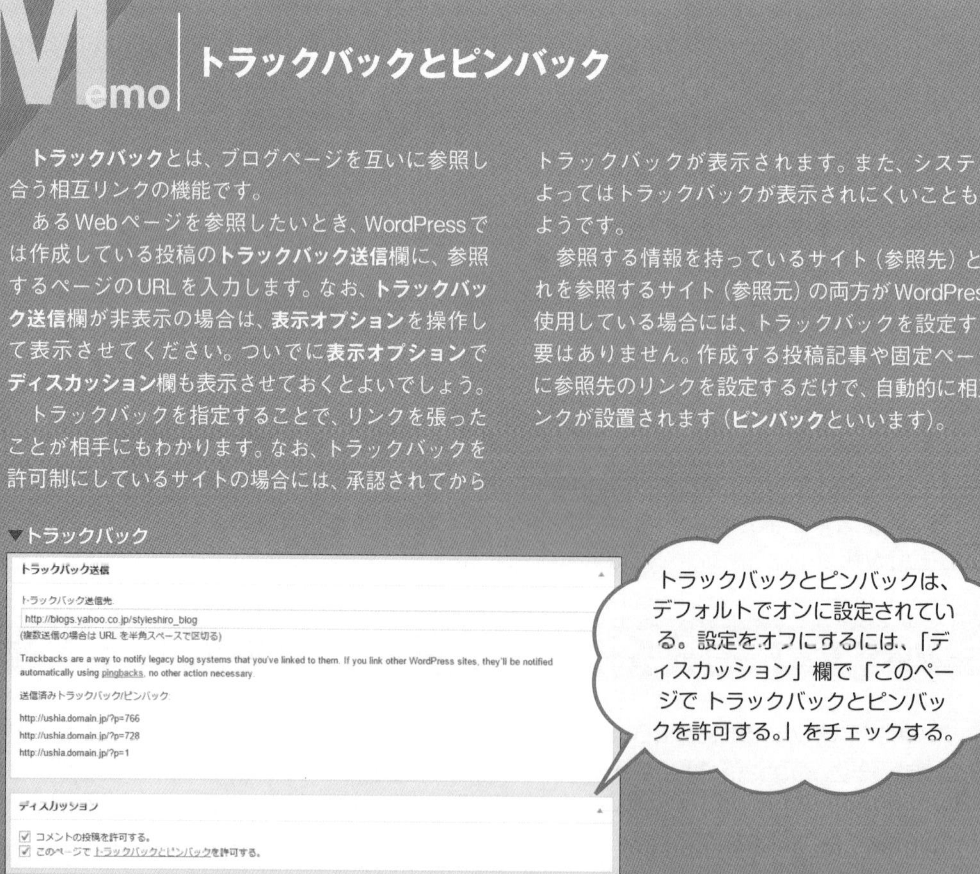

トラックバック送信
トラックバック送信先
http://blogs.yahoo.co.jp/styleshiro_blog
(複数送信の場合は URL を半角スペースで区切る)
Trackbacks are a way to notify legacy blog systems that you've linked to them. If you link other WordPress sites, they'll be notified automatically using pingbacks, no other action necessary.
送信済みトラックバック/ピンバック:
http://ushia.domain.jp/?p=766
http://ushia.domain.jp/?p=728
http://ushia.domain.jp/?p=1
ディスカッション
☑ コメントの投稿を許可する。
☑ このページで トラックバックとピンバックを許可する。

トラックバックとピンバックは、デフォルトでオンに設定されている。設定をオフにするには、「ディスカッション」欄で「このページで トラックバックとピンバックを許可する。」をチェックする。

6.2.2 Jetpackのサイト統計情報

Jetpackプラグインの**サイト統計情報**機能を使うと、手軽にサイト情報を知ることができます。

サイト統計情報は、Jetpackの中の1つの機能です。Jetpackを有効化して、WordPress.comとの連携を設定すると、自動で「WordPress.com統計」が有効になります。

WordPress.comで見るサイト統計情報

Jetpackサイト統計情報による日ごとのページビュー数は、ダッシュボードホームに表示されます。定期的なサイトメンテナンス時、ダッシュボードのホームを開いたときに確認するとよいでしょう。

Process

●ダッシュボードのJetpackサイト統計情報欄の**すべて表示**ボタンをクリックするか、ダッシュボードのメニューで**Jetpack➡サイト統計情報**をクリックします。すると、サイト統計情報ページが表示されます。

▼ダッシュボード

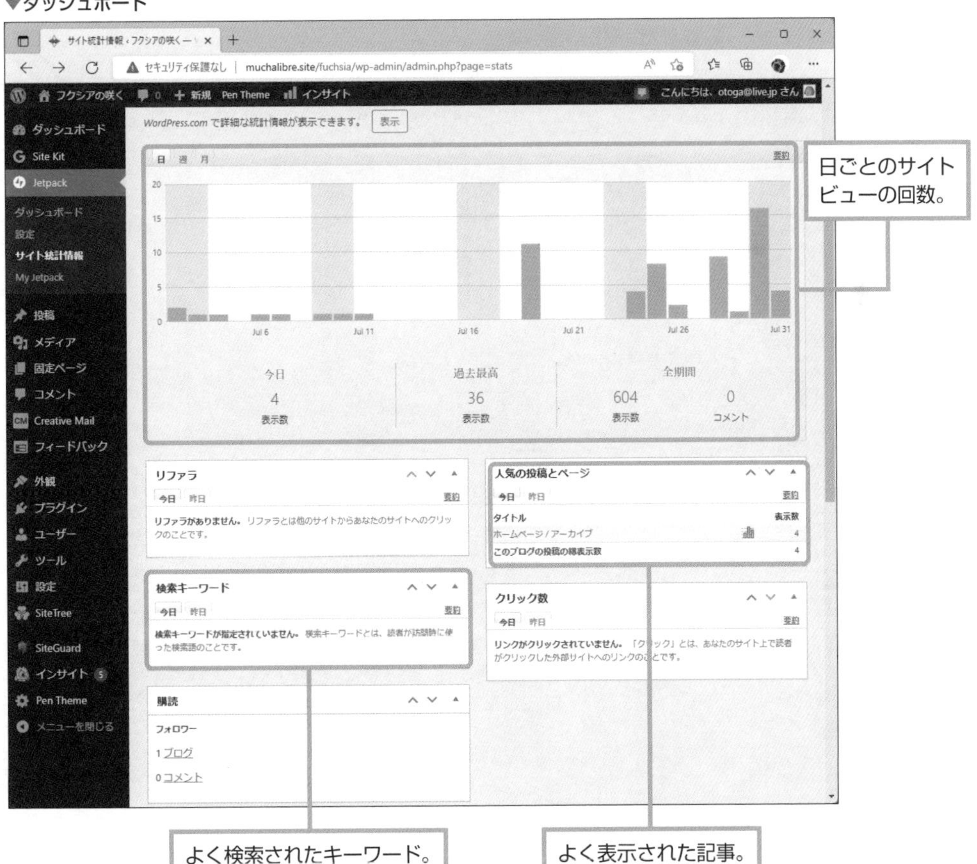

0 自分の夢を発信する
1 WordPressがある
2 ブログをしてみる
3 どうやったらできるの
4 ビジュアルデザイン
5 ブログサイトをつくろう
6 サイトへの訪問者を増やそう
7 ビジネスサイトをつくる
8 Webサイトでビジネスする
資料 Appendix
索引 Index

連携しているWordPress.comによる統計情報ページが表示されます。

なお、同じWordPress.comアカウントに連携しているほかのWordPressサイトや、WordPress.comで作成しているサイトは、ページ左上の**サイトの切り替え**をクリックすることで切り替えることもできます。

6.2.3 Google Analyticsのサイト統計

Google Analyticsは、Google製のアクセス解析ツールです。

ユーザーがどのようなキーワードを使ってサイトに来たか、などの詳細な情報を得ることが可能です。ツールを導入するのが少し面倒ですが、SEOには役立ちます。

Google Analyticsは、Google AnalyticsページからGoogleアカウントでログインしてください。

▼Google Analytics

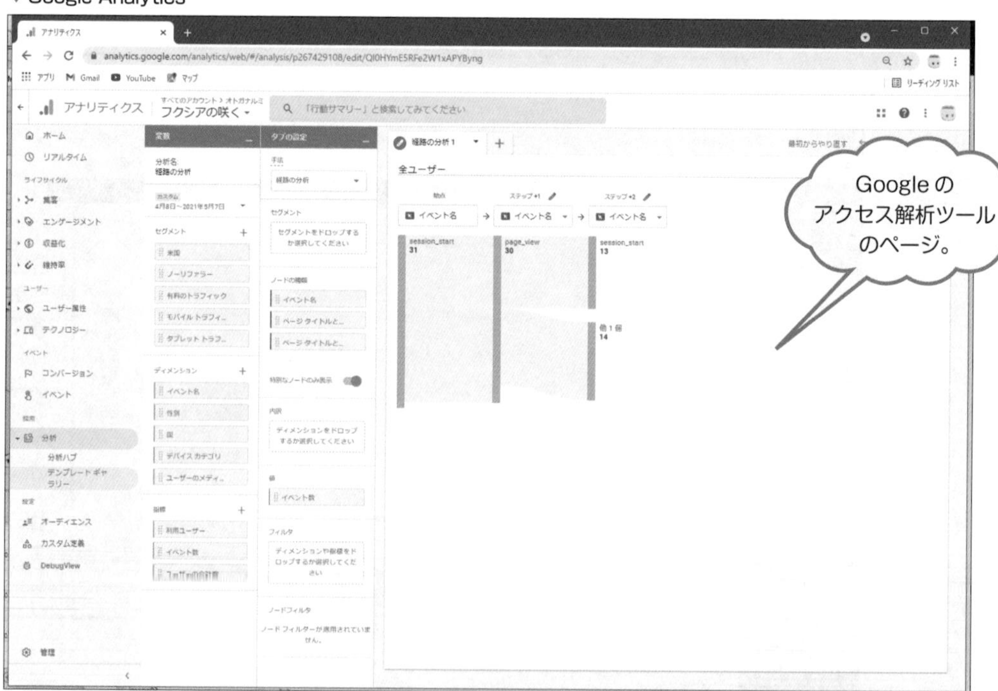

Onepoint

Google Analyticsを利用するには、Googleアカウントを取得しなければなりません。すでに持っているときは、すぐにログインできます。

Google Analyticsを導入する

Google Analyticsは、Googleの専用サイトで利用するオンラインツールです。Googleのアカウントがあれば、すぐに利用することができます。

ネットサービスの常ですが、仕様が突然変わることがあります。2020年10月までのGoogle Analyticsでは、Webサイト分析専用の「ユニバーサル・アナリティクス（UA）」プロパティを使用していましたが、執筆時点（2022年9月）では、Google analyticsを利用するときには、「Googleアナリティクス4（GA4）」プロパティを使用することが推奨されています。GA4はUAとは大きく仕様が異なりますが、この2つの併用は可能です。ただし、UAは2023年7月で終了することがGoogleからアナウンスされています。

さて、Google Analyticsを利用する作業手順は、次のようになっています。

❶Google Analyticsのアカウントを作成する。
❷プロパティを作成する。
❸データストリームを作成する。
❹グローバルサイトタグをコピーする。
❺グローバルサイトタグをWordPressのheader.phpなどの<head>に貼り付ける。

なお、❶～❸の操作はGoogle Analyticsページで行う一連の作業です。❹および❺の操作は、Google Analysticsページに表示されるグローバルサイトタグ（gtag.js）をコピーして、WordPressの任意のサイトのPHPファイルに貼り付ける操作になります。

GA4プロパティの設定

Google Analyticsを利用するには、Googleアカウントが必要です。

Google Analytics（https://analytics.google.com/analytics/）にアクセスし、Googleアカウントの認証を受けてログインしてください。

Process

❶最初にGoogle Analytics用のアカウントを作成します。管理ページの**アカウント**列で**アカウント作成**をクリックし、必要な情報を入力してアカウントを作成します。個人用ではない（例えばビジネス用の）Webサイトを扱うときには、別のGoogleアカウントを作成することが推奨されます。
❷続いて、GA4プロパティを作成するには、**プロパティ**列で**プロパティの作成**をクリックします。プロパティを作成するのに必要な情報は、任意の**プロパティ名**とWebサイト用の**タイムゾーン**、**通貨**の3つだけです。設定はウィザード形式になっています。表示される設定ページの情報の入力が完了したら、**次へ**ボタンをクリックします。

0 自分の歌を発信する
1 WordPressがある
2 ブログをしてみる
3 どうやったらできるの
4 ビジュアルデザイン
5 ブログサイトをつくろう
6 サイトへの訪問者を増やそう
7 ビジネスサイトをつくる
8 Webサイトでビジネスする
資料 Appendix
索引 Index

▼プロパティの設定

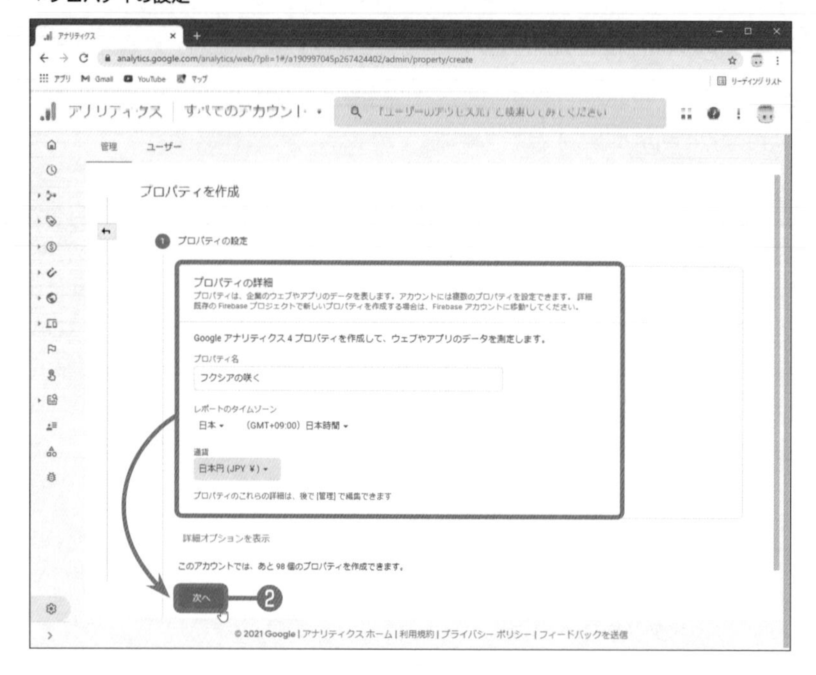

Process

❸**ビジネス情報**ページの情報入力が完了したら、**作成**ボタンをクリックします。

▼ビジネスの概要

Process

❹データストリームの設定に移ります。ここでは、WordPress (Webサイト) がデータソースになります。**ウェブ**をクリックします。

▼データストリームの概要

Process

❺**ウェブサイトのURL**と**ストリーム名**（ウェブサイト名）を入力して、**ストリームを作成**ボタンをクリックします。

▼データストリームの設定

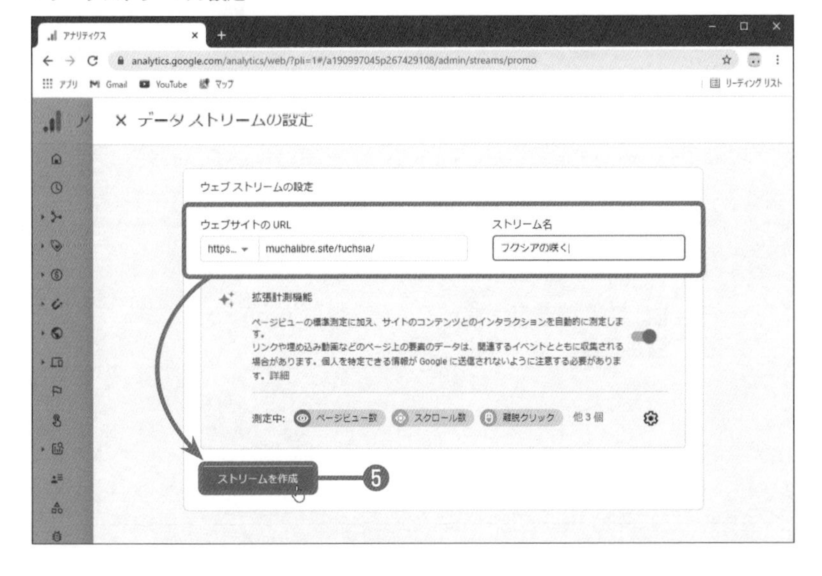

Process

❻**ウェブストリームの詳細**ページが開きます。ここでストリームの確認をしてください。作成したストリームの内容が正しければ、**タグ設定手順**欄の**グローバルサイトタグ（gtag.js）…ご使用の場合、このタグを設定**をクリックします。すると、この欄が展開されてグローバルサイトタグが表示されます。このタグの右上のコピーボタンをクリックすると、タグがクリップボードにコピーされます。

▼グローバルサイトタグのコピー

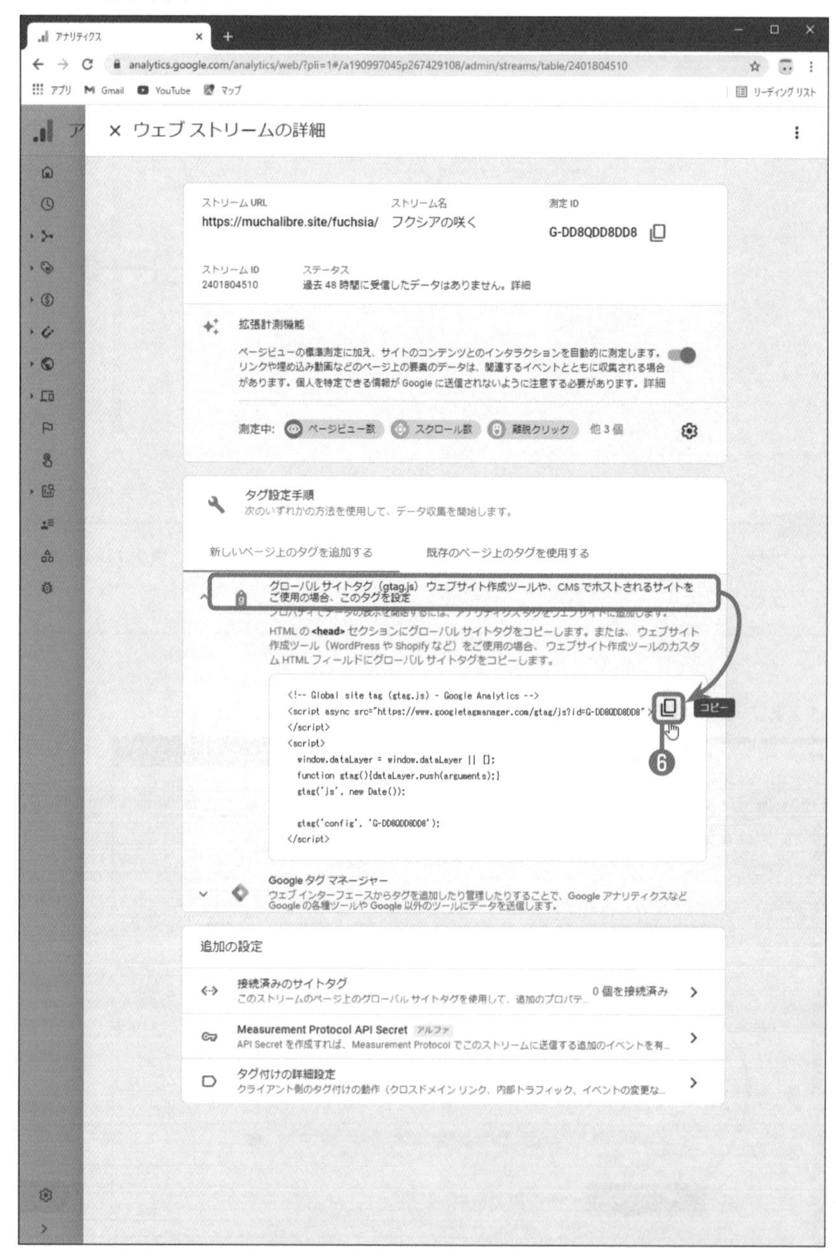

Process

❼WordPressのダッシュボードに移動します。ここで先ほどコピーしたグローバルサイトタグを貼り付けますが、その方法はいくつもあります。ここでは、「6.3.3　SEOのできることをする」で紹介する**All in One SEO**プラグインを使います。このプラグインをまだインストールしていない場合は、インストールしてから、この操作を行ってください。ダッシュボードの**All in One SEO➡ウェブマスターツール**を開き、**Google Analytics**をクリックし、**雑多の検証**ボックスをクリックして、先ほどコピーしておいたグローバルサイトタグを貼り付けます。設定が完了したら、**変更を保存**ボタンをクリックします。

▼All in One SEO（ウェブマスターツール）

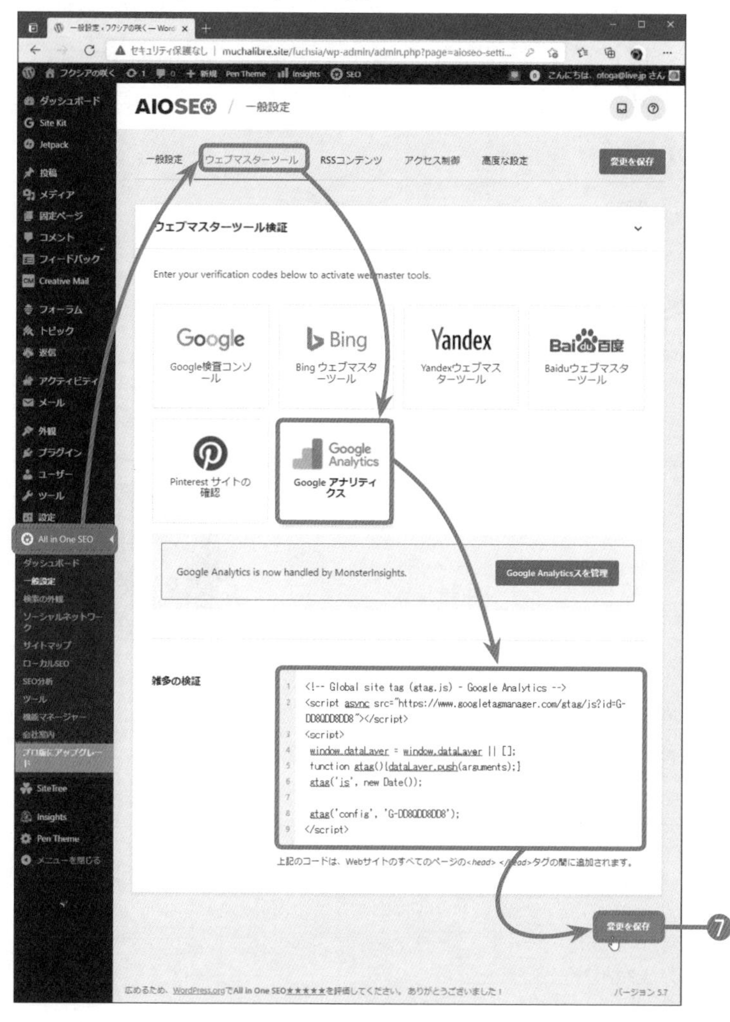

グローバルタグがきちんと埋め込まれているかどうかは、サイトの適当なページを開いて、そのソースを見ればわかるでしょう。

Onepoint

グローバルタグの埋め込みを確認したら、1〜2日くらい経ってGoogle Analyticsページにログインすると、グローバルタグが認識されて機能しているのがわかるでしょう。

Google Analyticsの統計解析

Onepoint

Google Analyticsページにログインして、解析したいWebサイトをプロパティとして登録します。グローバルタグを埋め込んだWordPressのWebサイトです。

解析が始まると、登録したプロパティを選択することで、そのレポートが見られます。

▼Google Analytics

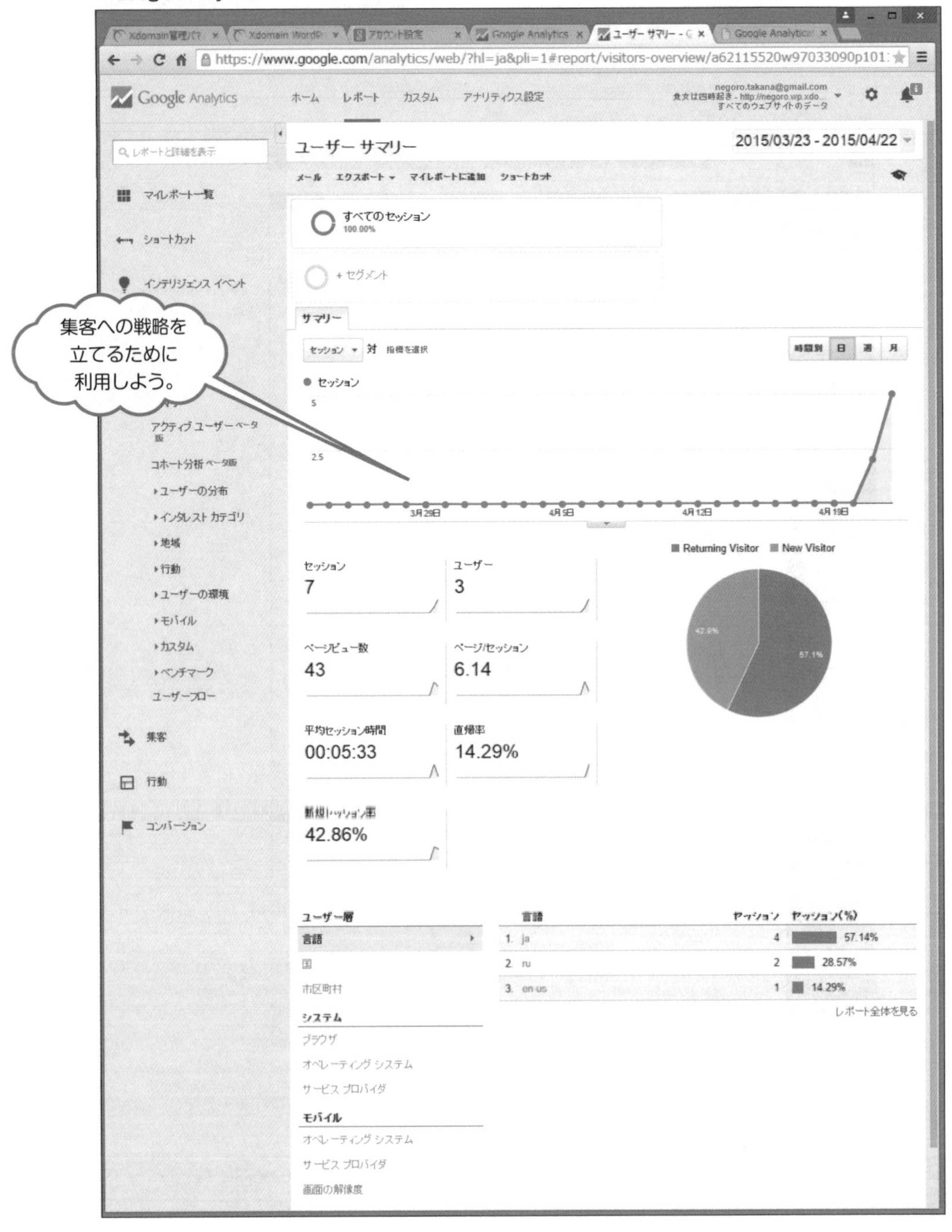

Section 6.3

Level ★★★

検索エンジンからの訪問者を増やすには

Keyword　Google　SEO

Webサイトにもっと多くの訪問者を呼ぶには、掲載する情報の質や量を上げるのが最も重要なことです。しかし、これには時間がかかります。即効性があり効果的なのはSEO対策です。SEO（Search Engine Optimization）は、日本語で「検索エンジンの最適化」と訳されます。検索エンジンの検索結果上位にサイトを表示するための作業です。

SEO用プラグインを使う

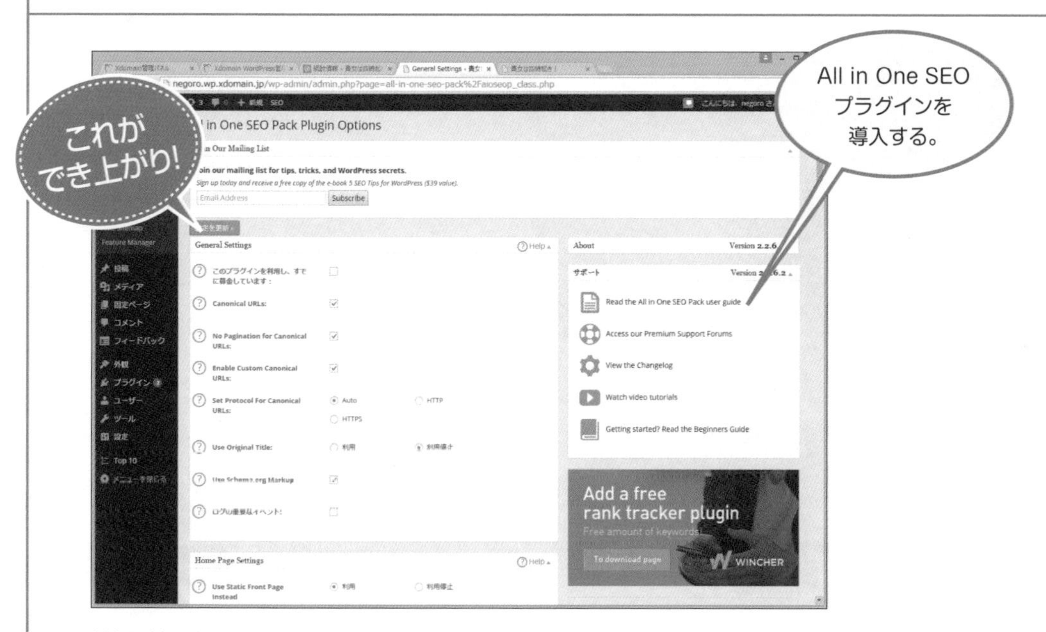

Webサイトの統計情報を解析していくと、検索エンジンからの訪問者が多いこと、またこのような訪問者は気まぐれなことに気付かされます。

検索エンジンからの訪問者を継続的に確保するには、ユーザーが検索に利用したキーワードと自分のサイトがマッチしているかどうか、利用者が欲している情報があるかどうか、を改めて考えてみましょう。その上で、検索エンジンの検索結果の上位に表示させるためにWebサイトを改良します。それには、専用のプラグインを利用するのが便利です。

SEO対策をします

Webサイトへの訪問者を増やしたいなら、検索エンジンの最適化（SEO）を実施しましょう。

- 検索エンジンの統計情報を検討する。
- SEOプラグインを導入する。
- SEOを設定する。

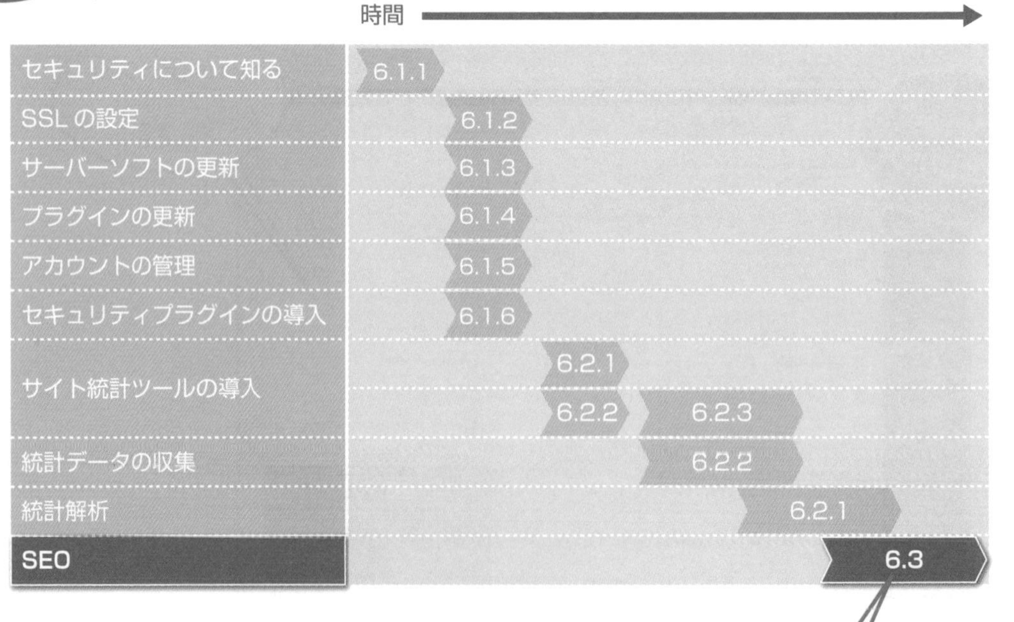

検索エンジン対策。

6.3.1 検索エンジンの最適化

Webの本来の呼び名は**World Wide Web**です。世界中に張り巡らされたクモの巣といったイメージから名付けられたのでしょう。しかし、現在のWebはクモの巣をはるかに凌駕して、巨大で複雑な結び付きを構成しています。

Webサイトに蓄積されている情報は、インターネットが民間に公開された当初から「海」にたとえられていました。このため、ページを次々に乗り移ることを**Webサーフィン**や**ネットサーフィン**といいます。しかし、情報の大海でやみくもにWebサーフィンを繰り返しても、自分の欲している情報にたどり着けるとは限りません。いや、ほとんど無理でしょう。

そこで私たちは、情報を探すとき、日常的に検索エンジンサイトを利用しています。

自分のサイトに多くの訪問者を集めたいと本気で思ったら、どうすればよいかわかりますよね。

SEOは誰にとって重要なのか

気が遠くなるほどの数のWebサイト中から、利用者に自分のサイトにたどり着かせる手立ての1つとして、**検索エンジンの最適化**（**SEO**）があります。

検索エンジンを利用して検索をかけたとき、自分のサイトが上位に表示されれば利用者は増えるはずだからです。

もちろん、これまでしてきたように、ブログのまめな更新により量や質を長期間にわたって保ち、サイトの信用を高める努力は無駄ではありません。それどころか、地道にサイトの価値を高めていくことこそ、訪問者（リピーターを含む）を増やすための王道です。

ビジネスサイトは、現実のビジネスで販売する商品やサービスの内容が充実していないと、どれだけWebサイトがよくても長続きしません。

身近にあった例を1つ挙げましょう。1年ほど前、近所に新しくデンタルクリニックが開業しました。きれいな現代風デザインで、最新の機器を揃えたクリニックです。ミニコミ誌や新聞広告などによる宣伝の効果もあってか、近所の人たちもこぞって虫歯を治療したりして、最初のうちこそ大変繁盛していました。しかし、いまではあまりよい評判も聞こえてきません。以前通っていた歯科医院へ戻ったという話も聞くようになりました。"腕"があまりよくなかったようです。

Webサイトをビジネスに活かすには、いくつかの方法があります。1つは、実際に来店して商品を購入してもらったり、サービスなどを受けに来てもらったりするためにWebサイトを作成するというものです。このように、現実のビジネスが顧客との主な取引の場であるときには、SEOはほとんど関係しません。

SEOによって、検索結果の上位に自分のサイトを表示しなければならない管理者というのは、サイトへの訪問者数やページビュー数がビジネスに直結する人たちです。

つまり、SEOが必要なのは、ネットショップを運営したり、アフィリエイトによる広告収入を得たりすることが、サイトを運営する目的となっている場合です。

ただし、ネットショッピングを目的とした場合、Webサイトを訪問してもらっても、商品を購入してもらわなければ利益にはつながらないため、最終的には商品やサービスの質や価格で勝負しなければなりません。

6.3.2 検索エンジンによる評価を上げる!?

検索エンジンを最適化するとはどういうことなのでしょう。どうして、最適化が必要なのでしょう。まずは、実際に検索エンジンでキーワードによるサイト検索を行ったときのことを思い出してみてください。

検索結果のページには、検索エンジンが選んだWebサイトが10件ほど表示されますね。それらのページのタイトルや概略を見て、探している情報が記載されていると思われるWebサイトを選択しませんか。

急いでいたり、疲れていたりすると、ページの下のほうのインデックスをスクロールして見ることもなく、一番上に表示されているWebサイトをクリックすることもあるはずです。

多くの人は、あなたが苦労して作成したWebサイトの存在を知りません。見ず知らずの人を自分のWebサイトに導く方法として、検索サイトの活用を図るのであれば、検索結果の1ページ目の上位にインデックスが表示されるようにしたいですよね。できれば、3番目くらいまでに表示されれば、アクセス数も増えるでしょう。このように、検索結果の上位に表示させるための方策が**SEO**で、検索エンジンを最適化するということなのです。

では、どうすれば最適化できるのでしょう。検索サイトにお金を払えばよいのでしょうか。いくらくらいかかるのでしょう。

検索エンジンサイトでどのようにして表示順を決定するのかについては、秘密にされている部分も多く、想像するしかありませんが、大きなスポンサーでもない限り、お金によって最適化されることは、まずないようです。

先に書いたように、Webサイトのアクセス数を平均して高く保つには、Webサイトの価値を高めるような努力を続けるのが王道です。

しかし、お金がかからなくてそれほどの手間でもなければ、(Webサイトのコンテンツの質や量にとっては無意味なことであったとしても) 検索エンジンの最適化作業をしてみてもよいでしょう。いいえ、するほうがよいに決まっています。これまで知らなかった人との関係ができるかもしれず、人とのつながりによって、新しい情報がもたらされる可能性が広がり、ビジネスチャンスも生まれるかもしれないのですから。

検索エンジンの情報収集の仕組み

日本のWebの利用者は、GoogleやMicrosoft Bing、exciteなどの大手検索エンジンをよく利用しているのではないでしょうか。

これらの検索エンジンの共通点は、検索インデックスの作成が専用のロボットによって行われていることです。ロボットといっても、Hondaのアシモのようなロボットがコンピューターの前に腰かけて、画面をにらみながらひたすらWebサーフィンを繰り返しているわけではありません。

ロボットとは、ネット内にあるコンテンツを次々に走査して必要な情報を収集するプログラムのことです。イメージとしては、部屋や廊下を自動で動き回る掃除ロボットに似ているかもしれません。

このようにWeb上にある様々な情報を収集しているロボットは、**クロール・ロボット**または**クローラー**と呼ばれることがあります。

なお、サイトを正式公開する前など、WordPressで作成したWebサイトをクロール・ロボットによる情報収集の対象から除外させたいときには、ダッシュボードで**設定➡表示設定**をクリックし、**検索エンジンでの表示**項目の**検索エンジンがサイトをインデックスしないようにする**をチェックして、**変更を保存**ボタンをクリックします。デフォルトでは、このオプションはオフになっています。

▼ダッシュボード

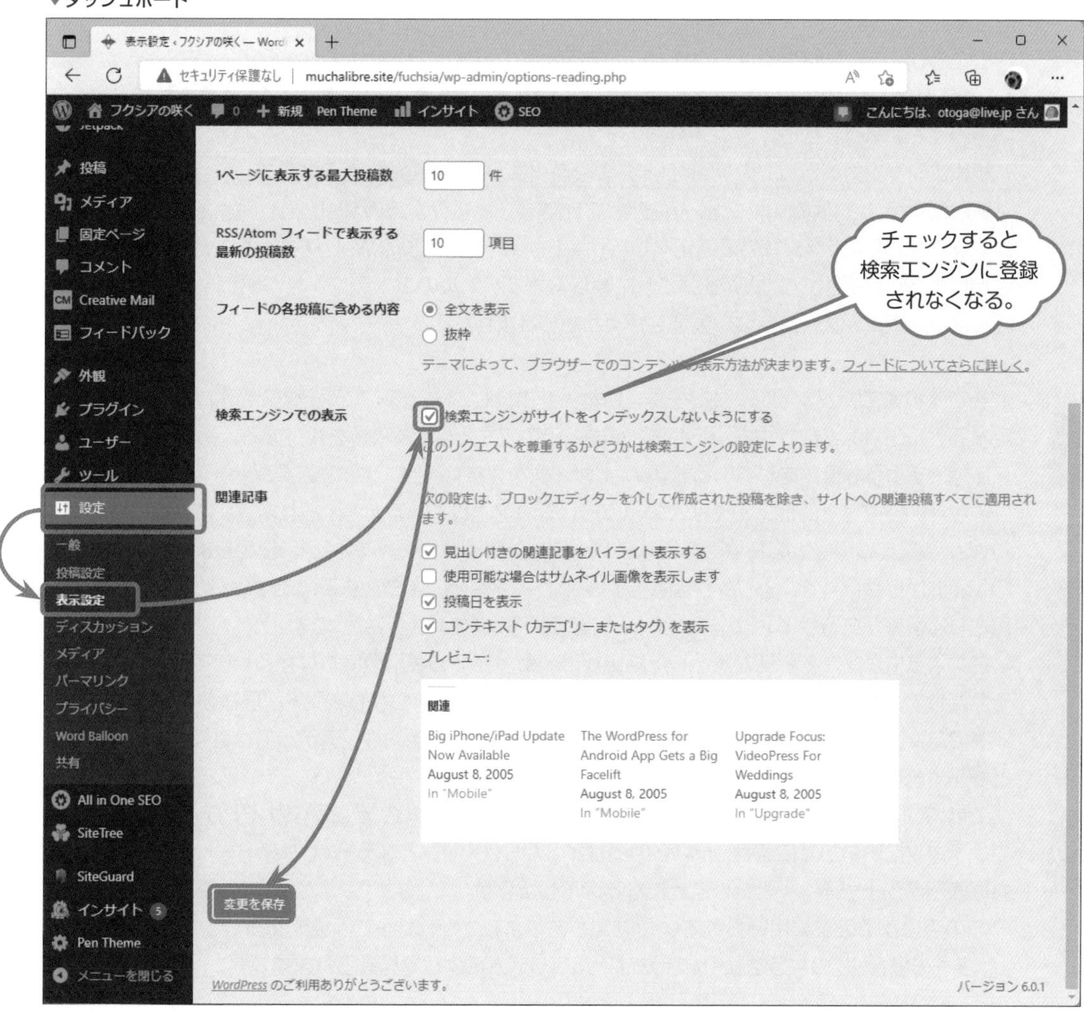

クロール・ロボットが集めてきた情報は、検索サイトの専用サーバーでインデックス化され蓄積されていきます。

こうして整理されたWebサイトのインデックス情報を使い、検索エンジンはWebサイトの検索サービスを提供しています。

検索エンジンの上位に表示させるために

検索エンジンの最適化を行うためには、どのような手立てを講じればよいでしょう。

現在、いくつかの方策が効果的であることがわかっています。利用者からの検索リクエストが来ると、指定された検索ワードやフィルターに合わせてインデックスデータを順番に並べて表示しますが、このとき並べる順番がどのように決定されているかがわかれば、それなりの手段を講じることができるでしょう。

ところが、これが簡単ではありません。ある程度の情報は、検索サイトから示されています。しかし、検索サイト側でも、このような検索エンジン対策をWebサイト管理のメイン作業として推奨しているわけではありません。

検索エンジン対策としてのWebサイトの最適化ばかりが進めば、どうなるでしょう。

Webコンテンツは簡単にコピー（複製）できます。オリジナルのWebサイトから複製したコンテンツを載せ、検索エンジンの最適化をしたサイトが、オリジナルのWebサイトより上位に表示されることになったら最悪です。Webサイトに載せるオリジナルのコンテンツを作成しようとする意欲がなくなり、Webシステム自体の衰退を招くかもしれません。

そこで検索エンジンでは、クロール・ロボットよりも、むしろインデックスを作成し、表示順を決定するアルゴリズムに工夫を凝らしています。その工夫とは、表示順を決定するためのポイントを故意に増やすような操作をしている悪質Webサイトを見抜く、というものです。

Webサイトの表示順は、例えば次のようにして決定されていると考えられます。

Webシステムの最大の特徴であるハイパーリンクをWebページの評価に使用します。つまり、「他のサイトから張られているリンクの数」をWebサイト評価の1つとするのです。多くのサイトから参照される情報があるサイトは、よいサイトであるに違いないというわけです。

このようにリンクを評価対象とした結果が、Webサイトの表示順につながるわけですが、もちろんそれだけではないでしょう。しかし、詳細は秘密になっていてわかりません。現在のところ、Webサイトのコンテンツの内容を客観的に評価できるような人工知能的なシステムではなく、リンクの数などが基本的な評価要素であることは間違いないでしょう。

では、これを逆手にとって、多くの偽のWebサイトを立ち上げ、どこかのサイトから複製したWebコンテンツをいい加減に載せ、それらの偽サイトから、メインとなるWebサイトへリンクを集中させれば表示順が上がる——ということになるのでしょうか。

この手法がそのまま用いられていた時期もありましたが、現在では検索エンジン側も進歩していて、多くの場合、このような強引な手法はアルゴリズムによって見破られます。

さて、自分のWebサイトへ多くの正当なリンクを集めたいならどうすればよいのでしょう。

何度も述べてきたように、それはWebコンテンツを充実させ、コメントに対してこまめに応対してWebサイトのファンを増やすことです。そのために、SNSやメールなど別のチャンネルからの導線を用意することも重要です。

検索エンジンからよい評価を得ることがビジネスの目的ではないのです。顧客からよい評価を得ていることが、検索エンジンに伝わることが大切なのです。

ビジネスサイトの場合は、現実の商売とどのようにリンクさせるかにも知恵を絞りましょう。このような、当たり前の日常の業務を、コツコツと積み上げることこそ、Webサイトを繁盛させる秘訣なのです。それがわかった上で、SEOとしてやれることは何でしょうか。

Memo ネットショッピングで顧客を呼ぶために

ネットショッピングサイトを構築し、万全なSEO対策をしたとしても、すぐに思ったように売上が伸びることはありません。

店長ブログや、Facebook、Twitterといった SNS、メールマガジンなど、多くの時間を使い、アイデアをひねり出しても、苦労した割に売上は伸びません。

それほど大きくない資本の会社、街のショップ、小さな組織などが、実際にネットショッピングで成功するための定石は、大手のオンラインショッピングモールに加入することです。手数料などを考えても、それが最短で最も効率のよい道です。

このように書くと、本書で紹介してきたことがすべて無意味なように思われるかもしれませんが、そうではありません。

ネットショッピングでも、商品の質、サービスの内容、価格などの重要性は現実の商売と同じであることを踏まえた上で、ではどうやって、膨大な数のWebサイトの中から自分のサイトを探し出してもらえるようにするか、を考えなければなりません。すでに現実のビジネスに付いている顧客に来てもらうのではなく、新規の顧客をどう獲得するかという観点です。

すると、大手のオンラインショッピングモールに加入し、そこに出店するのが一番の方法であることがわかります(業種にもよりますが)。

どのショッピングモールを利用するにしても、手数料や出店料がかかります。そこで、オンラインショッピングモールのほかに自前のWebサイトを運営する意義が出てきます。一度、商品を購入した顧客への案内から自前のWebサイトへ誘導するのです。

そこでならば、クーポンを配ったり、自前のWebサイトでのみ販売する商品を置いたり、タイムセールや訳あり品など様々な仕掛けをしたりできます。もちろん、自前サイトなら手数料もかかりませんから、粗利もよくなるはずです。

本気でネットショッピングの事業をするつもりなら、大手のオンラインショッピングモールに参加したり、オンラインの広告費をかけたり、といったそれなりの投資を行う必要があります。

Memo 内部対策と外部対策

自分のWebサイト構造を“きちんと”しておくことをSEOの**内部対策**と呼びます。

SEO対策なのですから、クロール・ロボッドから見て“きちんと”していなければなりません。

ページ相互を論理的にリンクさせて、人が巡回するときもわかりやすい構造にすることが内部対策です。浮いている単独のページをつくったり、トップページに容易に戻れなかったりしてはダメです。

さらに、内部対策では、ページ単位でもわかりやすさが求められます。このわかりやすさを評価するのもクロール・ロボットです。クロール・ロボットは、ページのソースを解析するので、ソースがわかりやすいかどうかが問題となります。この対策としては、後述のSEO用プラグインを使うのがよいでしょう。

SEOの**外部対策**としては、ほかのサイトからのリンクが重要な要素です。外部からのリンクが多ければ、それだけ信頼度アップにつながります。さらに、外部のサイトがすでに検索エンジンから信頼されているサイトであるなら、よりよいわけです。

外部対策は、簡単にはできません。自分からはほとんど動くことができないからです。知り合いに自分のサイトへのリンクを依頼することくらいでしょうか。

カモフラージュした外部のサイトを自分で立ち上げ、そこから多くのリンクを集めるといった手法は、すでに古くなっていて、スパムリンクとして検索エンジン側でも監視しています。

SEO対策をうたっている業者では、このような外部リンクを有料で提供するところもあるわけですが、検索エンジン側ではルール違反として捉え、ペナルティの対象としています。

6.3.3　SEOのできることをする

SEO対策の最初の一歩は、自分のサイトを検索エンジンに認識させることです。クロール・ロボットが巡回するように"道"を付けてやることから始めましょう。

WordPress.comからリンクを張る

クロール・ロボットは、あなたが新規につくったWebサイトをどのようにして見付けるのでしょう。もしあなたが今回作成したWebサイトが、独自のドメインを使っていたとすると、クロール・ロボットは、あなたのサイトの場所をどうやって知るのでしょうか。知らない場所に行けるほどクロール・ロボットは賢いのでしょうか。

確実な方法は、クロール・ロボットがすでに知っているサイトからリンクを張ることです。

クロール・ロボットが巡回している途中に新しい道ができていて、そこに新しいWebサイトがあれば、クロール・ロボットはそこに立ち寄ることができます。

つまり、クロール・ロボットが巡回しそうなWebサイトから、新しいWebサイトへのリンクを張っておくのです。

クロール・ロボットがおそらく頻繁に巡回するのは、無料のブログです。新しいWebサイトがあっても、比較的簡単に情報収集ができるからです。そこで、無料ブログを利用して同じようなテーマのブログを始めて、そこからメインのサイトへリンクを張りましょう。

そのための無料ブログとしては、WordPress.comを使うのがよいでしょう。

WordPress.comにアカウントをつくり、ブログを始める方法については、2章を参照してください。

All in One SEOのSEO設定

SEOの重要かつ自分でできる内部対策は、プラグインを活用して行うとよいでしょう。

検索ワード「SEO」で、新規追加するプラグインを検索すると、いくつかのプラグインが見付かります。ここでは、「**All in One SEO**」(略称：AIOSEO) を使って、SEOの内部対策を行ってみます。

ダッシュボードの「プラグインを追加」ページから「All in One SEO」で検索し、プラグインをインストール➡有効化してください。

なお、このプラグインは無料で使用できますが、有料版の「All in One SEO Pro」も用意されています。アフィリエイトなどの使用目的で本格的にSEOを始めるときには、有料版の使用も検討するとよいでしょう。

さて、All in One SEOを有効化すると、ダッシュボードのメニューに**All in One SEO**メニューが表示されるようになります。

▼All in One SEO

一般設定

All in One SEOプラグインは、検索エンジンの更新があれば、それを解析して対応するようにSEO機能を改良します。

このため、All in One SEOプラグインも、日々更新されています。このことが、All in One SEOの信頼度を高めている1つの要因です。

まずは、一般設定の項目のいくつかを説明しましょう。

All in One SEO Proを使用している場合は、通知されているライセンスキーを入力します。

All in One SEOは、Webサイトごとに初期設定をする必要があります。現行バージョンには、このためのセットアップウィザード機能があります。

Process

❶ダッシュボードから**All in One SEO➡一般設定**を選択します。

❷**一般設定**ページの**License**(**ライセンス欄**)で**Relaunch Setup Wizard**(**セットアップウィザードの再起動**)ボタンをクリックします。

▼設定ウィザードの起動

Hint 自分でつくったブロックパターンを登録する

使い慣れると非常に便利なブロックパターンですが、これをつくって登録しようとすると専門的な知識が必要になります。

そこで、ブロックパターンを登録できるプラグインを使いましょう。

「Block Pattern Builder」は、ページにブロックを配置し、そのページをブロックパターンとして登録するスタイルのプラグインです。

プラグインをインストール、有効化すると、ダッシュボードメニューに**Block Patterns**メニューができます。このメニューから**Add New**を選択すると、ブロックエディターが開きます。このページにタイトルを付け、任意にブロックを配置します。

ブロックパターンが完成したら、通常の投稿を公開するときと同じようにして「公開」操作を行います。これでブロックパターンが登録されます。

▼Block Pattern Builder

作成されたブロックパターン。

Process

❸セットアップウィザードが起動します。**AAA AAAAAA**（**始めましょう**）ボタンをクリックします。

❹ステップ1が開きます。サイトのカテゴリーを1つ選びます。ホームページのタイトルなどを設定し、**保存して続行**ボタンをクリックします。

Process

❺ステップ2が開きます。主体が個人か組織かを選びます。主体のアカウント情報を選択します。主体が**個人**の場合は、写真やイラストなどの画像をアップロードします。**組織**の場合は、電話番号や連絡の方法、ロゴ画像などを設定します。また、SNSのアドレスを入力することもできます。設定が終了したら、**保存して続行**ボタンをクリックします。

▼サイトのカテゴリー（ステップ1）

▼追加のサイト情報（ステップ2）

Process

❻ステップ3が開きます。有効にするSEO機能をチェックして、**保存して続行**ボタンをクリックします。

▼SEO機能（ステップ3）

Process

❼ステップ4では、サイトが検索サイトでどのように表示されるかを設定します。設定が終了したら、**保存して続行**ボタンをクリックします。

▼検索の外観（ステップ4）

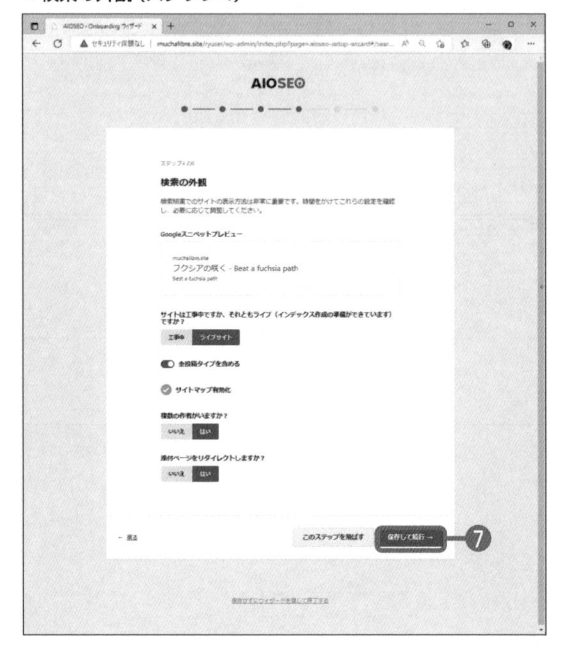

Process

❽ステップ5では、SEOの結果を受け取るためのメールアドレスを入力します。設定が終了したら、**保存して続行**ボタンをクリックします。

▼メールアドレスの設定（ステップ5）

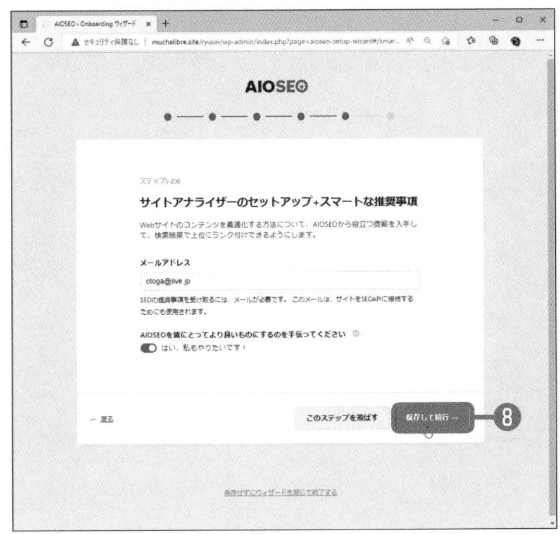

Process

❾ステップ6はライセンスキーの入力ページになります。無料版を使用している場合は、**このステップを飛ばす**ボタンをクリックします。

▼ライセンスキーの入力（ステップ6）

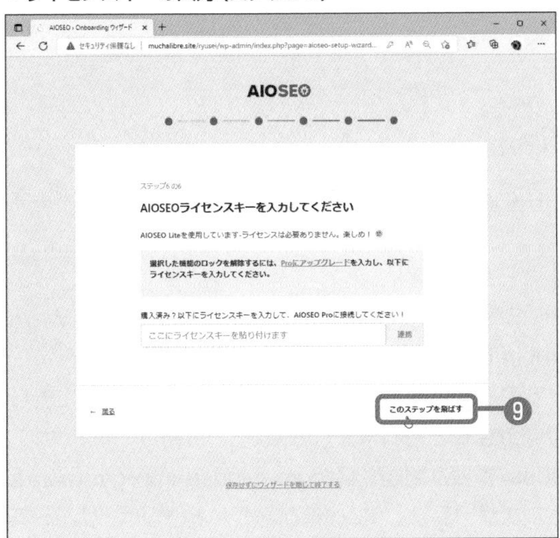

Process

❿セットアップが完了したら、**セットアップを完了し、ダッシュボードに移動します**ボタンをクリックします。

▼設定完了

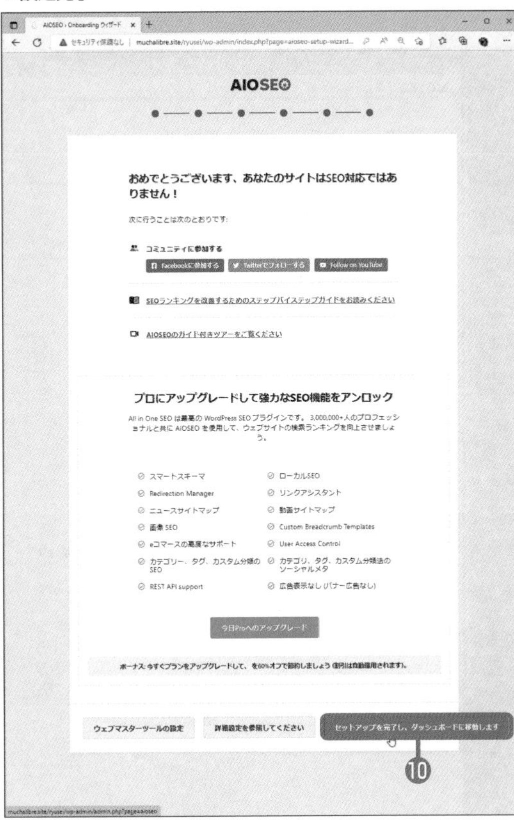

Process

⑪All in One SEOダッシュボードが表示され、SEOスコアなどが更新されます。

▼SEOサイトスコアなどの表示

SEO分析でSEOの改善する

All in One SEOで**SEO分析**を実行することによって、SEOとして未整備な項目と、その改善策を知ることができます。

SEO分析は、All in One SEOダッシュボードから起動します。

All in One SEOダッシュボードを開いたら、**SEO分析**の**管理**をクリックします。なお、WordPressのダッシュボードから起動する場合は、**All in One SEO➡SEO分析**を選択します。

SEO分析ページを開くと、すぐに現在のサイトのSEO分析結果が0〜100のスコア（数字）として表示されます。50以上のスコアがあればまずまずよいとされます。70以上で合格点です。

さらにスコアを改善するには、**Important Issues**（**重要な問題**）、**Recommended improvements**（**推奨される改善**）にランクされる項目を改善しますが、ほんとうに改善が必要かどうかは、サイト管理者/デザイナーとして全体を見て決定するようにしてください。SEOスコアがよいほど閲覧者が増えるというものではありません。

▼SEOチェックリスト

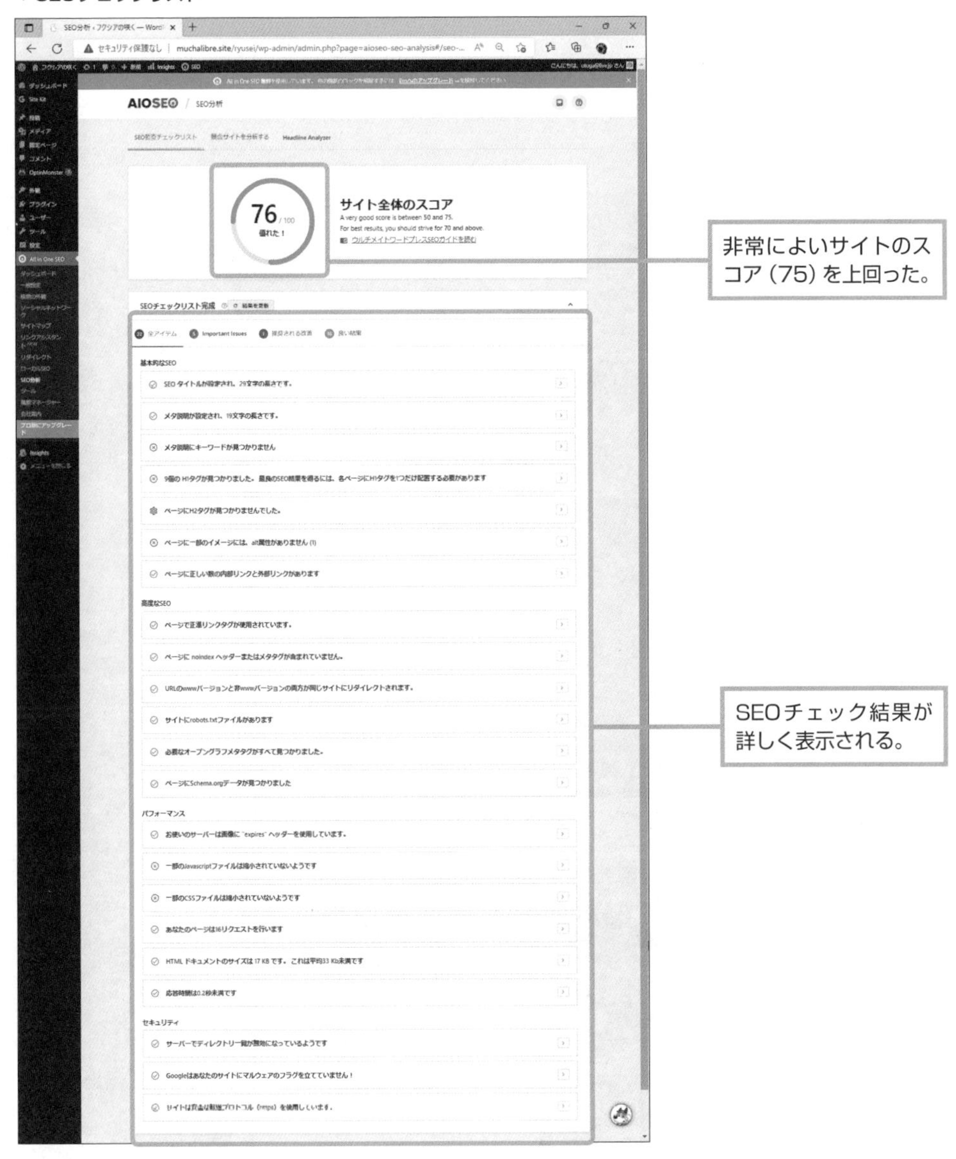

AIOSEO / SEO分析
76 / 100
サイト全体のスコア
SEOチェックリスト完成
基本的なSEO
高度なSEO
パフォーマンス
セキュリティ
非常によいサイトのスコア（75）を上回った。
SEOチェック結果が詳しく表示される。

Hint SEOスコアの改善例

WordPressサイトでSEOを簡単に改善できる方策の1つは、テーマ名の削除です。

多くの無料のテーマでは、作成したテーマを知ってほしいという理由から、テーマ名がページ内に表示されます。テーマで作成したページの一番下を見ると、そこにテーマ名が表示されているかもしれません。そのテーマ名表示は、SEOスコアを下げる要因となります。なぜなら、そのWebサイトがどのようなテーマで作成されているかがわかれば、悪意あるユーザーは、そのテーマの弱点、脆弱面を探ることが容易にできるからです。

WordPressのテーマは、誰もが簡単にインストールできるのでしたね。あるサイトを動的に構成している仕組みがわかることが、サイト攻撃の動機につながるケースもあると思われます。どこのWebデザイン会社がつくった、どのテーマか、自分から知らせる必要はないでしょう。

テーマまたは制作したデザイン会社の名称やロゴを非表示にするためのオプションが付けられているテーマもあります。これなら簡単にテーマ名を外すことができます。テーマ名を非表示にするテーマオプションがないテーマでは、CSSを編集する必要があります。

▼テーマ関連の表示を非表示に設定するオプション

訪問数はどうすればわかる？

サイト統計用プラグインを使います

管理しているWebサイトにどれくらいの訪問があるのか知りたいときは、Web統計用のプラグインをインストールするのがよいでしょう。

Webシステムでは、閲覧者に関する様々なデータがログとして残されます。このログを解析すれば、訪問者の数だけでなく、どこから来てどこに行ったか、どれくらい滞在したか、どのページに興味を持ったか、などを推測することが可能です。

ログの解析を専用で行ってくれるのが、統計用のプラグインです。本書では、Jetpackプラグインを紹介しています。ほかにも同じような機能を持ったプラグインが多くあります。

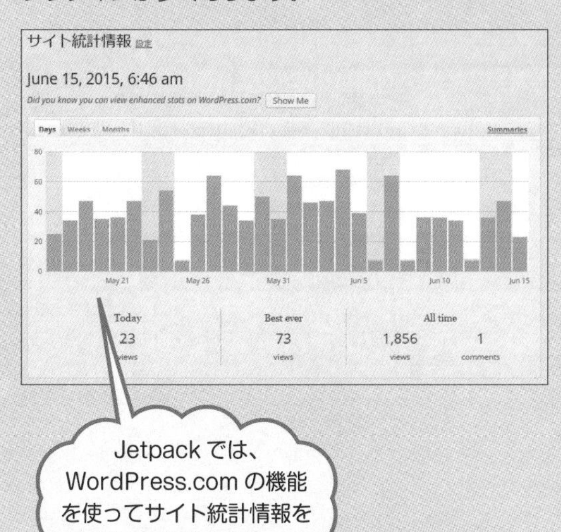

もっと訪問者を増やしたい

検索サイトで検索結果の上位に表示されるようにしましょう

Webサイトへの訪問者を飛躍的に増加させる方策として、本書でも紹介しているのが**SEO**という方法です。SEOは、GoogleやMicrosoft Bingといった大手の検索エンジンからやって来る訪問者を増やすための作業です。検索エンジンに登録されやすくし、また検索エンジンに「有益な情報の多いWebサイトである」と認識させることです。

このために、SEO対策と呼ばれる作業を継続して行うのが効果的だといわれています。SEO対策用のプラグインを導入し、WebページやWebサイトの改良から行うとよいでしょう。

なお、どれだけSEO対策を整えても、Webサイトを訪れた訪問者をがっかりさせるような情報しかなければ、リピーターを増やすことはできません。やはり、最終的に効果のあるSEOは、Webページの情報を質量共に充実させることです。

SNSへのリンクは必要？

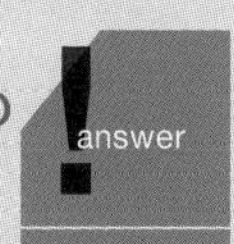

ユーザーをWebページに呼び集めるようにしましょう

FacebookやTwitter、LINEなどのSNSは、非常に人気の高い情報共有ツールです。これらを使っている人々でも、もっと深い情報を得ようとすると、最終的にはWebページを訪れます。Webページに来てくれれば、ほかの情報もまとめて閲覧できるため、アフィリエイトやオンラインショップのWebページでは、有効な集客ができることになります。

SNSは、商品やショップのファンが集う場所に位置付けられます。そこから、大本のWebページに誘導することで、一商品のファンだった顧客をショップのファンにできるかもしれません。

Part 3

入社2年目の新米が事務所のサイトをつくる

ようやく仕事を覚えてきたところの新米社員が事務所のサイトをWordPressでつくることに。

本格的なWordPressテーマのカスタマイズとプラグインの導入

▶ Chapter 7　小さな事務所が独自に業務内容を紹介するサイトをつくるというおはなし
▶ Chapter 8　Webサイトでビジネスするというおはなし

登場人物

大里カモリ：大学中退後に入社した「時間探偵社」。業務の内容は、昔の思い出の人やモノを探すこと。ちょっと変わった業務内容をもっと知ってもらおうと、事務所のホームページをつくることを提案すると、即採用！　しかし、自分がその担当者になってしまった。

事務長（社長夫人）：事務所にほとんどいない社長（夫）に代わり、時間探偵社の社員たちを毎日叱咤（しった）する。「ホームページをつくりなさい！　でも、予算はないわよ！　お金をかけずに、いいものをつくりなさい！」

ビジネスサイトをつくるぞ

カモリが勤めている事務所では、自社ドメインの本格的なホームページをつくることになりました。その大役が入社2年目の自分に！　しかし、カモリには秘策が…。

カモリ　「WordPressを使えば、僕にだって本格的なホームページができます」

事務長　「あら、頼もしいわね。でも、お金はどれくらいかかるの？」

カモリ　「年間で数万円程度です」

事務長　「えっ、そうなの⁉　いいわよ、それくらいなら。カモリ君、頑張ってつくってね」

7.1　カスタマイズ前に子テーマを用意する
7.2　テンプレートファイルをカスタマイズしてみる
7.3　WordPressをまとめて拡張してみる
7.4　ショートコードで地図を挿入してみる
7.5　Shortcodes Ultimateであのデザインをまねる

Section 7.1

Level ★★★

カスタマイズ前に子テーマを用意する

Keyword　カスタマイズ　子テーマ　FTP

本格的にテーマをカスタマイズするなら、子テーマを用意しましょう。子テーマとは、カスタマイズしたいテーマのテンプレートを継承しつつ、一部分だけを変更あるいは追加するために行うテーマの複製です。

▶SampleData

https://www.shuwasystem.co.jp/books/wordpresspermas190/

ビジネスサイト用テンプレートを準備する

ここでは、サンプルのビジネスサイトを作成するためのベーステンプレートとして「SKT Corp」テンプレートを使います。このテーマを親として、同じレンタルサーバーに子テーマのディレクトリーを作成し、そこに必要なテンプレートファイルを作成します。

ここがポイント！

カスタマイズ用の子テーマを用意するには

- FTPなどでサーバーにアクセスする。
- 子テーマのディレクトリーをつくる。
- 子テーマ用のテーマファイルをつくる。
- 子テーマに切り替える。

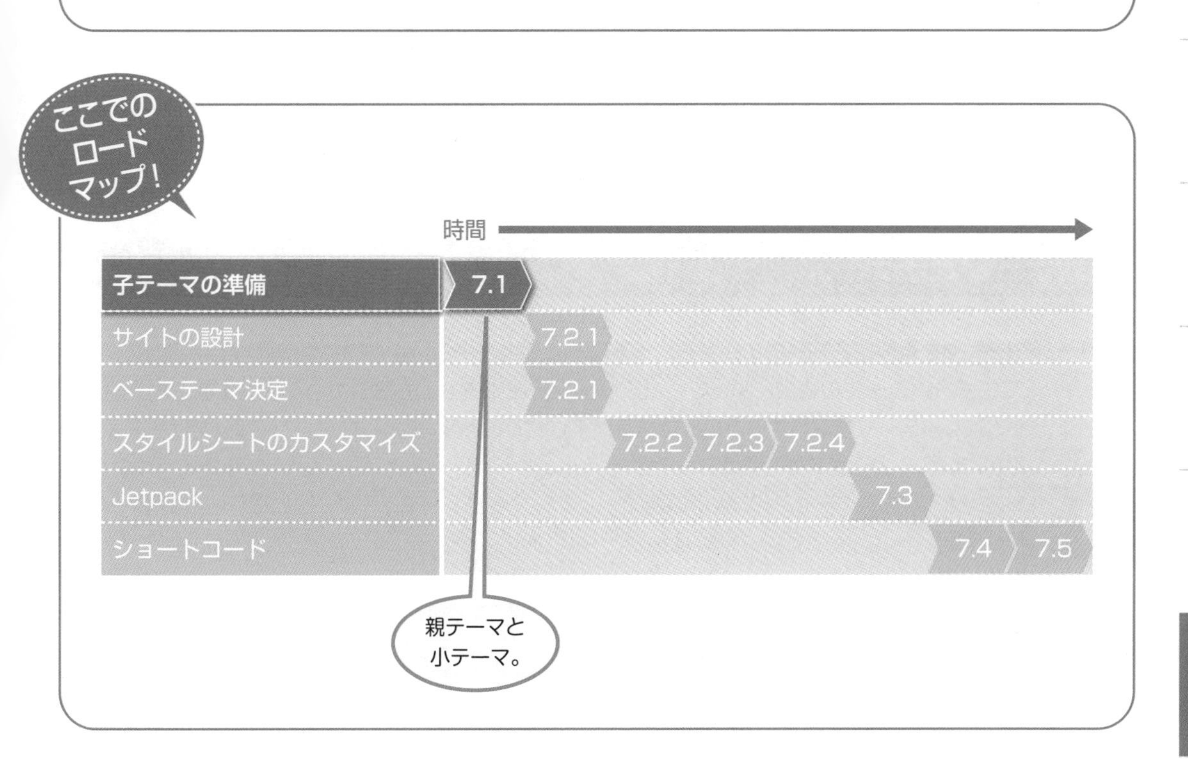

7.1.1 テーマの親子関係とは

テーマを更新すると、それまでつくり上げてきたWebサイトデザインが崩れたり、編集していたコンテンツが消去されたりすることがあります。

これは、テーマの更新がそれまでのファイルの上書きによって行われるためです。このようなとき、テーマを更新以前のバージョンに戻そうとしても、簡単にはいきません。

通常、サーバー側では予期せぬトラブルで貴重なデータを失わないために、データのバックアップをしていますが、一般的に利用者がこれらのバックアップファイルを使うことはできません。個別データのバックアップの義務は、利用者に課せられていることが多いのです。

もちろん、コンテンツを含め、テーマ全体のバックアップをとることは、テーマをカスタマイズするかどうかにかかわらず、サーバー管理者にとって基本的な仕事です。FTPを使って、WordPressの関連したファイルをまるごとバックアップする作業が必要になるでしょう。

そして、テーマの本格的なカスタマイズをしようとするデザイナーにとっては、テーマを複製した子テーマでの作業も作法として基本的なことなのです。

親テーマと子テーマ

テーマを複製して"子"のテーマをつくることは、WordPressにおいて推奨されているカスタマイズ方法です。テーマの複製といっても、まったく同じものを2つも3つもつくるわけではありません。もとになるテーマを継承するといったほうが正しいでしょう。継承しながら、一部分だけを変えるのです。まさに、カスタマイズするわけです。

このようなカスタマイズのために用意されるテーマを**子テーマ**と呼び、もとのテーマは**親テーマ**と呼びます。

子テーマが引き継ぐもの

子テーマは親テーマを引き継ぎます。このとき、子テーマ側で親テーマを決めます。

実は、テーマの親子関係というのは、子テーマが（親テーマにもナイショで）"勝手に"親テーマを継承するだけなのです。WordPressのテーマの親子関係は、親の家に住んでいる子が、親にナイショで裏口に自分用の表札を掲げるのに似ています。しかし、表札だけ違って同じ家というのでは、子テーマがカスタマイズに適しているとはいえません。子テーマでは、二世帯住宅のように、共有部分のほかに、独立した部分をつくることができるのです。

例えば、親子関係を結んだ親テーマから子テーマへheader.phpを複製します。すると、header.phpについては親テーマ、子テーマそれぞれ別々にカスタマイズができます。一方で行った変更は、もう一方のサイトには影響しません。

複製しなかったファイルについては、子テーマは親テーマのファイルを使っているので、親テーマ側で変更があれば、自動的に子テーマ側も変更されます。子テーマは親テーマのテンプレートファイルのすべてを複製する必要はないのです。カスタマイズしたいファイルだけを複製し、それを編集すればよく、この変更は子テーマだけに及び、親テーマは変更されません。

また、親テーマを更新するなどしてテンプレートファイルが変更された場合にも、子テーマに複製してあったテンプレートファイルが書き換わってしまうことはありません。

子テーマに必須のファイル

子テーマにないファイルは親テーマから継承される、というルールがあるのですが、子テーマが機能するためには必須のファイルが1つあります。それは「**style.css**」です。

子テーマのディレクトリーには、最低限「style.css」を作成しなければなりません。このファイルには、「子テーマ名」と「親テーマのディレクトリー名」の2つを記述することになっています。

「子テーマ名」は、ダッシュボードからテーマを選択するために一覧表示したときに表示されるものです。

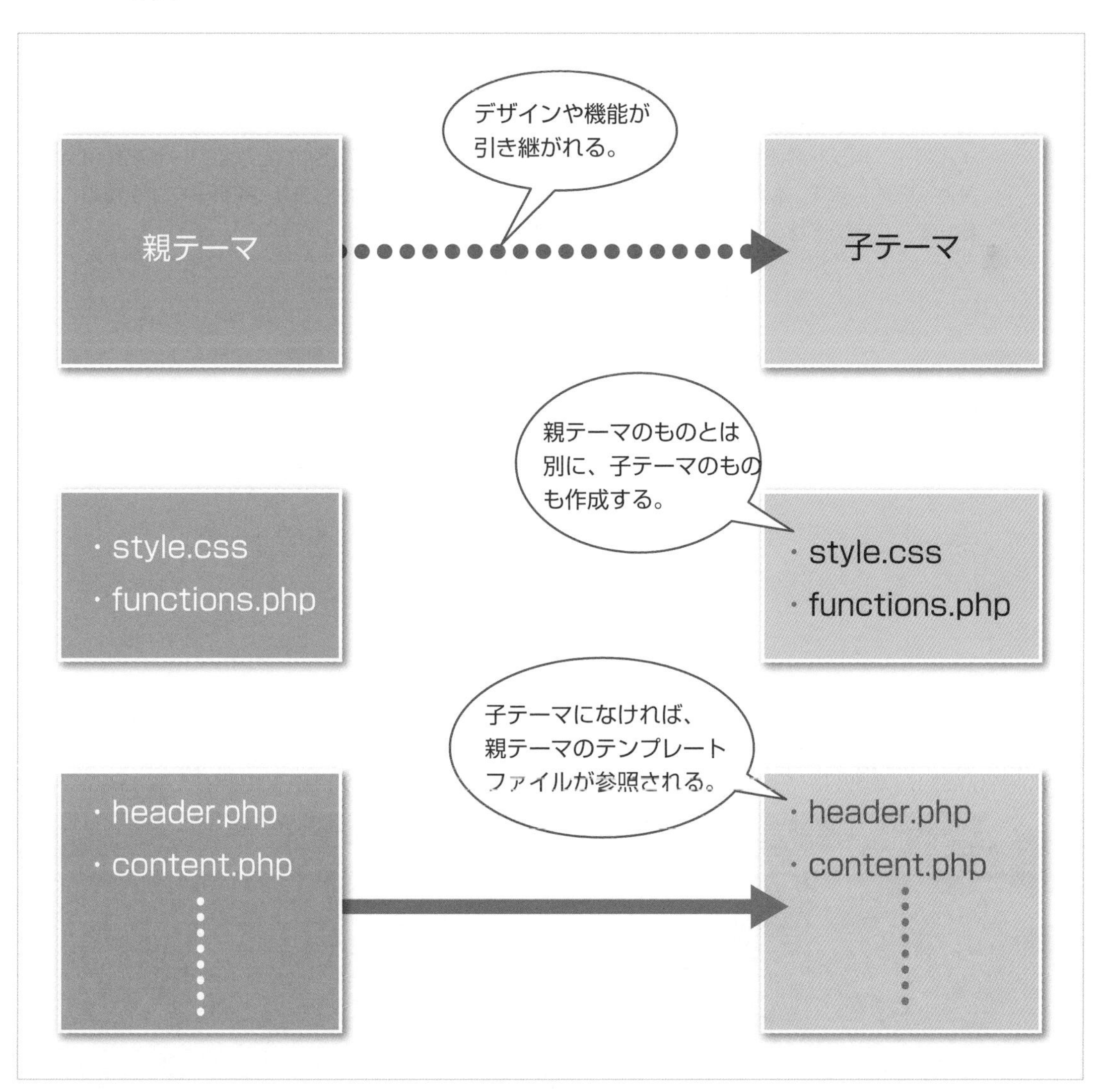

「親テーマのディレクトリー名」を入力することで、継承する親テーマを指定します。

なお、style.cssにはデザイン上の様々なスタイル情報が記述されていますが、子テーマには、これらの記述はなくてもかまいません。

これは、親テーマと子テーマのstyle.cssの関係が、ほかのテンプレートファイルとは異なるためです。style.cssファイルは、まず親テーマのものが読み込まれ、続いて子テーマのものが読み込まれます。このとき、子テーマに記述されている設定項目と同じものが親テーマにあれば、それは子テーマのものが上書きされます。もちろん、子テーマにしかないものは、追加されます。

style.cssファイルのほかには、「**functions.php**」ファイルも特殊なファイルです。このテンプレートファイルは、親テーマのfunctions.phpに子テーマで加えた変更を追加するものです。style.cssは、親テーマのものに子テーマのものが上書きされますが、functions.phpでは上書きされません。このため、親子に同名の関数がある場合には、子テーマの関数が使用されます。

子テーマで本格的なカスタマイズを行う場合には、functions.phpを子テーマのディレクトリーにも作成することをおすすめします。このとき、style.cssファイルに親テーマのスタイルシートファイルのインポート情報を記述することは推奨されていません。その代わりとなるコードをfunctions.phpに記述します。本書でも子テーマにfunctions.phpを新規作成します（親テーマから複製して編集してもかまいません）。具体的な設定手順は次項で述べます。

Column コンテンツはどこにある？

テーマを変更しても、テーマの更新に失敗しても、それまでの固定ページや画像、投稿などのコンテンツがなくなってしまうわけではありません。

WordPressのコンテンツファイルは、データベースに保存されます。

コンテンツファイルは、テーマファイルとは異なるサーバーに保存されることが多く、アクセス方法も異なります。

データベースへのアクセス方法やバックアップについては、利用しているレンタルサーバーの管理者などにお尋ねください。

7.1.2　子テーマをつくるには

子テーマを作成するには、WordPressサーバーでフォルダー（ディレクトリー）をコピーしなければなりません。レンタルサーバーなら、サーバー管理者権限のアカウントでログインして、コピー操作をします。

FTP接続ができるレンタルサーバーでは、FTPクライアントを使うと、ファイルやフォルダーをコピーしたり、フォルダー名を変更したりできます。ただし、FTPによるファイル管理を推奨していない場合もあります。このため、FTP利用に際して、レンタルサーバーでFTP使用のための操作をする必要があるかもしれません。

また、FTPを利用するには、クライアント側でFTPクライアントソフトを用意しなければなりません。Windows用には無料で利用できる「FFFTP」などがあります。

Xserverをレンタルサーバーとして利用している場合は、「ファイルマネージャ」という、Webブラウザーを使ったファイル操作機能を利用することができます。このファイルマネージャは、Windowsのエクスプローラーに似たUIを持つファイル管理機能です。FTPのような面倒な設定はなく、クライアントソフトを用意する必要もなく、簡単にファイルのコピーや名前変更ができます。

親テーマをコピーした子テーマをつくる

ここでは、Xserverのファイルマネージャを利用して、子テーマをつくります。

ファイルマネージャにアクセスしたら、ルートから「root/（サイトドメイン）/public_html/（WordPressディレクトリー名）/wp-content/themes/」ディレクトリーに移動します。ここに、インストールしたWordPressのテーマのディレクトリーが保存されています。

親テーマ（ここでは「skt-corp」）の子テーマ（「skt-corp_child」）を作成します。ダッシュボードのテーマで新規追加してください。「skt-corp」を選択して、ファイルマネージャのメニューから**新規フォルダ**をクリックします。

開いたウィンドウのボックスに子テーマ用ディレクトリー用の名前を入力してます。ここでは、親テーマの後ろに「_child」と付けて、**作成**ボタンをクリックします。

0 自分の夢を発信する
1 WordPressがある
2 ブログをしてみる
3 どうやったらできるの
4 ビジュアルデザイン
5 ブログサイトをつくろう
6 サイトへの訪問者を増やそう
7 ビジネスサイトをつくる
8 Webサイトでビジネスする
資料 Appendix
索引 Index

▼子テーマ名の入力

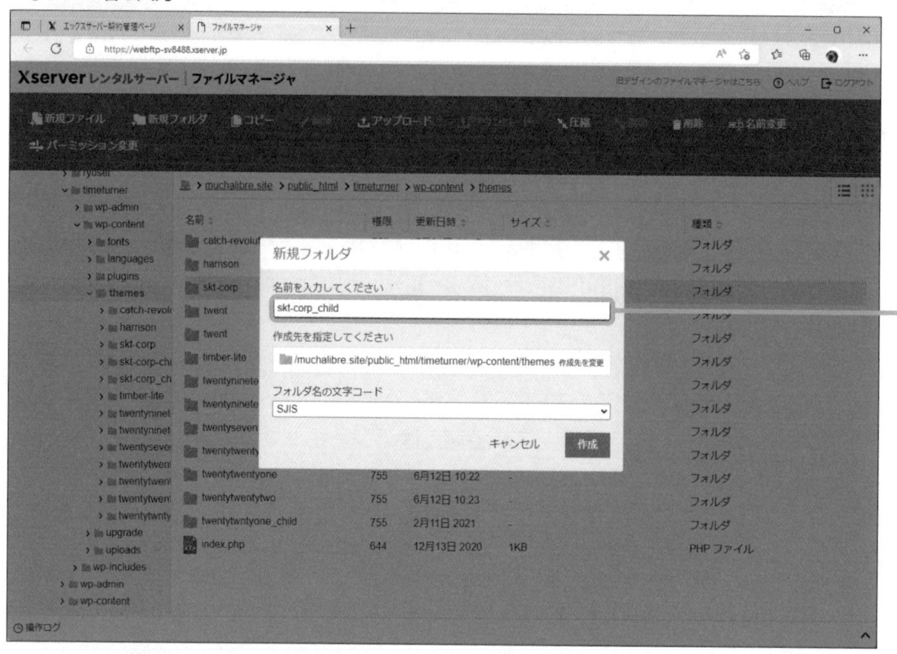

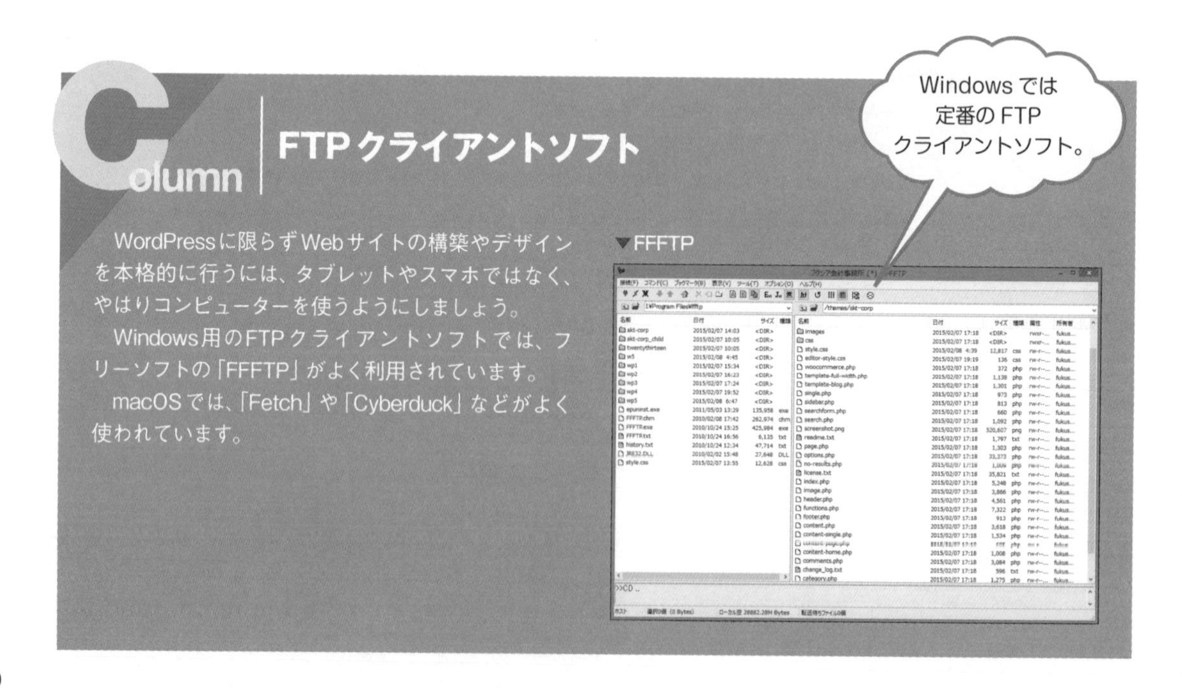

Column　FTPクライアントソフト

WordPressに限らずWebサイトの構築やデザインを本格的に行うには、タブレットやスマホではなく、やはりコンピューターを使うようにしましょう。

Windows用のFTPクライアントソフトでは、フリーソフトの「FFFTP」がよく利用されています。

macOSでは、「Fetch」や「Cyberduck」などがよく使われています。

▼FFFTP

子テーマ用のテンプレートファイルを用意する

子テーマ用のディレクトリーが作成できたら、次にその中に「style.css」と「functions.php」の2つの必須ファイルを作成します。

子テーマ用のスタイルシートファイルを作成するには、サーバーに直接アクセスしてリモート操作でファイルを作成する方法、手元のコンピューターで作成したファイルをFTPクライアントソフトでアップロードする方法などがあります。

ここでは、WordPressのダッシュボードの**テーマファイルエディター**機能を使います。

まずは、子テーマのディレクトリー中に「style.css」と「functions.php」の2つの主ファイルを保存します。これらは、親ファイルからコピーしておいても、FTPクライアントソフトでアップロードしておいても、どちらでもいいです。中身は空でもかまいません。

▼2つの主ファイルを保存

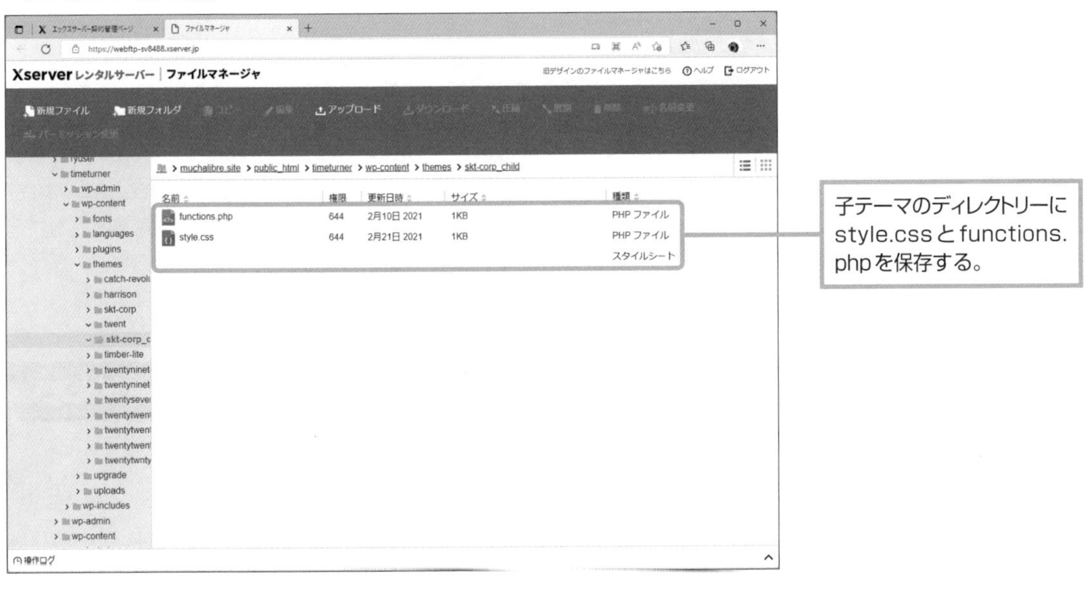

子テーマのテンプレートファイルを編集する

任意のテーマが有効化されているダッシュボードで、**外観➡テーマファイルエディター**をクリックします。

すると、現在有効になっているテーマの「style.css」が編集モードで読み込まれます。

「テーマを編集」ページの右上の**編集するテーマを選択**ボックスをクリックしてドロップダウンリストを開くと、インストールされているテーマの一覧が表示されます。

この中には、子テーマのテーマ名がないと思います。親テーマのstyle.cssファイルをコピーしたのであれば、親テーマのテーマ名が2つ並んで表示されるはずです。1つは親テーマのもの、もう1つは子テーマのもので、これから編集しようとするものです。

▼テーマの編集

おそらく下側が子テーマのものです。それを選択して、**選択**ボタンをクリックしてください。すると、子テーマのstyle.cssファイルが編集モードで開かれるはずです。このとき、ページ上部には「このテーマは壊れています。テンプレートが不足しています。」と表示されます。これはもっともなことで、親テーマ用の内容だからです。このファイルをいまから編集します。

▼子テーマのスタイルシート

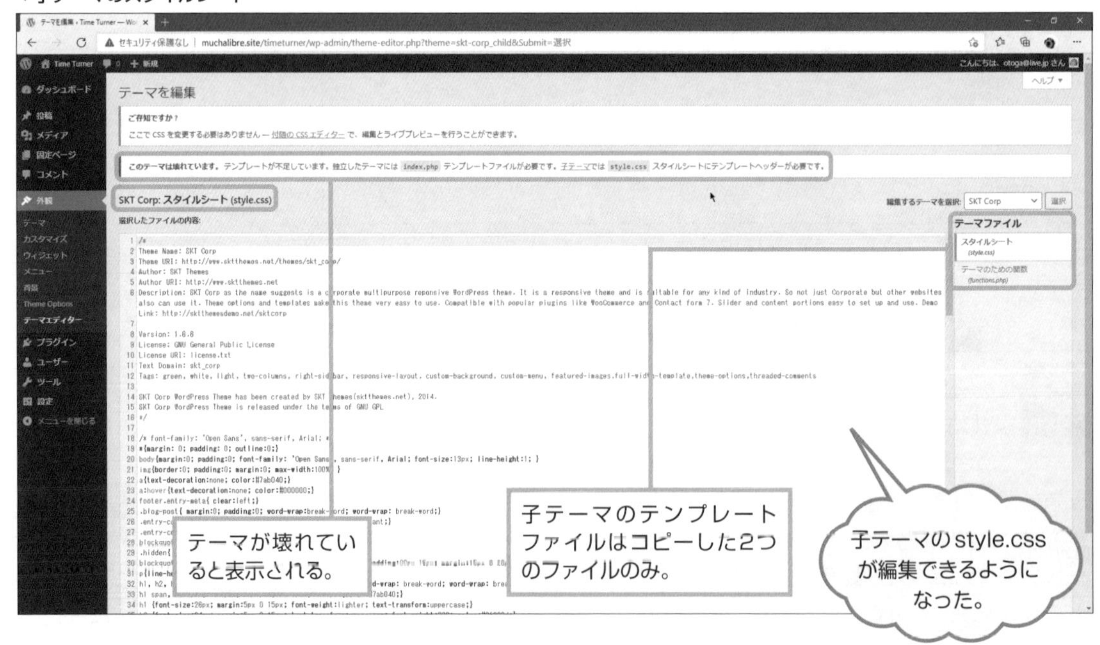

子テーマのstyle.cssファイルの編集

子テーマの「style.css」ファイルで必須なのは、スタイルシートヘッダー部分に記述するたった4行です。そのうち2行はコメント行を示すものなので、実質は2行だけです。

親テーマからstyle.cssファイルを複製しているなら、下記の4行だけを残して、著者表示（「Author:～」「Author URI:～」）やバージョン（「version:～」）などは削除してもよいでしょう。

1行目のコメントを開始する記号は、そのまま使えます。

2行目には、親テーマ名が書かれているはずなので、その後ろに「Child」などを付けておくとよいでしょう。もちろん、まったく異なる子テーマ名を付けることもできます。

3行目は、おそらく追加することになるでしょう。この行は、親テーマのディレクトリー名です。「Template:」の右にディレクトリー名を入力しますが、このとき小文字や大文字、ハイフンなどを正しく入力してください。

4行目でコメント行を閉じます。編集が終了したら、**ファイルを更新**ボタンをクリックします。

なお、「@import」を使って、子テーマ用のstyle.cssファイルに親テーマのstyle.cssファイルの場所を記述する方法は、現在では推奨されていません。もしもそれをこのstyle.cssに記述するなら、本書サンプルの場合、5行目に「@import url('../skt-corp/style.css');」を追加することもできます*。

`/*`	←コメントはじめ
`Theme Name: SKT Corp Child`	←子テーマ名
`Template: skt-corp`	←親テーマのディレクトリー名
`*/`	←コメント終わり

▼子テーマのstyle.css

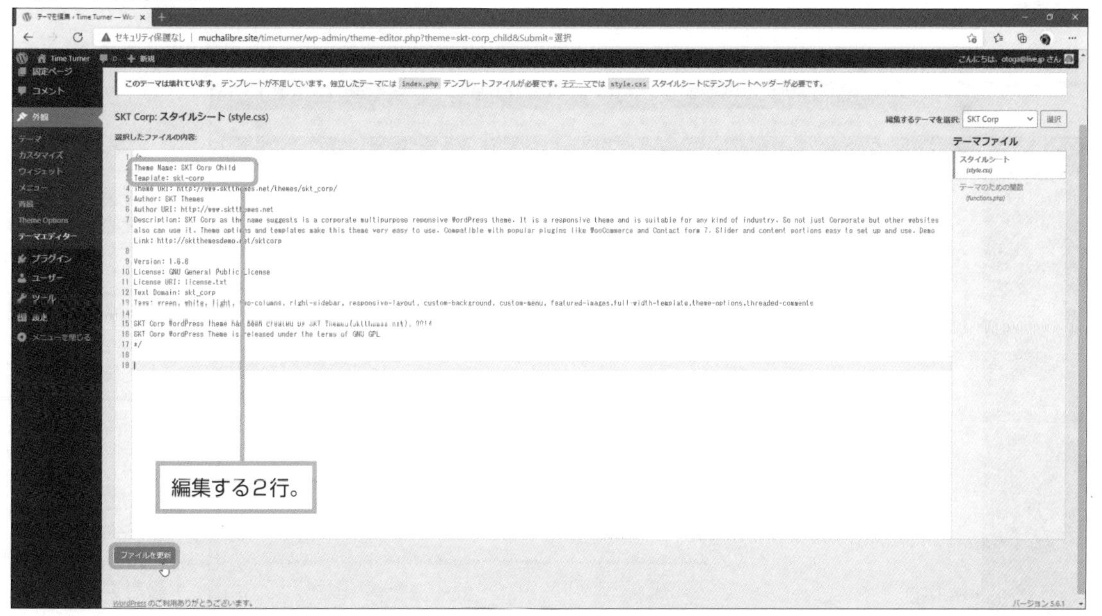

＊～こともできます　現在、「@import url」を用いてスタイルシートを読み込むことが推奨されていない主な理由は、読み込みにかかる時間の差だと、WordPressサイトには書かれている。

子テーマのfunctions.phpの編集

子テーマのstyle.cssファイルに親テーマのスタイルシートファイルの場所を記述する方法が非推奨とされる一方、子テーマのfunctions.phpファイルへの記述が推奨されています。

子テーマの「style.css」ファイルを正しく編集して保存すると、**編集するテーマを選択**ボックスには、いま保存したばかりの子テーマ名が表示されます。また、その下には「この子テーマは親テーマSKT Corpのテンプレートを引き継ぎます。」との表示も見られるようになりました。

次に子テーマのfunctions.phpを編集します。このファイルは、本格的なカスタマイズを行う場合に重要な役割を果たすことになるテンプレートファイルです。ここでは、親テーマのstyle.cssファイルのありかを記述します。

以下のように記述したら、**ファイルを更新**ボタンをクリックして、保存します。

```
<?php
add_action( 'wp_enqueue_scripts', 'theme_enqueue_styles' );
function theme_enqueue_styles() {
    wp_enqueue_style( 'parent-style', get_template_directory_uri() . '/style.css' );
};
?>
```

これで、親テーマのスタイルやスクリプトが子テーマのスタイルシートといっしょに予約*され、PHPによってWebページが作成されるときにヘッダーに記述されます。

なお、依存関係に「'parent-style'」を設定することで、読み込まれる順番は親テーマ、その次に子テーマとなります。

▼子テーマのfunctions.php

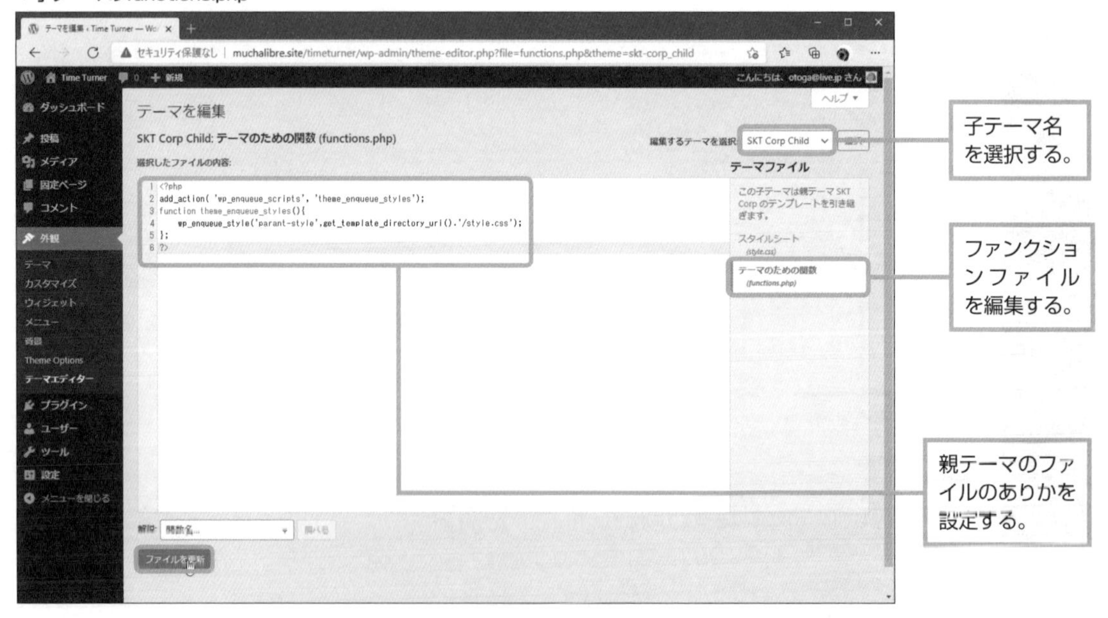

＊**予約**　専門的には「キューに入れられる」といわれます。

子テーマに切り替える

　ここまでの作業を済ませると、子テーマが有効化できるようになっているはずです。

　なお、これまで行ってきた作業では、style.cssとfunctions.phpファイルだけを「skt-corp_child」ディレクトリーに作成しています。実際はこれだけでは、テーマを切り替える場合に、テーマのサムネイル画像が表示されません。

　テーマ選択ページに表示されるサムネイル画像は、各テーマディレクトリーの直下に保存される「screenshot.png」というファイル名のスクリーンショットです。この画像ファイルは、用意しなくてもWebサイト作成には支障ありません。

　サムネイル画像がないのが気になるなら、親テーマからコピーしておくとよいでしょう。

Process

❶子テーマの切り替えは、通常のテーマ切り替えと同じです。
❷ダッシュボードのサイドメニューで**外観➡テーマ**をクリックします。
❸インストールされているテーマの一覧が表示されたら、子テーマ（ここでは「SKT Corp Child」テーマ）の**有効化**ボタンをクリックします。

▼子テーマ

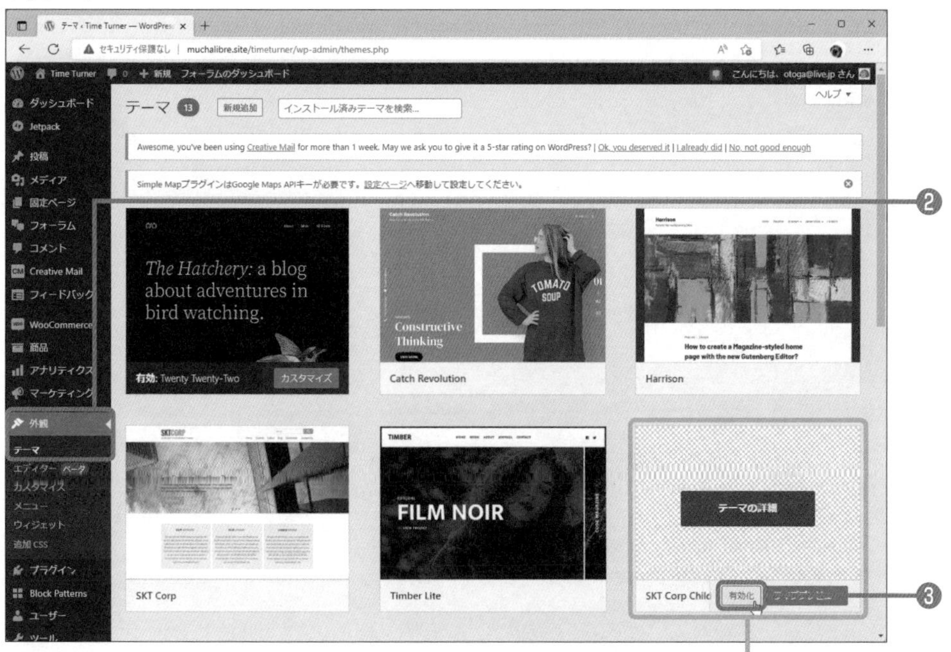

子テーマ名は、親テーマ名＋Childとするのが一般的。プレビュー画像は表示されないか、あるいは親サイト画像と無関係の画像が表示されることがある。

Hint テンプレートファイルの制御コード

PHPコードにも、ほかのプログラミング言語やスクリプト言語のように制御コードがあります。

例として「Twenty Fifteen」テーマの「single.php」(単一記事の投稿) を編集モード (テーマの編集) で開いてみましょう。

このテンプレートファイルは、投稿記事を表示するというものですが、ヘッダーを表示した次のPHPコードタグに注目してください。

▼single.php (Twenty Fifteenテンプレート)

```
<?php
(コメント省略)
get_header(); ?>
    <div id="primary" class="content-area">
        <main id="main" class="site-main" role="main">
        <?php
        // Start the loop.
        while ( have_posts() ) : the_post();
            (途中省略)
            if ( comments_open() || get_comments_number() ) :
                comments_template();
            endif;
            (途中省略)
        // End the loop.
        endwhile;
        ?>
(以下省略)
```

「while(have_posts()):the_post();」の部分は、制御文の条件と、それが「真」の場合の処理です。この「while」コードは、条件が「真」の間は「endwhile」までの間をループし続けます。

その処理ですが、「have_posts()」関数が「真」、すなわち投稿記事があるなら、「the_post()」関数およびそのあとendwhileまでを処理する、というものです。「the_post()」関数は、「have_posts()」ループ間に使われ、特定の投稿の情報を取得するという関数です。

多くのプログラミング言語やスクリプト言語と同様、while制御のほかにif制御もあります。「Twenty Fifteen」テーマのsingle.phpでは、whileループ中にif制御コードが記述されています。なおこの例では、下の書式のうち条件式が「真」の場合の処理1だけで、「else:」以下の処理2はありません。

▼if制御の書式

```
<?php
if ( 条件式 ) : 処理1;
else: 処理2;
endif;
?>
```

Section 7.2

Level ★★★

テンプレートファイルをカスタマイズしてみる

Keyword　カスタマイズ　スタイルシート　header.php

子テーマとして作成しているビジネスサイトのヘッダーをカスタマイズします。方法としては、CSSファイル中のセレクタのスタイル定義、およびヘッダー作成用PHPファイルの内容を変更します。本格的なカスタマイズに挑戦しましょう。

▶SampleData

https://www.shuwasystem.co.jp/books/wordpresspermas190/

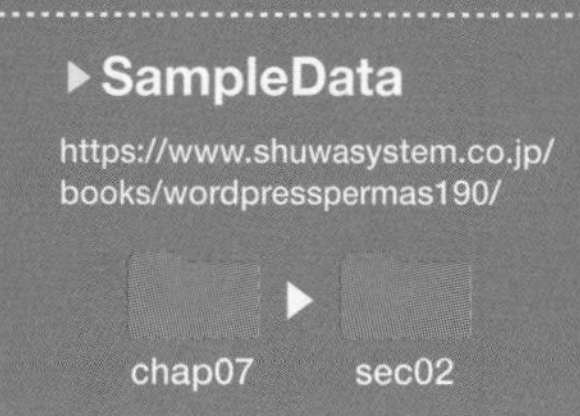

スタイルシートをカスタマイズする

ヘッダー部分のサイトタイトルとキャッチフレーズのフォントサイズや位置を変更します。また、ヘッダー部分に電話番号などの画像を挿入します。

小規模なビジネスサイトを作成する

WordPressのビジネスサイト用のテーマを使って、中小規模のビジネスサイトをつくります。テーマには「SKT Corp」を使用します。カスタマイズは子テーマを用意して行うため、親テーマのファイルは変更されません。

- 探偵事務所のWebサイトを計画する。
- サイトの構成を考える。
- 親テーマをインストールする。
- 子テーマを用意する。
- 子テーマをカスタマイズする。
- テンプレートファイルを編集する。
- ヘッダー内のサイトタイトルをカスタマイズする。
- ヘッダーに電話番号画像を貼り付ける。

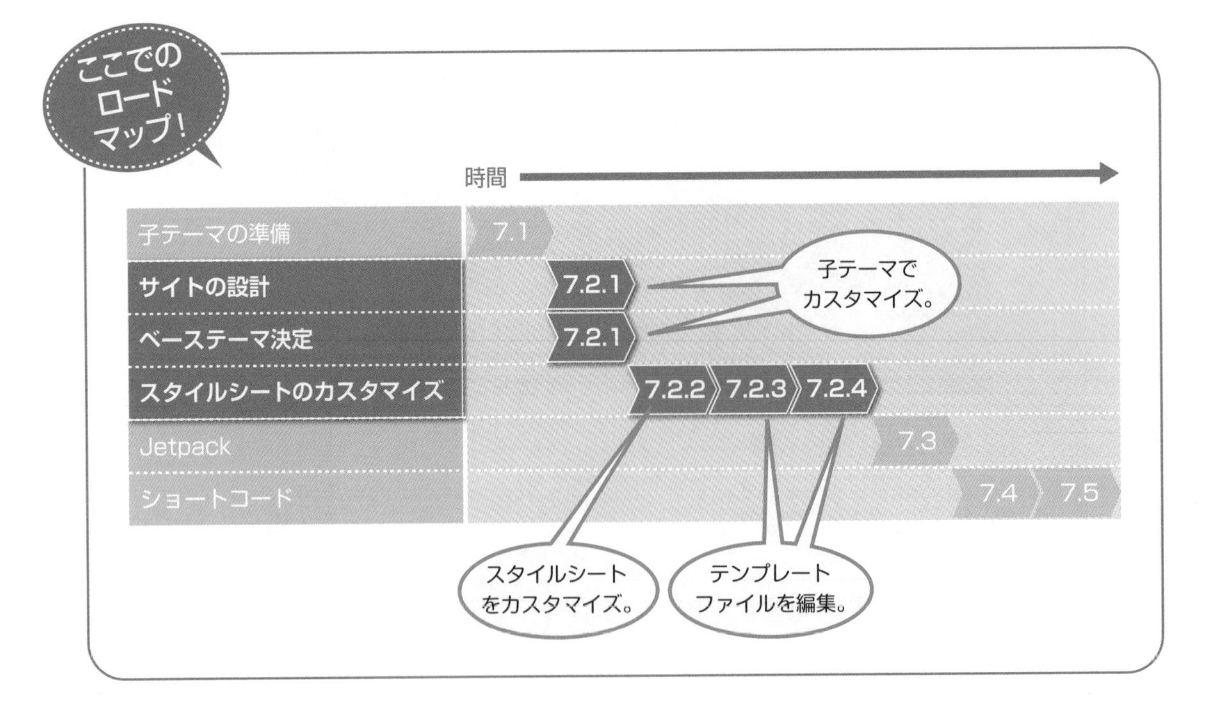

7.2.1　ある探偵事務所のWebサイトづくり

　専門的な職種で開業している個人あるいは少人数のグループを想定しています。具体的には、人やモノを探すことを業務とする数人規模の探偵事務所です。

Important

　探偵事務所に限ったことではありませんが、会社や商店の仕事の内容を知ってもらうホームページには、“うちの会社”の強み、扱っている商品の特徴、社員（店員）の技能の高さなどをうまく表現したコンテンツを載せることが重要です。また、仕事を依頼するに足りると感じてもらえるような信頼性や清潔感、堅実性のほか、業種によってはスピード感などのイメージもホームページの重要な要素になります。サイト構築、サイトデザインでは、これらの要素の中でどの要素をイメージ化していくかを明確にすることが重要です。特に、“何を一番にアピールするのか”を絞り込み、それをデザインに反映することが重要です。

　ともあれ、探偵事務所のWebサイトを作成しておきましょう。きちんとカスタマイズするためには、仮のものでもいいので、コンテンツを用意しておいてください。WordPressのコンテンツデータは、データベースに保存されるので、テーマをカスタマイズしてもコンテンツが変更されることはありません。

▼ビジネスサイトのページ構成（探偵事務所の例）

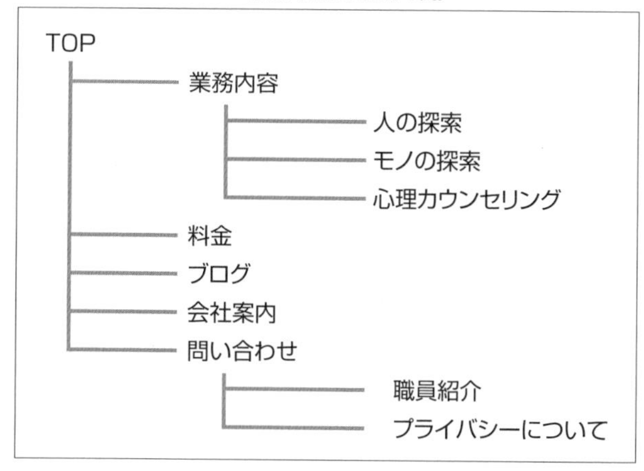

ビジネスサイト用のベーステーマ

　ビジネスサイトづくりに活用できそうな、Webサイト制作のベースになるテーマを選びましょう。

　テーマの新規追加ページで、特殊フィルターを使ってレイアウトや機能を設定したら、検索テキストボックスに「business」などの単語を入力して検索します。

　ここでは、インドのSKT Themesの「SKT Corp」（無料）を使用しています。シンプルなデザインで、スライダー（スライドショーのヘッダー機能）、レスポンシブレイアウトに対応しています。

　SKT Corpは、どんなビジネスサイトにも合うというものではなく、ベーステーマとして最適というわけではありません。作成する業種や必要とする機能、またサイト規模に応じてテーマデザインを選んでください。

0 自分の事を発信する
1 WordPressがある
2 ブログをしてみる
3 どうやったらできるの
4 ビジュアルデザイン
5 ブログサイトをつくろう
6 サイトへの訪問者を増やそう
7 ビジネスサイトをつくる
8 Webサイトでビジネスする
資料 Appendix
索引 Index

Hint オンラインショップの手本

オンラインショップの最大手といえば、「楽天市場」です。利用したことがなければ、いますぐ、サイト内のいずれかのショップページを開いてみてください。オンラインショップサイトの手本となるでしょう。

楽天市場のオンラインショップのページレイアウトの一例を見てみましょう。

基本レイアウトは、ページ上部に横幅いっぱいのヘッダー（商品のイメージ写真とタイトルロゴ入り）、その下に4列のレイアウト（左端の列はナビゲーションのサイドバー）。残りの3列を使って長々と商品の陳列が続き、下段に楽天カードなどのお知らせ。最下段がフッターといった構成です。

特徴は情報量の多さです。ショッピングの楽しさの1つは、“ウィンドウ・ショッピング”でしょう。ページを移動するごとに繰り広げられる、商品写真を使った圧倒的な情報量の提供。刺激的なキャッチコピーと価格。自分だけが見付けたと思わせるお得情報。商品についての知識が得られる記事。ランキングやおすすめ度。……などなど、WordPressでショッピングサイトをつくるとき参考になりそうなデザイン要素がいっぱい見付かります。

Memo 子テーマの変更が反映されないとき

この節では、子テーマのCSSファイルを編集して保存します。結果を確認しようとして、Webブラウザーでページを読み込んでみても、ページは編集する前の状態のまま――という場合があります。

原因の1つは、編集のミスです。保存するときにエラーメッセージは表示されませんでしたか？　スタイルシートを1文字間違えただけでも、正しく表示されない場合があります。

もう1つの原因は、Webブラウザーのキャッシュです。Webブラウザーでは、一度表示したページをキャッシュという特別の方法で保存しています。これは、次に表示するときに素早く表示するための仕組みです。このとき、Webブラウザーはキャッシュしているページ情報と今回読み込もうとするページ情報がまったく同じかどうかは調べません。だいたい同じなら、キャッシュを使って表示してしまいます。このため、子テーマの変更が反映されないのです。

これを解消するには、表示するWebブラウザーで過去（1～24時間）のキャッシュをクリアする操作が必要になります。

Windowsデフォルトの Windows Edge では、Edgeの**設定**ウィンドウから**履歴**を選択し、**履歴**ウィンドウの**設定**メニューを開いて**閲覧データをクリア**を選択します。**閲覧データをクリア**ウィンドウが開いたら、**時間の範囲**を**過去1時間**などに設定し、**キャッシュされた画像とファイル**にチェックを入れて**今すぐクリア**ボタンをクリックします。

▼閲覧データをクリア

7.2.2 テンプレートの中のCSS

CSSの用法のすべてについて説明していくと、それだけで1冊の専門書になるくらい多くの分量があります。本書ではすでに「3.6　テーマのCSSを編集する」でTwenty Twenty-Oneテーマの編集を例にしたCSSの基本的な編集について説明しています。そこでは、「class」とCSSとの関係を説明し、簡単なスタイルシートの編集を行っています。ここでは、テンプレートファイルのカスタマイズに必要な基礎知識をまとめて説明したいと思います。

HTMLとCSSのセレクタ

3章では、CSS側で「p.ryuseitext」のデザイン内容を設定し、それがHTML側*の「<p>タグ」で画像を指定するときの文字修飾要素として実行される、というものでした。

▼CSS

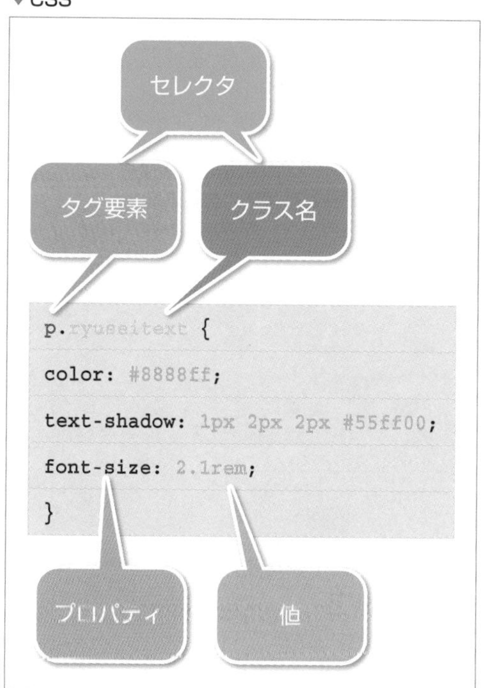

▼HTML

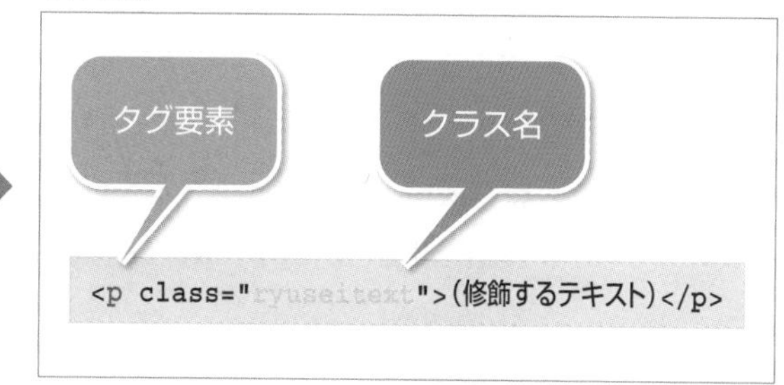

「p.ryuseitext」のように、HTMLのタグ（要素）とその属性（クラス）を一度にCSSで設定するときには、要素とクラスを「.」（カンマ）でつなぎます。

例えば上の例では、「<p>」タグのクラスに「ryuseitext」を指定した場合、文字色を「#8888ff」に設定し、そこに影を付け、さらにそれらの大きさを「2.1rem」に指定しています。CSSでは、このようにしてHTMLで使用するタグ要素ごとに、そのスタイルを指定できるわけです。

＊**HTML側**　WordPressではPHPによって動的に作成されます。

CSSの記述ルール

CSSでレイアウトなどのデザイン要素を指定する場合に、それらの設定項目を**プロパティ**と呼び、その「値」を設定するときには間を「:」(コロン) で区切ってその後ろに記述します。いくつもの値を設定するときは、スペースを入れます。

また、1つのプロパティと値の対のことを**宣言**と呼びます。1つの宣言の指定が終了するごとに「;」(セミコロン) を記述します。通常は、そのあとで改行して見やすくします。

例では、3つの宣言を行っています。宣言は「{」と「}」で挟んでまとめて記述します。この部分を**宣言ブロック**と呼びます。

宣言ブロックの前に記述される「p.ryuseitext」が**セレクタ**です。セレクタは、宣言部の設定を適用する対象を指定する部分です。

▼CSSセレクタ

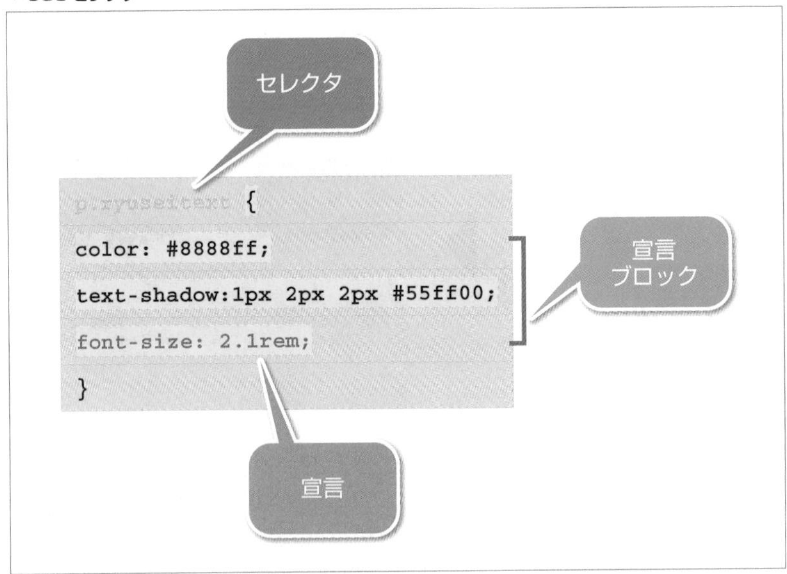

セレクタの記述

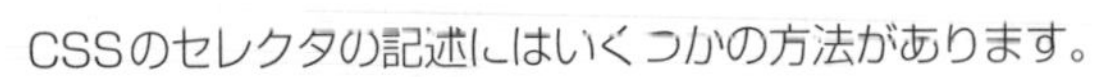
CSSのセレクタの記述にはいくつかの方法があります。

すでに説明してきた「(要素).(クラス名)」といった記述法を含め、テンプレートファイルで使われている主なセレクタには、次表のようなものがあります。

▼セレクタ

セレクタ	説明
要素.クラス名 例：img.aligncenter { margin-top: 0.4em;}	「class=クラス名」の要素だけに適用されます。この場合は、要素名も合致していなければなりません。特定の要素と組み合わせたいときに使用します。
.クラス名 例：.aligncenter { margin-top: 0.4em;}	「class=クラス名」の要素だけに適用されます。要素は何でもかまいません。
#ID名 **要素#ID名** 例1：#logo {float:left;} 例2：body#tiny {color: #ffffff;}	「id=(ID名)」を持つタグ要素に適用されます。HTMLの1ページ中で一度だけ使用します。 「#」の前に要素を指定したときは、指定した要素中で、ID指定された要素だけに適用されます。
要素1,要素2,… 例：h1, h2 {color:#000;}	複数の要素をまとめて設定するには、要素名を「,」(カンマ)で区切って併記します。
親要素 子孫要素 例：#copyright a {padding:0 3px;}	親子関係のある子要素や孫要素だけに限定して適用されます。親要素と子孫要素の間にスペースを入れてセレクタを指定します。
* 例：* {color:blue;}	すべての要素にスタイルを適用します。
要素:hover 例：div.onmouse:hover { background:#666;}	オンマウス時に適用します。

Memo バックアップ

WordPressサイトをバックアップするときに注意したいのは、WordPressで作成したサイトでは、テーマやプラグインなどと、コンテンツとが別データだということです。

テーマやプラグインは再インストールが可能ですが、そうすると設定は最初から行わなければなりません。そこで、テーマやプラグインをバックアップするわけですが、FTPを使って、レンタルサーバーに展開しているWordPressサイトをまるごとダウンロードします。全部をダウンロードしなくても、必要なテーマだけをバックアップすることもできます。

コンテンツのバックアップは、エクスポートで可能です。エクスポートやインポートは、WordPressの基本的なプラグイン機能です。ただし、レイアウトや微妙な調整が一部再現されないこともあります。

バックアップ用のプラグインを利用するという手もあります。「WP-DB-Backup」は、コンテンツをバックアップします。投稿やコメントもバックアップできます。「BackWPup Free」またはこのプラグインの有料版「BackWPup Pro」を使うと、自動バックアップが可能になります。

7.2.3 ヘッダーのタイトルをカスタマイズする

それでは、実際にスタイルシートを編集し、その結果としてページ上でどのように変化するのか確認してみましょう。

本節では、これまでと同じように、SKT Corpテーマの子テーマであるSKT Corp Childテーマを使います。そのため、他のテーマでカスタマイズを行う際には、以下、説明と異なる場合があります。適宜読み替えて参照するようにしてください。

サイトタイトルをカスタマイズする

ヘッダーに「サイトタイトル」として表示する語句は、WordPressのデフォルトのカスタマイズ機能を使って指定します。具体的には、ダッシュボードのサイドメニューで**外観➡カスタマイズ**をクリックすると、カスタマイザーが開きます。さらに、同じカスタマイザーを使って**キャッチフレーズ**を指定すると、サイトタイトルの下に短いフレーズを設定することもできます。

このように、サイトタイトルやキャッチフレーズの文字列はカスタマイザーによって指定できますが、これらのフォントサイズや表示位置、文字色などを詳細に設定する機能をSKT Corpテーマは持っていません。

ここでは、子テーマのstyle.cssに、サイトタイトルとキャッチフレーズをカスタマイズするスタイルシートの記述を追加します。

SKT Corpテーマに限らず多くのテーマでは、タイトルが表示されるヘッダー部は、「header.php」が動的に作成しています。

子テーマとしてSKT Corp Childでカスタマイズを行っている本書の場合、テーマのカスタマイズ用に、子テーマのstyle.cssだけを編集するという方針を変えずに進めます。

それでは、子テーマのSKT Corp Childを有効化し、そのスタイルシート（style.css）を編集モードで開いてください。

ここに、セレクタおよびセレクタによって適用されるスタイルの宣言を記述することになります。

▼編集前のスタイルシート

```
/*
Theme Name: SKT Corp Child
Template: skt-corp
*/
```

header.phpを確認する

ここで、header.phpがどのようにしてHTMLを作成しているのかを知る必要があります。

header.phpがどの要素タグを使ってサイトタイトルを表示しているかを知らなければ、スタイルシートにセレクタを設定しようがないのです。

ここでは、header.phpは、子テーマのディレクトリーには複製されていないとします。本書では、子テーマはできる限りシンプルにしていて、親テーマから利用できるファイルは子テーマには複製していません。しかし、実際にはheader.phpを子テーマに複製し、そのheader.phpに編集を加えることもあります。そのほうが、より本格的なカスタマイズが可能だからです。

さて、親テーマ（SKT Corp）のheader.phpを見るには、次のように操作します。

Process

❶ダッシュボードのサイドメニューで**外観➡テーマファイルエディター**をクリックします。すると、編集用のエディターが開き、現在有効化しているテーマのスタイルシートが開きます。
❷ページ右上にある**編集するテーマを選択**の横のボックスをクリックし、一覧から親テーマ（SKT Corp）を選択します。選択したら、ボックス右横の**選択**ボタンをクリックします。
❸すると、親テーマのテンプレートファイルのすべてが見られるようになります。
❹テンプレートファイルの一覧から、**header.php**をクリックすると、編集ボックスに「header.php」が開きます。

▼header.php（SKT Corpテーマ）

```
（省略）
19: <body <?php body_class(); ?>>
20:
21:   <div class="wrapper_main <?php if ( of_get_option('layout', true) != 'box' )
      { echo 'layout_wide'; } else { echo 'layout_box';}?>" >
22:
23:     <header class="header">
24:       <div class="container">
25:         <div id="logo"><a href="<?php echo esc_url(home_url('/'));?>">
26:           <?php if( of_get_option('logo', true) != '' ) { ?>
27:             <?php if( of_get_option('logo',true) == 1) { ?>
28:               <h1><?php bloginfo( 'name' ); ?></h1>
29:             <?php } else { ?>
30:               <img src="<?php echo esc_url( of_get_option('logo', true) ); ?>" />
31:             <?php } } else { ?>
32:               <h1><?php bloginfo( 'name' ); ?></h1>
33:             <?php } ?>
34:           </a>
35:           <h3 class="tagline"><?php bloginfo('description'); ?></h3>
36:         </div>
（省略）
```

少し長いですが、これが、テーマのヘッダー部分からHTMLを作成しているPHPのコードです。

19行目あたりから、実際にWebページにヘッダー部を表示させるためのコードが始まります。

さらに少し下を見ると、25行目から34行目にかけて、ロゴ画像を指定したときにロゴが表示されるようなコードがあり、ロゴが設定されていないときには(26行目)、28行目を実行するようになっています。つまり、この28行目が、スタイルシートでカスタマイズしようとしているセレクタに対応したタグの部分です。「<h1>タグ」で指定されている内容がサイトタイトルになります。

サイトタイトルは、「bloginfo()」関数を使って取り出されます*。なお、「bloginfo()」関数のようなWordPress専用の関数のことを特に**テンプレートタグ**と呼ぶこともあります。

bloginfo()関数を使うと、WordPressが使っているテーマに関する様々な情報を知ることができます。例えば、「'name'」を指定することで、サイト名が取り出せるわけです。

まとめると、WordPress(SKT Corp Child)が表示するページにheader.phpを使ったヘッダーが表示されるとき、その名前は<h1>タグによってスタイルが規定できることがわかりました。

子テーマのstyle.cssでサイトタイトルの表示を大きくする

親テーマのheader.phpファイルを確認して、どのタグについてスタイルを変更すればよいかを確認しました。ただし、実際にスタイルシートの内容を変更するとき、すべての「<h1>タグ」について変更するというのは、得策ではありません。

h1、h2、h3、h4などの見出しタグは、サイト内の様々なところに使われている可能性があります。
サイトタイトルだけを変更するには、セレクタを利用して、適用範囲を限定する必要があります。

再度、親テーマのheader.phpを見てみましょう。

サイトタイトルのスタイルを指定している「<h1>タグ」は、その上部のタグの子要素または孫要素になっています。

25行目では「<div>タグ」に「id="logo"」(logoID)が設定されています。サイトタイトルを表示する「<h1>タグ」は「<div>タグ」の適用範囲内にあります。したがって、セレクタにlogoIDを指定すれば、ほかのエリアにある「<h1>タグ」と区別して、サイトタイトルだけをスタイル指定できそうです。

そこで、ダッシュボードのサイドメニューで**外観➡テーマファイルエディター**をクリックし、子テーマのstyle.cssファイルを編集モードにしたら、次のような内容を追加します。

▼子テーマ(SKT Corp Child)のstyle.css

```
#logo h1{
    font-family: Century;
    font-size: 3.3rem;
    color: #44dddd;
    background: url(https://(ドメイン名)/(WordPressサイト名)/wp-content/uploads/(画像ファイル)) no-repeat;
    background-position: 75px 2px ;
}
```

セレクタに指定した「#logo h1」は、logoIDにある<h1>タグを適用範囲としたものです。

このように、親子関係にある子要素や孫要素だけに限定してスタイルを適用するときは、親要素と子孫要素の間にスペースを入れてセレクタを指定します。

* **〜取り出されます** PHPファイルの適切な箇所に「<?php bloginfo('name');?>」として記述すると、サイトタイトルが表示されます。

ここでは、サイトタイトルのフォントサイズを3.3remに変更しています。また、その背景に小さな画像を挿入しました。画像はあらかじめメディアライブラリに保存し、そのURLをコピーして貼り付けます。

```
#logo h3{
    font-family: 'Monotype Corsiva';
    font-size: 1.2rem;
    color: black;
    padding: 0px 34px;
}
```

また、キャッチフレーズのスタイルも同様に変更しました。キャッチフレーズの表示は、header.phpの35行目で作成されています。「<h3>タグ」で規定されているのでセレクタは「#logo h3」としました。

カスタマイズが終了したら、**公開**ボタンをクリックして、スタイルシートファイルを上書き保存します。フロントページを表示して、変更を確認してみましょう。

▼変更前

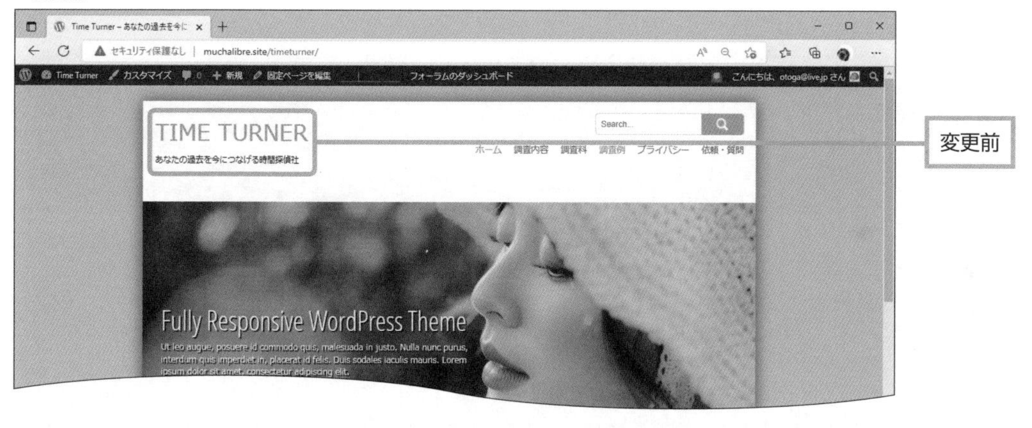

▼変更後

7.2.4 ヘッダーに電話番号を載せる

子テーマを使ったカスタマイズを続けます。すでにWebページに表示されている文字列や画像のサイズや位置などを調整するのは、前項のようにスタイルシートのカスタマイズが基本です。スタイルシートでパラメータの微調節を行うのです。

前項では、ヘッダー部分にロゴ画像を挿入しました。こういったときは、header.phpでロゴ画像を指定し、その位置をスタイルシートで調整するというのが本来の姿です。前項で行った、サイトタイトルのテキストの背景画像としてロゴ画像を設定するというのは、裏ワザ的な手法です。

ここでは、本来のカスタマイズ手法を使い、ヘッダーに画像を貼り込み、それをスタイルシートで調整します。

ヘッダーテンプレートファイルをカスタマイズする

WordPressでは、1つのWebページを構成するのにいくつものパーツを組み合わせます。

ヘッダー部分のパーツテンプレートは「header.php」です。このファイルを親テーマから子テーマのディレクトリーに複製してください。

Tips 画像のURLをコピーする

WordPressのメディアライブラリに保存した画像のURLは通常、「http://」あるいは「https://」に続いて、「(ドメイン名)/(WordPressサイト名)/wp-content/uploads/(年)/(月)/ファイル名」となります。例えば、「https://muchalibre.site/timeturner/wp-content/uploads/2021/02/ttlogo6.png」とすると、本書のサンプルサイトである「Time Turner」サイトに保存されているデロリアンのイラスト画像(ttlogo6.png)が表示されます。

WordPressでは、メディアライブラリにアップロードした画像の場所は、データベースによって管理されます。そのため、どのディレクトリーに保存されているのかは、画像ファイルを保存した年月によって異なります。また、ファイル名も覚えていないことが多いと思います。このようなときには、次のように操作すると画像ファイルのURLを表示でき、さらに、長いURLをコピーできて便利です。コピーしたURLは、カスタマイズするCSSに貼り付けるなどして利用できます。

❶メディアライブラリページを開いて、画像をクリックします。

❷添付ファイルの詳細ページが開きます。ページの右側に画像ファイルの詳細なデータが表示されます。この「ファイルのURL」欄に画像ファイルのサイト内の保存場所が表示されます。

❸**URLをクリップボードにコピー**ボタンをクリックすると、URLがコピーされます。

▼添付画像の情報

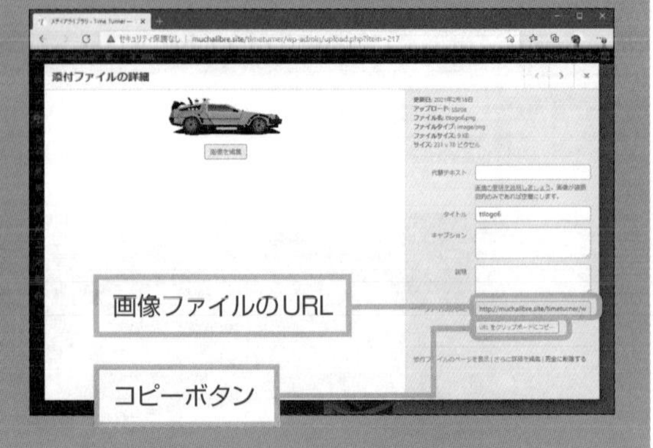

Process

❶ダッシュボードのサイドメニューで**外観➡テーマファイルエディター**をクリックすると、テンプレートファイルの編集ページが表示されます。
❷**編集するテーマを選択**ボックスで子テーマ（SKT Corp Child）が選択されているのを確認します。このテンプレートは、親テーマ（SKT Corp）を引き継いでいます。
❸引き継いでいるテンプレートの一覧が表示されていて、追加複製した「header.php」も表示されているはずです。header.phpをクリックすると、編集モードで表示されます。

▼ヘッダーの編集

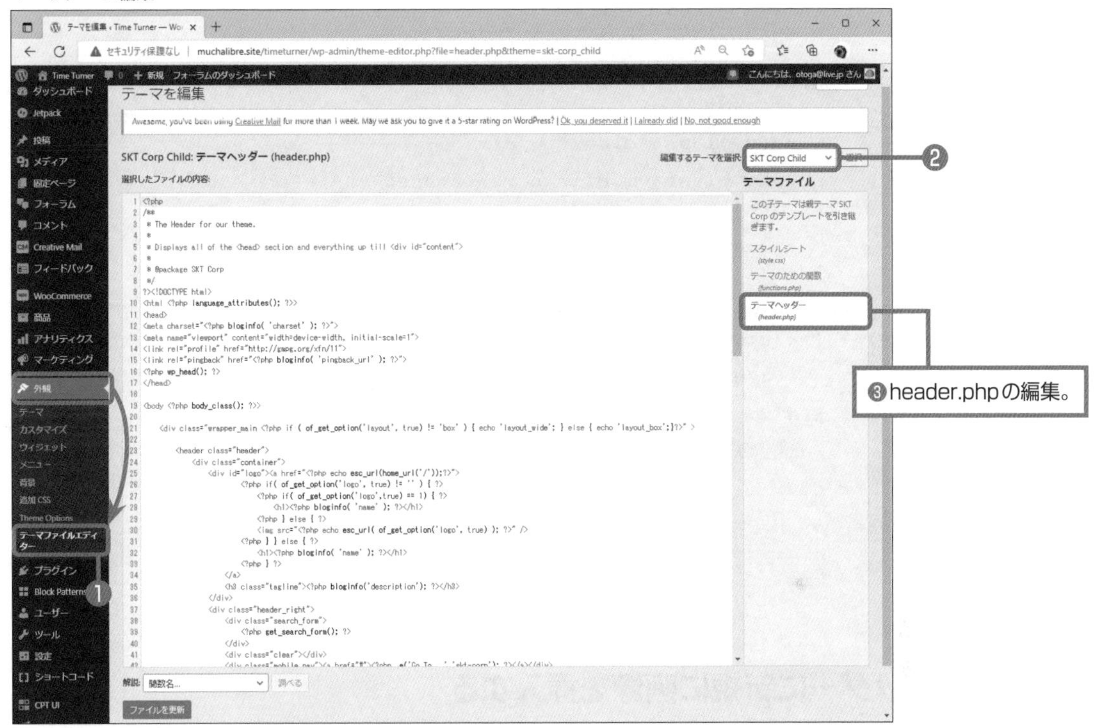

header.phpの内容

親テーマから子テーマに複製したheader.phpを見てみましょう。少し難しいかもしれませんが、セレクタに注目しながら見ていくと、PHPコードの構造がわかりやすくなります。

1行目から36行目までは「7.2.3　ヘッダーのタイトルをカスタマイズする」と同じものです。

23行目から49行目あたりまでが、これからカスタマイズしようとするヘッダーエリアを構成しています。例えば、38行目から40行目を見てください。

38行目の「<div class="search_form">」と対になっているのが40行目の「</div>」です。

この間の39行目の「<?php get_search_form(); ?>」にある「get_search_form()」は、文字どおり検索用のフォーム「searchform.php」を読み込むための関数（テンプレートタグ）です。

その下、42行目から45行目までがナビゲーション機能、つまりメニューを作成する部分です。

SKT Corpテーマでは、検索フォームとメニューをヘッダー部分の右側に表示しています。右側表示を指定している部分は、37行目の「<div class="header_right">」から始まり、46行目でこのタグを閉じています。つまり、37行と46行に挟まれている要素は、ヘッダーの右寄せで表示されることになっています。

▼header.php（SKT Corpテーマ）

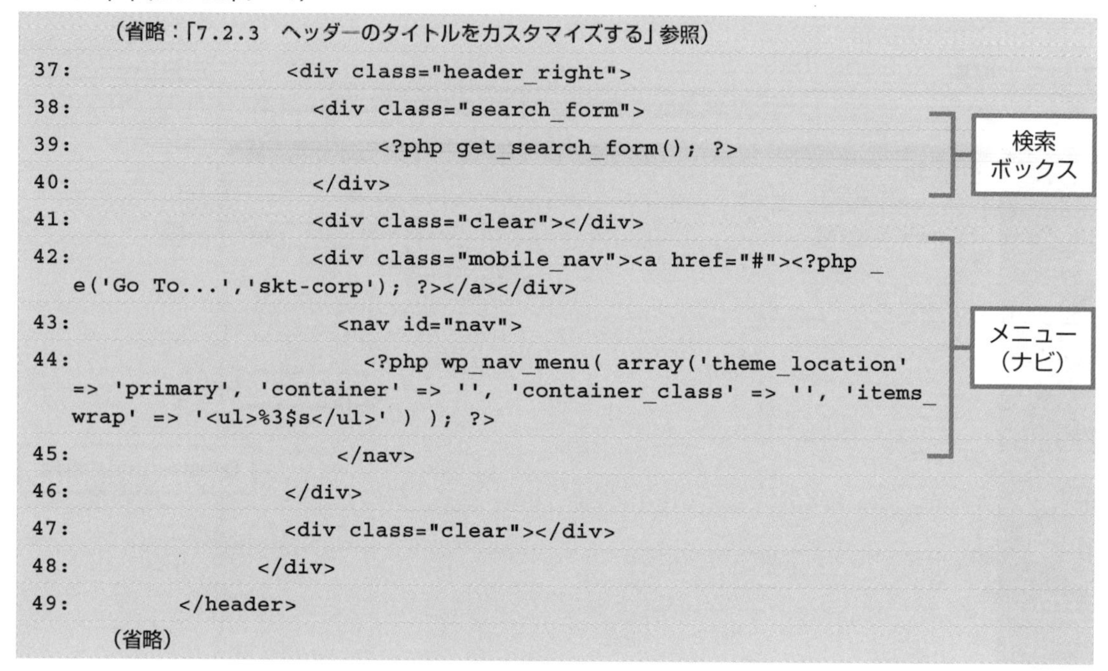

```
（省略：「7.2.3　ヘッダーのタイトルをカスタマイズする」参照）
37:                 <div class="header_right">
38:                   <div class="search_form">
39:                        <?php get_search_form(); ?>
40:                   </div>
41:                   <div class="clear"></div>
42:                   <div class="mobile_nav"><a href="#"><?php _
   e('Go To...','skt-corp'); ?></a></div>
43:                     <nav id="nav">
44:                       <?php wp_nav_menu( array('theme_location'
   => 'primary', 'container' => '', 'container_class' => '', 'items_
   wrap' => '<ul>%3$s</ul>' ) ); ?>
45:                     </nav>
46:                 </div>
47:                 <div class="clear"></div>
48:               </div>
49:         </header>
（省略）
```


ヘッダーに新規に画像を挿入する

header.phpを使い、ヘッダー部分に画像を挿入します。
画像は、事務所や会社の営業時間や電話番号を記したものとします。

▼連絡先などを表示する画像

このような画像2枚をメディアライブラリにアップロードしておいてください。具体的にはダッシュボードのサイドメニューで**メディア➡新規追加**をクリックし、**メディアのアップロード**ページから画像をメディアライブラリに追加してください。

次に、画像を表示するコードを追加します。

47行目の最後にカーソルを移動して、Enter キーを押します。Advanced Code Editorプラグインなどでエディターを拡張している場合は、以下の行番号がずれ、改行した追加行は48行目になります。

48行に「<div class="banner">」を挿入して Enter キーを押します。クラス名は任意の名前にすることもできます。ここでは、わかりやすくてほかと重複しないように「banner」クラスとしています。

49、50行目には「<img alt="" src="(画像のURL)">」を入力します。画像のURLは、メディアライブラリにアップロードした画像のものです。

51行目に入力する「</div>」で閉じます。

52行目は回り込みなどの設定を初期化するものです。レイアウトの崩れを防止します。

▼header.php(SKT Corpテーマ)

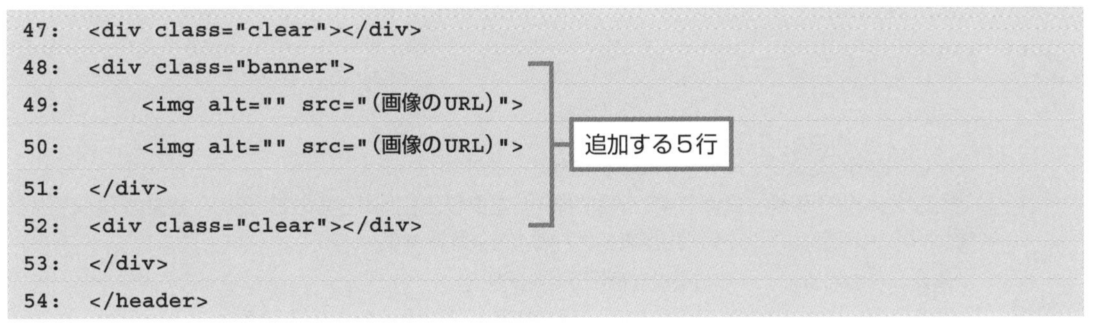

```
47:  <div class="clear"></div>
48:  <div class="banner">
49:      <img alt="" src="(画像のURL)">
50:      <img alt="" src="(画像のURL)">
51:  </div>
52:  <div class="clear"></div>
53:  </div>
54:  </header>
```


コードの追加が終了したら、**ファイルを更新**ボタンをクリックして、header.phpを更新します。

この状態でサイトを表示すると、ヘッダーのサイトタイトルやキャッチフレーズの下に、先ほどアップロードした、電話番号などを記した画像が表示されます。

▼ヘッダーに画像を挿入する

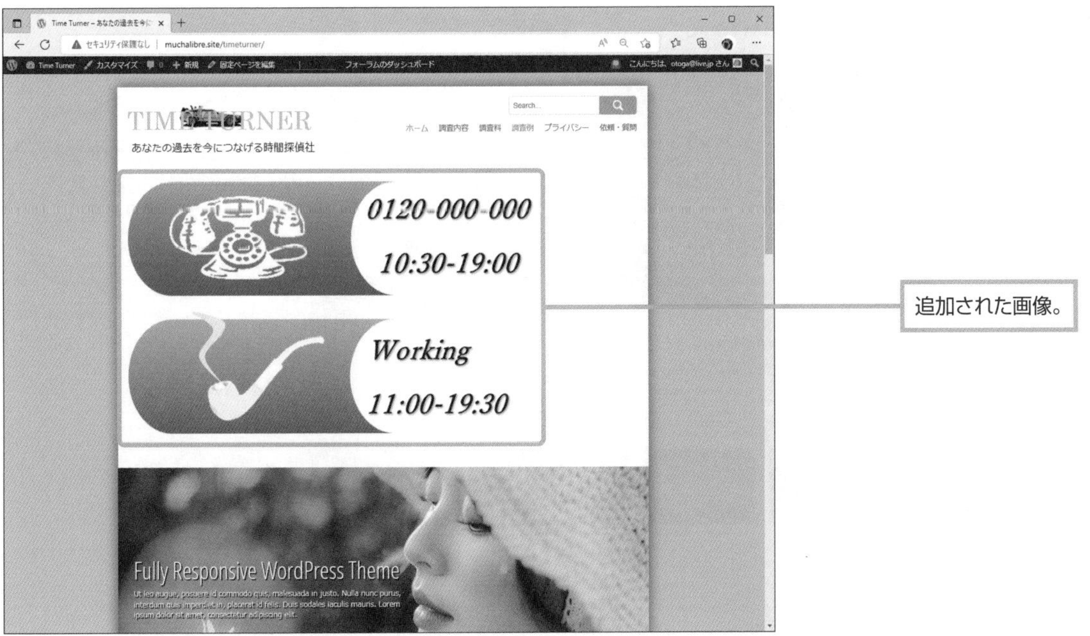

ヘッダーに挿入した画像のレイアウトを調整する

それでは、子テーマのスタイルシート（style.css）を編集し、いま挿入した画像の位置や大きさを調整しましょう。

カスタマイザーを起動して**追加CSS**を開いてください。

次のコードを挿入し、最後に**公開**ボタンをクリックします。

▼style.css（SKT Corp Child）

```
.banner img{
height: auto;
width: 20%;
margin-top: -3.3rem;
float: right;
}
```

新しく追加したスタイルシートについて解説します。

セレクタ名はheader.phpの48行目に挿入したクラス名と同じもので、その子要素の「img」タグについて、中括弧{}内のスタイルが適用されるようになります。

最後の「float:right;」は右寄せを指定するものです。

値を変更したらサイトを表示します。スタイルシートで設定した値を評価して、レイアウトを微調整してください。

▼画像の位置を変更する

Section 7.3

Level ★★★

WordPressをまとめて拡張してみる

Keyword 問い合わせフォーム 連絡先情報 Jetpackプラグイン

テーマによらず、WordPressの機能面を拡張するプラグインですが、その中でぜひとも揃えておきたいのがJetpackです。このプラグインは、単独のプラグインではなく、プラグインのデパートのようなものです。どのプラグインにしようか迷う前に、とりあえずJetpackをインストールして、いくつか使ってみましょう。

問い合わせフォームを追加する

Jetpackには、30ほどのプラグインがまとめて入っています。それらすべての機能や使い方をつまびらかにするには紙面が足りませんので、ここではビジネスサイトにぜひ設定しておきたい2つの機能（問い合わせフォームと連絡先情報）を紹介します。

Jetpackを使ってサイトをカスタマイズしよう

- Jetpackをインストールする。
- 必要な機能を有効化する。
- 問い合わせフォームをつくる。
- 連絡先情報を表示する。

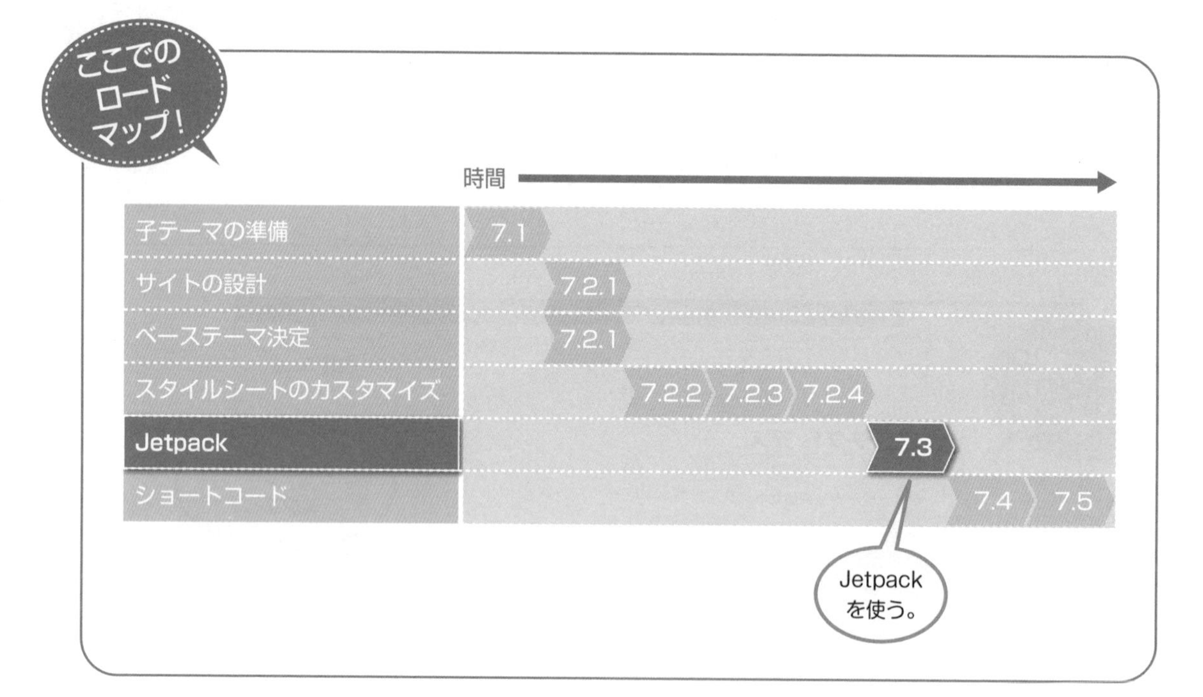

7.3.1 Jetpackの主な拡張機能

「Jetpack」は、複数の機能をまとめて拡張することのできるプラグインです。

中には他のプラグインと重なる機能もあります。このため、どの機能を使えるようにするか（または、使えなくするか）を、意図的に設定しなければなりません。基本としては、使いたいと思うものだけを有効にして、残りは無効にしておきます。

Jetpackは非常に人気のあるプラグインで、更新も頻繁に行われます。ここでは、執筆時点でのバージョン（11.2）で解説しますが、バージョンが上がるに従って、機能が追加・削除されたり、操作法や内容が変化したりする可能性もあります。

Jetpackの機能を大きくまとめると、次の4つになります。中には有料の機能もあります。

▼Jetpackの主な機能

機能の種類	説明
セキュリティの強化	サイトのバックアップとセキュリティスキャンを行う（有料）。 総当たり攻撃やスパムへの対策機能。
集客機能	サイト統計情報。検索エンジンの最適化（有料）。Google Analytics（有料）。
サイトの高速化	検索結果を高速に表示する（有料）。CSSを最適化したり、画像のあるページの表示を高速化したりする。
ブロックの追加	フォームなど30種類を超えるブロックを追加。

▼Jetpack

Jetpackは
プラグインの
デパートのようです。

Jetpackで追加されるブロック

Jetpackをインストールすると、Jetpackブロックが追加されます。執筆時点で30種類超のブロックが追加されます。

▼Jetpackで追加されるブロック

営業時間	カレンダー	フォーム
お問い合わせフォーム	メールマガジン登録	予約フォーム【2種類】
登録フォーム	フィードバックフォーム	連絡先情報
Eventbrite購入	GIF	Googleカレンダー
画像比較	最新のInstagram投稿	購読フォーム
Mailchimp	地図	Markdown
OpenTable	Pinterest	ポッドキャストプレイヤー
星評価	「支払い」ボタン	再訪者
Revue	WhatsAppボタン	スライドショー
ストーリー	購読	タイムギャラリー
支払い		

Jetpackプラグインをインストールする

Jetpackもプラグインの1つです。1つインストールすれば、30を超えるプラグインをインストールしたことになります。便利なので、ぜひインストールしておきたいプラグインです。

ダッシュボードのサイドメニューで**プラグイン➡新規追加**をクリックします。

プラグインの追加ページが開くので、「Jetpack」を探してインストールしてください。インストールが完了して、有効化を行っても、その時点ではすべての機能が使えるわけではありません。「Jetpack」の一部に、WordPress.comと連携して機能するものがあるからです。

そこで、**Jetpackを設定**ボタンをクリックして、WordPress.comアカウントの設定を行ってください。WordPress.comに登録されているメールアドレス、ユーザー名、パスワードを入力します。このメールアドレスに確認のメールが届きます。

届いたメールを開いて、WordPress.comとの連携の最終設定を行ってください。

▼Jatpackの内容説明

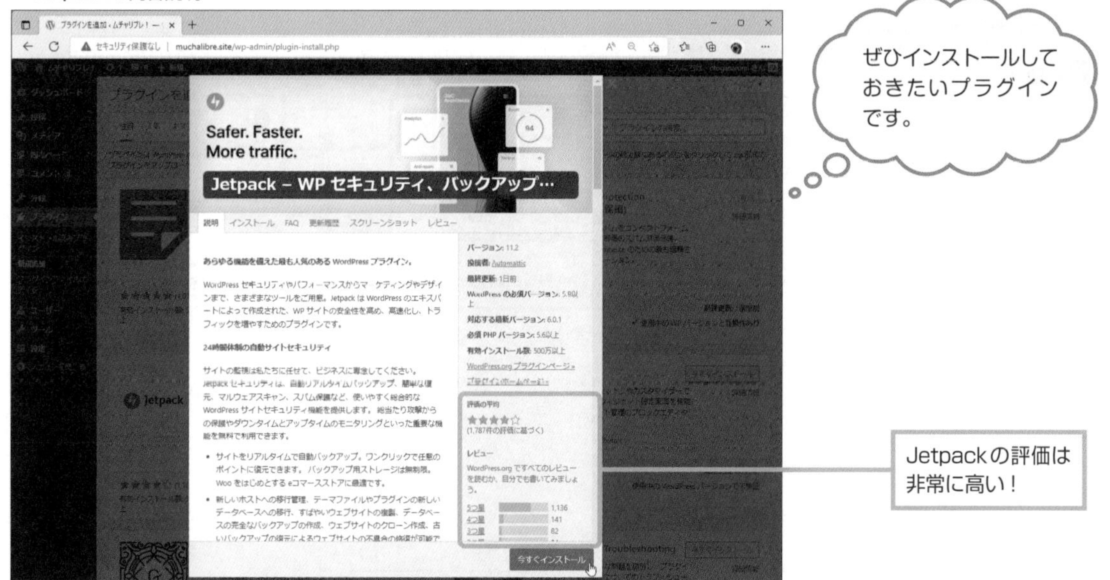

7.3.2　問い合わせフォーム

問い合わせフォームは、Webページに設置されたテキストボックスにメッセージを入力し、備え付けられたボタンをクリックすると、その内容がサイト指定のメールアドレスに送信される、というものです。

サーバーがメールの送信を自動で行うため、利用者にメールアドレスが公開されることはありません。

利用者にとっても、わざわざメールソフトを起動することなく問い合わせができるので便利です。

WordPressサイトに問い合わせフォームを設置するプラグインはいくつもありますが、ここではJetpackの問い合わせフォームを使用します。

Jetpackのフォームを設置する

Process

❶問い合わせ用の固定ページに問い合わせフォームを設定します。ダッシュボードのサイドメニューで**固定ページ➡新規追加**をクリックします。
❷**新規固定ページを追加**ページが開いたら、タイトルや本文を作成します。
❸問い合わせフォームを挿入する箇所でブロック挿入ボタン＋をクリックします。
❹Jetpack欄の**お問い合わせフォーム**をクリックします。

▼新規固定ページを追加

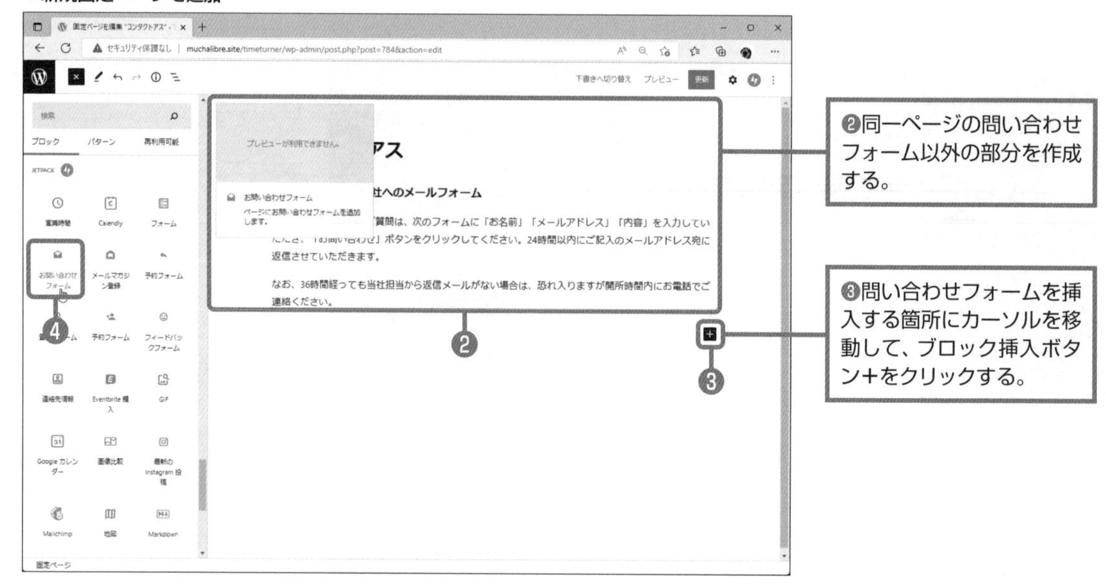

Process

❺お問い合わせフォームブロックが挿入されました。**名前**、**メール**、**メッセージ**の3つのフォームブロックがまとめて挿入されます。
❻任意のフォームブロックをクリックして、**設定**ボタンをクリックします。
❼**フィールドの幅**などを設定できます。

▼フォームの設定

Process

❽送信したメッセージの宛先メールアドレスを変更したいときには、お問い合わせフォームブロック全体を選択し、設定ウィンドウに表示される**フォーム設定**欄の**送信先のメールアドレス**を変更します。メールアドレスを **,**（カンマ）で区切れば、複数のメールアドレス宛に送信できます。

❾問い合わせフォームのすべてのブロックの設定が終了したら、**更新**ボタンをクリックします。

▼フォーム送信ボタンの設定

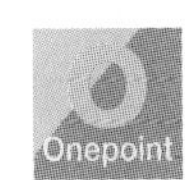

ユーザーが問い合わせフォームを使って投稿したメッセージは、ダッシュボードのサイドメニューの**設定➡一般**で設定されているメールアドレスに送られます。

固定ページを保存し、ページを表示してみてください。
テキストフォームが挿入されたのを確認してください。
テキストフォームのテストも忘れずに行ってください。

▼問い合わせページ完成（テスト）

受け取るメッセージ

Akismet Spam Protectionプラグインが有効になっている場合、Jetpackの問い合わせフォーム機能で送信されるメッセージは、スパムコメントかどうかがチェックされます。

スパムチェックで排除されなかったメッセージはメールで送信されます。このメールの宛先は、ダッシュボードで**設定➡一般**で設定できます。

問い合わせフォームから送信されたメッセージの内容は、ダッシュボードから**フィードバック**をクリックして、**フィードバックページ**を開いて確認することもできます。

フィードバックページでは、投稿メッセージのデータをCSVテキストファイルとしてダウンロードすることもできます。

▼**問い合わせ内容の確認**

問い合わせページから送られてきたメッセージをまとめてダウンロードすることができる。CSV（カンマ区切りデータ）ファイルでダウンロードされるので、Excelなどで管理することも容易にできる。

問い合わせページから送られてきたメッセージの一覧。

7.3.3 電話番号や住所をページに記述してみる

問い合わせページには、電話番号やメールアドレスなどを使った連絡方法のほか、社屋や店舗などの住所や行き方を載せることもあるでしょう。

また、ネットで商品やサービスを販売するときには、**特定商取引法に基づく表記**の一部として**事業者の氏名（名称）、住所、電話番号**の表記が義務付けられています。

Jetpackで連絡先情報を挿入する

Jetpackには、ブロックとして連絡先情報を入力する機能が付いています。ここでは、この機能を使って、問い合わせページに事務所の住所と電話番号を載せます。

Process

❶連絡先情報を載せるページを編集モードで開き、情報を挿入する箇所で**+**ボタンをクリックします。
❷**連絡先情報**をクリックします。

▼ブロックの挿入

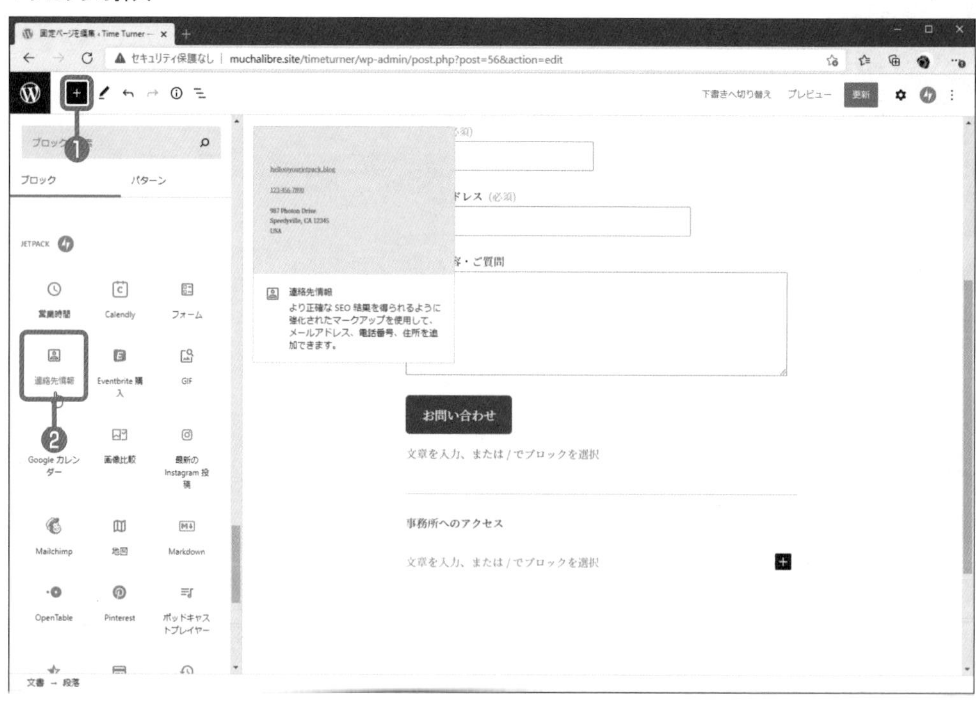

Process

❸連絡先情報ブロックが挿入されました。このブロックは**メール、電話番号、住所1、住所2行目、住所3行目、市区町村、都道府県/地方/地域、郵便番号、国**の各ブロックによるグループブロックです。ここでは、メールでの連絡はメールフォームを使用するので、メールブロックは削除しています。

▼連絡先ブロック

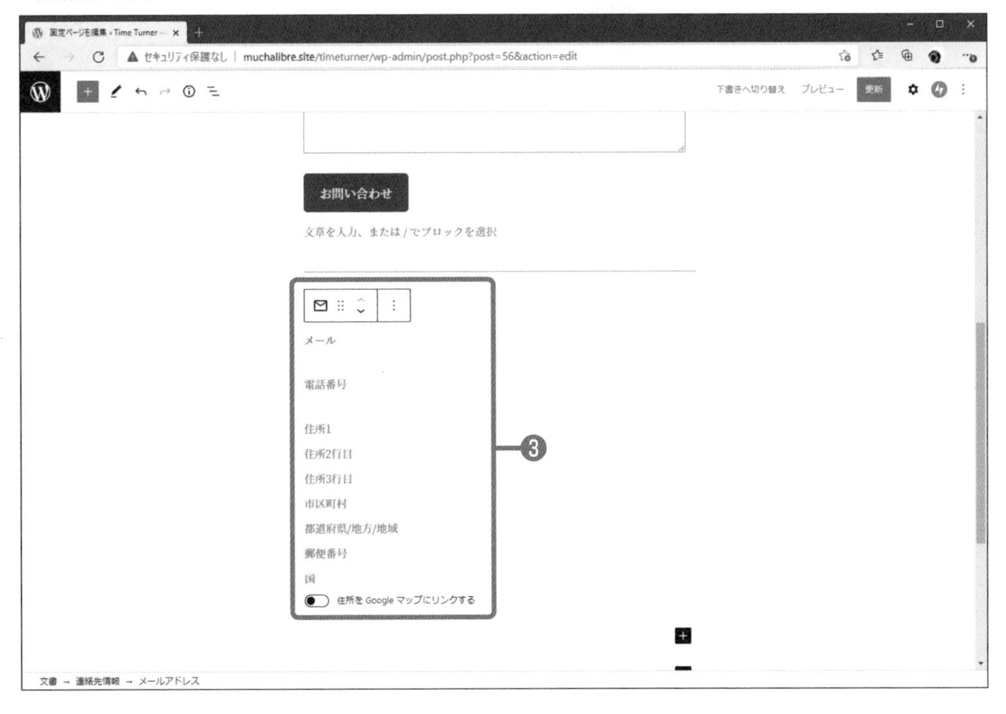

Process

❹各項目を入力します。**住所をGoogleマップにリンクする**ボタンをオンにすると、入力した住所がGoogleマップ上に表示されるリンクを自動的につくってくれます。
❺情報の入力が終了したら、**更新**ボタンをクリックします。

▼住所をマップとリンクする

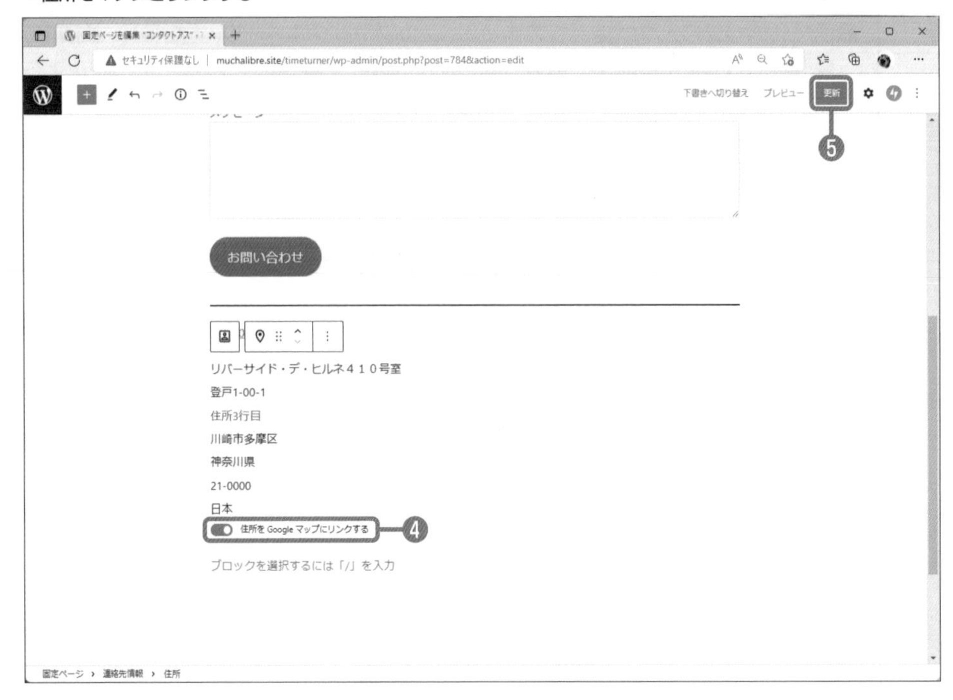

Process

❻連絡先情報を載せたページを表示して確認してください。

▼連絡先情報の確認

Section 7.4

Level ★★★

ショートコードで地図を挿入してみる

Keyword　ショートコード　OpenStreetMap　Leaflet Map　Googleマップ

WordPressのマクロ機能のことを「ショートコード」と呼びます。WordPressはデフォルトで、写真ギャラリーを作成するショートコードを持っています。それ以外のショートコードも、プラグインによって実装できます。例えば、Googleマップを簡単に利用できるようになります。

▶SampleData

https://www.shuwasystem.co.jp/books/wordpresspermas190/

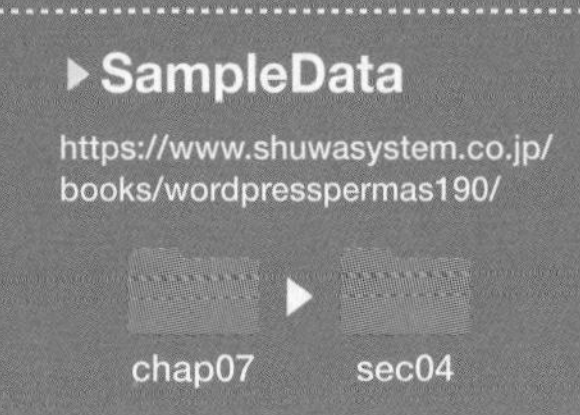

Googleマップを挿入する

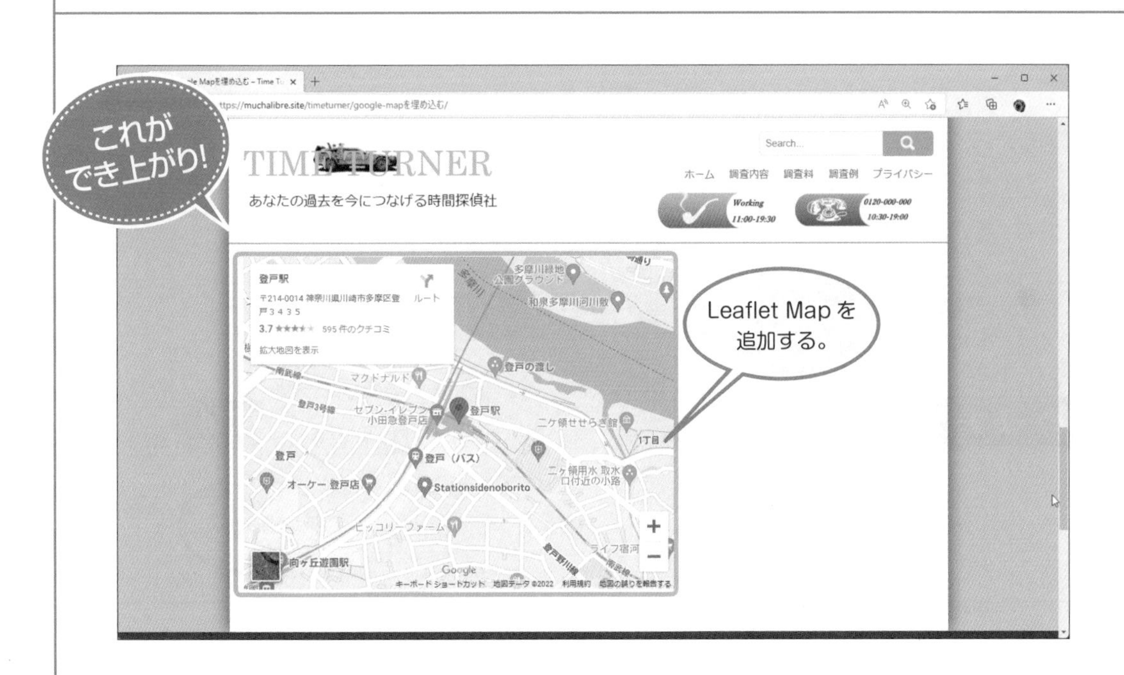

ビジネスサイトの多くには、事務所やショップの場所を地図上に示すページが必要でしょう。そこで、OpenStreetMapやGoogleマップなどのAPIをWordPressのショートコードで利用できるようにしたプラグインを導入し、それを使って事務所の地図をページに貼り付けてみましょう。

ショートコードで地図を挿入するには

地図をページに貼り付けるプラグインは、ほかにもありますが、ここではショートコードによって簡単に地図を利用できるLeaflet Mapプラグインを使います。併せてショートコードについても勉強しましょう。知っていると便利な機能です。

- ショートコードについて知る。
- キャプションを追加する。
- Leaflet Mapプラグインをインストールする。
- 地図をページに挿入する。

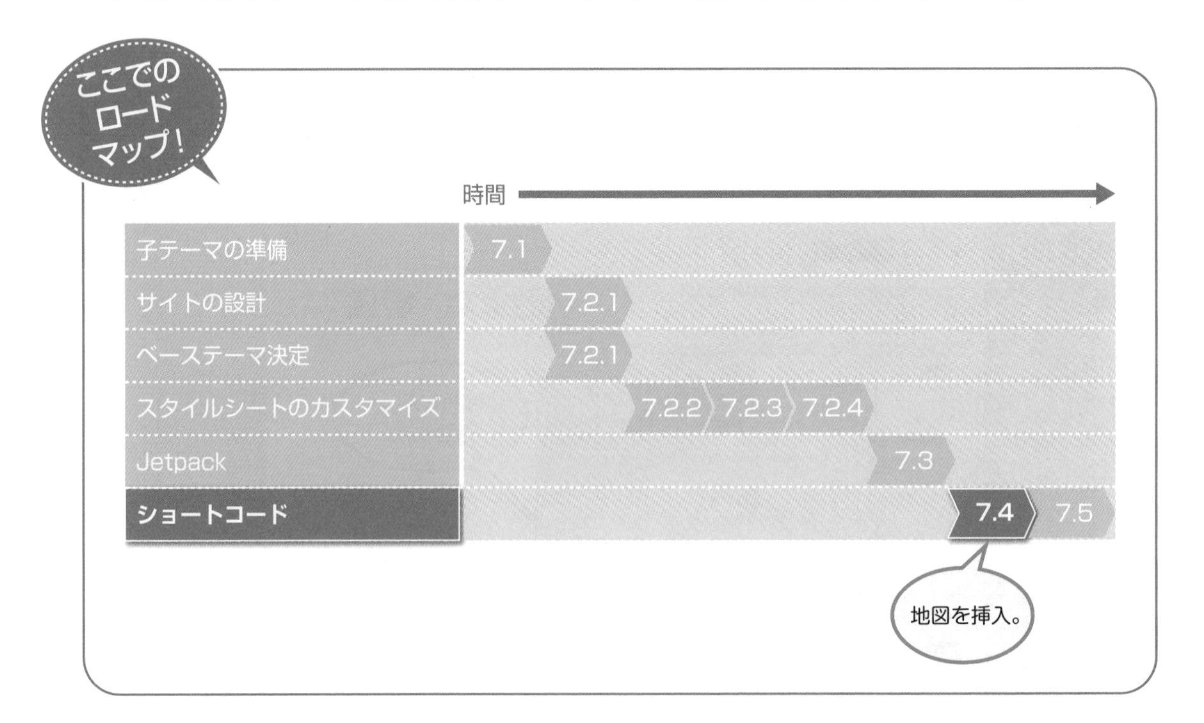

7.4.1 WordPressショートコード

WordPressショートコード（本書では以下、ショートコード）とは、WordPressが生成するWebページ（ソース）に埋め込むことのできる特殊なテキストコードのことです。ショートコードそのものはページに表示されませんが、WordPressはこのコードを読み込んで処理し、一連の作業の結果をページに反映させます。つまり、ショートコードは、Excelなどで利用されるマクロと同じ機能を持ちます。

WordPress製のショートコード

Twenty Twenty-Two、Twenty Twenty-One、Twenty TwentyなどのWordPress.org製テーマには、サンプルとして次のようないくつかのショートコードが用意されています。

▼WordPressデフォルトのショートコード

機能	ショートコードの書式
画像の題字（キャプション）	[caption][/caption]
画像の陳列（ギャラリー）	[gallery]
音声再生（オーディオ）	[audio]
動画や音声などを埋め込む	[embed][/embed]
プレイリスト	[playlist]
動画再生	[video]

ショートコードをソースに記述するには、[ ]で囲んだ中*に、呼び出す関数とその関数に渡す値を記述します。例えば、**[caption]**というショートコードは、画像にキャプションを付加するショートコード*です。

ショートコードタグには、キャプションコードのように開始タグ（[caption]）および開始タグに**/**（スラッシュ）を付けた終了タグ（**[/caption]**）を対にして用いなければならないものと、ギャラリーコードのように単独でタグを用いるものとがあります。なお、開始タグや単独のタグにはオプションとして関数に渡す値を記述しなければなりません。

なお、テーマを切り替えた場合、ショートコードが参照する関数が設定されていないか、または内容が異なっているとき、正しく実行されなくなることがあります。また、ショートコードの記述にエラーがあった場合、そのショートコードは無視されるだけで、ページが表示されなくなることはありません。

＊…囲んだ中　これを**ショートコードタグ**と呼びます。
＊…ショートコード　現在のバージョンのWordPressでは、画像ブロックにおいて、ショートコードを使わなくてもページに挿入した画像にキャプションを設定できます。

ショートコードの実行

WordPressがショートコードをどのように処理するかを、キャプションショートコードを例にして見てみましょう。

例えば、ページのソースに**[caption]**ショートコードが記述されていると、テーマを構成するPHPファイルがこのショートコードを処理します。キャプションショートコードが関数に渡すのは「width="400"」です。キャプションショートコードで**width**オプションは必須です。キャプションショートコードの開始タグ（[caption]）と終了タグ（[/caption]）で挟んだテキストが、画像の題字として添付されます。なお、同じショートコードでも、それがどのように処理されるかは、テーマの関数を処理するPHPファイルの内容によって異なるため、同じ結果が表示されるかどうかはやってみないとわかりません。

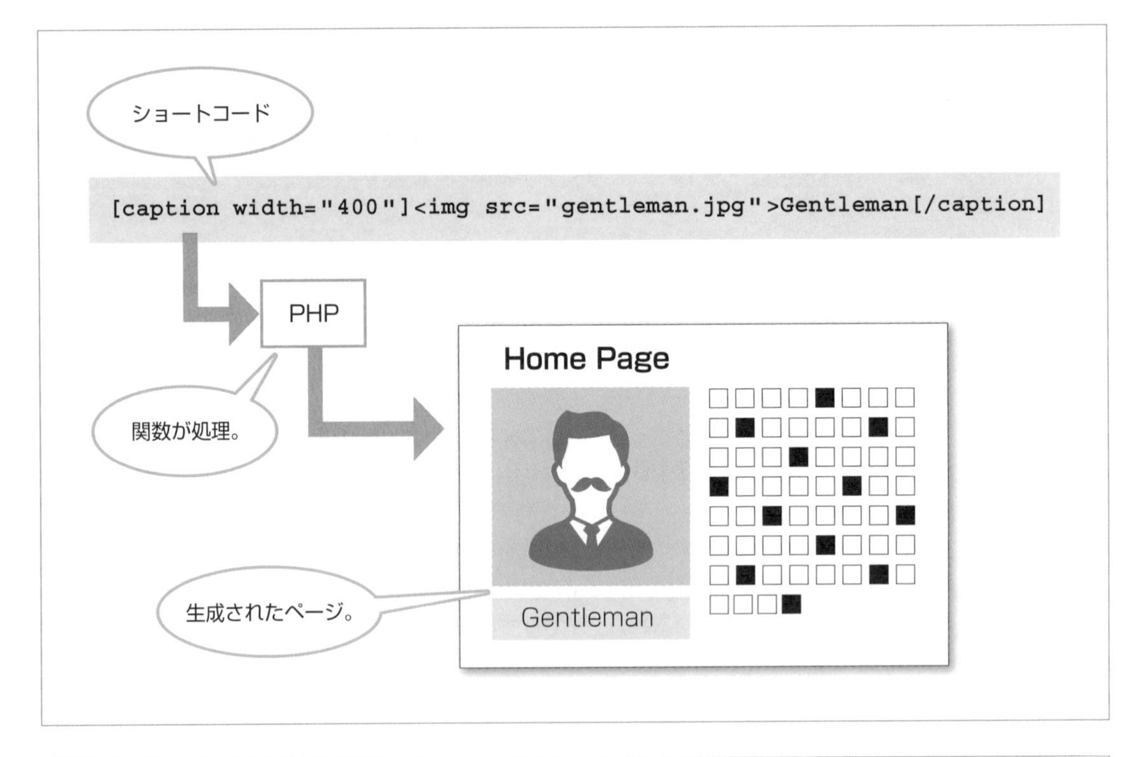

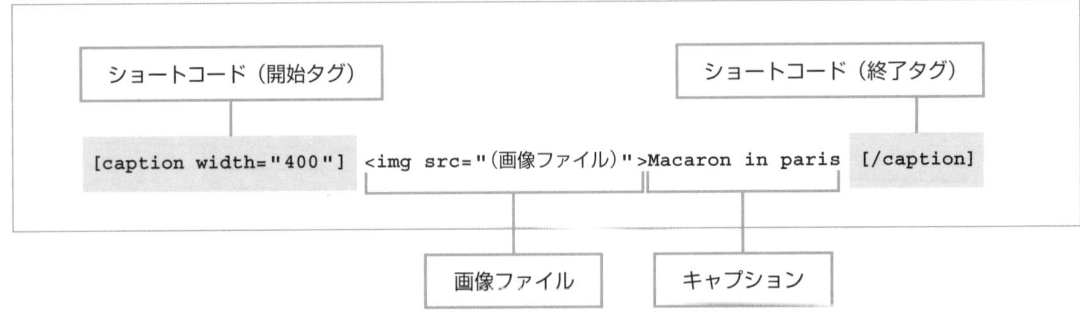

▼キャプションショートコード（Twenty Twentyテーマ）

Memo　HTMLの<a>タグと<img>タグ

WordPressを使うとき、HTMLタグを知らなくてもWebページはできますが、やはり少しはHTMLタグについても知っていたほうがいいに決まっています。

最低限、知っておきたいHTMLタグといえば、リンクを設定する<a>タグと、画像を配置する<img>タグの2つです。

リンクを設定する<a>タグの「a」は「Anchor」の頭文字です。「href」属性にリンク先を指定します。<a>タグは、開始タグと終了タグを対にして使います。開始タグと終了タグの間に記述されるテキストや画像にリンクが設定されます。

画像を配置する<img>タグは、「image」を表しています。「src」属性に、画像の保存されている場所と画像ファイル名をURLの形で（または相対パスを付けて）記述します。「alt」属性は、画像が表示されないときの代替表示やマウスオンでのフロート表示に用いられるテキストです。アクセシビリティの観点から、「alt」属性は設定することが望ましいといえます。「width」属性と「height」属性は、表示する画像の横と縦のサイズを指定するものです。両方ともピクセル単位で指定します。

WordPressでWebページを作成するときに使われるHTMLタグについては、巻末のAppendix 1にリファレンスがあります。コードエディターでWebページを作成・編集するときには、そちらも参考にしてみてください。

ショートコードを埋め込んでみる

ショートコードは、テキスト形式の決まったコードです。ビジュアルエディターでは、ショートコード用のブロックを使うとよいでしょう。

ここでは、**Twenty Twenty-One**テーマで作成する投稿ページにキャプションショートコードでキャプションを付けた画像を挿入します。

Process

❶ページのショートコードを挿入する箇所で＋ボタンをクリックします。
❷一覧から**ショートコード**を選んでクリックします。
❸ショートコード用のテキストブロックが挿入されたら、ショートコードを入力します。
❹ショートコードの入力が終了したら、**更新**ボタンをクリックします。

▼キャプションショートコードの設定

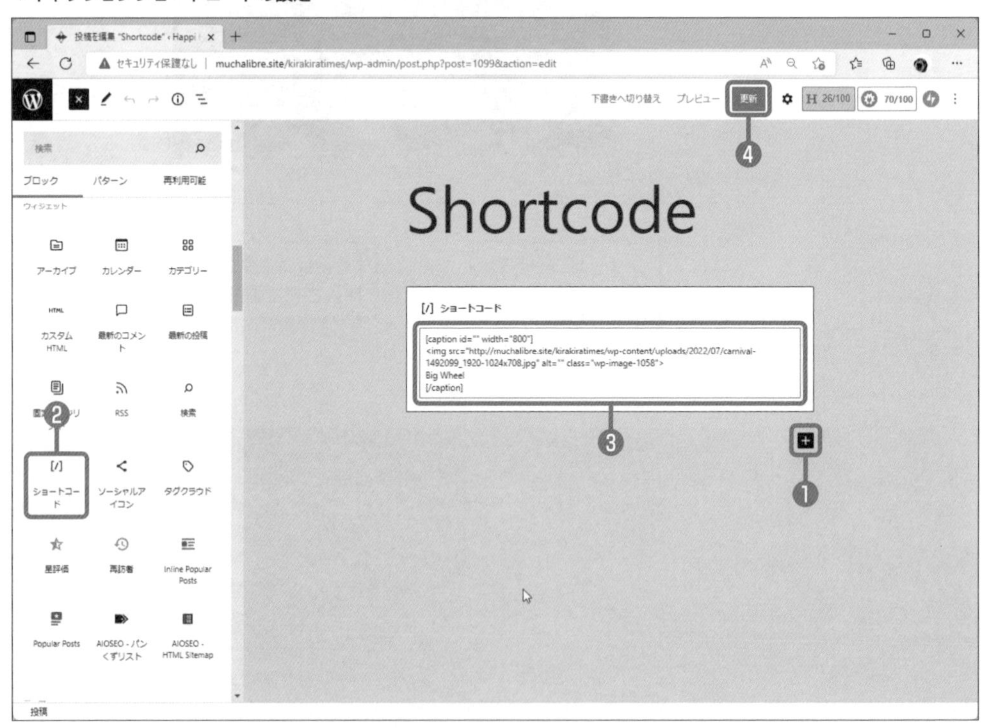

▼キャプションショートコード

```
[caption id="" width="800"]<img src="(URL)/(画像ファイル名)">Big Wheel [/caption]
```

Process

❺ページを表示して、ショートコードが正しく動作していることを確認してください。

▼表示されたキャプション

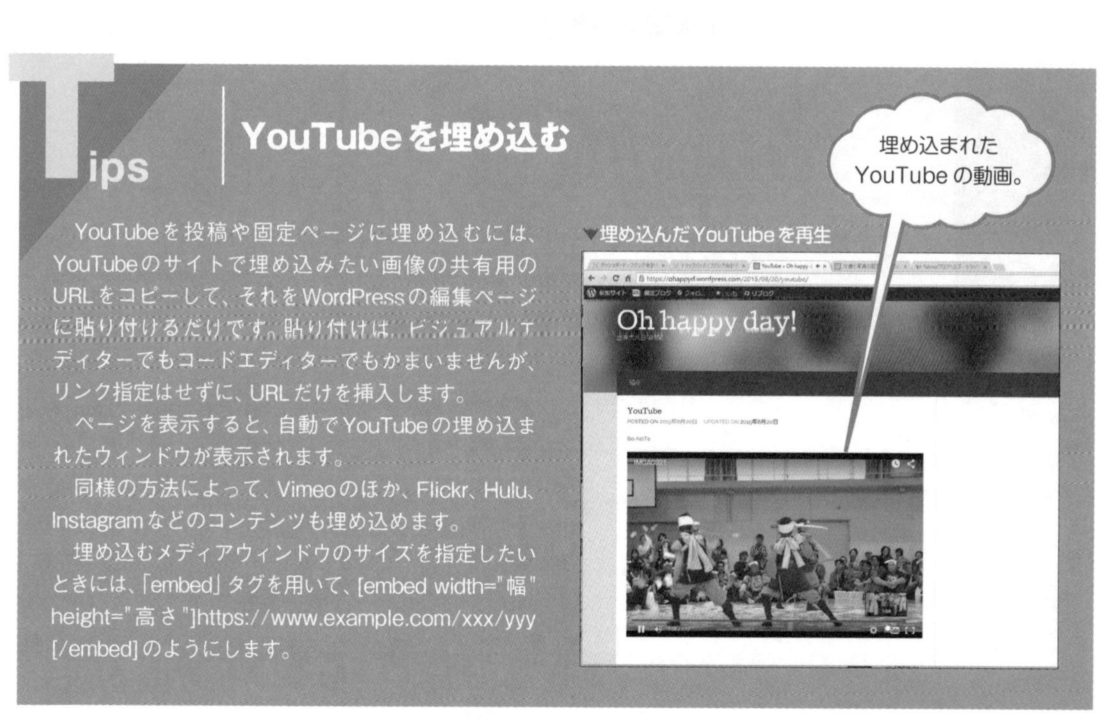

Tips　YouTubeを埋め込む

YouTubeを投稿や固定ページに埋め込むには、YouTubeのサイトで埋め込みたい画像の共有用のURLをコピーして、それをWordPressの編集ページに貼り付けるだけです。貼り付けは、ビジュアルエディターでもコードエディターでもかまいませんが、リンク指定はせずに、URLだけを挿入します。

ページを表示すると、自動でYouTubeの埋め込まれたウィンドウが表示されます。

同様の方法によって、Vimeoのほか、Flickr、Hulu、Instagramなどのコンテンツも埋め込めます。

埋め込むメディアウィンドウのサイズを指定したいときには、「embed」タグを用いて、[embed width="幅" height="高さ"]https://www.example.com/xxx/yyy[/embed]のようにします。

▼埋め込んだYouTubeを再生

Memo タクソノミーとカスタム投稿タイプ

タクソノミーとは、WordPressのコンテンツを分類する機能または分類の観点を指します。WordPressが標準で備えているタクソノミーには、「タグ」や「カテゴリー」があり、これらの観点に従って投稿が分類されています。なお、あるタクソノミー内の分類に使われるグループ名は**ターム**と呼ばれ、例えば、「カテゴリー」による分類を行うときは、「旅行」「子育て」「趣味」などがタームになります。

WordPressでは、ユーザーがタクソノミーを追加することも可能です。これを**カスタムタクソノミー**といいます。

通常の投稿とは違った書式で投稿したいときには、**カスタム投稿タイプ**を使うことができます。例えば、企業サイトで「プレスリリース」や「イベント紹介」「新商品」など、それぞれに異なる書式を用意したいときに便利です。

カスタム投稿タイプで投稿した記事を分類して表示するには、カスタムタクソノミーを使うのがベストです。

ただし、これらの機能を使うにはPHPファイルを直接編集する必要があるなど、WordPressのデフォルトの機能なのに、いまのところ敷居が高いものとなっています。

そこで、やはりプラグインの登場です。タクソノミーやカスタム投稿タイプの設定ができるプラグインとしておすすめなのは、「Types」です。

▼Typesの設定パネル

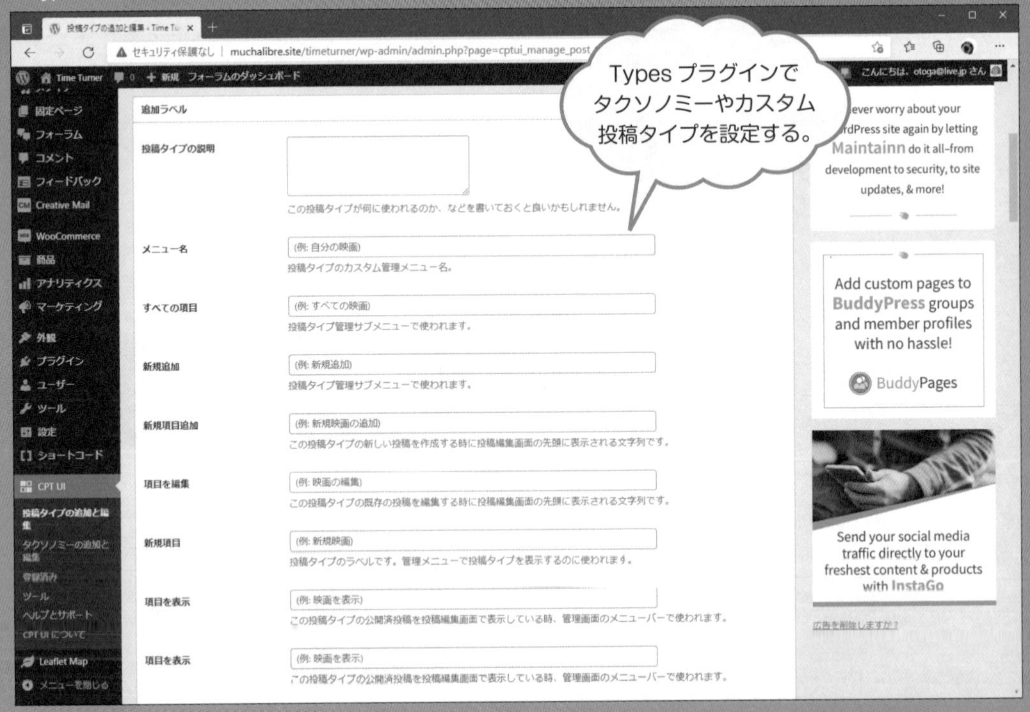

7.4.2 プラグインで地図上に事務所の場所を表示する

ビジネスサイトあるいは実店舗が運営するネットショップでは、会社や店舗の紹介ページやアクセスページに地図を載せることがあります。地図を自前で用意している場合よりも、いまではオンラインマップのAPIを利用してページに地図を載せ、その中に自店の場所を示すことが多いようです。

APIを公開している地図サイトを利用するためには、ショートコードを使うのが簡単です。そのためには、地図用のショートコードを利用しましょう。

プラグインで地図ショートコードを埋め込む

ショートコードは、とても便利で簡単に利用できるWordPressの拡張機能ですが、関数を設定するにはプログラムの知識が必要になります。手軽にショートコードを利用するには、ショートコードプラグインを導入することをおすすめします。

ここでは、**Leaflet Map**プラグインを使います。このプラグインは、OpenStreetMapのAPIを使い、地図上の任意の地点を示すことができます。Leaflet Mapでは、ショートコードで地点を示すための値として、住所（国・地域・都市名のほか主な駅名など）および経緯データが使用できます。なお、ショートコードのオプションに記述する経緯データは、ダッシュボードから開ける**Shortcode Helper**ページで参照できます。

Process

❶ページのショートコードを挿入する箇所で、ブロック挿入の＋ボタンをクリックします。
❷一覧から**ショートコード**を選んでクリックします。
❸挿入されたショートコードブロックに、Leaflet Mapのショートコードを入力します。

Process

❹**更新**ボタンをクリックします。

▼ショートコードの挿入

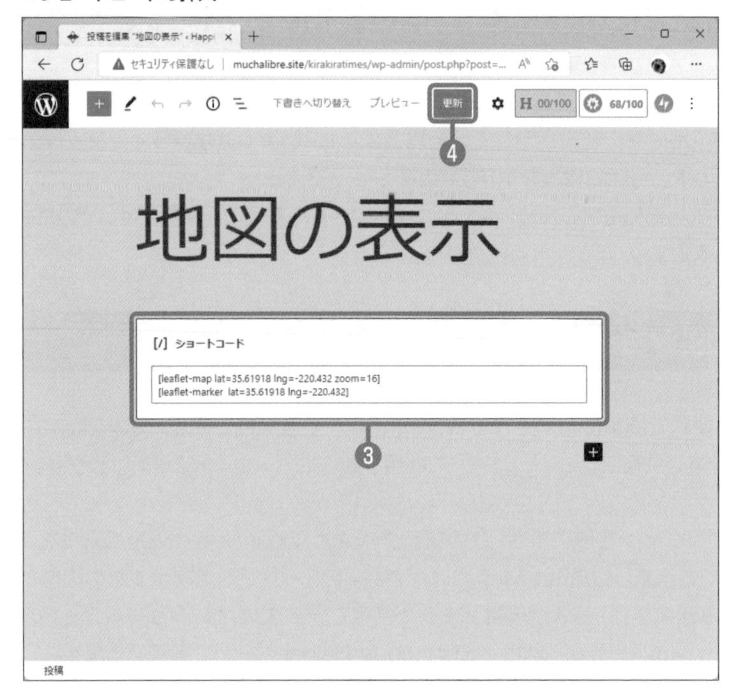

Process
❺ページを表示して、ショートコードが正しく動作していることを確認してください。

▼地図の表示

Section 7.5

Level ★★★

Shortcodes Ultimateであのデザインをまねる

Keyword ショートコード Shortcodes Ultimate カラム 見出し 引用

大手企業のホームページを見ていると、細部のデザインにまで気を配っているのがわかります。ページのレイアウトは、単純でも、見やすくて、使いやすくつくられていることが感じられます。このようなページをつくるのにCSSを書くのは大変なことです。そこで、ショートコードプラグインを利用したページづくりを説明しましょう。

▶SampleData

https://www.shuwasystem.co.jp/books/wordpresspermas190/

chap07 ▶ sec05

ショートコードでデザインする

▼ショートコードによるデザイン

Shortcodes Ultimateのショートコードを使い、固定ページのビジュアルデザインと機能面のデザインを行います。

ショートコードで簡単にページをデザインする

- Shortcodes Ultimateプラグインをインストールする。
- ショートコードを挿入する。
- ショートコードのオプション設定をする。
- ショートコードをカスタマイズする。

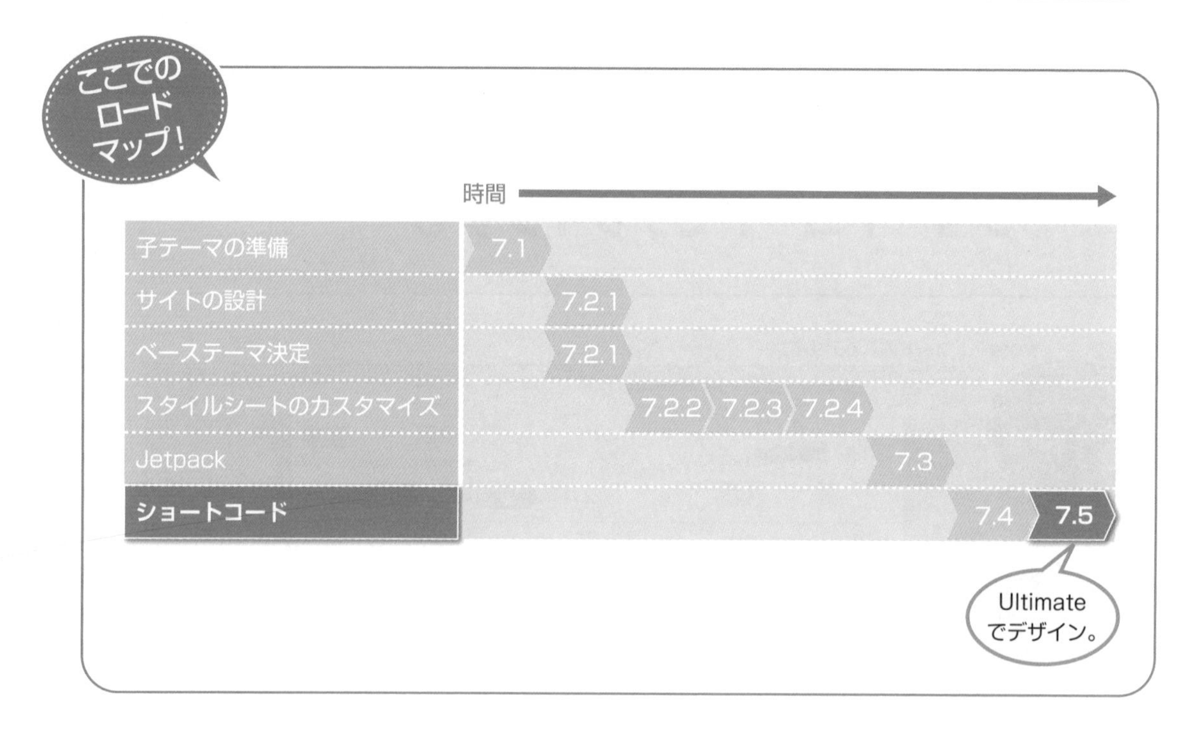

Memo ショートコードの結果はブラウザーで確認する

ビジュアルエディターを使用してショートコードを挿入しても、ショートコードによる結果は表示されません。ショートコードの結果を確認するには、ページを公開して表示するか、ページをプレビュー表示させなければなりません。

7.5.1 Shortcodes Ultimateの準備をする

Shortcodes UltimateはVladimir Anokhin氏によるプラグインです。

50種類を超すショートコードを簡単に利用できます。メニューをはじめ、ほとんどの部分では日本語化も進んでいます。さらに簡単に表現力を増したいときは、有料版を購入するとよいでしょう。

Shortcodes Ultimateをインストール/有効化する

ショートコードを使うには、ショートコード用のプラグインをインストールし、それを有効化しておく必要があります。デザイン作業や簡単な機能を追加できるショートコードが満載なのが、「Shortcodes Ultimate」プラグインです。

Shortcodes Ultimateプラグインをインストールする手順は、ほかのプラグインの場合と同じです。ダッシュボードでプラグインページの新規追加ページを開いたら、検索ボックスに「Shortcodes Ultimate」と入力して検索します。

Shortcodes Ultimateが見付かったら、インストールして有効化しておきましょう。

▼Shortcodes Ultimateのインストール

Shortcodes Ultimateのショートコードを挿入するには

Shortcodes Ultimateのショートコードの利用も、他のショートコードのときと同じです。つまり、ビジュアルエディターからショートコードブロック*をページに挿入します。ただし、Shortcodes Ultimateの優れたところとして、ショートコードを手入力する代わりにブロックのメニューから選んで挿入できるのです。

▼ショートコードブロックの挿入

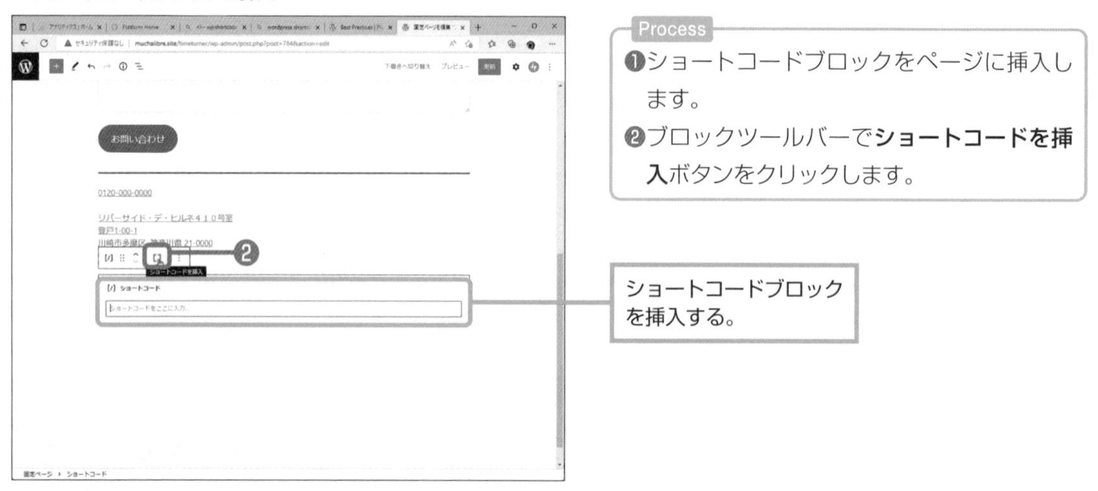

▼ショートコードの選択

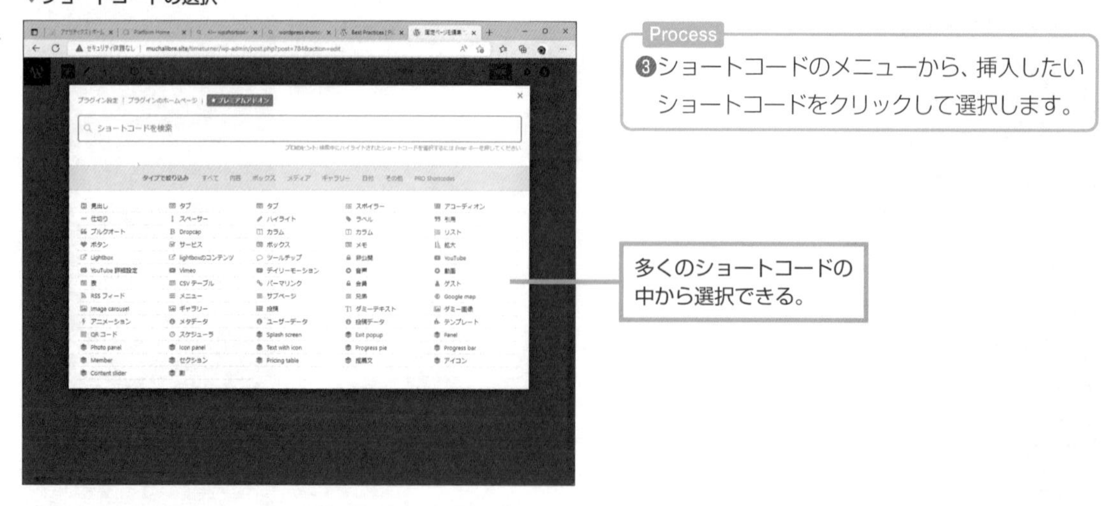

***ショートコードブロック** Shortcodes Ultimateの設定ページでは、「段落」「ショートコード」「クラシック」のうち、どのブロックで利用できるかを設定できます。

▼オプション設定

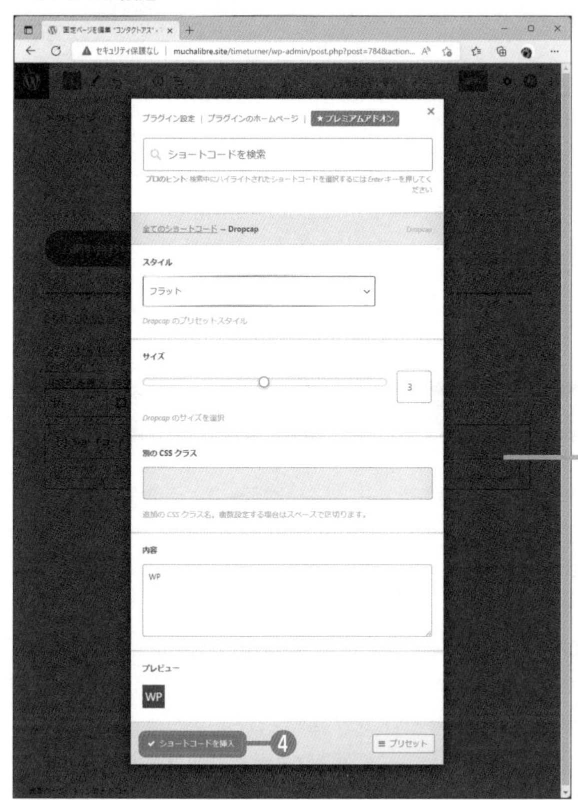

Process

❹ショートコードを選択すると、ショートコードのオプション設定のためのウィンドウが開きます。オプションを設定して、**ショートコードを挿入**ボタンをクリックします。

ショートコードごとにオプションの内容は異なる。

ショートコードの効果を確認するには、編集していたページを公開（保存）して、表示して確認しましょう。

Memo WordPressデフォルトのドロップキャップ機能

Shortcodes UltimateのDropcapショートコードを使わなくても、WordPressには最初から「ドロップキャップ」機能が備わっています。これを使うには、段落ブロックを挿入してテキストを入力します。ブロックの設定ウィンドウを表示して、「ドロップキャップ」機能をオンにすると、段落の最初の1文字の文字サイズが大きく表示されます。

Shortcodes UltimateのDropcapでは、指定した文字列（1文字に限りません）が任意のサイズに拡大されます。また、文字列を四角や丸で囲んだデザインにすることもできます。ただし、テキストの最初の文字が大文字になる通常のドロップキャップとはデザインが異なっています。

▼WordPressデフォルトのドロップキャップ

W ord Press パーフェクトマスター

▼Shortcodes UltimateのDropcap

WP WORD PRESS パーフェクトマスター
WP WORD PRESS パーフェクトマスター
WP WORD PRESS パーフェクトマスター
W WORD PRESS パーフェクトマスター

7.5.2 コンテンツエリアのレイアウトをデザインする

テーマをうまく選択すれば、ページの要素（ヘッダー、サイドバー、コンテンツ、フッター）の各エリアの配置は簡単です。しかし、コンテンツエリア内を思ったように区分けするには、少し手間や時間がかかります。

ところが、Shortcodes Ultimateには、ページデザインに使用できるショートコードがいくつかあります。例えば、「行」ショートコードと「カラム」ショートコードを組み合わせれば、ページを段組みのようなレイアウトにできます。Shortcodes Ultimateを使えば、面倒で時間のかかるレイアウトやデザインも簡単に設定できるのです。

ショートコードで複数の列に分割する

コンテンツエリアに固定ページを表示した場合、この固定ページ内を段組みのようにいくつかの列に分けられ*ます。

列に分割したいページの編集ページを開いたら、エディターの中で列を挿入する位置にカーソルを移動し、**ショートコードを挿入**ボタンをクリックします。

ショートコードを選択するメニューが開いたら、**カラム**をクリックします。

列分割用の[カラム]ウィンドウが開いたら、**サイズ**ボックスでカラムの幅を指定します。ここでは、コンテンツエリアに表示するページの列を「2/5」幅と「2/5」幅と「1/5」幅の3つに分割するので、最初はサイズを「2/5」にします。あとそのままの設定にして、**ショートコードを挿入**ボタンをクリックすると、ショートコードが挿入されます。

続いて同じように、サイズを「2/5」および「1/5」にして2つのショートコードを挿入します。

列をまとめるショートコードは[su_column]です。なお、「su_」は、Shortcodes Ultimateを表す接頭辞*です。また、ショートコード内の「size」オプションでは、列幅を指定します。

Shortcodes Ultimateの列分割のショートコードは、開始のショートコードと終了のショートコードを対にして使用します。

次に、一対の[su_column]と[/su_column]に挟まれた部分に、コンテンツを入力します。ここでは、最初の列に画像を、2つ目と3つ目の列にテキストを入力しています。

最後に、分割を指定した列をまとめるように最初の行に[su_row]、最後の行に[/su_row]を追加して、設定は終了です。**公開**ボタンをクリックして、確認してみましょう。

~分けられ ただし、本物の段組みのように列ごとのテキストを連結することはできない。
接頭辞 この接頭辞はダッシュボードのメニューから**ショートコード➡設定**タブ➡**ショートコードの接頭辞**で変更可能。ただし、変更前に作成したページや投稿では、再設定しない限りShortcodes Ultimateのショートコードが機能しなくなる。

▼行とカラムのショートコード

```
[su_row]
[su_column size="2/5" center="no" class=""]

<img src="(画像のURL)">                    ←1列目のコンテンツ 2/5幅
[/su_column]
[su_column size="2/5" center="no" class=""]

□□□□■□□□□■テキスト□□□□■□□□□■     ←2列目のコンテンツ 2/5幅
[/su_column] ←
[su_column size="1/5" center="no" class=""]

□□□□■□□□□■テキスト□□□□■□□□□■     ←3列目のコンテンツ 1/5幅
[/su_column]
[/su_row]
```

▼ショートコードによって分割された列

▼su_columnの属性

属性	説明
size	列幅を全体幅に対する分数値で指定できます。指定可能な値は、1/1, 1/2, 1/3, 2/3, 1/4, 3/4, 1/5, 2/5, 3/5, 4/5, 1/6, 5/6です。デフォルトは「1/2」です。
center	中央寄せをするかどうかを指定します。デフォルトは「no」です。(※注：Shortcodes Ultimateのショートコードで設定されるデフォルトの値は、特別に設定しなかった場合に自動で割り当てられる値です。以前、同じサイトでShortcodes Ultimateのショートコードを使用している場合にデフォルト値以外を設定していると、その値が記憶されていることがあります。この場合、既存の設定値として記憶されている値が使われます。設定する値については、デフォルトの値を使う場合でも、確認するようにしてください。)
class	任意のカスタムCSSクラスを指定します。CSSを詳細に設定することができます。

スペーサーと仕切り線

エリアを横方向に垂直の境界線で分割するShortcodes Ultimateのショートコードが[su_column]なら、縦方向に水平の境界線で分割するのは[su_spacer]と[su_divider]です。

[su_spacer]は、挿入位置の前の行と後ろの行の間に空きを入れます。例えば、段落間に20ピクセルの空きスペースをつくりたいときは、[su_spacer size="20"]とします。

「su_divider]は、コンテンツの区切りをつくるときに使用するとよいでしょう。挿入した位置に水平の仕切り線が表示されます。また、デフォルトでは仕切り線の右端に「ページトップに戻る」リンクも設定されます。これら2種類のショートコードは、終了のコードを必要としません。

▼スペーサーと仕切り線のショートコード

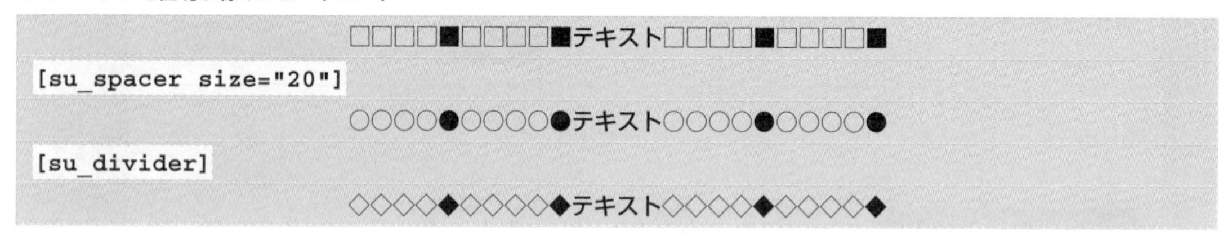

```
□□□□■□□□□□■テキスト□□□□■□□□□□■
[su_spacer size="20"]
○○○○●○○○○○●テキスト○○○○●○○○○○●
[su_divider]
◇◇◇◇◆◇◇◇◇◇◆テキスト◇◇◇◇◆◇◇◇◇◇◆
```

▼ショートコードによる段落間の空きと仕切り線

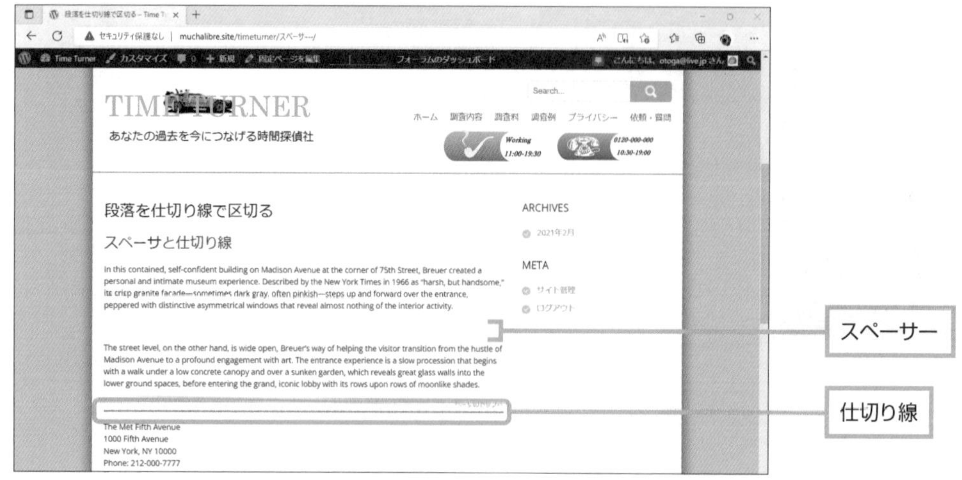

▼su_spacerの属性

属性	説明
size	空きスペースの高さを指定します。0～800ピクセルの数字で指定します。デフォルトは20です。
class	任意のカスタムCSSクラスを指定します。

▼su_dividerの属性

属性	説明
top	トップに戻る表示の表示(yes)/非表示(no)を指定します。デフォルトは「yes」です。
test	「トップに戻る」などのリンク表示のテキストを指定できます。デフォルトは「ページのトップへ」です。
style	仕切り線のスタイルを指定できます。デフォルトは実線です。 ・点線(dotted) ・破線(dashed) ・二重線(double)
divider_color	仕切り線の線色を指定できます。色の指定値は、十六進数か「orange」「red」などです。デフォルトは「#999999」です。
link_color	仕切り線に表示する「ページのトップへ」等のテキスト色を指定できます。色の指定値は、十六進数か「orange」「red」などです。デフォルトは「#999999」です。
size	仕切り線の太さを指定します。0～40ピクセルの数字で指定します。デフォルトは3です。
margin	仕切り線の上下のマージンを指定します。0～200ピクセルの数字で指定します。デフォルトは15です。
class	任意のカスタムCSSクラスを指定します。

Hint プラグインがバッティングする

プラグインは、WordPress本体ではなく、ほかの企業や個人がWordPressにアドインする形で機能を追加するものです。

このため、あるプラグインを有効化したときに、ほかのプラグインのプログラムの記述の一部が重なったり、妨害されたりして、意図したように機能しないことがあります。**プラグインのバッティング**または**コンフリクト**と呼ばれる現象です。

例えば、筆者の経験では、「Shortcodes Ultimate」用のアドオンプラグインの「Twitter's Bootstrap Shortcodes Ultimate Add-on」を有効化すると、それまで問題なく機能していたショートコードが、動かなくなることがありました。

プログラミングの豊富な経験があれば、プラグインの一部を編集することでバッティングを解消できることもありますが、問題の箇所がなかなか特定できないこともあります。

突然、プラグインの機能が使えなくなったときは、まずは最近有効化した機能を停止して、テストしてみます。「やはり、あとから有効化したプラグインが原因だった」という場合は、バッティングしている2つのプラグインのどちらかをあきらめるのが得策だと思います。

7.5.3 Shortcodes Ultimateのビジュアルデザイン用ショートコード

二重線で上下を囲まれた見出し

Shortcodes Ultimateの**見出し**機能は、見出しに指定したテキストのサイズと水平方向の寄せ、マージンなどを指定でき、デフォルトではテキストの上下に水平線が表示されます。

無料版で指定できるスタイルは「default」の1種類だけですが、有料版では「Heading skins」から20種類ほどのスタイルを選択可能になります。

下の画面例では、デフォルトのスタイルを使って、見出しを設定しています。

「見出し」だけに限りませんが、ショートコードの内容はCSSを編集することでカスタマイズできます。この方法については、「見出し」ショートコードを例にして、本節の最後で説明しています。

▼見出しのスタイル設定

▼見出しのショートコード

```
[su_heading class=""]
見出しを二重線で囲む
[/su_heading]
```

▼su_headingの属性

属性	説明
style	見出しのデザインを指定します。デフォルト（default）はCSS「content-shortcodes.css」で設定されています。
size	見出し文字のサイズを指定します。7～48ピクセルの数字で指定します。デフォルトは「13」です。
align	水平方向の寄せを指定します。デフォルトは「center」です。 ・左寄せ（left）　・右寄せ（right） ・中央寄せ（center）
margin	文字の上下のマージンを指定します。0～200ピクセルの数字で指定します。デフォルトは「20」です。
class	任意のカスタムCSSクラスを指定します。

テキストボックスを囲む

コンテンツエリアの特定のテキストコンテンツを枠で囲むと、その内容が強調されます。

Shortcodes Ultimateでは、「ボックス」ショートコードによって、特定の段落の四辺を線で囲み、上辺にタイトル行を付けることができます。

オプション設定では、ボックスのスタイルとして、デフォルト（default）のほか、ソフト（soft）、ガラス（glass）、泡（bubbles）、ノイズ（noise）が選択できます。

このほかのオプションでは、タイトル（title）、タイトルの背景色や囲み線の色（box_color）、タイトルのテキスト色（title_color）、四隅の角削り半径（radius）などを設定できます。

▼テキストボックスのデザイン設定

▼ボックスのショートコード

```
[su_box title="Box style" style="glass" box_color="#da376e" radius="8"]
□□□□■□□□□■テキスト□□□□■□□□□■
[/su_box]
```

▼su_box

属性	説明
title	タイトル行に表示するテキストを入力します。設定しないと、「Box style」と表示されてしまいます。
style	ボックスのスタイルを指定します。 ・デフォルト (default)　・泡 (bubbles) ・ソフト (soft)　・ノイズ (noise) ・ガラス (glass)
box_color	タイトル背景の色とボックス囲み線の色を指定します。色の指定値は、十六進数か「orange」「red」などです。デフォルトは「#333333」です。
title_color	タイトルの文字色を指定します。色の指定値は、十六進数か「orange」「red」などです。デフォルトは「#FFFFFF」です。
radius	四隅の角を削る半径を指定します。設定可能な数値は0~20ですが、線が太くないときに大きく削ると、下辺で角が途切れます。デフォルトは「3」です。
class	任意のカスタムCSSクラスを指定します。

Tips ショートコードタグを「ブロックまたぎ」で使う

ショートコードを使う場合、そのままショートコードブロック内にテキストを入力すると、行間が狭く表示されます。一方、段落ブロックにテキストを入力すると、設定された行間で見やすく表示されます。

テキストを見やすく表示したいときには、ショートコードブロックと段落ブロックを分けて入力します。具体的には、次のようにします。最初のショートコードブロックでは「開始タグ」だけにして「終了タグ」は外します。次に段落ブロックを挿入してテキストを入力します。最後にショートコードブロックを挿入し、そこにはショートコードの「終了タグ」を入力します。

▼1つのショートコードブロック内にテキストも入力

Box style

In this contained, self-confident building on Madison Avenue at the corner of 75th Street, Breuer created a personal and intimate museum experience. Described by the New York Times in 1966 as "harsh, but handsome," its crisp granite facade—sometimes dark gray, often pinkish—steps up and forward over the entrance, peppered with distinctive asymmetrical windows that reveal almost nothing of the interior activity. The street level, on the other hand, is wide open, Breuer's way of helping the visitor transition from the hustle of Madison Avenue to a profound engagement with art. The entrance experience is a slow procession that begins with a walk under a low concrete canopy and over a sunken garden, which reveals great glass walls into the lower ground spaces, before entering the grand, iconic lobby with its rows upon rows of moonlike shades.

別サイトからの引用

引用のCSSのフォーマットは、テーマによって大きく異なります。したがって、Shortcodes Ultimateの引用ショートコードも、そんな引用フォーマットの1つと考えればよいでしょう。デザインとして気に入れば使う程度に考えればよいでしょう。

他のサイトからの引用を表示する[su_quote]ショートコードは、引用部分を「"」と「"」で囲み、引用元のサイトのURLをリンク表示するというものです。引用元は、斜体で表示されます。

▼引用文のスタイル

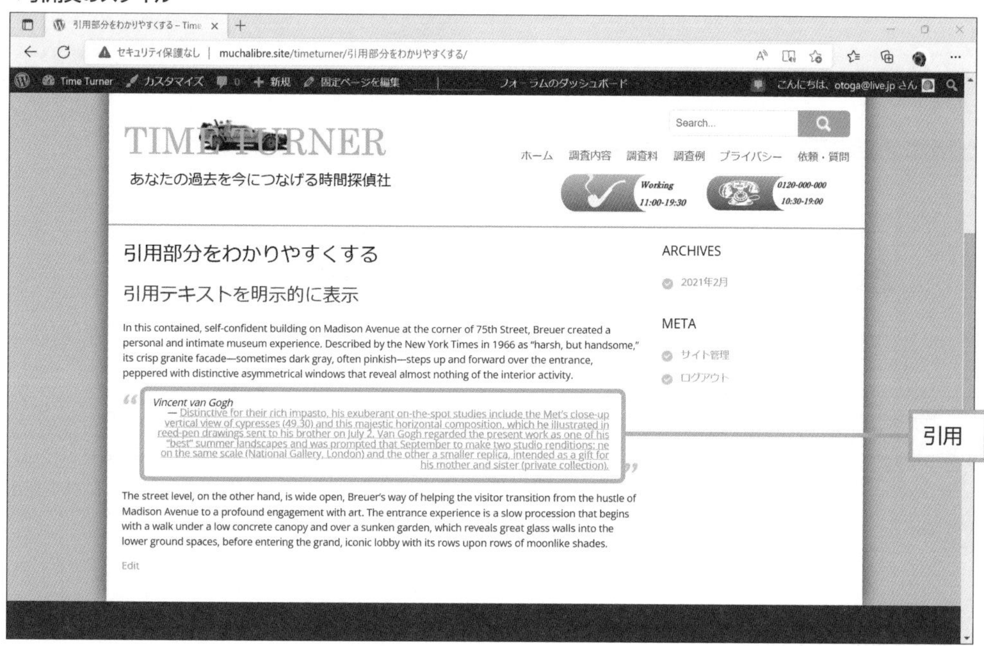

▼引用のショートコード

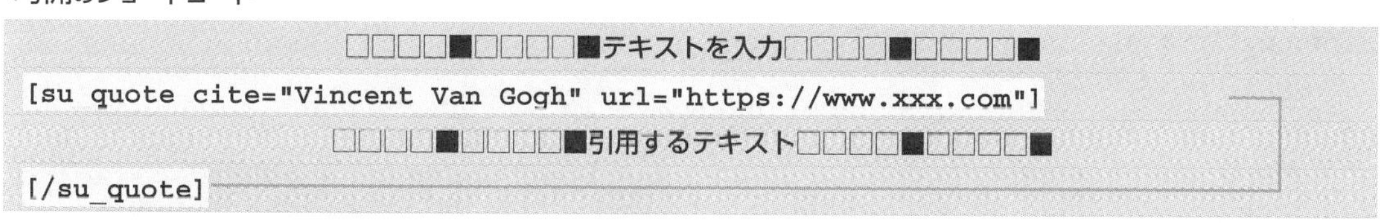


```
[su_quote cite="Vincent Van Gogh" url="https://www.xxx.com"]
[/su_quote]
```

▼su_quoteの属性

属性	説明
style	無料版では、defaultだけです。
cite	引用元のタイトル、サイト名、投稿者などを明示します。
url	引用元のURLを指定します。
class	任意のカスタムCSSクラスを指定します。

同ページから引用したサブ見出し

Shortcodes Ultimateで、同じページ、同じサイトの特定の語句をサブ見出しにするようなときには、「pullquote」ショートコードを利用することができます。

このショートコードは、テキストの横幅の30%に、指定した文字列を表示します。表示位置は、行の右寄せか左寄せです。デフォルトの左寄せ（left）を段落の最初で指定すると、ブロック単位の引用が挿入され、段落の最初に印象的なサブ見出しを表示できます。

デフォルトでは、文字修飾はありません。文字サイズや文字間隔などを変更したいときには、「class」オプションに適当なセレクタを設定します。

▼サブ見出しのスタイル

▼pullquoteのショートコード

```
[su_pullquote align="left" class="su-pullquote-custom"]
Terracotta zoomorphic askos (vessel) with antlers
[/su_pullquote]
```

Onepoint

上の画面例では、「su-pullquote-custom」セレクタをつくり、そのプロパティで文字サイズや文字間隔を設定しています。

▼su_pullquoteの属性

属性	説明
aligh	段落内での横の寄せを、左寄せ（left）か右寄せ（right）で指定します。デフォルトは左寄せ（left）です。
class	任意のカスタムCSSクラスを指定します。

7.5.4 Shortcodes UltimateのUIデザイン用ショートコード

Webページデザインでは、インタラクティブなユーザーインターフェイス（UI）も重要な要素です。

閲覧者にクリックさせたり、タップさせたりすることは、閲覧者の能動性や積極性を引き出し、コンテンツに対するプラスの評価を喚起しやすくなるものと思われます。そのためには、使いやすくわかりやすいのはもちろんのこと、ビジュアル的にも優れている必要があります。ただし、UIのデザインは、テーマのデザインとの調和を考えて作成するようにしなければなりません。

Shortcodes Ultimateのショートコードを使うと、簡単にUIを設定できますが、テーマ全体またはページの雰囲気と合わずに、UIに違和感が生じることもあります。

Shortcodes Ultimateのショートコードの多くは、灰色や淡い配色のものが多く、目立つことは少ないのですが、ボタンではは っきりした色彩のものも作成できます。

このようなときには、ショートコードのCSSを調整して、全体のイメージに合わせるようにするとよいでしょう。

ページにタブを配置する

最近のWebページでは、タブ表示が当たり前になっています。

Shortcodes Ultimateのタブショートコードを使えば、タブの設定が簡単にできます。

まず、[su_tabs]ショートコードでタブ全体を宣言します。次に[su_tab]ショートコードを使って、必要なタブの数だけタブを作成します。[su_tab]ショートコードから、終了ショートコード[/su_tab]までの内容が、最初のタブで表示されるコンテンツです。なお、title属性の値がタブ表示されます。

つまり、タブとして表示するコンテンツは、すべて1ページに記述しなければなりません。

最後のタブのコンテンツを入力し終えたら、[/su_tabs]でタブ設定を終了します。

▼タブの設定

▼タブショートコード

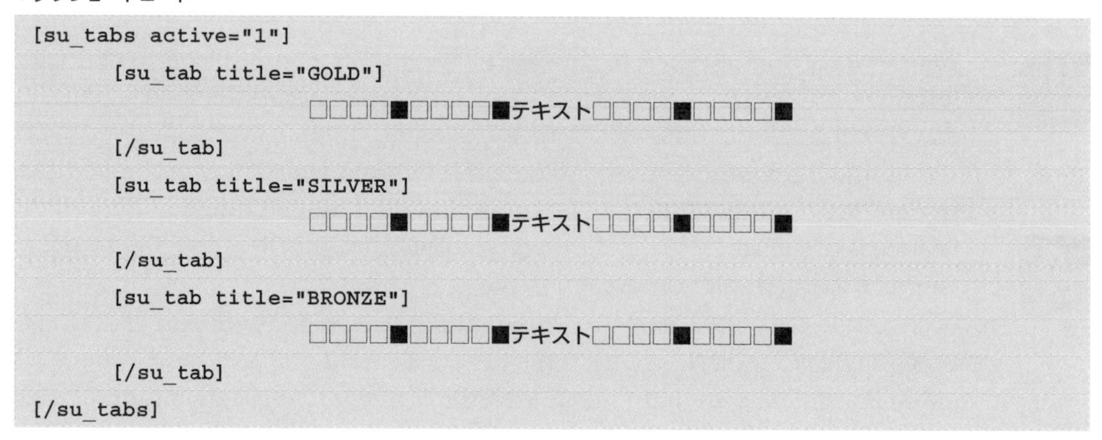

```
[su_tabs active="1"]
        [su_tab title="GOLD"]
                        □□□□■□□□□■テキスト□□□□■□□□□■
        [/su_tab]
        [su_tab title="SILVER"]
                        □□□□■□□□□■テキスト□□□□■□□□□■
        [/su_tab]
        [su_tab title="BRONZE"]
                        □□□□■□□□□■テキスト□□□□■□□□□■
        [/su_tab]
[/su_tabs]
```

▼su_tabsの属性

属性	説明
style	タブ全体のデザインを指定します。無料版では、デフォルト（default）しかありません。
active	ページ表示時にどのタブを表示するかを指定します。設定可能な値は1～100です。つまり、タブは最大で100個まで設定できるようです。デフォルトは「1」です。
vertical	タブを縦に並べるときに「yes」を設定します。デフォルトは「no」です。
class	任意のカスタムCSSクラスを指定します。

▼su_tabの属性

属性	説明
title	タブ表示するタブのタイトル名を設定します。
disabled	タブを非表示（yes）にするときに使用します。デフォルトはタブ表示（no）です。
anchor	「タブを切り替えたとき、ページ内の任意の箇所にジャンプする」場合に設定します。
url	「タブを切り替えたとき、任意のURLにジャンプする」場合に、ジャンプ先ページのURLを設定します。
target	リンクを開くウィンドウを指定します。 ・新しいウィンドウ（blank） ・同じウィンドウ（self）
class	任意のカスタムCSSクラスを指定します。

ショートコードでボタンをつくる

画像でボタンをつくる方法もありますが、CSSを駆使してもボタンができます。Shortcodes Ultimate無料版のボタンショートコードは、デザインの選択肢が少なく、派手でもありませんが、簡単にボタンを設定できるので便利です。

ボタンショートコードには多くのオプションがあるので、専用のオプションメニューから作成するのがわかりやすいでしょう。

▼ボタンの設定

▼ボタンショートコード

```
[su_button size="" style="" url="https://www.zzz.co.jp/"]Spring[/su_button]
[su_button size="3" style="flat" color="#00ffff" url="https://www.zzz.co.jp/"]
Summer[/su_button]
[su_button size="5" style="glass" background="#aa00aa" color="yellow"
url="https://www.zzz.co.jp/"]Fall[/su_button]
[su_button size="7" style="3d" color="white" title="Click Me" url="https://
www.zzz.co.jp/"]Winter[/su_button]
□□□□■□□□□□■テキスト□□□□■□□□□□■
[su_button size="" style="bubbles" url="https://www.zzz.co.jp/" wide="yes"
size="10" background="#33aa88" radius="round" icon="icon: cubes" text_
shadow="3px 3px 3px #6a5304"]Button[/su_button]
```

▼su_buttonの属性

属性	説明
url	ボタンをクリックしたときにジャンプするページのURLを指定します。
target	リンクを開くウィンドウを指定します。 ・新しいウィンドウ (blank) ・同じウィンドウ (self)
style	ボタンのデザインを指定します。 ・デフォルト (default)　・フラット (flat)　・ゴースト (ghost) ・ソフト (soft)　・ガラス (glass)　・泡 (bubbles) ・ノイズ (noise)　・なでる (stroked)　・3D(3d)
background	ボタンの色を指定します。色の指定値は、十六進数か「orange」「red」などです。デフォルトは「#2D89EF」です。
color	テキストの色を指定します。色の指定値は、十六進数か「orange」「red」などです。デフォルトは「#FFFFFF」です。
size	ボタンのサイズを指定します。設定可能な値は1～20です。デフォルトは「3」です。
wide	横幅いっぱいにボタンを広げて表示したいときは、値に「yes」を設定します。
center	ボタンを表示エリアの行内で中央寄せする (yes) かどうかを指定します。デフォルトはnoです。
radius	ボタンの四隅を丸くするときの半径を指定します。設定可能な値はauto、round、0、5、10、20です。デフォルトは「auto」です。
icon	ボタンテキストの前に表示することのできるアイコンを指定します。アイコンの指定は、テキストでショートコードを入力するよりも、専用のオプションメニューから操作したほうが便利です。このとき、独自のアイコンを使用したい場合は、「メディアマネージャ」ボタンをクリックして、アイコン画像を選択します。「アイコンピッカー」ボタンをクリックすると、使用できる組み込みのアイコンの一覧が表示されます。
icon_color	アイコンの色を指定します。色の指定値は、十六進数か「orange」「red」などです。デフォルトは「#FFFFFF」です。
text_shadow	テキストの影を設定できます。専用のオプションメニューでは、影の横方向へのずらし (水平オフセット)、縦方向へのずらし (垂直オフセット)、ぼかし加減 (ぼかし)、それに影の色を設定できます。色の指定値は、十六進数です。デフォルトは「#000000」です。なお、影指定のデフォルト値はnoneです。
desc	ボタンの下に表示できる小さな説明文を入力します。
onclick	onclickアクションで作動するJavaScriptコードを入力できます。例えば、「alert('別のサイトに移動しようとしています');」と入力すると、ボタンをクリックしたときにアラートウィンドウが表示されるようになります。
rel	ボタンをクリックしたときのジャンプ先のサイトに対する関係性を指定できます。例えば、外部の有料ページなど、SEO対策によい影響を与えるとは思えないサイトへのリンクでは、「nofollow」とします。
title	ボタンにマウスを重ねたときに表示されるフロートウィンドウに表示されるテキストを設定できます。
class	任意のカスタムCSSクラスを指定します。

スポイラーでコンテンツを整理する

スポイラーは、コンピューターのユーザーインターフェイスによくあるもので、データなどの階層を示すことができます。

Webページでの使い方では、ある情報ごとにスポイラーにまとめることができます。例えば、株主向けに決算報告や商品情報を公開するときに、スポイラーを利用すると見やすくなります。

なお、このように複数のスポイラーをまとめて使用するには、スポイラーショートコード全部をアコーディオンショートコード（[su_accordion] [/su_accordion]）で囲みます。

▼スポイラーの設定

▼スポイラーショートコード

```
[su_accordion]
[su_spoiler title="生産量について" open="no" style="default" icon="plus" anchor="" anchor_in_url="" class=""]
・生産報告（2021年度）
・生産報告（2022年度）[/su_spoiler]
[su_spoiler title="出荷量について" open="no" style="fancy" icon="plus" anchor="" anchor_in_url="no" class=""]
・出荷量報告（2021年度）
・出荷量報告（2022年度）
[/su_spoiler]
[su_spoiler title="廃棄量について" open="no" style="simple" icon="plus" anchor="" anchor_in_url="no" class=""]
[/su_spoiler]
[/su_accordion]
```

▼su_spoilerの属性

属性	説明
title	スポイラーのタイトルを入力します。
open	ページを開いたときにスポイラーを展開しておく(yes)かどうかを指定します。 デフォルトは「no」です。
style	スポイラーのデザインを指定します。 ・デフォルト(default) ・ファンシー(fancy) ・シンプル(simple)
icon	スポイラーのタイトルの前に付けるアイコンを指定します。デフォルトは「plus」です。
anchor	同じページ内の任意の箇所にジャンプするリンクを設定できます。
class	任意のカスタムCSSクラスを指定します。

▼su_accordionの属性

属性	説明
class	任意のカスタムCSSクラスを指定します。

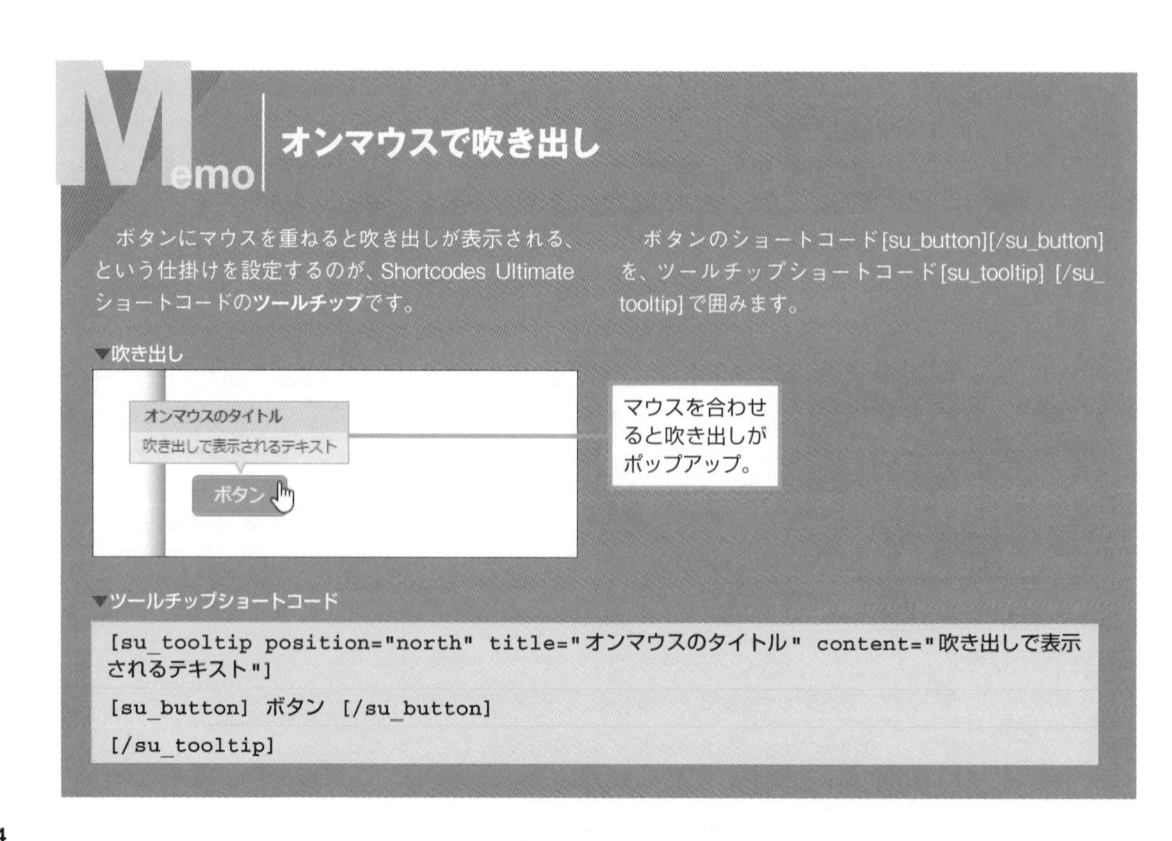

Memo オンマウスで吹き出し

ボタンにマウスを重ねると吹き出しが表示される、という仕掛けを設定するのが、Shortcodes Ultimateショートコードの**ツールチップ**です。

ボタンのショートコード[su_button][/su_button]を、ツールチップショートコード[su_tooltip] [/su_tooltip]で囲みます。

▼吹き出し

▼ツールチップショートコード

```
[su_tooltip position="north" title="オンマウスのタイトル" content="吹き出しで表示されるテキスト"]
[su_button] ボタン [/su_button]
[/su_tooltip]
```

7.5.5 Shortcodes Ultimateのショートコードをカスタマイズする

Shortcodes Ultimateには、ショートコードのCSSをカスタマイズする機能があります。

ショートコードのデザインのカスタマイズ化は、WordPressのテーマをカスタマイズするときと基本的には同じです。

専用のエディターを使い、CSSファイルの所定のセレクタを編集します。

ショートコードのカスタムCSS

Shortcodes Ultimateのショートコードは、6つのCSSファイルに分割して収納されています。まずは、この中からカスタマイズしたいショートコードを探し出し、そこに記述されているセレクタのデザイン設定を確認します。

次にカスタムCSSタブを開いて、コードボックスに、カスタマイズしたいセレクタのコードを修正するコードを記述したり追加したりします。

CSSファイル	ショートコード*
content-shortcodes.css	見出し (su_heading)、仕切り線 (su_divider)、スペーサー (su_spacer)、ハイライト (su_highlight)、ラベル (label)、ドロップキャップ (su_dropcap)、フレーム (su_frame)、リスト (su_list)、ボタン (su_button)、テーブル (su_table)、QRコード (su_qrcode)
box-shortcodes.css	タブ (su_tabs) (su_tab)、スポイラー・アコーディング (su_spoiler)、引用 (su_quote)、Pullquote (su_pllquote)、カラム・行 (su_row) (su_column)、サービス (su_service)、ボックス (su_box)、ノート (su_note)、拡大 (su_expand)、Lightbox (su_lightbox)
media-shortcodes.css	YouTube (su_youtube)、Vimeo (su_vimeo)、Screenr (su_screenr)、Dailymotion (su_dailymotion)、Document (su_document)、Gmap (su_gmap)
galleries-shortcodes.css	スライダー (su_slider)、カルーセル (su_carousel)、Custom Gallery(su_custom_gallery)
players-shortcodes.css	オーディオ (su_audio)、動画 (su_video)
other-shortcodes.css	ツールチップ (su_tooltip)、プライベート (su_private)、メンバー (su_member)、ゲスト (su_guest)、投稿 (su_posts)

これらのCSSファイルのそれぞれのショートコードの部分を見ると、どのようなプロパティにどのように設定されているかがわかります。

CSSファイルを見たり、それらのCSSファイルの内容をカスタマイズしたりするには、専用のエディターを使うようにしましょう。専用のエディターは、ダッシュボードのメニューから**ショートコード➡設定**を選択すると、「About」「設定」「カスタムCSS」の3つのタブのページが開きます。

カスタムCSSで見出しのデザインを変える

それでは、具体的に見出しのデザインをカスタマイズしてみましょう。

▼カスタマイズ前

This is the Tokyo Style

▼カスタマイズ後

This is the Tokyo Style

ここでは、Shortcodes Ultimateの見出しショートコードを使って作成した見出しをカスタマイズします。

それではまず、任意の固定ページにShortcodes Ultimateを使ってデフォルトのスタイルの見出しを作成してください。この見出しをプレビューすると、上下二重線のスタイルで見出しが表示されているのがわかります。この見出しのデザインは「二重線で上下を囲まれた見出し」で説明したものと同じです。

▼デフォルトスタイルの見出し（変更前）

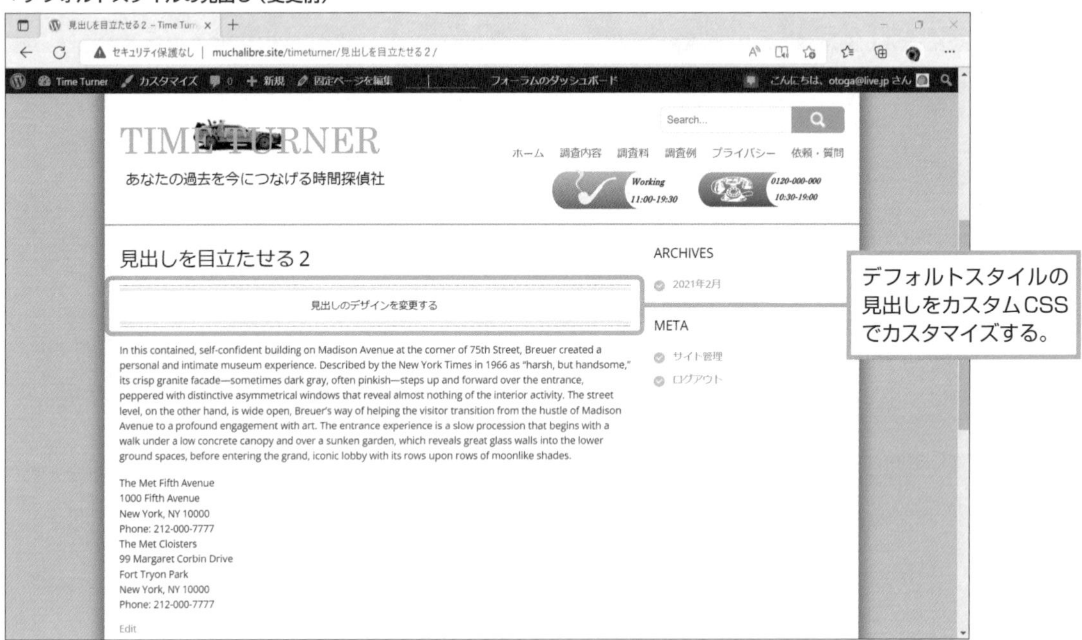

▼見出しのショートコード

```
[su_heading class=""]
    見出しのデザインを変更する
[/su_heading]
```

この見出しショートコード（[su_heading]）に、カスタムCSS属性を追加します。値には、これから追加する予定のセレクタ名として、「su-heading-custom」を入力します。

▼CSSのセレクタ名の入力

```
[su_heading class="su-heading-custom"]
    見出しのデザインを変更する
[/su_heading]
```

次に、ダッシュボードのメニューで**ショートコード➡設定**をクリックします。

カスタムCSSコードテキストボックスに、先ほど見出しショートコード*で追加したセレクタ（.su-heading-custom）を記述します。

このセレクタのCSSを記述し、最後に**変更を保存**ボタンをクリックします。

▼ショートコードのカスタマイズ

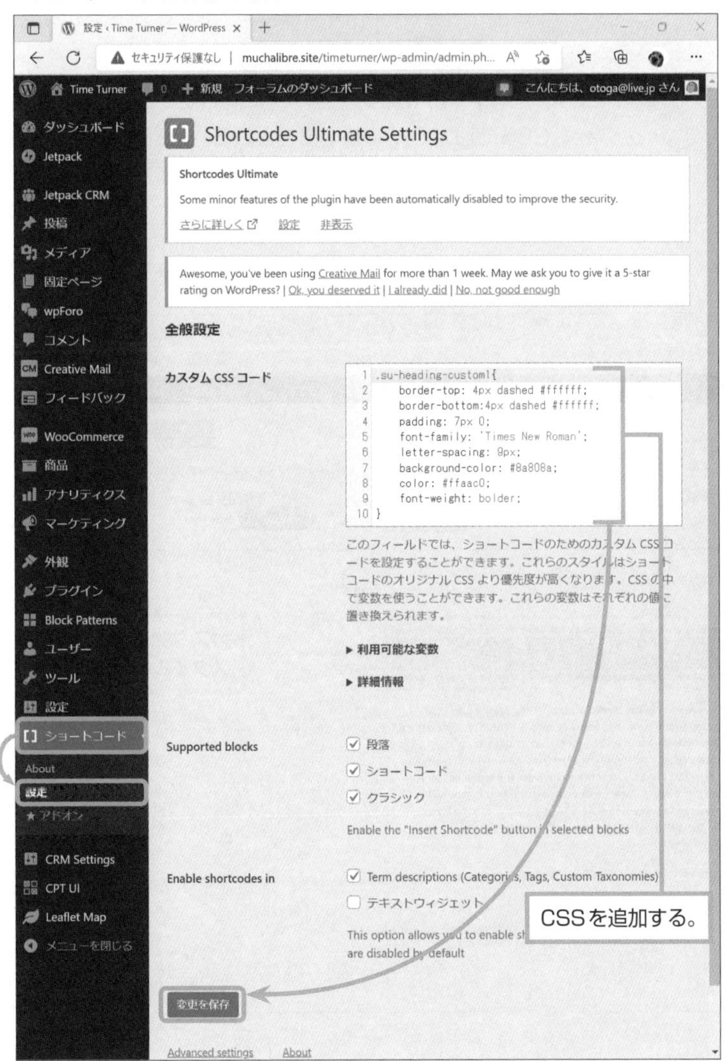

***ショートコード** ショートコードの表示は「su_（アンダーバー）」だが、それぞれが収納されているCSS内でのプロパティ表示は「.su-（ハイフン）」である。

▼CSSの追加

```
.su-heading-custom {
      border-top: 4px dashed #ffffff;
      border-bottom: 4px dashed #ffffff;
      padding: 7px 0;
      font-family: 'Times New Roman';
      letter-spacing: 9px;
      background-color: #8a808a;
      color: #ffaac0;
      font-weight: bolder;
}
```

再度、見出しを入力したページを表示して、見出しのカスタマイズを確認しましょう。

Onepoint

なお、既存のCSSを編集するには、このカスタムCSS用のエディターに同じセレクタを記述し、内部のプロパティを再設定します。カスタムCSSで設定した値が上書きされるため、CSSのデザインが変更されます。また、同じプロパティを設定した場合は、あとから(エディターの下方で)設定した値が反映されます。

▼変更された見出し(変更後)

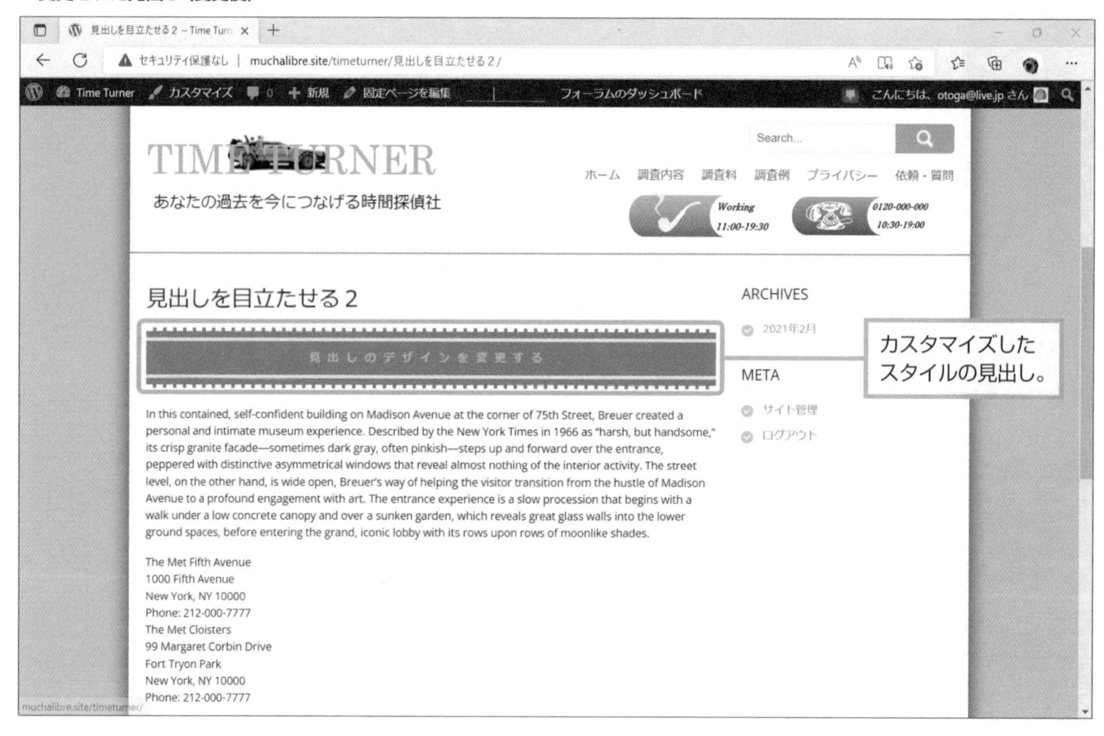

Tips レイアウトデザインのポイント

　ポータルサイトは、すでに多くのユーザーを確保していることが前提で、1ページにできるだけ効率よく、多くの情報を提示することが使命となります。

　このため、ポータルサイトのレイアウトデザインでは、発売される雑誌を紹介する電車の中吊り広告のようなレイアウトで、多くのプレビューと短いフレーズを詰め込みます。

　しかし、一般的なビジネスサイトに、ポータルサイトのような密度の濃さは不要です。

　多くの情報を羅列してユーザーを混乱させるよりは、見せたい情報を短時間で印象付けるほうが重要です。

　そこで、ページレイアウトにメリハリを付けることになります。メリハリを付けるとは、ユーザーの視線が集まりやすい最上段や上段左に、印象的な写真、イラストを配置し、意図的にその周囲のテキストを小さ目にして並べたり、余白をつくったりすることです。

　情報を1つに絞ると、ページレイアウトも大胆にできます。伝えたい情報は、大きくするのが一般的です。印象的な写真やイラストに効果的に文字を添えます。

　このような、写真やイラストを目立たせるレイアウトにする場合は、ヘッダーに画像やスライダーを設定できるテーマを選択するとよいでしょう。

▼ WordPressのテーマ「Busiprof」

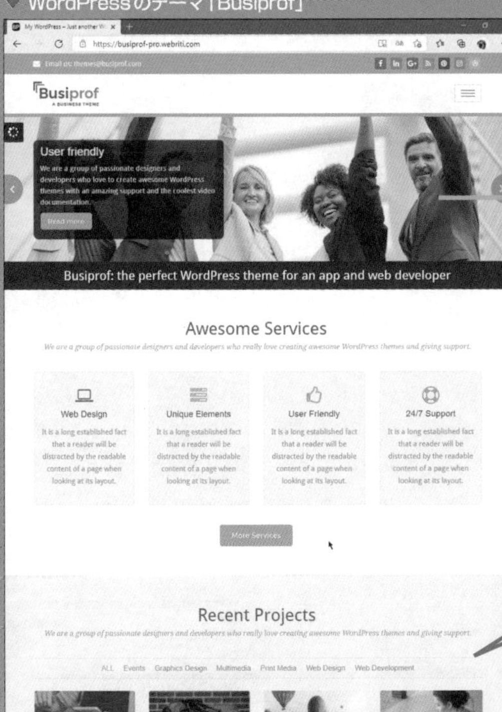

ヘッダーに配置されているスライダー。

ビジネスサイト向けのテーマで、スライダー機能付きの大きなヘッダーのほかには小さ目のアイコンとテキストだけ、というシンプルなレイアウトデザイン。

テーマをアップデートしたらカスタマイズが元に戻ってしまった！

テーマのカスタマイズは子テーマをつくってから行ってください

テーマはいくつものテンプレートファイルと呼ばれるファイル群からできています。Webサイトのカスタマイズを行うということは、テンプレートファイルの中のCSSファイルやPHPファイルの一部を書き換えることになります。一方、テーマをアップデートしたときは、ダウンロードしたアップデートファイルによって、古いテンプレートファイルが自動的に上書きされてしまいます。このとき、カスタマイズしていた部分も上書きされます。

これを防止するには、使いたいテーマの子テーマを作成し、その子テーマをもとにカスタマイズを行うようにします。子テーマは親であるもとのテーマのテンプレートファイルを継承して使いながら、カスタマイズ部分は自分のテンプレートファイルとして上書き、または追加して使用できます。このため、親テーマがアップデートされても、子テーマのカスタマイズ部分は影響を受けません。

FTPでの注意点は？

WordPressアカウントとは別のIDが必要な場合も

WordPressで本格的なカスタマイズを行おうとすると、WordPressサーバーに直接アクセスしなければならなくなります。このためには、FTPサーバーを経由するのが一般的です。レンタルサーバーでは、レンタルサーバー用のIDとパスワード（まとめて「アカウント」と呼びます）のほかに、WordPressを利用するためのアカウントを設定しています。そして、FTPを利用するとなると、FTP用のアカウントを設定する必要もあります。

FTP機能自体を別設定にしているレンタルサーバーもあって、そのような場合はまずFTPサーバーを有効にして、その上でFTP用のアカウントを設定します。

FTPでファイルをやり取りするには、FTPクライアントソフトが必要になります。フリーで使えるオンラインソフトもあります。これらのFTPソフトをコンピューターにインストールしたら、FTP用のアカウントを設定し、サーバーにアクセスします。

スタイルシートを変更したい

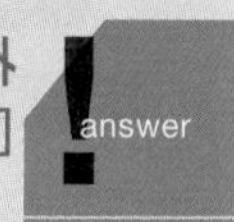

ダッシュボードメニューから[外観]➡[テーマファイルエディター]を選択します

ダッシュボードには、テーマのスタイルシートを編集するための機能が備わっています。**外観➡テーマファイルエディター**を開き、style.cssファイルを読み込んで編集します。

なお、ダッシュボードの編集用エディターの機能は貧弱です。Visual CSS Style Editor（YellowPencil）などのプラグインをインストールするとよいでしょう。

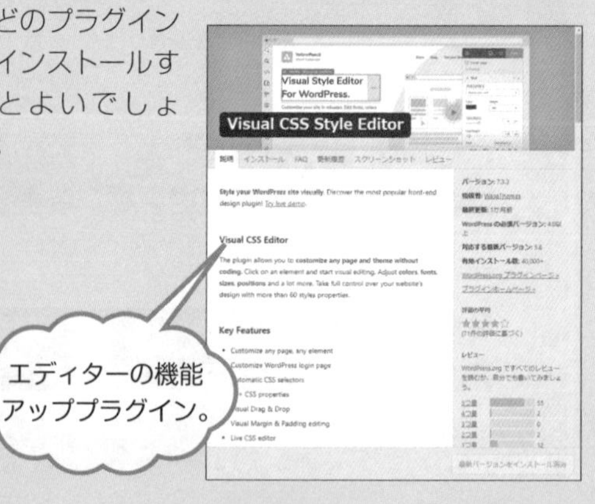

Chapter 8

Webサイトでビジネスする

カモリがつくったビジネスサイトは、画像やイラストの手づくり感とテキストの実直感が訪問者に好評です。

事務長 「カモリ君、ウェブページ、なかなか評判がいいみたいよ」

カモリ 「ありがとうございます」

事務長 「それでね、事務所に来られないお客様からも仕事の依頼がとれないかしら？
ほらっ、電子掲示板とかオンラインショッピングとか、あるじゃない」

8.1 フォーラム/コミュニティ機能をWebサイトに追加するには

8.2 自動で予約できるシステムを導入する

8.3 オンラインショップサイトをつくる

Section 8.1

Level ★★★

フォーラム/コミュニティ機能をWebサイトに追加するには

Keyword wpForo フォーラム 電子掲示板 コミュニティ Q&A

インターネット上に設置される電子掲示板は、閲覧者や利用者の生の声がダイレクトに聞ける仕組みです。SNSでは、フォーラムやコミュニティとして人気があります。オンライン上で人々が交流できるこのような機能も、専用のプラグインを導入することによってWordPressサイトに付加することができます。

サイトにフォーラムを設置する

▼wpForoによるフォーラム

Webサイトに人が集うための仕掛けとして、「電子掲示板」や「フォーラム」の設置は有効です。WordPressでは、プラグインによってこれらの機能を簡単に追加することができます。

電子掲示板機能を付加する

- wpForoプラグインをインストールする。
- サイトに電子掲示板を設置する。
- 電子掲示板の管理を知る。
- サイトにSNS機能を追加する。

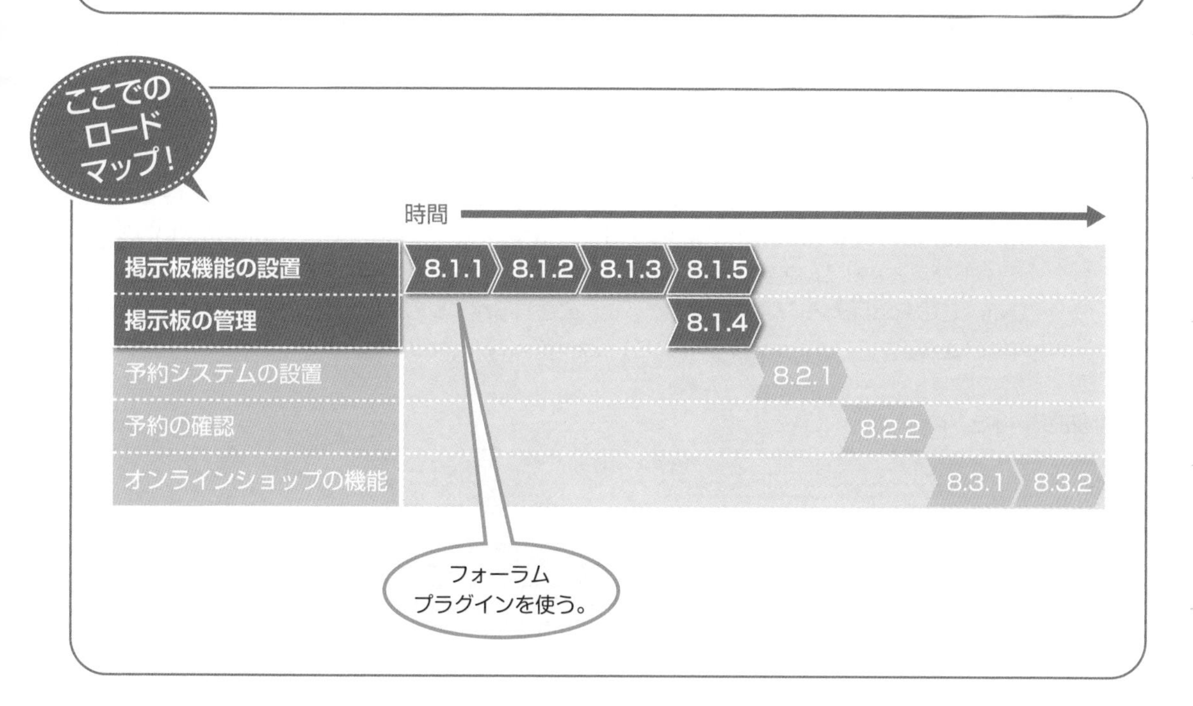

8.1.1　WordPressサイトでフォーラムやコミュニティを実現するには

フォーラムは、もともとは古代ローマの公共広場の意味で、ローマ時代にはそこで公開討論が行われていたといわれています。インターネットでは、話題ごとに電子掲示板が設置され、オンラインでの情報交換や討論の場として発展しています。

フォーラムと同じように用いられるものに**コミュニティ**があります。こちらは、共通の趣味や興味を持つ人たちのオンライン上の集まりを指します。mixiの**コミュニティ**はこの代表格です。

誰もが参加できる、より公的な意味合いが強いものが**フォーラム**、フォーラムよりは小さな集団や組織での交流や情報・意見の交換を目的としたものが**コミュニティ**、と捉えられているようです。

フォーラムとコミュニティに明確な差異はないようですが、本書ではこのような親密度による性格の違いがあると考え、公開されていて誰もが簡単に参加できるものを**フォーラム**、会員制のものを**コミュニティ**とします。

さて、WordPressサイトにフォーラムやコミュニティを設定するには、これまでと同じようにプラグインを利用します。従来からよく利用されているプラグインに**bbPress**と**BuddyPress**があります。bbPressは、オープンソースでつくりがシンプルなため表示速度が速く、以前からよく利用されています。ただ、執筆時点(2022年10月)で数か月間アップロードがなく、最新版WordPressとの互換性がテストされていないため*、今回は同種の**wpForo**プラグインでコミュニティ機能を付加することにします。

8.1.2 wpForoプラグイン

wpForoプラグインをインストールして、有効化しておいてください*。

それでは、wpForoの設定を行いましょうというところですが、プラグインを有効化するだけで基本的な設定は完了していて、カスタマイズをしないのであればすぐに利用できます。

wpForoを有効化すると、固定ページに自動的に**Forum**ページが作成されます。このページを編集モードで開くと、ショートコードブロックが1つだけ挿入されていて、そこに**[wpforo]**というショートコードが記述されています。つまり、**wpForo**はショートコードによって起動していることがわかります。このForumページは初期設定で必ず作成されるページであり、スラッグとして**community**が設定*されるため、URLは、**(ドメイン名)/community/**となります。

▼wpForoショートコード

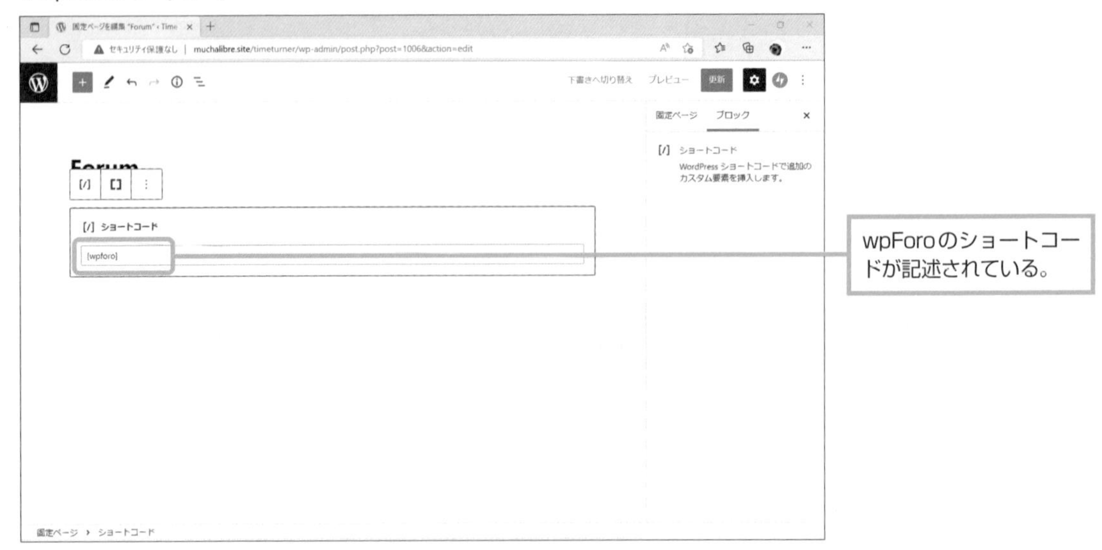

---

*…テストされていないため　最新版がアップロードされているかどうかは、プラグインの新規追加画面で確認してください。
*有効化しておいてください　wpForoを有効化すると、WordPressダッシュボードメニューに「フォーラム」項目が追加されます。
*…が設定　すでにcommunityスラッグを設定したページがある場合は、community-2などになります。

8.1.3 wpForoで掲示板の使い勝手を確認する

wpForoは、WordPressに会員制フォーラム、つまり**コミュニティ**を設置するプラグインです。簡単にWebページにコミュニティページを追加できます。

wpForoによる会員制のコミュニティとは、どのようなもので、どのように使われるのか、あとでカスタマイズするために機能や使い勝手を確認しておきましょう。

ここでは、wpForoインストール、有効化の直後の状態から始めてみます。利用者使用時の表示と機能確認をしたいので、WordPress管理者としてログインしている場合は、いったんログアウトしてください。そして再度、URL欄には**wp-admin**を付けないサイトアドレスを入力して、サイトを表示してください。その際のURLアドレスは**(ドメイン名)/community/**です。

「wpForo」のフォーラム(Forum)ページのスラッグがデフォルトで「community」なので、「(ドメイン)/community/」で接続できるはずですが、すでに「community」がほかの固定ページのスラッグで指定されている場合があります。その場合には、上記URLではwpForoではなく別のページが表示されてしまいます。ダッシュボードの「固定ページ一覧」で「Forum」の「クイック編集」を開いて、「スラッグ」を「forum」などに変更しておくとよいでしょう。

Process

❶wpForoを有効化する際にデフォルトで作成される**Forum**ページを表示します。デフォルトのフォーラムの**メインカテゴリー**が表示されています。

❷FORUMメニューの**登録**タブを開きます。ユーザー名(半角英数字といくつかの記号で作成)とメールアドレスを入力し、**パスワード設定用の確認メールを〜**の先頭にチェックを入れて**登録**ボタンをクリックします。入力が正しく行われている場合は、設定したメールアドレスに確認用のメールが送られます。

▼ユーザー登録

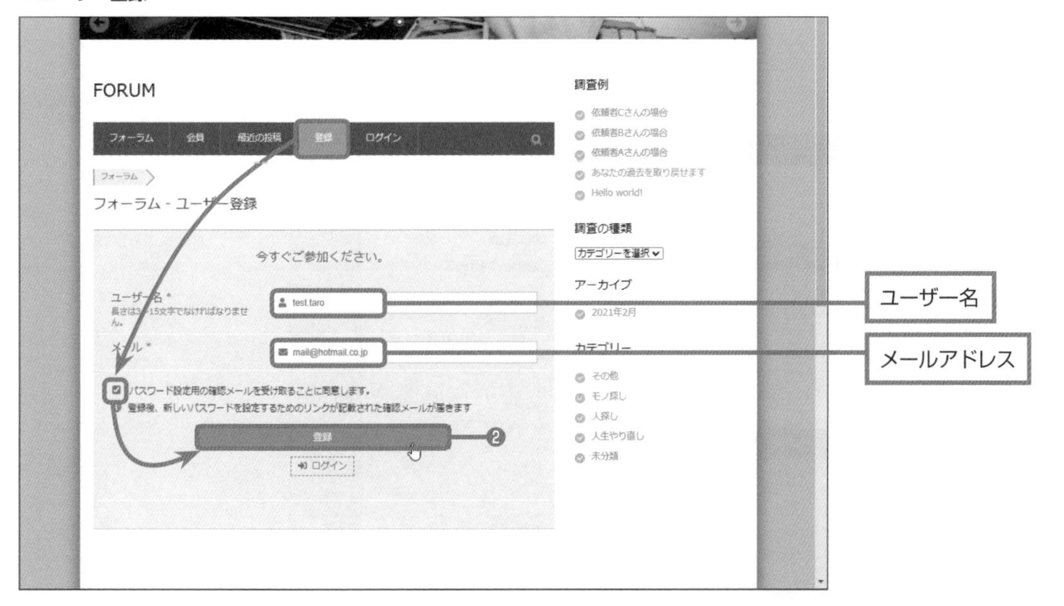

Process

❸wpForoから送られてきた確認用のメールを開き、そこに記載されているリンクをクリックします。

❹Webブラウザーにwpforoのパスワード設定用のページが開きます。ここで、wpForoを利用するためのパスワードを入力します。同じパスワードを2回入力したら、**パスワードをリセット**ボタンをクリックします。

▼パスワードをリセット

Process

❺正しく認証が行われると、フォーラムへのログインが完了します。

❻新規にフォーラムに記事を投稿するには、**トピックを追加**ボタンをクリックします。

▼トピックを追加

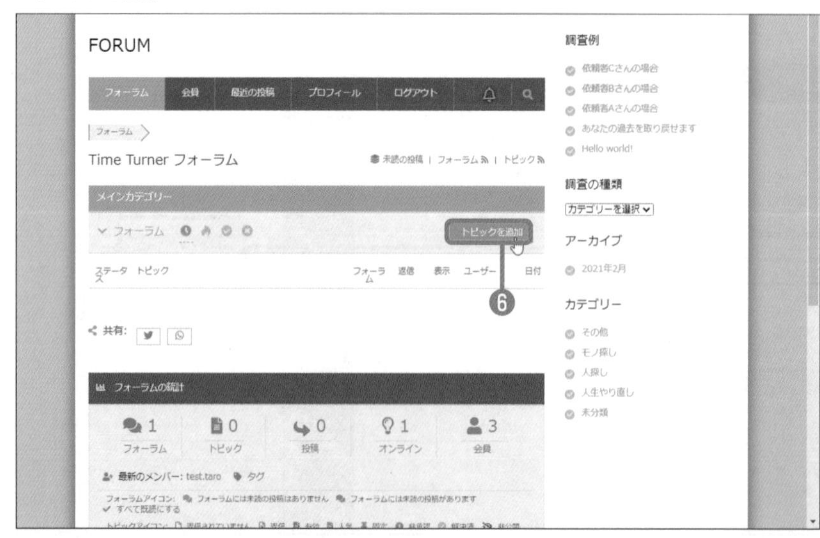

Process

❼通常は、ここでトピックを投稿するフォーラムを選択します。初期状態では**メインフォーラム**だけしかありません。**トピックのタイトル**を入力します。その下のテキストボックスに投稿の内容を入力します。画像を添付する場合は、**ファイルの選択**ボタンをクリックし、写真ファイルを選択します。投稿するトピックが完成したら**トピックを追加**ボタンをクリックします。

▼トピック内容の入力

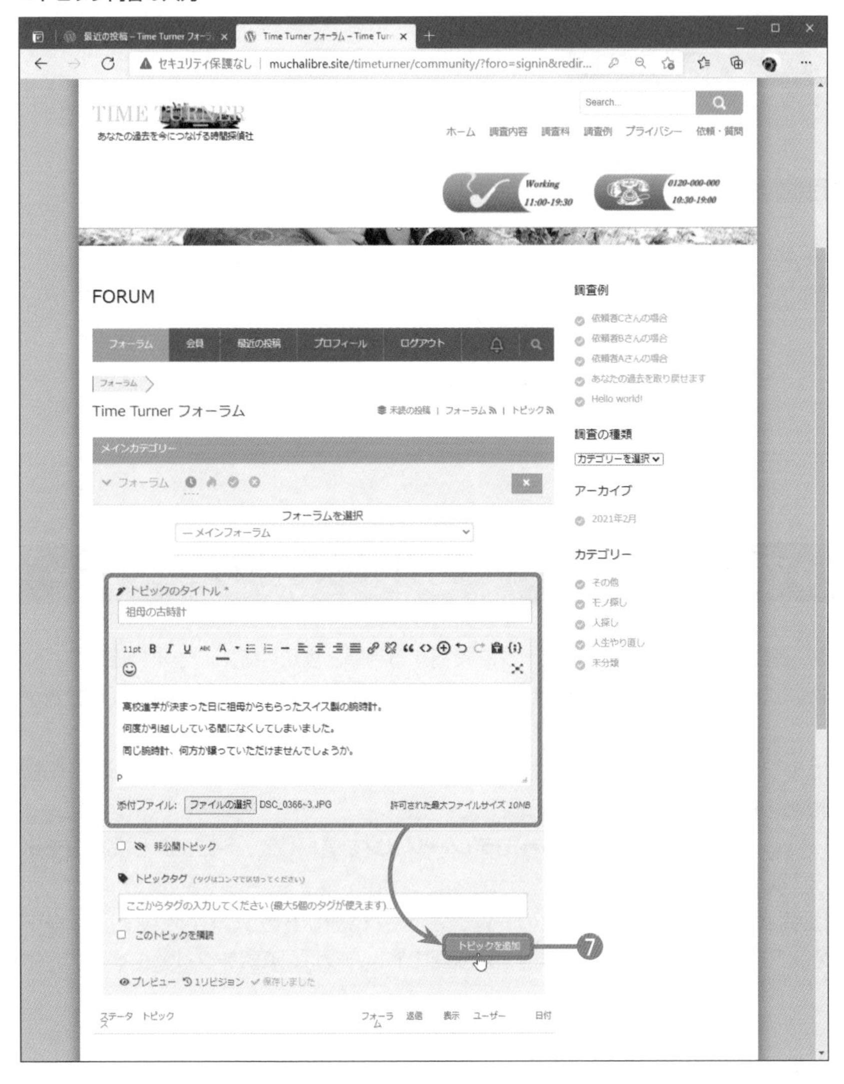

Process

❽トピックが追加されました。なお、初期状態では投稿したトピックは管理者の承認を得ないと公開されません。

▼承認前のトピック

8.1.4　wpForoで掲示板の管理

wpForoで一般の閲覧者がフォーラムにトピックを投稿する手順と表示は確認できましたか。

それでは、管理者としてwpForoの投稿を管理するにはどのようにするのか、も体験しておきましょう。

先ほど、wpForoのフォーラムに投稿したときのユーザーアカウントはログアウトし、いつもの管理者アカウントでWordPressサイトに再ログインしてください。

WordPressのダッシュボードから**wpForo➡モデレーション**を選択して、**トピックと投稿のモデレーション**ページを開いてください。

すると、そこに投稿されて未承認のトピックの一覧が表示されます。トピックにマウスポインターを乗せると、そのトピックの状態を確認できます。**非承認**のトピックは、**承認**をクリックすることで公開されます。

▼トピックの承認

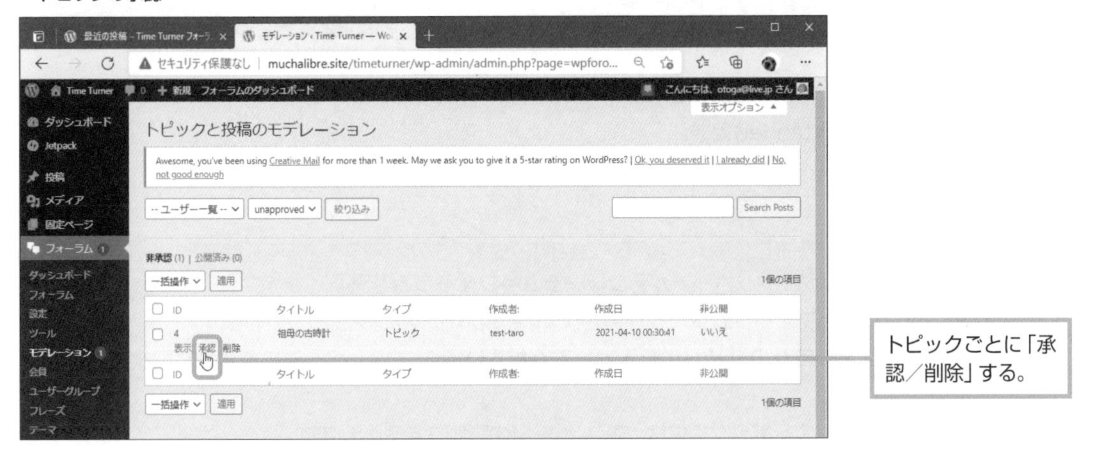

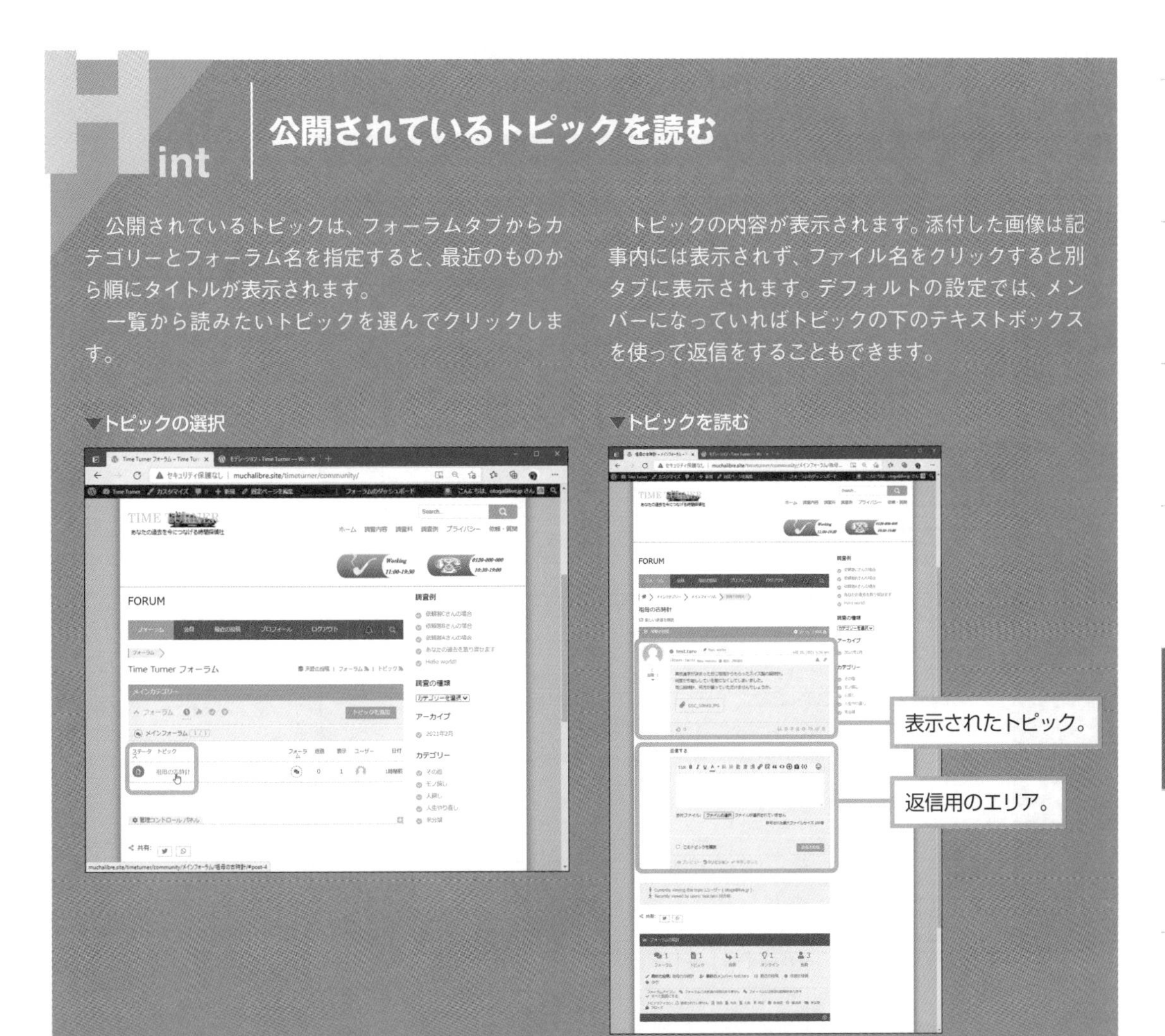

Hint 公開されているトピックを読む

　公開されているトピックは、フォーラムタブからカテゴリーとフォーラム名を指定すると、最近のものから順にタイトルが表示されます。

　一覧から読みたいトピックを選んでクリックします。

　トピックの内容が表示されます。添付した画像は記事内には表示されず、ファイル名をクリックすると別タブに表示されます。デフォルトの設定では、メンバーになっていればトピックの下のテキストボックスを使って返信をすることもできます。

▼トピックの選択

▼トピックを読む

8.1.5 wpForoでQ&Aページを作成する

wpForoは、標準で**Extended**、**Simplified**、**QA**、**Threaded**の４つのレイアウトをサポートしています。通常は**Extended**です。

ここでは、**QA**レイアウトを使い、WebサイトのQ&Aページを作成します。

Process

❶WordPressダッシュボードから**フォーラム➡フォーラム**を選択します。
❷**カテゴリーとフォーラム**ページが開きます。**新規追加**ボタンをクリックします。
❸**ここにフォーラムのタイトルを入力してください**欄に、Q&Aページにふさわしいタイトル名を入力します。
❹その下のテキストボックスには、Q&Aページの説明文を入力します。
❺**フォーラムのスラッグ**欄には、スラッグを入力します。

▼カテゴリーとフォーラム

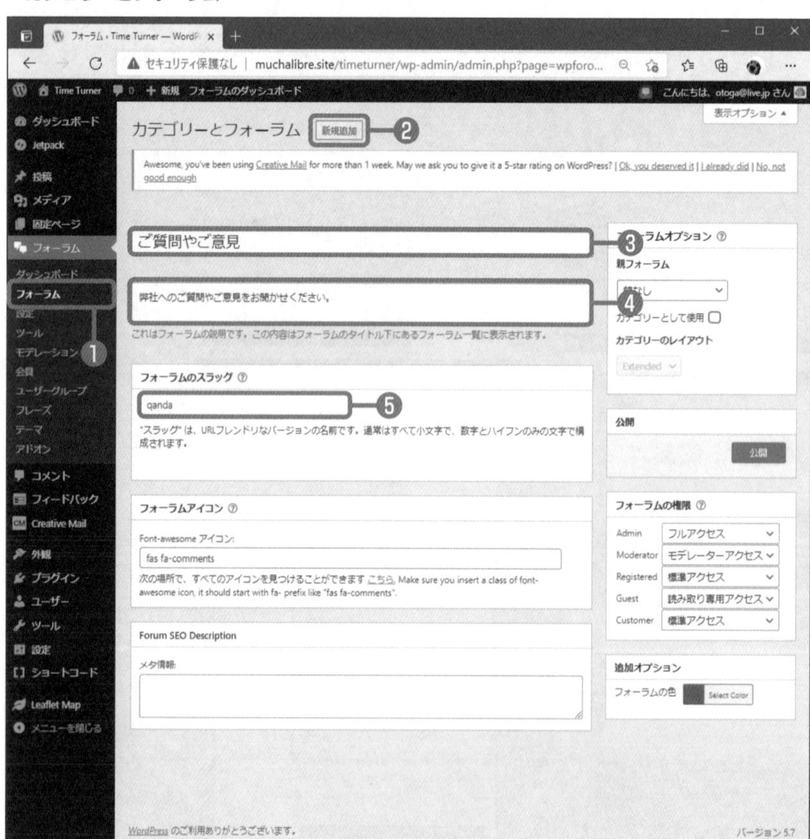

Process

❻**フォーラムオプション**欄の**カテゴリーとして使用**をチェックします。
❼**カテゴリーのレイアウト**リストボックスをクリックして、**QA**を選択します。
❽設定が完了したら、**公開**ボタンをクリックします。

▼フォーラムオプション

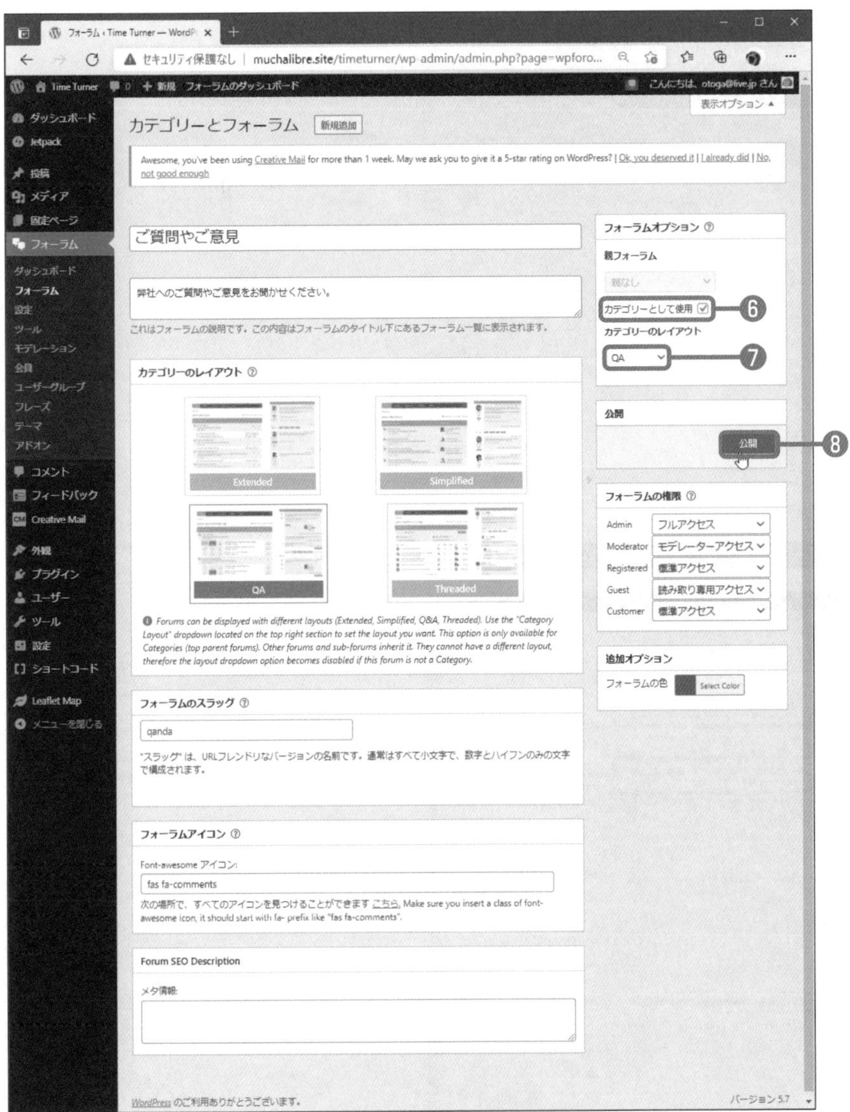

▼カテゴリーとフォーラム

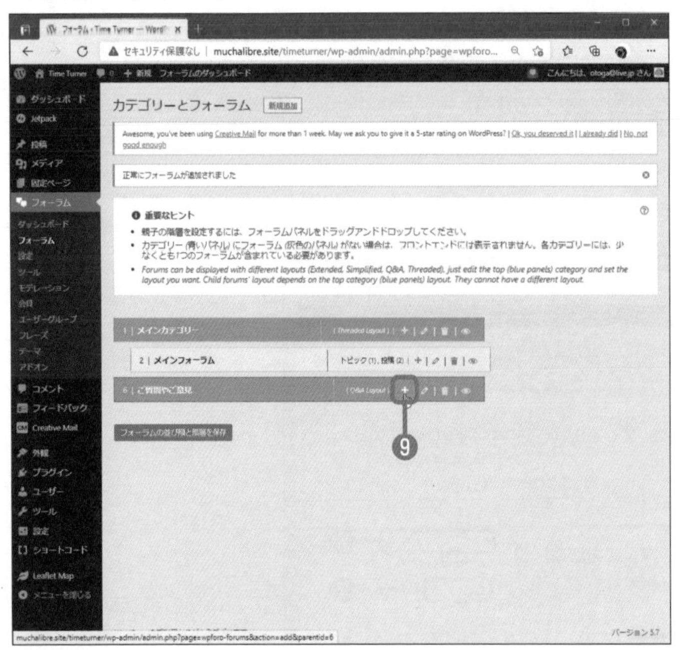

Process

❾新規にQ＆A用のカテゴリーが作成されました。作成されたパネルの**+**をクリックします。

▼フォーラムの内容設定

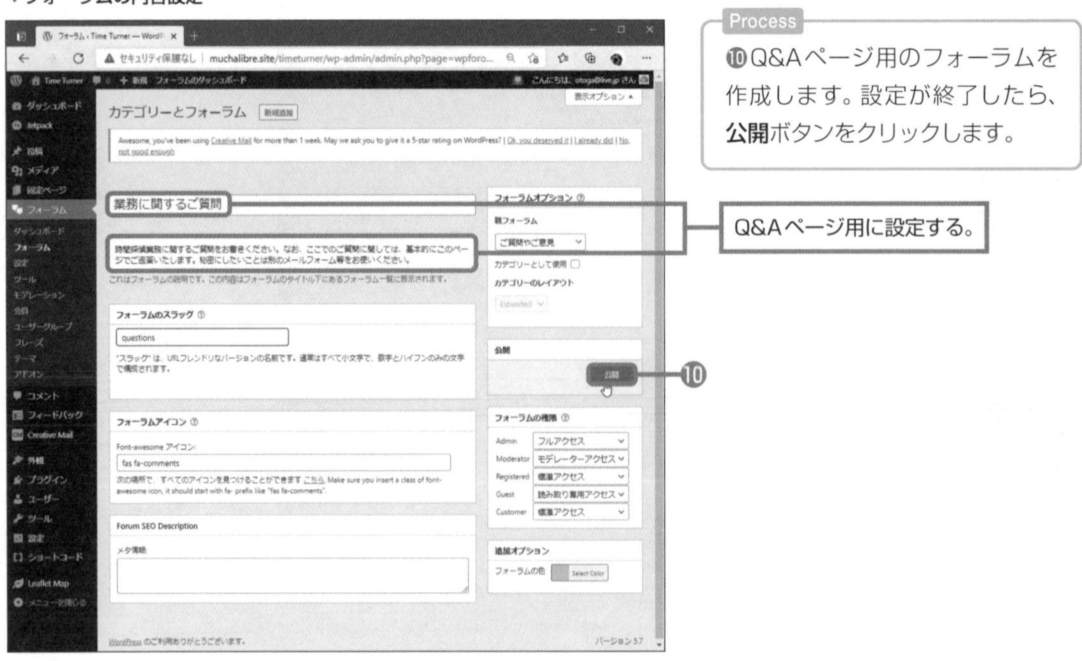

Process

❿Q&Aページ用のフォーラムを作成します。設定が終了したら、**公開**ボタンをクリックします。

▼Q&Aフォーラム完成

Process

⑪Q&Aページ用のフォーラムが完成しました。フォーラムパネルの目のマークをクリックします。

▼公開されたQ&Aフォーラム

Process

⑫Webサイトに設置されたQ&Aページが開きました。閲覧者が質問する場合は、**質問する**ボタンをクリックすることになります。

Section 8.2

Level ★★★

自動で予約できるシステムを導入する

Keyword　予約システム　Appointment Hour Booking　プラグイン

顧客が実店舗を訪れたいとき、その日時をオンラインで簡単に予約できれば、顧客にとって大きな魅力となります。WordPressには予約システムのプラグインがいくつかあります。ここでは、その中の「Appointment Hour Booking」プラグインを設置します。

実店舗への訪問日時をオンラインで予約できるようにする

▼Appointment Hour Bookingプラグイン

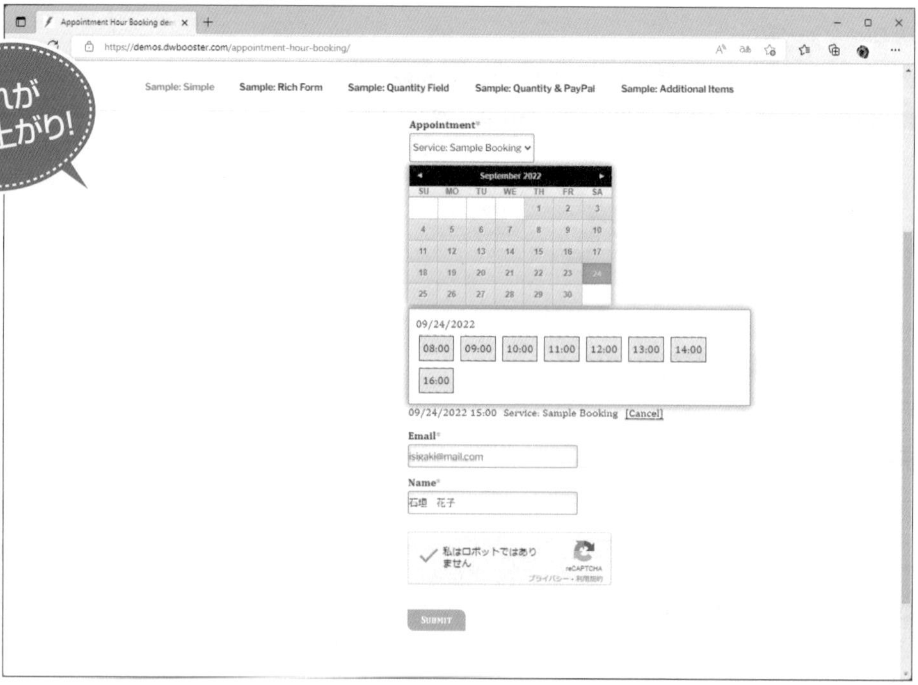

これができ上がり!

Appointment Hour Bookingプラグインは、カレンダー形式のUIを表示し、年月日と時間帯を予約できるシステムです。

予約システムを設置する

- 予約システムをインストール/有効化する。
- 予約システムを設定する。
- 予約システムの動作を確認する。

ここでの
ロード
マップ!

時間 →

掲示板機能の設置	8.1.1	8.1.2	8.1.3	8.1.5				
掲示板の管理				8.1.4				
予約システムの設置					8.2.1			
予約の確認						8.2.2		
オンラインショップの機能							8.3.1	8.3.2

予約システムの導入。

予約システムの
確認。

0 自分の夢を発信する
1 WordPressがある
2 ブログをしてみる
3 どうやったらできるの
4 ビジュアルデザイン
5 ブログサイトをつくろう
6 サイトへの訪問者を増やそう
7 ビジネスサイトをつくる
8 Webサイトでビジネスする
資料 Appendix
索引 Index

8.2.1　Appointment Hour Booking予約システムを導入する

「Appointment Hour Booking」は、顧客が、希望する日時（何月何日の何時から）をオンラインで自動的に予約するためのプラグインです。さらに、時間帯と利用時間によって支払い金額を設定することも可能です（有料版）。したがって、医療や娯楽のサービス、レンタル、塾や習い事などにも使用することができます。

▼Appointment Hour Booking

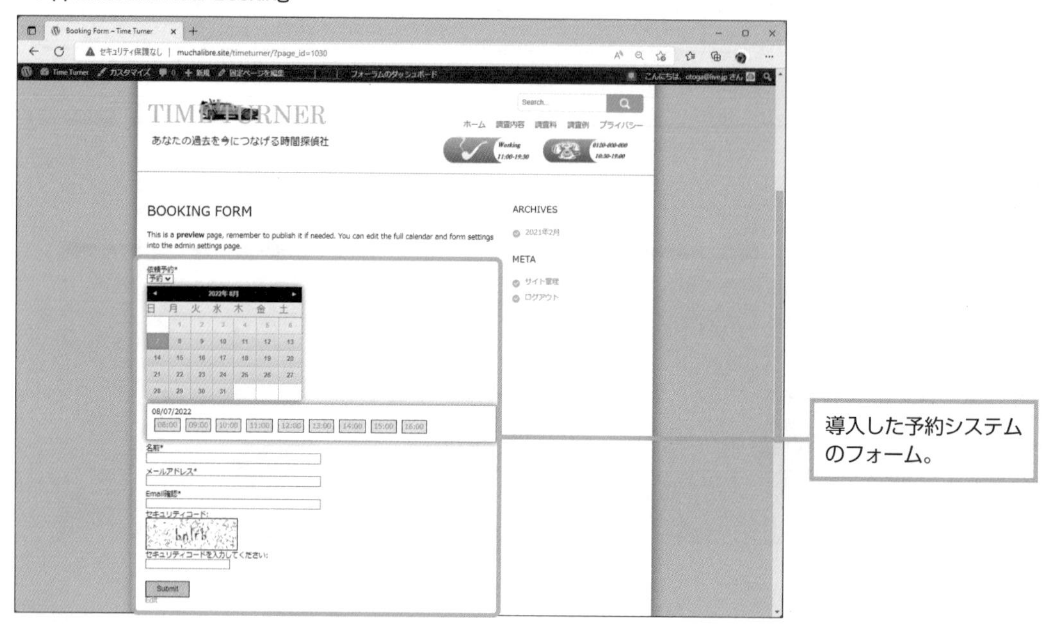

「Appointment Hour Booking」は無料版のほか、支払いシステムとの統合ができる有料版があります。有料版では、WooCommerceとの統合が可能です。まずは無料版で機能や使い勝手（UI）を試してみて、使えると判断したら有料版に移行するのがよいでしょう。

それでは、無料版のプラグインをインストールして、有効化してください。

Process

❶ダッシュボードの**Appointment Hour Booking**ページを開きます。

❷カレンダーリストに、「Form 1」という名称のデフォルトの予約フォームが1つ表示されています。**フォーム名**ボックスをクリックして任意の予約フォーム名を入力し、**名前を変更**ボタンをクリックします。

▼フォーム名の入力

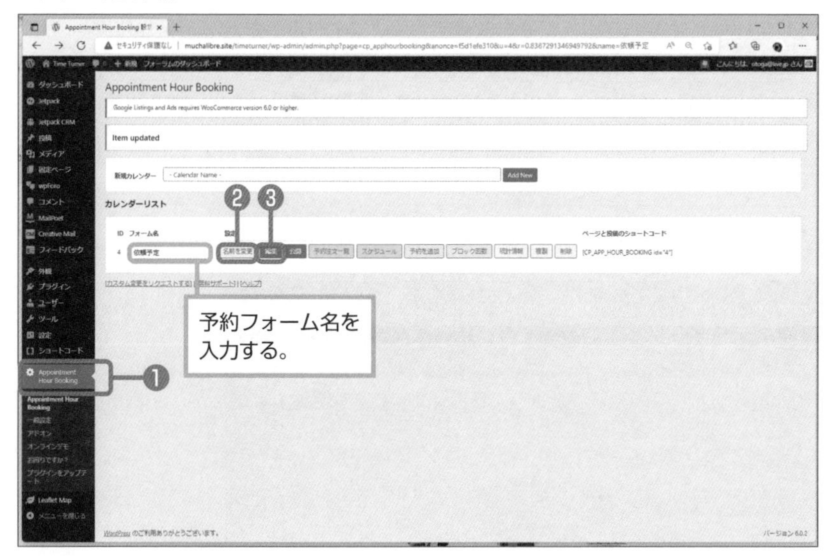

Process

❸続いて、**編集**ボタンをクリックします。

❹**フィールドを追加**タブで**Email**ボタンをクリックします。新規に「Email」フィールド（確認用）が追加されます。

▼Emailフィールドの追加

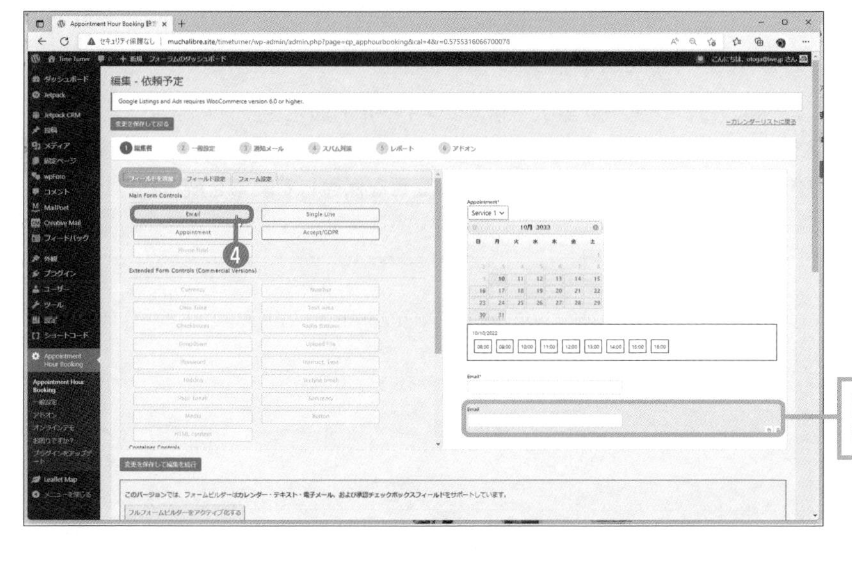

Process

❺追加したEmailフィールドが選択されているのを確認して、**フィールド設定**を選択します。
❻**Field Label**ボックスの表示を**Email確認**に書き換えます。**Required**チェックボックスにチェックを入れます。**Equal to**ドロップダウンリストボックスを開いて**Email**を選択します。**変更を保存して編集を続行**ボタンをクリックします。

▼Emailフィールドの設定

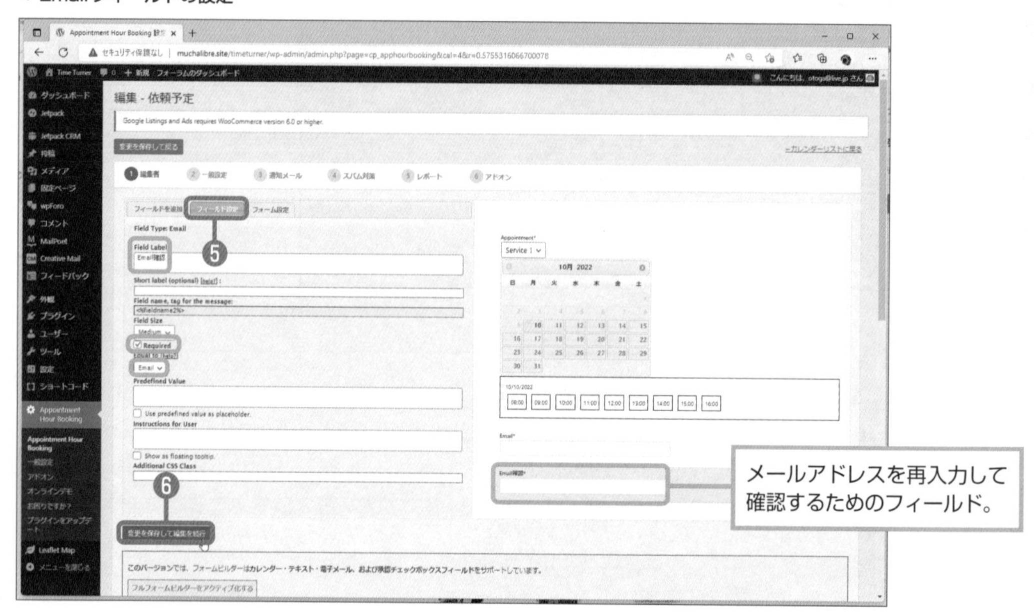

Process

❼右側のプレビュー欄のカレンダーを選択します。**フィールド設定**タブが開きます。**Field Label**ボックスを「依頼を予約する」に書き換えます。**Services**欄の**Name**ボックスの記述を「予約」に書き換えます。設定変更が完了したら、**変更を保存して編集を続行**ボタンをクリックします。

▼予約依頼フィールドの設定

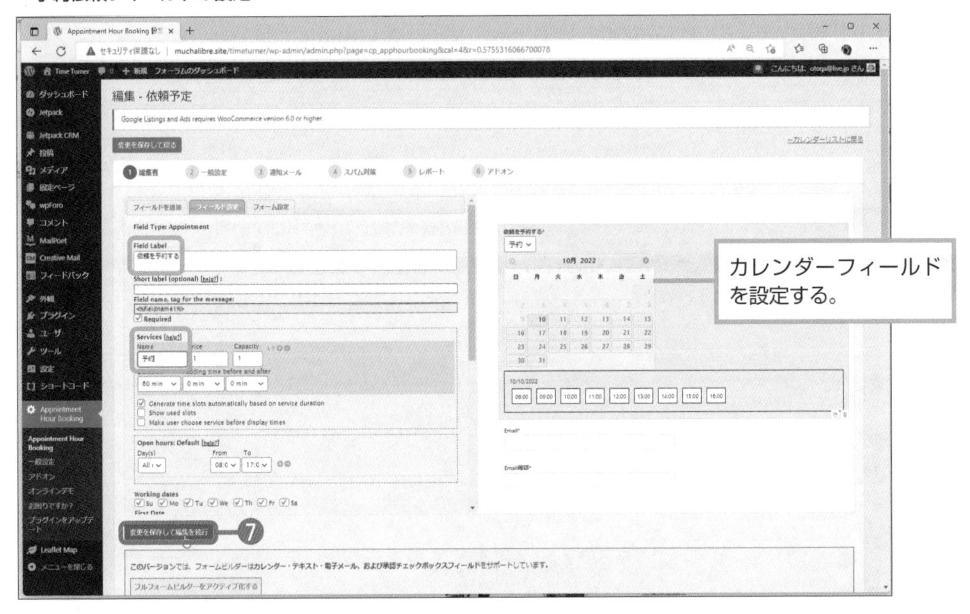

Process

⑧**フィールドを追加**タブで**Single Line**ボタンをクリックします。右側のプレビュー欄に追加された「Untitled」フィールドをドラッグしてEmailフィールドの上に移動します。

▼フィールド順の変更

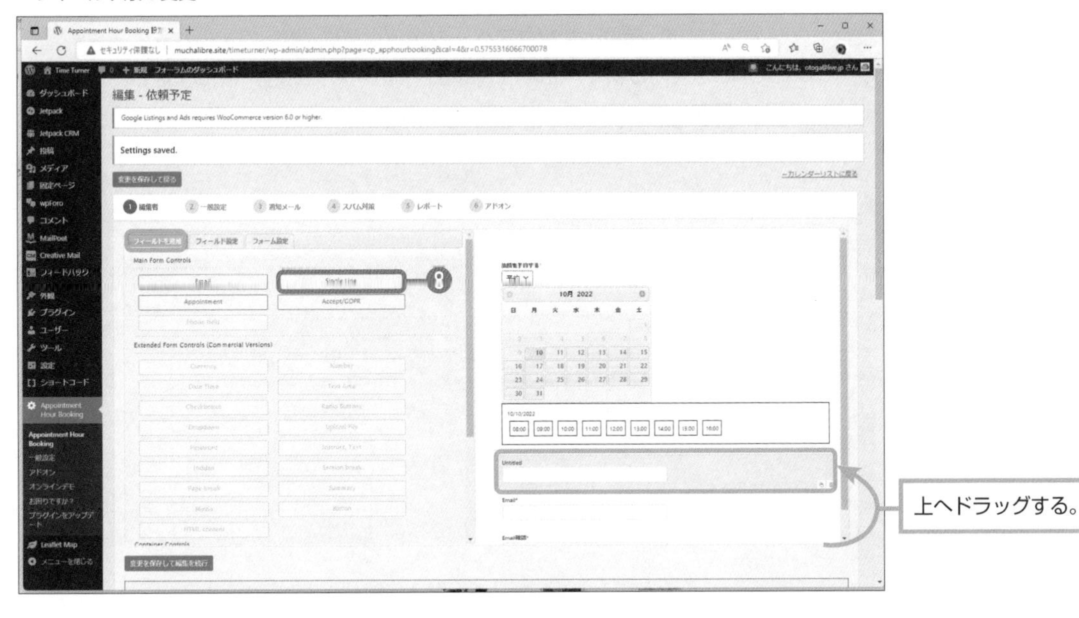

Process

⑨**フィールド設定**タブで、「Untitled」フィールドの**Field Label**に「お名前」と入力します。**Required**にチェックを入れ、**変更を保存して編集を続行**ボタンをクリックする。

▼フィールドラベルの設定

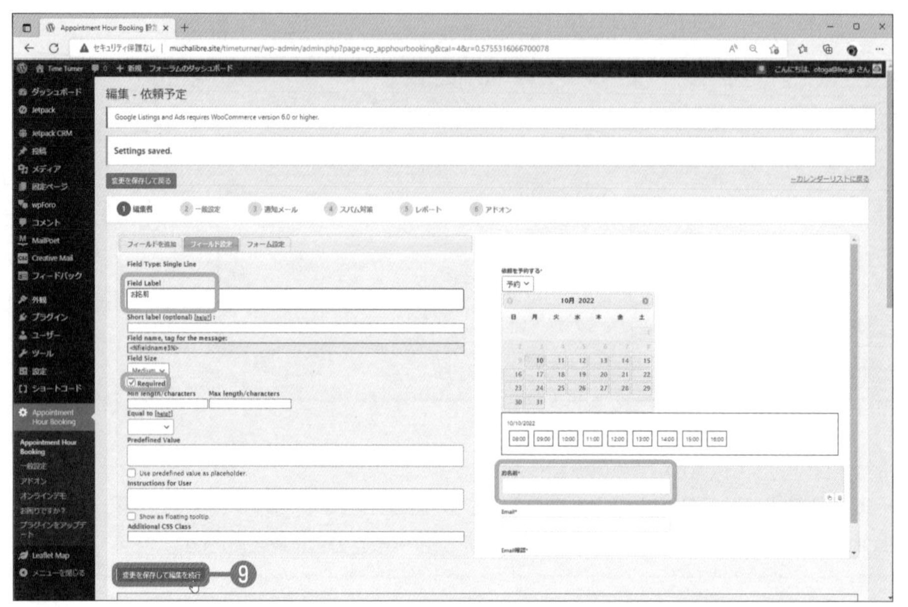

Process

⑩❷**一般設定**ページを開きます。**確認 / サンクスページ**ボックスに、予約フォーム送信後に表示する固定ページのURLを入力します。このページは、予約システム導入後に作成してもかまいません。ページ下の**保存して戻る**ボタンをクリックします。

▼予約フォーム送信後の表示ページの設定

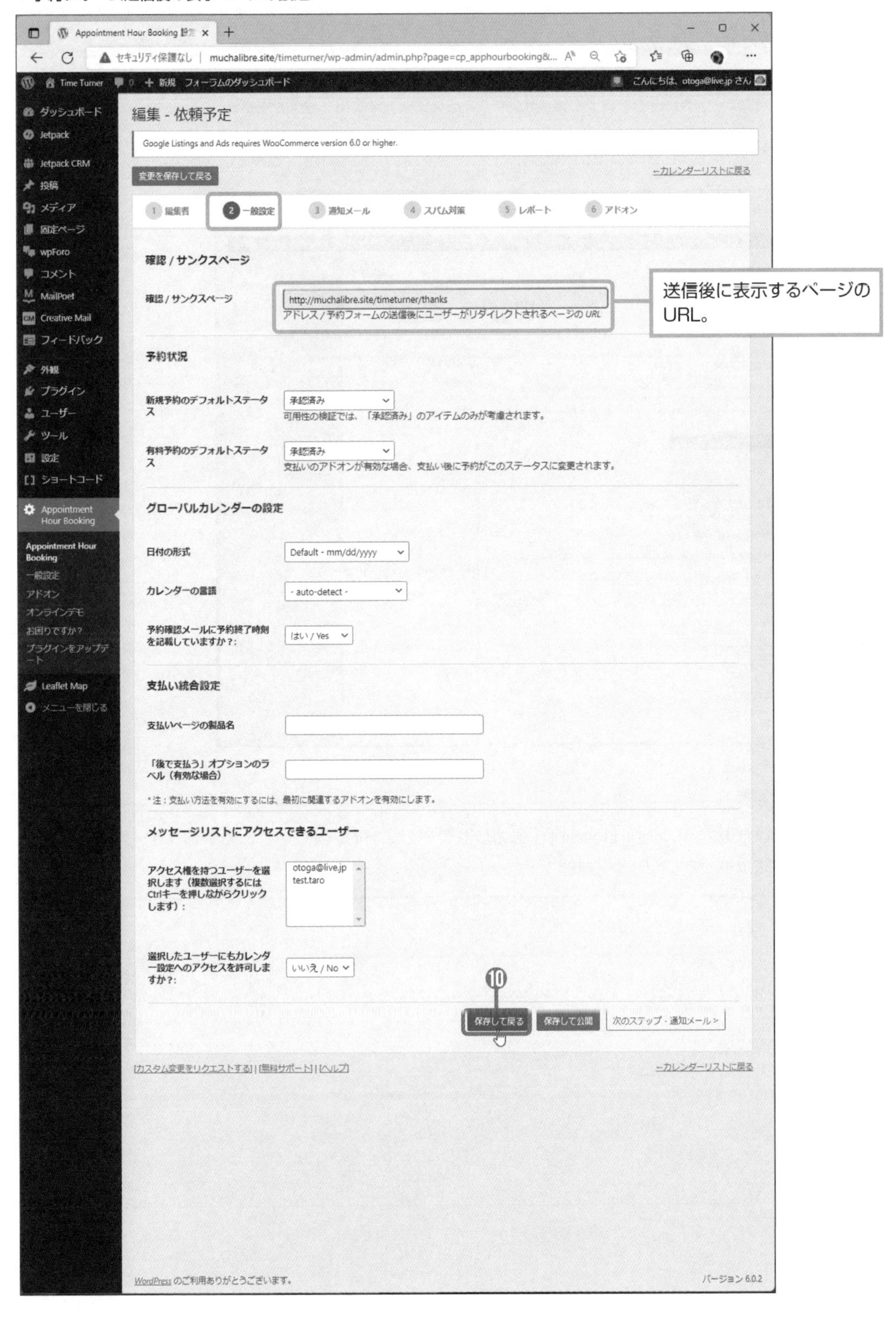

0 自分の夢を発信する
1 WordPressがある
2 ブログをしてみる
3 どうやったらできるの
4 ビジュアルデザイン
5 ブログサイトをつくろう
6 サイトへの訪問者を増やそう
7 ビジネスサイトをつくる
8 Webサイトでビジネスする
資料 Appendix
索引 Index

8.2.2 予約状況を確認する

予約状況は、「予約注文一覧」で確認します。このページでは、予約内容を検索することも可能です。

▼予約システム

Process

❶「Appointment Hour Booking」のカレンダーリストで、設置している予約フォームの**予約注文一覧**ボタンをクリックします。

▼予約状況を見る

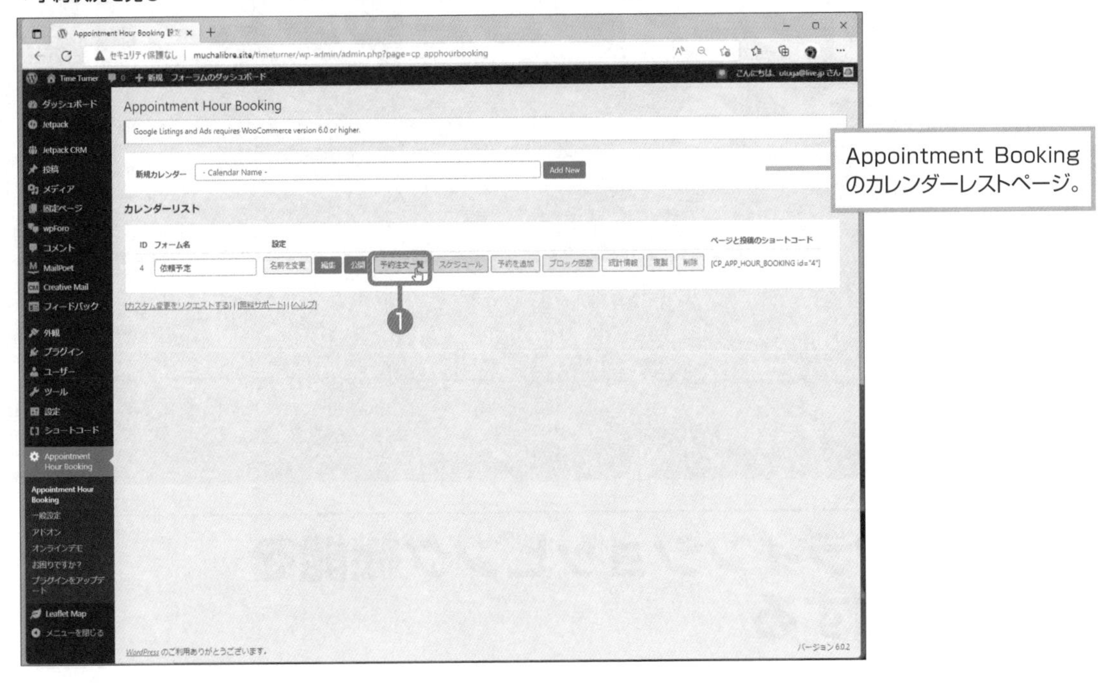

Process

❷予約の一覧が表示されました。

▼予約の一覧

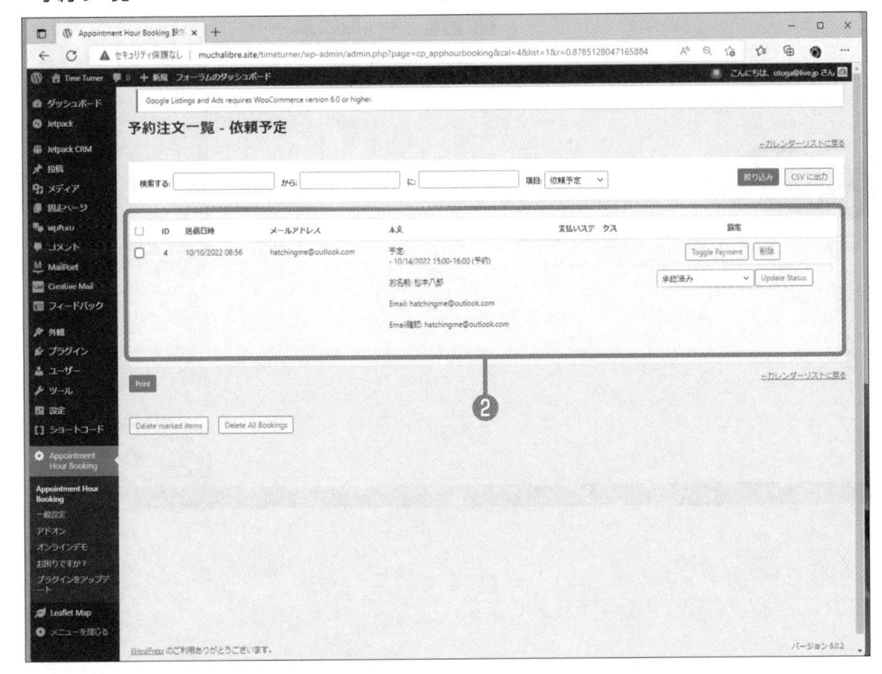

Section 8.3

Level ★★★

オンラインショップサイトをつくる

Keyword　オンラインショップ　EC　WooCommerce

WordPressにオンラインショッピング機能を付加する場合も、専用のプラグインを導入します。ここでは、WordPressサイトをオンラインショップ化するのに使用されることの多い「WooCommerce」プラグインを使います。機能が非常に多く、本格的なオンラインショップも構築可能なプラグインです。ここでは、その初期設定を紹介しています。

オンラインショッピング機能を追加する

▼オンラインショップシステム

ここでは、「WooCommerce」プラグインでサイトにオンラインショッピング機能を付加し、実商品の販売やサービス（古いモノや人の調査）の費用を提示します。

ここがポイント！

WordPressサイトに オンラインショッピング機能を付加する

- WooCommerceプラグインをインストールする。
- オンラインショップの基本情報を入力する。
- 商品の情報を入力する。
- オンラインショッピング機能をテストする。

ここでのロードマップ！

時間 →

掲示板機能の設置	8.1.1	8.1.2	8.1.3	8.1.5			
掲示板の管理				8.1.4			
予約システムの設置					8.2.1		
予約の確認						8.2.2	
オンラインショップの機能							8.3.1 〉8.3.2

WooCommerceの導入。

オンラインショップシステムの設定。

8.3.1 オンラインショッピング機能を導入する

大手のオンラインショップサイトでは、個店それぞれが独自色を打ち出したホームページで顧客にアピールするというよりは、価格とサービスを前面に出した、ほぼ決まったフォーマットに商品を載せています。それに対して、WordPressによるホームページでは、個性的なオンラインショップづくりが可能になります。

オンラインショップに必要なのが、電子商取引（EC）に対応したシステムです。従来は、専門的な知識と費用が必要でした。WordPressには、オンラインショップ向けのプラグインがあります。商品の値付けや在庫管理は必要となるものの、従来に比べて立ち上げまでの労力を大幅に削減できるようになっています。

WooCommerceを導入する

「WooCommerce」プラグインは、WordPressによるサイトを非常に簡単にEC対応サイトにつくり替えることができます。WordPressベースのオンラインショップサイトの多くが導入しているため、信頼性が高く、機能追加用のアドインも多くあります。

WooCommerceのインストールは、一般的なプラグインと何一つ変わりません。機能追加用のアドインは「WooCommerce機能拡張」と呼ばれ、WooCommerceをインストールしてから、必要なものを必要なときに追加するだけです。

▼WooCommerceプラグイン

Memo オンラインショップの立ち上げ理由

WooCommerceに限らず、オンラインショップサイトを自前で構築するには、いくつかの詳細な設定が必要です。本書では、ショップの基本情報の設定と、商品の追加について説明していますが、実際にオンラインショップサイトを開店するには、このほかにも税金、送料、クーポン、在庫、支払い方法などについての設定が必要になります。

WooCommerceは、こういったオンラインショップの開店・運営に関する設定が非常にわかりやすくなっています（英語表記の設定箇所も少しあります）。また、オンラインでのサポートも受けられます。

しかし、執筆時点でインターネット上にこれらの情報が豊富にあるとは言い切れません。また、実際のオンラインショップのサイト構築では、商業的な知識やオンライン決済の知識と実体験が重要になります。現実的には、アマゾンや楽天などの大手のオンラインショップシステムを有料で利用するかどうかを検討することになると思います。

自前でオンラインショップを立ち上げる理由としては、実店舗の得意客や定期的に購入する昔から顧客などへ向けて、オンラインという新しいチャンネルを追加するということだと思います。そうでなければ、非常に珍しくニッチな商品やサービスを扱うとか、検索結果の上位に表示される商品を扱っているとか、とにかく購入を渇望する客を自前サイトに誘導することができる場合です。

8.3.2　WooCommerceの設定ページ

オンラインショップと商品の情報を入力することになります。入力するこれらの基本情報は、商品を購入する顧客などに公表される重要なものです。

WooCommerceをインストールして有効化し、ダッシュボードの**インストール済みプラグイン**から、WooCommerceの**設定**をクリックすると、設定ページが表示されます。これらの設定ページは、ダッシュボードメニューから**WooCommerce➡設定**で開くこともできます。

設定ページは、「一般」「商品」「配送」「決済」など9つのタブに分かれています。基本的なオンラインショップに必要な情報は、この順番にタブを開いて設定することができます。

ただし本書では、**WooCommerce➡ホーム**で開くホームページで基本設定をします。

▼WooCommerceの設定ページ

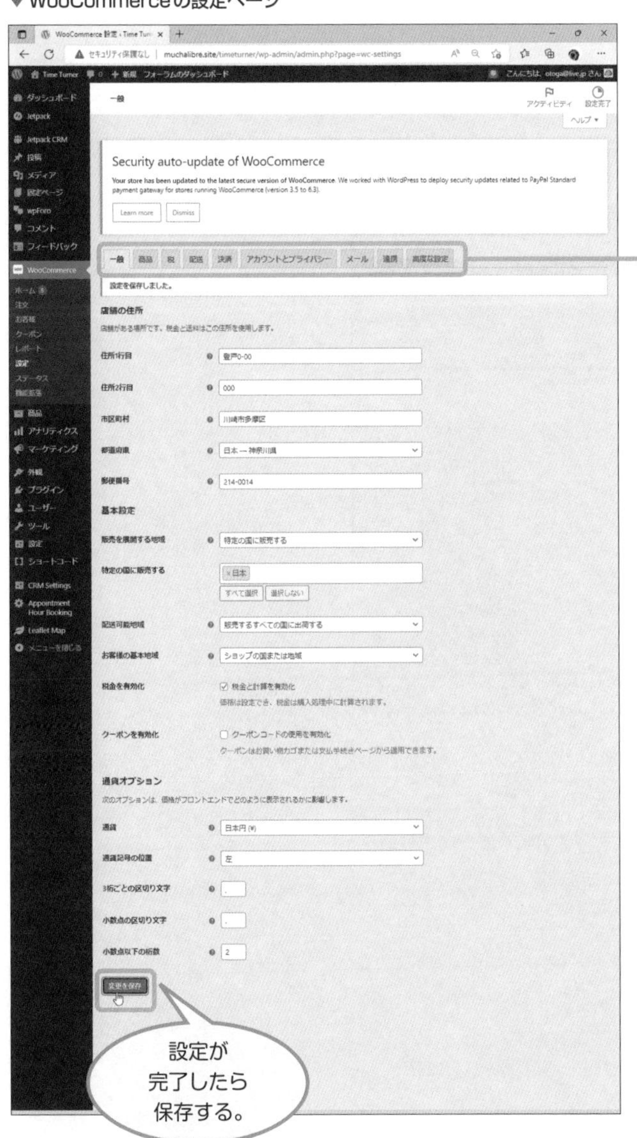

WooCommerceのホームページで基本情報を設定する

WooCommerceによるオンラインショップや商品の情報設定用としては、先ほど述べたWooCommerceの設定ページがあります。この設定ページは、WordPressの設定用UIの形式を備えたページです。

ここでは、WooCommerce専用のUIによる設定ページ（ホームページ）を使います。UIは異なりますが、設定内容はほとんど変わりません。

なお、バージョンによって設定画面や設定項目の表示が異なることがあります。お使いのバージョン用に読み替えて設定してください。

それでは、WooCommerceのホームページで上から順に設定していきましょう。

ダッシュボードのメニューから**WooCommerce➡ホーム**を選択すると、ホームページが表示されます。

「販売開始の準備を整える」には7つのステップが用意されています。基本的には上から順に設定を完了させていきますが、設定項目をスキップして次の設定を行い、あとで残りの設定を完了させることもできます。

▼ショップの設定リスト

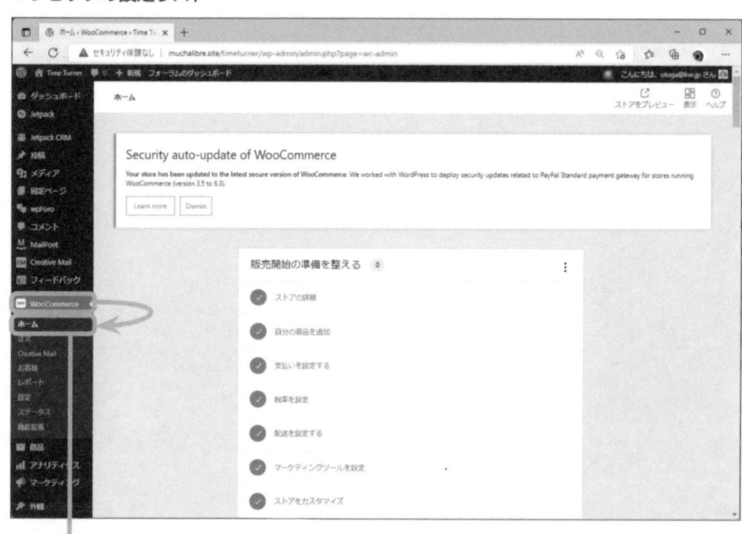

ダッシュボードのメニューからWooCommerce➡ホームを選択する。

ストアの詳細

ストアの詳細では、ショップの住所やメールアドレスを設定します。

▼ストアの詳細

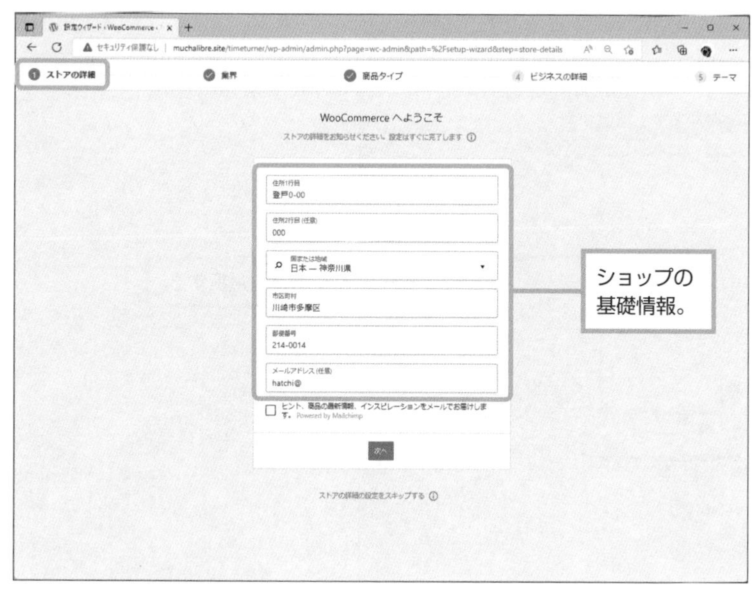

業界

ショップの業種を設定します。

▼職種

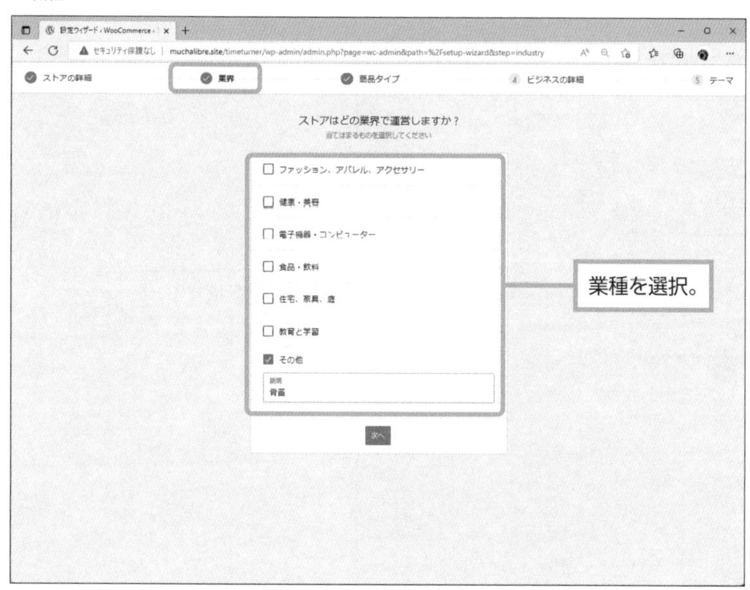

商品タイプ

ショップで販売する商品の概要を設定します。

▼商品の概要

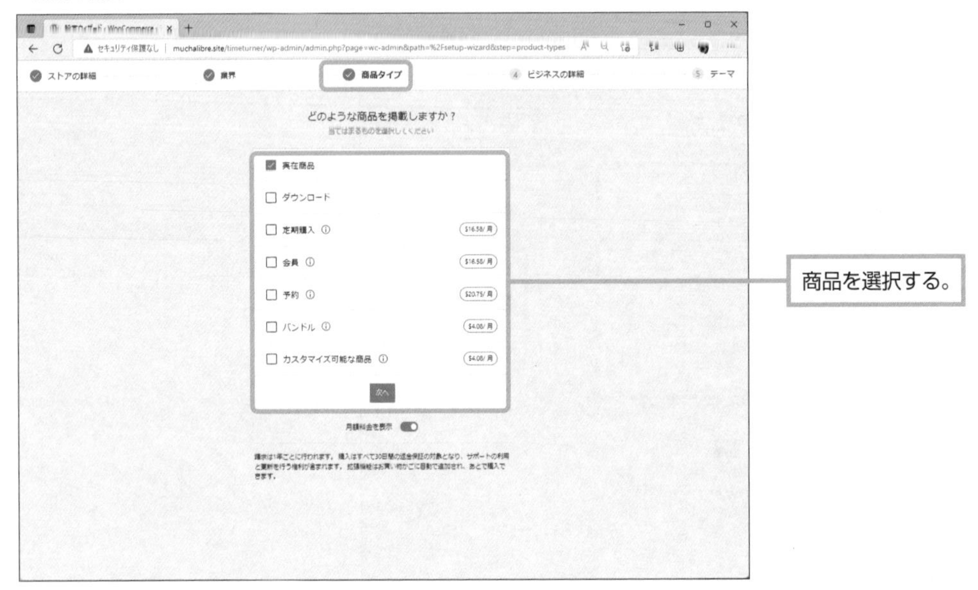

ビジネスの詳細・フリープラン

オンラインビジネスの規模について設定します。
また、推奨される無料の拡張機能がある場合は提案されます。

▼ビジネスの規模

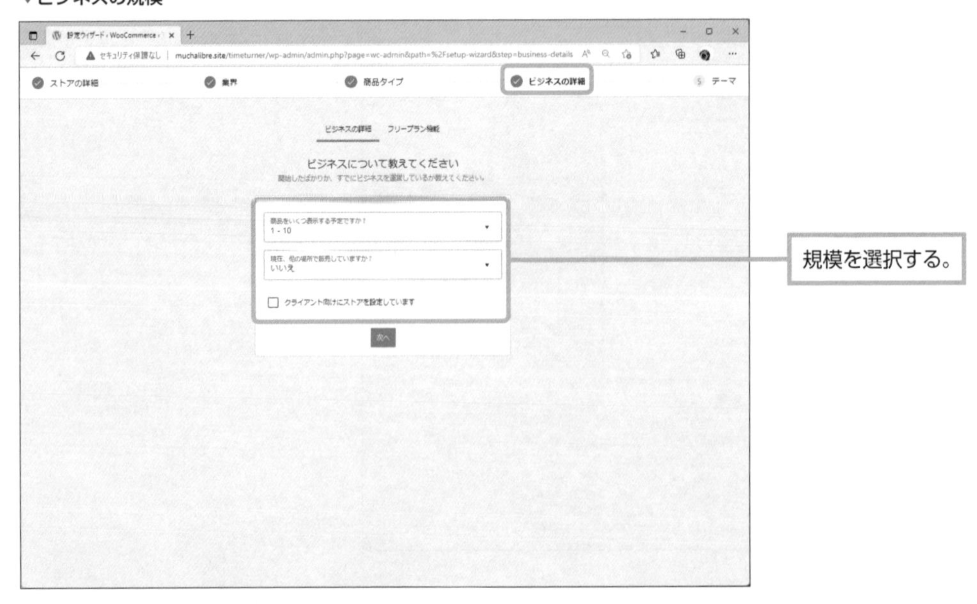

▼ビジネスプラン

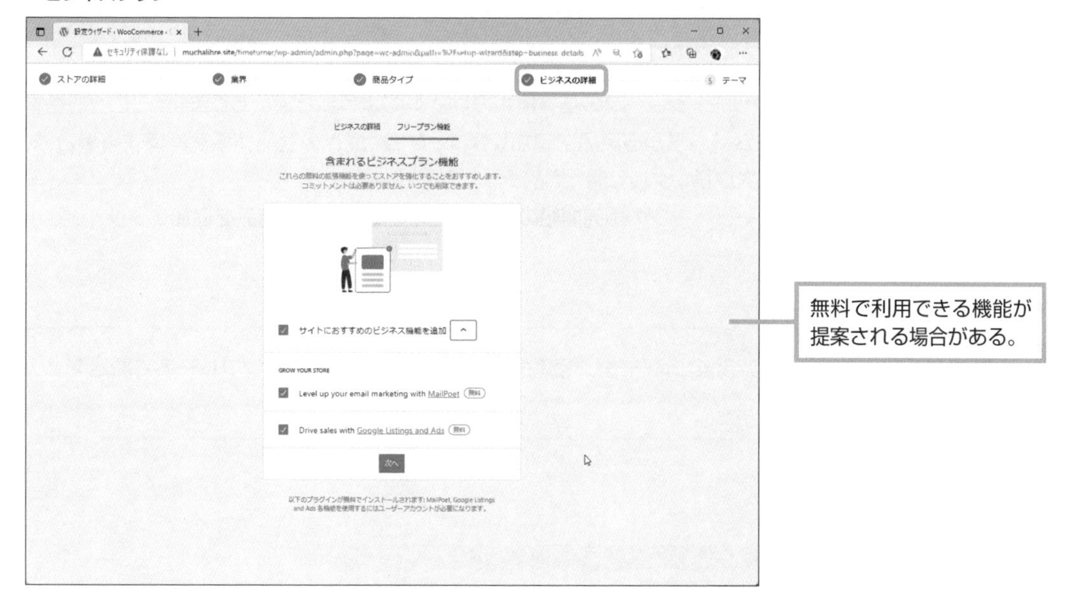

テーマ

WooCommerceに適したテーマが紹介されます。現在使用しているテーマでもWooCommerceの使用に問題がなければ、**有効なテーマをそのまま使用する**をクリックします。

▼WooCommerceが使えるテーマ

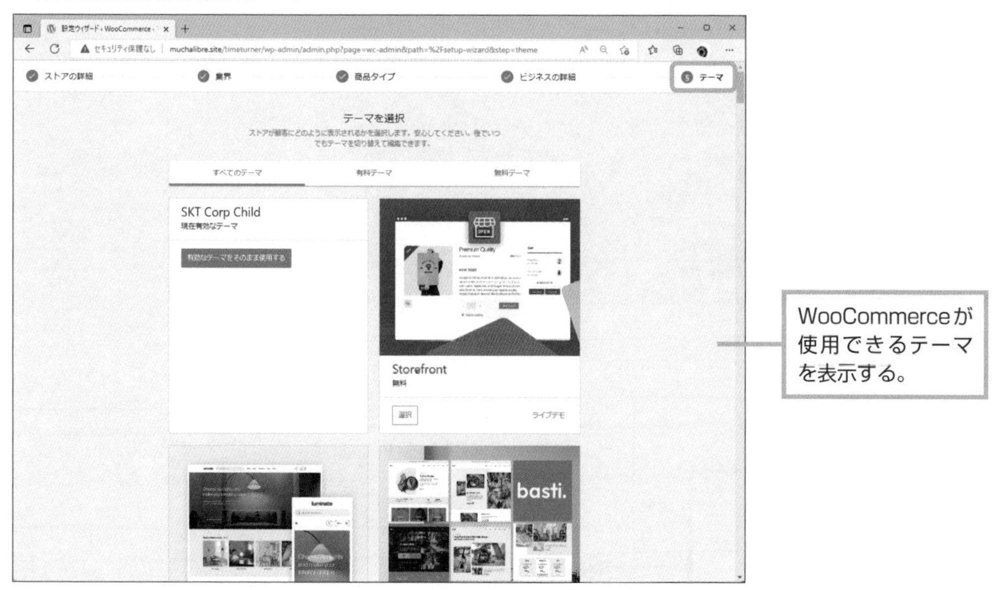

WooCommerceが
使用できるテーマ
を表示する。

0 自分の夢を発信する
1 WordPressがある
2 ブログをしてみる
3 どうやったらできるの
4 ビジュアルデザイン
5 ブログサイトをつくろう
6 サイトへの訪問者を増やそう
7 ビジネスサイトをつくる
8 Webサイトでビジネスする
資料 Appendix
索引 Index

商品を追加する

商品ページの管理用のUIも、ショップの基本情報のUIと同じように2通りあります。ここでも基本情報と同じように、ホームページから商品を追加します。なお、既存の商品情報を編集する場合は、ダッシュボードから**商品**をクリックして開く商品ページから行います。

WooCommerceのホームページの**販売開始の準備を整える**から**自分の商品を追加**をクリックします。

Process

❶商品追加の方法として、4つの方法が用意されています。ここでは、**テンプレートで開始**をクリックします。

▼商品追加の方法を選択

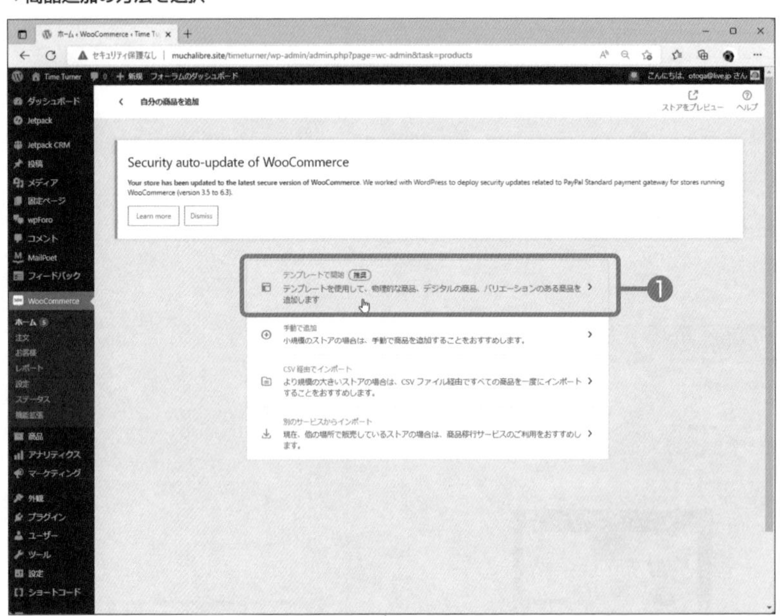

▼商品の種類

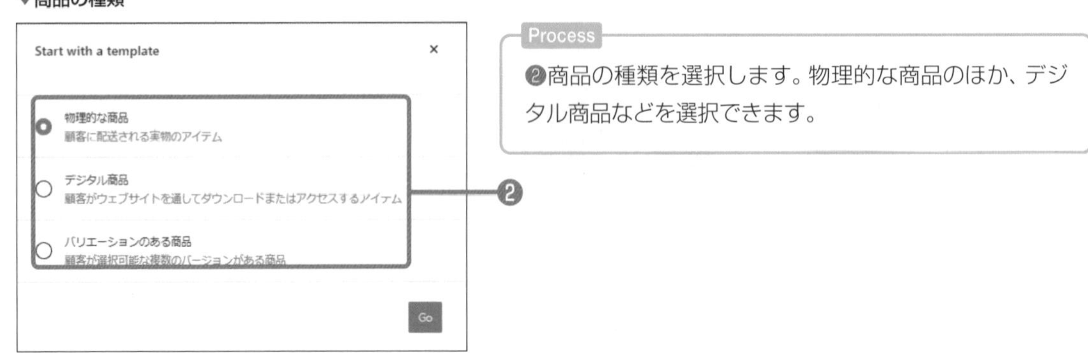

Process

❷商品の種類を選択します。物理的な商品のほか、デジタル商品などを選択できます。

> **Process**
>
> ❸商品用のページを作成します。現バージョンでは、クラシックエディターによるページ編集がデフォルトとなっています。ここでは、古いモノの調査というサービスを登録します。

▼**商品ページの作成**

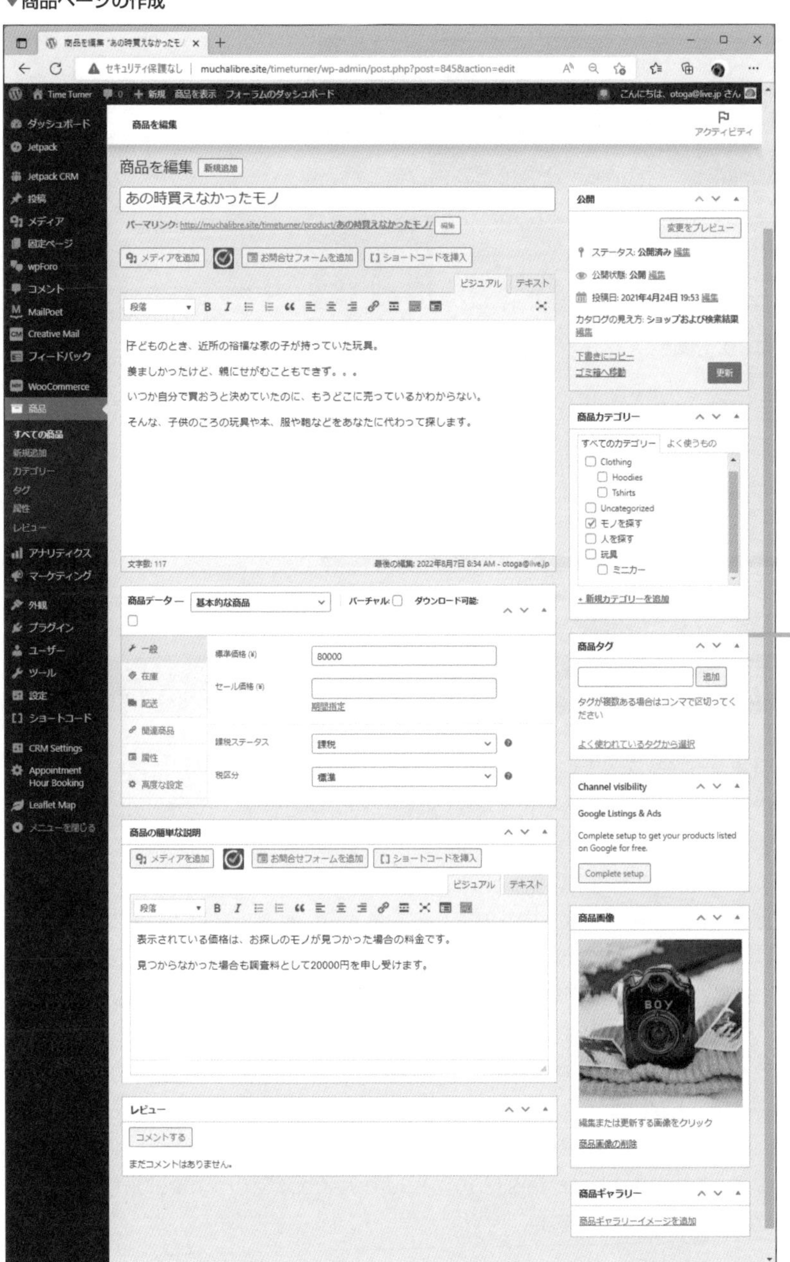

クラシックエディターで編集する。

Process

❹作成したページを表示して確認します。

▼商品ページの確認

オンラインストア開店前のチェックリスト

インターネット上のオンラインストアに顧客が留まり、商品を閲覧するかどうかは最初の15秒で決まると言われています。これが最初のハードルです。顧客が店の前でウィンドウ越しに商品を見ている段階です。顧客をオンラインストアに引き入れるために重要なのは、商品やサービスを魅力的に見せる画像やセールス文句です。これは、顧客が最初に見るページに表示されなければなりません。

この最初のハードルを越え、顧客がサイト内を閲覧して回るようになったとして、次にチェックしなければならないのは、リンク切れがないかどうかです。せっかく顧客が興味を示して、商品の詳細などを見ようとしたときに、そのページがなかったり情報が貧弱だったりすると、顧客は満足できません。

このように、オンラインストアを立ち上げるときには、いくつかの特別なノウハウがあります。WooCommerceのホームページには、プラグインの操作や設定のほかにも様々な情報が載せられていて、例えば、「Pre-Launch Checklist: The Essentials（英語）」(https://woocommerce.com/posts/pre-launch-checklist-the-essentials/?utm_source=inbox&utm_medium=product)には、発売前のチェックリストがありあます。

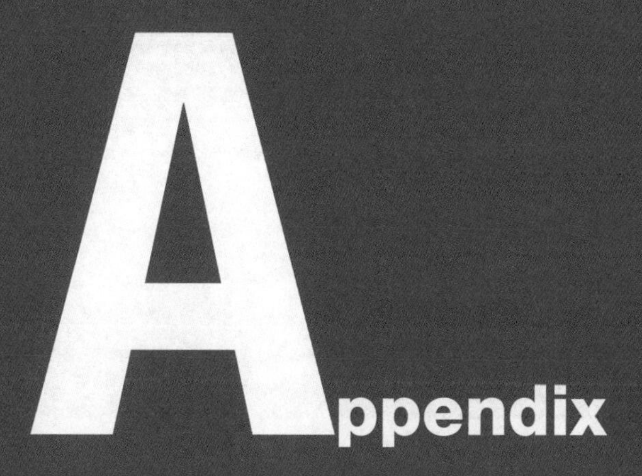

資料編

Appendix 1　HTMLタグリファレンス

Appendix 2　CSSプロパティリファレンス

Appendix 1

HTMLタグリファレンス

HTML5または4.01を基本とした、WordPressでも使用されているHTMLタグのリファレンスです。

WordPressでは、ダッシュボードで投稿や固定ページを作成すると、自動でHTMLタグによるHTMLページが作成されますが、編集ページのコードエディターを使えば、HTMLタグを使ってページを作成することも可能です。

なお、ブラウザーによっては、HTMLの解釈が不正確だったり対応外の部分があったりして、思ったとおりに表示されないこともあります。Webサイトを公開するときには、スマホなどのデバイスを含む複数のブラウザーで確認するようにしてください。

▼HTMLタグの名称

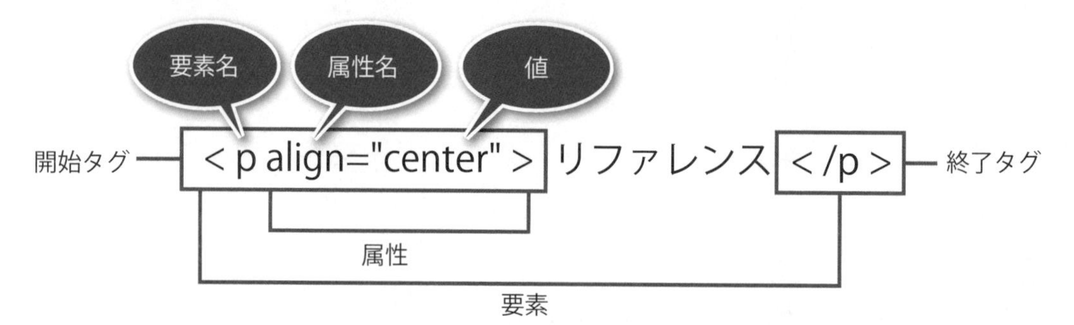

●文書構造関連タグ

<!DOCTYPE>　ドキュメントタイプを宣言する

<!DOCTYPE>タグはDTDを宣言します。
DTD（Document Type Definition）は、HTMLやXMLの文書構造を定義するための記述言語です。このDTDを利用して、文書のHTMLバージョンを宣言することができます。
<!DOCTYPE>は、<HTML>タグよりも前に記述します。
WordPressによって作成されたHTMLソースでは、「<!DOCTYPE html>」となっています。

■DTD（HTML4.01）

●Strict DTD
HTML4.01の仕様に従った最も厳密で正確なDTDです。非推奨要素や属性、フレームは使用できません。
<!DOCTYPE HTML PUBLIC "-//W3C//DTD HTML 4.01//EN" "https://www.w3.org/TR/html4/strict.dtd">

●Transitional DTD
非推奨要素や属性は使用できますが、フレームは使用できません。要素の制限は比較的緩くなっています。
<!DOCTYPE HTML PUBLIC "-//W3C//DTD HTML 4.01 Transitional//EN" "https://www.w3.org/TR/html4/loose.dtd">

●Frameset DTD
Transitional DTDとほぼ同じですが、フレームが使用できます。
<!DOCTYPE HTML PUBLIC "-//W3C//DTD HTML 4.01 Frameset//EN" "https://www.w3.org/TR/html4/frameset.dtd">

<html>　HTML文書であることを宣言する

<html>タグは、文書がHTML(HyperText Markup Language)であることを宣言します。
<html>タグは通常、<!DOCTYPE>タグの下に最初に記述するタグです。ほかのHTMLタグは、すべて<html>と</html>で囲むように記述します。

<head>　文書のヘッダー情報を表す

<head>タグは、HTML文書の様々な情報を記述するエリアを明示するためのタグです。
<head>タグは、<html>タグの子タグとして、入れ子にして記述します。
<head>タグの記述の中で、<title>タグで設定されるタイトル以外の情報は、ブラウザーには表示されません。
スタイルシートの情報もここに記述します。WordPressで作成されるHTMLソースを見ると、テーマによっては非常に多くの情報が記述されているのがわかります。

<meta>　文書に関するメタ情報を指定する

<meta>タグは、文書のメタ情報を記述します。
<meta>タグは<head>～</head>に記述します。このタグは、終了タグを使用しません。

■文字コードの指定
文書で使用される文字コードセットを指定するには、「charset」属性に文字コードを指定します。<title>タグの前に指定しましょう。
● HTML5:UTF-8指定
<meta charset="UTF-8">
● HTML5:EUC指定
<meta charset="euc-jp">
● HTML5:SHIFT JIS指定
<meta charset="shift_jis">
● HTML4.01:UTF-8指定
<meta http-equiv="Content-Type" content="text/html; charset=UTF-8">
● HTML4.01:EUC指定
<meta http-equiv="Content-Type" content="text/html; charset=euc-jp">
● HTML4.01:SHIFT JIS指定
<meta http-equiv="Content-Type" content="text/html; charset=shift_jis">

■ページの説明
文書の概要を記述します。「name」属性に「description」値を指定し、「content」属性に概要を記述します。
<meta name="description" content="HTMLタグリファレンス">

0 自分の夢を発信する
1 WordPressがある
2 ブログをしてみる
3 どうやったらできるの
4 ビジュアルデザイン
5 ブログサイトをつくろう
6 サイトへの訪問者を増やそう
7 ビジネスサイトをつくる
8 Webサイトでビジネスする
資料 Appendix
索引 Index

■キーワードの指定

文書に関連するキーワードを設定します。「name」属性に「keywords」値を指定し、「content」属性にキーワードを記述します。複数個指定する場合は、カンマで値を区切ります。

<meta name="keywords" content="HTML,WordPress">

■検索ロボットの制御

検索ロボットによる登録を制御します。「name」属性に「robots」値を指定し、「content」属性に「noindex」値を指定すると検索の禁止となります。同様に、「nofollow」値はリンク先参照の禁止、「follow」値は検索許可です。ただし、この指定はすべての検索エンジンで有効とは限りません。

<meta name="robots" content="noindex,nofollow">

■SNS用の情報

Facebookやmixiなど一部のSNSに情報を渡したいときに設定します。例えば「property」属性に「og:title」値を指定し、「content」属性の値にサイトタイトルを指定する、といった使い方をします。

<meta property="og:description" content="貴女は四時起き" />

<title>　文書にタイトルを付ける

<title>タグは、文書にタイトルを指定します。
<title>タグは、<head>～</head>内に記述します。

<body>　文書の本体を表す

<body>タグは、ブラウザーに表示されるコンテンツ部分の記述エリアを示します。

<h1>～<h6>　見出しを付ける

<h1>、<h2>、<h3>、<h4>、<h5>、<h6>の各タグは、テキストや画像に見出しの属性を指定します。
<h1> </h1>で囲んだテキストは、最上位の大見出しとして設定されます。以下、数字が小さくなるにつれて下位の見出しとして設定されます。
ブラウザーで見たときには、h1～h6の順に文字サイズが小さく表示されます。

<p>　段落のくくりを示す

<p>タグは、段落（paragraph）を指定するときに使用します。
<p>～</p>のエリアがひとまとまりの段落として扱われます。このため、</p>のあとで改行が行われます。

■段落揃え

段落内での一行内部の揃え方を設定するには、「align」属性を使用します。

<p align="left">左揃え</p>
<p align="right">右揃え</p>
<p align="center">中央揃え</p>
<p align="justy">両端揃え</p>

●テキスト関連タグ

<font>

フォントの属性を指定する

<font>タグは、フォントの種類や大きさ、色を指定します。
<font>タグによるフォント属性指定は、現在推奨されていません。スタイルシートでの設定を行うようにしましょう。

<basefont>

文書で使用するテキストの基準を指定する

<basefont>タグは、文書の基準となる書体や文字サイズ、文字色を指定します。
<basefont>タグによるフォント属性指定は、現在推奨されていません。スタイルシートでの設定を行うようにしましょう。

<b>

テキストを太字にする

<b>タグは、テキストを太文字（bold）にするときに指定します。
なお、テキストの強調が目的で太文字を使用する場合は、<strong>タグの使用が推奨されています。

<i>

テキストを斜体にする

<i>タグは、テキストを斜体（italic）にするときに指定します。
なお、強調することが目的で斜体を使用する場合は、<em>タグの使用が推奨されています。

<u>

テキストに下線を引く

<u>タグは、テキストに下線を引きます。
<u>タグによるフォント属性指定は、現在推奨されていません。スタイルシートでの設定を行うようにしましょう。

<big>

テキストサイズをひと回り大きくする

<big>タグは、テキストのサイズをひと回り大きくするときに指定します。

<small>

テキストサイズをひと回り小さくする

<small>タグは、テキストのサイズをひと回り小さくするときに指定します。

<s>　打ち消し線を引く

<s>タグは、テキストに打ち消し線を引きます。
<strike>タグと内容は同じです。
なお、削除された箇所を明示する場合は、<del>タグの使用が推奨されています。
<s>タグによるフォント属性指定は、現在推奨されていません。スタイルシートでの設定を行うようにしましょう。

<strike>　打ち消し線を引く

<strike>タグは、テキストに打ち消し線を引きます。
<s>タグと内容は同じです。
なお、削除された箇所を明示する場合は、<del>タグの使用が推奨されています。
<strike>タグによるフォント属性指定は、現在推奨されていません。スタイルシートでの設定を行うようにしましょう。

<tt>　等幅フォントで表示する

<tt>タグは、テキストを等幅フォントで表示します。

<sub>　下付き文字を表示する

<sub>タグは、テキストを下付き文字（subscript）にするときに指定します。

<sup>　上付き文字を表示する

<sup>タグは、テキストを上付き文字（superscript）にするときに指定します。

<rb>　フリガナ（ルビ）をふる文字を指定する

<rb>タグは、フリガナ（ルビ）をふるテキストを指定します。
なお、実際にテキストにフリガナ（ルビ）をふるときには、<ruby>などのルビ関係のほかのタグといっしょに使用します。

<rp>　ルビを囲む記号を指定する

<rp>タグは、フリガナ（ルビ）を囲む記号を指定します。
なお、実際にテキストにフリガナ（ルビ）をふるときには、<ruby>などのルビ関係のほかのタグといっしょに使用します。

<rt>

ルビの内容を指定する

<rt>タグは、指定したテキストのルビを設定します。
なお、実際にテキストにフリガナ（ルビ）をふるときには、<ruby>などのルビ関係のほかのタグといっしょに使用します。

<ruby>

ルビの範囲を指定する

<ruby>タグは、一連のルビ設定に関するタグが記述されているエリアを示します。<ruby>～</ruby>の間に、ルビ関係のほかのタグを記述します。

改行する

タグは、改行（break）をするときに指定します。

<em>

強調する

<em>タグは、テキストを斜体にするときに指定します。
このタグは、見た目に強調するという意味合いのほか、検索エンジンなどで重要語句として認識させるということにも使われます。<strong>タグよりは強調度は下です。

<strong>

強調する

<strong>タグは、テキストを斜体にするときに指定します。
このタグは、見た目に強調するという意味合いのほか、検索エンジンなどで重要語句として認識させるということにも使われます。<em>タグよりも強調度は上です。

<dfn>

定義する用語を明示する

<dfn>タグは、テキストを定義（definition）するときに指定します。
<dfn>タグで指定されたテキストは、斜体で表示されます。

<del>

削除線を引く

<del>タグは、指定したテキストに1重の削除線を引きます。
指定したテキスト部分を打ち消し、削除したことを明示するときなどに使用します。

<ins>

追加された部分であることを示す

<ins>タグは、新しい情報などを追加（insert）するときに使用します。
<ins>～</ins>で囲まれた部分は、ブラウザーで見る限りは下線付きと同じように表示されますが、ソースを見ると更新された日時などがわかります。
例えば、「<ins title="更新情報" datetime="2016-12-25T13:00:00+09:00">年末セール</ins>」のように記述します。

<address>

連絡先を表す

<address>タグは、連絡先や問い合わせ先の住所などの情報を記述します。
<address>～</address>の間に、連絡先として表示する住所やホームページのURL、メールアドレス、電話番号などを記述します。
一般的なブラウザーでは、<address>タグによる表示は斜体で表示されます。

<blockquote>

比較的長い文書が引用または抜粋であることを表す

<blockquote>タグは、引用や転載の部分を指定します。
<blockquote>～</blockquote>で囲まれたエリアに、引用、転載するテキストを記述します。
1行程度の引用の場合には、<q>タグを使用します。

<q>

比較的短い文書が引用または抜粋であることを表す

<q>タグは、引用（quotation）や転載の部分を指定します。
<q>タグは、改行しない程度の比較的短い文を引用、抜粋するときに使用します。比較的長い文書を引用（転載）するときは、<blockquote>タグを使用します。

<cite>

出典・参照先を表す

<cite>タグは、出典（citation）を指定します。
<cite>～</cite>で囲まれたテキストは、斜体で表示されます。

<code>

プログラムのソースコードであることを示す

<code>タグは、プログラムコードを指定します。
<code>～</code>で囲んだテキスト部分に、プログラムのソースコードを記述します。
一般的なブラウザーでは、<code>タグで囲まれたテキストは等幅フォントで表示されます。なお、字下げや改行をそのまま表示させたいときは、<pre>～</pre>で外側を囲みます。

<var>

変数や引数であることを示す

<var>タグは、変数（variable）や引数を示します。
<var>～</var>で囲まれた部分に変数や引数を記述します。
一般的なブラウザーでは、斜体で表示されます。

<samp>

プログラムによる出力結果のサンプルであることを示す

<samp>タグは、プログラムによる出力結果のサンプルであることを示します。
<samp>～</samp>で囲まれた部分に、プログラムの出力結果を記述します。
一般的なブラウザーでは、等幅フォントで表示されます。

<kbd>

キーボード入力される文字であることを示す

<kbd>タグは、キーボード（keyboard）で入力される文字列であることを示します。
<kbd>～</kbd>で囲まれた部分に、キーボードなどから入力される文字列を記述します。
一般的なブラウザーでは、等幅フォントで表示されます。

<abbr>

略語（頭字語以外）であることを表す

<abbr>タグは、略語（abbreviation）を指定します。
<abbr>～</abbr>で囲まれた部分に略語を記述します。
なお、頭字語の場合は<acronym>タグを使用します。

<acronym>

略語（頭字語）であることを表す

<acronym>タグは、頭字語を指定します。
「HTML」(hypertext markup language)などの頭字語を記述します。
なお、頭文字以外の略語には<abbr>タグを用います。

●リンク関連タグ

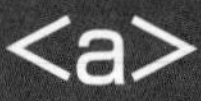

<a>

リンクの出発点や到達点を指定する

<a>タグは、リンクについての情報を指定します。
例えば、WordPress.comの日本語サイトにリンクを張る場合は、href属性でサイトのURL（https://jp.wordpress.com/）を指定します。

<a href="https://jp.wordpress.com/">WordPress</a>

■リンク先の指定
href属性の値にリンク先のURLを指定します。

<a href="https://jp.wordpress.com/">WordPress</a>

■リンク到達点の指定
name属性の値にリンク到達点とするための名前を指定します。

<a name="xpoint">XPoint</a>

■リンク先文書を表示させる場所の指定
●フレーム分割を廃止して1ページに表示する

<a href="#" target="_top">T</a>

●新規ウィンドウ（タブ）を開いて表示する

<a href="#" target="_blank">B</a>

●同じウィンドウ（タブ）に表示する

<a href="#" target="_self">S</a>

●親フレームに表示する

<a href="#" target="_parent">P</a>

<map>

クライアントサイドイメージマップを指定する

HTMLタグで1つの画像に複数のリンクを設定することを、クライアントサイドイメージマップといいます。
<map>タグは、クライアントサイドイメージマップのリンクエリア全体を指定します。
<img>タグで指定した画像のリンクエリアを設定し、<map>～</map>間に<area>タグまたは<a>タブでリンクを指定します。

<area>

イメージマップの領域を設定する

<area>タグは、クライアントサイドイメージマップによるリンクエリアとそのリンク先を指定します。
<area>タグの属性では、四角形（rect）、円形（circle）、多角形（poly）を指定でき、それぞれの形に合わせた値を設定します。

<base>

相対パスの基準URIを指定する

<base>タグは、相対パスの基準となるURIを指定します。
<base>タグが設定されたページ内では、相対パスが使用できるようになります。
<base>タグは、<head>〜</head>内で記述してください。

<link>

関連するファイルを指定する

<link>タグは、スタイルシートやスクリプトファイルを利用するときに指定します。
<link>タグは、<head>〜</head>間に記述します。
href属性の値には、リンク先の場所を指定します。rel属性の値には、リンク先との関係性を記述します。rev属性の値には、リンク先から見たこの文書の関係性を記述します。
例えば、style.cssというスタイルシートを利用するためには、rel属性にstylesheetを設定し、そのファイル名をhref属性で指定します。

```
<link rel="stylesheet" href="sample.css" type="text/css">
```

●画像等関連タグ

<img>

画像を表示する

<img>タグは、画像（image）を表示させます。
例えば、画像sp.gifファイルを幅30px、高さ40pxのサイズに指定して表示させるには、src属性にsp.gifを指定し、width属性とheight属性を使って表示サイズを指定します。

```
<img src="sp.gif" width="30" height="40" />
```

■代替テキストの指定

画像が表示されなかったり、視覚にハンディのある人が画像を表示させようとしたりした場合に、alt属性に設定した代替テキストが表示されたり、読み上げソフトによって音声に変換されたりします。

```
<img src="sp.gif" alt="Sampe Image" />
```

<object>

文書にデータを挿入する

<object>タグは、画像や動画、音声など様々なデータを文書に埋め込むのに使用されます。

<applet>

Javaアプレットを挿入する

<applet>タグは、文書にJavaアプレットを挿入します。

<param>

パラメータを指定する

<param>タグは、<object>タブや<applet>タブでデータが実行されるときに必要なパラメータを設定します。
name属性でパラメータの名前を指定して、value属性で値を指定します。

<table>

表を作成する

<table>タグは、表（table）を作成するタグです。
<table>～</table>の間に表の構造を設定します。
<table>タグのエリアに表の構造を設定するには、まず<tr>タグで横1行を定義します。そして、<td>タグで行内に配置するセルとデータを設定します。
この定義を繰り返すことで、複数の行を持つ表を作成します。

<tr>

表の横方向の1行を定義する

<tr>タブは、表の横1行分（table row）のセル配置を定義します。
<tr>タブは、<table>～</table>内に指定し、指定した順に表の上からの行として定義されます。

<th>

表見出しセルを定義する

<th>タグは、表見出し（table header）となるセルを定義します。
見出しセル内のテキストは、一般には太字でセンタリングされて表示されます。

<td>

表のデータセルを定義する

<td>タグは、1つずつのセル（table data）について定義し、データを表示します。

<thead>

表のヘッダー行を定義する

<thead>タグは、表のヘッダー部分（table header）を指定します。

<tfoot>

表のフッター行を定義する

<tfoot>タグは、表のフッター部分（table footer）を指定します。

<tbody>

表のボディ部分を定義する

<tbody>タグは、表のボディ部分（table body）を指定します。

<caption>

表にタイトルを付ける

<caption>タグは、表にタイトル（caption）を付けます。
<caption>タグは、<table>タグの直後に記述します。

<col>

表の縦列の属性をまとめて指定する

<col>タグは、表の縦列（column）の属性を設定します。
表の縦列をグループ化するときは、<colgroup>タグを使用します。
<col>タグや<colgroup>タグは、<table>による表指定で<caption>よりあと、<thead>より前に置きます。

<colgroup>

表の縦列をグループ化する

<colgroup>タグは、表の縦列をグループ化し、まとめて属性を指定できます。
<col>タグや<colgroup>タグは、<table>による表指定で<caption>よりあと、<thead>より前に置きます。

<center>

センタリングする

<center>タグは、テキストや画像をセンタリングします。
スタイルシートでの指定が推奨されています。

<hr>

横罫線を引く

<hr>タグは、水平罫線（horizontal rule）を挿入します。
width属性で横の長さを、size属性で太さを指定します。
なお、<hr>タグには終了タグはありません。

0 自分の夢を発信する
1 WordPressがある
2 ブログをしてみる
3 どうやったらできるの
4 ビジュアルデザイン
5 ブログサイトをつくろう
6 サイトへの訪問者を増やそう
7 ビジネスサイトをつくる
8 Webサイトでビジネスする
資料 Appendix
索引 Index

●フレーム関連タグ

<frameset>　ウィンドウをフレームに分割する

<frameset>タグは、ウィンドウをいくつかのフレームに分割するときに指定します。

<frame>　フレームに表示するファイルを指定する

<frame>タグは、<frameset>によって分割された各フレームに表示するファイルと表示方法を設定します。

<noframes>　フレーム表示不可のブラウザー用の表示内容を指定する

<noframes>タグは、フレーム表示に対応していないブラウザー用の設定を指定します。

<iframe>　インラインフレームを設定する

<iframe>タグは、ウィンドウ内に独立したフレーム（inline frame）を設定します。

●入力フォーム関連タグ

<form>　入力フォームを作成する

<form>タグは、入力フォームを作成するときに使用します。
<form>～</form>間に、<input>タグ、<select>タグなどのフォーム関連のタグを使ってフォーム用のパーツを表示します。
フォームを使って送信されたデータは、Webサーバーに送られ、PHPやCGIによって処理されます。

■PHPに送信する
action属性で、フォームから送信したデータを処理するためのスクリプトを指定します。なお、その際の送信方法をmethod属性で指定します。

```
<form action="https://xxx.jp/form.php" method="post">
```

<input>

フォームの構成部品を作成する

<input>タグは、フォーム用のパーツを作成します。
<form>～</form>間に、<input>タグを使ってテキストボックスやラジオボタン、送信ボタンなどのフォーム用パーツを作成します。
入力フィールドに入力されたデータが送信されるときには、それぞれの<input>タグのname属性の値で指定したデータ名と、入力データまたは選択データを一組として送信されます。

■テキストボックスの作成
type属性の値にtextを指定すると、1行のテキストボックスが作成されます。
なお、複数行にまたがるテキストボックスを作成するには、<textarea>タグを使用します。

```
氏名: <input type="text" name="shimei" size="40" />
```

■パスワード入力の作成
type属性の値にpasswordを指定すると、パスワード入力欄が作成されます。

■ラジオボタンの作成
type属性の値にradioを指定すると、ラジオボタンが作成されます。
送信ボタンを押すと、選択したラジオボタンのvalue属性に設定されている値が送られます。

```
性別: <input type="radio" name="seibetsu" value="m" />男
      <input type="radio" name="seibetsu" value="f" />女
```

■送信/リセットボタンの作成
送信ボタンを作成するには、type属性にsubmitを指定します。
リセットボタンを作成するには、type属性にresetを指定します。

```
<input type="submit" value="送信" />
<input type="reset" value="リセット" />
```

■フォーム用画像ボタンの作成
type属性にimageを指定すると、フォーム用画像ボタンが作成できます。

■汎用ボタンの作成
type属性にbuttonを指定すると、フォーム用の汎用ボタンが作成できます。

■ファイルを送信する
type属性にfileを指定すると、ファイルを送信するためのファイル名の入力ボックスと参照ボタンが作成できます。

<select>

セレクトボックスを作成する

<select>タブは、セレクトボックスを作成します。
なお、セレクトボックス内の選択肢は<select>～</select>間の<option>タグで指定します。
セレクトボックスをフォームの部品として使用するときは、<form>～</form>間に設置します。
例えば、セレクトボックスを使って血液型を選択させる場合、<select>タブのname属性を設定し、</select>タブまでの間に<option>タブを並べて、それぞれのvalue属性に値を設定します。

```
血液型:<select name="ketsuekigata">
        <option value="A">A型</option>
        <option value="B">B型</option>
        <option value="O">O型</option>
        <option value="AB">AB型</option>
       </select>
```

<optgroup>　セレクトボックスの選択肢をグループ化する

<optgroup>タブは、セレクトボックスの選択肢をグループ化し、セレクトボックスの選択肢が階層化されて表示されます。

<option>　セレクトボックスの選択肢を指定する

<option>タグは、セレクトボックスの選択肢を指定します。
なお、disabled属性を指定すると、その選択肢は選択できなくなります。

<textarea>　複数行の入力フィールドを作成する

<textarea>タグは、複数行のテキストボックスを作成します。
<textarea>タグでは、rows属性でフィールドの高さを指定し、cols属性で横幅を指定します。この2つの属性は必ず指定します。

<legend>　フォームの入力項目グループにタイトルを付ける

<legend>タグは、<fieldset>タグでグループ化されたフォームの入力項目にタイトルを付けます。

<fieldset>　フォームの入力項目をグループ化する

<fieldset>タグは、フォームの入力項目をグループ化します。

<label>　フォーム部品と項目名（ラベル）を関連付ける

<label>タグは、フォームの構成部品と項目名（ラベル）を明確に関連付けるための要素です。

<isindex>　検索キーワードの入力欄をつくる

<isindex>タグは、検索キーワード入力用フィールドを作成します。
action属性で指定したURLに対して、キーワードのクエリを送信します。

●リスト関連タグ

<ol>　順序付きリストを表示する

<ol>タグは、順序付きリスト（ordered list）を指定します。
リスト内の各項目の先頭に付く数字や文字は、type属性で指定できます。
start属性で開始番号を指定します。指定しないときは、初期値（1,a,A,i,I）が設定されます。
各項目は、<ol>～</ol>間に<li>タグを使って指定します。

■算用数字のリスト
type属性の値を「1」にすると、算用数字（1,2,3,...）付きリストになります。

```
<ol type="1">
```

■文字のリスト
type属性の値を「a」にすると、英小文字（a,b,c,...）付きリストになります。

```
<ol type="a">
```

■英大文字のリスト
type属性の値を「A」にすると、英大文字（A,B,C,...）付きリストになります。

```
<ol type="A">
```

■ローマ数字小文字のリスト
type属性の値を「i」にすると、ローマ数字小文字（i,ii,iii,...）付きリストになります。

```
<ol type="i">
```

■ローマ数字大文字のリスト
type属性の値を「I」にすると、ローマ数字大文字（I,II,III,...）付きリストになります。

```
<ol type="I">
```

<ul>　順序のないリストを表示する

<ul>タグは、順序のないリスト（unordered list）を指定します。
リスト内の各項目の先頭に付く記号は、type属性で指定できます。
各項目は、<ul>～</ul>間に<li>タグを使って指定します。

■黒丸のリスト
type属性の値を「disk」にすると、黒丸（●）付きリストになります。

```
<ul type="disk">
```

■白丸のリスト
type属性の値を「circle」にすると、白丸（○）付きリストになります。

```
<ul type="circle">
```

■四角のリスト
type属性の値を「square」にすると、四角（■）付きリストになります。

```
<ul type="square">
```

<li>

リスト項目を記述する

<li>タグは、リスト項目（list item）を指定します。
リスト表示したい項目の1件ごとに<li>タグを付け、<ul>～</ul>または<ol>～</ol>の間に記述します。
例えば、数字付きリストを作成するときは、<ol>タグを最初に設定したら、<li>タグを付けて項目を記述し、その最後に</li>を付けます。これで1件分のリスト項目が設定されます。同様にして<li>タグのリスト項目をすべて設定し終えたら、</ol>タグでリスト設定を終了します。

```
<ul type="1">
        <li>Tokyo</li>
        <li>Paris</li>
</ul>
```

<dl>

定義リストであることを表す

<dl>タグは、定義リスト（definition list）を表示します。
<dl>～</dl>間を定義リストとし、<dt>タグで設定する「定義する用語」と、<dd>タグで設定する「用語の説明」を対にしてリスト化します。

<dt>

定義する用語を表す

<dt>タグは、定義語（definition term）を記述します。
<dt>～</dt>間に「定義する用語」を記述します。

<dd>

定義した用語の説明を記述する

<dd>タグは、定義の説明（definition description）を表示します。
<dd>～</dd>間に「用語の説明」を記述します。

●スクリプト関連タグ

<script>

文書にスクリプトを埋め込む

<script>タグは、JavaScriptやVBScriptなどのスクリプトを埋め込みます。
type属性で、スクリプト言語の種類を指定します。

<noscript>

スクリプトが動作しないときの代替表示を設定する

<noscript>タグは、スクリプトが動作しないときに、代わりに表示させる内容を指定します。
<noscript>タグは、<body>～</body>間に記述します。

●スタイルシート関連タグ

<style>　スタイルシートを記述する

<style>タグは、スタイルシートを記述するためのタグです。
スタイルシートを記述するときは、type属性にtext/css値を設定します。一部のブラウザーでは、type属性にtext/javascript値を設定し、JavaScriptのスクリプトを記述することもできます。HTML5では、省略すると自動的にスタイルシートが指定されます。
<head>エリア内でスタイルシートを記述するには、<style>タグを使って直接、スタイルシートを記述します。<link>タグで外部スタイルシートファイルを読み込むこともできます。
なお、スタイルシートを直接記述するときは、スタイルシート全体を<!-- -->でコメント扱いにします。

<div>　ひとかたまりの範囲を定義する（ブロック要素）

<div>タグ自体は特定の機能を持っていません。<div>～</div>間を1つのエリアとして、属性を設定する場合に使われます。
同じような扱いをする<span>タグはインライン要素です。

<span>　ひとかたまりの範囲を定義する（インライン要素）

<span>タグ自体は特定の機能を持っていません。<span>～</span>間を1つのエリアとして、スタイルシートを適用するのに用います。
同じような扱いをする<div>タグはブロック要素です。

●ソース関連タグ

<!--　-->　コメントを入れる

<!--と-->で囲まれた部分はコメントとして扱われ、ページには表示されません。
HTMLソース中にコメントやメモ書きをするときに使用します。

<pre>　ソースを整形済みテキストとして表示する

<pre>タグは、設定部分を整形済みテキスト（preformatted text）として扱い、スペースや改行をソースのままに表示します。
なお、整形済みテキスト中の「<」と「>」は、ブラウザーによっては他のタグを指定する特殊文字として認識されてしまうので、「<」と「>」で記述します。

Appendix 2 CSSプロパティリファレンス

主なCSSプロパティについて、使い方や値を解説しています。
　ブラウザーの種類やバージョンよっては、未対応だったり、期待どおりに表示されなかったりすることがあります。

▼CSSの名称

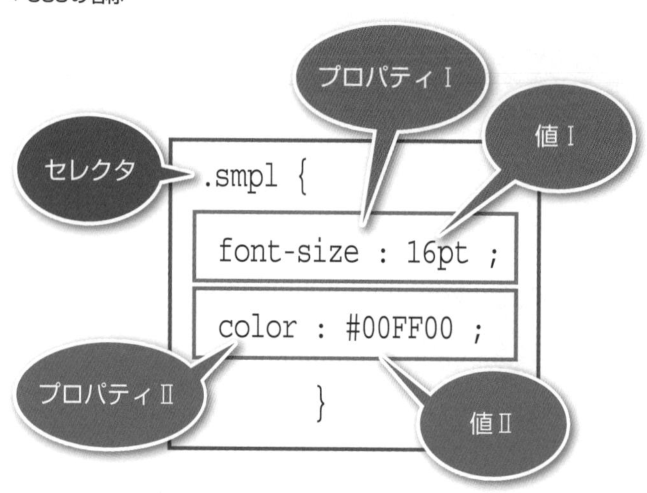

●フォント関連プロパティ

font

フォント関連の指定をまとめて行う

fontプロパティは、フォント関連の設定をまとめて行います。
fontプロパティは、「font-style」「font-variant」「font-weight」「font-size」「line-height」「font-family」の値を設定できます。
なお、「font family」「font-size」を除いて省略可能ですが、この2つのプロパティを含む複数のプロパティをまとめて設定するときは、上記順序で値を指定します。値と値の間は半角スペースで区切ります。なおline-heightプロパティの設定時には、値の前に特別に「/」を挿入します。

▶サンプル

サンプルでは、smplクラスを使用してスタイルシートを設定しています。fontプロパティのfont-style、font-variantは省略し、font-weightの値に「bold」、font-sizeの値に「x-large」、line-heightは省略して、最後のfont-familyに「sans-serif」を指定しています。

```
.smpl {
  font: bold x-large sans-serif;
}
```

font-style
フォントスタイルを斜体にする

font-styleプロパティは、フォントのスタイルを設定します。
ただし、設定できる値は、標準「normal」、イタリック体「italic」、斜体「oblique」の3つです。
イタリック体と斜体は、どちらも標準スタイルを斜めに傾けたものですが、英語フォントのイタリック体は筆記体風になります。日本語フォントでは2つの違いはほとんどわかりません。

font-variant
スモールキャピタルを設定する

font-variantプロパティは、フォントをスモールキャピタルにするときに使用します。
指定できる値は、標準「normal」、スモールキャピタル「small-caps」の2つです。
また、このプロパティは、大文字と小文字を持つフォントに対してのみ有効なので、日本語フォントでは設定しても無意味です。

font-weight
フォントの太さを設定する

font-weightプロパティは、フォントの太さを9段階に設定します。
ただし、指定するフォントが様々な太さのフォントを備えているときにのみ、設定したように太さが変化します。
絶対的な値を指定するときは、100、200、300、400（normal）、500、600、700（bold）、800、900の太さを指定できます。
相対的な太さを指定するには、lighter、bolderを使用することもできます。

font-size
フォントサイズを設定する

font-sizeプロパティは、フォントのサイズを指定する際に使用します。
値の指定では、1.2倍ずつ大きくなるxx-small、x-small、small、medium、large、x-large、xx-largeの7種類でサイズを指定するほか、px、em単位で絶対的な値を指定することも可能です。

font-family
フォントの種類を設定する

font-familyプロパティは、使用するフォント名を設定するときに使用します。
フォント名を複数個指定するときは、カンマ「,」で区切って表示します。このとき、先頭の記述から順にユーザーの表示環境で利用できるフォントが選択されます。指定したフォントがインストールされていない場合には、ブラウザーに設定されたデフォルトのフォントが使用されます。

●テキスト関連プロパティ

line-height　行の高さを設定する

line-heightプロパティは、行の高さを指定します。行間を指定するときにも使用できます。
負の値を指定することはできません。
line-heightプロパティを絶対的な数値で指定するときは、px、emなどの単位を付けます。単位がないと、フォントサイズの倍率と解釈します。

▶サンプル

サンプルでは、smplクラスを使用してスタイルシートを設定しています。
行の高さをフォントサイズの1.5倍に設定しています。

```
.smpl {
  line-height: 1.5em;
}
```

text-align　行揃えを設定する

text-alignプロパティは、ブロック要素の行揃えを設定します。
値には、テキスト揃えの位置や、均等割り付けを指定するものがあります。

●プロパティ値

text-alignプロパティは、以下の値を指定できます。

「left」　左揃え。
「right」　右揃え。
「center」中央揃え。
「justify」均等割り付け。

▶サンプル

サンプルでは、smplクラスを使用してスタイルシートを設定しています。
センタリングを設定しています。

```
.smpl {
  text-align: center;
}
```

vertical-align

行内の縦方向の揃え位置を指定する

vertical-alignプロパティは、行内でテキストや画像などの縦方向の揃え位置を指定することができます。
なお、vertical-alignプロパティは、インライン要素とテーブルセルで使用します。

●プロパティ値

vertical-alignプロパティは、以下の値を指定できます。

「baseline」	要素のベースラインを親要素のベースラインに揃える。（初期値）
「top」	上端揃え。
「middle」	中央揃え。
「bottom」	下端揃え。
「text-top」	テキストの上端揃え（表セルは無効）。
「text-bottom」	テキストの下端揃え（表セルは無効）。
「super」	上付き文字（表セルは無効）。
「sub」	下付き文字（表セルは無効）。
数値[px,%]	長さ単位での指定は、ベースラインの上下に移動。%を付けての指定は、要素のline-heightプロパティの値に対する百分率。

▶サンプル

サンプルでは、smplクラスを使用してスタイルシートを設定しています。
上下の中央揃えを設定しています。

```
.smpl {
  vertical-align: middle;
}
```

text-decoration

テキストの修飾を設定する

text-decorationプロパティは、テキストに下線、上線、打ち消し線、点滅を設定します。
複数個の設定を指定するときは、値をスペースで区切ります。

●プロパティ値

text-decorationプロパティは、以下の値を指定できます。

「none」	文字装飾なし。（初期値）
「underline」	下線付き。
「overline」	上線付き。
「line-through」	打ち消し線付き。
「blink」	テキスト点滅。

▶サンプル

サンプルでは、smplクラスを使用してスタイルシートを設定しています。
指定テキストに打ち消し線を引きます。

```
.smpl {
  text-decoration : line-through;
}
```

text-indent

1行目の字下げを指定する

text-indentプロパティは、段落の1行目のインデントを指定するときに使用します。
text-indentプロパティの値は、pxやem、exなどの単位を付けて数値を指定できます。
text-indentプロパティの初期値は、字下げなしの「0」です。負値を指定することもできます。

▶サンプル

サンプルでは、smplクラスを使用してスタイルシートを設定しています。
段落の最初の行だけ、1文字分を字下げします。

```
.smpl {
  text-indent : 1em;
}
```

text-transform

英文字の大文字/小文字表示を指定する

text-transformプロパティは、英単語の大文字/小文字表示を指定するときに使用します。

●プロパティ値

text-transformプロパティは、以下の値を指定できます。

「none」　記述したとおりに表示。(初期値)
「capitalize」　先頭文字だけを大文字。
「lowercase」　すべて小文字。
「uppercase」　すべて大文字。

white-space

スペース/タブ/改行の表示を設定する

white-spaceプロパティは、ソース中にスペース/タブ/改行(空白類文字)のコードがあるとき、これらをブラウザーにどのように表示するかを設定します。
また、white-spaceプロパティは、文字列の折り返しを設定するときにも使用されます。「nowrap」または「pre」を指定したときは、設定したボックスからはみ出した文章も、折り返されません。ボックスが指定されなくても、1行の文字量がブラウザーの横幅より長くなると、横スクロールが設置されます。

●プロパティ値

white-spaceプロパティは、以下の値を指定できます。

「normal」　空白類文字を半角スペースとして表示。折り返しされる。
「nowrap」　空白類文字を半角スペースとして表示。折り返しされない。
「pre」　記述したまま表示。折り返しされない。

letter-spacing

文字の間隔を指定する

letter-spacingプロパティは、文字の間隔を指定します。
文字の間隔に負の値を指定したときは、文字が重なることがあります。
letter-spacingプロパティの値には、単位付きの数値を指定します。初期値は、標準の間隔(normal)です。

word-spacing

単語の間隔を指定する

word-spacingプロパティは、単語の間隔を指定するときに使用します。
単語の間隔に負の値を指定したときは、文字が重なることがあります。
word-spacingプロパティの値には、単位付きの数値を指定します。初期値は、標準の間隔（normal）です。

text-shadow

テキストに影を付ける

text-shadowプロパティは、テキストに影を付けます。
text-shadowプロパティの値の設定方法ですが、4つの値を順に指定できます。1つ目は右へずらす距離、2つ目は下へずらす距離です。これら2つは、負の値を指定して反対方向にずらすことができます。3つ目の値は、ぼかした影の範囲（半径）です。最後は影の色です。
初期値は「none」（影なし）です。

▶サンプル

サンプルでは、smplクラスを使用してスタイルシートを設定しています。
横0.3em、縦0.2em、ぼかし3px、影色オレンジ色の影を指定しています。

```
.smpl {
  text-shadow :0.3em 0.2em 3px orange;
}
```

●背景/色関連プロパティ

color

文字色を指定する

colorプロパティは、文字色を設定します。
colorプロパティの値は、十六進数または具体的な文字色（orange、redなど）で指定します。

▶サンプル

サンプルでは、smplクラスを使用してスタイルシートを設定しています。
オレンジ色を指定しています。

```
.smpl {
  color : #FFA500 ;
}
```

background

背景関連の指定をまとめて行う

backgroundプロパティは、背景に関する設定をまとめて行えます。
backgroundプロパティは、「background-color」（背景色）、「background-image」（背景画像）、「background-repeat」（背景画像の繰り返し設定）、「background-attachment」（背景画像の固定設定）、「background-position」（背景画像の表示開始位位置）の値を設定できます。複数の値を指定する場合には、半角スペースを空けて記述してください。

background-attachment

背景画像の固定/移動を指定する

background-attachmentプロパティは、画面がスクロールされるときに背景画像を固定されたままにするか、動作に伴って移動するかを指定します。
background-attachmentプロパティの値は、「fixed」(固定:初期値)、「scroll」(スクロール)です。

background-color

背景色を指定する

background-colorプロパティは、背景色を指定します。
background-colorプロパティの値は、十六進数または具体的な文字色(orange、redなど)で指定します。初期値は「transparent」(背景色)です。

background-image

背景画像を指定する

background-imageプロパティは、背景画像を指定します。
background-imageプロパティの値は、背景画像のURLで指定します。スタイルシート部分が外部ファイルの場合は、外部スタイルシートファイルからの相対パスを指定します。

background-position

背景画像の表示開始位置を指定する

background-positionプロパティは、背景画像の表示開始位置を指定します。
背景画像の表示開始位置を%値や数値で指定する場合には、値を横方向・縦方向の順にスペースで区切って指定してください。
background-positionプロパティ値を、位置を表すキーワードで指定するときは、水平位置「left」「center」「right」と、垂直位置「top」「center」「bottom」をスペースで区切って指定します。
キーワード指定のほか、基点(要素の左上)からの距離([em][px]など)や百分率(%)で指定することも可能です。

background-repeat

背景画像の繰り返しを指定する

background-repeatプロパティは、背景画像の繰り返し方法を設定します。
背景画像を繰り返すと、画像がタイルのように表示されます。

●プロパティ値

background-repeatプロパティは、以下の値を指定できます。
「repeat」　縦横に背景画像を繰り返して表示。(初期値)
「repeat-x」横方向に背景画像を繰り返す。
「repeat-y」縦方向に背景画像を繰り返す。
「no-repeat」背景画像を繰り返して表示しない。

●大きさ関連プロパティ

width　幅を設定する

widthプロパティは、要素の横幅を設定します。
widthプロパティの値は、単位を付けて絶対的な値を設定します。または、親ボックスに対する百分率を設定することもできます。
なお、値には負の値は指定できません。

▶サンプル

サンプルでは、smplクラスを使用してスタイルシートを設定しています。
要素（文字、画像など）の幅を100pxに設定しています。colorプロパティなど別のプロパティを使って、ブロックを設定しています。

```
.smpl {
	width: 100px;
	color: #FF6600;
	background-color: #D0D0D0;
	padding: 15px;
}
```

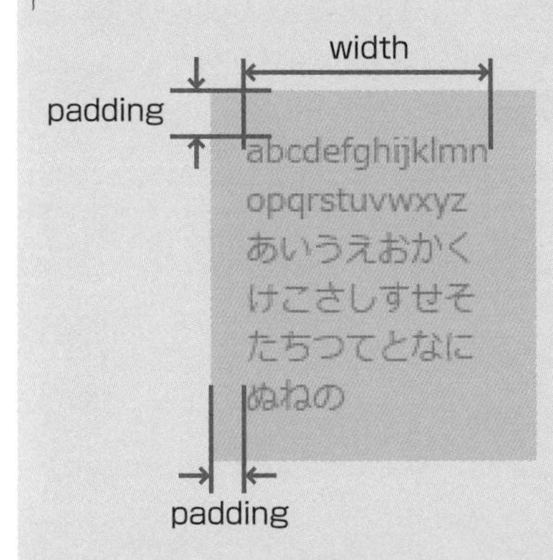

max-width　横幅の最大値を指定する

max-widthプロパティは、要素の横幅の最大値を設定します。
widthプロパティによって、絶対的な値を設定した場合、モニターの解像度によっては意図しない表示になることがあります。そこで、「bodyプロパティなどで設定する横幅に対する百分率」で横幅を設定することがあります。こうすれば、ブラウザーの幅に依存しないレイアウトが実現できます。
このとき、極端な横幅でも見やすさを維持するために、併せて横幅の最大値（max-width）と最小値（min-width）を設定しておきましょう。
max-widthプロパティの値は、単位を付けて絶対的な値を設定します。または、親ボックスに対する百分率を設定することもできます。

0 自分の夢を発信する
1 WordPressがある
2 ブログをしてみる
3 どうやったらできるの
4 ビジュアルデザイン
5 ブログサイトをつくろう
6 サイトへの訪問者を増やそう
7 ビジネスサイトをつくる
8 Webサイトでビジネスする
資料 Appendix
索引 Index

min-width
幅の最小値を指定する

min-widthプロパティは、要素の横幅の最小値を設定します。
widthプロパティによって、絶対的な値を設定した場合、モニターの解像度によっては意図しない表示になることがあります。そこで、「bodyプロパティなどで設定する横幅に対する百分率」で横幅を設定することがあります。こうすれば、ブラウザーの幅に依存しないレイアウトが実現できます。
このとき、極端な横幅でも見やすさを維持するために、併せて横幅の最大値（max-width）と最小値（min-width）を設定しておきましょう。
min-widthプロパティの値は、単位を付けて絶対的な値を設定します。または、親ボックスに対する百分率を設定することもできます。

height
高さを設定する

heightプロパティは、要素の高さを設定します。
heightプロパティの値は、単位を付けて絶対的な値を設定します。または、親ボックスに対する百分率を設定することもできます。
なお、値には負の値は指定できません。

▶サンプル

サンプルでは、smplクラスを使用してスタイルシートを設定しています。
要素（文字、画像など）の幅を100pxに設定し、高さを150pxにしています。colorプロパティなど別のプロパティを使って、ブロックを設定しています。

```
.smpl {
        width: 100px;
        height: 150px;
        color: #FF6600;
        background-color: #D0D0D0;
        padding: 30px;
}
```

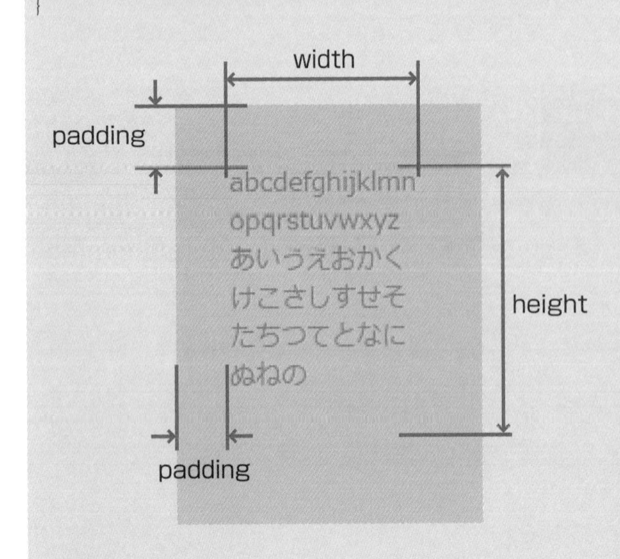

max-height　高さの最大値を設定する

max-heightプロパティは、要素の高さの最大値を設定します。
ブラウザーのウィンドウを極端なサイズに変更したときでも、要素のデザイン上の見やすさを維持するために、高さの最大値（max-height）と最小値（min-height）を設定しておきましょう。
max-heightプロパティの値は、単位を付けて絶対的な値を設定します。または、親ボックスに対する百分率を設定することもできます。

min-height　高さの最小値を設定する

min-heightプロパティは、要素の高さの最小値を設定します。
ブラウザーのウィンドウを極端なサイズに変更したときでも、要素のデザイン上の見やすさを維持するために、高さの最大値（max-height）と最小値（min-height）を設定しておきましょう。
min-heightプロパティの値は、単位を付けて絶対的な値を設定します。または、親ボックスに対する百分率を設定することもできます。

margin　マージンをまとめて設定する

marginプロパティは、四方のマージンをまとめて設定します。
marginプロパティの値を個々に設定するときは、数値をスペースで区切って指定します。このとき、値1つは上下左右で共通のマージン指定、値2つは順に上下、左右のマージン指定、値3つは順に上、左右、下のマージン指定、値4つは上、右、下、左のマージン指定になります。
なお、マージンは領域間の距離です。これに対して、パディングは領域内の設定値で、領域枠と要素の間の距離です。

margin
border
padding
abcdefghijklmn
opqrstuvwxyz
あいうえおかく
けこさしすせそ
たちつてとなに
ぬねの

margin-top
上マージンを指定する

margin-topプロパティは、上マージンを指定する際に使用します。
margin-topプロパティは、単位を付けた絶対的な数値で指定するか、親要素に対する百分率で指定します。「auto」値では自動的に設定されます。
なお、負の値を指定すると、領域を重ねることもできます。

margin-bottom
下マージンを指定する

margin-bottomプロパティは、下マージンを指定する際に使用します。
margin-bottomプロパティは、単位を付けた絶対的な数値で指定するか、親要素に対する百分率で指定します。「auto」値では自動的に設定されます。
なお、負の値を指定すると、領域を重ねることもできます。

margin-left
左マージンを指定する

margin-leftプロパティは、左マージンを指定する際に使用します。
margin-leftプロパティは、単位を付けた絶対的な数値で指定するか、親要素に対する百分率で指定します。「auto」値では自動的に設定されます。
なお、負の値を指定すると、領域を重ねることもできます。

margin-right
右マージンを指定する

margin-rightプロパティは、右マージンを指定する際に使用します。
margin-rightプロパティは、単位を付けた絶対的な数値で指定するか、親要素に対する百分率で指定します。「auto」値では自動的に設定されます。
なお、負の値を指定すると、領域を重ねることもできます。

padding
パディングをまとめて設定する

paddingプロパティは、四方のパディングをまとめて設定します。
paddingプロパティの値を個々に設定するときは、数値をスペースで区切って指定します。このとき、値1つは上下左右で共通のパディング指定、値2つは順に上下、左右のパディング指定、値3つは順に上、左右、下のパディング指定、値4つは上、右、下、左のパディング指定になります。
なお、マージンは領域間の距離です。これに対して、パディングは領域内の設定値で、領域枠と要素の間の距離です。

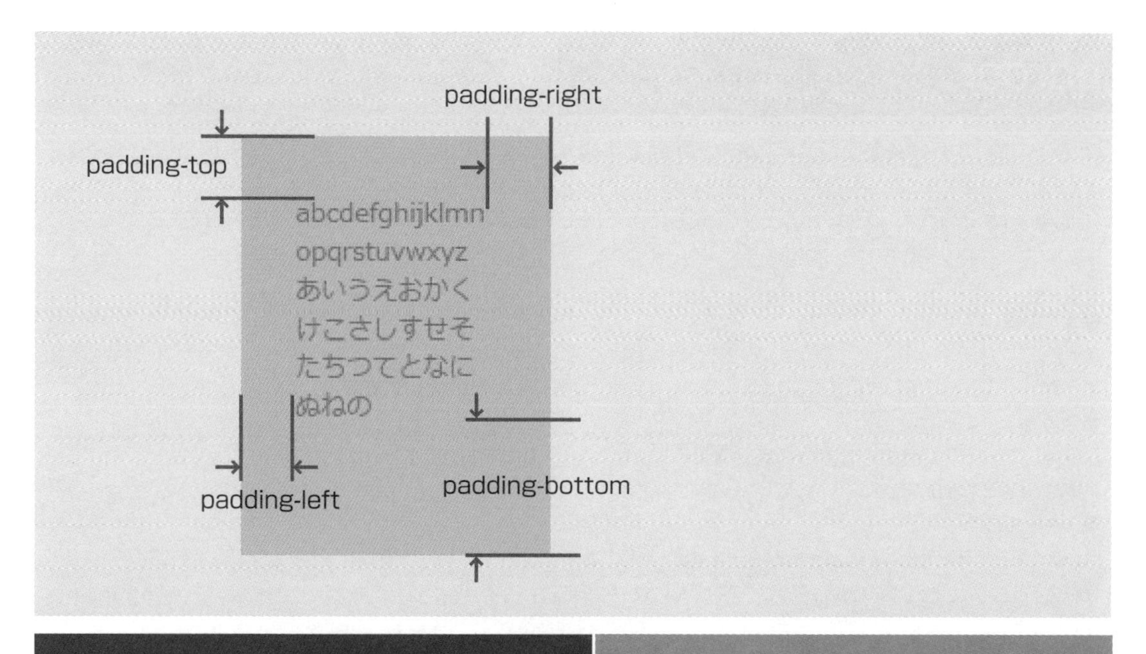

padding-top

上パディングを設定する

padding-topプロパティは、上パディングを指定する際に使用します。
padding-topプロパティは、単位を付けた絶対的な数値で指定するか、親要素に対する百分率で指定します。
パディングには負の値を指定することはできません。

padding-bottom

下パディングを設定する

padding-bottomプロパティは、下パディングを指定する際に使用します。
padding-bottomプロパティは、単位を付けた絶対的な数値で指定するか、親要素に対する百分率で指定します。
パディングに負の値を指定することはできません。

padding-left

左パディングを設定する

padding-leftプロパティは、左パディングを指定する際に使用します。
padding-leftプロパティは、単位を付けた絶対的な数値で指定するか、親要素に対する百分率で指定します。
パディングには負の値を指定することはできません。

padding-right

右パディングを設定する

padding-rightプロパティは、右パディングを指定する際に使用します。
padding-rightプロパティは、単位を付けた絶対的な数値で指定するか、親要素に対する百分率で指定します。
パディングには負の値を指定することはできません。

border

枠線を設定する

borderプロパティは、縁取り（border）をまとめて設定します。
borderプロパティの値は、太さ、色、スタイルの順にスペースで区切って指定します。
なお、borderプロパティでは、上下左右に異なる値を指定することはできません。異なる値を指定したいときは、border-top、border-bottom、border-left、border-right、または、border-style、border-width、border-colorを使用します。

●太さの値

borderプロパティの太さ指定の値は、単位を付けて数値で指定します。
太さをキーワードで指定するときは、thin（細い）、medium（普通）、thick（太い）を使用します。

●色の値

borderプロパティの色指定の値は、「#000000」のように十六進数で指定します。
透明は、transparentです。

●スタイルの値

borderプロパティは、以下の値を指定できます。

「none」	太さ「0」で、枠線は表示されません。（初期値）
「hidden」	太さ「0」で、枠線は表示されません。ほかの枠線と重なるときは、こちらが優先されます。
「solid」	一本線。
「double」	二本線。
「groove」	立体的にくぼんだ線。
「ridge」	立体的に隆起した線。
「inset」	上と左が暗く、下と右が明るい枠線。立体感があります。
「outset」	上と左が明るく、下と右が暗い枠線。立体感があります。
「dashed」	破線。
「dotted」	点線。

border-color

枠線の色を指定する

border-colorプロパティは、上下左右の枠線の色をまとめて指定します。
border-colorプロパティの色指定の値は、「#000000」のように十六進数で指定します。
透明は、transparentです。
四辺の色を異なったものにしたいときは、スペースで区切って指定します。このとき、値1つは上下左右で共通の色指定、値2つは順に上下、左右の色指定、値3つは順に上、左右、下の色指定、値4つは上、右、下、左の色指定になります。

border-style

枠線のスタイルを指定する

border-styleプロパティは、四辺の枠線のスタイルをまとめて指定します。
四辺のスタイルを異なったものにしたいときは、スペースで区切って指定します。このとき、値1つは上下左右で共通のスタイルの指定、値2つは順に上下、左右のスタイルの指定、値3つは順に上、左右、下のスタイルの指定、値4つは上、右、下、左のスタイルの指定になります。

●スタイルの値

border-styleプロパティは、以下の値を指定できます。

「none」　太さ「0」で、枠線は表示されません。（初期値）
「hidden」　太さ「0」で、枠線は表示されません。ほかの枠線と重なるときは、こちらが優先されます。
「solid」　一本線。
「double」　二本線。
「groove」　立体的にくぼんだ線。
「ridge」　立体的に隆起した線。
「inset」　上と左が暗く、下と右が明るい枠線。立体感があります。
「outset」　上と左が明るく、下と右が暗い枠線。立体感があります。
「dashed」　破線。
「dotted」　点線。

border-width

枠線の太さを指定する

border-widthプロパティは、四辺の枠線の太さをまとめて指定します。

border-widthプロパティの太さ指定の値は、単位を付けて数値で指定します。

太さをキーワードで指定するときは、thin（細い）、medium（普通）、thick（太い）を使用します。

四辺の太さを異なったものにしたいときは、スペースで区切って指定します。このとき、値1つは上下左右で共通の太さの指定、値2つは順に上下、左右の太さの指定、値3つは順に上、左右、下の太さの指定、値4つは上、右、下、左の太さの指定になります。

border-top

上枠線のスタイル、太さ、色を指定する

border-topプロパティは、上枠線を設定します。

border-topプロパティの値は、太さ、色、スタイルの順にスペースで区切って指定します。

●太さの値

border-topプロパティの太さ指定の値は、単位を付けて数値で指定します。

太さをキーワードで指定するときは、thin（細い）、medium（普通）、thick（太い）を使用します。

●色の値

border-topプロパティの色指定の値は、「#000000」のように十六進数で指定します。

透明は、transparentです。

●スタイルの値

border-topプロパティは、以下の値を指定できます。

「none」　太さ「0」で、枠線は表示されません。（初期値）
「hidden」　太さ「0」で、枠線は表示されません。ほかの枠線と重なるときは、こちらが優先されます。
「solid」　一本線。
「double」　二本線。
「groove」　立体的にくぼんだ線。
「ridge」　立体的に隆起した線。
「inset」　上と左が暗く、下と右が明るい枠線。立体感があります。
「outset」　上と左が明るく、下と右が暗い枠線。立体感があります。
「dashed」　破線。
「dotted」　点線。

border-top-color

上枠線の色を指定する

border-top-colorプロパティは、上枠線の色を指定します。
border-top-colorプロパティの色指定の値は、「#000000」のように十六進数で指定します。
透明は、transparentです。

border-top-style

上枠線のスタイルを指定する

border-top-styleプロパティは、上枠線のスタイルを指定します。
四辺のスタイルをまとめて指定するときは、border-styleを使用してください。

●スタイルの値

border-top-styleプロパティは、以下の値を指定できます。

「none」　太さ「0」で、枠線は表示されません。(初期値)
「hidden」　太さ「0」で、枠線は表示されません。ほかの枠線と重なるときは、こちらが優先されます。
「solid」　一本線。
「double」　二本線。
「groove」　立体的にくぼんだ線。
「ridge」　立体的に隆起した線。
「inset」　上と左が暗く、下と右が明るい枠線。立体感があります。
「outset」　上と左が明るく、下と右が暗い枠線。立体感があります。
「dashed」　破線。
「dotted」　点線。

border-top-width

上枠線の太さを指定する

border-top-widthプロパティは、上枠線の太さを指定します。
border-top-widthプロパティの太さ指定の値は、単位を付けて数値で指定します。
太さをキーワードで指定するときは、thin(細い)、medium(普通)、thick(太い)を使用します。

border-bottom

下枠線のスタイル、太さ、色を指定する

border-bottomプロパティは、下枠線を設定します。
border-bottomプロパティの値は、太さ、色、スタイルの順にスペースで区切って指定します。

●太さの値

border-bottomプロパティの太さ指定の値は、単位を付けて数値で指定します。
太さをキーワードで指定するときは、thin(細い)、medium(普通)、thick(太い)を使用します。

●色の値

border-bottomプロパティの色指定の値は、「#000000」のように十六進で指定します。
透明は、transparentです。

●スタイルの値

border-bottomプロパティは、以下の値を指定できます。

「none」　太さ「0」で、枠線は表示されません。（初期値）
「hidden」　太さ「0」で、枠線は表示されません。ほかの枠線と重なるときは、こちらが優先されます。
「solid」　一本線。
「double」　二本線。
「groove」　立体的にくぼんだ線。
「ridge」　立体的に隆起した線。
「inset」　上と左が暗く、下と右が明るい枠線。立体感があります。
「outset」　上と左が明るく、下と右が暗い枠線。立体感があります。
「dashed」　破線。
「dotted」　点線。

border-bottom-color　下枠線の色を指定する

border-bottom-colorプロパティは、下枠線の色を指定します。
border-bottom-colorプロパティの色指定の値は、「#000000」のように十六進数で指定します。
透明は、transparentです。

border-bottom-style　下枠線のスタイルを指定する

border-bottom-styleプロパティは、下枠線のスタイルを指定します。
四辺のスタイルをまとめて指定するときは、border-styleを使用してください。

●スタイルの値

border-bottom-styleプロパティは、以下の値を指定できます。

「none」　太さ「0」で、枠線は表示されません。（初期値）
「hidden」　太さ「0」で、枠線は表示されません。ほかの枠線と重なるときは、こちらが優先されます。
「solid」　一本線。
「double」　二本線。
「groove」　立体的にくぼんだ線。
「ridge」　立体的に隆起した線。
「inset」　上と左が暗く、下と右が明るい枠線。立体感があります。
「outset」　上と左が明るく、下と右が暗い枠線。立体感があります。
「dashed」　破線。
「dotted」　点線。

border-bottom-width　下枠線の太さを指定する

border-bottom-widthプロパティは、下枠線の太さを指定します。
border-bottom-widthプロパティの太さ指定の値は、単位を付けて数値で指定します。
太さをキーワードで指定するときは、thin（細い）、medium（普通）、thick（太い）を使用します。

border-left

左枠線のスタイル、太さ、色を指定する

border-leftプロパティは、左枠線を設定します。
border-leftプロパティの値は、太さ、色、スタイルの順にスペースで区切って指定します。

●太さの値

border-leftプロパティの太さ指定の値は、単位を付けて数値で指定します。
太さをキーワードで指定するときは、thin（細い）、medium（普通）、thick（太い）を使用します。

●色の値

border-leftプロパティの色指定の値は、「#000000」のように十六進数で指定します。
透明は、transparentです。

●スタイルの値

border-leftプロパティは、以下の値を指定できます。

「none」　太さ「0」で、枠線は表示されません。（初期値）
「hidden」　太さ「0」で、枠線は表示されません。ほかの枠線と重なるときは、こちらが優先されます。
「solid」　一本線。
「double」　二本線。
「groove」　立体的にくぼんだ線。
「ridge」　立体的に隆起した線。
「inset」　上と左が暗く、下と右が明るい枠線。立体感があります。
「outset」　上と左が明るく、下と右が暗い枠線。立体感があります。
「dashed」　破線。
「dotted」　点線。

border-left-color

左枠線の色を指定する

border-left-colorプロパティは、左枠線の色を指定します。
border-left-colorプロパティの色指定の値は、「#000000」のように十六進数で指定します。
透明は、transparentです。

border-left-style

左枠線のスタイルを指定する

border-left-styleプロパティは、左枠線のスタイルを指定します。
四辺のスタイルをまとめて指定するときは、border-styleを使用してください。

●スタイルの値

border-left-styleプロパティは、以下の値を指定できます。

「none」　太さ「0」で、枠線は表示されません。（初期値）
「hidden」　太さ「0」で、枠線は表示されません。ほかの枠線と重なるときは、こちらが優先されます。
「solid」　一本線。
「double」　二本線。
「groove」　立体的にくぼんだ線。
「ridge」　立体的に隆起した線。
「inset」　上と左が暗く、下と右が明るい枠線。立体感があります。
「outset」　上と左が明るく、下と右が暗い枠線。立体感があります。
「dashed」　破線。
「dotted」　点線。

border-left-width　左枠線の太さを指定する

border-left-widthプロパティは、左枠線の太さを指定します。
border-left-widthプロパティの太さ指定の値は、単位を付けて数値で指定します。
太さをキーワードで指定するときは、thin（細い）、medium（普通）、thick（太い）を使用します。

border-right　右枠線のスタイル、太さ、色を指定する

border-rightプロパティは、右枠線を設定します。
border-rightプロパティの値は、太さ、色、スタイルの順にスペースで区切って指定します。

●太さの値

border-rightプロパティの太さ指定の値は、単位を付けて数値で指定します。
太さをキーワードで指定するときは、thin（細い）、medium（普通）、thick（太い）を使用します。

●色の値

border-rightプロパティの色指定の値は、「#000000」のように十六進数で指定します。
透明は、transparentです。

●スタイルの値

border-rightプロパティは、以下の値を指定できます。

「none」　太さ「0」で、枠線は表示されません。（初期値）
「hidden」　太さ「0」で、枠線は表示されません。ほかの枠線と重なるときは、こちらが優先されます。
「solid」　一本線。
「double」　二本線。
「groove」　立体的にくぼんだ線。
「ridge」　立体的に隆起した線。
「inset」　上と左が暗く、下と右が明るい枠線。立体感があります。
「outset」　上と左が明るく、下と右が暗い枠線。立体感があります。
「dashed」　破線。
「dotted」　点線。

border-right-color

右枠線の色を指定する

border-right-colorプロパティは、右枠線の色を指定します。
border-right-colorプロパティの色指定の値は、「#000000」のように十六進数で指定します。
透明は、transparentです。

border-right-style

右枠線のスタイルを指定する

border-right-styleプロパティは、右枠線のスタイルを指定します。
四辺のスタイルをまとめて指定するときは、border-styleを使用してください。

●スタイルの値

border-right-styleプロパティは、以下の値を指定できます。

「none」　太さ「0」で、枠線は表示されません。（初期値）
「hidden」　太さ「0」で、枠線は表示されません。ほかの枠線と重なるときは、こちらが優先されます。
「solid」　一本線。
「double」　二本線。
「groove」　立体的にくぼんだ線。
「ridge」　立体的に隆起した線。
「inset」　上と左が暗く、下と右が明るい枠線。立体感があります。
「outset」　上と左が明るく、下と右が暗い枠線。立体感があります。
「dashed」　破線。
「dotted」　点線。

border-right-width

右枠線の太さを指定する

border-right-widthプロパティは、右枠線の太さを指定します。
border-right-widthプロパティの太さ指定の値は、単位を付けて数値で指定します。
太さをキーワードで指定するときは、thin（細い）、medium（普通）、thick（太い）を使用します。

●表示関連プロパティ

overflow

はみ出た内容の表示方法を指定する

overflowプロパティは、領域内に収まらない内容の表示を指定します。

●スタイルの値

overflowプロパティは、以下の値を指定できます。

「visible」　領域に収まらないときは、はみ出して表示されます。（初期値）
「scroll」　収まらない内容はスクロールして見られるようになります。
「hidden」　はみ出た部分は表示されません。
「auto」　ブラウザーに依存します（一般的にはスクロールして見られるようになります）。

position

領域配置の基準位置を指定する

positionプロパティは、ボックスの配置方法を設定します。
使用時にはpositionプロパティの設定後にtop、bottom、right、leftプロパティでボックスの位置を指定します。

●スタイルの値

positionプロパティは、以下の値を指定できます。

「static」　配置方法を指定しません。top、bottom、left、rightプロパティは適用されません。(初期値)
「relative」　相対位置へ配置します。
「absolute」　絶対位置へ配置します。
「fixed」　絶対位置へ配置します。スクロールしても位置は固定のまま。

なお、親ボックスにstatic以外の値が指定されている場合は、親ボックスの左上が基準位置になり、staticが指定されている場合は、ウィンドウの左上が基準位置になります。

▶サンプル

サンプルでは、smplクラスを使用してスタイルシートを設定しています。
絶対位置として、ウィンドウの左上の基準から下に50px、右に30pxの位置に要素を設定します。

```
.smpl {
        position: absolute;
        top: 50px;
        left: 30px;
}
```

top

上からの配置位置を指定する

topプロパティは、上からのボックス配置位置を指定します。
topプロパティで指定する値は、基準点からの距離です。単位を付けて絶対的な数値を設定するか、親ボックスに対する割合を百分率で設定します。初期値は自動的に調整されるautoに設定されています。
なお、基準点はpositionプロパティで指定します(値はstatic以外)。

bottom

下からの配置位置を指定する

bottomプロパティは、下からのボックス配置位置を指定します。
bottomプロパティで指定する値は、基準点からの距離です。単位を付けて絶対的な数値を設定するか、親ボックスに対する割合を百分率で設定します。初期値は自動的に調整されるautoに設定されています。
なお、基準点はpositionプロパティで指定します(値はstatic以外)。

left

左からの配置位置を指定する

leftプロパティは、左からのボックス配置位置を指定します。
leftプロパティで指定する値は、基準点からの距離です。単位を付けて絶対的な数値を設定するか、親ボックスに対する割合を百分率で設定します。初期値は自動的に調整されるautoに設定されています。
なお、基準点はpositionプロパティで指定します(値はstatic以外)。

right

右からの配置位置を指定する

rightプロパティは、右からのボックス配置位置を指定します。
rightプロパティで指定する値は、基準点からの距離です。単位を付けて絶対的な数値を設定するか、親ボックスに対する割合を百分率で設定します。初期値は自動的に調整されるautoに設定されています。
なお、基準点はpositionプロパティで指定します（値はstatic以外）。

display

要素の表示形式を指定する

displayプロパティは、ブロック要素か、インライン要素かを指定します。
ブロック要素とは、文書の骨格となるもので、見出しや段落、リスト、フォームなどの要素です。通常、ブロック要素は改行で区切られます。
インライン要素とは、文章中の一部として扱われるもので、リンクや文字修飾などの要素です。通常は、ブロック要素内で使用されます。

●値

displayプロパティは、以下の値を指定できます。

「inline」	インラインボックスを生成します。（初期値）
「block」	ブロックボックスを生成します。
「list-item」	リスト要素のためのブロックボックスとマーカーボックスを生成します。
「run-in」	前後の文脈に応じて表示形式を変えます。これを指定した要素のあとのブロック要素に回り込みや絶対配置の指定がされていないときは、その先頭にインラインとして表示され、それ以外はブロックとして表示されます。
「inline-block」	インラインのブロックコンテナを生成します。
「table」	ブロック要素の表（table）のように表示します。
「inline-table」	インライン要素の表（table）のように表示されます。
「table-row-group」	表のtbody要素のように表示します。
「table-header-group」	表のthead要素のように表示します。
「table-footer-group」	表のtfoot要素のように表示します。
「table-row」	表のtr要素のように表示されます。
「table-column-group」	表のcolgroup要素のように表示します。
「table-column」	表のcol要素のように表示します。
「table-cell」	表のtd要素のように表示します。
「table-caption」	表のcaption要素のように表示します。
「none」	要素を生成しません。
「inherit」	親要素の値を継承します。

float

回り込みを設定する

floatプロパティは、文書や画像などの要素の回り込みを設定します。
floatプロパティの値に「left」を指定すると、要素は左寄せされ、続く要素は右側に回り込みます。反対に、値に「right」を指定すると、要素は右寄せされ、続く要素は左側に回り込みます。

clear

回り込みを解除する

clearプロパティは、floatプロパティで設定された回り込みを解除します。
clearプロパティの値に「left」を指定すると、「float:left」で設定された回り込みを解除します。「right」を指定すると、「float:right」を解除します。「both」は「float:left」「float:right」両方を解除します。「none」は回り込みを解除しません（初期値）。

z-index

レイヤーの重なり順を指定する

z-indexプロパティは、positionプロパティによって重なるボックスレイヤーの重なり順を指定します。
z-indexプロパティの値は、「0」を基準として、整数で指定します。値の大きなほうが上（前面）に配置されます。

visibility

要素の表示/非表示を指定する

visibilityプロパティは、要素の表示/非表示を指定します。
visibilityプロパティの値は、visible（表示）とhidden（非表示）です。
なお、非表示を設定しても、要素は残っているため、レイアウトは変化しません。

clip

要素を切り抜いて表示する

clipプロパティは、要素を切り抜いて表示するときに使用します。
clipプロパティの値を矩形（くけい）指定するときは、rect値の指定に続いて要素領域の上辺と左辺から、切り抜く四辺までの距離を指定します。指定する順序は、上辺までの距離、右辺までの距離、下辺までの距離、最後に左辺までの距離です。各値は単位付きの数値で指定し、スペースで区切ります。
なお、clipプロパティを指定するときには、同時にpositionプロパティでabsoluteかfixedを指定しなければなりません。

▶サンプル

サンプルでは、smplクラスを使用してスタイルシートを設定しています。
ボックス領域の上辺から下に50pxの位置に切り抜く領域の上辺、ボックス領域の左辺から右に300pxの位置に切り抜く領域の右辺、以下、同様に上辺から下に200px、左辺から右に20pxを指定して、切り抜く領域を設定します。

```
.smpl {
        position: absolute;
        clip: rect( 50px 300px 200px 20px );
}
```

direction

文字方向の左/右を指定する

directionプロパティは、文字方向を左から右にするか、その逆方向にするかを指定します。
directionプロパティの値は、ltr（Left To Right）で左から右、rtl（Right To Left）で右から左に表示されます。

unicode-bidi

Unicode規格を無効化／上書きする

unicode-bidiプロパティは、Unicode規格を無効にしたり、上書きしたりします。
Unicodeでは、多くの言語が左から右への表記となっていますが、アラビア語やヘブライ語は逆向きです。そこで、テキストを右から左に表示するために、unicode-bidiプロパティを適切に設定します。
unicode-bidiプロパティの値をbidi-overrideに設定すると、Unicodeによる文字表記の方向設定を無効にし、directionプロパティで指定された値が適用されます。

●テーブル関連プロパティ

table-layout

表の列幅を指定する

table-layoutプロパティは、表（table）の列幅を設定します。
table-layoutプロパティの値は、auto（列幅を自動レイアウト）か、fixed（固定レイアウト）かを指定します。
auto値では、テーブル全体を読み込んでから、内容に合わせて各列の幅を決定します。fixed値では、1行目の列幅を固定して残りの行を表示します。

caption-side

表のキャプション位置を指定する

caption-sideプロパティは、表のキャプションの位置を指定します。
caption-sideプロパティで指定できる値は、top（上）、bottom（下）、left（左）、right（右）です。

border-collapse

セルの境界線の重なりを設定する

border-collapseプロパティは、隣接するセルの境界線の重なりを設定します。
border-collapseプロパティの値は、separate（離れて表示）か、collapse（重ねて表示）かを設定します。

border-spacing

セルの境界線の間隔を設定する

border-spacingプロパティは、隣接するセルの境界線どうしの間隔を設定します。
border-spacingプロパティは、borderプロパティで境界線が設定され、さらにborder-collapseプロパティの値がseparateのときに有効です。
border-spacingプロパティの値は、単位を付けて数値を指定します。この値を1つ指定すると、上下左右の間隔が指定された値になります。2値を指定すると、順に「左右」「上下」の間隔が指定されます。

empty-cells

空白セルの境界線を指定する

empty-cellsプロパティは、空のセルの境界線の表示／非表示を指定します。
empty-cellsプロパティの値は、show（表示）、hide（非表示）を選択します。

●リスト関連プロパティ

list-style

リストに関する設定をまとめて行う

list-styleプロパティは、リスト関連の値をまとめて設定します。
list-styleプロパティの値は、list-style-type（リストマーカー文字種）、list-style-image（リストマーカー画像）、list-style-position（リストマーカー表示位置）が指定できます。

list-style-image

リストマーカーに画像を設定する

list-style-imageプロパティは、リストの先頭に表示するマーカー（リストマーカー）に画像ファイルを指定します。

list-style-type

リストマーカー文字の種類を設定する

list-style-typeプロパティは、リストマーカーの文字種を指定します。
閲覧環境により、本来の仕様のとおりに表示されない値もあるので注意してください。

●リストマーカーの文字種の値

list-style-typeプロパティは、以下の値を指定できます。

値	説明
「none」	何も付きません。（初期値）
「disc」	黒い丸。
「circle」	白抜きの丸。
「square」	黒い四角。
「decimal」	数字。
「decimal-leading-zero」	先頭に0の付いた数字。
「lower-roman」	小文字のローマ数字。
「upper-roman」	大文字のローマ数字。
「lower-greek」	小文字のギリシャ数字。
「upper-greek」	大文字のギリシャ数字。
「lower-latin」	小文字のラテン文字。
「upper-latin」	大文字のラテン文字。
「lower-alpha」	小文字のアルファベット。
「upper-alpha」	大文字のアルファベット。
「cjk-decimal」	漢数字。
「hiragana」	『あいうえお』。
「katakana」	『アイウエオ』。
「hiragana-iroha」	『いろはにほへと』。
「katakana-iroha」	『イロハニホヘト』。
「hebrew」	ヘブライ数字。
「armenian」	アルメニア数字。
「georgian」	グルジア（現ジョージア）数字。

list-style-position
リストマーカーの表示位置を指定する

list-style-positionプロパティは、リストマーカーの表示位置を指定します。
list-style-positionプロパティの値は、outside（リストマーカーはリスト領域外に表示）、inside（リストマーカーはリスト領域内に表示）の2つから指定します。

marker-offset
リストマーカーとの間隔を指定する

marker-offsetプロパティは、リストマーカーとリスト内容の間隔を指定します。
marker-offsetプロパティの値には、通常、単位付きの数値を指定します。inheritを指定したときは、上位要素の値を継承します。

●コンテンツ関連プロパティ

content
コンテンツを挿入する

contentプロパティは、要素の前後に文字列や画像などのコンテンツを挿入します。
contentプロパティの値には、文字列、URL、属性を使用した値を使用します。
なお、要素の前あるいは後を指定するには、疑似要素を使って「:before」「:after」の形で設定します。

▶サンプル

サンプルでは、smplクラスを使用してスタイルシートを設定しています。
疑似要素を利用して、要素の前に文字列（Memo）を挿入します。

```
.smpl:before {
        content: "Memo";
}
```

quotes
引用符を設定する

quotesプロパティは、引用符の種類を設定します。
quotesプロパティの値は、開始引用符と終了引用符を対にして設定します。

▶サンプル

サンプルでは、smplクラスを使用してスタイルシートを設定しています。
quotesプロパティで設定した引用符を、要素の直前に挿入しています。

```
.smpl {
        quotes: '『' '』';
}
.smpl:before {
        content: open-quote;
}
```

counter-increment

要素のカウンタ値を進める

counter-incrementプロパティは、要素の連番（カウンタ）の値を進めます。
counter-incrementプロパティを設定したコンテンツ要素が表示されると、カウンタ値が進みます。

counter-reset

要素のカウンタ値をリセットする

counter-resetプロパティは、要素の連番（カウンタ）の値をリセットします。
counter-resetプロパティを設定したコンテンツ要素が表示されると、カウンタ値が「0」にリセットされます。

●アウトライン関連プロパティ

outline

輪郭線をまとめて指定する

outlineプロパティは、輪郭線（outline）の表示方法をまとめて設定します。
outlineプロパティの値は、太さ、色、スタイルを、順にスペースで区切って指定します。

●太さの値

outlineプロパティの太さ指定の値は、単位を付けて数値で指定します。
太さをキーワードで指定するときは、thin（細い）、medium（普通）、thick（太い）を使用します。

●色の値

outlineプロパティの色指定の値は、「#000000」のように十六進数で指定します。

●スタイルの値

outlineプロパティは、以下の値を指定できます。

「none」　輪郭線は表示されません。（初期値）
「solid」　一本線。
「double」　二本線。
「groove」　くぼんだ立体的な線。
「ridge」　隆起した立体的な線。
「inset」　上と左の線が暗く、下と右の線は明るい、立体的な線。
「outset」　上と左の線が明るく、下と右の線が暗い、立体的な線。
「dashed」　破線。
「dotted」　点線。

Onepoint　疑似要素

擬似要素（pseudo-element）は、要素を限定的に指定するために擬似的に設定されます。

セレクタ名に「:before」を付けて要素の直前を、「:after」を付けて要素の直後を指定しています。

outline-color

輪郭線の色を指定する

outline-colorプロパティは、輪郭線の色を指定します。
outline-colorプロパティの色指定の値は、「#000000」のように十六進数で指定します。

outline-style

アウトラインのスタイルを指定する

outline-styleプロパティは、輪郭線のスタイルを指定します。
outline-styleプロパティは、以下の値を指定できます。
「none」　輪郭線は表示されません。（初期値）
「solid」　一本線。
「double」　二本線。
「groove」　くぼんだ立体的な線。
「ridge」　隆起した立体的な線。
「inset」　上と左の線が暗く、下と右の線は明るい、立体的な線。
「outset」　上と左の線が明るく、下と右の線が暗い、立体的な線。
「dashed」　破線。
「dotted」　点線。

outline-width

アウトラインの太さを指定する

outline-widthプロパティは、輪郭線の太さを指定します。
outline-widthプロパティの太さ指定の値は、単位を付けて数値で指定します。
太さをキーワードで指定するときは、thin（細い）、medium（普通）、thick（太い）を使用します。

●印刷関連プロパティ

page-break-before

要素直前の印刷時の改ページを指定する

page-break-beforeプロパティは、印刷時の要素の直前での改ページを指定します。
page-break-beforeプロパティでは、以下の値を指定できます。
「auto」　改ページ設定をしません。（初期値）
「always」　強制的に改ページします。
「left」　強制的に改ページして、指定要素を左側ページに印刷します。
「right」　強制的に改ページして、指定要素を右側ページに印刷します。
「avoid」　改ページをしません。

page-break-after

要素直後の印刷時の改ページを指定する

page-break-afterプロパティは、印刷時の要素の直後での改ページを指定します。
page-break-afterプロパティでは、以下の値を指定できます。

「auto」 改ページ設定をしません。（初期値）
「always」 強制的に改ページします。
「left」 強制的に改ページして、指定要素のあとを左側ページから印刷します。
「right」 強制的に改ページして、指定要素のあとを右側ページから印刷します。
「avoid」 改ページをしません。

page-break-inside

要素内で印刷時の改ページを避ける

page-break-insideプロパティは、要素内での印刷時の改ページを避けます。
page-break-insideプロパティの値でavoidを指定すると、改ページをしなくなります。

orphans

改ページの前ページの最低行数を指定する

orphansプロパティは、改ページの前ページの最低行数を指定します。
orphansプロパティによって、印刷が複数ページにまたがる場合、改行位置を調整することができます。

widows

改ページの次ページの最低行数を指定する

widowsプロパティは、改ページの次ページの最低行数を指定します。
widowsプロパティによって、印刷が複数ページにまたがる場合、改行位置を調整することができます。

marks

トンボを印刷するかどうかを指定する

marksプロパティは、トンボを印刷するかどうかを指定します。
marksプロパティの値では、inheritは上位要素を継承します。トンボ印刷用の値としては、cropとcrossが指定できます。

Index

I 用語索引

ひらがな・カタカナ

■あ行

アーカイブ……144
アイキャッチ画像……295
アイコン……218,224,261
アイデア……207
アウトライン関連プロパティ……529
アカウント……450
アクションフック……151
アクセスログ……345
アバター……296
アフィリエイト……90,304,330
アフィリエイト・サービス・プロバイダー……330
アフィリエイト・マーケティング……304
イラスト……98
色/背景……131
「色」パネル……221
インクルード……61
印刷関連プロパティ……530
インストール……122
インターネットドメイン……109
インタビュー型コンテンツ……97
インタラクティブ……215
インタラクティブ・インターフェイス……226
インポーター……114
インポート……114
引用……245,437
ウィジェット……130,143,177,188
エクスポート……114
エディット……177
絵日記型コンテンツ……97
炎上……90
黄金比率……209
大きさ関連プロパティ……511
親テーマ……376
音声……98
オンラインショップ……474

■か行

カートシステム……65
外観……121
外部サイト……98
外部対策……361
カスケード・スタイル・シート……58
カスタマイザー……57,124
カスタマイズ……48,114
カスタム構造……245
カスタムタクソノミー……422
カスタム投稿タイプ……422
カスタムCSS……445
カスタムHTML……144
画像……257
画像等関連タグ……495
カテゴリー……144
カバー……182,257
カラム……234
カレンダー……144
カンプ……197
管理画面……317
管理者……86,336
寄稿者……86,336
疑似要素……529
機能……23
機能デザイン……191
基本デザイン……42
キャッシュ……390
キャッチフレーズ……130,394
ギャラリー……257
クイック編集……322
グーテンベルグ……157,256
クラシックエディター……49
クラシックテーマ……178

クリエイティブ・コモンズ・ライセンス……103
グリッド……204,209
グリッドシステム……204
クローラー……358
クロール・ロボット……358
検索……145
検索エンジンの最適化……357
公開……130
公開済み……322
公開モジュール……96
構成型コンテンツ……97
構造タグ……244
購読者……86,336
コード……157
コードエディター……157
固定ページ……47,59,144,242,256
子テーマ……374,376
コミュニティ……453,455
コメント……149
コンセプト……197
コンテンツ……18,40,54,98,161
コンテンツ・マネージメント・システム……117
コンテンツエリア……128,129
コンテンツ関連プロパティ……528
コンテンツファイル……378
コンフリクト……139,433

■さ行

最近のコメント……144
最近の投稿……145
サイト……240
彩度……220
サイト基本情報……131
サイトタイトル……130,394
サイトテンプレートの作成/編集……177
サイト統計……343
サイト統計情報……347
サイト統計用プラグイン……371
サイドバー……129,161
サイトマップ……300
サインイン……81
サティスファイサー……230
サブ見出し……438
色相……219
色相環……219
仕切り線……432
自己アピール型ブログ……92
自己啓発型ブログ……91
下書き……320,322,323
自動更新を有効化……339
写真……98,233
詳細＆プレビュー……122
ショートコード……415,417,420,427,447
ショートコードタグ……417
ショートコードブロック……428
新規追加……96
新規投稿を追加……96
随筆形式……233
ズーム……102
スクリプト関連タグ……502
スタイルシート関連タグ……503
ステータス……322
スペーサー……432
スポイラー……443
スマホ……315
スマホカメラ……99
スマホ用のメニュー……227
スラッグ……247
制御コード……386
成功報酬型広告……304
セーフカラー……219
セキュリティ対策……187,332
接頭辞……430
セレクタ……392
宣言……392
宣言ブロック……392
ソース……43
ソース関連タグ……503

■た行

ターム……422
ダイアログ形式……296
第一法則……91
第二法則……91

タイマー予約……326
対話形式……296
タグ……162
タグクラウド……144,305
タクソノミー……422
ダッシュボード……83,450
タブ……439
段落ブロック……172,256,259
著作権……103
ツールチップ……444
続きを表示……292
続きを読む……291
ティム・バーナーズ=リー……20
データ型コンテンツ……97
テーブル関連プロパティ……526
テーマ……22,45,54,63,117,128,165,450
テーマオプション……294
テーマオプションページ……58
テーマデザインの設定……177
テーマのアップロード……119
テーマの管理……119,120
テーマファイルエディター……165,381
テーマを追加……121,122,126
テキスト……98,144,217
テキスト関連タグ……489
テキスト関連プロパティ……506
テキストボックス……435
テキストリンク……225
デザイン……22
デジカメ……101
デバッグ……198
電子掲示板……452
テンプレート……61
テンプレート階層……165
テンプレート関数……61
テンプレートタグ……161,396
テンプレートパーツ……177,179,264
テンプレートファイル……61,161,177,450
問い合わせフォーム……407
動画……98
投稿……60,232
投稿一覧……96
投稿カテゴリー……289
投稿記事……291
投稿者……82,86,336
投稿パネル……96
投稿ページ……242
動的ページ……148
トーン……221
ドキュメント……98
特徴フィルター……126,249
特定商取引法……412
トピック……459
ドメイン……77,109
トラックバック……346
ドロップキャップ……259,429

■な行

内部対策……361
ナビゲーション……177
ナビゲーター……54
日記型コンテンツ……97
日記形式……233
入力フォーム関連タグ……498
ネットサーフィン……357
ネットショッピング……361

■は行

パーマリンク……243,244
背景/色関連プロパティ……509
配色……220
ハイパーリンク……218
バウンス率……345
パスワード保護……320,324
バックアップ……393
抜粋……291,292
バナー……302
バナー広告……302
バリューコマース……305
パンくずリスト……240,271
ピクトグラム……218,224
非公開……322
ビジュアルエディター……157
ビジュアルデザイン……191,192

ビデオ……233
ビデオ日記型コンテンツ……97
ひな形……22,46
表示オプション……96
表示関連プロパティ……522
標準のテンプレート……117
標準プラグイン……137
ピンバック……346
ファーストインプレッション……216
ファイアウォール……334
ファイルマネージャ……379
ファイルを更新……151
フィードバックページ……411
フォーラム……453
フォント関連プロパティ……504
吹き出し……296,444
フッター……54,129,161,234
フッターエリア……129
プラグイン……47,62,67,134,138
プラグインのバッティング……433
プラグイン編集……69
プラグインメニュー……140
プラグインAPI……151
フリー画像……104
フルサイト編集……49
プルダウンメニュー……225
フレーム関連タグ……498
ブロガー……278
ブログ……20,89,114,278
ブロック……172
ブロックエディター……173,296,323,327
ブロックテーマ……50,176,178
ブロック編集……49
ブロックまたぎ……436
プロパティ……392
フロントページ……230,239,254
文書構造関連タグ……486
ページ……47
ページ構成……177
ページデザイン……117
ページビュー数……345
ベーステーマ……389
ヘッダー……40,54,161,234
ヘッダーエリア……128,129
ヘッダー画像……130,131
編集……96
編集者……82,86,336
補色……219
ポスト……60,232
ボタン……224,441
ボックス……435

■ま行

マガジン風のレイアウト……295
マキシマイザー……230
マクロモード……102
未公開……322
見出し……257,434
ミニスタジオ……100
ミューラー＝ブロックマン……204
無料テーマ……127
明度……220
メインサイドバー……234
メール投稿……312
メタ情報……144
メディアクエリ……168
メディアライブラリ……398
メニュー……266,267
メニューバー……39,40
メニューボタン……39,40
メンテナンス中……299
文字サイズ……282
モバイルフレンドリーテスト……285
モバイル用ユーザーインターフェイス……227

■や行

有効化……121,124
有効化して公開……124
ユーザーアカウント……340
ユーザーインターフェイス……283
ユーザー名……340
有料テーマ……56,127
予約システム……327,464
予約……384

■ら・わ行

ライブプレビュー……123
楽天アフィリエイト……305
楽天市場……390
リスト……257
リスト関連タグ……501
リスト関連プロパティ……527
リターン期待型ブログ……92
リンク……98
リンク関連タグ……494
類似色……219
レイアウト……282
レイアウトスタイル……201
レスポンシブデザイン……227,253,280,297
レスポンシブレイアウト……253
レビュー待ち……86,322
レフトサイドバー……235
レンタルサーバー……108
連絡先情報……412
ログ……90,343
ログイン試行回数……336
ロゴ……39,40
ワークフロー……196

アルファベット

■A

Acunetix WP Security……138
admin……82
Akismet Spam Protection……137,411
Akismetウィジェット……145
All in One SEO……138,362
All in One SEO Pro……363
Amebaブログ……19
and……168
Appointment Hour Booking……464,466
archive.php……150
ASP……305,330
author-bio.php……150
A8ネット……305

■B

background……509
background-attachment……510
background-color……510
background-image……510
background-position……510
background-repeat……510
BackWPup Free……393
BackWPup Pro……393
bbPress……138,454
BJ Lazy Load……138
Block Pattern Builder……139,364
blog……90
bloginfo()関数……396
border……516
border-bottom……518
border-bottom-color……519
border-bottom-style……519
border-bottom-width……519
border-collapse……526
border-color……516
border-left……520
border-left-color……520
border-left-style……520
border-left-width……521
border-right……521
border-right-color……522
border-right-style……522
border-right-width……522
border-spacing……526
border-style……516
border-top……517
border-top-color……518
border-top-style……518
border-top-width……518
border-width……517
bottom……523
Breadcrumb NavXT……138
BuddyPress……139,454

■C

Captcha……138
caption-side……526
Cascading Style Sheets……156
Catch Internet Pvt. Ltd……286
Categories to Tags Converter……138,300
CCライセンス……103
clear……525
clip……525
CMS……45,117
CodeStyling Localization……138
color……509
comments.php……150
Contact Form 7……138
content……528
counter-increment……529
counter-reset……529
Crayon Syntax Highlighter……138
CSS……57,156,161,391
CSSエディター……163
CSSプロパティ……504

■D

direction……525
display……524

■E

Easy FancyBox……139,226
em……159,282
empty-cells……526
EWWW Image Optimizer……138
ex……159
exciteブログ……19

■F

FC2ブログ……19
FFFTP……379,380
Flickr……104
Flickr - Pick a Picture……300
float……524
font……504
font-family……169,505
font-size……505
font-style……505
font-variant……505
font-weight……505
footer.php……150
FTP……379,450
FTPクライアントソフト……379,380
functions.php……150,378

■G

GA4プロパティ……349
get_header()……162
Googleアドセンス……309,330
Googleアナリティクス4プロパティ……349
Google Analyticator……138
Google Analytics……348
Google Fonts……218

■H

Head Cleaner……138
header.php……150,162,394
height……512
Hello Dolly……137,151
HTML……54,148,391
HTMLタグ……486
http://……337
https://……337

■I

IDPS……334
image.php……150
index.php……150,162
Intrusion Detection and Prevention System……334
IPアドレス……109

■J

ja.mo……330
JANet……305
ja.po……330
Jetpack……312,314,341,403,405,406
JetPack by WordPress.com……138,314
Jetpackブロック……406

■L

Leaflet Map 139,423
left 523
letter-spacing 508
Lightbox Plus ColorBox 138
Limit Login Attempts Reloaded 336
line-height 506
LinkShare 305
list-style 527
list-style-image 527
list-style-position 528
list-style-type 527
log 90

■M

margin 513
margin-bottom 514
margin-left 514
margin-right 514
margin-top 514
marker-offset 528
marks 531
max-height 513
max-width 511
Menu Icons 138,261
min-height 513
min-width 512

■N

not 168
Notoフォント 169

■O

only 168
orphans 531
outline 529
outline-color 530
outline-style 530
outline-width 530
overflow 522

■P

padding 514
padding-bottom 515
padding-left 515
padding-right 515
padding-top 515
page.php 150
page-break-after 531
page-break-before 530
page-break-inside 531
password generator 340
PHP 54,111,148
PHPコードタグ 61
Pixabay 104
position 523
pt 159
PV 91,345
px 159,282

■Q

QAレイアウト 460
Q and A 138
quotes 528

■R

Read More 291
rem 282
right 524
RSS 144
RSSボタン 93

■S

Scroll To Top 300
search.php 150
SEO 93,248,355,357,371
SEO分析 368
Shortcode Helper 423
Shortcodes Ultimate 139,425,427
sidebar.php 150
single.php 150
SiteGuard WP Plugin 139,342
Site Kit by Google 309

SKT Corp …… 389
SQLサーバー …… 111
SSL …… 337
style.css …… 377
su_accordion …… 444
su_box …… 436
su_button …… 442
su_column …… 432
su_divider …… 433
su_heading …… 435
su_pullquote …… 438
su_quote …… 437
su_spacer …… 433
su_spoiler …… 444
su_tab …… 440
su_tabs …… 440

■T

table-layout …… 526
text-align …… 506
text-decoration …… 507
text-indent …… 508
text-shadow …… 509
text-transform …… 508
theme.json …… 177
TinyMCE Advanced …… 139,300
top …… 523
Twenty Seventeen …… 286
Twenty Twenty-One …… 157,161,163
Twenty Twenty-Two …… 50,117,144,176
Types …… 422

■U

UI …… 283
unicode-bidi …… 526
URL …… 113,243

■V

vertical-align …… 507
visibility …… 525

■W

WAF …… 335
Webサーフィン …… 357
Webサイト …… 240
Webデザイナー …… 191,192
Webフォント …… 169,218
Web Application Firewall …… 335
Weblog …… 90
white-space …… 508
widget …… 143
widows …… 531
width …… 511
WooCommerce …… 474,476
Word Balloon …… 139,296
Wordfence Security …… 139,341
WordPress …… 18,39
WordPress関数 …… 61
WordPressショートコード …… 417
WordPressテーマ …… 45
WordPress.com …… 73,74,75
WordPress.com統計 …… 347
WordPress.org …… 75
word-spacing …… 509
World Wide Web …… 357
WP管理画面を表示 …… 83
WP-DB-Backup …… 393
wpForo …… 139,454,455,458
WP Multibyte Patch …… 135,139
WP-PageNavi …… 139

■X

xmax …… 305
Xserver …… 108

■Y

YouTube …… 421

■Z

z-index …… 525

数字・記号

■数字

404ページ 270
404.php 150

■記号

149
*/ 149
/* 149
// 149
:root 163
?> 149
@import 383
@madia 168
@media print 168
@media screen 168
<! 159
<!-- --> 503
<!DOCTYPE> 486
</html> 149
<?php 149
<a> 419,494
<abbr> 493
<acronym> 493
<address> 492
<applet> 495
<area> 494
<b> 489
<base> 495
<basefont> 489
<big> 489
<blockquote> 492
<body> 488

 491
<caption> 497
<center> 497
<cite> 492
<code> 492
<col> 497
<colgroup> 497
<dd> 502
<del> 491
<dfn> 491
<div> 503
<dl> 502
<dt> 502
<em> 491
<fieldset> 500
<font> 489
<form> 498
<frame> 498
<frameset> 498
<h1> 488
<h2> 488
<h3> 488
<h4> 488
<h5> 488
<h6> 488
<head> 156,487
<hr> 497
<html> 149,487
<i> 489
<iframe> 498
<img> 419,495
<input> 499
<ins> 492
<isindex> 500
<kbd> 493
<label> 500
<legend> 500
<li> 502
<link> 495
<map> 494
<meta> 487
<noframes> 498
<noscript> 502
<object> 495
<ol> 501
<optgroup> 500
<option> 500
<p> 488
<param> 496
<pre> 503

<q> …… 492
<rb> …… 490
<rp> …… 490
<rt> …… 491
<ruby> …… 491
<s> …… 490
<samp> …… 493
<script> …… 502
<select> …… 499
<small> …… 489
<span> …… 503
<strike> …… 490
<strong> …… 491
<style> …… 503
<sub> …… 490
<sup> …… 490
<table> …… 496
<tbody> …… 497
<td> …… 496
<textarea> …… 500
<tfoot> …… 496
<th> …… 496
<thead> …… 496
<title> …… 488
<tr> …… 496
<tt> …… 490
<u> …… 489
<ul> …… 501
<var> …… 493

■本文イラスト　中西　隆浩

WordPress本格Webサイト構築
パーフェクトマスター
[Ver.6完全対応最新版]

発行日　2022年11月 1日　　　第1版第1刷

著　者　音賀　鳴海 & アンカー・プロ

発行者　斉藤　和邦
発行所　株式会社　秀和システム
〒135-0016
東京都江東区東陽2-4-2　新宮ビル2F
Tel 03-6264-3105（販売）Fax 03-6264-3094
印刷所　三松堂印刷株式会社　　Printed in Japan

ISBN978-4-7980-6821-3 C3055

サンプルデータの解凍方法

サンプルデータは、zip形式で章ごとに圧縮されていますので、解凍してからお使いください。

ダウンロードページ

https://www.shuwasystem.co.jp/books/wordpresspermas190/

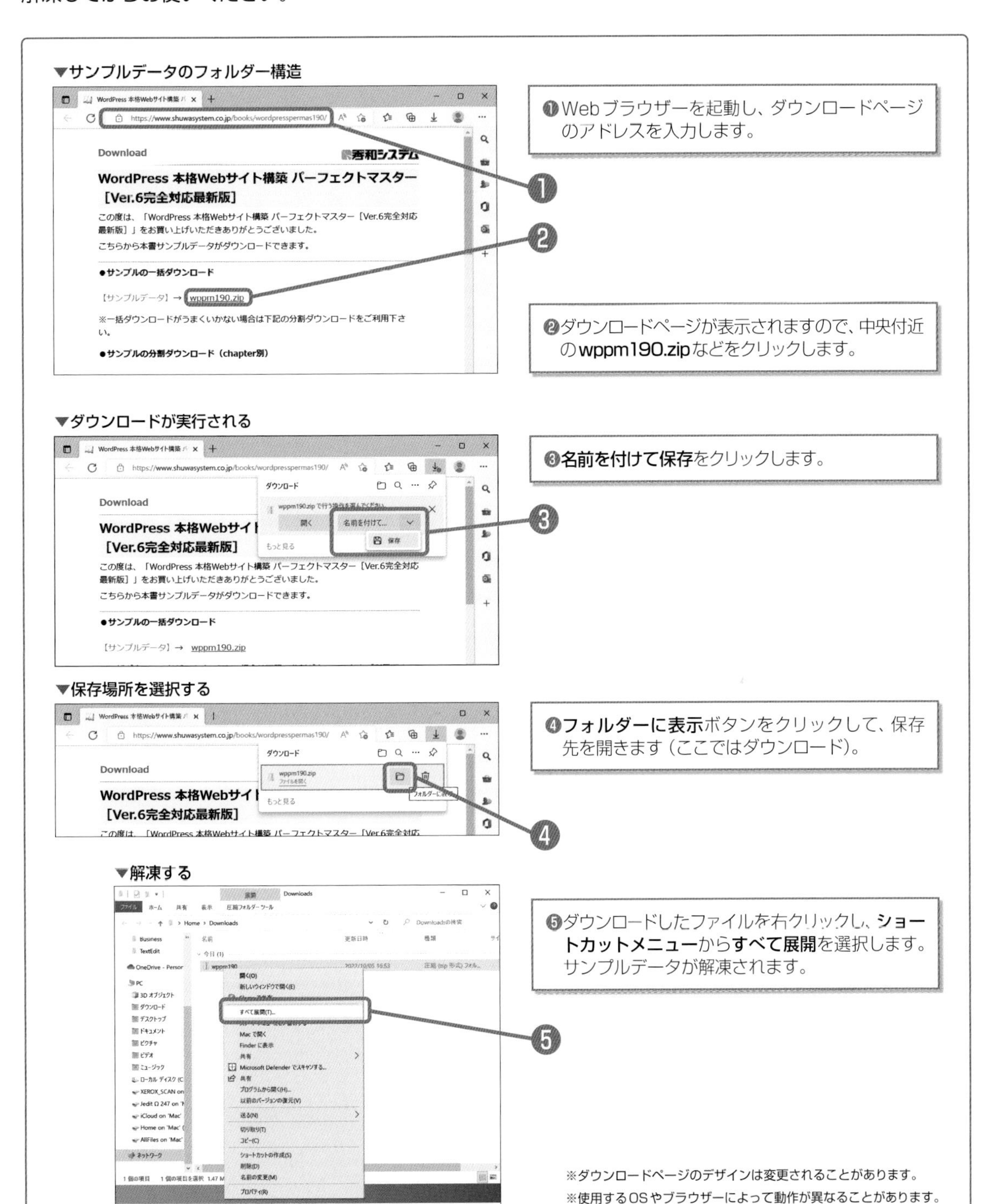

Windowsの基本キーボード操作

キーボードにはいろいろなキーがあります。
ここでは、よく使用するキーの名前と主な役割をおぼえておきましょう。

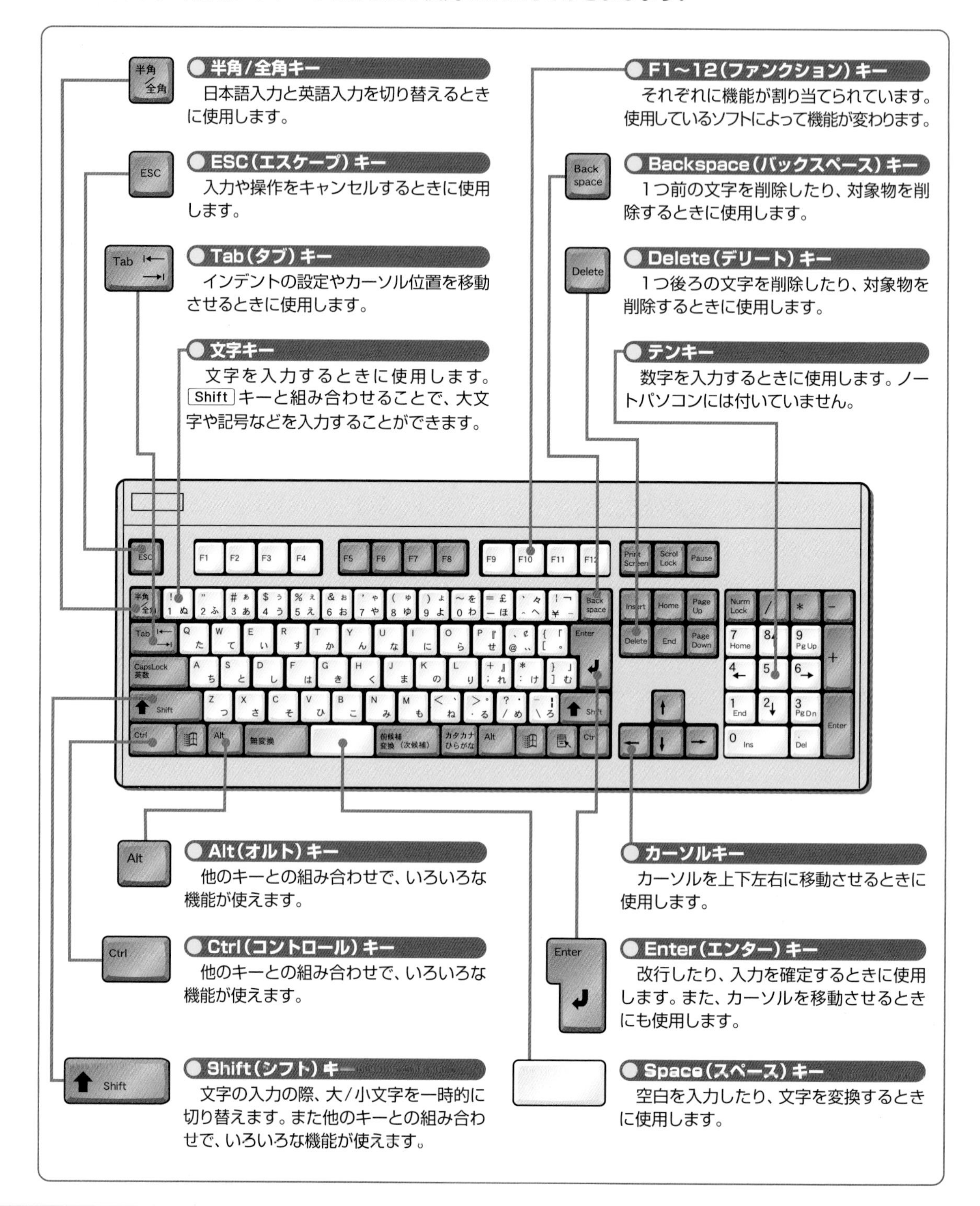